国家出版基金项目
NATIONAL PUBLICATION FOUNDATION

国家出版基金资助项目
“十四五”时期国家重点出版物出版专项规划项目
网络协同高精度定位技术丛书

传感器阵列
测向与定位

● 张小飞　李建峰　徐大专 / 著

電子工業出版社
Publishing House of Electronics Industry
北京 · BEIJING

内 容 简 介

传感器阵列测向和定位是定位领域的一个重要分支，采用传感器阵列接收空间信号。与传统单个传感器的目标测向和定位相比，传感器阵列的目标测向和定位不仅具有较高的信号增益、极强的干扰抑制能力及更高的空间分辨能力等优点，还具有重要的军事和民事应用价值，已应用于雷达、声呐、通信、地震勘探、射电天文及医学诊断等领域。本书主要介绍传感器阵列数学基础、传感器阵列一维测向、传感器阵列二维测向、传感器阵列非圆信号测向、传感器阵列 DOA 跟踪、传感器阵列近场信源定位、多阵列联合 DOA 融合信源定位、多阵列联合多域融合信源定位及多阵列联合信源直接定位等。

本书适合通信与信息系统、信号处理、微波和电磁场、水声技术等专业的高年级本科生和研究生及相关研究人员阅读。

图书在版编目（CIP）数据

传感器阵列测向与定位 / 张小飞，李建峰，徐大专著. -- 北京 : 电子工业出版社，2025.2. --（网络协同高精度定位技术丛书）. -- ISBN 978-7-121-49518-2

Ⅰ. TP212

中国国家版本馆 CIP 数据核字第 2025TD5081 号

责任编辑：张　楠　　特约编辑：刘汉斌
印　　刷：天津嘉恒印务有限公司
装　　订：天津嘉恒印务有限公司
出版发行：电子工业出版社
　　　　　北京市海淀区万寿路 173 信箱　邮编 100036
开　　本：720×1 000　1/16　印张：24.75　字数：554.4 千字
版　　次：2025 年 2 月第 1 版
印　　次：2025 年 2 月第 1 次印刷
定　　价：128.00 元

凡所购买电子工业出版社图书有缺损问题，请向购买书店调换。若书店售缺，请与本社发行部联系，联系及邮购电话：(010)88254888，88258888。

质量投诉请发邮件至 zlts@phei.com.cn，盗版侵权举报请发邮件至 dbqq@phei.com.cn。

本书咨询联系方式：(010)88254579。

丛书编委会

丛书主编：贲　德（中国工程院院士）

　　　　　朱中梁（中国科学院院士）

丛书编委：张小飞　郭福成　徐大专　沈　渊

　　　　　严俊坤　王　鼎　尹洁昕

作者简介

张小飞，南京航空航天大学教授/博导，电子信息工程学院副院长，电磁频谱空间动态认知系统工信部重点实验室常务副主任，入选爱思唯尔“中国高被引学者”，全球前2%的顶尖科学家，中国通信学会青年工作委员会委员，中国电子学会教育工作委员会青年组委员，江苏省科技评估专家，20多家国际会议TPC成员，10多家刊物的编委，国际刊物客座主编，受邀做会议主题报告10多次，主持国际会议1次，近年来发表SCI论文80多篇、ESI高被引论文2篇，出版著作11部，授权专利20项，主持国家级项目6项，其他项目20多项，获得中国雷达行业协会技术发明一等奖1项、中国电子学会自然科学一等奖1项、中国通信学会自然科学一等奖1项、国防技术发明二等奖1项、国防科学技术进步奖2项、江苏省科技进步奖2项，江苏省“333”人才计划、江苏省青蓝工程“中青年学术带头人”、江苏省“六大人才高峰”B类，江苏省航空航天学会“优秀科技工作者”，入选中国百篇最具影响国际学术论文，主要研究方向为阵列信号处理、稀疏阵列、辐射源定位、多域定位等。

前 言

众所周知，信号处理的基本原则是尽可能地利用、提取和恢复包含在信号特征中的有用信息。随着信息理论和信息技术的日益发展，在复杂的电磁环境中，对信号的参数进行有效的检测和精确的估计显得尤为重要。信号处理技术最初是由一维时域信号处理技术发展起来的。长期以来，研究人员在一维时域信号的检测和分析方面取得了许多重要成果。近年来，研究人员开始将一维时域信号处理技术应用于多维时域信号处理领域，通过传感器阵列或天线阵列（简称阵列）将时域信号采样变成时空信号采样，时间频率扩展到空间频率（角度），从而将一维时域信号处理技术中的许多理论成果推广到了空域，开辟了传感器阵列信号处理技术这一新的研究领域。

近年来，传感器阵列信号处理逐渐成为信号处理领域的一个重要分支，采用传感器阵列接收空间信号，与采用传统的单个传感器相比，不仅具有灵活的波束控制、较高的信号增益、极强的干扰抑制能力及更高的空间分辨能力等优点，还具有重要的军事和民事应用价值，已应用于雷达、声呐、通信、地震勘探、射电天文及医学诊断等领域。

本书讲述传感器阵列测向和定位的相关内容，以信源（目标）测向和定位为研究对象，主要介绍一维测向、二维测向、非圆信号测向、DOA 跟踪、近场信源定位、DOA 融合信源定位、联合多域融合信源定位、信源直接定位等，力图实现如下特色。

（1）结构完整。近年来，国内外虽然已经出版了一些有关空间谱估计的优秀著作，但内容各有侧重。本书不仅讲述了空间谱估计，还讲述了联合多域融合信源定位、联合信源直接定位等前沿技术。

（2）选材广泛。传感器阵列测向和定位理论丰富、应用广泛。本书通过收集大量的国内外文献资料，对传感器阵列测向和定位的传统算法和新算法，如平行因子、压缩感知等进行了介绍，并详细列出了 43 种信源测向和定位的算法。

（3）可读性强。传感器阵列测向和定位涉及的内容较难理解，尤其专业论文更是难懂。本书特别注意了表达方式的清晰性、易懂性和可读性，尽量做到由浅入深。

本书是从2021年年初开始动笔，2023年12月完成的，历经近3年，在写作过程中，参考了大量的文献资料，在此向相关作者表示衷心的感谢。本书得到了国家自然科学基金（62371225，62371227）、国家重点研发项目（2020YFB1807602）的资助。

本书由南京航空航天大学张小飞教授、李建峰研究员、徐大专教授完成写作，得到了时娜、程骞琳、夏忠喜、杨东林、郑旺、张立岑和李书等硕士研究生和博士研究生的帮助。

由于时间仓促，作者水平有限，加上传感器阵列领域仍然处于迅速发展阶段，内容不妥之处在所难免，敬请读者批评指正。

著　者

2023年12月

算法列表

序号	算法名称	对应章节
1	算法 3.1：Capon 算法	3.2 节
2	算法 3.2：基本 MUSIC 算法	3.3 节
3	算法 3.3：求根 MUSIC 算法	3.3 节
4	算法 3.4：确定性最大似然算法	3.4 节
5	算法 3.5：LS-ESPRIT 算法	3.6 节
6	算法 3.6：TLS-ESPRIT 算法	3.6 节
7	算法 3.7：四阶累积量 MUSIC 算法	3.7 节
8	算法 3.8：四阶累积量 ESPRIT 算法	3.7 节
9	算法 3.9：谱峰搜索传播算子	3.8 节
10	算法 3.10：旋转不变传播算子	3.8 节
11	算法 3.11：谱峰搜索广义 ESPRIT 算法	3.9 节
12	算法 3.12：基于 OMP 的阵列信号 DOA 估计算法	3.10 节
13	算法 3.13：基于稀疏贝叶斯的阵列信号 DOA 估计算法	3.10 节
14	算法 3.14：基于 DFT 的大规模天线阵列 DOA 估计算法	3.11 节
15	算法 4.1：基于 ESPRIT 的二维 DOA 估计算法	4.2 节
16	算法 4.2：基于 PM 的二维 DOA 估计算法	4.2 节
17	算法 4.3：RD-MUSIC 的 2D-DOA 估计算法	4.3 节
18	算法 4.4：级联 MUISC 的二维空间谱估计算法	4.3 节
19	算法 4.5：基于三线性分解的二维 DOA 估计算法	4.4 节
20	算法 4.6：基于压缩感知三线性模型的二维 DOA 估计算法	4.5 节
21	算法 4.7：DOA 矩阵法	4.6 节
22	算法 4.8：扩展 DOA 矩阵法	4.6 节
23	算法 5.1：NC-ESPRIT 算法	5.2 节
24	算法 5.2：NC-RD-Capon 算法	5.3 节
25	算法 5.3：NC-RD-MUSIC 算法	5.4 节

续表

序号	算 法 名 称	对应章节
26	算法 5.4：频谱搜索 NC-GESPRIT 算法	5.5 节
27	算法 6.1：二维 DOA 跟踪的 PAST 算法	6.2 节
28	算法 6.2：二维 DOA 跟踪的 PARAFAC-RLST 算法	6.3 节
29	算法 6.3：DOA 跟踪的 Kalman 滤波算法	6.4 节
30	算法 7.1：基于二阶统计量的近场信源定位算法	7.2 节
31	算法 7.2：基于 2D-MUSIC 的近场信源定位算法	7.3 节
32	算法 7.3：基于降秩 MUSIC 的近场信源定位算法	7.4 节
33	算法 7.4：基于降维 MUSIC 的近场信源定位算法	7.5 节
34	算法 8.1：在二维场景下基于 DOA 的聚类定位算法	8.2 节
35	算法 8.2：在三维场景下基于 DOA 的聚类定位算法	8.3 节
36	算法 9.1：基于级联 AOA 和 TDOA 的两步定位算法	9.3 节
37	算法 10.1：基于 MUSIC 的直接定位算法	10.2 节
38	算法 10.2：基于 SNR 加权 MUSIC 的直接定位算法	10.2 节
39	算法 10.3：基于最优权值加权 MUSIC 的直接定位算法	10.2 节
40	算法 10.4：基于 SDF 的非圆信号直接定位算法	10.3 节
41	算法 10.5：基于降维 SDF 的非圆信号直接定位算法	10.3 节
42	算法 10.6：嵌套阵列基于泰勒补偿的高精度直接定位算法	10.4 节
43	算法 10.7：增广互质线阵列基于加权 SDF 的直接定位算法	10.4 节

目　录

第 1 章 绪论

1.1 研究背景

传感器阵列测向和定位是定位领域的一个重要分支，在通信、雷达、声呐、地震勘探和射电天文等领域获得了广泛应用和迅速发展[1-4]。传感器阵列测向和定位是指将一组传感器按一定的方式布置在空间的不同位置上，形成传感器阵列，用传感器阵列接收空间信号，相当于对空间分布的信号进行采样，得到信源的空间离散数据。传感器阵列测向和定位的目的是通过对空间信号的处理，增强有用信号，抑制无用的干扰和噪声，提取有用信号的特征信息。与传统单个传感器的目标定位相比，传感器阵列的目标定位具有灵活的波束控制、较高的信号增益、极强的干扰抑制能力及更高的空间分辨能力等优点。这也是近几十年来传感器阵列测向和定位理论得到蓬勃发展的根本原因。传感器阵列测向和定位主要涉及空间谱估计[5-6]、阵列多参数估计[7-19]、信源定位和信源数估计[20-21]等方面。

在空间谱估计方面，对空间信号到达方向（波达方向）（Direction Of Arrival，DOA）的研究是通信、雷达和声呐等领域获得技术突破的重要任务之一。DOA 估计是确定同时处在空间某一区域内，各信号到达阵列的方向。利用阵列对 DOA 估计的主要算法有自回归滑动平均（Auto－Regressive Moving Average，ARMA）熵分析算法、最大似然算法、谱峰搜索算法、旋转不变算法、多项式求根算法、高阶累积量算法、压缩感知算法等。

1.2 传感器阵列测向和定位的发展

传感器阵列测向和定位的发展最早可追溯到 20 世纪 40 年代的自适应天线组合技术，采用锁相环技术对天线进行跟踪。传感器阵列测向和定位的重要开端是 Howells 于 1965 年提出的自适应陷波旁瓣对消器[22]。1976 年，Applebaum

提出了使信号与干扰加噪声比（Signal to Interference plus Noise Ratio，SINR）最大化的反馈控制算法[23]。另一个显著进展是 Widrow 等人于 1967 年提出的最小均方（Least Mean Square，LMS）自适应算法[24]。其他几个里程碑式的进展是 Capon 于 1969 年提出的恒定增益指向最小方差波束形成器[25]、Schmidt 于 1979 年提出的多重信号分类（MUltiple SIgnal Classification，MUSIC）[26]、Roy 等人于 1986 年发展的旋转不变性信号参数估计技术（Estimation Signal Parameters Via Rotational Invariance Techniques，ESPRIT）[27]。Gabriel[28]是对自适应波束形成提出"智能阵列（Smart Array）"术语的第一人。自适应天线于 1978 年开始在军用通信系统中使用[29]。天线阵列于 1990 年开始在民用蜂窝式通信系统中使用[30]。

1.2.1 空间谱估计

空间谱估计是传感器阵列测向和定位的一个主要研究内容。研究传感器阵列测向和定位的一个基本问题是对空间信号到达方向的估计，是雷达、声呐等领域的重要研究内容之一。DOA 估计就是确定同时处在空间某一区域内多个感兴趣信号的空间位置，即各信号到达阵列的方向。DOA 估计的分辨率取决于阵列长度。阵列长度被确定后，DOA 估计的分辨率也就确定了，被称为瑞利限。超瑞利限的算法被称为超分辨算法。最早的超分辨 DOA 估计算法是著名的 MUSIC 算法（包括改进算法[31-35]）和 ESPRIT 算法，是同属于特征结构的子空间算法。子空间算法建立在基本观察之上：若传感器的个数比信源的个数多，则传感器阵列的信号分量一定位于一个低秩子空间。在一定条件下，低秩子空间将唯一确定信号的波达方向。

由于把线性空间的概念引入到了 DOA 估计中，因此子空间算法实现了波达方向估计分辨率的突破。近年来，研究人员从各个方面发展和完善了子空间算法。一些研究人员提出了加权子空间拟合算法[36-40]。该算法根据一些准则，首先构造了子空间的加权阵，然后重新拟合子空间，以达到某种性能指标的最优。在采用加权子空间拟合算法构造加权阵时，需要进行参数寻优，计算复杂，通用性差。文献［12］将传播算子算法和 ESPRIT 算法结合，给出了一种快速的空间二维参数估计算法。该算法不需要进行任何搜索，可以直接给出闭式解。殷勤业等人提出了波达方向矩阵法：首先根据阵列输出协方差矩阵的性质构造波达方向矩阵；然后对波达方向矩阵进行特征分解，直接获得空间谱的全部信息，完全避免了多项式搜索，减少了计算量。该算法属于二维参数估计算法，可以同时估计信号的二维方向角。由于波达方向矩阵法的计算量小，参数能够自动匹配，因此引起了研究人员的重视，如文献［41-42］利用波达方向矩阵法，实现了信号频率和波达方向的同时估计。波达方向矩阵法也存在一些缺点，如不允许任意两个信号有相同的二维方向角，否则将出现病态，被称为角度兼并。在波达方向矩阵法的基础上，金梁等人提出了时空DOA矩阵法[43-44]。该算法在保持原波达方向矩阵法优点的前提下，不需要双平行线阵列，克服了角度兼并等问题，并适用于阵元排列不规则的阵列。

由于高阶累积量对高斯噪声不敏感，因此一些研究人员利用阵列输出的高阶累积量（通常是四阶累积量）代替二阶统计量进行空间谱估计[45-46]。利用高阶累积量估计空间谱虽然具有合成阵列的阵元数较实际阵元数多的好处，但是高阶累积量对非高斯噪声无能为力，计算量较大。

基于周期平稳特性空间谱估计算法的大部分人造信号都具有循环平稳特性，相同循环频率的信号有可能循环相关，不同循环频率的信号循环互相关为0。Cardner首先用循环互相关矩阵代替互相关矩阵，通过信号子空间拟合进行波达方向估计[47]，主要优点是能够抑制干扰信号，抗噪声能力强，具有信号选择能力，可增加阵列容量。目前，在雷达系统中，随着反隐身技术的进展及对目标高分辨率要求的不断提高，窄带信号的假设已经不符合实际情况。谱相关空间拟合算法[48]较好地解决了宽带问题，首先通过对阵列中各阵元输出信号进行循环自相关运算，得到一个基于循环自相关的信号模型，然后利用MUSIC算法实现对信号波达方向的估计。文献［49］将该算法扩展到了对相干信号波达方向的估计。文献［50］将循环谱进行加权处理，得到了基于加权循环谱的波达方向估计算法。文献［51］介绍了基于循环互相关的波达方向估计算法。这些算法都是谱相关空间拟合算法的改进。金梁等人经过进一步研究，提出了广义谱相关子空间拟合波达方向估计算法[52]。该算法将主要的循环平稳DOA估计算法统一起来，揭示了算法之间的内在联系。有关循环平稳DOA估计方面的研究成果仍在不断呈现[53-54]。

1. 基于空、时、频三维子空间的空间谱估计算法

随着传感器阵列测向和定位理论研究的不断深入，对非平稳信号波达方向的估计成为另一个研究重点。在实际应用中，由于许多典型信号是非平稳的或谱时变的，传统的子空间波达方向估计算法均是针对平稳信号的，因此利用传统的子空间波达方向估计算法对非平稳信号进行估计，显然存在先天不足。在许多应用场合，信号的先验知识是可以利用的。如何利用信号的先验知识，在空、时、频三维子空间对信号进行处理，将一维时域信号映射到二维时、频域，能够在空、时、频三维子空间进行更精细、更准确的刻画，反映非平稳信号的特征和细节，利用时变滤波等算法将低维空间难以区分的、具有不同时、频特征的信号分离，是国内外传感器阵列测向和定位领域的研究热点[55~60]。

2. 分布式信源的空间谱估计算法

在阵列成像、声源定位、海下回波探测、对流层和电离层无线电传播、低仰角雷达目标跟踪、移动通信等领域，信源具有分布特征，例如在移动通信领域，由于移动信源的局部散射，使得由同一个信源发出的信号可以通过不同的途径或角度到达天线接收阵列。这时，信源已不是点信源，通常被认为是具有分布特征的角度扩展信源。基于点信源假设的高分辨 DOA 估计算法，由于未能考虑信源的空间分布特征，当点信源的假设不再成立时，对 DOA 的估计性能会急剧下降，因此对角度扩展信源波达方向的估计是国内外传感器阵列测向和定位领域的研究热点[61~62]。文献［63-65］基于局部角度扩展信源的协方差矩阵模型，介绍了最大似然估计算法及其简化算法。也有研究人员基于子空间思想，提出了适用于局部角度扩展信源的伪子空间加权算法[66]和单快拍局部角度扩展信源参数估计算法[67]。对于多个角度扩展信源的情况，研究人员提出了一些算法，如基于 ESPRIT 的算法[68]和基于协方差匹配的算法[69]。

3. 二维 DOA 估计算法

二维 DOA 估计算法一般适用于 L 型阵列、十字阵列和平面阵列。二维 DOA 估计算法包括最大似然算法[7]、二维 MUSIC 算法[8,70]、二维 ESPRIT 算法[71]、传播算子算法[9,12]、高阶累积量算法[72]和波达方向矩阵法[13]等。M P Clark 和 L Scharf 提出了二维最大似然算法，依据最大似然准则对阵列的输出数据进行时、空二维处理，获取了二维参数估计值。M Wax 提出了二维 MUSIC 算法。Hua 等人也给出了基于 L 型阵列的二维 MUSIC 算法。二维 MUSIC 算法是二维 DOA 估计的典型算法，虽然可以产生渐近无偏估计，但要在二维参数空间搜索谱峰，计算量相当大，限制了在实际中的应用。Zoltowski 等人[71]提出的二维 Unitary ESPRIT 算法和二维 Beamspace ESPRIT 算法将复矩阵运算转换为实矩阵运算，降低了运算的复杂度，不需要进行特征值分解。文献［72］介绍了一种利用高阶累积量实现方位角和仰角的估计算法，适用于一般几何结构的阵列，复杂度高。

1.2.2 定位技术

定位技术主要分为有源定位技术和无源定位技术。无源定位技术是一种本身不发射信号，只利用观测站的接收信号来定位目标的技术[73-74]，相对于有源定位技术，具有隐蔽性好、定位距离远等优势。根据观测站的数量，无源定位技术可分为单站无源定位技术和多站无源定位技术。单站无源定位技术虽然具有使用灵活的优点，但在电磁环境较复杂时，仅依靠单个观测站将无法获得相关信息，且在单个固定观测站的情况下，也无法对目标距离进行估计。与单站无源定位技术相对的是多站无源定位技术。多站无源定位技术虽然存在多站协同、信号的产生和处理复杂等问题，却可在多个观测站接收目标信号，获得更为有效的信息，通过对多个观测站接收目标信号的处理，实现对目标的快速定位[75]。此外，多站无源定位平台具有多样性的特点，可以搭载无人机、船舶、卫星等。特别是无人机平台，具有成本低、适应能力强、灵活等优点。

基于分布式的多站定位技术有多种，基于时间信息的主要有分布式到达时间（Time Of Arrival，TOA）和分布式到达时间差（Time Difference Of Arrival，TDOA）两种定位技术。其中，分布式 TOA 定位技术是基于测量信源信号到达各观测站的时间来对信源进行定位的；分布式 TDOA 定位技术是基于测量信源信号到达各观测站的时间差来对信源进行定位的。分布式 TOA 定位技术要求未知的信源与各观测站保证时间同步，在实际条件下难以实现。分布式 TDOA 定位技术相对于分布式 TOA 定位技术具有一定的改进，可以通过测量信源信号到达多个观测站的时间差来计算信源的位置。与分布式 TOA 定位技术相比，分布式 TDOA 定位技术的最大优点是可以降低对时间同步的要求，只需要保证信源信号之间的时间同步。保证 TDOA 定位精度的关键在于时延估计。传统时延估计技术主要包括相关算法、高阶累积量算法、自适应算法、最大似然算法和子空间算法等[76-80]。相关算法的基本思想是比较两个信源信号在时域或频域上的相似程度，利用接收信号相关函数的最大峰值估计时延，在单个谱峰的条件下性能较好，在多个谱峰的条件下，由于谱峰之间的混叠效应，性能不能得到保证，因此研究基于 TDOA 的多辐射源定位算法是很有必要的。

基于分布式 TOA、TDOA 和 AOA 等的定位技术，本质上属于两步定位技术：首先在接收信号中提取测量参数，如 TOA、TDOA、AOA 等；然后利用提取的测量参数建立关于信源位置的方程并求解。由于参数求解和信源定位是在两个步骤中分别进行的，因此在信号处理过程中会造成信息损失，引入更多的误差。此外，传统的两步定位技术还存在测量参数可能与相应的发射机不匹配以及在低信噪比下定位性能差的问题。为了提高定位精度，直接定位技术引起了研究人员的广泛关注。与传统的两步定位技术不同，直接定位（Direct Position Determination，DPD）技术利用的是信号数据域信息直接完成信源定位，不再进行参数求解，避免了在两步定位技术中，因为两个步骤造成的信息损失，可得到更高的定位精度[81-83]。当存在多个信源时，直接定位技术还可以解决传统两步定位技术中的参数匹配问题[84]，成为无线定位领域的研究热点。由于现有的直接定位技术主要针对的是窄带信号等简单信号，在基于目标代价函数对涉及目标信息的参数域进行网格搜索时，复杂度较高，因此针对分布式天线阵列下直接定位技术的研究具有重要意义。

AOA 定位技术被提出的时间较早，基于角度这一特征完成定位，主要思想是利用接收阵列估计信源信号到达的方向角，利用多个方向角得到方向角射线的交点，确定信源的位置。

接收信号强度（Received Signal Strength，RSS）定位技术主要利用信源信号的强度这一特征来完成定位。信源信号的强度在无线信道传播过程中，会随着距离的增加不断衰弱，如果建立信道模型并得到信源信号的强度，就可以估计信源的位置[85]。

分布式 TDOA 定位技术因定位精度较高、定位速度较快及鲁棒性较高等，受到了广泛的关注：首先利用时延估计算法估计信源信号到各观测站的时间差[86]；然后基于时间差建立位置方程，通过求解对信源进行定位。Schau 等人在文献［87］中给出了一种球面相交法，即在信源未定位的情况下，利用估计的时间差得到信源位置的估计，虽然可以得到信源位置估计的显式解，计算简单，但定位性能有待提高。Chan 等人在文献［88］中给出了两步加权最小二乘（Two Stage Weighted Least Squares，TS-WLS）定位算法，得到了近似最大似然估计。Chan 等人在文献［89］中给出了近似最大似然算法，首先利用传统的 Chan 算法进行粗估计，然后使用最大似然估计得到信源位置的估计。Fang 在文献［90］中给出了 Fang 算法。该算法的定位方程个数与未知数个数相同，计算复杂度比较低。

直接定位技术虽然不需要进行中间参数估计，但是在建立信源位置的代价函数时，需要考虑信源位置信息在哪种变量中。常用的变量有 AOA、TDOA 等，具体在哪种变量中，由定位系统所处的环境决定。最早的直接定位基于 TDOA 和 AOA 实现[91]，主要利用最小二乘算法建立与信源位置有关的代价函数，通过网格搜索实现信源定位。文献［92-93］通过 AOA 和 TDOA，分别介绍了两种针对多信源定位的直接定位技术。从观测场景来区分，现有的定位场景可分为单站直接定位场景和多站直接定位场景[94]。相对于单站直接定位场景，多站直接定位场景在面对复杂的电磁环境时，虽然可以及时准确地获取信源位置信息，但也存在多站协同、数据传输带宽较宽和计算复杂度较高等问题[95]。

在多站直接定位场景下，当每个观测站都采用单天线时，目前的直接定位技术主要是通过信源信号到各天线的传输时延实现定位，相对于传统的时延定位系统，定位精度更高。Zhong 等人引入最小均方滤波思想[96]，提出了基于最小均方滤波自适应滤波 DPD 算法。该算法利用信源信号到达各观测站的时间差，通过迭代算法得到信源位置。为了改进自适应算法的收敛性与稳定性，Jiang 等人提出了可变步长的自适应滤波 DPD 算法[97]。基于连续信号模型，Vankayalapati 等人提出了利用 TDOA 的最大似然直接定位算法[98]。该算法可以实现宽带或窄带信号信源的定位，且信号波形的已知或未知情况也被考虑其中。J K Moon 研究了期望最大算法[99]。Tzoreff 等人推导了信源位置的闭式表达式[100]。

当每个观测站都采用天线阵列时，也可以利用信源信号的到达角进行定位。文献［101］介绍了子空间数据融合直接定位算法（Subspace Data Fusion Direct Position Determination，SDF-DPD）。该算法使用一个移动天线阵列在不同位置接收信号，利用 MUSIC 算法构造信源位置的代价函数，并通过网格搜索估计信源位置。文献［102］利用空间谱估计理论，采用 Capon 函数介绍了一种基于 Capon 的直接定位算法。该算法不需要预先知道空间的信源个数，考虑从稀疏阵列入手提高定位精度。在文献［103］中，互质阵列被应用到了直接定位场景，并介绍了基于单个移动互质阵列的直接定位算法，相对于传统的均匀阵列，提高了定位精度。在文献［104］中，移动互质阵列的直接定位算法被进行了改进，并考虑了移动互质阵列的多普勒特性，利用 Kronecker 积扩展了天线阵列的孔径，实现了虚拟阵列自由度的提升，以及在欠定条件下对多信源位置的估计。文献［105］介绍了基于移动嵌套阵列的多信源直接定位算法。该算法可以实现在信源数多于阵元数情况下的定位。

以上介绍的直接定位算法考虑的都是条件较为理想的场景，即没有考虑观测站误差、信号同步误差、设备误差等。在实际工程应用中，由于这些误差是无法避免的，因此需要在考虑这些误差后，提升直接定位算法的适用性。文献［106］介绍了天线阵列的位置误差、耦合误差及多径误差等对信源直接定位的影响。结果表明，这些误差虽然会对信源直接定位有一定的影响，但相对于传统的两步定位算法，直接定位算法依然具有优势。文献［107］介绍了非视距（Non-Line-Of-Sight，NLOS）路径传播对信源定位的影响，并推导了定位误差协方差矩阵的解析表达式。为了消除或降低误差对信源直接定位的影响，文献［108-109］介绍了消除误差影响的自校正算法。

1.3 本书的安排

本书的体系结构如图 1-1 所示。

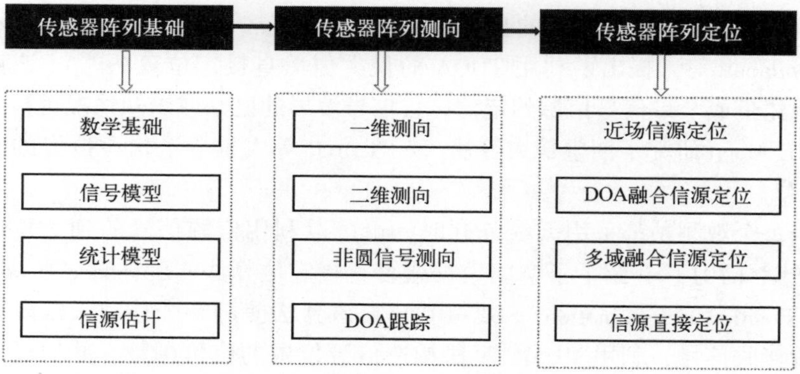

图 1-1　本书的体系结构

参考文献

［1］张贤达，保铮．通信信号处理［M］．北京：国防工业出版社，2000.

［2］沈凤麟，叶中付，钱玉美．信号统计分析与处理［M］．合肥：中国科学技术大学出版社，2001.

［3］何振亚．自适应信号处理［M］．北京：科学出版社，2002.

［4］王永良，陈辉，彭应宁，等．空间谱估计理论与算法［M］．北京：清华大学出版社，2004.

［5］RAO B D, HARI K V S. Performance analysis of root-MUSIC［J］. IEEE Transactions on Acoustics Speech and Signal Processing, 1989, 37（12）: 1939-1949.

［6］刘德树．空间谱估计及其应用［M］．合肥：中国科学技术大学出版社，1997.

［7］CLARK M P, SCHARF L L. Two-dimensional model analysis based on maximum likelihood［J］. Signal Processing, 1994, 42（6）: 1443-1456.

［8］WAX M, SHAN T J, KAILATH T. Spatial-temporal spectral analysis by eigenstructure methods［J］.

IEEE Transactions on Aerospace and Electronic Systems, 1984, 32 (4): 817-827.

[9] WU Y, LIAO G, SO H C. A fast algorithm for 2-D direction-of-arrival estimation [J]. Signal Processing, 2003, 83 (8): 1827-1831.

[10] LIU T H, MENDEL J M. Azimuth and elevation direction finding using arbitrary array geometries [J]. IEEE Transactions on Signal Processing, 1998, 46 (7): 2061-2065.

[11] ZOLTOWSKI M D, HAARDT M, MATHEWS C P. Closed-form 2D angle estimation with rectangular arrays in element space or beamspace via unitary ESPRIT [J]. IEEE Transactions on Signal Processing, 1996, 44 (1): 326-328.

[12] TAYEM N, KWON H M. L-shape 2-dimensional arrival angle estimation with propagator method [J]. IEEE Transactions on Antennas and Propagation, 2005, 53 (1): 1622-1630.

[13] 殷勤业, 邹理和, ROBERT W N. 一种高分辨率二维信号参量估计方法—波达方向矩阵法 [J]. 通信学报, 1991, 12 (4): 1-7.

[14] JACKSON L, CHIEN H. Frequency and bearing estimation by two-dimensional linear prediction [C]// IEEE International Conference on Acoustics, Speech, and Signal Processing. Washington: IEEE, 1979.

[15] HAARDT M, NOSSEK J A. 3-D unitary ESPRIT for joint angle and carrier estimation [C]//IEEE International Conference on Acoustics, Speech, and Signal Processing. Munich: IEEE, 1997.

[16] VAN D V AJ, VANDERVEEN M C, PAULRAJ A J. Joint angle and delay estimation using shift-invariance properties [J]. IEEE Signal Processing Letters, 1997, 4 (5): 142-145.

[17] OGAWA Y, HAMAGUCHI N, OHSHIMA K, et al. High-resolution analysis of indoor multipath propagation structure [J]. IEICE Transactions on Communications, 1995, 78 (11): 1450-1457.

[18] WANG Y Y, CHEN J T, FANG W H. TST-MUSIC for joint DOA-delay estimation [J]. IEEE Transactions on Signal Processing, 2001, 49 (4): 721-729.

[19] WAX M, LESHEM A. Joint estimation of time delays and directions of arrival of multiple reflections of a known signal [J]. IEEE Transactions on Signal Processing, 1997, 45 (10): 2477-2484.

[20] 冷巨昕. 盲信号处理中信源个数估计方法研究 [D]. 成都: 电子科技大学, 2009.

[21] COZZENS J H, SOUSA M J. Source enumeration in a correlate signed environment [J]. IEEE Transactions on Signal Processing, 1994, 42 (2): 304-317.

[22] HOWELLS P W. Intermediate frequency side-lobe canceller [P]. 1965-08.

[23] APPLEBAUM S P. Adaptive arrays [J]. IEEE Transactions on Antennas and Propagation, 1976, 24: 585-598.

[24] WIDROW B, MANTEY P E, GRIFFITHS L J, et al. Adaptive antenna systems [J]. Proceedings of the IEEE, 1967, 55: 2143-2159.

[25] CAPON J. High resolution frequency wave number spectrum analysis [J]. Proceedings of the IEEE, 1969, 57: 1408-1418.

[26] SCHMIDT R. O. Multiple emitter location and signal parameter estimation [J]. IEEE Transactions on Antennas and Propagation, 1986, 34 (3): 276-280.

[27] ROY R, PAULRAJ A, KAILATH T. ESPRIT—A subspace rotation approach to estimation of parameters of cisoids in noise [J]. IEEE Transactions on Acoustics, Speech, and Signal processing, 1986, 34 (5): 1340-1342.

[28] GABRIEL W F. Adaptive arrays—An introduction [J]. Proceedings of the IEEE, 1976, 64 (2): 239-272.

[29] COMPTON R T. An adaptive array in a spread-spectrum communication system [J]. Proceedings of the IEEE, 1978, 66 (3): 289-298.

[30] SWALES S C, BEACH M A, EDWARDS D J, et al. The performance enhancement of multibeam adaptive base-station antennas for cellular land mobile radio systems [J]. IEEE Transactions on Vehicular Technology, 1990, 39 (1): 56-67.

[31] KUNDU D. Modified MUSIC algorithm for estimating DOA of signals [J]. Signal Processing, 1996, 48 (1): 85-90.

[32] 何子述, 黄振兴, 向敬成. 修正 MUSIC 算法对相关信号源的 DOA 估计性能 [J]. 通信学报, 2000, 21 (10): 14-17.

[33] 石新智, 王高峰, 文必洋. 修正 MUSIC 算法对非线性阵列适用性的讨论 [J]. 电子学报, 2004, 32 (1): 147-149.

[34] 康春梅, 袁业术. 用 MUSIC 算法解决海杂波背景下相干源探测问题 [J]. 电子学报, 2004, 32 (3): 502-504.

[35] ZHANG X F, LV W, SHI Y, et al. A Novel DOA estimation Algorithm Based on Eigen Space [C]// 2007 International Symposium on Microwave, Antenna, Propagation and EMC Technologies for Wireless Communications. Hangzhou: IEEE, 2007.

[36] BENGTSSON M, OTTERSTEN B. A generalization of weighted subspace fitting to full-rank models [J]. IEEE Transactions on Signal Processing, 2001, 49 (5): 1002-1012.

[37] VISURI S, OJA H, KOIVUNEN V. Subspace-based direction-of-arrival estimation using nonparametric statistics [J]. IEEE Transactions on Signal Processing, 2001, 49 (9): 2060-2073.

[38] CLAUDIO E D D, PARISI R. WAVES: weighted average of signal subspaces for robust wideband direction finding [J]. IEEE Transactions on Signal Processing, 2001, 49 (10): 2179-2191.

[39] PELIN P. A fast minimization technique for subspace fitting with arbitrary array manifolds [J]. IEEE Transactions on Signal Processing, 2001, 49 (12): 2935-2939.

[40] KRISTENSSON M, JANSSON M, OTTERSTEN B. Further results and insights on subspace based sinusoidal frequency estimation [J]. IEEE Transactions on Signal Processing, 2001, 49 (12): 2962-2974.

[41] 王曙, 周希朗. 阵列信号波达方向—频率的同时估计方法 [J]. 上海交通大学学报, 1999, 33 (1): 40-42.

[42] 徐友根, 刘志文. 空间相干源信号频率和波达方向的同时估计方法 [J]. 电子学报, 2001, 29 (9): 1179-1182.

[43] 金梁, 殷勤业. 时空 DOA 矩阵方法 [J]. 电子学报, 2000, 28 (6): 8-12.

[44] 金梁, 殷勤业. 时空 DOA 矩阵方法的分析与推广 [J]. 电子学报, 2001, 29 (3): 300-303.

[45] 丁齐, 魏平, 肖先赐. 基于四阶累积量的 DOA 估计方法及其分析 [J]. 电子学报, 1999, 27 (3): 25-28.

[46] 刘全. 一种新的二维快速波达方向估计方法—虚拟累量域波达方向矩阵法 [J]. 电子学报, 2002, 30 (3): 351-353.

[47] GARDNER W A. Simplification of MUSIC and ESPRIT by exploitation of cyclostationarity [J]. Proceed-

ings of the IEEE, 1988, 76 (7): 845-847.

[48] XU G H, KAILATH T. Direction of arrival estimation via exploitation of cyclostationarity-A combination of temporal and spatial processing [J]. IEEE Transactions on Signal Processing, 1992, 40 (17): 1775-1786.

[49] 汪仪林, 殷勤业, 金梁, 等. 利用信号的循环平稳特性进行相干源的波达方向估计 [J]. 电子学报, 1999, 27 (9): 86-89.

[50] 黄知涛, 周一宇, 姜文利. 基于循环平稳特性的源信号到达角估计方法 [J]. 电子学报, 2002, 30 (3): 372-375.

[51] 黄知涛, 王炜华, 姜文利. 基于循环互相关的非相干源信号方向估计方法 [J]. 通信学报, 2003, 24 (2): 108-113.

[52] 金梁, 殷勤业. 广义谱相关子空间拟合 DOA 估计原理 [J]. 电子学报, 2000, 28 (1): 60-63.

[53] XIN J, SANE A. Linear prediction approach to direction estimation of cyclostationary signals in multipath environment [J]. IEEE Transactions on Signal Processing, 2001, 49 (4): 710-720.

[54] LEE J H, TUNG C H. Estimating the bearings of near-field cyclostationary signals [J]. IEEE Transactions on Signal Processing, 2002, 50 (1): 110-118.

[55] BELOUCHRANI A, AMIN M G. Blind source separation based on time-frequency signal representations [J]. IEEE Transactions on Signal Processing, 1998, 46 (11): 2888-2897.

[56] AMIN M G. Spatial time-frequency distributions for direction finding and blind source separation [C]// Proceedings of SPIE 3723. Wavelet Applications VI. Florida: SPIE, 1999.

[57] BELOUCHRANI A, AMIN M G. Time-frequency MUSIC [J]. IEEE Signal Processing Letters, 1999, 6 (5): 109-110.

[58] ZHANG Y, MA W, AMIN M G. Time-frequency maximum likelihood methods for direction finding [J]. Journal of the Franklin Institute, 2000, 337 (4): 483-497.

[59] 金梁, 殷勤业, 李盈. 时频子空间拟合波达方向估计 [J]. 电子学报, 2001, 29 (1): 71-74.

[60] ZHANG Y, MA W, AMIN M G. Subspace analysis of spatial time-frequency distribution matrices [J]. IEEE Transactions on Signal Processing, 2001, 49 (4): 747-759.

[61] 万群, 杨万麟. 基于盲波束形成的分布式目标波达方向估计方法 [J]. 电子学报, 2000, 28 (12): 90-93.

[62] GHOGHO M, SWAMI A, DURRANI T S. Frequency estimation in the presence of Doppler spread: performance analysis [J]. IEEE Transactions on Signal Processing, 2001, 49 (4): 777-789.

[63] BESSON O, VINCENT F, STOICA P, et al. Approximate maximum likelihood estimators for array processing in multiplicative noise environments [J]. IEEE Transactions on Signal Processing, 2000, 48 (9): 2506-2518.

[64] BESSON O, STOICA P. Decoupled estimation of DOA and angular spread for a spatially distributed source [J]. IEEE Transactions on Signal Processing, 2000, 48 (7): 1872-1882.

[65] BESSON O, STOICA P, GERSHMAN A B. Simple and accurate direction of arrival estimator in the case of imperfect spatial coherence [J]. IEEE Transactions on Signal Processing, 2001, 49 (4): 730-737.

[66] BENGTSSON M, OTTERSTEN B. Low-complexity estimators for distributed sources [J]. IEEE Transactions on Signal Processing, 2000, 48 (8): 2185-2194.

[67] 袁静，万群，彭应宁．局部散射源参数估计的非线性算子方法［J］．通信学报，2003，24（2）：102-107.

[68] SHAHBAZPANAHI S，VALAEE S，BASTANI M H. Distributed source localization using ESPRIT algorithm［J］. IEEE Transactions on Signal Processing，2001，49（10）：2169-2178.

[69] GHOGHO M，BESSON O，SWAMI A. Estimation of directions of arrival of multiple scattered sources［J］. IEEE Transactions on Signal Processing，2001，49（11）：2467-2480.

[70] HUA Y B，SARKAR T K，WEINER D D. An l-shaped array for estimating 2-D directions of arrival［J］. IEEE Transactions on Antennas and Propagation，1991，39（2）：143-146.

[71] ZOLTOWSKI M D，HAARDT M，MATHEWS C P. Closed-form 2-D angle estimation with rectangular arrays in element space or beamspace via unitary ESPRIT［J］. IEEE Transactions on Signal Processing，1996，44（2）：316-328.

[72] LIU T H，MENDEL J M. Azimuth and elevation direction finding using arbitrary array geometries［J］. IEEE Transactions on Signal Processing，1998，46（7）：2061-2065.

[73] 李佳姗．分布式无源定位技术［D］．西安：西安电子科技大学，2020.

[74] 牛刚，杜太行，高婕，等．小载荷无人机无源定位技术研究［J］．火力与指挥控制，2021，46（04）：38-42.

[75] 张君君．对固定辐射源的多站无源定位研究［D］．西安：西安电子科技大学，2019.

[76] XU Y，WANG B，LI P. Time-delay estimation for phase space reconstruction based on detecting nonlinear correlation of a system［J］. Journal of Vibration and Shock，2014，33（8）：4-10.

[77] 栾风虎，李玉峰，于学明，等．基于高阶累计量的时延估计研究［J］．黑龙江大学自然科学学报，2010，27（02）：260-263.

[78] LI X，CHEN C W，QIANG L. LMS self-adaption time delay estimation［J］. Electronics Quality，2010，2：7-9.

[79] JEZIERSKA A，CHAUX C，PESQUET J C，et al. An EM approach for time-variant poisson-gaussian model parameter estimation［J］. IEEE Transactions on Signal Processing，2013，62（1）：17-30.

[80] ZHOU F，WANG L K，FAN X Y. An improved beam-space MUSIC time delay estimation algorithm based on TK operator［J］. Journal of Chongqing University of Posts and Telecommunications（Natural Science Edition），2012，23（6）：712-716.

[81] 王大鸣，任衍青，逯志宇，等．分布式信源数据域直接位置估计方法［J］．电子与信息学报，2018，40（02）：371-377.

[82] 冯奇，曲长文，周强．多运动站异步观测条件下的直接定位算法［J］．电子与信息学报，2016，39（02）：417-422.

[83] 王大鸣，任衍青，逯志宇，等．融合多普勒频移信息的阵列数据域直接定位方法［J］．电子与信息学报，2018，40（05）：1219-1225.

[84] BOSSE J，FERREOL A，LARZABAL P. Performance analysis of passive localization strategies：direct one step approach versus 2 steps approach［C］//2011 IEEE Statistical Signal Processing Workshop. Nice：IEEE，2011.

[85] WANG G，YANG K. A new approach to sensor node localization using RSS measurements in wireless sensor networks［J］. IEEE Transactions on Wireless Communications，2011，10（5）：1389-1395.

[86] KNAPP C, CARTER G. The generalized correlation method for estimation of time delay [J]. IEEE Transactions on Acoustics, Speech, and Signal processing, 1976, 24 (4): 320-327.

[87] SCHAU H C, ROBINSON A Z. Passive source localization employing intersecting spherical surfaces from time-of-arrival differences [J]. IEEE Transactions on Acoustics, Speech, and Signal Processing, 1987, 35 (8): 1223-1225.

[88] CHAN Y T, HO K C. A simple and efficient estimator for hyperbolic location [J]. IEEE Transactions on Signal Processing, 1994, 42 (8): 1905-1915.

[89] CHAN Y T, HANG H Y C, CHING P. Exact and approximate maximum likelihood localization algorithms [J]. IEEE Transactions on Vehicular Technology, 2006, 55 (1): 10-16.

[90] FANG B T. Simple solutions for hyperbolic and related position fixes [J]. IEEE Transactions on Aerospace and Electronic Systems, 1990, 26 (5): 748-753.

[91] WEISS A J. Direct position determination of narrowband radio frequency transmitters [J]. IEEE Signal Processing Letters, 2004, 11 (5): 513 - 516.

[92] AMAR A, WEISS A J. Direct position determination (DPD) of multiple known and unknown radio-frequency signals [C]//2004 12th European Signal Processing Conference. Vienna: IEEE, 2004.

[93] WEISS A J, AMAR A. Direct position determination of multiple radio signals [J]. EURASIP Journal on Advances in Signal Processing, 2005, 2005 (1): 653549.

[94] 刘永坚, 贾兴江, 周一宇. 运动多站无源定位技术 [M]. 北京: 国防工业出版社, 2015.

[95] 尹洁昕. 基于阵列信号的目标直接定位方法研究 [D]. 郑州: 中国人民解放军网络空间部队信息工程大学, 2018.

[96] ZHONG S, XIA W, HE Z S. Adaptive direct position determination of emitters based on time differences of arrival [C]//2013 IEEE China Summit and International Conference on Signal and Information Processing. Beijing: IEEE, 2013.

[97] JIANG W Y, XIA W, ZHONG S. Variable step-size normalized adaptive direct position determination by alternate iteration [C]//2014 IEEE China Summit and International Conference on Signal and Information Processing. Xi´an: IEEE, 2014.

[98] VANKAYALAPATI N, KAY S, DING Q. TDOA based direct positioning maximum likelihood estimator and the cramer-rao bound [J]. IEEE Transactions on Aerospace and Electronic Systems, 2014, 50 (3): 1616-1635.

[99] MOON T K. The expectation-maximization algorithm [J]. IEEE Signal Processing Magazine, 1996, 13 (6): 47-60.

[100] TZOREFF E, WEISS A J. Expectation-maximization algorithm for direct position determination [J]. Signal Processing, 2017, 133: 32-39.

[101] DEMISSIE B, OISPUU M, RUTHOTTO E. Localization of multiple sources with a moving array using subspace data fusion [C]//2008 11th International Conference on Information Fusion. Cologne: IEEE, 2008.

[102] OISPUU M, NICKEL U. Direct detection and position determination of multiple sources with intermittent emission [J]. Signal Processing, 2010, 90 (12): 3056-3064.

[103] ZHANG Y K, BA B, WANG D, et al. Direct position determination of multiple non-circular sources

with a moving coprime array [J]. Sensors, 2018, 18 (5): 1478-1479.

[104] ZHANG Y K, XU H Y, BA B, et al. Direct position determination of non-circular sources based on a doppler-extended aperture with a moving coprime array [J]. IEEE Access, 2018, 6: 61014-61021.

[105] KUMAR G, PONNUSAMY P, AMIRI I S. Direct localization of multiple noncircular sources with a moving nested array [J]. IEEE Access, 2019, 7: 101106-101116.

[106] AMAR A, WEISS A J. Analysis of Direct Position Determination Approach in the Presence of Model Errors [C]//2005 13th Workshop on Statistical Signal Processing. Bordeaux: IEEE, 2005.

[107] PICARD J S, WEISS A J. Direct position determination sensitivity to NLOS propagation effects on doppler-shift [J]. IEEE Transactions on Signal Processing, 2019, 67 (14): 3870-3881.

[108] YIN J X, WANG D, WU Y, et al. Single-step localization using multiple moving arrays in the presence of observer location errors [J]. Signal Processing, 2018, 152: 392-410.

[109] WANG D, YIN J X, LIU R, et al. Robust direct position determination methods in the presence of array model errors [J]. EURASIP Journal on Advances in Signal Processing, 2018, 2018 (1): 36-38.

第 2 章 传感器阵列数学基础

本章将介绍在传感器阵列信号处理过程中与矩阵代数相关的知识，以及传感器阵列的统计模型、传感器阵列协方差矩阵的特征值分解，常用传感器阵列形式（均匀线阵列、均匀圆阵列、L 型阵列、平面阵列和任意阵列）的阵列响应矢量/矩阵[1-4]。

2.1 与矩阵代数相关的知识

2.1.1 特征值与特征矢量

令 $\boldsymbol{A}\in\mathbb{C}^{n\times n}$，$\boldsymbol{e}\in\mathbb{C}^{n}$，若标量 λ 和非零矢量 $\boldsymbol{e}$ 满足方程

$$\boldsymbol{A}\boldsymbol{e}=\lambda\boldsymbol{e},\quad \boldsymbol{e}\neq\boldsymbol{O} \tag{2-1}$$

则称 λ 是矩阵 $\boldsymbol{A}$ 的特征值，$\boldsymbol{e}$ 是与 λ 对应的特征矢量。特征值与特征矢量总是成对出现的，称$(\lambda,\boldsymbol{e})$为矩阵 $\boldsymbol{A}$ 的特征对，特征值可能为 0，特征矢量一定非 0。

2.1.2 广义特征值与广义特征矢量

令 $\boldsymbol{A},\boldsymbol{B}\in\mathbb{C}^{n\times n}$，$\boldsymbol{e}\in\mathbb{C}^{n}$，若标量 λ 和非零矢量 $\boldsymbol{e}$ 满足方程

$$\boldsymbol{A}\boldsymbol{e}=\lambda\boldsymbol{B}\boldsymbol{e},\quad \boldsymbol{e}\neq\boldsymbol{O} \tag{2-2}$$

则称 λ 是矩阵 $\boldsymbol{A}$ 相对于矩阵 $\boldsymbol{B}$ 的广义特征值，$\boldsymbol{e}$ 是与 λ 对应的广义特征矢量。如果矩阵 $\boldsymbol{B}$ 非满秩，那么 λ 可以是任意值（包括 0）。当矩阵 $\boldsymbol{B}$ 为单位矩阵时，式（2-2）就可以看作对普通特征值问题的推广。

2.1.3 矩阵的奇异值分解

对于复矩阵 $\boldsymbol{A}$，称 $\boldsymbol{A}^{\mathrm{H}}\boldsymbol{A}$ 的 i 个特征根 λ_i 的算术根 $\sigma_i=\sqrt{\lambda_i}\,(i=1,2,\cdots,n)$ 为矩

阵 $\boldsymbol{A}$ 的奇异值。若记 $\boldsymbol{\Sigma}_r=\operatorname{diag}\{\sigma_1,\sigma_2,\cdots,\sigma_r\}$，其中 $\sigma_1,\sigma_2,\cdots,\sigma_r$ 是矩阵 $\boldsymbol{A}$ 的全部非 0 奇异值，则称 $m\times n$ 维矩阵 $\boldsymbol{\Sigma}$ 为矩阵 $\boldsymbol{A}$ 的奇异值矩阵，有

$$\boldsymbol{\Sigma}=\begin{bmatrix}\boldsymbol{\Sigma}_r & \boldsymbol{O}\\ \boldsymbol{O} & \boldsymbol{O}\end{bmatrix} \tag{2-3}$$

奇异值分解定理：对于 $m\times n$ 维矩阵 $\boldsymbol{A}$，存在一个 $m\times m$ 维酉矩阵 $\boldsymbol{U}$ 和一个 $n\times n$ 维酉矩阵 $\boldsymbol{V}$，有

$$\boldsymbol{A}=\boldsymbol{U}\boldsymbol{\Sigma}\boldsymbol{V}^{\mathrm{H}} \tag{2-4}$$

2.1.4 Toeplitz 矩阵

定义：含有 $2n-1$ 个元素的 n 阶矩阵

$$\boldsymbol{A}=\begin{bmatrix} a_0 & a_{-1} & a_{-2} & \cdots & a_{-n+1}\\ a_1 & a_0 & a_{-1} & \cdots & a_{-n+2}\\ a_2 & a_1 & a_0 & \cdots & a_{-n+3}\\ \vdots & \vdots & \vdots & \ddots & \vdots\\ a_{n-1} & a_{n-2} & a_{n-3} & \cdots & a_0 \end{bmatrix} \tag{2-5}$$

被称为 Toeplitz 矩阵，简记为

$$\boldsymbol{A}=[\,a_{-j+i}\,]_{i,j=0}^{n-1} \tag{2-6}$$

式中，i 和 j 分别表示矩阵 $\boldsymbol{A}$ 中元素的下标，$i,j=0,1,\cdots,n-1$。Toeplitz 矩阵完全由第 1 行和第 1 列的 $2n-1$ 个元素确定。可见，在 Toeplitz 矩阵中，位于任意与主对角线平行的斜线上的元素都是相同的，且关于副对角线对称。

2.1.5 Hankel 矩阵

定义：具有

$$\boldsymbol{H}=\begin{bmatrix} a_0 & a_1 & a_2 & \cdots & a_n\\ a_1 & a_2 & a_3 & \cdots & a_{n+1}\\ a_2 & a_3 & a_4 & \cdots & a_{n+2}\\ \vdots & \vdots & \vdots & \ddots & \vdots\\ a_n & a_{n+1} & a_{n+2} & \cdots & a_{2n} \end{bmatrix} \tag{2-7}$$

形式的 $n+1$ 阶矩阵被称为 Hankel 矩阵或正交对称矩阵（Ortho-Symmetric Matrix）。

可见，Hankel 矩阵完全由第 1 行和第 n 列的 $2n+1$ 个元素确定，所有与主对角线垂直的斜线上的元素都相同。

2.1.6 Vandermonde 矩阵

定义：具有

$$\boldsymbol{V}(a_1,a_2,\cdots,a_n)=\begin{bmatrix} 1 & 1 & 1 & \cdots & 1 \\ a_1 & a_2 & a_3 & \cdots & a_n \\ a_1^2 & a_2^2 & a_3^2 & \cdots & a_n^2 \\ \vdots & \vdots & \vdots & \ddots & \vdots \\ a_1^{m-1} & a_2^{m-1} & a_3^{m-1} & \cdots & a_n^{m-1} \end{bmatrix} \tag{2-8}$$

形式的 $m\times n$ 维矩阵被称为 Vandermonde 矩阵。如果 $a_i \neq a_j$，那么 $\boldsymbol{V}(a_1,a_2,\cdots,a_n)$ 是非奇异的。

2.1.7 Hermitian 矩阵

如果矩阵 $\boldsymbol{A}$ 满足

$$\boldsymbol{A}=\boldsymbol{A}^{\mathrm{H}} \tag{2-9}$$

则称 $\boldsymbol{A}$ 为 Hermitian 矩阵。Hermitian 矩阵有以下主要性质：

- 所有特征值都是实的。
- 对应不同特征值的特征矢量相互正交。
- 可分解为 $\boldsymbol{A}=\boldsymbol{E}\boldsymbol{\Lambda}\boldsymbol{E}^{\mathrm{H}}=\sum_{i=1}^{n}\xi_i\boldsymbol{e}_i\boldsymbol{e}_i^{\mathrm{H}}$ 的形式，被称为谱定理，也就是矩阵 $\boldsymbol{A}$ 的特征值分解定理，其中 $\boldsymbol{\Lambda}=\mathrm{diag}(\xi_1,\xi_2,\cdots,\xi_n)$，$\boldsymbol{E}=[\boldsymbol{e}_1,\boldsymbol{e}_2,\cdots,\boldsymbol{e}_n]$ 是由特征矢量构成的酉矩阵。

2.1.8 Kronecker 积

定义：$p\times q$ 维矩阵 $\boldsymbol{A}$ 和 $m\times n$ 维矩阵 $\boldsymbol{B}$ 的 Kronecker 积记作 $\boldsymbol{A}\otimes\boldsymbol{B}$，是一个 $pm\times qn$ 维矩阵，定义为

$$
\boldsymbol{A}\otimes\boldsymbol{B}=\begin{bmatrix} a_{11}\boldsymbol{B} & a_{12}\boldsymbol{B} & \cdots & a_{1q}\boldsymbol{B} \\ a_{21}\boldsymbol{B} & a_{22}\boldsymbol{B} & \cdots & a_{2q}\boldsymbol{B} \\ \vdots & \vdots & \ddots & \vdots \\ a_{p1}\boldsymbol{B} & a_{p2}\boldsymbol{B} & \cdots & a_{pq}\boldsymbol{B} \end{bmatrix} \tag{2-10}
$$

Kronecker 积有一个重要性质，即 $\boldsymbol{U}\in\mathbb{C}^{m\times n},\boldsymbol{V}\in\mathbb{C}^{n\times p},\boldsymbol{W}\in\mathbb{C}^{p\times q}$，有以下等式成立，即

$$
\operatorname{vec}(\boldsymbol{UVW})=(\boldsymbol{W}^{\mathrm{T}}\otimes\boldsymbol{U})\operatorname{vec}(\boldsymbol{V}) \tag{2-11}
$$

式中，$\operatorname{vec}(\cdot)$为矢量化算子，$\boldsymbol{A}\in\mathbb{C}^{I\times R}$，且 $\operatorname{vec}(\boldsymbol{A})$具有下面的形式，即

$$
\boldsymbol{a}=\operatorname{vec}(\boldsymbol{A})=\begin{bmatrix} a_{1,1} \\ \vdots \\ a_{I,1} \\ \vdots \\ a_{1,R} \\ \vdots \\ a_{I,R} \end{bmatrix}\in\mathbb{C}^{IR\times 1} \tag{2-12}
$$

Kronecker 积具有如下性质，即

$$
\boldsymbol{A}\otimes(a\boldsymbol{B})=a(\boldsymbol{A}\otimes\boldsymbol{B})
$$
$$
(\boldsymbol{A}\otimes\boldsymbol{B})^{\mathrm{T}}=\boldsymbol{A}^{\mathrm{T}}\otimes\boldsymbol{B}^{\mathrm{T}}
$$
$$
(\boldsymbol{A}+\boldsymbol{B})\otimes\boldsymbol{C}=\boldsymbol{A}\otimes\boldsymbol{C}+\boldsymbol{B}\otimes\boldsymbol{C}
$$
$$
\boldsymbol{A}\otimes(\boldsymbol{B}+\boldsymbol{C})=\boldsymbol{A}\otimes\boldsymbol{B}+\boldsymbol{A}\otimes\boldsymbol{C}
$$
$$
\boldsymbol{A}\otimes(\boldsymbol{B}\otimes\boldsymbol{C})=(\boldsymbol{A}\otimes\boldsymbol{B})\otimes\boldsymbol{C}
$$
$$
(\boldsymbol{A}\otimes\boldsymbol{B})(\boldsymbol{C}\otimes\boldsymbol{D})=\boldsymbol{AC}\otimes\boldsymbol{BD}
$$
$$
\operatorname{vec}(\boldsymbol{AYB})=(\boldsymbol{B}^{\mathrm{T}}\otimes\boldsymbol{A})\operatorname{vec}(\boldsymbol{Y})
$$
$$
\operatorname{tr}(\boldsymbol{A}\otimes\boldsymbol{B})=\operatorname{tr}(\boldsymbol{A})\operatorname{tr}(\boldsymbol{B})
$$

2.1.9 Khatri-Rao 积

考虑两个矩阵 $\boldsymbol{A}$ 和 $\boldsymbol{B}$，它们的 Khatri-Rao 积 $\boldsymbol{A}\odot\boldsymbol{B}$ 是一个 $IJ\times F$ 维矩阵，定义为

$$\begin{aligned}\boldsymbol{A}\odot\boldsymbol{B}&=[\boldsymbol{a}_1\otimes\boldsymbol{b}_1,\cdots,\boldsymbol{a}_F\otimes\boldsymbol{b}_F]\\&=[\mathrm{vec}(\boldsymbol{b}_1\boldsymbol{a}_1^{\mathrm{T}}),\cdots,\mathrm{vec}(\boldsymbol{b}_F\boldsymbol{a}_F^{\mathrm{T}})]\end{aligned}\tag{2-13}$$

式中，$\boldsymbol{a}_F$ 为 $\boldsymbol{A}$ 的第 F 列；$\boldsymbol{b}_F$ 为 $\boldsymbol{B}$ 的第 F 列。Khatri-Rao 积是列矢量的 Kronecker 积。

Khatri-Rao 积具有如下性质，即

$$\boldsymbol{A}\odot(\boldsymbol{B}\odot\boldsymbol{C})=(\boldsymbol{A}\odot\boldsymbol{B})\odot\boldsymbol{C}$$

$$(\boldsymbol{A}+\boldsymbol{B})\odot\boldsymbol{C}=\boldsymbol{A}\odot\boldsymbol{C}+\boldsymbol{B}\odot\boldsymbol{C}$$

令 $\boldsymbol{x}\in\mathbb{C}^F$，Khatri-Rao 积具有如下性质，即

$$\mathrm{unvec}((\boldsymbol{A}\odot\boldsymbol{B})\boldsymbol{x},J,I)=\boldsymbol{B}\mathrm{diag}(\boldsymbol{x})\boldsymbol{A}^{\mathrm{T}}\tag{2-14}$$

式中，unvec($\boldsymbol{g}$)是矩阵化算子，是 vec($\boldsymbol{g}$)的逆运算，具有如下形式，即

$$\mathrm{unvec}(\boldsymbol{a},J,I)=\begin{bmatrix}a_{11},a_{12},\cdots,a_{1I}\\a_{21},a_{22},\cdots,a_{2I}\\\vdots\quad\vdots\quad\ddots\quad\vdots\\a_{J1},a_{J2},\cdots,a_{JI}\end{bmatrix}=\boldsymbol{A}\tag{2-15}$$

diag($\boldsymbol{x}$)为对角矩阵，其中的元素为矢量 $\boldsymbol{x}$ 中的元素。

2.1.10 Hadamard 积

矩阵 $\boldsymbol{A}\in\mathbb{C}^{I\times J}$和 $\boldsymbol{B}\in\mathbb{C}^{I\times J}$的 Hadamard 积被定义为

$$\boldsymbol{A}\oplus\boldsymbol{B}=\begin{bmatrix}a_{11}b_{11}&a_{12}b_{12}&\cdots&a_{1J}b_{1J}\\a_{21}b_{21}&a_{22}b_{22}&\cdots&a_{2J}b_{2J}\\\vdots&\vdots&\ddots&\vdots\\a_{I1}b_{I1}&a_{I2}b_{I2}&\cdots&a_{IJ}b_{IJ}\end{bmatrix}\tag{2-16}$$

2.1.11 矢量化

通常，张量和矩阵用矢量表示比较方便，定义矩阵 $\boldsymbol{Y}=[\boldsymbol{y}_1,\boldsymbol{y}_2,\cdots,\boldsymbol{y}_T]\in\mathbb{R}^{I\times T}$的矢量化为

$$\boldsymbol{y}=\mathrm{vec}(\boldsymbol{Y})=[\boldsymbol{y}_1^{\mathrm{T}},\boldsymbol{y}_2^{\mathrm{T}},\cdots,\boldsymbol{y}_T^{\mathrm{T}}]^{\mathrm{T}}\in\mathbb{R}^{I\times T}\tag{2-17}$$

式中，vec 算子用于将矩阵 $\boldsymbol{Y}$ 的所有列堆积成一个矢量。重塑（reshape）是矢量化的逆函数，可将一个矢量转换为一个矩阵。例如，$\text{reshape}(\boldsymbol{y},I,T)\in\mathbb{R}^{I\times T}$（使用 MATLAB 表示法并类似于 MATLAB 中的 reshape 函数）被定义为

$$\text{reshape}(\boldsymbol{y},I,T)=[\boldsymbol{y}(1:I),\boldsymbol{y}(I+1:2I),\cdots,\boldsymbol{y}((T-1)I:IT)]\in\mathbb{R}^{I\times T} \tag{2-18}$$

同样可定义张量 $\underline{\boldsymbol{Y}}$ 的矢量化，如三阶张量 $\underline{\boldsymbol{Y}}\in\mathbb{R}^{I\times T\times Q}$ 的矢量化可写为

$$\text{vec}(\underline{\boldsymbol{Y}})=\text{vec}(\boldsymbol{Y}_{(1)})[\text{vec}(\boldsymbol{Y}_{::1})^{\mathrm{T}},\text{vec}(\boldsymbol{Y}_{::2})^{\mathrm{T}},\cdots,\text{vec}(\boldsymbol{Y}_{::Q})^{\mathrm{T}}]^{\mathrm{T}}\in\mathbb{R}^{ITQ} \tag{2-19}$$

vec 算子的基本性质包括

$$\text{vec}(c\boldsymbol{A})=c\,\text{vec}(\boldsymbol{A}) \tag{2-20a}$$

$$\text{vec}(\boldsymbol{A}+\boldsymbol{B})=\text{vec}(\boldsymbol{A})+\text{vec}(\boldsymbol{B}) \tag{2-20b}$$

$$\text{vec}(\boldsymbol{A})^{\mathrm{T}}\text{vec}(\boldsymbol{B})=\text{tr}(\boldsymbol{A}^{\mathrm{T}}\boldsymbol{B}) \tag{2-20c}$$

$$\text{vec}(\boldsymbol{ABC})=(\boldsymbol{C}^{\mathrm{T}}\otimes\boldsymbol{A})\text{vec}(\boldsymbol{B}) \tag{2-20d}$$

式中，c 为常数。

2.2 窄带信号和噪声模型

2.2.1 窄带信号

如果信号带宽远小于中心频率，则该信号被称为窄带信号，有

$$W_{\mathrm{B}}/f_0<1/10 \tag{2-21}$$

式中，W_{B} 为信号带宽；f_0 为中心频率。正弦信号和余弦信号通常被统称为正弦型信号。正弦型信号是典型的窄带信号。若无特殊说明，本书中所涉及的窄带信号均表示为

$$s(t)=a(t)\mathrm{e}^{\mathrm{j}[\omega_0 t+\theta(t)]} \tag{2-22}$$

式中，$a(t)$ 为慢变幅度调制函数或实包络；$\theta(t)$ 为慢变相位调制函数；$\omega_0=2\pi f_0$ 为载频。在一般情况下，$a(t)$ 和 $\theta(t)$ 包含全部有用信息。

2.2.2 相关系数

对于接收的多个信号，一般可利用相关系数或互相关系数来衡量信号之间

的关联程度。对于两个平稳信号 $s_i(t)$ 和 $s_j(t)$，相关系数被定义为

$$\rho_{ij}=\frac{E[(s_i(t)-E[s_i(t)])(s_j(t)-E[s_j(t)])]}{\sqrt{E[s_i(t)-E[s_i(t)]]^2E[s_j(t)-E[s_j(t)]]^2}} \tag{2-23}$$

显然，相关系数满足 $|\rho_{ij}|\leqslant 1$。

当 $\rho_{ij}=0$ 时，称 $s_i(t)$ 和 $s_j(t)$ 不相关或不相干；当 $0<|\rho_{ij}|<1$ 时，称 $s_i(t)$ 和 $s_j(t)$ 部分相关或部分相干；当 $|\rho_{ij}|=1$ 时，称 $s_i(t)$ 和 $s_j(t)$ 完全相关或完全相干。

2.2.3　噪声模型

在本书中，如无特殊说明，假设阵元所接收的噪声均为平稳的零均值高斯白噪声，方差为 σ_{n}^2，与目标不相关，各阵元之间的噪声互不相关，则噪声矢量 $\boldsymbol{n}(t)$ 的二阶矩阵满足

$$E\{\boldsymbol{n}(t_1)\boldsymbol{n}^{\mathrm{H}}(t_2)\}=\sigma_{\mathrm{n}}^2\boldsymbol{I}\delta_{t_1,t_2} \tag{2-24}$$

$$E\{\boldsymbol{n}(t_1)\boldsymbol{n}^{\mathrm{T}}(t_2)\}=\boldsymbol{O} \tag{2-25}$$

式中，$\boldsymbol{I}$ 为单位矩阵；$\delta_{t_1,t_2}=\begin{cases}1, t_1=t_2\\0, t_1\neq t_2\end{cases}$。

2.3　天线阵列

2.3.1　前提和假设

由于信号在无线信道中的传输机理是极其复杂的，构建严格的数学模型需要对物理环境进行完整的描述，因此必须进行相关的假设。

关于接收天线阵列的假设：接收天线阵列由位于空间已知坐标的无源阵元按一定的形式排列而成。假设阵元的接收特性仅与位置有关，与尺寸无关（认为是一个点），并且阵元都是全向阵元，增益均相等，之间的耦合忽略不计。阵元在接收信号时会产生噪声。假设噪声为加性高斯白噪声，各阵元上的噪声相互统计独立，且与信号相互统计独立。

关于信源信号的假设：假设信源信号的传播介质均匀且各向同性，则信源信号在介质中按直线传播；同时又假设天线阵列处于信源信号辐射的远场，信源信号到达天线阵列时可被看作一束平行的平面波，到达各阵元的时延由天线

阵列的几何结构和信源信号的来向决定。信源信号的来向在三维空间常用仰角 θ 和方位角 φ 来表征。

此外，在构建天线阵列模型时，还要区分信源信号是窄带信号还是宽带信号。本书讨论的大多是窄带信号。所谓窄带信号，是指相对于信号（复信号）的载频而言的，信号包络的带宽很窄（包络是慢变的）。在同一时刻，窄带信号对天线阵列各阵元的影响仅为由不同波程产生的相位差异。

2.3.2 基本概念

令信号的载波为 $e^{j\omega t}$，以平面波的形式在空间沿波数矢量 $\boldsymbol{k}$ 的方向传输，设基准点的信号为 $s(t)e^{j\omega t}$，则距离基准点 $\boldsymbol{r}$ 处阵元的接收信号为

$$s_r(t)=s\left(t-\frac{1}{c}\boldsymbol{r}^{\mathrm{T}}\boldsymbol{\alpha}\right)\exp[\mathrm{j}(\omega t-\boldsymbol{r}^{\mathrm{T}}\boldsymbol{k})] \tag{2-26}$$

式中，$\boldsymbol{k}$ 为波数矢量；$\boldsymbol{\alpha}=\boldsymbol{k}/|\boldsymbol{k}|$为信号传输方向，单位矢量；$|\boldsymbol{k}|=\omega/c=2\pi/\lambda$ 为波数（弧度/长度）；c 为光速；λ 为信号的波长；$(1/c)\boldsymbol{r}^{\mathrm{T}}\boldsymbol{\alpha}$ 为信号相对基准点的延迟时间；$\boldsymbol{r}^{\mathrm{T}}\boldsymbol{k}$ 为信号传输到距离基准点 $\boldsymbol{r}$ 处阵元相对于信号传输到基准点的滞后相位。

θ 为信号传输的仰角，是相对于 x 轴的逆时针方向进行定义的。显然，波数矢量可以表示为

$$\boldsymbol{k}=k\begin{bmatrix}\cos\theta\\ \sin\theta\end{bmatrix} \tag{2-27}$$

信号从点辐射源以球面波的形式传输，只要离辐射源足够远，在接收的局部区域，球面波就可以近似为平面波。

假设在空间有一个由 M 个阵元组成的阵列，将阵元编号为 $1\sim M$，阵元 1（也可选择其他阵元）为基准点或参考点，各阵元均无方向性，即全向，相对于基准点的位置矢量为 $\boldsymbol{r}_i(i=1,2,\cdots,M)$。若基准点的接收信号为 $s(t)e^{j\omega t}$，则阵元 i 的接收信号为

$$s_i(t)=s\left(t-\frac{1}{c}\boldsymbol{r}_i^{\mathrm{T}}\boldsymbol{\alpha}\right)\exp[\mathrm{j}(\omega t-\boldsymbol{r}_i^{\mathrm{T}}\boldsymbol{k})] \tag{2-28}$$

在通信领域，信号的频带 W_{B} 比载波频率小得多，$s(t)$的变化相对缓慢，时延$(1/c)\boldsymbol{r}_i^{\mathrm{T}}\boldsymbol{\alpha}\ll(1/W_{\mathrm{B}})$，有 $s(t-(1/c)\cdot\boldsymbol{r}_i^{\mathrm{T}}\boldsymbol{\alpha})\approx s(t)$，即信号包络在各阵元上的差异可以忽略。

此外，将阵列信号变换到基带进行处理，阵列信号的矢量形式为

$$\boldsymbol{s}(t) \triangleq [s_1(t), s_2(t), \cdots, s_M(t)]^{\mathrm{T}} = s(t)[\mathrm{e}^{-\mathrm{j}\boldsymbol{r}_1^{\mathrm{T}}\boldsymbol{k}}, \mathrm{e}^{-\mathrm{j}\boldsymbol{r}_2^{\mathrm{T}}\boldsymbol{k}}, \cdots, \mathrm{e}^{-\mathrm{j}\boldsymbol{r}_M^{\mathrm{T}}\boldsymbol{k}}]^{\mathrm{T}} \tag{2-29}$$

当入射信号的波长和阵列的几何结构确定时，矢量只与到达波的仰角 θ 有关。方向矢量可记作 $\boldsymbol{a}(\theta)$，与基准点的位置无关。例如，若第一个阵元为基准点，则方向矢量为

$$\boldsymbol{a}(\theta) = [1, \mathrm{e}^{-\mathrm{j}\bar{\boldsymbol{r}}_2^{\mathrm{T}}\boldsymbol{k}}, \cdots, \mathrm{e}^{-\mathrm{j}\bar{\boldsymbol{r}}_M^{\mathrm{T}}\boldsymbol{k}}]^{\mathrm{T}} \tag{2-30}$$

式中，$\bar{\boldsymbol{r}}_i = \boldsymbol{r}_i - \boldsymbol{r}_1 (i=2,\cdots,M)$。

在实际应用中，阵列结构要求方向矢量 $\boldsymbol{a}(\theta)$ 必须与仰角 θ 一一对应，不能出现模糊现象。例如，在有 K 个信源时，到达波的方向矢量可表示为 $\boldsymbol{a}(\theta_i)$，$i=1,2,\cdots,K$。由 K 个方向矢量组成的矩阵 $\boldsymbol{A} = [\boldsymbol{a}(\theta_1), \boldsymbol{a}(\theta_2), \cdots, \boldsymbol{a}(\theta_K)]$ 被称为阵列方向矩阵或阵列响应矩阵，改变仰角 θ，相当于方向矢量 $\boldsymbol{a}(\theta)$ 在 M 维空间进行扫描，所形成的曲面被称为阵列流形。

阵列流形常用符号 $\boldsymbol{A}$ 表示，即

$$\boldsymbol{A} = \{\boldsymbol{a}(\theta) \mid \theta \in \boldsymbol{\Theta}\} \tag{2-31}$$

式中，$\boldsymbol{\Theta} = [0, 2\pi)$ 是仰角 θ 所有可能取值的集合。阵列流形 $\boldsymbol{A}$ 是阵列方向矩阵或阵列响应矩阵的集合，包含阵列几何结构、阵元模式、阵元之间的耦合、频率等的影响。

2.3.3 模型

假设有一个天线阵列，由 M 个具有任意方向的阵元任意排列构成，有 K 个具有相同中心频率 ω_0、波长为 λ 的空间窄带平面波（$M>K$）分别以方向 Θ_1，

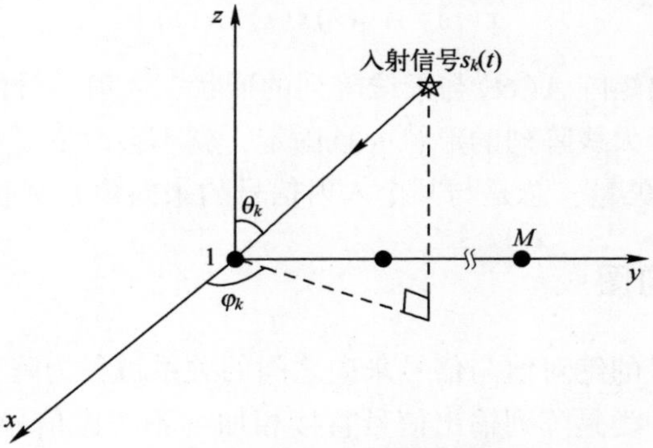

图 2-1　波达方向示意图

$\Theta_2,\cdots,\Theta_K$ 入射到天线阵列上，如图 2-1 所示。图中，$\Theta_k=(\theta_k,\varphi_k)$，$k=1,2,\cdots,K$。$\theta_k,\varphi_k$ 分别为第 k 个入射信号的仰角和方位角，$0°\leqslant\theta_k<90°,0°\leqslant\varphi_k<360°$。

第 m 个阵元的输出可以表示为

$$x_m(t)=\sum_{k=1}^{K}s_k(t)\mathrm{e}^{\mathrm{j}\omega_o\tau_m(\Theta_k)}+n_m(t) \tag{2-32}$$

式中，$s_k(t)$ 为第 k 个入射信号；$n_m(t)$ 为第 m 个阵元的加性噪声；$\tau_m(\Theta_k)$ 为来自 Θ_k 方向的入射信号入射到第 m 个阵元时，相对于选定参考点的时延，有

$$\boldsymbol{x}(t)=[x_1(t),x_2(t),\cdots,x_M(t)]^{\mathrm{T}} \tag{2-33}$$

$$\boldsymbol{n}(t)=[n_1(t),n_2(t),\cdots,n_M(t)]^{\mathrm{T}} \tag{2-34}$$

$\boldsymbol{s}(t)$ 为 $K\times1$ 维列矢量，有

$$\boldsymbol{s}(t)=[s_1(t),s_2(t),\cdots,s_K(t)]^{\mathrm{T}} \tag{2-35}$$

$\boldsymbol{A}(\Theta)$ 为 $M\times K$ 维方向矩阵，有

$$\boldsymbol{A}(\Theta)=[\boldsymbol{a}(\Theta_1),\boldsymbol{a}(\Theta_2),\cdots,\boldsymbol{a}(\Theta_K)] \tag{2-36}$$

在方向矩阵 $\boldsymbol{A}(\Theta)$ 中，任意列矢量 $\boldsymbol{a}(\Theta_k)$ 都是一个来向角为 Θ_k 的入射信号的方向矢量，且是 $M\times1$ 维列矢量，即

$$\boldsymbol{a}(\Theta_k)=[\mathrm{e}^{\mathrm{j}\omega_0\tau_1(\Theta_k)},\mathrm{e}^{\mathrm{j}\omega_0\tau_2(\Theta_k)},\cdots,\mathrm{e}^{\mathrm{j}\omega_0\tau_M(\Theta_k)}]^{\mathrm{T}} \tag{2-37}$$

若采用矩阵进行描述，则即使在最一般的情况下，天线阵列模型都可简单表示为

$$\boldsymbol{x}(t)=\boldsymbol{A}(\Theta)\boldsymbol{s}(t)+\boldsymbol{n}(t) \tag{2-38}$$

很显然，方向矩阵 $\boldsymbol{A}(\Theta)$ 与天线阵列的形状、入射信号的来向角有关。在实际应用中，由于天线阵列的形状一旦固定，就不会改变了，因此在方向矩阵 $\boldsymbol{A}(\Theta)$ 中的任意列矢量，总是与某个入射信号的来向角紧密联系。

2.3.4 方向图

阵列输出信号的绝对值与信号来向之间的关系被称为阵列的方向图。方向图一般有两类：一类是阵列输出信号直接相加（不考虑信号来向），即静态方向图；另一类是带指向的方向图（考虑信号来向），信号来向是通过控制相位

加权实现的。由阵列模型可知，对于某一确定的有 M 个阵元的阵列，在忽略噪声的条件下，第 l 个阵元来波的复振幅为

$$x_l = g_0 \mathrm{e}^{-\mathrm{j}\omega_l \tau_l}, \quad l = 1, 2, \cdots, M$$

式中，g_0 为参考点来波的复振幅；τ_l 为来波到第 l 个阵元与参考点之间的时延。假设第 l 个阵元的权值为 ω_l，将所有阵元加权的输出相加，得到阵列输出为

$$Y_0 = \sum_{l=1}^{M} \omega_l g_0 \mathrm{e}^{-\mathrm{j}\omega_l \tau_l}, \quad l = 1, 2, \cdots, M$$

取绝对值并进行归一化后，得到阵列的方向图为

$$G(\theta) = \frac{|Y_0|}{\max\{|Y_0|\}} \tag{2-39}$$

如果 $\omega_l = 1, l = 1, 2, \cdots, M$，则式（2-39）为静态方向图。

下面介绍均匀线阵列的方向图。假设均匀线阵列的阵元间距为 d，以最左边的阵元为参考点，入射信号的仰角为 θ，方位角为入射信号与均匀线阵列法线方向的夹角，与参考点的波程差 $\tau_l = (x_k \sin\theta)/c = (l-1) d\sin\theta/c$，则阵列输出为

$$Y_0 = \sum_{l=1}^{M} \omega_l g_0 \mathrm{e}^{-\mathrm{j}\omega_l \tau_l} = \sum_{l=1}^{M} \omega_l g_0 \mathrm{e}^{-\mathrm{j}\frac{2\pi}{\lambda}(l-1) d\sin\theta} = \sum_{l=1}^{M} \omega_l g_0 \mathrm{e}^{-\mathrm{j}(l-1)\beta} \tag{2-40}$$

式中，$\beta = 2\pi d\sin\theta/\lambda$；$\lambda$ 为入射信号的波长。

当 $\omega_l = 1 (l = 1, 2, \cdots, M)$ 时，式（2-40）可以进一步简化为

$$Y_0 = M g_0 \mathrm{e}^{\mathrm{j}(M-l)\beta/2} \frac{\sin(M\beta/2)}{M\sin(\beta/2)} \tag{2-41}$$

可得均匀线阵列的静态方向图为

$$G_0(\theta) = \left| \frac{\sin(M\beta/2)}{M\sin(\beta/2)} \right| \tag{2-42}$$

θ_{d} 为期望的信号入射方向，当 $\omega_l = \mathrm{e}^{\mathrm{j}(l-1)\beta_{\mathrm{d}}}$，$\beta_{\mathrm{d}} = 2\pi d\sin\theta_{\mathrm{d}}/\lambda$，$l = 1, 2, \cdots, M$ 时，式（2-40）可简化为

$$Y_0 = M g_0 \mathrm{e}^{\mathrm{j}(M-1)(\beta-\beta_{\mathrm{d}})/2} \frac{\sin[M(\beta-\beta_{\mathrm{d}})/2]}{M\sin[(\beta-\beta_{\mathrm{d}})/2]} \tag{2-43}$$

可得指向为 θ_{d} 的方向图为

$$G(\theta)=\left|\frac{\sin[M(\beta-\beta_{\mathrm{d}})/2]}{M\sin[(\beta-\beta_{\mathrm{d}})/2]}\right| \tag{2-44}$$

2.3.5 波束宽度

在一般情况下，均匀线阵列的测向范围为$[-90°,90°]$，均匀圆阵列的测向范围为$[-180°,180°]$。下面以均匀线阵列为例介绍波束宽度。由式（2-42）可知，有 M 个阵元的均匀线阵列的静态方向图为

$$G_0(\theta)=\left|\frac{\sin(M\beta/2)}{M\sin(\beta/2)}\right| \tag{2-45}$$

式中，空间频率

$$\beta=(2\pi d\sin\theta)/\lambda \tag{2-46}$$

由$|G_0(\theta)|^2=0$ 可得零点的波束宽度 BW_0 为

$$\mathrm{BW}_0=2\arcsin(\lambda/(Md)) \tag{2-47}$$

由$|G_0(\theta)|^2=1/2$ 可得半功率点的波束宽度 $\mathrm{BW}_{0.5}$，在 $Md\gg\lambda$ 条件下，有

$$\mathrm{BW}_{0.5}\approx 0.886\lambda/(Md) \tag{2-48}$$

本书考虑的是静态方向图半功率点的波束宽度，即均匀线阵列半功率点的波束宽度为

$$\mathrm{BW}_{0.5}\approx\frac{51°}{D/\lambda} \tag{2-49}$$

式中，D 为阵列的有效孔径；λ 为入射信号的波长。对于有 M 个阵元的等距均匀线阵列，阵元间距为 $\lambda/2$，阵列的有效孔径 $D=(M-1)\lambda/2$，波束宽度的近似表达式为

$$\mathrm{BW}\approx 102°/M \tag{2-50}$$

关于波束宽度，有以下几点需要注意。

- 波束宽度与阵列的有效孔径成反比，在一般情况下，半功率点波束宽度与阵列有效孔径之间的关系为

$$\mathrm{BW}_{0.5}\approx(40°\sim 60°)\frac{\lambda}{D} \tag{2-51}$$

- 波束宽度与波束指向有关，如波束指向为 θ_{d}，则波束宽度为

$$\mathrm{BW}_0=2\arcsin\left(\frac{\lambda}{Md}+\sin\theta_{\mathrm{d}}\right) \tag{2-52}$$

$$\mathrm{BW}_{0.5}\approx 0.886\frac{\lambda}{Md}\frac{1}{\cos\theta_{\mathrm{d}}} \tag{2-53}$$

- 波束宽度越窄，阵列的指向性越好，分辨空间信号的能力越强。

2.3.6 分辨率

在阵列测向过程中，在某方向上对信源的分辨率与在该方向附近阵列方向矢量的变化率直接相关。在方向矢量变化较快的方向附近，随着信号来向的变化、阵列快拍数的增加，相应的分辨率将提高。定义表征分辨率 $D(\theta)$ 为

$$D(\theta)=\left\|\frac{\mathrm{d}\boldsymbol{a}(\theta)}{\mathrm{d}\theta}\right\|\propto\left\|\frac{\mathrm{d}\tau}{\mathrm{d}\theta}\right\| \tag{2-54}$$

$D(\theta)$ 越大，阵列在 θ 方向上的分辨率越高。

对于均匀线阵列，有

$$D(\theta)\propto\cos\theta \tag{2-55}$$

由式（2-55）可知，均匀线阵列在 0°方向上的分辨率最高，在 60°方向上的分辨率降一半。在一般情况下，均匀线阵列的有效测向范围为-60°~60°。

2.4 阵列响应矢量/矩阵

阵列的形式主要有均匀线阵列、均匀圆阵列、L 型阵列、平面阵列和任意阵列等。

2.4.1 均匀线阵列

假设接收信号满足窄带条件，即信号经过阵列长度所需要的时间远小于信号的相干时间，包络在信号传输时间内变化不大。为了简化，假设信源和阵列在同一平面内，入射到阵列的信号波为平面波，来向角为 $\theta_k(k=1,2,\cdots,K)$，阵元数为 M，如图 2-2 所示，则阵元间距为 d 的均匀线阵列响应矢量为

$$\boldsymbol{a}(\theta_k)=\left[1,\exp\left(-\mathrm{j}2\pi\frac{d}{\lambda}\sin\theta_k\right),\cdots,\exp\left(-\mathrm{j}2\pi(M-1)\frac{d}{\lambda}\sin\theta_k\right)\right]^{\mathrm{T}} \tag{2-56}$$

方向矩阵为

$$\begin{aligned}A&=[\boldsymbol{a}(\theta_1),\boldsymbol{a}(\theta_2),\cdots,\boldsymbol{a}(\theta_K)]\\&=\begin{bmatrix}1&1&\cdots&1\\ \mathrm{e}^{-\mathrm{j}\frac{2\pi}{\lambda}d\sin\theta_1}&\mathrm{e}^{-\mathrm{j}\frac{2\pi}{\lambda}d\sin\theta_2}&\cdots&\mathrm{e}^{-\mathrm{j}\frac{2\pi}{\lambda}d\sin\theta_K}\\ \vdots&\vdots&\ddots&\vdots\\ \mathrm{e}^{-\mathrm{j}\frac{2\pi}{\lambda}(M-1)d\sin\theta_1}&\mathrm{e}^{-\mathrm{j}\frac{2\pi}{\lambda}(M-1)d\sin\theta_2}&\cdots&\mathrm{e}^{-\mathrm{j}\frac{2\pi}{\lambda}(M-1)d\sin\theta_K}\end{bmatrix}\end{aligned} \tag{2-57}$$

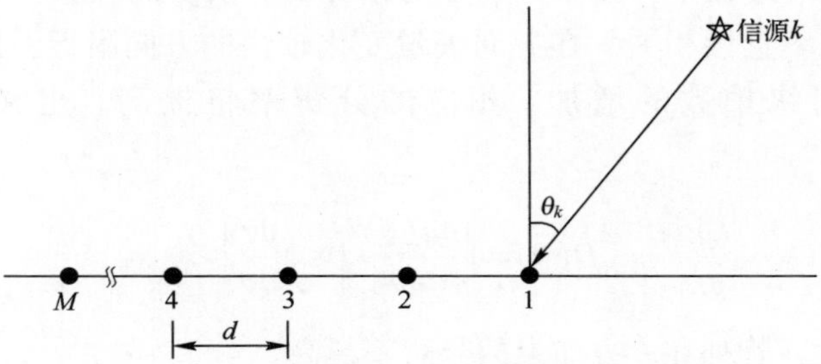

图 2-2 均匀线阵列示意图

2.4.2 均匀圆阵列

均匀圆形阵列简称为均匀圆阵列，其 M 个相同的全向阵元均匀分布在 x-y 平面上一个半径为 R 的圆周上，如图 2-3 所示。采用球面坐标系表示入射平

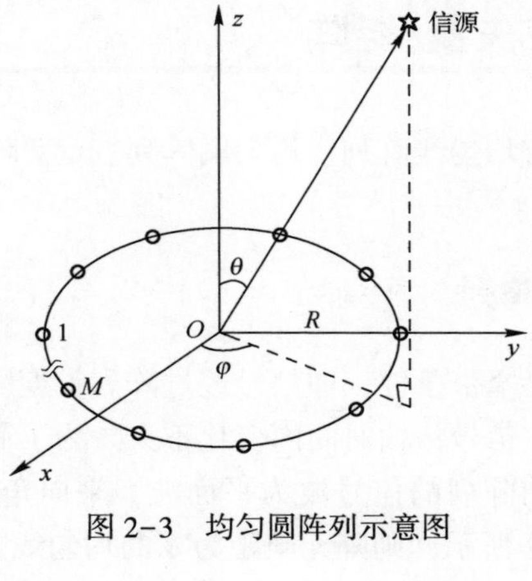

图 2-3 均匀圆阵列示意图

面波的波达方向，坐标系的原点 O 在阵列的中心，即圆心。信源的仰角 θ 是原点到信源的连线与 z 轴之间的夹角，方位角 φ 是圆点到信源的连线在 x-y 平面上的投影与 x 轴之间的夹角。

方向矢量 $\boldsymbol{a}(\theta,\varphi)$ 是 DOA 为 (θ,φ) 时的阵列响应，表示为

$$\boldsymbol{a}(\theta,\varphi)=\begin{bmatrix}\exp(\mathrm{j}2\pi R\sin\theta\cos(\varphi-\gamma_0)/\lambda)\\ \exp(\mathrm{j}2\pi R\sin\theta\cos(\varphi-\gamma_1)/\lambda)\\ \vdots\\ \exp(\mathrm{j}2\pi R\sin\theta\cos(\varphi-\gamma_{M-1})/\lambda)\end{bmatrix} \tag{2-58}$$

式中，$\gamma_m=2\pi m/M$，$m=0,1,\cdots,M-1$；R 为半径。

2.4.3　L 型阵列

图 2-4 为 L 型阵列示意图，由 x 轴上阵元数为 N 的均匀线阵列和 y 轴上阵元数为 M 的均匀线阵列构成，阵元间距为 d。假设空间有 K 个信源，二维波达方向为 (θ_k,φ_k)，$k=1,2,\cdots,K$，θ_k、φ_k 分别为第 k 个信源的仰角和方位角。

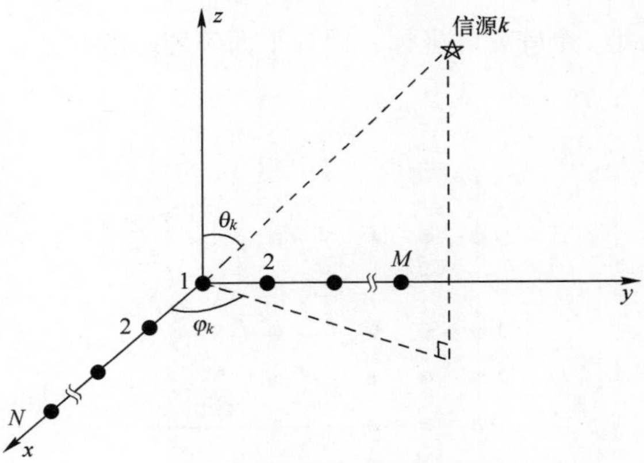

图 2-4　L 型阵列示意图

在 x 轴上，N 个阵元对应的方向矩阵为

$$\boldsymbol{A}_x=\begin{bmatrix}1 & 1 & \cdots & 1\\ \mathrm{e}^{\mathrm{j}2\pi d\cos\varphi_1\sin\theta_1/\lambda} & \mathrm{e}^{\mathrm{j}2\pi d\cos\varphi_2\sin\theta_2/\lambda} & \cdots & \mathrm{e}^{\mathrm{j}2\pi d\cos\varphi_K\sin\theta_K/\lambda}\\ \vdots & \vdots & \ddots & \vdots\\ \mathrm{e}^{\mathrm{j}2\pi d(N-1)\cos\varphi_1\sin\theta_1/\lambda} & \mathrm{e}^{\mathrm{j}2\pi d(N-1)\cos\varphi_2\sin\theta_2/\lambda} & \cdots & \mathrm{e}^{\mathrm{j}2\pi d(N-1)\cos\varphi_K\sin\theta_K/\lambda}\end{bmatrix} \tag{2-59}$$

在 y 轴上，M 个阵元对应的方向矩阵为

$$\boldsymbol{A}_y=\begin{bmatrix} 1 & 1 & \cdots & 1 \\ \mathrm{e}^{\mathrm{j}2\pi d\sin\theta_1\sin\varphi_1/\lambda} & \mathrm{e}^{\mathrm{j}2\pi d\sin\theta_2\sin\varphi_2/\lambda} & \cdots & \mathrm{e}^{\mathrm{j}2\pi d\sin\theta_K\sin\varphi_K/\lambda} \\ \vdots & \vdots & \ddots & \vdots \\ \mathrm{e}^{\mathrm{j}2\pi d(M-1)\sin\theta_1\sin\varphi_1/\lambda} & \mathrm{e}^{\mathrm{j}2\pi d(M-1)\sin\theta_2\sin\varphi_2/\lambda} & \cdots & \mathrm{e}^{\mathrm{j}2\pi d(M-1)\sin\theta_K\sin\varphi_K/\lambda} \end{bmatrix} \tag{2-60}$$

$\boldsymbol{A}_x$ 和 $\boldsymbol{A}_y$ 都是 Vandermonde 矩阵。

2.4.4 平面阵列

如图 2-5 所示，假设平面阵列（也称面阵列）的阵元数为 $M\times N$，信源数为 K，θ_k、φ_k 分别为第 k 个信源的仰角和方位角，则空间第 i 个阵元与参考阵元之间的波程差为

$$\beta=2\pi(x_i\cos\varphi_k\sin\theta_k+y_i\sin\varphi_k\sin\theta_k+z_i\cos\theta_k)/\lambda \tag{2-61}$$

式中，(x_i,y_i)为第 i 个阵元的坐标，因为平面阵列一般在 x-y 平面上，所以 z_i 一般为 0。

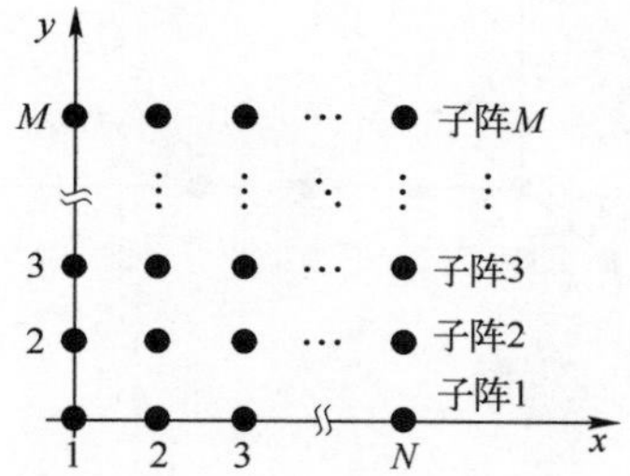

图 2-5　平面阵列示意图

由图 2-5 可知，在 x 轴上 N 个阵元的方向矩阵为 $\boldsymbol{A}_x$，见式（2-59），在 y 轴上 M 个阵元的方向矩阵为 $\boldsymbol{A}_y$，见式（2-60）；子阵 1 的方向矩阵为 $\boldsymbol{A}_x$，子阵 2 的方向矩阵就需要考虑沿 y 轴的偏移，每个阵元相对于参考阵元的波程差等于子阵 1 的阵元波程差加上 $2\pi d\sin\varphi_k\sin\theta_k/\lambda$，有

$$
\begin{aligned}
&\text{子阵 1}\quad \boldsymbol{A}_1=\boldsymbol{A}_x D_1(\boldsymbol{A}_y)\\
&\text{子阵 2}\quad \boldsymbol{A}_2=\boldsymbol{A}_x D_2(\boldsymbol{A}_y)\\
&\qquad\qquad\vdots\\
&\text{子阵 } M\quad \boldsymbol{A}_M=\boldsymbol{A}_x D_M(\boldsymbol{A}_y)
\end{aligned}
\tag{2-62}
$$

式中，$D_m(\cdot)$是由 m 行构造的对角矩阵。

2.4.5 任意阵列

假设有 M 个阵元的阵列位于任意三维空间，如图 2-6 所示，第 m 个阵元的位置 $\boldsymbol{r}_m=(x_m,y_m,z_m)$，方向矩阵为

$$\boldsymbol{A}=[\boldsymbol{a}(\theta_1,\varphi_1),\boldsymbol{a}(\theta_2,\varphi_2),\cdots,\boldsymbol{a}(\theta_K,\varphi_K)]\in\mathbb{C}^{M\times K} \tag{2-63}$$

式中，$\boldsymbol{a}(\theta_k,\varphi_k)$为第 k 个信源的方向矢量，有

$$\boldsymbol{a}(\theta_k,\varphi_k)=\begin{bmatrix}1\\ \mathrm{e}^{\mathrm{j}2\pi(x_2\sin\theta_k\cos\varphi_k+y_2\sin\theta_k\sin\varphi_k+z_2\cos\theta_k)/\lambda}\\ \vdots\\ \mathrm{e}^{\mathrm{j}2\pi(x_M\sin\theta_k\cos\varphi_k+y_M\sin\theta_k\sin\varphi_k+z_M\cos\theta_k)/\lambda}\end{bmatrix}\in\mathbb{C}^{M\times 1} \tag{2-64}$$

式中，λ 为波长。

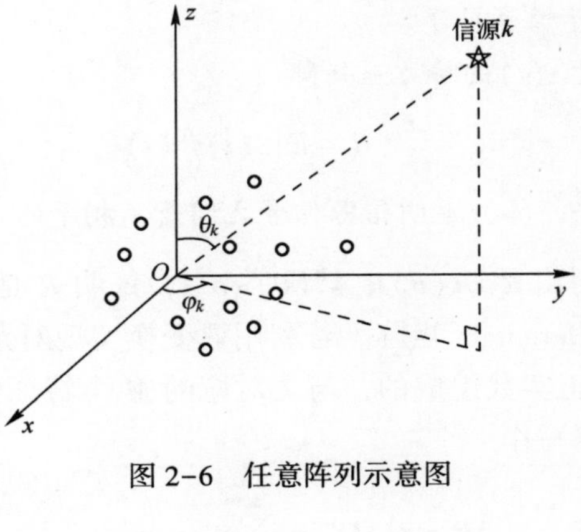

图 2-6 任意阵列示意图

2.5 协方差矩阵的特征值分解

首先假设在这段时间内信源信号的方向不发生变化，其次假设信源信号的包络虽然随时间变化，但认为是一个平稳的随机过程，统计特性不随时间变化。这样就可以定义阵列输出信号 $\boldsymbol{x}(t)$ 的协方差矩阵为

$$\boldsymbol{R}=E\{(\boldsymbol{x}(t)-\boldsymbol{m}_x(t))(\boldsymbol{x}(t)-\boldsymbol{m}_x(t))^{\mathrm{H}}\} \tag{2-65}$$

式中，$\boldsymbol{m}_x(t)=E[\boldsymbol{x}(t)]$，且 $\boldsymbol{m}_x(t)=\boldsymbol{O}$，有

$$\boldsymbol{R}=E\{\boldsymbol{x}(t)\boldsymbol{x}^{\mathrm{H}}(t)\}=E\{(\boldsymbol{A}(\theta)\boldsymbol{s}(t)+\boldsymbol{n}(t))(\boldsymbol{A}(\theta)\boldsymbol{s}(t)+\boldsymbol{n}(t))^{\mathrm{H}}\} \tag{2-66}$$

此外还有以下几个条件必须满足：

- $M>K$，即阵元数 M 要大于信源数 K。
- 对应不同的信号来向角 $\theta_k(k=1,2,\cdots,K)$，信号的方向矢量 $\boldsymbol{a}(\theta_k)$ 是线性独立的。
- 阵列中的噪声矢量 $\boldsymbol{n}(t)$ 服从高斯分布，且有

$$E\{\boldsymbol{n}(t)\}=\boldsymbol{O}$$
$$E\{\boldsymbol{n}(t)\boldsymbol{n}^{\mathrm{H}}(t)\}=\sigma_{\mathrm{n}}^2\boldsymbol{I}$$
$$E\{\boldsymbol{n}(t)\boldsymbol{n}^{\mathrm{T}}(t)\}=\boldsymbol{O}$$

  式中，σ_{n}^2 表示噪声功率。
- 信源信号矢量 $\boldsymbol{s}(t)$ 的协方差矩阵

$$\boldsymbol{R}_{\mathrm{s}}=E\{\boldsymbol{s}(t)\boldsymbol{s}^{\mathrm{H}}(t)\} \tag{2-67}$$

  是对角非奇异矩阵，表明信源信号之间是不相干的。

由以上各式可得出 $\boldsymbol{R}=\boldsymbol{A}(\theta)\boldsymbol{R}_{\mathrm{s}}\boldsymbol{A}^{\mathrm{H}}(\theta)+\sigma_{\mathrm{n}}^2\boldsymbol{I}$，证明 $\boldsymbol{R}$ 是非奇异的，且 $\boldsymbol{R}^{\mathrm{H}}=\boldsymbol{R}$，因此 $\boldsymbol{R}$ 为正定 Hermitain 矩阵。若利用酉变换实现对角化，则相似对角阵列是由 M 个不同的正实数组成的，与之对应的 M 个特征矢量是线性独立的。$\boldsymbol{R}$ 的特征值分解可以写作

$$\boldsymbol{R}=\boldsymbol{U}\boldsymbol{\Sigma}\boldsymbol{U}^{\mathrm{H}}=\sum_{m=1}^{M}\lambda_m\boldsymbol{u}_m\boldsymbol{u}_m^{\mathrm{H}} \tag{2-68}$$

式中，$\boldsymbol{\Sigma}=\mathrm{diag}(\lambda_1,\lambda_2,\cdots,\lambda_M)$，可以证明特征值服从 $\lambda_1\geqslant\cdots\geqslant\lambda_K>\lambda_{K+1}=\cdots=$

$\lambda_M=\sigma_n^2$ 的排序，即前 K 个较大特征值与信号有关，数值大于 σ_n^2。这 K 个较大特征值 $\lambda_1,\lambda_2,\cdots,\lambda_K$ 对应的特征矢量为 $\boldsymbol{u}_1,\boldsymbol{u}_2,\cdots,\boldsymbol{u}_K$，可构成信号子空间 $\boldsymbol{U}_s$，$\boldsymbol{\Sigma}_s$ 是由 K 个较大特征值构成的对角阵列。后 $M-K$ 个特征值完全取决于噪声，数值均等于 σ_n^2，$\lambda_{K+1},\lambda_{K+2},\cdots,\lambda_M$ 对应的特征矢量可构成噪声子空间 $\boldsymbol{U}_n$，$\boldsymbol{\Sigma}_n$ 是由 $M-K$ 个较小特征值构成的对角阵列。

$\boldsymbol{R}$ 可划分为

$$\boldsymbol{R}=\boldsymbol{U}_s\boldsymbol{\Sigma}_s\boldsymbol{U}_s^{\mathrm{H}}+\boldsymbol{U}_n\boldsymbol{\Sigma}_n\boldsymbol{U}_n^{\mathrm{H}}$$

式中，$\boldsymbol{\Sigma}_s$ 为由较大特征值构成的对角阵列；$\boldsymbol{\Sigma}_n$ 为由较小特征值构成的对角阵列，有

$$\boldsymbol{\Sigma}_s=\begin{pmatrix}\lambda_1 & & & \\ & \lambda_2 & & \\ & & \ddots & \\ & & & \lambda_K\end{pmatrix}$$

$$\boldsymbol{\Sigma}_n=\begin{pmatrix}\lambda_{K+1} & & & \\ & \lambda_{K+2} & & \\ & & \ddots & \\ & & & \lambda_M\end{pmatrix}$$

显然，当噪声为白噪声时，有

$$\boldsymbol{\Sigma}_n=\sigma_n^2\boldsymbol{I}_{(M-K)\times(M-K)}$$

下面给出在信源彼此独立时关于特征子空间的一些性质，为后续的空间谱估计算法及其理论分析做好准备。

性质 2.5.1 由协方差矩阵较大特征值对应的特征矢量张成的空间与入射信号的方向矢量张成的空间是同一个空间，即

$$\mathrm{span}\{\boldsymbol{u}_1,\boldsymbol{u}_2,\cdots,\boldsymbol{u}_K\}=\mathrm{span}\{\boldsymbol{a}_1,\boldsymbol{a}_2,\cdots,\boldsymbol{a}_K\}$$

性质 2.5.2 信号子空间 $\boldsymbol{U}_s$ 与噪声子空间 $\boldsymbol{U}_n$ 正交，有 $\boldsymbol{A}^{\mathrm{H}}\boldsymbol{u}_i=0$，$i=K+1,\cdots,M$。

性质 2.5.3 信号子空间 $\boldsymbol{U}_s$ 与噪声子空间 $\boldsymbol{U}_n$ 满足

$$\boldsymbol{U}_s\boldsymbol{U}_s^{\mathrm{H}}+\boldsymbol{U}_n\boldsymbol{U}_n^{\mathrm{H}}=\boldsymbol{I}$$

$$\boldsymbol{U}_{\mathrm{s}}^{\mathrm{H}}\boldsymbol{U}_{\mathrm{s}}=\boldsymbol{I}$$
$$\boldsymbol{U}_{\mathrm{n}}^{\mathrm{H}}\boldsymbol{U}_{\mathrm{n}}=\boldsymbol{I}$$

性质 2.5.4 信号子空间 $\boldsymbol{U}_{\mathrm{s}}$、噪声子空间 $\boldsymbol{U}_{\mathrm{n}}$ 及阵列流形 $\boldsymbol{A}$ 满足

$$\boldsymbol{U}_{\mathrm{s}}\boldsymbol{U}_{\mathrm{s}}^{\mathrm{H}}=\boldsymbol{A}\ (\boldsymbol{A}^{\mathrm{H}}\boldsymbol{A})^{-1}\boldsymbol{A}^{\mathrm{H}}$$
$$\boldsymbol{U}_{\mathrm{n}}\boldsymbol{U}_{\mathrm{n}}^{\mathrm{H}}=\boldsymbol{I}-\boldsymbol{A}\ (\boldsymbol{A}^{\mathrm{H}}\boldsymbol{A})^{-1}\boldsymbol{A}^{\mathrm{H}}$$

性质 2.5.5 定义 $\boldsymbol{\Sigma}'=\boldsymbol{\Sigma}_{\mathrm{s}}-\sigma_{\mathrm{n}}^{2}\boldsymbol{I}$，有

$$\boldsymbol{A}\boldsymbol{R}_{\mathrm{s}}\boldsymbol{A}^{\mathrm{H}}\boldsymbol{U}_{\mathrm{s}}=\boldsymbol{U}_{\mathrm{s}}\boldsymbol{\Sigma}'$$

性质 2.5.6 定义 $\boldsymbol{C}=\boldsymbol{R}_{\mathrm{s}}\boldsymbol{A}^{\mathrm{H}}\boldsymbol{U}_{\mathrm{s}}\boldsymbol{\Sigma}'^{-1}$，有

$$\boldsymbol{U}_{\mathrm{s}}=\boldsymbol{A}\boldsymbol{C}$$
$$\boldsymbol{C}^{-1}=\boldsymbol{U}_{\mathrm{s}}^{\mathrm{H}}\boldsymbol{A}$$

性质 2.5.7 定义 $\boldsymbol{Z}=\boldsymbol{U}_{\mathrm{s}}\boldsymbol{\Sigma}'^{-1}\boldsymbol{U}_{\mathrm{s}}^{\mathrm{H}}\boldsymbol{A}$，有

$$\boldsymbol{Z}=\boldsymbol{A}(\boldsymbol{A}^{\mathrm{H}}\boldsymbol{A})^{-1}\boldsymbol{R}_{\mathrm{s}}^{-1}$$
$$\boldsymbol{A}^{\mathrm{H}}\boldsymbol{Z}=\boldsymbol{R}_{\mathrm{s}}^{-1}$$
$$\boldsymbol{R}_{\mathrm{s}}^{-1}\ (\boldsymbol{A}^{\mathrm{H}}\boldsymbol{A})^{-1}\boldsymbol{R}_{\mathrm{s}}^{-1}=\boldsymbol{A}^{\mathrm{H}}\boldsymbol{U}_{\mathrm{s}}\boldsymbol{\Sigma}'^{-2}\boldsymbol{U}_{\mathrm{s}}^{\mathrm{H}}\boldsymbol{A}$$

性质 2.5.8 信号协方差矩阵 $\boldsymbol{R}_{\mathrm{s}}$ 满足

$$\boldsymbol{R}_{\mathrm{s}}=\boldsymbol{A}^{+}\boldsymbol{U}_{\mathrm{s}}\boldsymbol{\Sigma}'\boldsymbol{U}_{\mathrm{s}}^{\mathrm{H}}\ (\boldsymbol{A}^{+})^{\mathrm{H}}$$
$$\boldsymbol{R}_{\mathrm{s}}+\sigma_{\mathrm{n}}^{2}\ (\boldsymbol{A}^{\mathrm{H}}\boldsymbol{A})^{-1}=\boldsymbol{A}^{+}\boldsymbol{U}_{\mathrm{s}}\boldsymbol{\Sigma}_{\mathrm{s}}\boldsymbol{U}_{\mathrm{s}}^{\mathrm{H}}(\boldsymbol{A}^{+})^{\mathrm{H}}$$

性质 2.5.9 定义 $\boldsymbol{W}=\boldsymbol{\Sigma}'^{2}\boldsymbol{\Sigma}_{\mathrm{s}}^{-1}$，有

$$\boldsymbol{W}=\boldsymbol{\Sigma}'^{2}\boldsymbol{\Sigma}_{\mathrm{s}}^{-1}=\boldsymbol{\Sigma}'+\sigma_{\mathrm{n}}^{4}\boldsymbol{\Sigma}_{\mathrm{s}}^{-1}-\sigma_{\mathrm{n}}^{2}\boldsymbol{I}$$

性质 2.5.10 定义 $\boldsymbol{T}=\boldsymbol{U}_{\mathrm{s}}\boldsymbol{W}_{\mathrm{s}}\boldsymbol{U}_{\mathrm{s}}^{\mathrm{H}},\boldsymbol{W}_{\mathrm{s}}=\mathrm{diag}\left\{\dfrac{\boldsymbol{\lambda}_{i}}{(\boldsymbol{\lambda}_{i}-\sigma_{\mathrm{n}}^{2})^{2}}\right\}$，有

$$\boldsymbol{A}^{\mathrm{H}}\boldsymbol{T}\boldsymbol{A}=\boldsymbol{R}_{\mathrm{s}}^{-1}+\sigma_{\mathrm{n}}^{2}\boldsymbol{R}_{\mathrm{s}}^{-1}(\boldsymbol{A}^{\mathrm{H}}\boldsymbol{A})^{-1}\boldsymbol{R}_{\mathrm{s}}^{-1}$$

需要说明的是，在具体实现过程中，协方差矩阵是用采样协方差矩阵 $\hat{\boldsymbol{R}}$ 进行代替的，即

$$\hat{\boldsymbol{R}}=\frac{1}{J}\sum_{j=1}^{J}\boldsymbol{x}(t_{j})\boldsymbol{x}^{\mathrm{H}}(t_{j})$$

式中，J 表示数据的快拍数。对 $\hat{\boldsymbol{R}}$ 进行特征值分解，通过计算可以得到噪声子空间 $\hat{\boldsymbol{U}}_{\mathrm{n}}$、信号子空间 $\hat{\boldsymbol{U}}_{\mathrm{s}}$ 及由特征值组成的对角矩阵 $\hat{\boldsymbol{\Sigma}}$。

参考文献

[1] 汪飞．噪声中的二维谐波参量估计及四元数在其中的应用［D］．长春：吉林大学，2006.

[2] 张小飞，刘旭．平行因子分析理论及其在通信和信号处理中的应用［M］．北京：电子工业出版社，2014.

[3] 张贤达，保铮．通信信号处理［M］．北京：国防工业出版社，2000.

[4] 王永良，陈辉，彭应宁，等．空间谱估计理论与算法［M］．北京：清华大学出版社，2004.

第 3 章 传感器阵列一维测向

本章主要研究 DOA 估计问题，介绍 Capon 算法、MUSIC 算法、最大似然算法、子空间拟合算法、ESPRIT 算法、四阶累积量算法、传播算子、广义 ESPRIT 算法、压缩感知算法、DFT 类算法等，对部分算法给出了性能分析，提出了旋转不变传播算子、基于 DFT 的低复杂度 DOA 估计算法。

3.1 引言

阵列信号处理的一个基本问题是 DOA 估计问题，是雷达、声呐等领域的重要任务之一[1-51]。利用天线阵列进行 DOA 估计的算法主要有 ARMA 谱分析、最大似然算法、熵谱分析法和特征值分解法等。

基于特征值分解的子空间算法主要有以下几种。

- Schmidt 等人于 1979 年提出的 MUSIC 算法。这是 DOA 估计理论发展史上的一次质的飞跃，核心原理是以信号子空间与噪声子空间的正交性为基础来划分空间以进行参数估计。其后，Rao 等人又提出了一维 Root-MUSIC 算法，减少了 MUSIC 算法的计算量。针对 MUSIC 算法的一些不足，Kundu 又提出了改进的 MUSIC 算法、去相关的空间平滑技术等。
- Roy 等人于 1986 年提出的 ESPRIT 算法。该算法建立在子空间旋转不变基础上，不需要进行空间搜索，减少了计算量，为实时实现超分辨方位估计开辟了广阔的前景。为了实现二维 DOA 估计，Mathews 等人又提出了二维 ESPRIT 算法，为实际应用铺平了道路。
- Viberg 和 Ottersten 等人于 1991 年提出的加权子空间拟合（Weight Subspace Fiting，WSF）算法。该算法将不同方位估计算法用统一的算法结构联系起来，使协方差矩阵的估计误差最小，能解相干，精度高，分辨能力强，引起了普遍关注。WSF 算法的计算量很大。

最初的超分辨算法都是基于窄带信号的假设提出的，在雷达系统中，天线阵列接收的信号往往是宽带的。对宽带信号 DOA 估计的算法包括非相干信号子空间处理算法和相干信号子空间处理算法等。

3.2 Capon 算法

3.2.1 数据模型

若考虑一个由 M 个传感器（阵元）构成的阵列被 K 个窄带信号激励，那么 $M×1$ 维传感器阵列输出信号矢量 $\boldsymbol{x}(t)$ 可以表示为

$$\boldsymbol{x}(t)=\boldsymbol{A}\boldsymbol{s}(t)+\boldsymbol{n}(t) \tag{3-1}$$

式中，$\boldsymbol{s}(t)$ 为在参考点测量的 $K×1$ 维信号矢量；$\boldsymbol{n}(t)$ 为加性噪声矢量，并且

$$\boldsymbol{A}=[\boldsymbol{a}(\theta_1),\cdots,\boldsymbol{a}(\theta_K)]\in\mathbb{C}^{M\times K} \tag{3-2}$$

式中，θ_k 为第 k 个信源的 DOA；$\{\boldsymbol{a}(\theta_k)\}$ 为方向矢量。

假设 $M>K$，矩阵 $\boldsymbol{A}$ 拥有满秩 K，$\boldsymbol{s}(t)$ 和 $\boldsymbol{n}(t)$ 服从独立零均值高斯随机分布，满足

$$\begin{aligned}&E[\boldsymbol{s}(t)\boldsymbol{s}^{\mathrm{H}}(s)]=\boldsymbol{P}\delta_{t,s}\\&E[\boldsymbol{s}(t)\boldsymbol{s}^{\mathrm{T}}(s)]=\boldsymbol{O}\\&E[\boldsymbol{n}(t)\boldsymbol{n}^{\mathrm{H}}(s)]=\sigma_{\mathrm{n}}^2\boldsymbol{I}\delta_{t,s}\\&E[\boldsymbol{n}(t)\boldsymbol{n}^{\mathrm{T}}(s)]=\boldsymbol{O}\end{aligned} \tag{3-3}$$

式中，$\boldsymbol{P}$ 为信源协方差矩阵；$\delta_{t,s}$ 表示冲激函数：当 $t=s$ 时，值为 1；当 $t\neq s$ 时，值为 0。

3.2.2 Capon 算法的步骤

Capon 算法的 DOA 估计值$\{\theta_k\}$由以下函数取极小值时的$\{\hat{\theta}_k\}$决定，即

$$f(\theta)=\boldsymbol{a}^{\mathrm{H}}(\theta)\hat{\boldsymbol{R}}^{-1}\boldsymbol{a}(\theta) \tag{3-4}$$

式中，θ 表示 DOA 变量；$\hat{\boldsymbol{R}}$ 为样本的协方差矩阵，有

$$\hat{\boldsymbol{R}}=\frac{1}{J}\sum_{t=1}^{J}\boldsymbol{x}(t)\boldsymbol{x}^{\mathrm{H}}(t) \tag{3-5}$$

式中，J 为样本数。

算法 3.1：Capon 算法

步骤 1：利用式（3-5）计算接收信号协方差矩阵。

步骤 2：通过 $1/[\boldsymbol{a}^{\mathrm{H}}(\theta)\hat{\boldsymbol{R}}^{-1}\boldsymbol{a}(\theta)]$ 搜索谱峰。

步骤 3：找到峰值，即可得到 DOA 估计值。

这里需要注意的是，在式（3-3）的假设下，阵列输出的理论协方差矩阵可以表示为

$$\boldsymbol{R}\triangleq E[\boldsymbol{x}(t)\boldsymbol{x}^{\mathrm{H}}(t)]=\boldsymbol{APA}^{\mathrm{H}}+\sigma_{\mathrm{n}}^{2}\boldsymbol{I} \tag{3-6}$$

Capon 算法和线性预测（Linear Prediction，LP）算法有一定的联系。假设用 $\hat{\boldsymbol{\beta}}_m$ 表示以第 m 个传感器为参考点，应用 LP 算法从传感器阵列中获得的矢量数据，$\hat{\beta}_{m,m}=1$，并且令 $\hat{d}_m$ 表示模型样本的剩余方差，那么式（3-4）可以表示为

$$f(\theta)=\sum_{m=1}^{M}\frac{|\hat{\boldsymbol{\beta}}_m^{\mathrm{H}}\boldsymbol{a}(\theta)|^2}{\hat{d}_m} \tag{3-7}$$

3.2.3 改进的 Capon 算法

假设用 $\hat{\boldsymbol{\alpha}}_m$ 表示以第 m 个传感器为参考点，应用 LP 算法从传感器阵列中获得的矢量数据，$\hat{a}_{m,m}=1$，令 $\hat{\gamma}_m$ 表示模型样本的剩余方差，那么与第 m 个 LP 算法模型相关的代价函数表示为

$$f_m(\theta)=\frac{|\hat{\boldsymbol{\alpha}}_m^{\mathrm{H}}\boldsymbol{a}(\theta)|^2}{\hat{\gamma}_m},\quad m=1,2,\cdots,M \tag{3-8}$$

总的代价函数表示为

$$g(\theta)=\sum_{m=1}^{M}f_m(\theta) \tag{3-9}$$

通过对式（3-9）求最小值，就能得到 DOA 估计值。由于式（3-9）并没有涉及低阶 LP 算法模型，因此得出的估计结果比 Capon 算法拥有更好的分辨率。

为了更好地了解式（3-8）与 Capon 算法的关系，注意 $\hat{\boldsymbol{\alpha}}_m$ 和 $\hat{\gamma}_m$ 满足

$$\hat{\boldsymbol{R}}\hat{\boldsymbol{\alpha}}_m=\hat{\gamma}_m\boldsymbol{\varepsilon}_m,\quad m=1,2,\cdots,M \tag{3-10}$$

式中，$\boldsymbol{\varepsilon}_m=[0,\cdots,1,0,\cdots]^{\mathrm{T}}$，1 出现在第 m 个位置，可以得到

$$\begin{aligned} g(\theta)&=\sum_{m=1}^{M}\frac{\boldsymbol{a}^{\mathrm{H}}(\theta)\hat{\boldsymbol{\alpha}}_m\hat{\boldsymbol{\alpha}}_m^{\mathrm{H}}\boldsymbol{a}(\theta)}{\hat{\gamma}_m}\\ &=\sum_{m=1}^{M}\boldsymbol{a}^{\mathrm{H}}(\theta)\hat{\boldsymbol{R}}^{-1}\hat{\gamma}_m\boldsymbol{\varepsilon}_m\boldsymbol{\varepsilon}_m^{\mathrm{H}}\hat{\boldsymbol{R}}^{-1}\boldsymbol{a}(\theta)\\ &=\boldsymbol{a}^{\mathrm{H}}(\theta)\hat{\boldsymbol{R}}^{-1}\hat{\boldsymbol{W}}\hat{\boldsymbol{R}}^{-1}\boldsymbol{a}(\theta) \end{aligned} \tag{3-11}$$

式中，

$$\hat{\boldsymbol{W}}=\sum_{m=1}^{M}\hat{\gamma}_m\boldsymbol{\varepsilon}_m\boldsymbol{\varepsilon}_m^{\mathrm{T}}=\mathrm{diag}(\hat{\gamma}_1,\cdots,\hat{\gamma}_M) \tag{3-12}$$

为加权矩阵。

式（3-11）可以被理解为一个加权类 Capon 算法的代价函数。由带有对角线的加权矩阵 $\hat{\boldsymbol{W}}$ 可以很容易得出式（3-9）的加权代价函数，即

$$g(\theta)=\sum_{m=1}^{M}\frac{\hat{W}_{mm}}{\hat{\gamma}_m}f_m(\theta) \tag{3-13}$$

式中，$\hat{W}_{mm}$ 为 $\hat{\boldsymbol{W}}$ 中的元素。若式（3-11）中的 $\hat{\boldsymbol{W}}=\boldsymbol{I}$，则可以看作改进 Capon 算法的代价函数，即

$$g(\theta)=\boldsymbol{a}^{\mathrm{H}}(\theta)\hat{\boldsymbol{R}}^{-2}\boldsymbol{a}(\theta) \tag{3-14}$$

也可以表示为

$$g(\theta)=\sum_{m=1}^{M}\frac{f_m(\theta)}{\hat{\gamma}_m} \tag{3-15}$$

如果允许式（3-11）中的加权矩阵 $\hat{\boldsymbol{W}}$ 变化，就可以形成不同的 DOA 估计算法。在理论分析过程中，假设加权矩阵固定，即 $\hat{\boldsymbol{W}}=\boldsymbol{W}$，则

$$g(\theta)=\boldsymbol{a}^{\mathrm{H}}(\theta)\hat{\boldsymbol{R}}^{-1}\boldsymbol{W}\hat{\boldsymbol{R}}^{-1}\boldsymbol{a}(\theta) \tag{3-16}$$

通过改变式（3-16）中的 $\boldsymbol{W}$，就能得到一类估计算法，包含特殊情况下的线性预测算法和改进 Capon 算法。

3.2.4 Capon 算法的均方误差

假设用$\{\bar{\theta}_k\}_{k=1}^{K}$表示渐近 Capon 算法代价函数的极小值，有

$$f(\theta)=\boldsymbol{a}^{\mathrm{H}}(\theta)\hat{\boldsymbol{R}}^{-1}\boldsymbol{a}(\theta) \tag{3-17}$$

在样本取较大值的情况下，Capon 算法的估计值$\{\hat{\theta}_k\}$将围绕$\{\bar{\theta}_k\}$变化。下面将讨论这一差值。

在样本足够大的情况下，均方误差被定义为

$$\mathrm{MSE}(\hat{\theta}_k)=\mathrm{var}(\hat{\theta}_k)+(\bar{\theta}_k-\hat{\theta}_k)^2 \tag{3-18}$$

式中，$\hat{\theta}_k$ 是采用 Capon 算法得到的估计值。

对于足够大的 J，满足

$$\begin{aligned}0&=f'(\hat{\theta}_k)\\&\approx f'(\bar{\theta}_k)+f''(\bar{\theta}_k)(\hat{\theta}_k-\bar{\theta}_k)\\&\approx f'(\bar{\theta}_k)+2h(\bar{\theta}_k)(\hat{\theta}_k-\bar{\theta}_k)\end{aligned} \tag{3-19}$$

式中，

$$\begin{aligned}&f'(\bar{\theta}_k)=2\mathrm{Re}\{\boldsymbol{d}^{\mathrm{H}}(\bar{\theta}_k)\hat{\boldsymbol{R}}^{-1}\boldsymbol{a}(\bar{\theta}_k)\}\\&\boldsymbol{d}(\bar{\theta}_k)=\frac{\partial\boldsymbol{a}(\bar{\theta}_k)}{\partial\bar{\theta}_k}\\&h(\bar{\theta}_k)=\mathrm{Re}\{\boldsymbol{d}^{\mathrm{H}}(\bar{\theta}_k)\hat{\boldsymbol{R}}^{-1}\boldsymbol{d}(\bar{\theta}_k)+\boldsymbol{a}^{\mathrm{H}}(\bar{\theta}_k)\hat{\boldsymbol{R}}^{-1}\boldsymbol{d}'(\bar{\theta}_k)\}\\&\boldsymbol{d}'(\bar{\theta}_k)=\frac{\partial\boldsymbol{d}(\bar{\theta}_k)}{\partial\bar{\theta}_k}\end{aligned} \tag{3-20}$$

符号“≈”表示约等，约等在当且仅当 $J\gg1$ 时成立。

由式（3-20）可得

$$\mathrm{var}(\hat{\theta}_k)\triangleq E\,(\hat{\theta}_k-\bar{\theta}_k)^2=\frac{\boldsymbol{\Delta}}{h^2(\bar{\theta}_k)} \tag{3-21}$$

式中，

$$\Delta=E\,(\mathrm{Re}\{\boldsymbol{d}^{\mathrm{H}}(\bar{\theta}_k)\hat{\boldsymbol{R}}^{-1}\boldsymbol{a}(\bar{\theta}_k)\})^2 \tag{3-22}$$

注意到

$$\hat{\boldsymbol{R}}^{-1}-\boldsymbol{R}^{-1}=\hat{\boldsymbol{R}}^{-1}(\boldsymbol{R}-\hat{\boldsymbol{R}})\boldsymbol{R}^{-1}\approx-\boldsymbol{R}^{-1}(\hat{\boldsymbol{R}}-\boldsymbol{R})\boldsymbol{R}^{-1} \tag{3-23}$$

同时

$$\operatorname{Re}\{\boldsymbol{d}^{\mathrm{H}}(\bar{\theta}_k)\hat{\boldsymbol{R}}^{-1}\boldsymbol{a}(\bar{\theta}_k)\}=0 \tag{3-24}$$

因为 $\bar{\theta}_k$ 是式（3-18）的极小值，故当 $J\gg1$ 时，有

$$\begin{aligned}\Delta&=E(\operatorname{Re}\{\boldsymbol{d}^{\mathrm{H}}(\bar{\theta}_k)\hat{\boldsymbol{R}}^{-1}(\hat{\boldsymbol{R}}-\boldsymbol{R})\boldsymbol{R}^{-1}\boldsymbol{a}(\bar{\theta}_k)\})^2\\&=E(\operatorname{Re}\{\boldsymbol{d}^{\mathrm{H}}(\bar{\theta}_k)\boldsymbol{R}^{-1}\hat{\boldsymbol{R}}\boldsymbol{R}^{-1}\boldsymbol{a}(\bar{\theta}_k)\})^2\end{aligned} \tag{3-25}$$

定义

$$\boldsymbol{u}^{\mathrm{H}}=\boldsymbol{d}^{\mathrm{H}}(\bar{\theta}_k)\boldsymbol{R}^{-1} \tag{3-26}$$

$$\boldsymbol{v}=\boldsymbol{R}^{-1}\boldsymbol{a}(\bar{\theta}_k) \tag{3-27}$$

对于任意复数标量 x，有

$$(\operatorname{Re}\{x\})^2=\frac{1}{2}\operatorname{Re}\{|x|^2+x^2\} \tag{3-28}$$

要估算 Δ，就需要先估算 $E|\boldsymbol{u}^{\mathrm{H}}\hat{\boldsymbol{R}}\boldsymbol{v}|^2$ 和 $E(\boldsymbol{u}^{\mathrm{H}}\hat{\boldsymbol{R}}\boldsymbol{v})^2$。直接套用公式求高斯随机变量期望，得到

$$\begin{aligned}E|\boldsymbol{u}^{\mathrm{H}}\hat{\boldsymbol{R}}\boldsymbol{v}|^2&=\frac{1}{J^2}\sum_{t=1}^{J}\sum_{s=1}^{J}E[\boldsymbol{u}^{\mathrm{H}}\boldsymbol{y}(t)\boldsymbol{y}^{\mathrm{H}}(t)\boldsymbol{v}\boldsymbol{v}^{\mathrm{H}}\boldsymbol{y}(s)\boldsymbol{y}^{\mathrm{H}}(s)\boldsymbol{u}]\\&=\frac{1}{J^2}\sum_{t=1}^{J}\sum_{s=1}^{J}E[|\boldsymbol{u}^{\mathrm{H}}\boldsymbol{R}\boldsymbol{v}|^2+(\boldsymbol{u}^{\mathrm{H}}\boldsymbol{R}\boldsymbol{u})(\boldsymbol{v}^{\mathrm{H}}\boldsymbol{R}\boldsymbol{v})\delta_{t,s}]\\&=|\boldsymbol{u}^{\mathrm{H}}\boldsymbol{R}\boldsymbol{v}|^2+\frac{1}{J}(\boldsymbol{u}^{\mathrm{H}}\boldsymbol{R}\boldsymbol{u})(\boldsymbol{v}^{\mathrm{H}}\boldsymbol{R}\boldsymbol{v})\end{aligned} \tag{3-29}$$

$$\begin{aligned}E(\boldsymbol{u}^{\mathrm{H}}\hat{\boldsymbol{R}}\boldsymbol{v})^2&=\frac{1}{J^2}\sum_{t=1}^{J}\sum_{s=1}^{J}E[\boldsymbol{u}^{\mathrm{H}}\boldsymbol{y}(t)\boldsymbol{y}^{\mathrm{H}}(t)\boldsymbol{v}\boldsymbol{u}^{\mathrm{H}}\boldsymbol{y}(s)\boldsymbol{y}^{\mathrm{H}}(s)\boldsymbol{v}]\\&=\frac{1}{J^2}\sum_{t=1}^{J}\sum_{s=1}^{J}E[(\boldsymbol{u}^{\mathrm{H}}\boldsymbol{R}\boldsymbol{v})^2+(\boldsymbol{u}^{\mathrm{H}}\boldsymbol{R}\boldsymbol{v})^2\delta_{t,s}]\\&=(\boldsymbol{u}^{\mathrm{H}}\boldsymbol{R}\boldsymbol{v})^2+\frac{1}{J}(\boldsymbol{u}^{\mathrm{H}}\boldsymbol{R}\boldsymbol{v})^2\end{aligned} \tag{3-30}$$

可以得到

$$\begin{aligned}\Delta &= \frac{1}{2}\mathrm{Re}\{|\boldsymbol{u}^{\mathrm{H}}\boldsymbol{R}\boldsymbol{v}|^2+(\boldsymbol{u}^{\mathrm{H}}\boldsymbol{R}\boldsymbol{v})^2+\frac{1}{J}[(\boldsymbol{u}^{\mathrm{H}}\boldsymbol{R}\boldsymbol{u})(\boldsymbol{v}^{\mathrm{H}}\boldsymbol{R}\boldsymbol{v})+(\boldsymbol{u}^{\mathrm{H}}\boldsymbol{R}\boldsymbol{v})^2]\}\\ &=(\mathrm{Re}\{\boldsymbol{u}^{\mathrm{H}}\boldsymbol{R}\boldsymbol{v}\})^2+\frac{1}{2J}(\boldsymbol{u}^{\mathrm{H}}\boldsymbol{R}\boldsymbol{u})(\boldsymbol{v}^{\mathrm{H}}\boldsymbol{R}\boldsymbol{v})+\frac{1}{2J}\mathrm{Re}\{(\boldsymbol{u}^{\mathrm{H}}\boldsymbol{R}\boldsymbol{v})^2\}\end{aligned} \tag{3-31}$$

$$\mathrm{Re}\{\boldsymbol{u}^{\mathrm{H}}\boldsymbol{R}\boldsymbol{v}\}=0 \tag{3-32}$$

式（3-31）可以简化为

$$\Delta=\frac{1}{2J}[(\boldsymbol{u}^{\mathrm{H}}\boldsymbol{R}\boldsymbol{u})(\boldsymbol{v}^{\mathrm{H}}\boldsymbol{R}\boldsymbol{v})-|\boldsymbol{u}^{\mathrm{H}}\boldsymbol{R}\boldsymbol{v}|^2] \tag{3-33}$$

式中，$\mathrm{Re}\{(\boldsymbol{u}^{\mathrm{H}}\boldsymbol{R}\boldsymbol{v})^2\}=-|\boldsymbol{u}^{\mathrm{H}}\boldsymbol{R}\boldsymbol{v}|^2$。

渐近均方误差为

$$\mathrm{var}(\hat{\theta}_k)=\frac{[\boldsymbol{d}^{\mathrm{H}}(\bar{\theta}_k)\boldsymbol{R}^{-1}\boldsymbol{d}(\bar{\theta}_k)][\boldsymbol{a}^{\mathrm{H}}(\bar{\theta}_k)\boldsymbol{R}^{-1}\boldsymbol{a}(\bar{\theta}_k)]-|\boldsymbol{d}^{\mathrm{H}}(\bar{\theta}_k)\boldsymbol{R}^{-1}\boldsymbol{a}(\bar{\theta}_k)|^2}{2Jh^2(\bar{\theta}_k)} \tag{3-34}$$

矢量$\boldsymbol{R}^{-\frac{1}{2}}\boldsymbol{a}(\bar{\theta}_k)$和$\boldsymbol{R}^{-\frac{1}{2}}\boldsymbol{d}(\bar{\theta}_k)$夹角的余弦值越大，式（3-34）的分子就越小。

3.3 MUSIC 算法

在众多性能优良的高分辨 DOA 估计算法中，MUSIC 算法是最经典的，即在空间通过谱峰搜索获得信源信号的来向。与最大似然、加权子空间拟合等多维搜索算法相比，MUSIC 算法的计算量要小很多。在 MUSIC 算法的基础上，研究人员又提出了加权 MUSIC 算法和改进 MUSIC 算法等。

3.3.1 MUSIC 算法的步骤

在基于天线阵列协方差矩阵的特征值分解类 DOA 估计算法中，MUSIC 算法具有普遍的适用性，只要已知天线阵列的结构，则无论线阵列还是圆阵列，阵元之间是否等间隔，都可以得到高分辨的 DOA 估计结果。阵列协方差矩阵$\boldsymbol{R}$可分为两个空间，即$\boldsymbol{R}=\boldsymbol{U}_{\mathrm{s}}\boldsymbol{\Sigma}_{\mathrm{s}}\boldsymbol{U}_{\mathrm{s}}^{\mathrm{H}}+\boldsymbol{U}_{\mathrm{n}}\boldsymbol{\Sigma}_{\mathrm{n}}\boldsymbol{U}_{\mathrm{n}}^{\mathrm{H}}$，有

$$\boldsymbol{R}\boldsymbol{U}_{\mathrm{n}}=\boldsymbol{A}(\theta)\boldsymbol{R}_{\mathrm{s}}\boldsymbol{A}^{\mathrm{H}}(\theta)\boldsymbol{U}_{\mathrm{n}}+\sigma_{\mathrm{n}}^2\boldsymbol{U}_{\mathrm{n}}=\sigma_{\mathrm{n}}^2\boldsymbol{U}_{\mathrm{n}} \tag{3-35}$$

根据式（3-35），有

$$\boldsymbol{A}(\theta)\boldsymbol{R}_{\mathrm{s}}\boldsymbol{A}^{\mathrm{H}}(\theta)\boldsymbol{U}_{\mathrm{n}}=0 \tag{3-36}$$

由于矩阵 $\boldsymbol{R}_{\mathrm{s}}$ 为满秩阵列，非奇异，有逆存在，因此式（3-36）变为 $\boldsymbol{A}^{\mathrm{H}}(\theta)\boldsymbol{U}_{\mathrm{n}}=\boldsymbol{O}$，矩阵 $\boldsymbol{A}(\theta)$ 中的各列矢量与噪声子空间正交，有

$$\boldsymbol{U}_{\mathrm{n}}^{\mathrm{H}}\boldsymbol{a}(\theta_i)=\boldsymbol{O},\quad i=1,2,\cdots,K \tag{3-37}$$

由噪声特征矢量和信号方向矢量的正交关系，得到阵列空间谱函数为

$$P_{\mathrm{MUSIC}}(\theta)=\frac{1}{\boldsymbol{a}^{\mathrm{H}}(\theta)\boldsymbol{U}_{\mathrm{n}}\boldsymbol{U}_{\mathrm{n}}^{\mathrm{H}}\boldsymbol{a}(\theta)} \tag{3-38}$$

由式（3-38），改变 θ，通过寻找谱峰可以估计信号来向，则式（3-38）还可以表示为

$$\theta_i=\arg_{\theta}\min\boldsymbol{a}^{\mathrm{H}}(\theta)\boldsymbol{U}_{\mathrm{n}}\boldsymbol{U}_{\mathrm{n}}^{\mathrm{H}}\boldsymbol{a}(\theta)=\arg_{\theta}\min\ \mathrm{tr}\{\boldsymbol{P}_a\boldsymbol{U}_{\mathrm{n}}\boldsymbol{U}_{\mathrm{n}}^{\mathrm{H}}\} \tag{3-39}$$

式中，$\boldsymbol{P}_a=\boldsymbol{a}(\theta)(\boldsymbol{a}^{\mathrm{H}}(\theta)\boldsymbol{a}(\theta))^{-1}\boldsymbol{a}^{\mathrm{H}}(\theta)$ 为 $\boldsymbol{a}(\theta)$ 的投影矩阵。

根据以上讨论，MUSIC 算法的步骤可归纳如下。

算法 3.2：基本 MUSIC 算法。

步骤 1：根据接收信号得到协方差矩阵的估计值 $\hat{\boldsymbol{R}}=\dfrac{1}{J}\sum\limits_{n=1}^{J}\boldsymbol{x}(n)\boldsymbol{x}^{\mathrm{H}}(n)$。

步骤 2：对协方差矩阵进行特征值分解 $\boldsymbol{R}=\boldsymbol{U}\boldsymbol{\Sigma}\boldsymbol{U}^{\mathrm{H}}$。

步骤 3：按特征值的大小顺序，把与信源数 K 相等的最大特征值对应的特征矢量看作信号子空间，把剩下的 $M-K$ 个特征值对应的特征矢量看作噪声子空间，则 $\boldsymbol{R}=\boldsymbol{U}_{\mathrm{s}}\boldsymbol{\Sigma}_{\mathrm{s}}\boldsymbol{U}_{\mathrm{s}}^{\mathrm{H}}+\boldsymbol{U}_{\mathrm{n}}\boldsymbol{\Sigma}_{\mathrm{n}}\boldsymbol{U}_{\mathrm{n}}^{\mathrm{H}}$。

步骤 4：改变 θ，按照 $P_{\mathrm{MUSIC}}(\theta)=1/(\boldsymbol{a}^{\mathrm{H}}(\theta)\boldsymbol{U}_{\mathrm{n}}\boldsymbol{U}_{\mathrm{n}}^{\mathrm{H}}\boldsymbol{a}(\theta))$ 计算谱函数，通过寻找峰值得到波达方向的估计值。

3.3.2 MUSIC 算法的推广形式

下面进一步讨论 MUSIC 算法的推广形式，只要对式（3-39）进行如下修改，就可得到 MUSIC 算法的推广形式——加权 MUSIC（Weighted MUSIC，WMUSIC）算法，即

$$\theta_i=\arg_{\theta}\min\boldsymbol{a}^{\mathrm{H}}(\theta)\boldsymbol{U}_{\mathrm{n}}\boldsymbol{U}_{\mathrm{n}}^{\mathrm{H}}\boldsymbol{W}\boldsymbol{U}_{\mathrm{n}}\boldsymbol{U}_{\mathrm{n}}^{\mathrm{H}}\boldsymbol{a}(\theta) \tag{3-40a}$$

$$\theta_i = \arg_{\theta}\min\ \mathrm{tr}\{\boldsymbol{P}_a \boldsymbol{U}_{\mathrm{n}} \boldsymbol{U}_{\mathrm{n}}^{\mathrm{H}} \boldsymbol{W} \boldsymbol{U}_{\mathrm{n}} \boldsymbol{U}_{\mathrm{n}}^{\mathrm{H}}\} \tag{3-40b}$$

很显然，当 $\boldsymbol{W}=\boldsymbol{I}$ 时，$\boldsymbol{U}_{\mathrm{n}}\boldsymbol{U}_{\mathrm{n}}^{\mathrm{H}}\boldsymbol{U}_{\mathrm{n}}\boldsymbol{U}_{\mathrm{n}}^{\mathrm{H}}=\boldsymbol{U}_{\mathrm{n}}\boldsymbol{U}_{\mathrm{n}}^{\mathrm{H}}$ 成立，即式（3-40a）为普通的 MUSIC 算法。需要指出的是，当加权矩阵满足

$$\begin{aligned} &\boldsymbol{W}=\boldsymbol{e}_1\boldsymbol{e}_1^{\mathrm{T}} \\ &\boldsymbol{e}_1=[1,0,\cdots,0]^{\mathrm{T}} \end{aligned} \tag{3-41}$$

时，式（3-40a）可以简化为

$$\begin{aligned} \theta_i &= \arg_{\theta}\min\ \boldsymbol{a}^{\mathrm{H}}(\theta)\boldsymbol{U}_{\mathrm{n}}\boldsymbol{U}_{\mathrm{n}}^{\mathrm{H}}\boldsymbol{e}_1\boldsymbol{e}_1^{\mathrm{T}}\boldsymbol{U}_{\mathrm{n}}\boldsymbol{U}_{\mathrm{n}}^{\mathrm{H}}\boldsymbol{a}(\theta) \\ &= \arg_{\theta}\min\ \boldsymbol{a}^{\mathrm{H}}(\theta)[\boldsymbol{c}\boldsymbol{c}^{\mathrm{H}}\boldsymbol{c}\boldsymbol{E}_{\mathrm{n}}^{\mathrm{H}}]^{\mathrm{H}}[\boldsymbol{c}\boldsymbol{c}^{\mathrm{H}}\boldsymbol{c}\boldsymbol{E}_{\mathrm{n}}^{\mathrm{H}}]\boldsymbol{a}(\theta) \\ &= \arg_{\theta}\min\ \boldsymbol{a}^{\mathrm{H}}(\theta)\boldsymbol{d}'\boldsymbol{d}'^{\mathrm{H}}\boldsymbol{a}(\theta) \end{aligned} \tag{3-42}$$

式中，$\boldsymbol{c}$ 为噪声子空间 $\boldsymbol{U}_{\mathrm{n}}$ 的第一行；$\boldsymbol{E}_{\mathrm{n}}$ 为噪声子空间 $\boldsymbol{U}_{\mathrm{n}}$ 除 $\boldsymbol{c}$ 以外的 $M-1$ 行。如果将式（3-42）中的 $\boldsymbol{d}'$ 用常数 $\boldsymbol{c}\boldsymbol{c}^{\mathrm{H}}$ 归一化为矢量 $\boldsymbol{d}$，则有

$$\boldsymbol{d}=\begin{bmatrix} 1 \\ \boldsymbol{E}_{\mathrm{n}}\boldsymbol{c}^{\mathrm{H}}/\boldsymbol{c}\boldsymbol{c}^{\mathrm{H}} \end{bmatrix} \tag{3-43}$$

用 $\boldsymbol{d}$ 替代式（3-42）中的 $\boldsymbol{d}'$，即得最小范数方法（Minimum Norm Method，MNM）估计器

$$P_{\mathrm{MNM}}=\frac{1}{\boldsymbol{a}^{\mathrm{H}}(\theta)\boldsymbol{d}\boldsymbol{d}^{\mathrm{H}}\boldsymbol{a}(\theta)} \tag{3-44}$$

式（3-44）说明，MUSIC 算法与 MNM 算法都是加权 MUSIC 算法的一种特殊形式。

上面推导了 MNM 算法与 MUSIC 算法之间的关系，同样可以推导 MUSIC 算法与最小方差方法（Minimum Variance Method，MVM）和最大熵方法（Maximum Entropy Method，MEM）之间的关系。

当 $\boldsymbol{W}^{1/2}=(\boldsymbol{U}_{\mathrm{n}}\boldsymbol{U}_{\mathrm{n}}^{\mathrm{H}})^{-1}\boldsymbol{R}^{-1}\boldsymbol{u}_0$ 成立时，式（3-40a）变为

$$\theta_i=\arg_{\theta}\min \boldsymbol{a}^{\mathrm{H}}(\theta)\boldsymbol{R}^{-1}\boldsymbol{u}_0\ (\boldsymbol{R}^{-1}\boldsymbol{u}_0)^{\mathrm{H}}\boldsymbol{a}(\theta) \tag{3-45}$$

显然，式（3-45）就是 MEM 算法。

当 $\boldsymbol{U}_{\mathrm{n}}\boldsymbol{U}_{\mathrm{n}}^{\mathrm{H}}\boldsymbol{W}\boldsymbol{U}_{\mathrm{n}}\boldsymbol{U}_{\mathrm{n}}^{\mathrm{H}}=\boldsymbol{R}^{-1}$ 时，式（3-40a）可以简化为

$$\theta_i=\arg_{\theta}\min \boldsymbol{a}^{\mathrm{H}}(\theta)\boldsymbol{R}^{-1}\boldsymbol{a}(\theta) \tag{3-46}$$

显然，式（3-46）就是MVM算法。

由上述可知，MUSIC算法、MEM算法及MVM算法都可以统一为式（3-40）的WMUSIC算法。

下面将深入分析MVM算法与MUSIC算法之间的关系。

MVM算法的表达式为

$$P_{\mathrm{MVM}}(\theta)=\frac{1}{\boldsymbol{a}^{\mathrm{H}}(\theta)\boldsymbol{R}^{-1}\boldsymbol{a}(\theta)} \tag{3-47}$$

对式（3-47）中的协方差矩阵进行特征值分解，利用方向矢量与噪声子空间的正交性，有

$$\begin{aligned}P_{\mathrm{MVM}}(\theta)&=\frac{1}{\boldsymbol{a}^{\mathrm{H}}(\theta)(\boldsymbol{U}_{\mathrm{s}}\boldsymbol{\Sigma}_{\mathrm{s}}^{-1}\boldsymbol{U}_{\mathrm{s}}^{\mathrm{H}}+\boldsymbol{U}_{\mathrm{n}}\boldsymbol{\Sigma}_{\mathrm{n}}^{-1}\boldsymbol{U}_{\mathrm{n}}^{\mathrm{H}})\boldsymbol{a}(\theta)}\\&=\frac{1}{\boldsymbol{a}^{\mathrm{H}}(\theta)\boldsymbol{U}_{\mathrm{s}}\boldsymbol{\Sigma}_{\mathrm{s}}^{-1}\boldsymbol{U}_{\mathrm{s}}^{\mathrm{H}}\boldsymbol{a}(\theta)+\boldsymbol{a}^{\mathrm{H}}(\theta)\boldsymbol{U}_{\mathrm{n}}\boldsymbol{\Sigma}_{\mathrm{n}}^{-1}\boldsymbol{U}_{\mathrm{n}}^{\mathrm{H}}\boldsymbol{a}(\theta)} &(3\text{-}48\mathrm{a})\\&\approx\frac{1}{\boldsymbol{a}^{\mathrm{H}}(\theta)\boldsymbol{U}_{\mathrm{s}}\boldsymbol{\Sigma}_{\mathrm{s}}^{-1}\boldsymbol{U}_{\mathrm{s}}^{\mathrm{H}}\boldsymbol{a}(\theta)} &(3\text{-}48\mathrm{b})\end{aligned}$$

同样，如果忽略式（3-48a）中分母的第一项，有

$$\begin{aligned}P_{\mathrm{MVM}}(\theta)&=\frac{1}{\boldsymbol{a}^{\mathrm{H}}(\theta)\boldsymbol{U}_{\mathrm{n}}\boldsymbol{\Sigma}_{\mathrm{n}}^{-1}\boldsymbol{U}_{\mathrm{n}}^{\mathrm{H}}\boldsymbol{a}(\theta)}\\&=\frac{\sigma_{\mathrm{n}}^{2}}{\boldsymbol{a}^{\mathrm{H}}(\theta)\boldsymbol{U}_{\mathrm{n}}\boldsymbol{U}_{\mathrm{n}}^{\mathrm{H}}\boldsymbol{a}(\theta)}\end{aligned} \tag{3-49}$$

式（3-49）就是MUSIC算法乘以一个常数，表明MUSIC算法属于噪声子空间算法，MVM算法属于信号子空间算法。

另外，文献［26］从似然函数的角度介绍了MUSIC算法，即

$$\theta_i=\arg_{\theta}\min\left(\frac{\boldsymbol{a}^{\mathrm{H}}(\theta)\boldsymbol{U}_{\mathrm{n}}\boldsymbol{W}_{\mathrm{n}}\boldsymbol{U}_{\mathrm{n}}^{\mathrm{H}}\boldsymbol{a}(\theta)}{\boldsymbol{a}^{\mathrm{H}}(\theta)\boldsymbol{T}\boldsymbol{a}(\theta)}\right) \tag{3-50}$$

式中，$\boldsymbol{T}=\boldsymbol{U}_{\mathrm{s}}\boldsymbol{W}_{\mathrm{s}}\boldsymbol{U}_{\mathrm{s}}^{\mathrm{H}}$；$\boldsymbol{W}_{\mathrm{n}}$是对噪声子空间的权值；$\boldsymbol{W}_{\mathrm{s}}$是对信号子空间的权值。

针对上述算法，文献［26］从对数似然函数的角度介绍了针对式（3-50）的MUSIC修正算法，即

$$\theta_i=\arg_{\theta}\min\left(\frac{\boldsymbol{a}^{\mathrm{H}}(\theta)\boldsymbol{U}_{\mathrm{n}}\boldsymbol{W}_{\mathrm{n}}\boldsymbol{U}_{\mathrm{n}}^{\mathrm{H}}\boldsymbol{a}(\theta)}{\boldsymbol{a}^{\mathrm{H}}(\theta)\boldsymbol{T}\boldsymbol{a}(\theta)}+\frac{M-K}{J}\ln(\boldsymbol{a}^{\mathrm{H}}(\theta)\boldsymbol{T}\boldsymbol{a}(\theta))\right) \tag{3-51}$$

3.3.3 MUSIC 算法的性能分析

下面主要分析 MUSIC 算法的性能，包括在理想情况下的理论性能，如估计误差、克拉美罗界、分辨率等。

1. 估计误差

MUSIC 估计器的机理见式（3-38）。在实际应用中，由于噪声等各种因素的影响，只能得到

$$\varepsilon_i=\boldsymbol{a}^{\mathrm{H}}(\beta)\boldsymbol{u}_i,\quad i=K+1,\cdots,M \tag{3-52}$$

的一个似然估计。其中，$\boldsymbol{u}_i$ 是矩阵 $\boldsymbol{R}$ 的第 i 个特征矢量，对数似然函数的形式为

$$-\ln f=\mathrm{const}+(M-K)\ln[\boldsymbol{a}^{\mathrm{H}}(\beta)\boldsymbol{T}\boldsymbol{a}(\beta)]+\frac{J\boldsymbol{a}^{\mathrm{H}}(\beta)\boldsymbol{U}_{\mathrm{n}}\boldsymbol{U}_{\mathrm{n}}^{\mathrm{H}}\boldsymbol{a}(\beta)}{\boldsymbol{a}^{\mathrm{H}}(\beta)\boldsymbol{T}\boldsymbol{a}(\beta)} \tag{3-53}$$

由于 $\boldsymbol{a}^{\mathrm{H}}(\beta)\boldsymbol{T}\boldsymbol{a}(\beta)$ 与 $\boldsymbol{a}^{\mathrm{H}}(\beta)\boldsymbol{U}_{\mathrm{n}}\boldsymbol{U}_{\mathrm{n}}^{\mathrm{H}}\boldsymbol{a}(\beta)$ 服从相同的分布，因此在大快拍数的情况下，式（3-50）、式（3-51）、式（3-38）具有相同的性能，在有限次快拍数的情况下，式（3-51）具有较好的性能。

定理 3.3.1 在大快拍数的情况下，MUSIC 估计器［式（3-38）］的估计误差服从零均值联合高斯分布，协方差矩阵为

$$\boldsymbol{C}_{\mathrm{MUSIC}}=\frac{\sigma_{\mathrm{n}}^2}{2J}(\boldsymbol{H}\oplus\boldsymbol{I})^{-1}\mathrm{Re}\{\boldsymbol{H}\oplus(\boldsymbol{A}^{\mathrm{H}}\boldsymbol{T}\boldsymbol{A})^{\mathrm{T}}\}(\boldsymbol{H}\oplus\boldsymbol{I})^{-1} \tag{3-54}$$

式中，$\oplus$ 为 Hadamard 积；$\boldsymbol{H}=\boldsymbol{D}^{\mathrm{H}}\boldsymbol{U}_{\mathrm{n}}\boldsymbol{U}_{\mathrm{n}}^{\mathrm{H}}\boldsymbol{D}=[\boldsymbol{h}(\beta_1),\cdots,\boldsymbol{h}(\beta_K)]$；$\boldsymbol{D}=[\boldsymbol{d}(\beta_1),\cdots,\boldsymbol{d}(\beta_K)]$；$\boldsymbol{T}=\boldsymbol{U}_{\mathrm{s}}\boldsymbol{W}_{\mathrm{s}}\boldsymbol{U}_{\mathrm{s}}^{\mathrm{H}}$；$\boldsymbol{d}(\beta)=\mathrm{d}\boldsymbol{a}(\beta)/\mathrm{d}\beta$ 是方向矢量的一阶导数；$\boldsymbol{h}(\beta)=\boldsymbol{d}^{\mathrm{H}}(\beta)\boldsymbol{U}_{\mathrm{n}}\boldsymbol{U}_{\mathrm{n}}^{\mathrm{H}}\boldsymbol{d}(\beta)$。

需要特别指出的是，对于 $\boldsymbol{H}$，有

$$\boldsymbol{H}=\boldsymbol{D}^{\mathrm{H}}\boldsymbol{U}_{\mathrm{n}}\boldsymbol{U}_{\mathrm{n}}^{\mathrm{H}}\boldsymbol{D}=\boldsymbol{D}^{\mathrm{H}}[\boldsymbol{I}-\boldsymbol{A}(\boldsymbol{A}^{\mathrm{H}}\boldsymbol{A})^{-1}\boldsymbol{A}^{\mathrm{H}}]\boldsymbol{D} \tag{3-55}$$

可得

$$\boldsymbol{A}^{\mathrm{H}}\boldsymbol{T}\boldsymbol{A}=\boldsymbol{R}_{\mathrm{s}}^{-1}+\sigma_{\mathrm{n}}^2\boldsymbol{R}_{\mathrm{s}}^{-1}(\boldsymbol{A}^{\mathrm{H}}\boldsymbol{A})^{-1}\boldsymbol{R}_{\mathrm{s}}^{-1} \tag{3-56}$$

在计算 $\boldsymbol{C}_{\mathrm{MUSIC}}$ 时，式（3-56）有助于避免对协方差矩阵进行特征值分解，大大减少了计算量。

定理 3.3.2　在理想情况下，克拉美罗界为

$$\boldsymbol{C}_{\mathrm{CRB}}(\theta)=\frac{\sigma_{\mathrm{n}}^{2}}{2}\left\{\sum_{i=1}^{J}\mathrm{Re}\left[\boldsymbol{S}^{\mathrm{H}}(i)\boldsymbol{H}\boldsymbol{S}(i)\right]\right\}^{-1} \tag{3-57}$$

式中，$\boldsymbol{S}(i)=\mathrm{diag}[\boldsymbol{s}_1(i),\cdots,\boldsymbol{s}_K(i)]$。

噪声功率的克拉美罗界为

$$\mathrm{var}_{\mathrm{CRB}}(\sigma_{\mathrm{n}}^{2})=\frac{\sigma_{\mathrm{n}}^{4}}{MJ} \tag{3-58}$$

定理 3.3.3　快拍数和阵元数满足一定条件下的克拉美罗界：

（1）当快拍数 $J\to\infty$ 时，克拉美罗界的协方差矩阵为

$$\boldsymbol{C}_{\mathrm{CRB}}=\frac{\sigma_{\mathrm{n}}^{2}}{2J}\{\mathrm{Re}[\boldsymbol{H}\oplus\boldsymbol{R}_{\mathrm{s}}^{\mathrm{T}}]\}^{-1} \tag{3-59}$$

（2）对于等距均匀线阵列，当快拍数和阵元数足够大时，角度估计的克拉美罗界为

$$\boldsymbol{C}_{\mathrm{CRB}}=\frac{6}{M^{3}J}\begin{bmatrix}1/\mathrm{SNR}_1 & \cdots & 0\\ \vdots & \ddots & \vdots\\ 0 & \cdots & 1/\mathrm{SNR}_K\end{bmatrix} \tag{3-60}$$

式中，$\mathrm{SNR}_i(i=1,2,\cdots,K)$ 为第 i 个信号的信噪比。

定理 3.3.4　克拉美罗界具有如下两个特性，即

$$\boldsymbol{C}_{\mathrm{CRB}}(J)\geqslant\boldsymbol{C}_{\mathrm{CRB}}(J+1) \tag{3-61a}$$

$$\boldsymbol{C}_{\mathrm{CRB}}(M)\geqslant\boldsymbol{C}_{\mathrm{CRB}}(M+1) \tag{3-61b}$$

定理 3.3.5　在理想情况下，MUSIC 算法的估计方差与克拉美罗界存在如下关系，即

$$[\boldsymbol{C}_{\mathrm{MUSIC}}]_{ii}\geqslant[\boldsymbol{C}_{\mathrm{CRB}}(\theta)]_{ii} \tag{3-62}$$

在式（3-62）中，等号只有在 $\boldsymbol{R}_{\mathrm{s}}$ 为对角阵列且阵元数、快拍数均趋于无穷大时成立。

定理 3.3.6　在大快拍数的情况下，WMUSIC 估计器［式（3-40）］的估计误差服从零均值联合高斯分布，协方差矩阵为

$$\boldsymbol{C}_{\mathrm{WMU}}=\frac{\sigma_{\mathrm{n}}^{2}}{2J}(\overline{\boldsymbol{H}}\oplus\boldsymbol{I})^{-1}\mathrm{Re}\{\widetilde{\boldsymbol{H}}\oplus(\boldsymbol{A}^{\mathrm{H}}\boldsymbol{T}\boldsymbol{A})^{\mathrm{T}}\}(\overline{\boldsymbol{H}}\oplus\boldsymbol{I})^{-1} \tag{3-63}$$

式中，$\overline{\boldsymbol{H}}=\boldsymbol{D}^{\mathrm{H}}\boldsymbol{U}_{\mathrm{n}}\boldsymbol{U}_{\mathrm{n}}^{\mathrm{H}}\boldsymbol{W}\boldsymbol{U}_{\mathrm{n}}\boldsymbol{U}_{\mathrm{n}}^{\mathrm{H}}\boldsymbol{D}$；$\widetilde{\boldsymbol{H}}=\boldsymbol{D}^{\mathrm{H}}\boldsymbol{U}_{\mathrm{n}}\boldsymbol{U}_{\mathrm{n}}^{\mathrm{H}}\boldsymbol{W}^{2}\boldsymbol{U}_{\mathrm{n}}\boldsymbol{U}_{\mathrm{n}}^{\mathrm{H}}\boldsymbol{D}$；$\oplus$为 Hadamard 积。

由定理 3.3.6 可知，当加权矩阵 $\boldsymbol{W}=\boldsymbol{I}$ 时，有 $\widetilde{\boldsymbol{H}}=\overline{\boldsymbol{H}}=\boldsymbol{H}$，即 $\boldsymbol{C}_{\mathrm{WMU}}=\boldsymbol{C}_{\mathrm{MUSIC}}$。

定理 3.3.7 在大快拍数的情况下，WMUSIC 估计器［式（3-40）］的估计方差比 MUSIC 估计器［式（3-38）］的估计方差要大，即

$$[\boldsymbol{C}_{\mathrm{WMU}}]_{ii}\geqslant[\boldsymbol{C}_{\mathrm{MUSIC}}]_{ii} \tag{3-64}$$

也就是说，$\boldsymbol{C}_{\mathrm{WMU}}$对角线上的元素大于$\boldsymbol{C}_{\mathrm{MUSIC}}$对角线上的元素。

定理 3.3.7 说明，在大快拍数的情况下，对于加权 MUSIC 算法来说 $\boldsymbol{W}=\boldsymbol{I}$，更确切地说，应该是在 $\boldsymbol{U}_{\mathrm{n}}^{\mathrm{H}}\boldsymbol{W}\boldsymbol{U}_{\mathrm{n}}=\boldsymbol{I}$ 时估计器是最优的。MNM 算法是 WMUSIC 算法的一个特例，当加权矩阵为式（3-41）时，有 $\boldsymbol{U}_{\mathrm{n}}^{\mathrm{H}}\boldsymbol{W}\boldsymbol{U}_{\mathrm{n}}=\boldsymbol{C}^{\mathrm{H}}\boldsymbol{C}$ 成立，且必有下式成立，即

$$[\boldsymbol{C}_{\mathrm{MNM}}]_{ii}\geqslant[\boldsymbol{C}_{\mathrm{MUSIC}}]_{ii} \tag{3-65}$$

表明，在大快拍数的情况下，MNM 算法的估计方差大于 MUSIC 算法的估计方差。

2. 分辨率

分辨率是分辨两个相近信号能力的参数。估计误差是估计每个信号精度的参数。在定义分辨率阈值之前，先定义

$$P_{\mathrm{peak}}=(P(\theta_1)+P(\theta_2))/2 \tag{3-66}$$

式中，$P(\theta)$为对应 θ 的信号谱。如对应 MUSIC 算法，则式（3-66）中的 $P(\theta)=\boldsymbol{a}^{\mathrm{H}}(\theta)\boldsymbol{U}_{\mathrm{s}}\boldsymbol{U}_{\mathrm{s}}^{\mathrm{H}}\boldsymbol{a}(\theta)$。

再定义

$$\theta_{\mathrm{m}}=(\theta_1+\theta_2)/2 \tag{3-67a}$$

$$Q(\Delta)=P_{\mathrm{peak}}-P(\theta_{\mathrm{m}}) \tag{3-67b}$$

式中，$\Delta=|\theta_1-\theta_2|$。当 $Q(\Delta)>0$ 时，$Q(\Delta)$是可分辨的，分辨率为 Δ。

定理 3.3.8 信号谱的可分辨能力与 $\Delta=|\theta_1-\theta_2|$满足

$$Q(\Delta)=1-\frac{2\left|F\left(\frac{\Delta}{2}\right)\right|}{1-|F(\Delta)|^{2}}\left\{1-|F(\Delta)|\cos\left[\varphi_F(\Delta)-2\varphi_F\left(\frac{\Delta}{2}\right)\right]\right\} \tag{3-68}$$

式中，

$$F(\Delta)=\frac{1}{M}\sum_{i=1}^{M}\mathrm{e}^{-\mathrm{j}\beta_i}=|F(\Delta)|\mathrm{e}^{\mathrm{j}\varphi_F(\Delta)} \tag{3-69}$$

式（3-69）为阵列在 Δ 方向上的方向矢量之和，也就是静态方向图中对应 Δ 的值。

对于阵元间距为 d 的均匀线阵列，$\beta=(2\pi d\sin\Delta)/\lambda$ 是对应信号方向为 Δ 的空间频率，在式（3-69）中，$\beta_i=(i-1)\beta$，有

$$|F(\Delta)|=\frac{1}{M}\left|\sum_{i=1}^{M}\mathrm{e}^{-\mathrm{j}(i-1)\beta}\right|=\frac{\sin(M\beta/2)}{M\sin(\beta/2)} \tag{3-70}$$

$$\varphi_F(\Delta)=(M-1)\beta/2 \tag{3-71}$$

另外，对于一个非常小的角度，有

$$\sin\alpha\approx\alpha-\alpha^3/6+\alpha^5/120 \tag{3-72}$$

成立，可得到定理 3.3.8 的推论。

推论 3.3.1 对于等间距均匀线阵列，MUSIC 算法的信号谱分辨能力与分辨率 Δ 满足

$$Q_{\mathrm{MUSIC}}(\Delta)=1-\frac{2\left|F\left(\frac{\Delta}{2}\right)\right|}{1+|F(\Delta)|}\approx\frac{(\pi Md\Delta/\lambda)^4}{720} \tag{3-73}$$

推论 3.3.2 对于等间距均匀线阵列，MUSIC 噪声谱的分辨能力与分辨率 Δ 的关系满足

$$\boldsymbol{P}_{\mathrm{MUSIC}}(\Delta)\approx\boldsymbol{Q}_{\mathrm{MUSIC}}^{-1}(\Delta)\approx720(\pi Md\Delta/\lambda)^{-4} \tag{3-74}$$

信噪比阈值为

$$\mathrm{SNR}_{\mathrm{threshold}}=360\left(\frac{M-2}{MJ}\right)\left(\frac{\pi Md\Delta}{\lambda}\right)^{-4} \tag{3-75}$$

3.3.4 求根 MUSIC 算法

顾名思义，求根 MUSIC 算法是 MUSIC 算法的一种多项式求根形式，是由 Barabell 提出来的，基本思想是 Pisarenko 分解。

定义多项式

$$\boldsymbol{p}_l(z)=\boldsymbol{u}_l^{\mathrm{H}}\boldsymbol{p}(z),\quad l=K+1,\cdots,M \tag{3-76}$$

式中，$\boldsymbol{u}_l$ 是矩阵 $\boldsymbol{R}$ 的第 l 个特征矢量；$\boldsymbol{p}(z)=[1,z,\cdots,z^{M-1}]^{\mathrm{T}}$。

为了从所有噪声特征矢量中同时提取信息，希望求 MUSIC 谱

$$\boldsymbol{p}^{\mathrm{H}}(z)\boldsymbol{U}_{\mathrm{n}}\boldsymbol{U}_{\mathrm{n}}^{\mathrm{H}}\boldsymbol{p}(z) \tag{3-77}$$

的零点。然而，式（3-77）还不是 z 的多项式，因为存在 z^* 的幂次项。由于只对单位圆上的 z 感兴趣，因此可以用 $\boldsymbol{p}^{\mathrm{T}}(z^{-1})$ 代替 $\boldsymbol{p}^{\mathrm{H}}(z)$。这就给出了求根 MUSIC 算法的多项式，即

$$f(z)=z^{M-1}\boldsymbol{p}^{\mathrm{T}}(z^{-1})\boldsymbol{U}_{\mathrm{n}}\boldsymbol{U}_{\mathrm{n}}^{\mathrm{H}}\boldsymbol{p}(z) \tag{3-78}$$

注意，$\boldsymbol{p}(z)$ 是 2（$M-1$）次多项式，它的根相对于单位圆为镜像对。其中，取单位圆内具有最大幅值的 K 个根 $\hat{z}_1,\hat{z}_2,\cdots,\hat{z}_K$ 的相位给出波达方向估计，即

$$\hat{\theta}_k=\arcsin\left[\frac{\lambda}{2\pi d}\arg(\hat{z}_k)\right],\quad k=1,2,\cdots,K \tag{3-79}$$

可以证明，MUSIC 算法和求根 MUSIC 算法虽然具有相同的渐近性能，但求根 MUSIC 算法的小样本性能比 MUSIC 算法明显好。求根 MUSIC 算法的步骤如下。

算法 3.3：求根 MUSIC 算法。

步骤 1：根据接收信号得到协方差矩阵的估计值。

步骤 2：对得到的协方差矩阵进行特征值分解，得到噪声子空间。

步骤 3：构造式（3-77）或式（3-78）多项式。

步骤 4：对多项式求根，找到最接近单位圆内/外的 K 个根。

步骤 5：通过式（3-79）进行 DOA 估计。

3.3.5 求根 MUSIC 算法的性能

下面将分析求根 MUSIC 算法的性能。由上面的分析可知，求根 MUSIC 算法只是 MUSIC 算法的另一种表达方式，即用

$$\boldsymbol{p}(z)=[1,z,\cdots,z^{M-1}]^{\mathrm{T}} \tag{3-80}$$

代替方向矢量。其中，$z=\exp(\mathrm{j}\omega)$。与 MUSIC 算法相比，求根 MUSIC 算法只是同一形式的另一种表达方式。也就是说，对于 ω 来说，求根 MUSIC 算法的性能与常规 MUSIC 算法的性能是相同的，故下面的定理成立。

定理 3.3.9 对于求根 MUSIC 算法和常规 MUSIC 算法，在信号方向上的估计均方误差满足

$$\overline{|\Delta\theta_i|^2}_{\text{MUSIC}}=\overline{|\Delta\theta_i|^2}_{\text{R-MUSIC}} \tag{3-81}$$

求根 MUSIC 算法的均方误差与 MUSIC 算法的均方误差存在如下关系，即

$$\overline{|\Delta\theta_i|^2}_{\text{MUSIC}}=\left(\frac{\lambda}{2\pi d\cos\theta_i}\right)^2\frac{\overline{|\Delta z_i|^2}_{\text{R-MUSIC}}}{2M} \tag{3-82}$$

上述定理说明，在估计信号的方向时，采用常规 MUSIC 算法与采用求根 MUSIC 算法的均方误差是相同的，均方误差之比为

$$\rho=\frac{\overline{|\Delta\theta_i|^2}_{\text{MUSIC}}}{\overline{|\Delta z_i|^2}_{\text{R-MUSIC}}}=\left(\frac{\lambda}{2\pi d\cos\theta_i}\right)^2\frac{1}{2M} \tag{3-83}$$

3.4 最大似然算法

在信号处理过程中，最著名和最常用的建模算法是最大似然算法。根据信源信号或输入序列模型信号的不同假设，基于最大似然的波达方向估计算法可分为确定性最大似然（Deterministic ML，DML）算法和随机性最大似然（Stochastic ML，SML）算法。随机性最大似然算法也称为统计最大似然算法。

- 确定性最大似然算法。假设信源信号或输入序列模型信号 $\{s(k)\}$ 为确定性信号，待估计未知参数是输入序列和信道矢量，即 $\boldsymbol{\theta}=(\boldsymbol{h},\{s(k)\})$，虽然可能只对估计信道矢量 $\boldsymbol{h}$ 感兴趣。在这种情况下，未知参数的维数随观测数据量的增多而增大。
- 随机性最大似然算法。假设输入序列模型信号 $\{s(k)\}$ 为具有已知分布的随机过程，通常为高斯随机过程，而且唯一的待估计未知参数是信道矢量，即 $\boldsymbol{\theta}=\boldsymbol{h}$。在这种情况下，未知参数的维数相对于观测数据量是固定的。

3.4.1 确定性最大似然算法

在确定性最大似然算法所采用的数据模型中，背景噪声和接收噪声被认为是由大量独立的噪声源发射的，因而把噪声过程视为平稳高斯随机白噪声过程，假设信号是确定性信号，输入信号波形是待估计未知参数（假设载波频率为已知），在空间的噪声是白色的和循环对称的，则一个复随机过程是循环对称的，若实部和虚部服从同一分布，并有一个反对称的互协方差，即$E[\mathrm{Re}[\boldsymbol{v}(t)]\mathrm{Im}[\boldsymbol{v}^{\mathrm{T}}(t)]]=-E[\mathrm{Im}[\boldsymbol{v}(t)]\mathrm{Re}[\boldsymbol{v}^{\mathrm{T}}(t)]]$，则噪声项的二阶矩阵为

$$E[\boldsymbol{v}(t)\boldsymbol{v}^{\mathrm{H}}(s)]=\sigma_{\mathrm{n}}^{2}\boldsymbol{I}\delta_{t,s},\quad E[\boldsymbol{v}(t)\boldsymbol{v}^{\mathrm{T}}(s)]=0 \tag{3-84}$$

在上述统计假设下，观测矢量$\boldsymbol{x}(t)$也是循环对称的，并且是高斯白色随机过程，均值为$\boldsymbol{A}(\theta)\boldsymbol{s}(t)$，协方差矩阵为$\sigma_{\mathrm{n}}^{2}\boldsymbol{I}$。

似然函数被定义为在给定未知参数时所有观测值的概率密度函数。假设观测矢量$\boldsymbol{x}(t)$的概率密度函数服从复变量高斯分布，即

$$L_{\mathrm{DML}}(\theta,\boldsymbol{s}(t),\sigma_{\mathrm{n}}^{2})=\frac{1}{(\pi\sigma_{\mathrm{n}}^{2})^{M}}\exp[-\|\boldsymbol{x}(t)-\boldsymbol{A}\boldsymbol{s}(t)\|^{2}/\sigma_{\mathrm{n}}^{2}] \tag{3-85}$$

式中，$\boldsymbol{A}=\boldsymbol{A}(\theta)$；$M$为阵元数。由于观测值是独立的，所以似然函数为

$$L_{\mathrm{DML}}(\theta,\boldsymbol{s}(t),\sigma_{\mathrm{n}}^{2})=\prod_{t=1}^{J}(\pi\sigma_{\mathrm{n}}^{2})^{-M}\exp[\|\boldsymbol{x}(t)-\boldsymbol{A}\boldsymbol{s}(t)\|^{2}/\sigma_{\mathrm{n}}^{2}] \tag{3-86}$$

如上所述，在确定性最大似然算法中，似然函数的未知参数是信号参数θ和噪声方差σ_{n}^{2}。这些未知参数的最大似然估计值由似然函数$L(\theta,\boldsymbol{s}(t),\sigma_{\mathrm{n}}^{2})$的最大变化量给出。为了方便，最大似然估计值被定义为负对数似然函数$-\log L(\theta,\boldsymbol{s}(t),\sigma_{\mathrm{n}}^{2})$的最小化变量。用$J$进行归一化，并忽略与未知参数独立的$M\log\pi$项，有

$$L_{\mathrm{DML}}(\theta,\boldsymbol{s}(t),\sigma_{\mathrm{n}}^{2})=M\log\sigma_{\mathrm{n}}^{2}+\frac{1}{\sigma_{\mathrm{n}}^{2}J}\sum_{t=1}^{J}\|\boldsymbol{x}(t)-\boldsymbol{A}\boldsymbol{s}(t)\|^{2} \tag{3-87}$$

最小化变量就是确定性最大似然估计值。众所周知，相对于σ_{n}^{2}和$\boldsymbol{s}(t)$的显式最小化变量为

$$\sigma_{\mathrm{n}}^{2}=\frac{1}{M}\mathrm{tr}\{\boldsymbol{\Pi}_{A}^{\perp}\hat{\boldsymbol{R}}\} \tag{3-88a}$$

$$\hat{\boldsymbol{s}}(t)=\boldsymbol{A}^{+}\boldsymbol{x}(t) \tag{3-88b}$$

式中，$\hat{\boldsymbol{R}}$ 为样本协方差矩阵；$\boldsymbol{A}^{+}$是 $\boldsymbol{A}$ 的伪逆矩阵；$\boldsymbol{\Pi}_{\boldsymbol{A}}^{\perp}$ 是在 $\boldsymbol{A}^{\mathrm{H}}$ 零空间上的正交投影矩阵，有

$$\hat{\boldsymbol{R}}=\frac{1}{J}\sum_{t=1}^{J}\boldsymbol{x}(t)\boldsymbol{x}^{\mathrm{H}}(t),\quad \boldsymbol{A}^{+}=(\boldsymbol{A}^{\mathrm{H}}\boldsymbol{A})^{-1}\boldsymbol{A}^{\mathrm{H}} \tag{3-89a}$$

$$\boldsymbol{\Pi}_{\boldsymbol{A}}=\boldsymbol{A}\boldsymbol{A}^{+},\quad \boldsymbol{\Pi}_{\boldsymbol{A}}^{\perp}=\boldsymbol{I}-\boldsymbol{\Pi}_{\boldsymbol{A}} \tag{3-89b}$$

将式（3-88）代入式（3-86），θ 的确定性最大似然估计值为

$$\hat{\theta}_{\mathrm{DML}}=\arg\{\min_{\theta}\operatorname{tr}[\boldsymbol{\Pi}_{\boldsymbol{A}}^{\perp}\hat{\boldsymbol{R}}]\} \tag{3-90}$$

这是因为观测矢量 $\boldsymbol{x}(t)$ 投影到与所有期望信号分量正交的模型空间，$\boldsymbol{x}(t)$ 在模型空间的功率观测值为

$$\frac{1}{J}\sum_{t=1}^{J}\|\boldsymbol{\Pi}_{\boldsymbol{A}}^{\perp}\boldsymbol{x}(t)\|^{2}=\operatorname{tr}(\boldsymbol{\Pi}_{\boldsymbol{A}}^{\perp}\hat{\boldsymbol{R}})$$

算法 3.4：确定性最大似然算法。

步骤 1：计算接收信号的协方差矩阵。

步骤 2：通过搜索式（3-90）找到最小值，得到 DOA 估计值。

在平稳情况下，当样本个数趋于无穷大时，误差将收敛为 0。这一结果对相关信号甚至相干信号也成立。注意，在单个信源的情况下，式（3-90）退化为 Bartlett 波束形成器。

为了计算确定性最大似然估计值，在数值上必须求解非线性多维优化问题，必要时，还可以求出信号波形和噪声方差的估计值，只要将 $\hat{\theta}_{\mathrm{DML}}$ 代入式（3-88）即可。如果有一个很好的初始值，则高斯-牛顿法将能迅速收敛到式（3-87）的极小值。获得一个足够精确的初始值通常是很费事的。若初始值比较差，那么搜索方法便可能收敛到局部极小值。

3.4.2 随机性最大似然算法

在随机性最大似然算法中，信号波形建模成高斯随机过程。若观测值是利用窄带带通滤波器对宽带信号进行滤波获得的，那么建模是合理的。有必要指出，即使数据是非高斯的，这种方法仍然适用。已经证明，信号参数估

计的大样本渐近精度只决定于信号波形的二阶性能（功率谱和相关函数）。记住这一点，高斯信号的假设只不过是获得易运用的最大似然算法的一种方式。

令信号波形是零均值的，且二阶特性为

$$E[\boldsymbol{s}(t)\boldsymbol{s}^{\mathrm{H}}(u)]=\boldsymbol{P}\delta_{t,u},\quad E[\boldsymbol{s}(t)\boldsymbol{s}^{\mathrm{T}}(u)]=0 \tag{3-91}$$

$\boldsymbol{x}(t)$是零均值白色循环对称高斯随机矢量，协方差矩阵为

$$\boldsymbol{R}=\boldsymbol{A}(\theta)\boldsymbol{P}\boldsymbol{A}^{\mathrm{H}}(\theta)+\sigma_{\mathrm{n}}^{2}\boldsymbol{I} \tag{3-92}$$

在这种情况下，未知参数组与确定性循环模型的未知参数组不同。当似然函数与θ、$\boldsymbol{P}$和σ_{n}^{2}有关时，负对数似然函数（忽略常数项）易被证明与

$$\frac{1}{J}\sum_{t=1}^{J}\|\boldsymbol{\Pi}_{A}^{\perp}\boldsymbol{x}(t)\|^{2}=\mathrm{tr}(\boldsymbol{\Pi}_{A}^{\perp}\hat{\boldsymbol{R}}) \tag{3-93}$$

成正比。虽然式（3-93）是非线性函数，但是最大似然准则仍使得某些参数是可分离的。

对于一个固定的θ，可以证明σ_{n}^{2}和$\boldsymbol{P}$的随机性最大似然估计值分别为

$$\hat{\sigma}_{\mathrm{SML}}^{2}(\theta)=\frac{1}{M-K}\mathrm{tr}(\boldsymbol{\Pi}_{A}^{\perp}\hat{\boldsymbol{R}}) \tag{3-94a}$$

$$\hat{\boldsymbol{P}}_{\mathrm{SML}}(\theta)=\boldsymbol{A}^{+}[\hat{\boldsymbol{R}}-\sigma_{\mathrm{SML}}^{2}(\theta)\boldsymbol{I}](\boldsymbol{A}^{+})^{\mathrm{H}} \tag{3-94b}$$

将式（3-94）代入式（3-93），可得到波达方向随机性最大似然估计值的紧凑形式，即

$$\hat{\theta}_{\mathrm{SML}}=\arg\{\min_{\theta}\log|\boldsymbol{A}\hat{\boldsymbol{P}}_{\mathrm{SML}}(\theta)\boldsymbol{A}^{\mathrm{H}}+\sigma_{\mathrm{SML}}^{2}(\theta)\boldsymbol{I}|\} \tag{3-95}$$

这一准则可解释为行列式度量数据矢量的置信区间，寻找的观测值模型应该具有“最小成本”。这与最大似然准则是吻合的。

3.5 子空间拟合算法

加权子空间拟合算法最早是由 Viberg M 等人在文献［13，48］中提出的，与最大似然算法具有很多相通之处，具体表现为：最大似然算法相当于数据（接收数据与实际数据）之间的拟合；加权子空间拟合算法相当于子空间之间

的拟合。由于两者均需要通过多维搜索实现求解，因此很多用于实现 ML 算法的求解过程均可以直接应用。子空间拟合包含两个部分，即信号子空间拟合和噪声子空间拟合。下面将对这两个部分分别进行讨论。

3.5.1 信号子空间拟合

由前面推导 MUSIC 算法的过程可知，信号子空间张成的空间与阵列流形张成的空间是同一空间。也就是说，信号子空间是阵列流形张成空间的一个线性子空间，即

$$\operatorname{span}\{\boldsymbol{U}_{\mathrm{s}}\}=\operatorname{span}\{\boldsymbol{A}\} \tag{3-96}$$

此时存在一个满秩矩阵 $\boldsymbol{T}$，使得

$$\boldsymbol{U}_{\mathrm{s}}=\boldsymbol{A}\boldsymbol{T} \tag{3-97}$$

由理想情况下的数学模型，可知

$$\boldsymbol{R}=\boldsymbol{A}\boldsymbol{R}_{\mathrm{s}}\boldsymbol{A}^{\mathrm{H}}+\sigma_{\mathrm{n}}^{2}\boldsymbol{I}=\boldsymbol{U}_{\mathrm{s}}\boldsymbol{\Sigma}_{\mathrm{s}}\boldsymbol{U}_{\mathrm{s}}^{\mathrm{H}}+\sigma_{\mathrm{n}}^{2}\boldsymbol{U}_{\mathrm{n}}\boldsymbol{U}_{\mathrm{n}}^{\mathrm{H}} \tag{3-98}$$

根据噪声子空间与信号子空间的关系，可得

$$\boldsymbol{A}\boldsymbol{R}_{\mathrm{s}}\boldsymbol{A}^{\mathrm{H}}+\sigma_{\mathrm{n}}^{2}\boldsymbol{I}=\boldsymbol{U}_{\mathrm{s}}\boldsymbol{\Sigma}_{\mathrm{s}}\boldsymbol{U}_{\mathrm{s}}^{\mathrm{H}}+\sigma_{\mathrm{n}}^{2}(\boldsymbol{I}-\boldsymbol{U}_{\mathrm{s}}\boldsymbol{U}_{\mathrm{s}}^{\mathrm{H}}) \tag{3-99}$$

即

$$\boldsymbol{A}\boldsymbol{R}_{\mathrm{s}}\boldsymbol{A}^{\mathrm{H}}+\sigma_{\mathrm{n}}^{2}\boldsymbol{U}_{\mathrm{s}}\boldsymbol{U}_{\mathrm{s}}^{\mathrm{H}}=\boldsymbol{U}_{\mathrm{s}}\boldsymbol{\Sigma}_{\mathrm{s}}\boldsymbol{U}_{\mathrm{s}}^{\mathrm{H}} \tag{3-100}$$

又因为 $\boldsymbol{U}_{\mathrm{s}}=\boldsymbol{A}\boldsymbol{T}$，$\boldsymbol{U}_{\mathrm{s}}^{\mathrm{H}}\boldsymbol{U}_{\mathrm{s}}=\boldsymbol{I}$，可得理想状态下的

$$\boldsymbol{T}=\boldsymbol{R}_{\mathrm{s}}\boldsymbol{A}^{\mathrm{H}}\boldsymbol{U}_{\mathrm{s}}\,(\boldsymbol{\Sigma}_{\mathrm{s}}-\sigma_{\mathrm{n}}^{2}\boldsymbol{I})^{-1} \tag{3-101}$$

当有噪声存在时，信号子空间与阵列流形张成的空间不相等，式（3-101）不一定成立。为了解决这个问题，可以通过构造一个拟合关系，找出使式（3-97）成立的一个矩阵 $\boldsymbol{T}$，且使两者在最小二乘意义下拟合得最好，有

$$\theta,\hat{\boldsymbol{T}}=\min\|\boldsymbol{U}_{\mathrm{s}}-\boldsymbol{A}\hat{\boldsymbol{T}}\|_{F}^{2} \tag{3-102}$$

式（3-102）中的重要参数是 θ，故 $\hat{\boldsymbol{T}}$ 仅是一个辅助参数。对于式（3-102），固定 $\boldsymbol{A}$，可以求出 $\hat{\boldsymbol{T}}$ 的最小二乘解，即

$$\hat{\boldsymbol{T}}=(\boldsymbol{A}^{\mathrm{H}}\boldsymbol{A})^{-1}\boldsymbol{A}^{\mathrm{H}}\boldsymbol{U}_{\mathrm{s}}=\boldsymbol{A}^{+}\boldsymbol{U}_{\mathrm{s}} \tag{3-103}$$

将式（3-103）代入式（3-102），得

$$\begin{aligned}\theta &= \min \|\boldsymbol{U}_s - \boldsymbol{A}\boldsymbol{A}^+\boldsymbol{U}_s\|_F^2 \\ &= \min \operatorname{tr}\{\boldsymbol{P}_A^{\perp}\boldsymbol{U}_s\boldsymbol{U}_s^H\} \\ &= \max \operatorname{tr}\{\boldsymbol{P}_A\boldsymbol{U}_s\boldsymbol{U}_s^H\}\end{aligned} \tag{3-104}$$

很显然，由式（3-103）形成的优化问题就是信号子空间拟合（Signal Subspace Fitting，SSF）问题的解，也就是所谓的信号子空间拟合的 DOA 估计算法。对式（3-102）进行进一步的推广，可得更一般形式的加权子空间拟合（WSSF），即

$$\theta,\hat{\boldsymbol{T}} = \min \|\boldsymbol{U}_s\boldsymbol{W}^{1/2} - \boldsymbol{A}\hat{\boldsymbol{T}}\|_F^2 \tag{3-105}$$

求解 θ 为

$$\theta = \min \operatorname{tr}\{\boldsymbol{P}_A^{\perp}\boldsymbol{U}_s\boldsymbol{W}\boldsymbol{U}_s^H\} = \max \operatorname{tr}\{\boldsymbol{P}_A\boldsymbol{U}_s\boldsymbol{W}\boldsymbol{U}_s^H\} \tag{3-106}$$

需要特别指出的是，当加权矩阵满足

$$\boldsymbol{W}_{\mathrm{Sopt}} = (\hat{\boldsymbol{\Sigma}}_s - \sigma_n^2\boldsymbol{I})^2\hat{\boldsymbol{\Sigma}}_s^{-1} \tag{3-107}$$

时，式（3-106）就是最优权值加权子空间拟合（Optimal Weighted Signal Subspace Fitting，OWSSF）算法。

3.5.2 噪声子空间拟合

信号子空间拟合利用的是式（3-97）中的信号子空间 $\boldsymbol{U}_s$ 与阵列流形 $\boldsymbol{A}$ 之间的关系。对于噪声子空间，由 MUSIC 算法可知，噪声子空间与阵列流形之间也存在一个关系，即

$$\boldsymbol{U}_n^H\boldsymbol{A} = 0 \tag{3-108}$$

利用式（3-108）可以得到如下拟合关系，即

$$\theta = \min \|\boldsymbol{U}_n^H\boldsymbol{A}\|_F^2 = \min \operatorname{tr}\{\boldsymbol{U}_n^H\boldsymbol{A}\boldsymbol{A}^H\boldsymbol{U}_n\} \tag{3-109}$$

同样，式（3-109）的噪声子空间拟合（Noise Subspace Fitting，NSF）也可以进一步推广为加权形式，即噪声子空间与阵列流形之间存在如下关系，即

$$\boldsymbol{U}_n^H\boldsymbol{A}\boldsymbol{W}^{1/2} = 0 \tag{3-110}$$

式（3-109）的噪声子空间拟合可改为

$$
\begin{aligned}
\theta &= \min \|\boldsymbol{U}_{\mathrm{n}}^{\mathrm{H}}\boldsymbol{A}\boldsymbol{W}^{1/2}\|_F^2 \\
&= \min \operatorname{tr}\{\boldsymbol{U}_{\mathrm{n}}^{\mathrm{H}}\boldsymbol{A}\boldsymbol{W}\boldsymbol{A}\boldsymbol{U}_{\mathrm{n}}\} \\
&= \min \operatorname{tr}\{\boldsymbol{W}\boldsymbol{A}^{\mathrm{H}}\boldsymbol{U}_{\mathrm{n}}\boldsymbol{U}_{\mathrm{n}}^{\mathrm{H}}\boldsymbol{A}\}
\end{aligned} \tag{3-111}
$$

同样，若加权信号子空间存在一个最优权值，那么噪声子空间是否也存在一个最优权值，使得加权噪声子空间性能最优呢？答案是肯定的。文献［17］给出了加权噪声子空间的权值表达形式，即

$$
\boldsymbol{W}_{\mathrm{n}} = \boldsymbol{A}^{+}\boldsymbol{U}_{\mathrm{s}}\boldsymbol{W}\boldsymbol{U}_{\mathrm{s}}^{\mathrm{H}}(\boldsymbol{A}^{+})^{\mathrm{H}} \tag{3-112}
$$

当式（3-112）中的加权矩阵 $\boldsymbol{W}$ 取式（3-107），即 $\boldsymbol{W}=\boldsymbol{W}_{\mathrm{Sopt}}$ 时，被称为最优权值加权噪声子空间拟合算法。

3.5.3 信号子空间拟合算法的性能

下面将分析信号子空间拟合算法的性能。由文献［13，39］可知，在足够大快拍数 J 的条件下，对于加权信号子空间拟合有下列定理成立。

定理 3.5.1 对于足够大的快拍数 J，式（3-106）的加权信号子空间拟合（Weighted Signal Subspace Fitting，WSSF）算法的估计方差为

$$
\boldsymbol{C}_{\mathrm{WSSF}} = \frac{\sigma_{\mathrm{n}}^2}{2J}\{\operatorname{Re}[\boldsymbol{H}\boldsymbol{V}^{\mathrm{T}}]\}^{-1}\{\operatorname{Re}[\boldsymbol{H}\boldsymbol{Q}^{\mathrm{T}}]\}\{\operatorname{Re}[\boldsymbol{H}\boldsymbol{V}^{\mathrm{T}}]\}^{-1} \tag{3-113}
$$

式中，$\boldsymbol{V}=\boldsymbol{A}^{+}\boldsymbol{U}_{\mathrm{s}}\boldsymbol{W}\boldsymbol{U}_{\mathrm{s}}^{\mathrm{H}}(\boldsymbol{A}^{+})^{\mathrm{H}}$；$\boldsymbol{Q}=\boldsymbol{A}^{+}\boldsymbol{U}_{\mathrm{s}}\boldsymbol{W}\boldsymbol{\Sigma}_{\mathrm{s}}\boldsymbol{\Sigma}'^{-2}\boldsymbol{W}\boldsymbol{U}_{\mathrm{s}}^{\mathrm{H}}(\boldsymbol{A}^{+})^{\mathrm{H}}$。

定理 3.5.2 对于足够大的快拍数 J，WSSF 算法的估计方差满足

$$
\boldsymbol{C}_{\mathrm{WSSF}}(\boldsymbol{\Sigma}'^2\boldsymbol{\Sigma}_{\mathrm{s}}^{-1}) \leqslant \boldsymbol{C}_{\mathrm{WSSF}}(\boldsymbol{W}) \tag{3-114}
$$

定理 3.5.2 说明，WSSF 算法的最优权值就是 $\boldsymbol{W}_{\mathrm{Sopt}}=\hat{\boldsymbol{\Sigma}}'^2\hat{\boldsymbol{\Sigma}}_{\mathrm{s}}^{-1}$，即最优信号子空间的权值。下面将讨论最优加权信号子空间拟合算法的估计方差。

将信号子空间的最优权值代入式（3-113），可得 OWSSF 算法的估计方差为

$$
\boldsymbol{C}_{\mathrm{OWSSF}} = \frac{\sigma_{\mathrm{n}}^2}{2J}\{\operatorname{Re}[\boldsymbol{H}\oplus(\boldsymbol{A}^{+}\boldsymbol{U}_{\mathrm{s}}\boldsymbol{W}_{\mathrm{Sopt}}\boldsymbol{U}_{\mathrm{s}}^{\mathrm{H}}(\boldsymbol{A}^{+})^{\mathrm{H}})^{\mathrm{T}}]\}^{-1} \tag{3-115}
$$

将式（3-115）与 ML 算法的估计方差进行比较可知，在表达方式上差别不大。文献［36］给出了最优权值加权信号子空间拟合算法估计方差的另一

种表达式，即

$$
\begin{aligned}
\boldsymbol{C}_{\text{OWSSF}} &= \frac{\sigma_{\text{n}}^{2}}{2J}\{\text{Re}[\boldsymbol{H}(\boldsymbol{A}^{+}\boldsymbol{U}_{\text{s}}\boldsymbol{W}_{\text{Sopt}}\boldsymbol{U}_{\text{s}}^{\text{H}}(\boldsymbol{A}^{+})^{\text{H}})^{\text{T}}]\}^{-1} \\
&= \frac{\sigma_{\text{n}}^{2}}{2J}\{\text{Re}[\boldsymbol{H}(\boldsymbol{R}_{\text{s}}\boldsymbol{A}^{\text{H}}\boldsymbol{R}^{-1}\boldsymbol{A}\boldsymbol{R}_{\text{s}})^{\text{T}}]\}^{-1}
\end{aligned} \tag{3-116}
$$

对照 SML 算法的估计方差可知，随机性最大似然算法与最优加权信号子空间拟合算法的估计性能在大快拍数的情况下是一致的。

定理 3.5.3 对于足够大的快拍数 J，OWSSF 算法、SML 算法、DML 算法及 MUSIC 算法的估计方差存在如下关系，即

$$
\boldsymbol{C}_{\text{MUSIC}} \geqslant \boldsymbol{C}_{\text{DML}} \geqslant \boldsymbol{C}_{\text{SML}} = \boldsymbol{C}_{\text{OWSSF}} \geqslant \boldsymbol{C}_{\text{CRB}} \tag{3-117}
$$

上面讨论了加权信号子空间拟合算法，下面将讨论加权噪声子空间拟合算法的相关结论。

定理 3.5.4 对于足够大的快拍数 J，如果式（3-106）的 WSSF 算法和式（3-111）的WNSF 算法的加权矩阵满足

$$
\boldsymbol{W}_{\text{n}} = \boldsymbol{A}^{+}\boldsymbol{U}_{\text{s}}\boldsymbol{W}_{\text{s}}\boldsymbol{U}_{\text{s}}^{\text{H}}\boldsymbol{A}^{+\text{H}} \tag{3-118}
$$

则两者能达到相同的下界。式中，$\boldsymbol{W}_{\text{n}}$ 表示噪声子空间拟合的权值；$\boldsymbol{W}_{\text{s}}$ 表示信号子空间拟合的权值。

由上述定理很容易得出如下结论，即当信号子空间拟合的权值 $\boldsymbol{W}_{\text{s}}$ 取式（3-107）的最优权值时，可得噪声子空间拟合的最优权值，即

$$
\boldsymbol{W}_{\text{Nopt}} = \boldsymbol{A}^{+}\boldsymbol{U}_{\text{s}}\boldsymbol{W}_{\text{Sopt}}\boldsymbol{U}_{\text{s}}^{\text{H}}\boldsymbol{A}^{+\text{H}} \tag{3-119}
$$

由定理 3.5.4 可知，当噪声子空间的权值为式（3-119）时，在特定条件下，最优加权噪声子空间拟合（Optimal Weighted Noise Subspace Fitting, OWNSF）算法的估计方差与 SML 算法和 WSF 算法的估计方差一样，即 OWSSF 算法、SML 算法、DML 算法、MUSIC 算法及 OWNSF 算法的估计方差存在如下关系，即

$$
\boldsymbol{C}_{\text{MUSIC}} \geqslant \boldsymbol{C}_{\text{DML}} \geqslant \boldsymbol{C}_{\text{SML}} = \boldsymbol{C}_{\text{OWSSF}} = \boldsymbol{C}_{\text{OWNSF}} \geqslant \boldsymbol{C}_{\text{CRB}} \tag{3-120}
$$

下面将分析子空间拟合算法，即式（3-106）的 WSSF 算法和式（3-111）的 WNSF 算法在取不同权值时对应的算法。

(1) 考虑到

$$\boldsymbol{W}_{\mathrm{n}}=\boldsymbol{A}^{\mathrm{H}}(\theta)\boldsymbol{U}_{\mathrm{s}}\boldsymbol{W}\boldsymbol{U}_{\mathrm{s}}^{\mathrm{H}}\boldsymbol{A}^{+\mathrm{H}}(\theta) \tag{3-121}$$

WSSF 算法与 WNSF 算法的估计方差均为式（3-113）。

(2)

$$\boldsymbol{W}_{\mathrm{Sopt}}=(\hat{\boldsymbol{\Sigma}}_{\mathrm{s}}-\sigma_{\mathrm{n}}^{2}\boldsymbol{I})^{2}\hat{\boldsymbol{\Sigma}}_{\mathrm{s}}^{-1} \tag{3-122}$$

$$\boldsymbol{W}_{\mathrm{Nopt}}=\boldsymbol{A}^{+}(\theta)\boldsymbol{U}_{\mathrm{s}}\boldsymbol{W}_{\mathrm{Sopt}}\boldsymbol{U}_{\mathrm{s}}^{\mathrm{H}}\boldsymbol{A}^{+\mathrm{H}}(\theta) \tag{3-123}$$

式（3-122）和式（3-123）分别对应最优权值加权信号子空间拟合算法和最优权值加权噪声子空间拟合算法，估计方差的表达式见式（3-115）。

(3) 当 $\boldsymbol{W}=\boldsymbol{I}$ 时，式（3-106）可以简化为

$$\theta=\min\ \mathrm{tr}\{\boldsymbol{P}_{A}^{\perp}\ \hat{\boldsymbol{U}}_{\mathrm{s}}\ \hat{\boldsymbol{U}}_{\mathrm{s}}^{\mathrm{H}}\}=\max\ \mathrm{tr}\{\boldsymbol{P}_{A}\ \hat{\boldsymbol{U}}_{\mathrm{s}}\ \hat{\boldsymbol{U}}_{\mathrm{s}}^{\mathrm{H}}\}=\theta_{\text{MD-MUSIC}} \tag{3-124}$$

当 $\boldsymbol{W}=\boldsymbol{I}$ 时，式（3-111）可以简化为

$$\theta=\min\ \mathrm{tr}\{\boldsymbol{A}^{\mathrm{H}}(\theta)\boldsymbol{U}_{\mathrm{n}}\boldsymbol{U}_{\mathrm{n}}^{\mathrm{H}}\boldsymbol{A}(\theta)\}$$

最大似然算法（包括 DML 算法和 SML 算法）和子空间拟合算法都是一个非线性的多维最优化算法，需要进行全局极值的多维搜索，计算量相当大。比较有效的多维搜索算法有交替投影（Alternating Projection，AP）算法、MODE（Method Of Direction Estimation）算法、迭代二次型极大似然（Iterative Quadratic Maximum Likelihood，IQML）算法、高斯-牛顿算法和遗传算法等。

3.6 ESPRIT 算法

ESPRIT 算法最早是由 Roy、Paulra 和 Kailath 等人于 1986 年提出的，由于在参数估计等方面的优越性，因此近年来得到了广泛的应用，并出现了许多变化算法，如 LS-ESPRIT 算法、TLS-ESPRIT 算法、多重不变 ESPRIT 算法、波束空间 ESPRIT 算法和酉 ESPRIT 算法等。

3.6.1 ESPRIT 算法的基本模型

假设一个包含 M 个阵元偶的任意平面传感器阵列，每个阵元偶包含两个具有完全相同响应特性的阵元。两个阵元之间相差已知的位移标量 Δ。假设有

$K\leqslant M$ 个独立的远场窄带信号同时以平面波的形式入射到阵列上，到达信号为零均值随机过程，则不同的信号可用 DOA 来表征。假设在 $2M$ 个阵元上都有与信号独立的零均值、方差为 σ_{n}^2 的独立白高斯噪声。把阵列分为两个平移量为 Δ 的子阵 Z_x 和 Z_y。子阵 Z_x 和 Z_y 分别由阵元偶的 $x_1,x_2,\cdots,x_M$ 和 $y_1,y_2,\cdots,y_M$ 构成。第 i 个阵元偶上两个阵元的输出信号分别为

$$x_i(t)=\sum_{k=1}^{K}s_k(t)a_i(\theta_k)+n_{xi}(t),\quad i=1,2,\cdots,M \tag{3-125}$$

$$y_i(t)=\sum_{k=1}^{K}s_k(t)\mathrm{e}^{\mathrm{j}\omega_0\Delta\sin\theta_k/c}a_i(\theta_k)+n_{yi}(t),\quad i=1,2,\cdots,M \tag{3-126}$$

式中，$s_k(t)$ 为子阵接收的第 k 个信号；θ_k 为第 k 个信号的到达方向；$a_i(\theta_k)$ 为第 i 个阵元对第 k 个信号的响应；c 为信号在介质中的传播速度；$n_{xi}(t)$ 和 $n_{yi}(t)$ 分别为子阵 Z_x 和 Z_y 的第 i 个阵元的加性噪声。在两个子阵中，每个阵元在 t 时刻的接收信号矢量表达式为

$$\boldsymbol{x}(t)=\boldsymbol{A}\boldsymbol{s}(t)+\boldsymbol{n}_x(t) \tag{3-127}$$

$$\boldsymbol{y}(t)=\boldsymbol{A}\boldsymbol{\Phi}\boldsymbol{s}(t)+\boldsymbol{n}_y(t) \tag{3-128}$$

式中

$$\boldsymbol{x}(t)=[x_1(t),x_2(t),\cdots,x_M(t)]^{\mathrm{T}} \tag{3-129}$$

$$\boldsymbol{y}(t)=[y_1(t),y_2(t),\cdots,y_M(t)]^{\mathrm{T}} \tag{3-130}$$

$$\boldsymbol{s}(t)=[s_1(t),s_2(t),\cdots,s_K(t)]^{\mathrm{T}} \tag{3-131}$$

$$\boldsymbol{n}_x(t)=[n_{x1}(t),n_{x2}(t),\cdots,n_{xM}(t)]^{\mathrm{T}} \tag{3-132}$$

$$\boldsymbol{n}_y(t)=[n_{y1}(t),n_{y2}(t),\cdots,n_{yM}(t)]^{\mathrm{T}} \tag{3-133}$$

$\boldsymbol{A}=[\boldsymbol{a}(\theta_1),\cdots,\boldsymbol{a}(\theta_K)]$ 为方向矩阵；$\boldsymbol{a}(\theta_k)=[a_1(\theta_k),a_2(\theta_k),\cdots,a_M(\theta_k)]^{\mathrm{T}}$ 为阵列流形；$\boldsymbol{\Phi}$ 为 $K\times K$ 维对角矩阵，对角线上的元素为 K 个信号在任意阵元偶之间的相位延迟，表示为

$$\boldsymbol{\Phi}=\mathrm{diag}(\mathrm{e}^{\mathrm{j}\mu_1},\cdots,\mathrm{e}^{\mathrm{j}\mu_K}) \tag{3-134}$$

式中

$$\mu_k=\omega_0\Delta\sin\theta_k/c,\quad k=1,2,\cdots,K \tag{3-135}$$

矩阵 $\boldsymbol{\Phi}$ 可把子阵 $\boldsymbol{Z}_x$ 和 $\boldsymbol{Z}_y$ 的输出信号联系起来，被称为旋转算子。由于

子阵的移不变性，因此形成了两个子阵信号的旋转不变性，即子阵 Z_y 的信号等效为子阵 Z_x 的信号乘以一个旋转算子 $\boldsymbol{\Phi}$。把两个子阵的输出信号合并，整个阵列的输出信号为

$$\boldsymbol{z}(t)=\begin{bmatrix}\boldsymbol{x}(t)\\ \boldsymbol{y}(t)\end{bmatrix}=\overline{\boldsymbol{A}}\boldsymbol{s}(t)+\boldsymbol{n}_z(t) \tag{3-136}$$

$$\overline{\boldsymbol{A}}=\begin{bmatrix}\boldsymbol{A}\\ \boldsymbol{A\Phi}\end{bmatrix},\quad \boldsymbol{n}_z(t)=\begin{bmatrix}\boldsymbol{n}_x(t)\\ \boldsymbol{n}_y(t)\end{bmatrix} \tag{3-137}$$

取 $t=t_1,t_2,\cdots,t_J$ 的 J 次快拍组成 $2M\times J$ 维数据矩阵，式（3-136）可表示为

$$\boldsymbol{Z}=\begin{bmatrix}\boldsymbol{X}\\ \boldsymbol{Y}\end{bmatrix}=\overline{\boldsymbol{A}}\boldsymbol{S}+\boldsymbol{N}_z \tag{3-138}$$

式中

$$\boldsymbol{Z}=[\boldsymbol{z}(t_1),\boldsymbol{z}(t_2),\cdots,\boldsymbol{z}(t_J)] \tag{3-139a}$$

$$\boldsymbol{S}=[\boldsymbol{s}(t_1),\boldsymbol{s}(t_2),\cdots,\boldsymbol{s}(t_J)] \tag{3-139b}$$

$$\boldsymbol{N}_z=[\boldsymbol{n}_z(t_1),\boldsymbol{n}_z(t_2),\cdots,\boldsymbol{n}_z(t_J)] \tag{3-139c}$$

根据数据矩阵 $\boldsymbol{Z}$ 估计信号的到达角 θ_k，需要对 $\boldsymbol{\Phi}$ 进行估计。ESPRIT 算法的基本思想是研究由阵列的移不变性引起的信号子空间的旋转不变性。信号子空间是由数据矩阵 $\boldsymbol{X}$ 和 $\boldsymbol{Y}$ 张成的，$\boldsymbol{X}$ 和 $\boldsymbol{Y}$ 张成了维数相同的 K 维信号子空间，即矩阵 $\boldsymbol{A}$ 的列矢量张成的空间，$\boldsymbol{Y}$ 张成的信号子空间相对 $\boldsymbol{X}$ 张成的信号子空间旋转了一个相位 μ_k。

信号子空间和噪声子空间的概念也可以用阵列输出协方差矩阵的特征值分解来描述。阵列输出信号数据矩阵 $\boldsymbol{Z}$ 的自相关矩阵为

$$\boldsymbol{R}_{ZZ}=E[\boldsymbol{Z}(t)\boldsymbol{Z}^{\mathrm{H}}(t)]=\overline{\boldsymbol{A}}\boldsymbol{R}_{\mathrm{ss}}\overline{\boldsymbol{A}}^{\mathrm{H}}+\sigma_{\mathrm{n}}^2\boldsymbol{I} \tag{3-140}$$

式中，$\boldsymbol{R}_{\mathrm{ss}}$ 为信号的自相关矩阵；σ_{n}^2 为噪声方差。$\boldsymbol{R}_{\mathrm{ss}}$ 为 K 阶满秩矩阵（假设各信号互不相关），且矩阵 $\overline{\boldsymbol{A}}$ 的列矢量之间线性独立（假设各信号的到达角 θ_k 不相同），即子阵列流形是非模糊的。

自相关矩阵 $\boldsymbol{R}_{ZZ}$ 的特征值分解为

$$\boldsymbol{R}_{ZZ}=\sum_{i=1}^{2M}\lambda_i\boldsymbol{e}_i\boldsymbol{e}_i^{\mathrm{H}}=\boldsymbol{U}_{\mathrm{s}}\boldsymbol{\Lambda}_{\mathrm{s}}\boldsymbol{U}_{\mathrm{s}}^{\mathrm{H}}+\sigma_{\mathrm{n}}^2\boldsymbol{U}_{\mathrm{n}}\boldsymbol{U}_{\mathrm{n}}^{\mathrm{H}} \tag{3-141}$$

式中，特征值 $\lambda_1 \geqslant \cdots \geqslant \lambda_K > \lambda_{K+1} = \cdots = \lambda_{2M} = \sigma_n^2$：$K$ 个较大特征值对应的特征矢量 $\boldsymbol{U}_s = [e_1, \cdots, e_K]$ 张成信号子空间；$2M-K$ 个较小特征值对应的特征矢量 $\boldsymbol{U}_n = [\boldsymbol{e}_{K+1}, \cdots, \boldsymbol{e}_{2M}]$ 张成与信号子空间正交的噪声子空间。这就意味着，存在一个唯一的、非奇异的 $K \times K$ 维满秩矩阵 $\boldsymbol{T}$，使得下式成立，即

$$\boldsymbol{U}_s = \overline{\boldsymbol{A}}\boldsymbol{T} \tag{3-142}$$

而且阵列的移不变性意味着 $\boldsymbol{U}_s$ 可以分解为两个部分，即 $\boldsymbol{U}_x \in \mathbb{C}^{M \times K}$ 和 $\boldsymbol{U}_y \in \mathbb{C}^{M \times K}$，分别对应子阵 Z_x 和 Z_y，即

$$\boldsymbol{U}_s = \begin{bmatrix} \boldsymbol{U}_x \\ \boldsymbol{U}_y \end{bmatrix} = \begin{bmatrix} \boldsymbol{AT} \\ \boldsymbol{A\Phi T} \end{bmatrix} \tag{3-143}$$

由式（3-143）可得

$$\boldsymbol{U}_y = \boldsymbol{U}_x \boldsymbol{T}^{-1} \boldsymbol{\Phi T} = \boldsymbol{U}_x \boldsymbol{\Psi} \tag{3-144}$$

式中，$\boldsymbol{\Psi} = \boldsymbol{T}^{-1}\boldsymbol{\Phi T}$。

至此可知，$\boldsymbol{U}_x$ 和 $\boldsymbol{U}_y$ 张成相似的子空间，矩阵 $\boldsymbol{\Phi}$ 对角线上的元素为 $\boldsymbol{\Psi}$ 的特征值。

实际上，只能用阵列输出信号采样值的相关函数$\hat{\boldsymbol{R}}_{ZZ}$来估计 $\boldsymbol{R}_{ZZ}$，$\hat{\boldsymbol{R}}_{ZZ}$可由下式进行计算，即

$$\hat{\boldsymbol{R}}_{ZZ} = \frac{1}{J}\sum_{t=1}^{J} \boldsymbol{Z}(t)\boldsymbol{Z}^{\mathrm{H}}(t) \tag{3-145}$$

同样，$\boldsymbol{U}_x$ 和 $\boldsymbol{U}_y$ 的估计值为$\hat{\boldsymbol{U}}_x$ 和$\hat{\boldsymbol{U}}_y$。下面将分析基于最小二乘和总体最小二乘等多种准则的解决方案。

3.6.2 LS-ESPRIT 算法

用最小二乘（Least Squares，LS）准则很容易解决上述问题。由于 $\boldsymbol{U}_x$ 和 $\boldsymbol{U}_y$ 张成相同的子空间，矩阵$[\boldsymbol{U}_x, \boldsymbol{U}_y]$的秩为 K，因此存在一个秩为 K 的 $2K \times K$ 维矩阵，即

$$\boldsymbol{P} = \begin{bmatrix} \boldsymbol{P}_x \\ \boldsymbol{P}_y \end{bmatrix} \tag{3-146}$$

与矩阵$[\boldsymbol{U}_x, \boldsymbol{U}_y]$正交，即

$$O=[U_x \ U_y]P=U_xP_x+U_yP_y=ATP_x+A\Phi TP_y \tag{3-147}$$

或

$$-ATP_xP_y^{-1}=A\Phi T \tag{3-148}$$

如果定义

$$F=-P_xP_y^{-1} \tag{3-149}$$

则由式（3-143）、式（3-148）和式（3-149）可推出

$$U_xF=U_y \tag{3-150}$$

或

$$F=U_x^{+}U_y \tag{3-151}$$

式中，U_x^{+} 表示 U_x 的伪逆。

将式（3-148）和式（3-149）联立，可得

$$ATF=A\Phi T \tag{3-152}$$

因为 T 为可逆矩阵且 A 为满秩矩阵，可得

$$\Phi=TFT^{-1} \tag{3-153}$$

说明矩阵 F 和 Φ 必为相似矩阵，具有相同的特征值，特征值为矩阵 Φ 对角线上的元素，从中可解出信号的到达角。

根据以上分析，基于相关矩阵的 LS-ESPRIT 算法估计信号到达角的步骤总结如下。

算法 3.5：LS-ESPRIT 算法。

步骤 1：从阵列输出信号矩阵 Z 中得到协方差矩阵的估计值。

步骤 2：对 $\hat{R}_{ZZ}$ 进行特征值分解：$\hat{R}_{ZZ}\overline{U}=\Lambda\overline{U}$，其中 $\Lambda=\mathrm{diag}\{\lambda_1,\cdots,\lambda_{2M}\}$，$\lambda_1\geqslant\cdots\geqslant\lambda_K>\lambda_{K+1}=\cdots=\lambda_{2M}=\sigma_{\mathrm{n}}^2$，$\overline{U}=[e_1,\cdots,e_{2M}]$。

步骤 3：估计信号数。

步骤 4：取 $\hat{R}_{ZZ}$ 特征值中 K 个最大特征值对应的特征矢量构成信号子空间，并分成 U_x 和 U_y 两个部分。

步骤 5：计算 $F=U_x^{+}U_y$ 的特征值。

步骤 6：计算到达角估计值 $\hat{\theta}_k=\arcsin\{c\cdot\mathrm{angle}(\lambda_k)/(\omega_0\Delta)\}$。

3.6.3 TLS-ESPRIT 算法

由于$\hat{\boldsymbol{U}}_x$和$\hat{\boldsymbol{U}}_y$都存在误差，因此利用总体最小二乘（Total Least Squares，TLS）准则解出矩阵$\boldsymbol{\Phi}$比 LS 准则更合适。总体最小二乘准则可表述为求具有最小范数的扰动矩阵$\Delta\boldsymbol{U}_x$和$\Delta\boldsymbol{U}_y$，使得下式成立，即

$$(\boldsymbol{U}_x+\Delta\boldsymbol{U}_x)\boldsymbol{\Psi}=\boldsymbol{U}_y+\Delta\boldsymbol{U}_y$$

根据 TLS 准则，ESPRIT 算法通过解下面的最小值问题可获得$\boldsymbol{\Psi}$的最小二乘解，即给定信号子空间估计值$\hat{\boldsymbol{U}}_x$和$\hat{\boldsymbol{U}}_y$，寻找一个矩阵

$$\boldsymbol{F}=\begin{bmatrix}\boldsymbol{F}_0\\\boldsymbol{F}_1\end{bmatrix}\in\mathbb{C}^{2K\times K} \tag{3-154}$$

使得下式最小，即

$$V=\min\|[\hat{\boldsymbol{U}}_x,\hat{\boldsymbol{U}}_y]\boldsymbol{F}\|_F^2 \tag{3-155}$$

且满足

$$\boldsymbol{F}^{\mathrm{H}}\boldsymbol{F}=\boldsymbol{I} \tag{3-156}$$

显然，矩阵$\boldsymbol{F}$由对应$[\hat{\boldsymbol{U}}_x,\hat{\boldsymbol{U}}_y]$的$K$个最小奇异值的右奇异值矢量组成，矩阵$\boldsymbol{F}$由对应$[\hat{\boldsymbol{U}}_x,\hat{\boldsymbol{U}}_y]^{\mathrm{H}}[\hat{\boldsymbol{U}}_x,\hat{\boldsymbol{U}}_y]$的$K$个最小特征值的特征矢量组成，矩阵$\boldsymbol{\Psi}$的估计值可由下式给出，即

$$\hat{\boldsymbol{\Psi}}_{\mathrm{TLS}}=-\boldsymbol{F}_0\boldsymbol{F}_1^{-1} \tag{3-157}$$

对$\hat{\boldsymbol{\Psi}}_{\mathrm{TLS}}$进行特征值分解，主要关注矩阵$\boldsymbol{\Phi}$对角线上的元素为$\hat{\boldsymbol{\Psi}}_{\mathrm{TLS}}$的特征值，从中可以解出信号的到达角。由以上分析可知，ESPRIT 算法需要进行三次特征值分解：首先对$2M\times2M$数据相关矩阵$\hat{\boldsymbol{R}}_{ZZ}$进行特征值分解来估计信号子空间；然后分别进行$2K\times2K$和$K\times K$特征值分解，得到矩阵$\boldsymbol{\Phi}$。

根据上述分析，基于 TLS-ESPRIT 算法估计信号到达角的步骤总结如下。

算法 3.6：TLS-ESPRIT 算法。

步骤 1：从阵列输出信号矩阵$\boldsymbol{Z}$得到相关矩阵$\boldsymbol{R}_{ZZ}$的估计值$\hat{\boldsymbol{R}}_{ZZ}$。

步骤 2：对$\hat{\boldsymbol{R}}_{ZZ}$进行特征值分解：$\hat{\boldsymbol{R}}_{ZZ}\overline{\boldsymbol{U}}=\boldsymbol{\Lambda}\overline{\boldsymbol{U}}$，其中$\boldsymbol{\Lambda}=\mathrm{diag}\{\lambda_1,\cdots,\lambda_{2M}\}$，

$\lambda_1 \geqslant \cdots \geqslant \lambda_K > \lambda_{K+1} = \cdots = \lambda_{2M} = \sigma_n^2$，$\overline{\boldsymbol{U}} = [\boldsymbol{e}_1, \cdots, \boldsymbol{e}_{2M}]$。

步骤3：估计信号数$\hat{K}$。

步骤4：取$\hat{\boldsymbol{R}}_{ZZ}$特征值中$\hat{K}$个最大特征值构成信号子空间，并分成$\boldsymbol{U}_x$和$\boldsymbol{U}_y$两个部分。

步骤5：构造矩阵，并进行特征值分解，即

$$\begin{bmatrix} \boldsymbol{U}_x^{\mathrm{H}} \\ \boldsymbol{U}_y^{\mathrm{H}} \end{bmatrix} [\boldsymbol{U}_x \ \boldsymbol{U}_y] = \boldsymbol{U} \boldsymbol{\Lambda} \boldsymbol{U}^{\mathrm{H}}$$

步骤6：将$\boldsymbol{U}$分解成4个$\hat{K} \times \hat{K}$维子矩阵，即

$$\boldsymbol{U} = \begin{bmatrix} \boldsymbol{U}_{11} & \boldsymbol{U}_{12} \\ \boldsymbol{U}_{21} & \boldsymbol{U}_{22} \end{bmatrix}$$

步骤7：计算$\boldsymbol{\Psi} = -\boldsymbol{U}_{12}\boldsymbol{U}_{22}^{-1}$的特征值$\boldsymbol{\lambda}_k$。

步骤8：计算到达角估计值$\hat{\theta}_k = \arcsin\{c \times \mathrm{angle}(\boldsymbol{\lambda}_k)/(\omega_0 \boldsymbol{\Delta})\}$。

结构最小二乘（SLS）也是ESPRIT算法中的一种方法，与上述方法的最大区别在于，用搜索迭代替代直接求解。酉ESPRIT算法是为了满足实际应用提出的，不是简单地将前面各种算法中的复数变成实数，而是针对中心对称阵列的一类特殊处理。这个处理过程需要构造一个变换矩阵。这个变换矩阵的作用是将原阵列的复数数据转换成实数数据，减少了算法的计算量。SLS-ESPRIT算法和酉ESPRIT算法的详细内容见文献［36］和［51］。

3.6.4 ESPRIT算法的理论性能

下面分析ESPRIT算法的理论性能。文献［46］介绍了ESPRIT算法估计误差的协方差矩阵。LS-ESPRIT算法的估计误差可用下述定理进行描述。

定理3.6.1 在大快拍数的情况下，均匀线阵列LS-ESPRIT算法的估计误差$\{\hat{\theta}_k - \theta_k\}$服从零均值联合高斯分布，互协方差为

$$E[(\hat{\theta}_k - \theta_k)(\hat{\theta}_p - \theta_p)] = \frac{1}{2J}\mathrm{Re}\{\mathrm{e}^{\mathrm{j}(\theta_p - \theta_k)}(\boldsymbol{\rho}_p^{\mathrm{H}}\boldsymbol{\rho}_k)\boldsymbol{a}^{\mathrm{H}}(\theta_k)\boldsymbol{T}\boldsymbol{a}(\theta_p)\} \tag{3-158}$$

式中，$\boldsymbol{T}$是一个加权信号子空间，即

$$\boldsymbol{T}=\sigma_{\mathrm{n}}^{2}\sum_{k=1}^{K}\frac{\lambda_{k}}{(\lambda_{k}-\sigma_{\mathrm{n}}^{2})^{2}}\boldsymbol{e}_{k}\boldsymbol{e}_{k}^{\mathrm{H}}=\boldsymbol{U}_{\mathrm{s}}\boldsymbol{W}_{\mathrm{s}}\boldsymbol{U}_{\mathrm{s}}^{\mathrm{H}} \tag{3-159}$$

式中，加权矩阵

$$\boldsymbol{W}_{\mathrm{s}}=\mathrm{diag}\left\{\frac{\lambda_{1}\sigma_{\mathrm{n}}^{2}}{(\lambda_{1}-\sigma_{\mathrm{n}}^{2})^{2}},\cdots,\frac{\lambda_{K}\sigma_{\mathrm{n}}^{2}}{(\lambda_{K}-\sigma_{\mathrm{n}}^{2})^{2}}\right\}$$

$$\boldsymbol{\rho}_{k}^{\mathrm{H}}=[(\boldsymbol{A}_{1}^{\mathrm{H}}\boldsymbol{W}\boldsymbol{A}_{1})^{-1}\boldsymbol{A}_{1}^{\mathrm{H}}\boldsymbol{W}\boldsymbol{F}_{k}]_{k}^{(r)} \tag{3-160}$$

$$\boldsymbol{F}_{k}=[\boldsymbol{O}\quad \boldsymbol{I}_{M\times M}]-\mathrm{e}^{\mathrm{j}\theta_{k}}[\boldsymbol{I}_{M\times M}\quad \boldsymbol{O}] \tag{3-161}$$

式中，$\boldsymbol{X}_{k}^{(r)}$ 表示矩阵 $\boldsymbol{X}$ 的第 k 行。

由上述定理可知，$\boldsymbol{F}_{k}$ 是一个关于均匀线阵列中子阵数选择方法的矩阵，不同的子阵数选择方法对应不同的矩阵。

定理 3.6.2 在大快拍数的情况下，LS-ESPRIT 算法的方差［式（3-158）］满足

$$E[(\hat{\theta}_{k}-\theta_{k})^{2}]\geqslant\frac{1}{2J}(\boldsymbol{a}_{k}^{\mathrm{H}}\boldsymbol{T}\boldsymbol{a}_{k})[\boldsymbol{A}_{1}^{\mathrm{H}}(\boldsymbol{F}_{k}\boldsymbol{F}_{k}^{\mathrm{H}})^{-1}\boldsymbol{A}_{1}]_{kk} \tag{3-162}$$

式（3-162）取等号的条件为

$$\boldsymbol{W}=(\boldsymbol{F}_{k}\boldsymbol{F}_{k}^{\mathrm{H}})^{-1} \tag{3-163}$$

上述定理说明，LS-ESPRIT 算法的最优权值就是式（3-163）。此外，在大快拍数的情况下，MUSIC 估计器的方差可以简化为

$$E[(\hat{\beta}_{i}-\beta_{i})^{2}]=\frac{1}{2J}\frac{\boldsymbol{a}^{\mathrm{H}}(\beta_{i})\boldsymbol{T}\boldsymbol{a}(\beta_{i})}{\boldsymbol{h}(\beta_{i})} \tag{3-164}$$

定理 3.6.3 在大快拍数的情况下，定义

$$\gamma_{k}=\mathrm{var}_{\mathrm{ESPRIT}}(\hat{\theta}_{k})/\mathrm{var}_{\mathrm{MUSIC}}(\hat{\theta}_{k}) \tag{3-165}$$

有

$$\gamma_{k}=(\boldsymbol{\rho}_{k}^{\mathrm{H}}\boldsymbol{\rho}_{k})\boldsymbol{d}_{k}^{\mathrm{H}}\boldsymbol{U}_{\mathrm{n}}\boldsymbol{U}_{\mathrm{n}}^{\mathrm{H}}\boldsymbol{d}_{k}\geqslant 1,\quad k=1,2,\cdots,K \tag{3-166}$$

由定理 3.6.3 可知，在通常情况下，ESPRIT 算法的估计误差大于 MUSIC 算法的估计误差，且 γ_{k} 只与阵元数和信号到达角有关，与噪声功率和信号协方差矩阵无关。

下面考虑 ESPRIT 算法与加权信号子空间拟合算法之间的关系，即

$$\min \left\| \begin{bmatrix} \boldsymbol{U}_{s1} \\ \boldsymbol{U}_{s2} \end{bmatrix} - \begin{bmatrix} \boldsymbol{A}_1 \hat{\boldsymbol{T}} \\ \boldsymbol{A}_1 \boldsymbol{\Phi} \hat{\boldsymbol{T}} \end{bmatrix} \right\|_F^2 = \min \| \boldsymbol{U}'_s - \overline{\boldsymbol{A}} \hat{\boldsymbol{T}} \|_F^2 \tag{3-167}$$

对 WSSF 算法，有

$$\boldsymbol{\theta}, \hat{\boldsymbol{T}} = \min \| \boldsymbol{U}_s \boldsymbol{W}^{1/2} - \boldsymbol{A} \hat{\boldsymbol{T}} \|_F^2 \tag{3-168}$$

比较式（3-167）、式（3-168）可知，ESPRIT 算法形成的优化问题就是子空间拟合问题，只不过相当于式（3-168）中

$$\boldsymbol{W} = \boldsymbol{I} \tag{3-169a}$$

$$\boldsymbol{U}'_s = \begin{bmatrix} \boldsymbol{U}_{s1} \\ \boldsymbol{U}_{s2} \end{bmatrix} = \begin{bmatrix} \boldsymbol{K}_1 \\ \boldsymbol{K}_2 \end{bmatrix} \boldsymbol{U}_s = \boldsymbol{K} \boldsymbol{U}_s \tag{3-169b}$$

$$\overline{\boldsymbol{A}} = \begin{bmatrix} \boldsymbol{A}_1 \\ \boldsymbol{A}_1 \boldsymbol{\Phi} \end{bmatrix} = \begin{bmatrix} \boldsymbol{K}_1 \\ \boldsymbol{K}_2 \end{bmatrix} \boldsymbol{A} = \boldsymbol{K} \boldsymbol{A} \tag{3-169c}$$

式中，$\boldsymbol{K}_1$、$\boldsymbol{K}_2$ 是选择矩阵；$\boldsymbol{K} = \begin{bmatrix} \boldsymbol{K}_1 \\ \boldsymbol{K}_2 \end{bmatrix}$。

3.7 四阶累积量算法

传统的阵列信号参数估计算法，如前文介绍的 MUSIC 算法、ESPRIT 算法等大多利用接收信号的二阶统计特性，即阵列接收数据的协方差矩阵，在信号服从高斯分布且可以被一阶、二阶统计量完全描述时，利用接收信号的二阶统计特性已经足够了。在实际应用中，很多信号服从非高斯分布，一阶、二阶统计量并不能完全描述信号的统计特性，采用高阶累积量的形式不仅可以获得比二阶统计量更好的性能，还可以解决二阶统计量不能解决的很多问题。高阶累积量包括高阶矩、高阶矩谱、高阶累积量以及高阶累积量谱等。高阶分析常使用高阶累积量，不使用高阶矩，有两个原因：一个原因是高阶累积量对高斯过程具有不敏感性；另一个原因是高阶累积量在数学形式上有很多好的性质。这两个原因都是高阶矩不具备的。

最常用的高阶累积量为三阶和四阶累积量：对于对称分布的随机过程，三阶累积量为0；对于非对称分布的随机过程，三阶累积量很小，四阶累积量较大。阵列信号处理领域通常采用四阶累积量。基于四阶累积量算法的优点：由于高斯噪声的高阶累积量为0，因此基于四阶累积量的算法具有自动抑制加性高斯白噪声和任意高斯色噪声的能力，把四阶累积量应用于阵列信号处理领域，能够实现阵列扩展，增加虚拟阵元，扩展阵列孔径，使基于协方差的算法能够分辨更多信源，测向性能得到提高。基于四阶累积量算法的最大缺点：计算量大，且为了进行正确估计，往往需要较多的快拍数。

3.7.1 四阶累积量与二阶统计量之间的关系

假设空间存在三个真实阵元 $r(t)$、$x(t)$、$y(t)$ 和一个虚拟阵元 $v(t)$，如图 3-1 所示，原点处的阵元 $r(t)$ 为参考阵元。

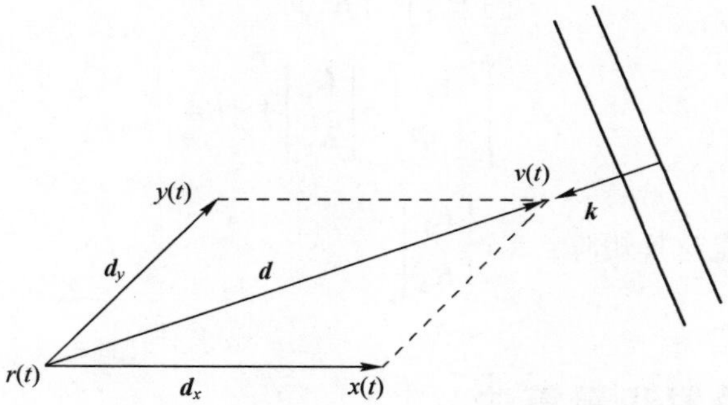

图 3-1 阵元位置示意图

由阵列信号的数学模型可知，如果参考阵元接收空间某一个静态信号为

$$r(t)=s(t) \tag{3-170}$$

则有

$$x(t)=s(t)\exp(-\mathrm{j}\boldsymbol{k}\cdot\boldsymbol{d}_x) \tag{3-171a}$$

$$y(t)=s(t)\exp(-\mathrm{j}\boldsymbol{k}\cdot\boldsymbol{d}_y) \tag{3-171b}$$

$$v(t)=s(t)\exp(-\mathrm{j}\boldsymbol{k}\cdot\boldsymbol{d}) \tag{3-171c}$$

式中，$\boldsymbol{k}$ 为信号传播矢量；$\boldsymbol{d}_x$ 为 x 阵元与参考阵元之间的位置矢量；$\boldsymbol{d}_y$ 为 y 阵

元与参考阵元之间的位置矢量；$\boldsymbol{d}$ 为虚拟阵元与参考阵元之间的位置矢量，满足 $\boldsymbol{d}=\boldsymbol{d}_x+\boldsymbol{d}_y$。

参考阵元与虚拟阵元的互相关为

$$\mu_{r,v}=E\{r(t)v^*(t)\}=\sigma_s^2\exp(\mathrm{j}\boldsymbol{k}\cdot\boldsymbol{d}) \tag{3-172}$$

式中，σ_s^2 为信源功率。

考虑四阶累积量，有

$$\begin{aligned}\mu_{r,x}^{r,y}&=\mathrm{cum}\{r(t),r(t),x^*(t),y^*(t)\}\\&=\mathrm{cum}\{s(t),s(t),s^*(t)\exp(\mathrm{j}\boldsymbol{k}\cdot\boldsymbol{d}_x),s^*(t)\exp(\mathrm{j}\boldsymbol{k}\cdot\boldsymbol{d}_y)\}\\&=\gamma_{4,s}\exp(\mathrm{j}\boldsymbol{k}\cdot\boldsymbol{d})\end{aligned} \tag{3-173}$$

由式（3-172）和式（3-173）可知

$$E\{r(t)v^*(t)\}=\frac{\sigma_s^2}{\gamma_{4,s}}\mathrm{cum}\{r(t),r(t),x^*(t),y^*(t)\} \tag{3-174}$$

式（3-174）给出了在特定情况下，二阶、四阶统计特性之间的联系，即两者之间只差一个常数 $\beta=\sigma_s^2/\gamma_{4,s}$，同样可以推得

$$E\{r(t)x^*(t)\}=\beta\mathrm{cum}\{r(t),r(t),r^*(t),x^*(t)\} \tag{3-175}$$

$$E\{r(t)y^*(t)\}=\beta\mathrm{cum}\{r(t),r(t),r^*(t),y^*(t)\} \tag{3-176}$$

$$\frac{1}{\beta}E\{x(t)y^*(t)\}=\mu_{x,y}^{x,x}=\mu_{x,y}^{y,y}=\mu_{x,y}^{r,r} \tag{3-177}$$

$$\frac{1}{\beta}E\{x(t)x^*(t)\}=\mu_{x,x}^{x,x}=\mu_{x,y}^{y,x}=\mu_{x,r}^{r,x}=\mu_{y,y}^{y,y}=\mu_{y,r}^{r,y}=\mu_{r,r}^{r,r} \tag{3-178}$$

式（3-177）反映了真实阵元之间的互相关与四阶累积量之间的关系。式（3-178）反映了真实阵元之间的自相关与四阶累积量之间的关系。上面的结论充分说明了二阶统计量与四阶累积量的关系就是各阵元位置矢量之间的关系。以式（3-172）、式（3-173）、式（3-174）为例，$\mu_{r,v}$ 反映的位置矢量［参考阵元 $r(t)$ 指向虚拟阵元 $v(t)$］为 $\boldsymbol{d}$，$\mu_{r,x}^{r,y}$ 的下标反映了位置矢量［参考阵元 $r(t)$ 指向真实阵元 $x(t)$］为 $\boldsymbol{d}_x$，$\mu_{r,x}^{r,y}$ 的上标反映了位置矢量［参考阵元 $r(t)$ 指向真实阵元 $y(t)$］为 $\boldsymbol{d}_y$，所以 $\mu_{r,x}^{r,y}$ 反映了位置矢量之间的求和关系，即 $\boldsymbol{d}=\boldsymbol{d}_x+\boldsymbol{d}_y$。

3.7.2 四阶累积量的阵列扩展特性

四阶累积量对阵列的扩展是基于四阶累积量阵列信号处理算法的一个重要特性。四阶累积量可以从两个方面实现阵列扩展：一个方面是展宽阵列的有效孔径，使测向性能提高；另一个方面是增加有效的阵元数，是突破子空间类算法限制入射信号数的根本。

假设在空间有 K 个服从独立非高斯分布的远场窄带信号入射到由 M 个全向阵元组成的阵列，空间信号相互独立，与噪声统计独立，噪声服从高斯分布。阵列输出信号的矢量形式为

$$\boldsymbol{x}(t)=\boldsymbol{A}\boldsymbol{s}(t)+\boldsymbol{n}(t) \tag{3-179}$$

式中，$\boldsymbol{x}(t)=[x_1(t),x_2(t),\cdots,x_M(t)]^{\mathrm{T}}$ 为阵列输出矢量；$\boldsymbol{s}(t)=[s_1(t),s_2(t),\cdots,s_K(t)]^{\mathrm{T}}$ 为空间信号矢量；$\boldsymbol{n}(t)=[n_1(t),n_2(t),\cdots,n_M(t)]^{\mathrm{T}}$ 为噪声矢量；$\boldsymbol{A}=[\boldsymbol{a}(\theta_1),\boldsymbol{a}(\theta_2),\cdots,\boldsymbol{a}(\theta_K)]$ 为方向矩阵；$\boldsymbol{a}(\theta_k)$ 为方向矢量；$s_k(t)$ 为第 k 个空间信号；$x_m(t)$、$n_m(t)$ 分别为第 m 个阵元的输出和噪声。

四阶累积量矩阵为

$$\begin{aligned}\boldsymbol{C}_x=&\mathrm{cum}(x_{k_1},x_{k_2},x_{k_3}^*,x_{k_4}^*)=E[x_{k_1},x_{k_2},x_{k_3}^*,x_{k_4}^*]-E[x_{k_1},x_{k_2}]E[x_{k_3}^*,x_{k_4}^*]-\\&E[x_{k_1},x_{k_3}^*]E[x_{k_2},x_{k_4}^*]-E[x_{k_1},x_{k_4}^*]E[x_{k_2},x_{k_3}^*]\end{aligned} \tag{3-180}$$

根据文献［23］，有

$$\begin{aligned}\boldsymbol{C}_x=&E\{(\boldsymbol{x}(t)\otimes\boldsymbol{x}^*(t))(\boldsymbol{x}(t)\otimes\boldsymbol{x}^{*\mathrm{H}}(t))\}-\\&E\{\boldsymbol{x}(t)\otimes\boldsymbol{x}^*(t)\}E\{(\boldsymbol{x}(t)\otimes\boldsymbol{x}^{*\mathrm{H}}(t))\}-\\&E\{\boldsymbol{x}(t)\boldsymbol{x}^{\mathrm{H}}(t)\}\otimes E\{(\boldsymbol{x}(t)\boldsymbol{x}^{\mathrm{H}}(t))^*\}\end{aligned} \tag{3-181}$$

式中，⊗表示 Kronecker 积。如果各信号完全独立，则有下式成立，即

$$\boldsymbol{C}_x=\boldsymbol{B}(\theta)\boldsymbol{C}_{\mathrm{s}}\boldsymbol{B}^{\mathrm{H}}(\theta) \tag{3-182}$$

式中

$$\begin{aligned}\boldsymbol{B}(\theta)&=[\boldsymbol{b}(\theta_1),\boldsymbol{b}(\theta_2),\cdots,\boldsymbol{b}(\theta_K)]\\&=[\boldsymbol{a}(\theta_1)\otimes\boldsymbol{a}^*(\theta_1),\boldsymbol{a}(\theta_2)\otimes\boldsymbol{a}^*(\theta_2),\cdots,\boldsymbol{a}(\theta_K)\otimes\boldsymbol{a}^*(\theta_K)]\end{aligned} \tag{3-183}$$

$$\begin{aligned}\boldsymbol{C}_{\mathrm{s}}=&E\{(\boldsymbol{s}(t)\otimes\boldsymbol{s}^*(t))(\boldsymbol{s}(t)\otimes\boldsymbol{s}^{*\mathrm{H}}(t))\}-\\&E\{\boldsymbol{s}(t)\otimes\boldsymbol{s}^*(t)\}E\{(\boldsymbol{s}(t)\otimes\boldsymbol{s}^{*\mathrm{H}}(t))\}-\\&E\{\boldsymbol{s}(t)\boldsymbol{s}^{\mathrm{H}}(t)\}\otimes E\{(\boldsymbol{s}(t)\boldsymbol{s}^{\mathrm{H}}(t))^*\}\end{aligned} \tag{3-184}$$

扩展式（3-180）的四阶累积量矩阵，可得阵列方向矢量为

$$\boldsymbol{b}(\theta)=\boldsymbol{a}(\theta)\otimes\boldsymbol{a}^*(\theta) \tag{3-185}$$

矩阵扩展主要表现为虚拟阵元较实际阵元扩大了口径，增加了阵元数。对于任意阵元，按式（3-185）定义方向矢量，总会产生一个虚拟阵元，位置矢量为$-\boldsymbol{d}$，所以按式（3-182）定义的四阶累积量矩阵，可扩展阵列孔径。阵列方向矢量$\boldsymbol{b}(\theta)$的第$(k-1)M+k(k\in\{1,2,\cdots,M\})$个响应系数为$\boldsymbol{a}_k(\theta)\otimes\boldsymbol{a}_k^*(\theta)=1$。这就是说，阵列中的$M$个阵元重合在坐标原点上，适当设计阵列，可使扩展的其他阵列的响应系数不等，即扩展的其他阵元不重合，按式（3-180）定义的四阶累积量矩阵，扩展后的阵元数最多为M^2-M+1。

3.7.3 MUSIC-like 算法

若构造了四阶累积量矩阵$\boldsymbol{C}_x$，$\mathrm{cum}(x_{k_1},x_{k_2},x_{k_3}^*,x_{k_4}^*)$（$k_1,k_2,k_3,k_4\in\{1,2,\cdots,M\}$），则$\boldsymbol{C}_x$可写成式（3-182），即$\boldsymbol{C}_x=\boldsymbol{B}(\theta)\boldsymbol{C}_s\boldsymbol{B}^{\mathrm{H}}(\theta)$的形式。其中，$\boldsymbol{B}(\theta)$和$\boldsymbol{C}_s$分别见式（3-183）和式（3-184）。对$\boldsymbol{C}_x$进行特征值分解，特征值由大到小排列为$\lambda_1,\lambda_2,\cdots,\lambda_{M^2}$，相应的特征矢量为$\boldsymbol{e}_1,\boldsymbol{e}_2,\cdots,\boldsymbol{e}_{M^2}$。其中，矩阵$\boldsymbol{C}_x$的$K$个大特征值对应的特征矢量张成四阶信号子空间$\boldsymbol{U}_s=[\boldsymbol{e}_1,\boldsymbol{e}_2,\cdots,\boldsymbol{e}_K]$，其他$M^2-K$个小特征值对应的特征矢量张成四阶噪声子空间$\boldsymbol{U}_n=[\boldsymbol{e}_{K+1},\boldsymbol{e}_{K+2},\cdots,\boldsymbol{e}_{M^2}]$。

四阶信号子空间满足

$$\begin{aligned}\boldsymbol{U}_s&=\mathrm{span}\{\boldsymbol{e}_1,\boldsymbol{e}_2,\cdots,\boldsymbol{e}_K\}\\&=\mathrm{span}\{\boldsymbol{b}(\theta_1),\boldsymbol{b}(\theta_2),\cdots,\boldsymbol{b}(\theta_K)\}\end{aligned} \tag{3-186}$$

利用$\boldsymbol{U}_s$与$\boldsymbol{U}_n$两个子空间的正交性，可得 MUSIC-like 算法的空间谱为

$$P(\theta)=\frac{1}{\|\boldsymbol{b}^{\mathrm{H}}(\theta)\boldsymbol{U}_n\|^2} \tag{3-187}$$

四阶累积量 MUSIC（MUSIC-like）算法的步骤总结如下。

算法 3.7： 四阶累积量 MUSIC 算法。

步骤 1：由阵列输出信号矩阵得到四阶累积量矩阵$\boldsymbol{C}_x$的估计值$\hat{\boldsymbol{C}}_x$。

步骤 2：对$\hat{\boldsymbol{C}}_x$进行特征值分解，得到四阶噪声子空间估计值$\hat{\boldsymbol{U}}_{\mathrm{n}}$。

步骤 3：计算 MUSIC-like 空间谱 $P(\theta)=1/\|\boldsymbol{b}^{\mathrm{H}}(\theta)\hat{\boldsymbol{U}}_{\mathrm{n}}\|^2$，其中，$\boldsymbol{b}(\theta)=\boldsymbol{a}(\theta)\otimes\boldsymbol{a}^*(\theta)$。

3.7.4 virtual-ESPRIT 算法

文献［24］介绍了基于旋转不变子空间的 virtual-ESPRIT 算法。该算法的最大优点是对于整个阵列而言，只需要精确校正两个阵元，就可以实现整个阵列的无误差估计。下面简要介绍该算法的基本思想。假设有 K 个窄带非高斯远场信号入射到由 M（$M>K$）个阵元组成的传感器阵列，在 t 时刻，阵列输出为

$$\boldsymbol{x}(t)=\boldsymbol{A}\boldsymbol{s}(t)+\boldsymbol{n}(t) \tag{3-188}$$

式中，方向矩阵 $\boldsymbol{A}=[\boldsymbol{a}(\theta_1),\cdots,\boldsymbol{a}(\theta_K)]$；$\boldsymbol{a}(\theta_i)=[a_1(\theta_i),\cdots,a_M(\theta_i)]^{\mathrm{T}}$ 为第 i 个信号对应的方向矢量；$\boldsymbol{s}(t)=[s_1(t),\cdots,s_K(t)]^{\mathrm{T}}$ 为空间信号矢量；$\boldsymbol{n}(t)=[n_1(t),\cdots,n_M(t)]^{\mathrm{T}}$ 为噪声矢量，噪声是与信号独立的高斯噪声。第 m 个阵元的输出为

$$x_m(t)=\sum_{i=1}^{K}a_m(\theta_i)s_i(t)+n_m(t) \tag{3-189}$$

virtual-ESPRIT 算法要求在阵列中有两个响应特性完全一致的阵元，被称为阵元对或阵元偶。不失一般性，假设这两个阵元为阵元 1 和阵元 2，输出分别为 $x_1(t)$ 和 $x_2(t)$，两个阵元之间的距离矢量为 $\boldsymbol{d}$，间距小于等于空间信号的半波长，则四阶累积量矩阵为

$$\begin{aligned}
\boldsymbol{C}_1 &= \mathrm{cum}(\boldsymbol{x}_1(t),\boldsymbol{x}_1^*(t),\boldsymbol{x}(t),\boldsymbol{x}^{\mathrm{H}}(t))\\
&=\mathrm{cum}\left(\sum_{i=1}^{K}a_1(\theta_i)s_i(t)+n_1(t),\sum_{i=1}^{K}a_1^*(\theta_i)s_i^*(t)+n_1^*(t),\sum_{i=1}^{K}\boldsymbol{a}(\theta_i)s_i(t)+\right.\\
&\quad\left.\boldsymbol{n}(t),\sum_{i=1}^{K}\boldsymbol{a}^{\mathrm{H}}(\theta_i)s_i^*(t)+\boldsymbol{n}^{\mathrm{H}}(t)\right)\\
&=\sum_{i=1}^{K}\sum_{j=1}^{K}\sum_{k=1}^{K}\sum_{l=1}^{K}a_1(\theta_i)a_1^*(\theta_j)\mathrm{cum}(s_i(t),s_j^*(t),s_k(t),s_l^*(t))\boldsymbol{a}(\theta_k)\boldsymbol{a}^{\mathrm{H}}(\theta_l)+\\
&\quad\mathrm{cum}(n_1(t),n_1^*(t),n(t),\boldsymbol{n}^{\mathrm{H}}(t))
\end{aligned} \tag{3-190}$$

式（3-190）利用了信号和噪声相互独立条件及累积量的可加性，在信号相互独立的条件下，有

$$\mathrm{cum}(s_i(t),s_j^*(t),s_k(t),s_l^*(t))=\begin{cases}\gamma_{4,s_i}, & i=j=k=l\\ 0, & \text{其他}\end{cases} \tag{3-191}$$

式中，γ_{4,s_i}为第 i 个信号的四阶累积量。

由于高斯噪声的四阶累积量为 0，因此有

$$\boldsymbol{C}_1=\sum_{i=1}^{K}a_1(\theta_i)a_1^*(\theta_i)\gamma_{4,s_i}\boldsymbol{a}(\theta_i)\boldsymbol{a}^{\mathrm{H}}(\theta_i)=\boldsymbol{ADA}^{\mathrm{H}} \tag{3-192}$$

式中，$\boldsymbol{A}$ 为方向矩阵；$\boldsymbol{D}$ 为对角矩阵，有

$$\boldsymbol{D}=\mathrm{diag}(\gamma_{4,s_1}|a_1(\theta_1)|^2,\cdots,\gamma_{4,s_K}|a_1(\theta_K)|^2) \tag{3-193}$$

同理，可以得到

$$\begin{aligned}\boldsymbol{C}_2&=\mathrm{cum}\{\boldsymbol{x}_1(t),\boldsymbol{x}_2^*(t),\boldsymbol{x}(t),\boldsymbol{x}^{\mathrm{H}}(t)\}\\&=\sum_{i=1}^{K}\gamma_{4,s_i}a_1(\theta_i)a_2^*(\theta_i)\boldsymbol{a}(\theta_i)\boldsymbol{a}^{\mathrm{H}}(\theta_i)\\&=\boldsymbol{AD\Phi}^{\mathrm{H}}\boldsymbol{A}^{\mathrm{H}}\end{aligned} \tag{3-194}$$

式中

$$\begin{aligned}\boldsymbol{\Phi}&=\mathrm{diag}\{a_2(\theta_1)/a_1(\theta_1),\cdots,a_2(\theta_K)/a_1(\theta_K)\}\\&=\mathrm{diag}(\mathrm{e}^{-\mathrm{j}\boldsymbol{k}_1\cdot\boldsymbol{d}},\mathrm{e}^{-\mathrm{j}\boldsymbol{k}_2\cdot\boldsymbol{d}},\cdots,\mathrm{e}^{-\mathrm{j}\boldsymbol{k}_K\cdot\boldsymbol{d}})\end{aligned} \tag{3-195}$$

式中，$\boldsymbol{k}_k$ 为空间第 k 个信号的传播矢量。

在结构上，四阶累积量矩阵 $\boldsymbol{C}_1$ 类似于由物理阵元构成阵列的输出空间协方差矩阵，$\boldsymbol{C}_2$ 类似于物理阵元和虚拟平移阵列的输出空间互协方差矩阵，即四阶累积量矩阵 $\boldsymbol{C}_1$ 和 $\boldsymbol{C}_2$ 构成了 ESPRIT 算法所需要的旋转不变矩阵束。注意，在二阶情形下，构成一对旋转不变矩阵束需要两个平移不变子阵或要求阵列具有移不变结构（如均匀线阵列），如用四阶累积量构成旋转不变矩阵束，除了要求在阵列中存在一个幅相特性一致的阵元对，对阵列的几何结构没有特别限制。因此，基于四阶累积量可以只用 M 个阵元就能完成使用 $2M$ 个阵元基于二阶统计量所能实现的工作。可见，virtual-ESPRIT 算法确实有效地实现了阵列扩展。

由于高斯噪声的高阶累积量为 0，在 $\boldsymbol{C}_1$ 和 $\boldsymbol{C}_2$ 中已经抑制了高斯噪声的影

响，因此基于四阶累积量的 virtual-ESPRIT 算法可以应用于任意高斯噪声环境。如果恰当地设计阵列，使阵元偶中任一阵元上的噪声和阵列其余阵元上的噪声独立，则对非高斯噪声，式（3-192）和式（3-194）仍然成立，即可以抑制非高斯噪声的影响。

基于矩阵束（$\boldsymbol{C}_1,\boldsymbol{C}_2$）求解信号到达角可使用各种形式的 ESPRIT 算法。下面给出基于矩阵束 ESPRIT 算法的步骤。

算法 3.8：四阶累积量 ESPRIT 算法。

步骤 1：计算由式（3-192）和式（3-194）定义的四阶累积量矩阵 $\boldsymbol{C}_1$ 和 $\boldsymbol{C}_2$。
步骤 2：计算矩阵束（$\boldsymbol{C}_1,\boldsymbol{C}_2$）的广义特征值分解，得到广义特征值。
步骤 3：由广义特征值求得波达方向估计值。

3.8 传播算子

3.8.1 谱峰搜索传播算子

下面介绍谱峰搜索传播算子（Propagator Method，PM），并进行性能分析。

1. 用于信号方位估计的谱峰搜索传播算子

假设方向矩阵 $\boldsymbol{A}$ 是满秩的，$\boldsymbol{A}$ 中的前 K 行是线性无关的，其他行可以由 K 行线性表示。

传播算子的定义是基于对方向矩阵 $\boldsymbol{A}$ 的分块，即

$$\boldsymbol{A}=\begin{bmatrix}\boldsymbol{A}_1\\ \boldsymbol{A}_2\end{bmatrix} \tag{3-196}$$

式中，$\boldsymbol{A}_1$ 和 $\boldsymbol{A}_2$ 分别为 $K\times K$ 维矩阵和 $(M-K)\times K$ 维矩阵。

传播算子的定义是基于假设 $\boldsymbol{A}_1$ 非奇异。传播算子是将 $\mathbb{C}^{(M-K)\times K}$ 转换为 $\mathbb{C}^{K\times K}$ 的唯一线性变换 $\boldsymbol{P}$，等价定义为

$$\boldsymbol{P}^{\mathrm{H}}\boldsymbol{A}_1=\boldsymbol{A}_2 \tag{3-197}$$

或者

$$[\boldsymbol{P}^{\mathrm{H}},-\boldsymbol{I}_{M-K}]\boldsymbol{A}=\boldsymbol{Q}^{\mathrm{H}}\boldsymbol{A}=\boldsymbol{O} \tag{3-198}$$

式中，$\boldsymbol{I}_{M-K}$和 $\boldsymbol{O}$ 分别为单位矩阵和零矩阵。

首先，需要强调的是，假设 $\boldsymbol{A}_1$ 非奇异对于定义传播算子是必要的。事实上，假设方向矩阵 $\boldsymbol{A}$ 是满秩的，就至少存在一个 $K\times K$ 维方向矩阵 $\boldsymbol{A}$ 的子矩阵是非奇异的。对于所有基于子空间的算法来说，假设方向矩阵 $\boldsymbol{A}$ 满秩是常见的。对于均匀线阵列，$\boldsymbol{A}$ 和 $\boldsymbol{A}_1$ 都是范德蒙矩阵。这就意味着，当信号方向不同时，$\boldsymbol{A}$ 和 $\boldsymbol{A}_1$ 都是满秩的。对于任意阵列，虽然证明 $\boldsymbol{A}$ 为满秩矩阵并不容易，但是假设仍然是必要的。

其次，不论方向矢量的块分解，还是任意阵列形状传播算子的定义都是有效的，并不需要与 ESPRIT 算法一样，具有传感器阵列位移不变性。

式（3-198）表明，方向矢量 $\boldsymbol{a}_1(\theta_n)$ 正交于 $\boldsymbol{Q}$ 的列。这就意味着，由 $\boldsymbol{Q}$ 的列 $\mathrm{span}\{\boldsymbol{Q}\}$ 组成的子空间是包含在 $\mathrm{span}\{\boldsymbol{U}_n\}$（$\boldsymbol{U}_n$ 为噪声子空间）中的。因为 $\boldsymbol{Q}$ 包含 $\boldsymbol{I}_{M-K}$，$M-K$ 列是线性无关的，所以有

$$\mathrm{span}\{\boldsymbol{Q}\}=\mathrm{span}\{\boldsymbol{U}_n\} \tag{3-199}$$

传播算子定义了与 $\boldsymbol{R}$ 最小特征值对应的特征矢量矩阵构成噪声子空间 $\boldsymbol{U}_n$。不同的是，$\boldsymbol{Q}$ 的列是不正交的。

给定一个由参数 $\theta\in[-\pi/2,\pi/2]$ 决定的矢量模型 $\boldsymbol{a}(\theta)$，波达方向是以下方程的解，即

$$\boldsymbol{Q}^{\mathrm{H}}\boldsymbol{a}(\theta)=\boldsymbol{O} \tag{3-200}$$

构造估计函数为

$$F_{\mathrm{OPM}}(\theta)=\boldsymbol{a}^{\mathrm{H}}(\theta)\boldsymbol{Q}\boldsymbol{Q}^{\mathrm{H}}\boldsymbol{a}(\theta) \tag{3-201}$$

与构造 MUSIC 算法的估计函数不同，式（3-201）不是噪声子空间投影方向矢量的平方范数。

为了引入噪声子空间的投影算子，用正交化取代矩阵 $\boldsymbol{Q}$，即

$$\boldsymbol{Q}_0=\boldsymbol{Q}(\boldsymbol{Q}^{\mathrm{H}}\boldsymbol{Q})^{-1/2} \tag{3-202}$$

可以得到伪谱

$$F_{\mathrm{OPM}}(\theta)=\boldsymbol{a}^{\mathrm{H}}(\theta)\boldsymbol{Q}_0\boldsymbol{Q}_0^{\mathrm{H}}\boldsymbol{a}(\theta) \tag{3-203}$$

当已估计互谱数据时，估计谱为

$$\hat{F}_{\mathrm{OPM}}(\theta)=\boldsymbol{a}^{\mathrm{H}}(\theta)\hat{\boldsymbol{Q}}\hat{\boldsymbol{Q}}^{\mathrm{H}}\boldsymbol{a}(\theta) \tag{3-204}$$

$$\hat{F}_{\mathrm{OPM}}(\theta)=\boldsymbol{a}^{\mathrm{H}}(\theta)\hat{\boldsymbol{Q}}_0\hat{\boldsymbol{Q}}_0^{\mathrm{H}}\boldsymbol{a}(\theta) \tag{3-205}$$

式中，$\hat{\boldsymbol{Q}}$和$\hat{\boldsymbol{Q}}_0$ 均是采用 CSM 算法估计出来的。

可以根据数据估计传播算子。首先定义数据矩阵

$$\boldsymbol{X}=[\boldsymbol{x}(1),\boldsymbol{x}(2),\cdots,\boldsymbol{x}(J)] \tag{3-206}$$

协方差矩阵为

$$\hat{\boldsymbol{R}}=\frac{1}{J}\boldsymbol{X}\boldsymbol{X}^{\mathrm{H}} \tag{3-207}$$

将接收信号矩阵和协方差矩阵分块为

$$\boldsymbol{X}=\begin{bmatrix}\boldsymbol{X}_1\\ \boldsymbol{X}_2\end{bmatrix} \tag{3-208}$$

$$\hat{\boldsymbol{R}}=[\boldsymbol{G},\boldsymbol{H}] \tag{3-209}$$

式中，$\boldsymbol{X}_1$ 和 $\boldsymbol{X}_2$ 分别为 $K\times J$ 维矩阵和$(M-K)\times J$ 维矩阵；$\boldsymbol{G}$ 和 $\boldsymbol{H}$ 分别为 $M\times K$ 维矩阵和 $M\times(M-K)$维矩阵。

在无噪声情况下，有

$$\boldsymbol{X}_2=\boldsymbol{P}^{\mathrm{H}}\boldsymbol{X}_1 \tag{3-210}$$

$$\boldsymbol{H}=\boldsymbol{G}\boldsymbol{P} \tag{3-211}$$

当有噪声时，虽然式（3-208）和式（3-209）仍然成立，但是式（3-210）和式（3-211）已经不再满足了。

$\boldsymbol{J}_{\mathrm{data}}(\hat{\boldsymbol{P}})$和$\boldsymbol{J}_{\mathrm{csm}}(\hat{\boldsymbol{P}})$可以分别通过对代价函数的最小化获得，即

$$\boldsymbol{J}_{\mathrm{data}}(\hat{\boldsymbol{P}})=\|\boldsymbol{X}_2-\hat{\boldsymbol{P}}^{\mathrm{H}}\boldsymbol{X}_1\|^2 \tag{3-212}$$

$$\boldsymbol{J}_{\mathrm{csm}}(\hat{\boldsymbol{P}})=\|\boldsymbol{H}-\boldsymbol{G}\hat{\boldsymbol{P}}\|^2 \tag{3-213}$$

式中，$\|.\|$表示 Frobenius 范数。

代价函数$\boldsymbol{J}_{\mathrm{data}}(\hat{\boldsymbol{P}})$和$\boldsymbol{J}_{\mathrm{csm}}(\hat{\boldsymbol{P}})$为关于$\hat{\boldsymbol{P}}$的二次凸函数，最优解为

$$\hat{\boldsymbol{P}}_{\mathrm{data}}=(\boldsymbol{X}_1\boldsymbol{X}_1^{\mathrm{H}})^{-1}\boldsymbol{X}_1\boldsymbol{X}_2^{\mathrm{H}} \tag{3-214}$$

$$\hat{\boldsymbol{P}}_{\mathrm{csm}}=(\boldsymbol{G}^{\mathrm{H}}\boldsymbol{G})^{-1}\boldsymbol{G}^{\mathrm{H}}\boldsymbol{H} \tag{3-215}$$

谱峰搜索传播算子的流程如下。

算法 3.9：谱峰搜索传播算子。

步骤 1：根据接收信号矩阵或协方差矩阵的分块估计传播算子。
步骤 2：构造 $\boldsymbol{Q}$，即 $\boldsymbol{Q}=[\boldsymbol{P}^{\mathrm{H}},-\boldsymbol{I}_{M-K}]^{\mathrm{H}}$。
步骤 3：根据 $F_{\mathrm{OPM}}(\theta)=\boldsymbol{a}^{\mathrm{H}}(\theta)\boldsymbol{Q}\boldsymbol{Q}^{\mathrm{H}}\boldsymbol{a}(\theta)$ 构造估计函数。
步骤 4：通过谱峰搜索进行 DOA 估计。

虽然应用总体最小二乘来估计传播算子也是可能的，但会增加复杂度。$\boldsymbol{G}$ 和 $\boldsymbol{H}$ 的扰动分别为 $\Delta\boldsymbol{G}$ 和 $\Delta\boldsymbol{H}$，传播算子的估计值 $\hat{\boldsymbol{P}}$ 可以表示为

$$\boldsymbol{H}+\Delta\boldsymbol{H}=(\boldsymbol{G}+\Delta\boldsymbol{G})\hat{\boldsymbol{P}} \tag{3-216}$$

TLS 的求解可以表示为

$$\min\|\Delta\boldsymbol{G},\Delta\boldsymbol{H}\|^2 \tag{3-217}$$

使 $\boldsymbol{H}+\Delta\boldsymbol{H}=(\boldsymbol{G}+\Delta\boldsymbol{G})\hat{\boldsymbol{P}}$ 成立。

类似的问题已经在 TLS-ESPRIT 算法中解决了。式（3-217）的解为 $\hat{\boldsymbol{R}}^{\mathrm{H}}\hat{\boldsymbol{R}}$ 最小特征值对应的特征矢量。这里，最小特征值对应的特征矢量可构成 $\hat{\boldsymbol{V}}_{\mathrm{b}}$ 的列，将 $\hat{\boldsymbol{V}}_{\mathrm{b}}$ 分成

$$\hat{\boldsymbol{V}}_{\mathrm{b}}=\begin{bmatrix}\hat{\boldsymbol{V}}_{1\mathrm{b}}\\ \hat{\boldsymbol{V}}_{2\mathrm{b}}\end{bmatrix} \tag{3-218}$$

式中，$\hat{\boldsymbol{V}}_{1\mathrm{b}}$ 和 $\hat{\boldsymbol{V}}_{2\mathrm{b}}$ 分别为 $K\times M$ 维矩阵和 $(M-K)\times M$ 维矩阵，解为

$$\hat{\boldsymbol{P}}_{\mathrm{TLS}}=-\hat{\boldsymbol{V}}_{1\mathrm{b}}\hat{\boldsymbol{V}}_{2\mathrm{b}}^{-1} \tag{3-219}$$

更进一步，得到相应类似噪声子空间为

$$\hat{\boldsymbol{Q}}_{\mathrm{TLS}}=\begin{bmatrix}-\hat{\boldsymbol{V}}_{1\mathrm{b}}\hat{\boldsymbol{V}}_{2\mathrm{b}}^{-1}\\ -\boldsymbol{I}_{M-K}\end{bmatrix}=-\hat{\boldsymbol{V}}_{\mathrm{b}}\hat{\boldsymbol{V}}_{2\mathrm{b}}^{-1} \tag{3-220}$$

正交化式（3-220）中的 $\hat{\boldsymbol{Q}}_{\mathrm{TLS}}$，有

$$\hat{\boldsymbol{Q}}_{\mathrm{OTLS}}=\hat{\boldsymbol{Q}}_{\mathrm{TLS}}(\hat{\boldsymbol{Q}}_{\mathrm{TLS}}^{\mathrm{H}}\hat{\boldsymbol{Q}}_{\mathrm{TLS}})^{-1/2}=-\hat{\boldsymbol{V}}_{\mathrm{b}} \tag{3-221}$$

在此情况下，采用 TLS 算法估计的传播算子逼近理论传播算子，并且提供了逼近的噪声子空间。

2. 传播算子算法性能分析

下面分析传播算子算法和正交传播算子（Orthogonal Propagator Method, OPM）算法的性能。这里基于 MUSIC 算法进行性能分析，尤其分析非渐近（阵列数据量有限）和 SNR 较大时的性能，通过考虑伪谱以 DOA 实际值泰勒展开的前两项和数据矩阵一阶扰动的表达式，给出了 DOA 估计的 MSE 表达式。

类似 MUSIC 算法，原始 PM 算法和正交 PM 算法有一个通用模型的空间谱函数，即

$$F(\theta)=\boldsymbol{a}^{\mathrm{H}}(\theta)\boldsymbol{C}\boldsymbol{a}(\theta) \tag{3-222}$$

式中，在 PM 算法、OPM 算法和 MUSIC 算法中，$\boldsymbol{C}$ 分别为 $\boldsymbol{Q}\boldsymbol{Q}^{\mathrm{H}}$、$\boldsymbol{Q}_0\boldsymbol{Q}_0^{\mathrm{H}}$ 和 $\boldsymbol{V}_{\mathrm{b}}\boldsymbol{V}_{\mathrm{b}}^{\mathrm{H}}$。当没有扰动影响 $\boldsymbol{C}$ 时，DOA 是函数 $F(\theta)$ 在取极小值时的 θ。当有噪声时，函数为

$$\hat{F}(\theta)=\boldsymbol{a}^{\mathrm{H}}(\theta)\hat{\boldsymbol{C}}\boldsymbol{a}(\theta) \tag{3-223}$$

将一阶导数 $\hat{F}'(\theta)$ 按估计角 $\hat{\theta}_{\mathrm{n}}$ 进行一阶泰勒展开，有

$$\hat{\boldsymbol{C}}=\boldsymbol{C}+\Delta\boldsymbol{C} \tag{3-224}$$

估计角误差 $\Delta\theta_{\mathrm{n}}=\theta_{\mathrm{n}}-\hat{\theta}_{\mathrm{n}}$ 可以表示为

$$\Delta\theta_{\mathrm{n}}=-\frac{\mathrm{Re}\{\boldsymbol{a}^{\mathrm{H}}(\theta_{\mathrm{n}})\Delta\boldsymbol{C}\boldsymbol{d}(\theta_{\mathrm{n}})\}}{\boldsymbol{d}^{\mathrm{H}}(\theta_{\mathrm{n}})\boldsymbol{C}\boldsymbol{d}(\theta_{\mathrm{n}})}+O(\|\Delta\boldsymbol{C}\|) \tag{3-225}$$

式中，$\boldsymbol{d}(\theta_{\mathrm{n}})$ 中的元素为 $\boldsymbol{a}(\theta_{\mathrm{n}})$ 中元素的一阶导数。

为了计算估计角的误差，需要计算矩阵 $\Delta\boldsymbol{C}$。数据矩阵可以表示为

$$\widetilde{\boldsymbol{X}}=\boldsymbol{X}+\Delta\boldsymbol{X} \tag{3-226}$$

式中，$\boldsymbol{X}$ 为无扰动数据矩阵；$\Delta\boldsymbol{X}$ 为加性扰动数据矩阵。

由式（3-208）的分块，可以得到

$$\begin{aligned}\widetilde{\boldsymbol{X}}_1&=\boldsymbol{X}_1+\Delta\boldsymbol{X}_1\\ \widetilde{\boldsymbol{X}}_2&=\boldsymbol{X}_2+\Delta\boldsymbol{X}_2\end{aligned} \tag{3-227}$$

式中，

$$\boldsymbol{X}=\begin{bmatrix}\boldsymbol{X}_1\\ \boldsymbol{X}_2\end{bmatrix} \tag{3-228}$$

式中，$\boldsymbol{X}_1$ 和 $\boldsymbol{X}_2$ 分别为 $K\times J$ 维矩阵和$(M-K)\times J$ 维矩阵。

由传播算子 $\boldsymbol{P}$ 的定义，可以得到

$$\boldsymbol{X}_2=\boldsymbol{P}\boldsymbol{X}_1 \text{ 或 } \boldsymbol{P}=(\boldsymbol{X}_1\boldsymbol{X}_2^{\mathrm{H}})^{-1}\boldsymbol{X}_1\boldsymbol{X}_2^{\mathrm{H}} \tag{3-229}$$

由扰动数据矩阵［式（3-227）］得到的传播算子估计值可以表示为

$$\hat{\boldsymbol{P}}_{\mathrm{data}}=[(\boldsymbol{X}_1+\Delta\boldsymbol{X}_1)(\boldsymbol{X}_1+\Delta\boldsymbol{X}_1)^{\mathrm{H}}]^{-1}(\boldsymbol{X}_1+\Delta\boldsymbol{X}_1)(\boldsymbol{X}_2+\Delta\boldsymbol{X}_2)^{\mathrm{H}} \tag{3-230}$$

对其进行一阶泰勒展开，可以得到

$$\hat{\boldsymbol{P}}_{\mathrm{data}}=\boldsymbol{P}+\Delta\boldsymbol{P} \tag{3-231}$$

式中，

$$\Delta\boldsymbol{P}=(\boldsymbol{X}_1\boldsymbol{X}_1^{\mathrm{H}})^{-1}\boldsymbol{X}_1(\Delta\boldsymbol{X}_2^{\mathrm{H}}-\Delta\boldsymbol{X}_1^{\mathrm{H}}\boldsymbol{P}) \tag{3-232}$$

有

$$\hat{\boldsymbol{Q}}_{\mathrm{data}}=\begin{bmatrix}\hat{\boldsymbol{P}}_{\mathrm{data}}\\ -\boldsymbol{I}_{M-K}\end{bmatrix}=\boldsymbol{Q}+\Delta\boldsymbol{Q} \tag{3-233}$$

式中，

$$\Delta\boldsymbol{Q}=\boldsymbol{T}\Delta\boldsymbol{X}^{\mathrm{H}}\boldsymbol{Q} \tag{3-234}$$

$$\boldsymbol{T}=-\begin{bmatrix}(\boldsymbol{X}_1\boldsymbol{X}_1^{\mathrm{H}})^{-1}\boldsymbol{X}_1\\ \boldsymbol{O}\end{bmatrix} \tag{3-235}$$

结果为

$$\Delta\boldsymbol{C}\approx\boldsymbol{Q}\Delta\boldsymbol{Q}^{\mathrm{H}}+\Delta\boldsymbol{Q}\boldsymbol{Q}^{\mathrm{H}} \tag{3-236}$$

考虑到矩阵 $\boldsymbol{Q}$ 的定义 $\boldsymbol{a}^{\mathrm{H}}(\theta_{\mathrm{n}})\boldsymbol{Q}=\boldsymbol{O}$，得到第 n 个信源估计角的误差为

$$\Delta\theta_{\mathrm{n}}=-\frac{\mathrm{Re}\{\boldsymbol{a}^{\mathrm{H}}(\theta_{\mathrm{n}})\boldsymbol{T}\Delta\boldsymbol{X}^{\mathrm{H}}\boldsymbol{Q}\boldsymbol{Q}^{\mathrm{H}}\boldsymbol{d}(\theta_{\mathrm{n}})\}}{\boldsymbol{d}^{\mathrm{H}}(\theta_{\mathrm{n}})\boldsymbol{Q}\boldsymbol{Q}^{\mathrm{H}}\boldsymbol{d}(\theta_{\mathrm{n}})} \tag{3-237}$$

同理可得 OPM 算法的 $\Delta\boldsymbol{C}$，即 $\boldsymbol{C}=\boldsymbol{Q}_0\boldsymbol{Q}_0^{\mathrm{H}}$，$\hat{\boldsymbol{C}}=\hat{\boldsymbol{Q}}_0\hat{\boldsymbol{Q}}_0^{\mathrm{H}}$。

事实上，由式（3-224）可得

$$\hat{\boldsymbol{C}}=\hat{\boldsymbol{Q}}(\hat{\boldsymbol{Q}}^{\mathrm{H}}\hat{\boldsymbol{Q}})^{-1}\hat{\boldsymbol{Q}}^{\mathrm{H}} \tag{3-238}$$

利用式（3-233），一阶泰勒展开成立，即

$$\begin{aligned}\Delta\boldsymbol{C}\approx\boldsymbol{Q}(\boldsymbol{Q}^{\mathrm{H}}\boldsymbol{Q})^{-1}[\Delta\boldsymbol{Q}^{\mathrm{H}}-[\Delta\boldsymbol{Q}^{\mathrm{H}}\boldsymbol{Q}+\boldsymbol{Q}^{\mathrm{H}}\Delta\boldsymbol{Q}]\times\\(\boldsymbol{Q}^{\mathrm{H}}\boldsymbol{Q})^{-1}\boldsymbol{Q}^{\mathrm{H}}]+\Delta\boldsymbol{Q}(\boldsymbol{Q}^{\mathrm{H}}\boldsymbol{Q})^{-1}\boldsymbol{Q}^{\mathrm{H}}\end{aligned} \tag{3-239}$$

由于 $\boldsymbol{a}^{\mathrm{H}}(\theta_{\mathrm{n}})\boldsymbol{Q}=\boldsymbol{O}$，得到

$$\Delta\theta_{\mathrm{n}}=-\frac{\mathrm{Re}\{\boldsymbol{a}^{\mathrm{H}}(\theta_{\mathrm{n}})\boldsymbol{T}\Delta\boldsymbol{X}^{\mathrm{H}}\boldsymbol{Q}_0\boldsymbol{Q}_0^{\mathrm{H}}\boldsymbol{d}(\theta_{\mathrm{n}})\}}{\boldsymbol{d}^{\mathrm{H}}(\theta_{\mathrm{n}})\boldsymbol{Q}_0\boldsymbol{Q}_0^{\mathrm{H}}\boldsymbol{d}(\theta_{\mathrm{n}})} \tag{3-240}$$

考虑 MUSIC 算法，即 $\boldsymbol{C}=\boldsymbol{V}_{\mathrm{b}}\boldsymbol{V}_{\mathrm{b}}^{\mathrm{H}}$，有

$$\Delta\theta_{\mathrm{n}}=-\frac{\mathrm{Re}\{\boldsymbol{a}^{\mathrm{H}}(\theta_{\mathrm{n}})\boldsymbol{T}_1\Delta\boldsymbol{X}^{\mathrm{H}}\boldsymbol{V}_{\mathrm{b}}\boldsymbol{V}_{\mathrm{b}}^{\mathrm{H}}\boldsymbol{d}(\theta_{\mathrm{n}})\}}{\boldsymbol{d}^{\mathrm{H}}(\theta_{\mathrm{n}})\boldsymbol{V}_{\mathrm{b}}\boldsymbol{V}_{\mathrm{b}}^{\mathrm{H}}\boldsymbol{d}(\theta_{\mathrm{n}})} \tag{3-241}$$

式中，

$$\boldsymbol{T}_1=\boldsymbol{V}_{\mathrm{s}}\boldsymbol{\Sigma}_{\mathrm{s}}^{-1}\boldsymbol{U}_{\mathrm{s}}^{\mathrm{H}} \tag{3-242}$$

矩阵 $\boldsymbol{V}_{\mathrm{s}}$、$\boldsymbol{\Sigma}_{\mathrm{s}}$ 和 $\boldsymbol{U}_{\mathrm{s}}$ 由以下无噪声数据矩阵$\widetilde{\boldsymbol{X}}$的 SVD 分解得到，即

$$\widetilde{\boldsymbol{X}}=[\boldsymbol{V}_{\mathrm{s}}\quad\boldsymbol{V}_{\mathrm{b}}]\begin{bmatrix}\boldsymbol{\Sigma}_{\mathrm{s}} & \boldsymbol{O}\\ \boldsymbol{O} & \boldsymbol{O}\end{bmatrix}\begin{bmatrix}\boldsymbol{U}_{\mathrm{s}}^{\mathrm{H}}\\ \boldsymbol{U}_{\mathrm{b}}^{\mathrm{H}}\end{bmatrix} \tag{3-243}$$

式中，$\boldsymbol{V}_{\mathrm{s}}$ 是与 K 个非零奇异值 $\boldsymbol{\Sigma}_{\mathrm{s}}$ 对应的奇异矢量；$\boldsymbol{V}_{\mathrm{b}}$ 是与零奇异值对应的奇异矢量。

矩阵 $\Delta\boldsymbol{X}$ 的元素为零均值，方差为 σ_{n}^2，在不相干随机加性噪声下，MUSIC 算法的均方误差 $E[|\Delta\theta_{\mathrm{n}}|^2]$已经被推导出来了，结果为

$$E[|\Delta\theta_{\mathrm{n}}|^2]=\sigma_{\mathrm{n}}^2\frac{\boldsymbol{a}^{\mathrm{H}}(\theta_{\mathrm{n}})\boldsymbol{T}_1\boldsymbol{T}_1^{\mathrm{H}}\boldsymbol{a}(\theta_{\mathrm{n}})}{2\boldsymbol{d}^{\mathrm{H}}(\theta_{\mathrm{n}})\boldsymbol{V}_{\mathrm{b}}\boldsymbol{V}_{\mathrm{b}}^{\mathrm{H}}\boldsymbol{d}(\theta_{\mathrm{n}})} \tag{3-244}$$

容易推导出 PM 算法和 OPM 算法的均方误差，分别为

$$E[|\Delta\theta_{\mathrm{n}}|^2]=\sigma_{\mathrm{n}}^2\frac{(\boldsymbol{d}^{\mathrm{H}}(\theta_{\mathrm{n}})\boldsymbol{Q}\boldsymbol{Q}^{\mathrm{H}}\boldsymbol{Q}\boldsymbol{Q}^{\mathrm{H}}\boldsymbol{d}(\theta_{\mathrm{n}}))\boldsymbol{a}^{\mathrm{H}}(\theta_{\mathrm{n}})\boldsymbol{T}\boldsymbol{T}^{\mathrm{H}}\boldsymbol{a}(\theta_{\mathrm{n}})}{2(\boldsymbol{d}^{\mathrm{H}}(\theta_{\mathrm{n}})\boldsymbol{Q}\boldsymbol{Q}^{\mathrm{H}}\boldsymbol{d}(\theta_{\mathrm{n}}))^2} \tag{3-245}$$

$$E[|\Delta\theta_{\mathrm{n}}|^2]=\sigma_{\mathrm{n}}^2\frac{\boldsymbol{a}^{\mathrm{H}}(\theta_{\mathrm{n}})\boldsymbol{T}\boldsymbol{T}^{\mathrm{H}}\boldsymbol{a}(\theta_{\mathrm{n}})}{2\boldsymbol{d}^{\mathrm{H}}(\theta_{\mathrm{n}})\boldsymbol{Q}_0\boldsymbol{Q}_0^{\mathrm{H}}\boldsymbol{d}(\theta_{\mathrm{n}})} \tag{3-246}$$

这些表达式在方差为 σ_n^2 的随机加性噪声下是有效的。

3.8.2 旋转不变传播算子

1. 旋转不变 PM 算法的描述

下面介绍在考虑方向矩阵为 Vandermonde 矩阵时的旋转不变 PM 算法。

方向矩阵 $\boldsymbol{A}\in\mathbb{C}^{M\times K}$（$M$ 为阵元数，K 为信源数）可以分块为

$$\boldsymbol{A}=\begin{bmatrix}\boldsymbol{A}_1\\ \boldsymbol{A}_2\end{bmatrix} \tag{3-247}$$

式中，$\boldsymbol{A}_1\in\mathbb{C}^{K\times K}$ 是满秩矩阵；$\boldsymbol{A}_2\in\mathbb{C}^{(M-K)\times K}$。在两个矩阵之间存在传播算子，表示为

$$\boldsymbol{A}_2=\boldsymbol{P}_c\boldsymbol{A}_1 \tag{3-248}$$

式中，$\boldsymbol{P}_c$ 为传播算子。定义矩阵 $\boldsymbol{P}\in\mathbb{C}^{M\times K}$ 为

$$\boldsymbol{P}=\begin{bmatrix}\boldsymbol{I}_K\\ \boldsymbol{P}_c\end{bmatrix} \tag{3-249}$$

根据式（3-247）至式（3-249），有

$$\boldsymbol{P}\boldsymbol{A}_1=\begin{bmatrix}\boldsymbol{A}_1\\ \boldsymbol{A}_2\end{bmatrix}=\boldsymbol{A} \tag{3-250}$$

分别用 $\boldsymbol{P}_a$ 和 $\boldsymbol{P}_b$ 表示 $\boldsymbol{P}$ 的前 $M-1$ 行和后 $M-1$ 行，用 $\boldsymbol{A}_a$ 和 $\boldsymbol{A}_b$ 表示 $\boldsymbol{A}$ 的前 $M-1$ 行和后 $M-1$ 行，且 $\boldsymbol{A}_b=\boldsymbol{A}_a\boldsymbol{\Phi}$，$\boldsymbol{\Phi}$ 为旋转对角矩阵，根据式（3-250），有

$$\begin{bmatrix}\boldsymbol{P}_a\\ \boldsymbol{P}_b\end{bmatrix}\boldsymbol{A}_1=\begin{bmatrix}\boldsymbol{A}_a\\ \boldsymbol{A}_b\end{bmatrix}=\begin{bmatrix}\boldsymbol{A}_a\\ \boldsymbol{A}_a\boldsymbol{\Phi}\end{bmatrix} \tag{3-251}$$

存在以下关系式，即

$$\boldsymbol{P}_a^{+}\boldsymbol{P}_b=\boldsymbol{A}_1\boldsymbol{\Phi}\boldsymbol{A}_1^{-1} \tag{3-252}$$

定义 $\boldsymbol{\Psi}_r=\boldsymbol{P}_a^{+}\boldsymbol{P}_b$，因为 $\boldsymbol{\Psi}_r$ 和 $\boldsymbol{\Phi}$ 有相同的特征值，所以通过对 $\boldsymbol{\Psi}_r$ 进行特征值分解可以得到 $\boldsymbol{\Phi}$，进而可以获得 DOA 估计值。

将协方差矩阵分块，即 $\hat{\boldsymbol{R}}=[\hat{\boldsymbol{G}},\hat{\boldsymbol{H}}]$。其中，$\hat{\boldsymbol{G}}\in\mathbb{C}^{M\times K}$，$\hat{\boldsymbol{H}}\in\mathbb{C}^{M\times(M-K)}$。通过下式可得到 $\boldsymbol{P}_c$ 的估计值，即

$$\hat{\boldsymbol{P}}_{\mathrm{c}}=[\hat{\boldsymbol{G}}^{+}\hat{\boldsymbol{H}}]^{\mathrm{H}} \tag{3-253}$$

利用旋转不变 PM 算法进行 DOA 估计的步骤如下。

算法 3.10：旋转不变传播算子。

步骤 1：通过式（3-253）得到 $\boldsymbol{P}_{\mathrm{c}}$ 的估计值 $\hat{\boldsymbol{P}}_{\mathrm{c}}$。

步骤 2：由 $\hat{\boldsymbol{P}}_{\mathrm{c}}$ 构造 $\hat{\boldsymbol{P}}$、$\hat{\boldsymbol{P}}_{\mathrm{a}}$ 和 $\hat{\boldsymbol{P}}_{\mathrm{b}}$。

步骤 3：由 $\hat{\boldsymbol{P}}_{\mathrm{a}}+\hat{\boldsymbol{P}}_{\mathrm{b}}$ 的特征值分解得到 $\hat{\boldsymbol{\Phi}}$，进而得到 DOA 的估计值。

2. 旋转不变传播算子误差分析

在噪声影响下，协方差矩阵的估计值为

$$\hat{\boldsymbol{R}}=\boldsymbol{R}+\partial\boldsymbol{R} \tag{3-254}$$

式中，$\boldsymbol{R}$ 为无误差协方差矩阵；$\partial\boldsymbol{R}$ 为误差协方差矩阵。同理，有

$$\hat{\boldsymbol{G}}=\boldsymbol{G}+\partial\boldsymbol{G} \tag{3-255}$$

$$\hat{\boldsymbol{H}}=\boldsymbol{H}+\partial\boldsymbol{H} \tag{3-256}$$

式中，$\partial\boldsymbol{G}$ 和 $\partial\boldsymbol{H}$ 分别为 $\boldsymbol{G}$ 和 $\boldsymbol{H}$ 对应的误差协方差矩阵。

考虑到 $\boldsymbol{H}=\boldsymbol{G}\boldsymbol{P}$，传播算子的估计值为

$$\hat{\boldsymbol{P}}_{\mathrm{c}}=[(\boldsymbol{G}+\partial\boldsymbol{G})^{\mathrm{H}}(\boldsymbol{G}+\partial\boldsymbol{G})]^{-1}(\boldsymbol{G}+\partial\boldsymbol{G})^{\mathrm{H}}(\boldsymbol{H}+\partial\boldsymbol{H}) \tag{3-257}$$

对式（3-257）进行一阶泰勒展开，可以得到

$$\hat{\boldsymbol{P}}_{\mathrm{c}}=\boldsymbol{P}_{\mathrm{c}}+\partial\boldsymbol{P}_{\mathrm{c}} \tag{3-258}$$

式中，$\partial\boldsymbol{P}_{\mathrm{c}}=(\boldsymbol{G}^{\mathrm{H}}\boldsymbol{G})^{-1}\boldsymbol{G}^{\mathrm{H}}(\partial\boldsymbol{H}-\partial\boldsymbol{G}\boldsymbol{P}_{\mathrm{c}})$。

矩阵 $\boldsymbol{P}$ 的误差为

$$\partial\boldsymbol{P}=\begin{bmatrix}\boldsymbol{O}_K\\ \partial\boldsymbol{P}_{\mathrm{c}}^{\mathrm{H}}\end{bmatrix} \tag{3-259}$$

根据式（3-259），有

$$\boldsymbol{A}=\begin{bmatrix}\boldsymbol{P}_1+\partial\boldsymbol{P}_1\\ \boldsymbol{P}_{\mathrm{b}}+\partial\boldsymbol{P}_{\mathrm{b}}\end{bmatrix}\boldsymbol{A}_1=\begin{bmatrix}\boldsymbol{P}_{\mathrm{a}}+\partial\boldsymbol{P}_{\mathrm{a}}\\ \boldsymbol{P}_M+\partial\boldsymbol{P}_M\end{bmatrix}\boldsymbol{A}_1 \tag{3-260}$$

式中，$\partial \boldsymbol{P}_1$ 和$\partial \boldsymbol{P}_M$ 分别为$\partial \boldsymbol{P}$ 的第一行和最后一行。

根据 $[\boldsymbol{P}_{\mathrm{a}}+\partial \boldsymbol{P}_{\mathrm{a}}]^+$的一阶近似，有

$$\hat{\boldsymbol{\Psi}}_{\mathrm{r}}=\boldsymbol{A}_1^{-1}(\boldsymbol{I}_K+\boldsymbol{P}_{\mathrm{a}}^+(\partial \boldsymbol{P}_{\mathrm{b}}-\partial \boldsymbol{P}_{\mathrm{a}}))\boldsymbol{\Phi}_{\mathrm{r}}\boldsymbol{A}_1 \tag{3-261}$$

$\hat{\boldsymbol{\Psi}}_{\mathrm{r}}$ 的第 k 个特征值$\hat{\lambda}_k=\lambda_k+\partial\lambda_k$。其中，$\partial\lambda_k=\lambda_k \boldsymbol{e}_k^{\mathrm{T}}\boldsymbol{P}_{\mathrm{a}}^+(\partial \boldsymbol{P}_{\mathrm{b}}-\partial \boldsymbol{P}_{\mathrm{a}})\boldsymbol{e}_k$；$\boldsymbol{e}_k$ 为单位矢量，第 k 个元素为 1，其余为 0。

DOA 估计值的均方误差为

$$E[\Delta\theta_k^2]=\frac{1}{2}\left[\frac{1}{\pi\cos\theta_k}\right]^2[E\{|\partial\lambda_k|^2\}-\mathrm{Re}\{E[(\partial\lambda_k)^2(\lambda_k^*)^2]\}] \tag{3-262}$$

3.9 广义 ESPRIT 算法

通过对常规基于 ESPRIT 的 DOA 估计算法进行扩展，高飞飞教授提出了一种新的基于谱峰搜索的 DOA 估计算法[52]。相对于常规 ESPRIT 算法要求的阵列结构，该种算法可以适用于任意几何形状的阵列，在满足一定条件时，能够实现基于多项式求根的高效求解，不需要谱峰搜索，降低了计算的复杂度。

3.9.1 阵列模型

考虑由两个不重叠的传感器子阵组成的阵列，第一个子阵记为子阵 1，第二个子阵记为子阵 2，子阵 1 中的标号为 $1,2,\cdots,M$，子阵 2 中的标号为 $M+1,\cdots,2M$。假设子阵 1 和子阵 2 中对应传感器之间的位移矢量是已知的，为$(\boldsymbol{x}_m,\boldsymbol{y}_m)$，$m=1,2,\cdots,M$，位移矢量可以是任意不同值。显然，这样的阵列是传统 ESPRIT 算法中阵列的推广。对于 ESPRIT 算法，子阵 1 和子阵 2 中对应传感器之间只能以相同的位移矢量位移。假设入射信号由远场非相干信源发射，则阵列接收信号可以写为

$$\boldsymbol{x}(t)=\boldsymbol{A}\boldsymbol{s}(t)+\boldsymbol{n}(t) \tag{3-263}$$

式中，$\boldsymbol{A}$ 为 $2M\times K$ 维方向矩阵；$\boldsymbol{s}(t)$为 $K\times 1$ 维信源信号波形矢量；$\boldsymbol{n}(t)$为传感器噪声矢量，为高斯白噪声，方差相同。

方向矩阵可以表示为

$$\boldsymbol{A}=\begin{bmatrix}\boldsymbol{A}_1\\ \boldsymbol{A}_2\end{bmatrix} \tag{3-264}$$

式中

$$A_1=[\boldsymbol{a}(\theta_1),\cdots,\boldsymbol{a}(\theta_K)] \tag{3-265}$$

$$A_2=[\boldsymbol{\Phi}_1\boldsymbol{a}(\theta_1),\cdots,\boldsymbol{\Phi}_K\boldsymbol{a}(\theta_K)] \tag{3-266}$$

分别是子阵 1 和子阵 2 的方向矩阵；$\boldsymbol{a}(\theta)$是子阵 1 的方向矢量，且

$$\boldsymbol{\Phi}_l=\mathrm{diag}\{\mathrm{e}^{\mathrm{j}\varphi_{1l}},\cdots,\mathrm{e}^{\mathrm{j}\varphi_{Ml}}\} \tag{3-267}$$

$$\varphi_{ml}=\frac{2\pi}{\lambda}(x_m\sin\theta_l+y_m\cos\theta_l) \tag{3-268}$$

式中，λ 为信号波长；(x_m,y_m) 是子阵 1 和子阵 2 中对应传感器之间位移矢量的 x 方向和 y 方向的分量；$\theta_l(l=1,2,\cdots,K)$为信号的波达方向。对阵列协方差矩阵进行特征值分解，有

$$\boldsymbol{R}=E\{\boldsymbol{x}(t)\boldsymbol{x}^{\mathrm{H}}(t)\}=\boldsymbol{U}_{\mathrm{s}}\boldsymbol{\Sigma}_{\mathrm{s}}\boldsymbol{U}_{\mathrm{s}}^{\mathrm{H}}+\boldsymbol{U}_{\mathrm{n}}\boldsymbol{\Sigma}_{\mathrm{n}}\boldsymbol{U}_{\mathrm{n}}^{\mathrm{H}} \tag{3-269}$$

式中，$\boldsymbol{\Sigma}_{\mathrm{s}}$ 和 $\boldsymbol{\Sigma}_{\mathrm{n}}$ 分别为由 $\boldsymbol{R}$ 的信号子空间和噪声子空间的特征值组成的对角矩阵；$\boldsymbol{U}_{\mathrm{s}}$ 和 $\boldsymbol{U}_{\mathrm{n}}$ 分别为信号子空间和噪声子空间的特征矢量。

3.9.2 谱峰搜索广义 ESPRIT 算法

信号子空间 $\boldsymbol{U}_{\mathrm{s}}$ 可以写成

$$\boldsymbol{U}_{\mathrm{s}}=\begin{bmatrix}\boldsymbol{U}_1\\ \boldsymbol{U}_2\end{bmatrix} \tag{3-270}$$

式中，$\boldsymbol{U}_1$ 和 $\boldsymbol{U}_2$ 分别对应子阵 1 和子阵 2 的信号子空间。

基于常规 ESPRIT 算法的思想，有

$$\boldsymbol{U}_{\mathrm{s}}=\boldsymbol{A}\boldsymbol{T} \tag{3-271}$$

式中，$\boldsymbol{T}$ 是一个 $K\times K$ 维满秩矩阵，且

$$\boldsymbol{U}_1=\boldsymbol{A}_1\boldsymbol{T} \tag{3-272}$$

$$\boldsymbol{U}_2=\boldsymbol{A}_2\boldsymbol{T} \tag{3-273}$$

引入符号

$$\boldsymbol{\Psi}(\theta)=\mathrm{diag}\{\mathrm{e}^{\mathrm{j}\psi_1},\cdots,\mathrm{e}^{\mathrm{j}\psi_M}\} \tag{3-274}$$

$$\psi_m = \frac{2\pi}{\lambda} x_m \sin\theta + y_m \cos\theta \tag{3-275}$$

可以组成矩阵

$$\boldsymbol{U}_2 - \boldsymbol{\Psi}\boldsymbol{U}_1 = \boldsymbol{Q}\boldsymbol{T} \tag{3-276}$$

式中

$$\boldsymbol{Q} = [(\boldsymbol{\Phi}_1 - \boldsymbol{\Psi})\boldsymbol{a}(\theta_1), \cdots, (\boldsymbol{\Phi}_K - \boldsymbol{\Psi})\boldsymbol{a}(\theta_K)] \tag{3-277}$$

当 $\theta=\theta_l$ 时，式（3-276）中等号右边矩阵 $\boldsymbol{Q}$ 的第 l 列等于0。如果 $K \leqslant M$，则矩阵 $\boldsymbol{W}^{\mathrm{H}}\boldsymbol{U}_2 - \boldsymbol{W}^{\mathrm{H}}\boldsymbol{\Psi}\boldsymbol{U}_1$ 将降秩，据此可以估计信号的波达方向 θ。这里的 $\boldsymbol{W}$ 是任意的 $M \times K$ 维满秩矩阵。$\boldsymbol{W}$ 可以依据传统 ESPRIT 算法的思想进行选择。为了与传统 ESPRIT 算法一致，选择 $\boldsymbol{W}=\boldsymbol{U}_1$，则谱函数可以用来估计信号的波达方向，即

$$f(\theta) = \frac{1}{\det\{\boldsymbol{U}_1^{\mathrm{H}}\boldsymbol{U}_2 - \boldsymbol{U}_1^{\mathrm{H}}\boldsymbol{\Psi}(\theta)\boldsymbol{U}_1\}} \tag{3-278}$$

在有限样本的情况下，协方差矩阵 $\boldsymbol{R}$ 通过对下式进行估计得到，即

$$\hat{\boldsymbol{R}} = \frac{1}{J}\sum_{t=1}^{J} \boldsymbol{x}(t)\boldsymbol{x}^{\mathrm{H}}(t) \tag{3-279}$$

式中，J 表示快拍数。

样本协方差矩阵的特征值分解为

$$\hat{\boldsymbol{R}} = \hat{\boldsymbol{U}}_{\mathrm{s}}\hat{\boldsymbol{\Sigma}}_{\mathrm{s}}\hat{\boldsymbol{U}}_{\mathrm{s}}^{\mathrm{H}} + \hat{\boldsymbol{U}}_{\mathrm{n}}\hat{\boldsymbol{\Sigma}}_{\mathrm{n}}\hat{\boldsymbol{U}}_{\mathrm{n}}^{\mathrm{H}} \tag{3-280}$$

式中，$\hat{\boldsymbol{\Sigma}}_{\mathrm{s}}$ 和 $\hat{\boldsymbol{\Sigma}}_{\mathrm{n}}$ 分别为包含信号子空间和噪声子空间特征值的对角矩阵；$\hat{\boldsymbol{U}}_{\mathrm{s}}$ 和 $\hat{\boldsymbol{U}}_{\mathrm{n}}$ 分别为包含信号子空间和噪声子空间特征矢量的正交矩阵。在有限样本的情况下，式（3-278）可以写为

$$f(\theta) = \frac{1}{\det\{\hat{\boldsymbol{U}}_1^{\mathrm{H}}\hat{\boldsymbol{U}}_2 - \hat{\boldsymbol{U}}_1^{\mathrm{H}}\boldsymbol{\Psi}(\theta)\hat{\boldsymbol{U}}_1\}} \tag{3-281}$$

谱峰搜索广义 ESPRIT 算法的步骤如下。

算法 3.11：谱峰搜索广义 ESPRIT 算法。

步骤 1：由阵列输出信号矩阵计算协方差矩阵。

步骤 2：对协方差矩阵进行特征值分解，得到信号子空间。

步骤 3：对信号子空间进行分块得到$\hat{\boldsymbol{U}}_1$、$\hat{\boldsymbol{U}}_2$。

步骤 4：根据式（3-281）进行谱峰搜索。

3.9.3 不需要搜索的广义 ESPRIT 算法

下面将推导基于多项式求根的广义 ESPRIT 算法。该算法高效，不需要谱峰搜索即可实现 DOA 估计。对于这样的估计算法，需要进一步指定阵列的几何形状，假设阵元的 y_m 位移分量为 0，不失一般性，$x_1 \leqslant \cdots \leqslant x_M$，则有

$$\psi_m = \frac{x_m}{x_1}\psi_1 \tag{3-282}$$

令 $z = \mathrm{e}^{\mathrm{j}\psi_1}$，有 $\boldsymbol{\Psi} = \boldsymbol{\Psi}(z)$，这里

$$\boldsymbol{\Psi}(z) = \mathrm{diag}\{z, z^{\frac{x_2}{x_1}}, \cdots, z^{\frac{x_M}{x_1}}\} \tag{3-283}$$

式（3-278）的分母可以写为如下多项式，即

$$p(z) = \det\{\boldsymbol{U}_1^{\mathrm{H}}\boldsymbol{U}_2 - \boldsymbol{U}_1^{\mathrm{H}}\boldsymbol{\Psi}(z)\boldsymbol{U}_1\} \tag{3-284}$$

如果所有的 $x_m/x_1(m=1,2,\cdots,M)$ 都是整数，那么通过式（3-284）可以利用多项式求根得到信号的波达方向。显然，当有共同的乘数，使所有的 $x_m/x_1(m=1,2,\cdots,M)$ 均为整数时，该算法很容易实现。在有限样本的情况下，多项式［式（3-284）］可以写为

$$p(z) = \det\{\boldsymbol{U}_1^{\mathrm{H}}\boldsymbol{U}_2 - \boldsymbol{U}_1^{\mathrm{H}}\boldsymbol{\Psi}(z)\boldsymbol{U}_1\} \tag{3-285}$$

与求根 MUSIC 算法类似，信号的波达方向可以用式（3-285）最接近单位圆的根来估计。

根据常规 ESPRIT 算法，有 $x_1 = x_2 = \cdots = x_M$，式（3-285）变为

$$p(z) = \det\{\boldsymbol{U}_1^{\mathrm{H}}\boldsymbol{U}_2 - z\boldsymbol{U}_1^{\mathrm{H}}\boldsymbol{U}_1\} \tag{3-286}$$

在这种情况下，式（3-286）的 K 个根是矩阵束 $\boldsymbol{U}_1^{\mathrm{H}}\boldsymbol{U}_2 - \boldsymbol{U}_1^{\mathrm{H}}\boldsymbol{\Psi}(z)\boldsymbol{U}_1$ 的广义特征值。与常规 ESPRIT 算法相比，式（3-285）适用于更一般几何形状的阵列。

3.10 压缩感知算法

3.10.1 压缩感知基本原理

压缩感知（Compressed Sensing，CS）理论是 2006 年由 Donoho、Candes、Tao、Romberg 等人提出的一套关于稀疏信号采集和恢复的新理论[53~56]。CS 理论充分利用信号的稀疏性或可压缩性，在信号采样的同时，对数据进行适当压缩，大大减轻了数据传输、存储和处理的负担。与传统的奈奎斯特采样理论相比，CS 理论的采样速率不取决于信号的带宽，而是由信息在信号中的结构和内容决定的。因此，CS 理论一经提出，就成为信息论[57]、信号/图像处理[58]、无线通信[59]、超宽带系统中的信号检测[60-61]、信道估计[62-63]和参数估计[64-65]等众多领域的研究热点。

信号的稀疏性是压缩感知的重要前提和理论基础。信号的稀疏性定义如下。

定义 3.10.1 信号的稀疏性是指信号中非 0 元素的个数较少。

定义 3.10.2 信号在某个变换域下近似稀疏，即为可压缩信号，或者从理论上讲，任何信号都具有可压缩性，只要能找到相应的稀疏表示空间，就可以有效进行压缩采样。

定义 3.10.3 矩阵奇异值的稀疏性是指矩阵奇异值中非 0 元素的个数（矩阵的秩）相对较少，也称为矩阵的低秩性，即矩阵的秩相对于矩阵的行数或列数很小。

1. 压缩感知理论框架

下面将详细介绍压缩感知理论的三个最核心部分：一个是信号的稀疏表示；第二个是投影测量矩阵的设计；第三个是信号重构算法。

(1) 信号的稀疏表示

为了更清晰地描述信号的稀疏表示问题，首先定义矢量 $\boldsymbol{x}=[x_1,x_2,\cdots,x_N]^{\mathrm{T}}$ 的 ℓ_p 范数，即

$$\|\boldsymbol{x}\|_p=\left(\sum_{i=1}^{N}|x_i|^p\right)^{1/p}$$

对于信号 $\boldsymbol{x}\in\mathbb{R}^N$，在标准正交基 $\boldsymbol{\Psi}$ 下的表示系数矢量为

$$\boldsymbol{a}=\boldsymbol{\Psi}^{\mathrm{T}}\boldsymbol{x}$$

根据 ℓ_p 范数的定义，若 $\boldsymbol{a}$ 满足

$$\|\boldsymbol{a}\|_p \leqslant K$$

且对于实数，$0<p<2$ 和 $K>0$ 同时成立，则称 $\boldsymbol{x}$ 在变换域下是稀疏的。特别是当 $p=0$ 时，称 $\boldsymbol{x}$ 在时域下是稀疏的。

考虑一般的信号重构问题，$\boldsymbol{x}$ 在时域下就是稀疏的或可压缩的，即标准正交基 $\boldsymbol{\Psi}$ 为 Dirac 函数。若给定一个投影测量矩阵 $\boldsymbol{\Phi}\in\mathbb{R}^{M\times N}(M\ll N)$，则 $\boldsymbol{x}$ 在 $\boldsymbol{\Phi}$ 下的线性投影测量值[68]为

$$\boldsymbol{y}=\boldsymbol{\Phi}\boldsymbol{x} \tag{3-287}$$

考虑由线性投影测量值 $\boldsymbol{y}$ 来重构信号 $\boldsymbol{x}$。由于 $\boldsymbol{y}$ 的维数 M 远小于 $\boldsymbol{x}$ 的维数 N，因此式（3-287）是欠定方程，有无穷多个解，直接通过解方程的方法无法重构信号。理论已经证明，如果信号 $\boldsymbol{x}$ 本身在时域下是稀疏的或可压缩的，并且 $\boldsymbol{y}$ 与 $\boldsymbol{\Phi}$ 满足一定的条件，那么信号 $\boldsymbol{x}$ 可以由线性投影测量值 $\boldsymbol{y}$ 通过求解最小范数问题以极高概率得到精确的重构。

常见的自然信号在时域内几乎都是不稀疏的，从傅里叶变换到小波变换和多尺度几何分析提供了解决问题的思路，即寻找待处理信号在某变换域内更为稀疏的表示方式。假设自然信号 $\boldsymbol{x}$ 在标准正交基 $\boldsymbol{\Psi}$ 下具有稀疏性或可压缩性，即 $\boldsymbol{x}=\boldsymbol{\Psi}\boldsymbol{a}$，$\boldsymbol{a}$ 为信号 $\boldsymbol{x}$ 在标准正交基 $\boldsymbol{\Psi}$ 下的稀疏系数，则信号 $\boldsymbol{x}$ 在投影测量矩阵 $\boldsymbol{\Phi}$ 下的线性投影测量值为

$$\boldsymbol{y}=\boldsymbol{\Phi}\boldsymbol{x}=\boldsymbol{\Phi}\boldsymbol{\Psi}\boldsymbol{a}=\widetilde{\boldsymbol{\Phi}}\boldsymbol{a} \tag{3-288}$$

式中，$\widetilde{\boldsymbol{\Phi}}=\boldsymbol{\Phi}\boldsymbol{\Psi}$ 为 $M\times N$ 维矩阵，表示推广后的测量矩阵，被称为感知矩阵（Sensing Matrix）；$\boldsymbol{y}$ 可以看作稀疏系数 $\boldsymbol{a}$ 关于投影测量矩阵 $\boldsymbol{\Phi}$ 的线性投影测量值。由于标准正交基 $\boldsymbol{\Psi}$ 是固定的，因此要使 $\widetilde{\boldsymbol{\Phi}}=\boldsymbol{\Phi}\boldsymbol{\Psi}$ 满足 RIP 条件，投影测量矩阵 $\boldsymbol{\Phi}$ 必须满足一定的条件。

（2）投影测量矩阵的设计

在得到信号的稀疏表示以后，设计一个投影测量矩阵 $\boldsymbol{\Phi}$，使得在压缩投影上得到的 M 个测量值能够保留信号 $\boldsymbol{x}$ 的绝大部分信息，使原始信号的信息损失最小，保证能够根据测量值精确重构长度为 $N(M\ll N)$ 的原始信号 $\boldsymbol{x}$。

投影测量矩阵的设计是压缩感知理论的核心。由于压缩测量个数、信号重构精度及信号的稀疏性有着密切的联系，因此投影测量矩阵的设计应该与稀疏

字典的设计统筹考虑。投影测量矩阵的设计要以非相干性或等距约束性为基本准则，既要减少压缩测量的个数，又要确保压缩感知信号重构精度。投影测量矩阵的设计包括两个方面：一个是投影测量矩阵的元素，Candès 等人给出了随机生成的设计策略；另一个是投影测量矩阵的维数。

在压缩感知理论框架下，测量值 $\boldsymbol{y}=\boldsymbol{\Phi x}$。其中，投影测量矩阵 $\boldsymbol{\Phi}$ 的维数为 $M\times N$，且有 $M\ll N$。

投影测量矩阵主要有以下几类[66-67]。

- 高斯随机矩阵。对于一个 $M\times N$ 维高斯随机矩阵，当 $M\geqslant CK\log(N/K)$ 时，投影测量矩阵 $\boldsymbol{\Phi}$ 较大概率具有 RIP 性质。
- 二值随机矩阵。二值随机矩阵是指矩阵中的每一个值都服从对称伯努利分布。伯努利分布的矩阵便于硬件实现。
- 局部傅里叶矩阵。局部傅里叶矩阵是先从傅里叶矩阵中随机抽取 M 行，再对其进行单位正则化得到的矩阵。局部傅里叶矩阵的一个优点是可以利用 FFT 矩阵得到，降低了采样系统的复杂性。
- 其他测量矩阵。其他测量矩阵有局部 Hadamard 矩阵、Toeplitz 矩阵和循环矩阵等。

(3) 信号重构算法

信号重构是压缩感知理论的关键部分，目的是从 M 个测量值中重构长度为 $N(M\ll N)$ 的稀疏信号。从表面上看，这是一个无法直接求解的欠定方程[68-69]，由于信号是稀疏的或可压缩的，因此若感知矩阵满足 RIP 等稀疏重构条件，则可以以很高的概率被稀疏重构。信号重构算法的设计应该遵循一个基本准则——利用尽可能少的压缩测量值，快速、稳定、精确或近似精确地重构信号。

E. Candès 等人证明，信号重构问题为求解最小 ℓ_0 范数问题，即

$$\begin{aligned}&\hat{\boldsymbol{a}}=\arg\min\|\boldsymbol{a}\|_0\\&\text{s.t.}\quad\widetilde{\boldsymbol{\Phi}}\boldsymbol{a}=\boldsymbol{y}\end{aligned}\tag{3-289}$$

显然，在求解时，需要列出 $\boldsymbol{a}$ 中所有非 0 项位置的 $\begin{pmatrix}N\\K\end{pmatrix}$ 种可能的组合才能得到最优解。当 N 很大时，不仅在数值计算上无法实现，而且抗噪能力很差。为此，研究人员陆续提出了多种近似等价的信号重构算法，即松弛方法、贪婪方法和非凸方法。

最小 ℓ_0 范数问题是一个 NP 难题，采用 ℓ_1 范数代替 ℓ_0 范数，通过凸优化求解，即

$$\begin{aligned} \hat{\boldsymbol{a}} &= \arg\min \|\boldsymbol{a}\|_1 \\ \text{s.t.} \quad & \widetilde{\boldsymbol{\Phi}}\boldsymbol{a} = \boldsymbol{y} \end{aligned} \tag{3-290}$$

在满足一定的条件下，式（3-289）和式（3-290）是等价的，信号重构问题可以转换为一个线性规划问题。这种方法也被称为基追踪（Basis Pursuit，BP）方法。如果考虑噪声，则信号重构问题可以转换为如下的最小 ℓ_1 范数问题，即

$$\begin{aligned} \hat{\boldsymbol{a}} &= \arg\min \|\boldsymbol{a}\|_1 \\ \text{s.t.} \quad & \|\widetilde{\boldsymbol{\Phi}}\boldsymbol{a} - \boldsymbol{y}\| \leqslant \sigma_{\mathrm{n}} \end{aligned} \tag{3-291}$$

式中，σ_{n} 代表噪声一个可能的标准差。针对最小 ℓ_1 范数问题，研究人员相继提出了内点法、最小角回归、梯度投影、软/硬迭代阈值等多种稀疏重构算法。

2. 矩阵秩最小化理论

信号稀疏性的另一个定义是矩阵奇异值的稀疏性，矩阵奇异值中非 0 元素的个数（矩阵的秩）相对较少，也称为矩阵的低秩性，即矩阵的秩相对于矩阵的行数或列数而言很小。

与压缩感知紧密相关的一个问题是矩阵秩最小化问题。矩阵秩最小化就是矩阵奇异值的稀疏性。低秩矩阵模型在信号处理领域具有一定的应用，涉及仿射秩最小化（Affine Rank Minimization）问题[70-71]，即

$$\begin{aligned} & \min_{\boldsymbol{X}} \operatorname{rank}(\boldsymbol{X}) \\ & \text{s.t.} \quad A(\boldsymbol{X}) = \boldsymbol{b} \end{aligned} \tag{3-292}$$

式中，$\boldsymbol{X} \in \mathbb{R}^{M\times N}$ 为决策变量，真实的决策变量 $\boldsymbol{X}$ 具有低秩特性；A 为线性映射，$A: \mathbb{R}^{M\times N} \to \mathbb{R}^p$，将决策变量 $\boldsymbol{X}$ 映射到观测变量 $\boldsymbol{b} \in \mathbb{R}^p$。目标函数是矩阵 $\boldsymbol{X}$ 的秩，奇异值构成矢量的稀疏性。注意，函数 $\operatorname{rank}(\boldsymbol{X})$ 在集合 $\{\boldsymbol{X} \in \mathbb{R}^{M\times N}: \|\boldsymbol{X}\| \leqslant 1\}$ 中的凸包（Convex Envelop）是 $\boldsymbol{X}$ 的核范数 $\|\boldsymbol{X}\|_* = \sum_{k=1}^{N} \sigma_k(\boldsymbol{X})$（矩阵 $\boldsymbol{X}$ 的所有奇异值之和），转而可求解如下凸优化问题[70-71]，即

$$\begin{aligned} & \min \|\boldsymbol{X}\|_* \\ & \text{s.t.} \quad A(\boldsymbol{X}) = \boldsymbol{b} \end{aligned} \tag{3-293}$$

矩阵秩最小化的一个典型应用是低秩矩阵填充问题[70]。假设原始数据矩阵是低秩的，矩阵中含有很多未知元素，从一个不完整的矩阵中恢复一个完整的低秩矩阵，便是低秩矩阵填充问题。例如，著名的 Netflix 问题便是一个典型的低秩矩阵填充问题。Netflix 是一家在线影片租赁提供商，能够提供超大数量的数字视频光盘，可让客户方便地挑选。Netflix 大奖赛从 2006 年 10 月份开始。Netflix 公开了大约 1 亿部匿名影片（评分 1~5 分），数据集仅包含影片名称、评级和评级日期，没有任何文本评价内容。大奖赛要求参赛者预测 Netflix 的客户分别喜欢什么影片，要把预测的效率提高 10%以上。这个问题可以用矩阵填充来建模。假设矩阵的每一行代表同一客户对不同影片的打分，每一列代表不同客户对同一影片的打分。客户数量巨大，影片数目巨大，矩阵维度十分庞大。由于客户能够打分的影片有限，因此矩阵中只有很小一部分的元素已知，而且可能含有噪声或误差。

在数学上，观测到的不完整矩阵 $\boldsymbol{M}\in\mathbb{R}^{M\times N}$，$\boldsymbol{\Omega}$ 对应 $\boldsymbol{M}$ 中元素对应的位置集合，即若 $\boldsymbol{M}_{ij}(i,j)\in\Omega$ 被观测到，则[71-72]

$$\begin{aligned}&\min_{X}\ \mathrm{rank}(\boldsymbol{X})\\&\mathrm{s.\,t.}\ \ \boldsymbol{X}_{ij}=\boldsymbol{M}_{ij}(i,j)\in\Omega\end{aligned}\tag{3-294}$$

对上述优化问题进行求解是 NP 的难题，且求解的复杂度随着矩阵维数的增加按平方指数增加，因此一般采用凸优化问题[72]进行求解，即

$$\begin{aligned}&\min_{X}\ \|\boldsymbol{X}\|_{*}\\&\mathrm{s.\,t.}\ \ \boldsymbol{X}_{ij}=\boldsymbol{M}_{ij}(i,j)\in\Omega\end{aligned}\tag{3-295}$$

式中，$\|\ \|_{*}$为核范数。

3.10.2 正交匹配追踪

若有 K 个信号入射到由 M 个全向传感器组成的阵列上，则接收信号为

$$\boldsymbol{x}(t)=\boldsymbol{A}\boldsymbol{s}(t)+\boldsymbol{n}(t)\tag{3-296}$$

在使用稀疏方法进行 DOA 估计时，需要修改数据模型，使其满足稀疏表示的要求：首先引入冗余字典 $\boldsymbol{D}=[\boldsymbol{a}(\theta_1'),\boldsymbol{a}(\theta_2'),\cdots,\boldsymbol{a}(\theta_N')]\in\mathbb{C}^{M\times N}$，方位矢量 $\boldsymbol{\theta}=[\theta_1',\theta_2',\cdots,\theta_N']^{\mathrm{T}}\in\mathbb{R}^{N\times1}$包含所有可能的信源位置，潜在信源位置的数量 N 通常远大于信源的数量 K，以及传感器的数量 M。在此框架下，$\boldsymbol{D}$ 是已知的，不依赖于

实际的信源位置 $\boldsymbol{q}$；其次定义稀疏矢量 $\boldsymbol{w}(t)=[w_1(t),w_2(t),\cdots,w_N(t)]^{\mathrm{T}}\in\mathbb{C}^{N\times1}$，其中的元素满足

$$w_n(t)=\begin{cases}s_k(t), & \theta_n'=\theta_k\in\boldsymbol{\theta}\\ 0, & \text{其他}\end{cases}\tag{3-297}$$

$\boldsymbol{w}(t)$ 的非 0 元素等于信号的真实 DOA。如果 $\boldsymbol{w}(t)$ 的非 0 元素可用，则可以获得信号的 DOA。因此，用于 DOA 估计的接收信号的稀疏数据模型具有以下形式，即

$$\boldsymbol{x}(t)=\boldsymbol{D}\boldsymbol{w}(t)+\boldsymbol{n}(t)\tag{3-298}$$

在多样本的情况下，可用矩阵形式表示，即

$$\boldsymbol{X}=\boldsymbol{D}\boldsymbol{w}+\boldsymbol{N}\tag{3-299}$$

式中，$\boldsymbol{X}=[\boldsymbol{x}(t_1),\boldsymbol{x}(t_2),\cdots,\boldsymbol{x}(t_J)]$；$\boldsymbol{N}=[\boldsymbol{n}(t_1),\boldsymbol{n}(t_2),\cdots,\boldsymbol{n}(t_J)]$；$\boldsymbol{w}=[\boldsymbol{w}(t_1),\boldsymbol{w}(t_2),\cdots,\boldsymbol{w}(t_J)]$。式（3-298）是信号 DOA 估计的稀疏表示数据模型。显然，$\boldsymbol{w}$ 是联合行稀疏的。

正交匹配追踪（Orthogonal Matching Pursuit，OMP）算法的基本思想是，在包含完备角度集合的观测矩阵 $\boldsymbol{D}$ 中选择与观测信号内积最大的列，在通过最小二乘方法计算残差 r 后，继续在观测矩阵 $\boldsymbol{D}$ 中选择与残差 r 最匹配的列，反复迭代，直至迭代次数达到信源数 K。选择的 K 列在观测矩阵 $\boldsymbol{D}$ 中的位置代表 $\boldsymbol{w}(t)$ 中非 0 元素的位置，即可获得信号的 DOA 估计值。

算法 3.12：基于 OMP 的阵列信号 DOA 估计算法。

步骤 1：根据阵列接收信号构造协方差矩阵 $\boldsymbol{R}_x$。

步骤 2：对 $\boldsymbol{R}_x$ 进行特征值分解，找到最大特征值对应的特征矢量 $\boldsymbol{u}_{s1}$。

步骤 3：构造完备角度集合 $\boldsymbol{\Theta}=\{\tilde{\theta}_1,\tilde{\theta}_2,\cdots,\tilde{\theta}_D\}$ $(D\gg K)$，构造观测矩阵 $\boldsymbol{D}$。

步骤 4：定义残差 $r_0=\boldsymbol{u}_{s1}$，索引集 $\boldsymbol{\Gamma}_0=\varnothing$，重构列集合 $\boldsymbol{D}_0=\varnothing$，迭代次数 $t=1$。

步骤 5：通过计算 $\gamma_t=\arg\min|\langle r_{t-1},\boldsymbol{d}_j\rangle|$，得到最匹配列的下标。其中，$\boldsymbol{d}_j$ 为 $\boldsymbol{D}$ 的第 j 列。

步骤 6：更新索引集 $\boldsymbol{\Gamma}_t=\boldsymbol{\Gamma}_{t-1}\cup\{\gamma_t\}$，更新重构列集合 $\boldsymbol{D}_t=[\boldsymbol{D}_{t-1},\boldsymbol{d}_{\gamma_t}]$。

步骤 7：更新残差 $r_t=\boldsymbol{u}_{s1}-\boldsymbol{D}_t\boldsymbol{p}_t=\boldsymbol{u}_{s1}-\boldsymbol{D}_t(\boldsymbol{D}_t^{\mathrm{T}}\boldsymbol{D}_t)^{-1}\boldsymbol{D}_t^{\mathrm{T}}\boldsymbol{u}_{s1}$，并令 $t=t+1$。

步骤 8：若 $t\leqslant K$，则返回步骤 5；若 $t>K$，则索引集 $\boldsymbol{\Gamma}_K$ 在完备角度集合 $\boldsymbol{\Theta}$

中对应的角度即为信号的 DOA 估计值。

3.10.3 稀疏贝叶斯学习算法

稀疏贝叶斯学习最初是由 Tipping 提出的，通过贝叶斯学习找到了稀疏表示。假设式（3-299）中的 $\boldsymbol{N}$ 是加性复高斯噪声，方差为 σ_{n}^2，为了便于分析，采用 $\boldsymbol{x}_{i.}$ 表示 $\boldsymbol{X}$ 的第 i 列，$\boldsymbol{x}_{.j}$ 表示 $\boldsymbol{X}$ 的第 j 行。同样，$\boldsymbol{w}_{i.}$ 表示 $\boldsymbol{W}$ 的第 i 列，$\boldsymbol{w}_{.j}$ 表示 $\boldsymbol{W}$ 的第 j 行，服从以下多元复高斯分布，即

$$p(\boldsymbol{x}_{.j}|\boldsymbol{w}_{.j},\sigma_{\mathrm{n}}^2)=(\pi\sigma_{\mathrm{n}}^2)^{-M}\exp\left(-\frac{1}{\sigma_{\mathrm{n}}^2}\|\boldsymbol{x}_{.j}-\boldsymbol{D}\boldsymbol{w}_{.j}\|^2\right) \tag{3-300}$$

式中，$\|\boldsymbol{x}\|^2=\boldsymbol{x}^{\mathrm{H}}\boldsymbol{x}$。遵循经验贝叶斯推理，为 $\boldsymbol{W}$ 的第 i 行分配一个 T 维复高斯先验，均值为 0，方差为 γ_i，即

$$p(\boldsymbol{w}_{i.}|\gamma_i)=N(0,\gamma_i\boldsymbol{I}) \tag{3-301}$$

式中，γ_i 是未知方差参数，被定义为贝叶斯推理中的超参数，可以由观察到的数据进行估计。通过组合行先验，可得到全权重先验，即

$$p(\boldsymbol{W}|\boldsymbol{\gamma})=\prod_{i=1}^{M}p(\boldsymbol{w}_{i.}|\gamma_i) \tag{3-302}$$

式（3-302）的形式由超参数 $\boldsymbol{\gamma}=[\gamma_1,\cdots,\gamma_M]^{\mathrm{T}}$ 进行调制。结合式（3-300）和先验，$\boldsymbol{W}$ 第 j 列的后验密度为

$$p(\boldsymbol{w}_{.j}|\boldsymbol{x}_{.j},\boldsymbol{\gamma},\sigma_{\mathrm{n}}^2)=\boldsymbol{N}(\boldsymbol{\mu}_{.j},\boldsymbol{\Sigma}) \tag{3-303}$$

均值和协方差分别为

$$\boldsymbol{\mu}_{.j}=E[\boldsymbol{w}_{.j}|\boldsymbol{x}_{.j},\boldsymbol{\gamma},\sigma_{\mathrm{n}}^2]=\boldsymbol{\Gamma}\boldsymbol{D}^{\mathrm{H}}\boldsymbol{\Sigma}_x^{-1}\boldsymbol{x}_{.j} \tag{3-304}$$

$$\boldsymbol{U}=[\boldsymbol{\mu}_1,\cdots,\boldsymbol{\mu}_M]=\boldsymbol{\Gamma}\boldsymbol{D}^{\mathrm{H}}\boldsymbol{\Sigma}_x^{-1}\boldsymbol{X} \tag{3-305}$$

$$\boldsymbol{\Sigma}=\mathrm{cov}[\boldsymbol{w}_{.j}|\boldsymbol{x}_{.j},\boldsymbol{\gamma},\sigma_{\mathrm{n}}^2]=\boldsymbol{\Gamma}-\boldsymbol{\Gamma}\boldsymbol{D}^{\mathrm{H}}\boldsymbol{\Sigma}_x^{-1}\boldsymbol{D}\boldsymbol{\Gamma} \tag{3-306}$$

式中，$\boldsymbol{\Gamma}=\mathrm{diag}(\boldsymbol{\gamma})$，且

$$\boldsymbol{\Sigma}_x=\sigma_{\mathrm{n}}^2\boldsymbol{I}+\boldsymbol{D}\boldsymbol{\Gamma}\boldsymbol{D}^{\mathrm{H}} \tag{3-307}$$

可以看出，$\boldsymbol{W}$ 服从多元复高斯分布。如果估计了 $\boldsymbol{\mu}_{.j}$，则可以获得 $\boldsymbol{w}_{.j}$ 的估计值。稀疏表示的目标是估计值 $\boldsymbol{W}$。对于 DOA 估计，只需要获得 $\boldsymbol{W}$ 非 0 行矢

量的下标即可。方差$\boldsymbol{\gamma}$可以确定信号能量和$\boldsymbol{W}$的稀疏性。当γ_i接近0时，$\boldsymbol{\mu}_{.j}$的第i个元素等于0，可以通过估计值$\boldsymbol{\gamma}$来完成DOA估计，采用证据最大化或最大似然估计值$\boldsymbol{\gamma}$，Ⅱ型最大似然可以表示为

$$\begin{aligned} L(\boldsymbol{\gamma},\sigma_{\mathrm{n}}^{2}) &= \log\int p(\boldsymbol{X}|\boldsymbol{W},\sigma_{\mathrm{n}}^{2})p(\boldsymbol{W}|\boldsymbol{\gamma})\mathrm{d}\boldsymbol{W} \\ &= \frac{1}{2}J\log|\boldsymbol{\Sigma}_x| + \sum_{j=1}^{J}\boldsymbol{x}_{.j}^{\mathrm{H}}\boldsymbol{\Sigma}_x^{-1}\boldsymbol{x}_{.j} \end{aligned} \tag{3-308}$$

式中，

$$\boldsymbol{\gamma}=\frac{\|\boldsymbol{\mu}_{i.}\|_2^2}{J(1-\gamma_i^{-1}\boldsymbol{\Sigma}_{ii})},\quad i=1,2,\cdots,M \tag{3-309}$$

$$\sigma_{\mathrm{n}}^{2}=\frac{\|\boldsymbol{X}-\boldsymbol{D}\boldsymbol{U}\|}{\boldsymbol{J}\left(N-M+\sum\limits_{i=1}^{M}\dfrac{\boldsymbol{\Sigma}_{ii}}{\gamma_i}\right)} \tag{3-310}$$

当$\|\boldsymbol{\gamma}-\boldsymbol{\gamma}_0\|_\infty<\varepsilon$时，停止迭代，找到$\boldsymbol{\gamma}$较大非0元素的下标，可得到信号的DOA估计值。

算法3.13：基于稀疏贝叶斯的阵列信号DOA估计算法。

步骤1：构造用于DOA估计接收信号的稀疏数据模型。

步骤2：根据多元复高斯分布初始化σ_{n}^2，根据观察数据估计贝叶斯推理中超参数$\boldsymbol{\gamma}$的初始值。

步骤3：计算均值和协方差。

步骤4：迭代更新$\boldsymbol{\gamma}$和σ_{n}^2。

步骤5：在满足迭代终止条件时停止迭代，找到$\boldsymbol{\gamma}$较大非0元素的下标，得到信号的DOA估计值。

3.11 DFT类算法

大规模多输入多输出（Multiple Input Multiple Output，MIMO）被广泛认为是5G移动通信系统物理层的关键技术[73]。在大规模MIMO无线通信系统中，基站的大规模天线阵列由数以百计的天线单元构成，同时服务于数十个配备单个天线的用户。相比传统的无线通信系统，大规模MIMO无线通信系统有效提高了容量和可靠性，获得了空前的频谱利用率和能量效率，在安全、鲁棒性等

方面得到了显著提升。在带来众多优点的同时，大规模 MIMO 无线通信系统巨大的天线阵列孔径和受限的硬件开销，对信号的信道估计和实时处理带来了严重阻碍。研究表明，这一阻碍可借助对信号的 DOA 估计进行解决，特别是在毫米波通信系统中。

下面针对大规模均匀线阵列的信源空间谱估计，介绍一种简单且有效的基于 DFT 技术的 DOA 估计算法。DFT 类算法首先根据对接收信号进行 DFT 变换得到的 DFT 功率谱获得初始 DOA 估计值，然后利用相位旋转技术，在一个较小的范围内，通过搜索，得到信号的准确 DOA 估计值，仅需要单快拍即可估计信号的 DOA，搜索次数较少，复杂度低。由于快速傅里叶变换（Fast Fourier Transform，FFT）技术的成熟和广泛的使用，因此 DFT 类算法易于在实际工程中应用。仿真实验表明，DFT 类算法可获得接近 CRB 算法和 ML 算法的估计精度[74]。

3.11.1 数据模型

考虑一个大规模均匀线阵列，阵元数为 M，$M\gg1$，阵元间距为信号波长的一半。假设来自 K 个远场信源的信号入射到阵列上，入射角 $\boldsymbol{\theta}=[\theta_1,\cdots,\theta_K]$。与经典 MUSIC 算法、ESPRIT 算法一样，假设信源数 K 已知，则在某一时刻，阵列接收信号为

$$\boldsymbol{x}=\boldsymbol{A}\boldsymbol{s}+\boldsymbol{n} \tag{3-311}$$

式中，$\boldsymbol{A}$ 为 $M\times K$ 维方向矩阵；$\boldsymbol{s}=[s_1,\cdots,s_K]^{\mathrm{T}}$ 表示 $K\times1$ 维的单快拍、复值入射信号；$\boldsymbol{n}$ 为 $M\times1$ 维加性高斯白噪声，方差为 σ_{n}^2。方向矩阵 $\boldsymbol{A}$ 的表达式为

$$\boldsymbol{A}=[\boldsymbol{a}(\theta_1),\cdots,\boldsymbol{a}(\theta_K)]$$

式中，$\boldsymbol{a}(\theta_k)=[1,\mathrm{e}^{\mathrm{j}\pi\sin\theta_k},\cdots,\mathrm{e}^{\mathrm{j}(M-1)\pi\sin\theta_k}]^{\mathrm{T}}$。

3.11.2 基于 DFT 的低复杂度 DOA 估计算法

1. 初始 DOA 估计

DFT 技术常用于进行非参数化谱分析。在现有的文献中，采用 DFT 技术实现 DOA 估计的公开报道较少。在大规模天线阵列下，基于 DFT 技术的空间谱分析可以实现较高的分辨率。

定义归一化的 $M\times M$ 维 DFT 矩阵为 $\boldsymbol{F}$，其中的 (p,q) 元素 $[\boldsymbol{F}]_{p,q}=\mathrm{e}^{-\mathrm{j}\frac{2\pi}{M}pq}/\sqrt{M}$。

同时，定义方向矢量 $\boldsymbol{a}(\theta_k)$ 的归一化 DFT 变换 $\widetilde{\boldsymbol{a}}(\theta_k)=\boldsymbol{F}\boldsymbol{a}(\theta_k)$，其中的第 q 个元素为

$$[\widetilde{\boldsymbol{a}}(\theta_k)]_q=\frac{1}{M}\sum_{m=0}^{M-1}\mathrm{e}^{-\mathrm{j}\left(\frac{2\pi}{M}mq-m\pi\sin\theta_k\right)}$$
$$=\frac{1}{\sqrt{M}}\frac{\sin\left(\frac{m}{2}\left(\frac{2\pi}{M}q-\pi\sin\theta_k\right)\right)}{\sin\left(\frac{1}{2}\left(\frac{2\pi}{M}q-\pi\sin\theta_k\right)\right)}\mathrm{e}^{-\mathrm{j}\frac{m-1}{2}\left(\frac{2\pi}{M}q-\pi\sin\theta_k\right)} \tag{3-312}$$

当天线阵列的阵元数趋于无穷大，即 $M\to\infty$ 时，一定存在一个整数 $q_k=M\sin\theta_k/2$，使得 $[\widetilde{\boldsymbol{a}}(\theta_k)]_{q_k}=\sqrt{M}$，同时 $\widetilde{\boldsymbol{a}}(\theta_k)$ 的其余元素全为 0，如图 3-2（a）所示，$\widetilde{\boldsymbol{a}}(\theta_k)$ 达到了“理想稀疏”，所有的功率都集中在 DFT 功率谱中的第 q_k 个点上，对信号的 DOA 估计值可由 $\widetilde{\boldsymbol{a}}(\theta_k)$ 非 0 点 q_k 的位置轻松获得。

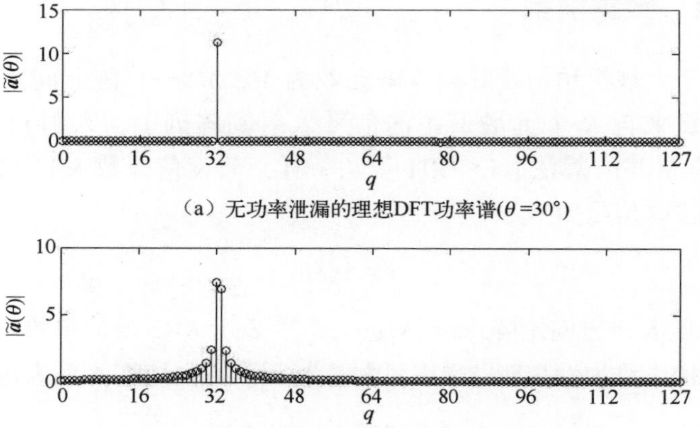

（a）无功率泄漏的理想DFT功率谱(θ =30°)

（b）有功率泄漏的DFT功率谱(θ =30°)

图 3-2　DFT 功率谱（M=128）

在实际应用中，即使大规模 MIMO 无线通信系统使用了数以百计的天线单元，天线阵列孔径也不可能无限大，因此 $M\sin\theta_k/2$ 在大部分情况下都不能恰好为整数，相应的功率会由第 $\langle M\sin\theta_k/2\rangle$ 个点泄漏到周围点上，如图 3-2（b）所示，$\langle\cdot\rangle$ 表示取最接近的整数。很显然，泄漏的程度与 M 成反比，与 $M\sin\theta_k/2-\langle M\sin\theta_k/2\rangle$ 成正比。因为大规模天线阵列中的 $M\gg1$，$\widetilde{\boldsymbol{a}}(\theta_k)$ 仍可近似为稀疏矢量，绝大部分的功率集中在第 $\langle M\sin\theta_k/2\rangle$ 个元素上，所以 $\widetilde{\boldsymbol{a}}(\theta_k)$ 的谱峰位置可用作信号的初始DOA估计值。

基于以上讨论，接收信号的 DFT 变换为 $\boldsymbol{y}=\boldsymbol{F}\boldsymbol{x}$，其中第 q 个元素为

$$[\boldsymbol{y}]_q=\sum_{k=1}^{K}[\widetilde{\boldsymbol{a}}(\theta_k)]_q\boldsymbol{s}_k+[\boldsymbol{F}\boldsymbol{n}]_q \tag{3-313}$$

记 $|\boldsymbol{y}|$ 最大的 K 个谱峰为 $\{q_k^{\text{ini}}\}_{k=1}^{K}$，可获得信号的初始 DOA 估计值，即

$$\theta_k^{\text{ini}}=\arcsin(2q_k^{\text{ini}}/M),\quad k=1,\cdots,K \tag{3-314}$$

2. 最终 DOA 估计

直接利用 DFT 得到对 $\sin\theta_k^{\text{ini}}$ 估计的分辨率受限于 DFT 点数的一半，即 $1/(2M)$。举例来说，当 $M=100$ 时，对 $\sin\theta_k$ 估计的最小均方误差（Mean Square Error，MSE）为 10^{-4} 量级。为了提高信号 DOA 估计的准确度，研究人员提出了采用相位旋转技术来消除这种限制。

定义对原始矢量的相位旋转为 $\boldsymbol{\Phi}(\eta)\boldsymbol{x}$。其中，$\boldsymbol{\Phi}(\eta)=\text{diag}\{1,e^{j\eta},\cdots,e^{j(M-1)\eta}\}$ 为对角矩阵；η 为相应的变换相位，$\eta\in[-\pi/M,\pi/M]$。

定义 $\widetilde{\boldsymbol{a}}(\theta_k)=\boldsymbol{F}\boldsymbol{\Phi}(\eta)\boldsymbol{a}(\theta_k)$ 为旋转后的方向矢量，通过计算可得

$$[\widetilde{\boldsymbol{a}}(\theta_k)]_q=\frac{1}{\sqrt{M}}\frac{\sin\left(\dfrac{M}{2}\left(\dfrac{2\pi}{M}q-\eta-\pi\sin\theta_k\right)\right)}{\sin\left(\dfrac{1}{2}\left(\dfrac{2\pi}{M}q-\eta-\pi\sin\theta_k\right)\right)}\times e^{-j\frac{M-1}{2}\left(\frac{2\pi}{M}q-\eta-\pi\sin\theta_k\right)}$$

显然，存在某一 $\eta_k\in[-\pi/M,\pi/M]$，使得

$$\frac{2\pi q_k^{\text{ini}}}{M}-\eta_k=\pi\sin\theta_k \tag{3-315}$$

此时，$\widetilde{\boldsymbol{a}}(\theta_k)$ 有且仅有一个非 0 元素，η_k 为第 k 个信源的最佳变换相位。对 θ_k 的估计值为

$$\theta_k=\arcsin(2\pi q_k^{\text{ini}}/(\pi M)-\eta_k/\pi) \tag{3-316}$$

为了在单快拍接收信号 $\boldsymbol{y}$ 中找到最佳的旋转相位，需要在一个很小的范围 $[-\pi/M,\pi/M]$ 内搜索 η，当 $\widetilde{\boldsymbol{y}}=\boldsymbol{F}\boldsymbol{\Phi}(\eta)\boldsymbol{x}$ 的 K 个谱峰分别收缩至最大值时，可找到相应的 η_k，即

$$\eta_k=\arg\max_{\eta\in(-\pi/M,\pi/M)}\|\boldsymbol{f}_{q_k^{\text{ini}}}^{\text{H}}\boldsymbol{\Phi}(\eta)\boldsymbol{x}\|_2^2 \tag{3-317}$$

式中，$\boldsymbol{f}_{q_k^{\text{ini}}}^{\text{H}}$ 是 $\boldsymbol{F}$ 的第 q_k^{ini} 行。注意式（3-317），对每次搜索，η 仅需要 $O(M)$

的复杂度。

基于 DFT 的大规模天线阵列 DOA 估计算法的步骤如下。

算法 3.14：基于 DFT 的大规模天线阵列 DOA 估计算法。

步骤 1：对大规模天线阵列接收的单快拍信号进行 DFT 变换。

步骤 2：通过谱峰得到信号的初始 DOA 估计值。

步骤 3：利用式（3-317）进行局部搜索，得到 DOA 估计值。

3.11.3 算法的分析和改进

1. 复杂度分析

在实际应用中，FFT 运算的复杂度为 $O(M\log M)$，搜索谱峰位置的复杂度为 $O(M)$，总的复杂度为 $O(M\log M+M+GKM)$。其中，G 为对 η 在 $(-\pi/M,\pi/M)$ 范围内搜索的点数。DFT 类算法的复杂度远低于传统子空间算法的复杂度 $O(M^3)$，特别是在阵元数 M 很大时。G 的取值决定了信号 DOA 估计的准确度。对于大规模 MIMO 天线阵列，阵元数 M 很大，通常 $K \ll M$，即使 G 取值很小，也能提供良好的 DOA 估计精度，同时复杂度也较低。举例来说，如果 $M=100$，$G=10$，则 $\sin\theta_k$ 最差估计的 MSE 约为 10^{-6} 量级。

2. MSE 分析

在有多个信源的情形下，通常很难分析闭式解的 MSE，一种通行的方法是考虑单个信源的情形，定义 $\omega=\pi\sin\theta$。

在单个信源的情形下，算法可变换为

$$\hat{\omega}=\arg\max_{\omega}\|\boldsymbol{a}^{\mathrm{H}}(\theta)\boldsymbol{x}\|_2^2=\arg\max_{\omega}\boldsymbol{x}^{\mathrm{H}}\boldsymbol{a}(\theta)\boldsymbol{a}^{\mathrm{H}}(\theta)\boldsymbol{x}=\arg\max_{\omega}g(\omega) \tag{3-318}$$

式中，$\boldsymbol{a}(\theta)=\boldsymbol{\Phi}^{\mathrm{H}}(\eta)\boldsymbol{f}_{q\mathrm{ini}}$；$g(\omega)$ 表示相应的代价函数。

式（3-318）与 ML 算法等价，即

$$\begin{aligned}\hat{\omega}&=\arg\min_{\omega}\|\boldsymbol{x}-\boldsymbol{a}(\theta)\boldsymbol{s}\|_2^2\\&=\arg\min_{\omega}\|\boldsymbol{x}-\boldsymbol{P}_a\boldsymbol{x}\|_2^2\\&=\arg\max_{\omega}\boldsymbol{x}^{\mathrm{H}}\boldsymbol{P}_a\boldsymbol{x}\end{aligned} \tag{3-319}$$

式中，$\boldsymbol{s}$ 为信号矢量；$\boldsymbol{P}_a=\boldsymbol{a}(\theta)\boldsymbol{a}^{\mathrm{H}}(\theta)/M$ 表示对 $\boldsymbol{a}(\theta)$ 张成空间的投影矩阵。

定理 3.11.1　定义 $\Delta\omega=\hat{\omega}_0-\omega_0$ 为估计误差。在高信噪比情形下，DFT 类算法估计误差的均值和 MSE 分别为

$$E\{\Delta\omega\}=0 \tag{3-320}$$

$$E\{\Delta\omega^2\}=\frac{\sigma_{\mathrm{n}}^2}{2s^*\boldsymbol{a}^{\mathrm{H}}\boldsymbol{D}\boldsymbol{P}_{\boldsymbol{a}}^{\perp}\boldsymbol{D}\boldsymbol{a}s} \tag{3-321}$$

式中，$\boldsymbol{P}_{\boldsymbol{a}}^{\perp}=\boldsymbol{I}-\boldsymbol{P}_{\boldsymbol{a}}$ 是在 $\boldsymbol{a}$ 正交空间的投影矩阵；$\boldsymbol{D}=\mathrm{diag}\{0,1,\cdots,M-1\}$ 为对角矩阵。

证明：在高信噪比情形下，代价函数的一阶偏导可由泰勒展开近似为

$$0=\left.\frac{\partial g(\omega)}{\partial\omega}\right|_{\omega=\hat{\omega}_0}\approx\left.\frac{\partial g(\omega)}{\partial\omega}\right|_{\omega=\hat{\omega}_0}+\left.\frac{\partial^2 g(\omega)}{\partial^2\omega}\right|_{\omega=\hat{\omega}_0}\Delta\omega \tag{3-322}$$

$\Delta\omega$ 可以表示为

$$\Delta\omega\approx-\frac{\left.\dfrac{\partial g(\omega)}{\partial\omega}\right|_{\omega=\hat{\omega}_0}}{\left.\dfrac{\partial^2 g(\omega)}{\partial^2\omega}\right|_{\omega=\hat{\omega}_0}}=-\frac{\dot{g}(\omega)}{\ddot{g}(\omega)} \tag{3-323}$$

一阶偏导可以表示为

$$\dot{g}(\omega_0)=\mathrm{j}\boldsymbol{x}^{\mathrm{H}}\boldsymbol{D}\boldsymbol{P}_{\boldsymbol{a}}^{\perp}\boldsymbol{x}-\mathrm{j}\boldsymbol{x}^{\mathrm{H}}\boldsymbol{P}_{\boldsymbol{a}}^{\perp}\boldsymbol{D}\boldsymbol{x} \tag{3-324}$$

定义无噪声信号 $\boldsymbol{x}_{\mathrm{d}}=\boldsymbol{a}(\theta)s$。因为 $\boldsymbol{P}_{\boldsymbol{a}}^{\perp}\boldsymbol{x}_{\mathrm{d}}=0$，所以可以将式（3-324）改写为

$$\dot{g}(\omega_0)=-2\mathrm{Im}\{\boldsymbol{x}_{\mathrm{d}}^{\mathrm{H}}\boldsymbol{D}\boldsymbol{P}_{\boldsymbol{a}}^{\perp}\boldsymbol{n}\}-2\mathrm{Im}\{\boldsymbol{n}^{\mathrm{H}}\boldsymbol{D}\boldsymbol{P}_{\boldsymbol{a}}^{\perp}\boldsymbol{n}\} \tag{3-325}$$

易得

$$E\{\dot{g}(\omega_0)\}=-2E\{\mathrm{Im}\{\boldsymbol{n}^{\mathrm{H}}\boldsymbol{D}\boldsymbol{n}\}\}=-2\sigma_{\mathrm{n}}^2\mathrm{Im}\{\mathrm{tr}\{\boldsymbol{D}\boldsymbol{P}_{\boldsymbol{a}}^{\perp}\}\}=0 \tag{3-326}$$

式（3-323）中的二阶偏导可用下式进行计算，即

$$\ddot{g}(\omega_0)=-\boldsymbol{x}^{\mathrm{H}}\boldsymbol{D}\boldsymbol{P}_{\boldsymbol{a}}^{\perp}\boldsymbol{n}+\boldsymbol{x}^{\mathrm{H}}\boldsymbol{D}\boldsymbol{P}_{\boldsymbol{a}}^{\perp}\boldsymbol{D}\boldsymbol{x}+\boldsymbol{x}^{\mathrm{H}}\boldsymbol{D}\boldsymbol{P}_{\boldsymbol{a}}^{\perp}\boldsymbol{D}\boldsymbol{x}-\boldsymbol{n}^{\mathrm{H}}\boldsymbol{P}_{\boldsymbol{a}}^{\perp}\boldsymbol{D}^2\boldsymbol{x} \tag{3-327}$$

易得

$$\begin{aligned}E\{\ddot{g}(\omega)\}&=2\boldsymbol{x}_{\mathrm{d}}^{\mathrm{H}}\boldsymbol{D}\boldsymbol{P}_{\boldsymbol{a}}^{\perp}\boldsymbol{D}\boldsymbol{x}_{\mathrm{d}}+E\{-\boldsymbol{n}^{\mathrm{H}}\boldsymbol{D}^2\boldsymbol{P}_{\boldsymbol{a}}^{\perp}\boldsymbol{n}+\boldsymbol{n}^{\mathrm{H}}\boldsymbol{D}\boldsymbol{P}_{\boldsymbol{a}}^{\perp}\boldsymbol{D}\boldsymbol{n}+\boldsymbol{n}^{\mathrm{H}}\boldsymbol{D}\boldsymbol{P}_{\boldsymbol{a}}^{\perp}\boldsymbol{D}\boldsymbol{n}-\boldsymbol{n}^{\mathrm{H}}\boldsymbol{P}_{\boldsymbol{a}}^{\perp}\boldsymbol{D}^2\boldsymbol{n}\}\\&=2\boldsymbol{x}_{\mathrm{d}}^{\mathrm{H}}\boldsymbol{D}\boldsymbol{P}_{\boldsymbol{a}}^{\perp}\boldsymbol{D}\boldsymbol{x}_{\mathrm{d}}\\&=2s^*\boldsymbol{a}^{\mathrm{H}}\boldsymbol{D}\boldsymbol{P}_{\boldsymbol{a}}^{\perp}\boldsymbol{D}\boldsymbol{a}s\end{aligned} \tag{3-328}$$

$\ddot{g}(\omega_0)$可写为

$$\ddot{g}(\omega_0)=E\{\ddot{g}(\omega_0)\}+O_2(\boldsymbol{n})+O_2(\boldsymbol{n}^2) \tag{3-329}$$

式中，$O_2(\boldsymbol{n})$和$O_2(\boldsymbol{n}^2)$分别为$\boldsymbol{n}$在$\ddot{g}(\omega_0)$中的线性分量和正交分量。同理，$\dot{g}(\omega_0)$可以写为

$$\dot{g}(\omega_0)=O_1(\boldsymbol{n})+O_1(\boldsymbol{n}^2) \tag{3-330}$$

式中，$O_1(\boldsymbol{n})$和$O_1(\boldsymbol{n}^2)$分别为$\boldsymbol{n}$在$\dot{g}(\omega_0)$中的线性分量和正交分量。将式（3-329）和式（3-330）代入式（3-323），并假设复杂度高，即$\|\boldsymbol{n}\|^2\ll\|\boldsymbol{x}_{\mathrm{d}}^2\|^2$，可得

$$\Delta\omega=-\frac{O_1(\boldsymbol{n})+O_1(\boldsymbol{n}^2)}{E\{\ddot{g}(\omega_0)\}+O_2(\boldsymbol{n})+O_2(\boldsymbol{n}^2)} \tag{3-331}$$

因为$\frac{O_1(\boldsymbol{n})+O_1(\boldsymbol{n}^2)}{E\{\ddot{g}(\omega_0)\}}$和$\frac{O_2(\boldsymbol{n})+O_2(\boldsymbol{n}^2)}{E\{\ddot{g}(\omega_0)\}}$在高信噪比情形下可忽略，所以$\Delta\omega$可近似表示为

$$\Delta\omega\approx-\frac{O_1(\boldsymbol{n})+O_1(\boldsymbol{n}^2)}{E\{\ddot{g}(\omega_0)\}}=-\frac{\dot{g}(\omega_0)}{E\{\ddot{g}(\omega_0)\}} \tag{3-332}$$

对ω估计误差的期望和方差分别为

$$E\{\Delta\omega\}=E\left\{-\frac{\dot{g}(\omega_0)}{E\{\ddot{g}(\omega_0)\}}\right\}=-\frac{E\{\dot{g}(\omega_0)\}}{E\{\ddot{g}(\omega_0)\}} \tag{3-333}$$

$$E\{\Delta\omega^2\}=E\left\{\left(-\frac{\dot{g}(\omega_0)}{E\{\ddot{g}(\omega_0)\}}\right)^2\right\}=-\frac{E\{\dot{g}(\omega_0)^2\}}{E\{\ddot{g}(\omega_0)\}^2} \tag{3-334}$$

在式（3-334）中，分子可用下式进行计算，即

$$E\{\dot{g}(\omega_0)^2\}=2E\{\boldsymbol{x}_{\mathrm{d}}^{\mathrm{H}}\boldsymbol{D}\boldsymbol{P}_{\boldsymbol{a}}^{\perp}\boldsymbol{n}\boldsymbol{n}^{\mathrm{H}}\boldsymbol{P}_{\boldsymbol{a}}^{\perp}\boldsymbol{D}\boldsymbol{x}_{\mathrm{d}}\}+E\{(\boldsymbol{n}^{\mathrm{H}}(\boldsymbol{D}\boldsymbol{P}_{\boldsymbol{a}}^{\perp}-\boldsymbol{P}_{\boldsymbol{a}}^{\perp}\boldsymbol{D})\boldsymbol{n})^2\} \tag{3-335}$$

在高信噪比情形下，式（3-335）的第二项可忽略，可得

$$E\{\dot{g}(\omega_0)^2\}=2\sigma_{\mathrm{n}}^2\boldsymbol{x}_{\mathrm{d}}^{\mathrm{H}}\boldsymbol{D}\boldsymbol{P}_{\boldsymbol{a}}^{\perp}\boldsymbol{P}_{\boldsymbol{a}}^{\perp}\boldsymbol{D}\boldsymbol{x}_{\mathrm{d}}=2\sigma_{\mathrm{n}}^2\boldsymbol{s}^*\boldsymbol{a}^{\mathrm{H}}\boldsymbol{D}\boldsymbol{P}_{\boldsymbol{a}}^{\perp}\boldsymbol{D}\boldsymbol{a}\boldsymbol{s} \tag{3-336}$$

将式（3-326）、式（3-328）和式（3-336）代入式（3-333）和式（3-334），可得定理3.11.1给出的结果。

3. 算法改进：基于泰勒展开的估计算法

由于相位旋转需要依次旋转每个信源，信号DOA估计结果的精度依赖于

在区域$\left[-\frac{\pi}{M},\frac{\pi}{M}\right]$中进行搜索的次数，因此当搜索次数较多时，计算复杂度就会比较高。下面先用很少的搜索次数来提高 DOA 估计精度，再用基于泰勒展开的算法进行 DOA 估计，可以在提高 DOA 估计精度的同时，降低计算的复杂度。

利用泰勒公式将第 k 个信源对应的方向矢量 $\boldsymbol{a}(\theta_k)$ 在 θ_k^{ro} 处展开，有

$$\boldsymbol{a}(\theta_k) \approx \boldsymbol{a}(\theta_k^{\mathrm{ro}}) + \frac{\partial \boldsymbol{a}(\theta_k^{\mathrm{ro}})}{\partial Q_k^{\mathrm{ro}}}\delta_k \tag{3-337}$$

式中，$\delta_k=(\theta_k-\theta_k^{\mathrm{ro}})$，忽略二阶导数及以上项，忽略噪声的影响，有

$$\begin{aligned}\boldsymbol{x} &= \left(\boldsymbol{A}(Q_k^{\mathrm{ro}}) + \frac{\partial \boldsymbol{A}(Q_k^{\mathrm{ro}})}{\partial Q_k^{\mathrm{ro}}}\boldsymbol{\Delta}\right)\boldsymbol{p} \\ &= \begin{bmatrix}\boldsymbol{A}(Q_k^{\mathrm{ro}}) & \dfrac{\partial \boldsymbol{A}(Q_k^{\mathrm{ro}})}{\partial Q_k^{\mathrm{ro}}}\end{bmatrix}\begin{bmatrix}\boldsymbol{p} \\ \boldsymbol{w}\end{bmatrix}\end{aligned} \tag{3-338}$$

式中，$\boldsymbol{A}(Q_k^{\mathrm{ro}})=[\boldsymbol{a}(Q_1^{\mathrm{ro}}),\boldsymbol{a}(Q_2^{\mathrm{ro}}),\cdots,\boldsymbol{a}(Q_K^{\mathrm{ro}})]$；$\boldsymbol{\Delta}=\mathrm{diag}(\delta_1,\delta_2,\cdots,\delta_K)$；$\boldsymbol{w}=\boldsymbol{\Delta p}$。由式（3-338）可以推得

$$\begin{bmatrix}\boldsymbol{p} \\ \boldsymbol{w}\end{bmatrix} = (\hat{\boldsymbol{A}}^{\mathrm{H}}\hat{\boldsymbol{A}}-\boldsymbol{I}_K)^{-1}\hat{\boldsymbol{A}}^{\mathrm{H}}\boldsymbol{x} \tag{3-339}$$

有

$$\boldsymbol{\Delta}=\boldsymbol{w}/\boldsymbol{p} \tag{3-340}$$

DOA 估计值为

$$\theta_k=\theta_k^{\mathrm{ro}}+\delta_k \tag{3-341}$$

3.11.4 仿真实验

在仿真时，考虑一个有 128 个阵元、半波长均匀线阵列的情形，应用 ω 的 MSE 作为衡量精度的量度。

在第一次仿真实验中，为了展示相位旋转技术的应用，考虑来自两个等单位功率信源的无噪声信号情形，$\theta_1=10.5°$，$\theta_2=70.5°$。图 3-3（a）为无相位旋转时接收信号的 DFT 功率谱。由图 3-3（a）可知，两个信源均存在功率泄漏。图 3-3（b）和图 3-3（c）分别为两个信源在实现最佳旋转时的 DFT 功

率谱。由图 3-3 可知，通过相位旋转技术，功率更加集聚，有助于实现更精准的 DOA 估计。

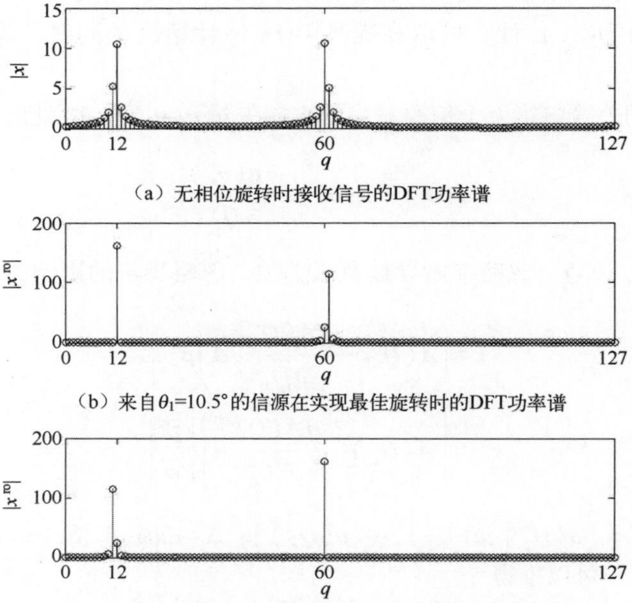

（c）来自θ_2=70.5°的信源在实现最佳旋转时的DFT功率谱

图 3-3　DFT 功率谱（$M=128$，$\theta_1=10.5°$，$\theta_2=70.5°$）

在第二次仿真实验中，假设有三个信源信号入射到阵列上，每次的 DOA 均随机生成。图 3-4 给出了 DFT 类算法估计精度随信噪比的变化，特别比较了 DFT 类算法和 ML 算法在两种搜索点密度情形下的 MSE，情形一为 $\pi/(50M)$，情形二为 $\pi/(5M)$。由图 3-4 可知，DFT 类算法的初始估计值因为 DFT 的分辨率限制，从 SNR=0dB 开始就已经达到了性能下界，在借助相位旋转技术时，两种情形下的最终估计精度都得到了明显提高。其中，情形二的估计精度因为相对较大的搜索间隔限制，在 SNR=10dB 时就达到了性能下界；情形一的估计精度一直紧贴理论值和 CRB。当与 ML 算法进行对比时，DFT 类算法在相同情形下，性能略差。值得注意的是，在相同搜索点的间隔下，DFT 类算法仅需在一个很小的范围$[-\pi/M,\pi/M]$内进行一维搜索，而 ML 算法需要进行三维搜索，复杂度大幅提升。

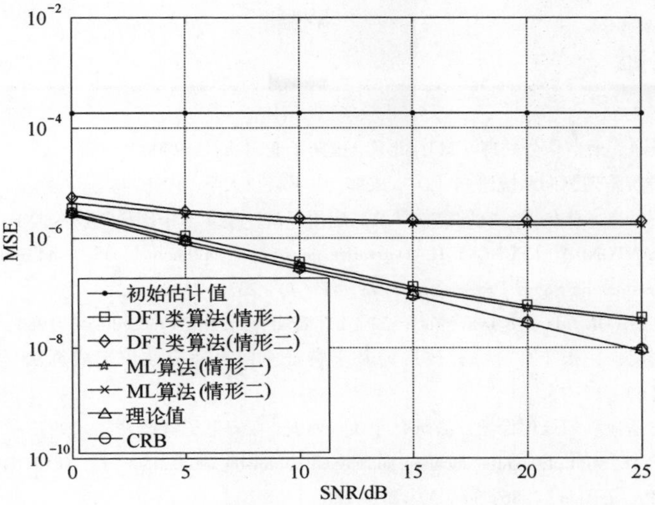

图 3-4　DFT 类算法估计精度随信噪比的变化（$M=128$，$K=3$）

3.12　本章小结

本章主要研究了 DOA 估计问题，介绍了经典的 Capon 算法、MUSIC 算法、最大似然算法、子空间拟合算法、ESPRIT 算法、传播算子、广义 ESPRIT 算法、压缩感知算法、大规模均匀线阵列下基于 DFT 技术的 DOA 估计算法和基于四阶累积量的 DOA 估计算法等，并对其中的部分算法进行了性能分析，提出了旋转不变的传播算子，利用传播算子估计参数闭式解，不需要进行谱峰搜索，可避免对协方差矩阵进行特征值分解。相比 ESPRIT 算法，旋转不变的传播算子，计算复杂度较低，具有较好的 DOA 估计性能，在高信噪比情形下，DOA 估计性能非常接近 ESPRIT 算法。

针对大规模均匀线阵列下信源的空间谱估计，研究人员提出了一种简单且有效的基于 DFT 技术的 DOA 估计算法。DFT 类算法首先根据对接收信号进行 DFT 变换得到的 DFT 功率谱获得初始 DOA 估计值，然后利用相位旋转技术，在一个较小的范围内，通过搜索，得到信号 DOA 的准确估计值。DFT 类算法仅需要单快拍即可估计信号的 DOA，搜索次数较少，复杂度低。相应成果见文献［15，74-86］。

参考文献

[1] 张贤达，保铮．通信信号处理［M］．北京：国防工业出版社，2000.
[2] 魏平．高分辨阵列测向系统研究［D］．成都：电子科技大学，1996.
[3] 刘德树，罗景青，张剑云．空间谱估计及其应用［M］．合肥：中国科学技术大学出版社，1997.
[4] THNG I，CANTONI A，LEUNG Y H. Derivative constrained optimum broad-band antenna arrays［J］. IEEE Transactions on Signal Processing，1993，41（7）：2376-2388.
[5] GRIFFITHS J W R. Adaptive array processing，aTutorial［J］. IEE Proceedings，1983，130（1）：310.
[6] 赵永波，刘茂仓，张守宏．一种改进的基于特征空间自适应波束形成算法［J］．电子学报，2000，28（6）：13-15.
[7] 张林让．自适应阵列处理稳健方法研究［D］．西安：西安电子科技大学，1998.
[8] SCHMIDT R O. Multiple emitter location and signal parameter estimation［J］. IEEE Transactions on Antennas and Propagation，1986，34（3）：276-280.
[9] BARABELL A. Improving the resolution performance of eigenstructure-based direction-finding algorithms［C］//IEEE International Conference on Acoustics，Speech，and Signal Processing. Boston：IEEE，1983.
[10] KUNDU D. Modified MUSIC algorithm for estimating DOA of signals［J］. Signal Processing，1996，48（1）：85-90.
[11] ROY R，KAILATH T. ESPRIT-estimation of signal parameters via rotational in variance techniques［J］. IEEE Transactions on Acoustics，Speech，and Signal Processing，1989，37（7）：984-995.
[12] MATHEWS C P，ZOLTOWSKI M D. Eigenstructure techniques for 2-D angle estimation with uniform circular arrays［J］. IEEE Transactions on Signal Processing，1994，42（9）：2395-2407.
[13] VIBEFG M，OTTERSTEN B，KAILATH T. Detection and estimation in sensor arrays using weighted subspace fitting［J］. IEEE Transactions on Signal Processing，1991，39（11）：2436-2449.
[14] WAI M，SHAN T J，KAILATH T. Spatio-temporal spectral analysis by eigenstructure methods［J］. IEEE Transactions on Acoustics，Speech，and Signal processing，1984，32（4）：817-827.
[15] ZHANG X F，GAO X，CHEN W. Improved blind 2D-direction of arrival estimation with l-shaped array using shift invariance property［J］. Journal of Electromagnetic Waves and Applications，2009，23（5-6）：593-606.
[16] ZISKIND I，WAX M. Maximum likelihood localization of multiple sources by alternating projection［J］. IEEE Transactions on Acoustics，Speech，and Signal Processing，1988，36（10）：1553-1560.
[17] OTTERSTEN B，VIBERG M，STOICA P，et al. Radar array processing［M］. Berlin：Springer-Verlag，1993：99-151.
[18] 何子述，黄振兴，向敬成．修正 MUSIC 算法对相关信号源的 DOA 估计性能［J］．通信学报，2000，21（10）：14-17.
[19] 石新智，王高峰，文必洋．修正 MUSIC 算法对非线性阵列适用性的讨论［J］．电子学报，2004，32（1）：147-149.
[20] 康春梅，袁业术．用 MUSIC 算法解决海杂波背景下相干源探测问题［J］．电子学报，2004，32

(3): 502-504.

[21] 张小飞，汪飞，陈伟华．阵列信号处理的理论与应用［M］. 2版．北京：国防工业出版社，2013.

[22] ZHANG X F, LV W, SHI Y, et al. A Novel DOA estimation Algorithm Based on Eigen Space [C]// 2007 International Symposium on Microwave, Antenna, Propagation and EMC Technologies for Wireless Communications. Hangzhou: IEEE, 2007.

[23] DOGAN M C, MENDEL J M. Applications of cumulants to array processing. I. Aperture extension and array calibration [J]. IEEE Transactions on Signal Processing, 1995, 43 (5): 1200-1216.

[24] 魏平，肖先赐，李乐民．基于四阶累积量特征分解的空间谱估计测向方法［J］. 电子科学学刊，1995, 17 (3): 243-249.

[25] 丁齐，魏平，肖先赐．基于四阶累积量的DOA估计方法及其分析［J］. 电子学报，1999, 27 (3): 25-28.

[26] STOICA P, NEHORAI A. MUSIC, maximum likelihood, and cramer-rao bound [J]. IEEE Transactions on Acoustics, Speech, and Signal Processing, 1989, 37 (5): 720-741.

[27] JOHNSON D, DEGRAAF S. Improving the resolution of bearing in passive sonar arrays byeigenvalue analysis [J]. IEEE Transactions on Acoustics, Speech, and Signal Processing, 1982, 30 (4): 638-647.

[28] NG B P. Constraints for linear predictive and minimum-norm methods in bearing estimation [J]. IEE Proceedings F (Radar and Signal Processing), 1990, 137 (3): 187-192.

[29] KUMARESAN R, TUFTS D W. Estimating the angles of arrival of multiple plane waves [J]. IEEE Transactions on Aerospace and Electronic Systems, 1983 (1): 134-139.

[30] BURG J P. Maximum entropy spectral analysis [D]. Stanford: Stanford University, 1975.

[31] CAPON J. High-resolution frequency-wavenumber spectrum analysis [J]. Proceedings of the IEEE, 1969, 57 (8): 1408-1418.

[32] STOICA P, NEHORAI A. MUSIC, maximum likelihood, and cramer-rao bound: further results and comparisons [J]. IEEE Transactions on Acoustics, Speech, and Signal Processing, 1990, 38 (12): 2140-2150.

[33] STOICA P, NEHORAI A. MUSIC, maximum likelihood, and Cramer-Rao bound: further results and comparisons [C]//IEEE International Conference on Acoustics, Speech and Signal Processing. Glasgow: IEEE, 1989.

[34] XU X L, BUCKLEY K M. Bias analysis of the MUSIC location estimator [J]. IEEE Transactions on Signal Processing, 1992, 40 (10): 2559-2569.

[35] ZHOU C, HABER F, JAGGARD D L. A resolution measure for the MUSIC algorithm and itsapplication to plane wave arrivals contaminated by coherent interference [J]. IEEE Transactions on Signal Processing, 1991, 39 (2): 454-463.

[36] 王永良，陈辉，彭应宁，等．空间谱估计理论与算法［M］. 北京：清华大学出版社，2004.

[37] KRIM H, FORSTER P, PROAKIS J G. Operator approach to performance analysis of root-MUSIC and root-min-norm [J]. IEEE Transactions on Signal Processing, 1992, 40 (7): 1687-1696.

[38] WU Y, LIAO G, SO H C. A fast algorithm for 2-D direction-of-arrival estimation [J]. Signal Processing, 2003, 83 (8): 1827-1831.

[39] VIBERG M, OTTERSTEN B. Sensor array processing based on subspace fitting [J]. IEEE Transactions

on Signal Processing, 1991, 39 (5): 1110-1121.

[40] 吴云韬, 廖桂生, 田孝华. 一种波达方向、频率联合估计快速算法 [J]. 电波科学学报, 2003, 18 (4): 380-384.

[41] DOGAN M C. Cumulants and array processing [D]. Angeles: Southern California University, 1993.

[42] ZISKIND I, WAX M. Maximum likelihood localization of diversely polarized sources by simulated annealing [J]. IEEE Transactions on Antennas and Propagation, 1990, 38 (7): 1111-1114.

[43] STOICA P, SHARMAN K C. Noveleigenanalysis method for direction estimation [J]. IEE Proceedings F (Radar and Signal Processing), 1990, 137 (1): 19-26.

[44] SWINDLEHURST A. Alternative algorithm for maximum likelihood DOA estimation and detection [J]. IEEE Proceedings-Radar, Sonar and Navigation, 1994, 141 (6): 293-299.

[45] BRESLER Y, MACOVSKI A. Exact maximum likelihood parameter estimation of superimposed exponential signals in noise [J]. IEEE Transactions on Acoustics, Speech, and Signal Processing, 1986, 34 (5): 1081-1089.

[46] RAO B D, HARI K V S. Performance analysis of ESPRIT and TAM in determining the direction of arrival of plane waves in noise [J]. IEEE Transactions on Acoustics, Speech, and Signal Processing, 1989, 37 (12): 1990-1995.

[47] HAARDT M, NOSSEK J A. Unitary ESPRIT: How to obtain increased estimation accuracy with a reduced computational burden [J]. IEEE Transactions on Signal Processing, 1995, 43 (5): 1232-1242.

[48] STOICA P, HÄNDEL P, SÖDERSTRÖM T. Study of Capon method for array signal processing [J]. Circuits, Systems and Signal Processing, 1995, 14 (6): 749-770.

[49] STOICA P, SÖDERSTRÖM T. Statistical analysis of a subspace method for bearing estimation without eigendecomposition [J]. IEE Proceedings F (Radar and Signal Processing), 1992, 139 (4): 301.

[50] MARCOS S, MARSAL A, BENIDIR M. The propagator method for source bearing estimation [J]. Signal Processing, 1995, 42 (2): 121-138.

[51] 张小飞, 汪飞, 徐大专. 阵列信号处理的理论和应用 [M]. 北京: 国防工业出版社, 2010.

[52] GAO F F, GERSHMAN A B. A generalized ESPRIT approach to direction-of-arrival estimation [J]. IEEE Signal Processing Letters, 2005, 12 (3): 254-257.

[53] DONOHO D L. Compressed sensing [J]. IEEE Transactions on Information Theory, 2006, 52 (4): 1289-1306.

[54] CANDÈS E J. Compressive sampling [C]//European Mathematical Society. Proceedings of the International Congress of Mathematicians, 2006. Madrid: EMS, 2006.

[55] CANDES E J, TAO T. Near-optimal signal recovery from random projections: Universal encoding strategies [J]. IEEE Transactions on Information Theory, 2006, 52 (12): 5406-5425.

[56] CANDES E J, ROMBERG J K, TAO T. Stable signal recovery from incomplete and inaccurate measurements [J]. Communications on Pure and Applied Mathematics: A Journal Issued by the Courant Institute of Mathematical Sciences, 2006, 59 (8): 1207-1223.

[57] BABADI B, KALOUPTSIDIS N, TAROKH V. Asymptotic achievability of the Cramér-Rao bound for noisy compressive sampling [J]. IEEE Transactions on Signal Processing, 2008, 57 (3): 1233-1236.

[58] GOYAL V K, FLETCHER A K, RANGAN S. Compressive sampling and lossy compression [J]. IEEE

Signal Processing Magazine, 2008, 25 (2): 48-56.

[59] TAUBOCK G, HLAWATSCH F. A compressed sensing technique for OFDM channel estimation in mobile environments: Exploiting channel sparsity for reducing pilots [C]//2008 IEEE International Conference on Acoustics, Speech and Signal Processing. Nevada: IEEE, 2008.

[60] WANG Z M, ARCE G R, PAREDES J L, et al. Compressed detection for ultra-wideband impulse radio [C]//2007 IEEE 8th Workshop on Signal Processing Advances in Wireless Communications. Helsinki: IEEE, 2007.

[61] YAO H P, WU S H, ZHANG Q Y, et al. A Compressed Sensing Approach for IR-UWB Communication [C]//2011 International Conference on Multimedia and Signal Processing. Guilin: IEEE, 2011.

[62] LIU T C K, DONG X D, LU W S. Compressed Sensing Maximum Likelihood Channel Estimation for Ultra-Wideband Impulse Radio [C]//2009 IEEE International Conference on Communications. Dresden: IEEE, 2009.

[63] PAREDES J L, ARCE G R, WANG Z. Ultra-wideband compressed sensing: channel estimation [J]. IEEE Journal of Selected Topics in Signal Processing, 2007, 1 (3): 383-395.

[64] LE T N, KIM J, SHIN Y. An improved TOA estimation in compressed sensing-based UWB systems [C]// 2010 IEEE International Conference on Communication Systems. Singapore: IEEE, 2010.

[65] WU S H, ZHANG Q Y, YAO H P, et al. High-resolution TOA estimation for IR-UWB ranging based on low-rate compressed sampling [C]//2011 6th International ICST Conference on Communications and Networking in China (CHINACOM). Harbin: IEEE, 2011.

[66] 林波. 基于压缩感知的辐射源 DOA 估计 [D]. 长沙: 国防科学技术大学, 2010.

[67] 李树涛, 魏丹. 压缩传感综述 [J]. 自动化学报, 2009, 35 (11): 1369-1377.

[68] CANDÈS E J, ROMBERG J, TAO T. Robust uncertainty principles: Exact signal reconstruction from highly incomplete frequency information [J]. IEEE Transactions on Information Theory, 2006, 52 (2): 489-509.

[69] DONOHO D L, ELAD M, TEMLYAKOV V N. Stable recovery of sparse overcomplete representations in the presence of noise [J]. IEEE Transactions on Information Theory, 2005, 52 (1): 6-18.

[70] RECHT B, FAZEL M, PARRILO P A. Guaranteed minimum-rank solutions of linear matrix equations via nuclear norm minimization [J]. SIAM Review, 2010, 52 (3): 471-501.

[71] 彭义刚, 索津莉, 戴琼海, 等. 从压缩传感到低秩矩阵恢复: 理论与应用 [J]. 自动化学报, 2013, 38 (12): 1-11.

[72] CANDÈS E J, TAO T. The power of convex relaxation: near-optimal matrix completion [J]. IEEE Transactions on Information Theory, 2010, 56 (5): 2053-2080.

[73] ZHANG Q, JIN S, WONG K K, et al. Power scaling of uplink massive MIMO systems with arbitrary-rank channel means [J]. IEEE Journal of Selected Topics in Signal Processing, 2014, 8 (5): 966-981.

[74] CAO R Z, LIU B, GAO F F, et al. A low-complex one-snapshot DOA estimation algorithm with massive ULA [J]. IEEE Communications Letters, 2017, 21 (5): 1071-1074.

[75] ZHANG X F, YU J, FENG G P, et al. Blind direction of arrival estimation of coherent sourcesusing multi-invariance property [J]. Progress In Electromagnetics Research, 2008, 88: 181-195.

[76] ZHANG X F, XU D Z. Improved coherent DOA estimation algorithm for uniform linear arrays [J]. Inter-

national Journal of Electronics, 2009, 96 (2): 213-222.

[77] ZHANG X F, XU D Z. Angle estimation in MIMO radar using reduced-dimension Capon [J]. Electronics Letters, 2010, 46 (12): 860-861.

[78] ZHANG X F, XU D Z. Low-complexity ESPRIT-based DOA estimation for colocated MIMO radar using reduced-dimension transformation [J]. Electronics Letters, 2011, 47 (4): 283-284.

[79] LI J F, ZHANG X F, CHEN H. Improved two-dimensional DOA estimation algorithm for two-parallel uniform linear arrays using propagator method [J]. Signal Processing, 2012, 92 (12): 3032-3038.

[80] ZHANG X F, HUANG Y, CHEN C, et al. Reduced-complexity Capon for direction of arrival estimation in a monostatic multiple-input multiple-output radar [J]. IET Radar, Sonar & Navigation, 2012, 6 (8): 796-801.

[81] ZHANG X F, WU H L, LI J F, et al. Computationally efficient DOD and DOA estimation for bistatic MIMO radar with propagator method [J]. International Journal of Electronics, 2012, 99 (9): 1207-1221.

[82] CHEN H, ZHANG X F. Two-dimensional DOA estimation of coherent sources for acoustic vector-sensor array using a single snapshot [J]. Wireless Personal Communications, 2013, 72: 1-13.

[83] CHEN C, ZHANG X F, BEN D. Coherent angle estimation in bistatic multi-input multi-output radar using parallel profile with linear dependencies decomposition [J]. IET Radar, Sonar & Navigation, 2013, 7 (8): 867-874.

[84] CHEN W Y, ZHANG X F. Improved spectrum searching generalized-ESPRIT algorithm for joint DOD and DOA estimation in MIMO radar with non-uniform linear arrays [J]. Journal of Circuits, Systems, and Computers, 2014, 23 (08): 1450106.

[85] PAN J J, SUN M, WANG Y D, et al. Simplified spatial smoothing for DOA estimation of coherent signals [J]. IEEE Transactions on Circuits and Systems II: Express Briefs, 2022, 70 (2): 841-845.

[86] PAN J J, SUN M, WANG Y D, et al. An enhanced spatial smoothing technique with ESPRIT algorithm for direction of arrival estimation in coherent scenarios [J]. IEEE Transactions on Signal Processing, 2020, 68: 3635-3643.

第 4 章 传感器阵列二维测向

传感器阵列二维测向是阵列信号处理领域的重要研究内容。本章将研究均匀面阵列和双平行线阵列的二维 DOA 估计，提出在均匀面阵列情形下的二维测向算法和双平行线阵列情形下的二维测向算法。

4.1 引言

二维 DOA 估计算法一般适用于 L 型阵列、均匀面阵列和双平行线阵列或矢量传感器等。多数有效的二维 DOA 估计算法是在一维 DOA 估计算法的基础上，直接针对空间二维谱提出的，如二维 MUSIC 算法、二维 ESPRIT 算法等[1-3]。

二维 MUSIC 算法[1]是二维 DOA 估计的典型算法，虽然可以产生渐近无偏估计，但需要在二维参数空间搜索谱峰，计算量相当大。Zoltowski[2]等人提出了 2D Unitary ESPRIT 和 2D Beamspace ESPRIT 算法，将复矩阵运算转换为实矩阵运算，虽降低了运算复杂度，参数可自动配对，但要求阵列中心对称。殷勤业等人提出了一种波达方向矩阵法[4]。该方法通过对波达方向矩阵进行特征值分解，可直接得到信源的方位角和仰角，不需要进行任何谱峰搜索，计算量小，参数可自动配对。波达方向矩阵法的缺点是需要通过双平行线阵列等特殊的、规则的阵列才能实现，存在角度兼并问题。在波达方向矩阵法的基础上，金梁等人将时空处理结合起来，充分利用接收信号的信息，提出了时空 DOA 矩阵法[5-6]。该方法在保持原 DOA 矩阵法优点的前提下，不存在角度兼并问题，可对任意形状的阵列进行二维 DOA 估计。文献［7］介绍了一种在高斯白噪声环境下，基于 L 型阵列的二维 DOA 估计算法。该算法首先利用阵列结构的特点形成多个相关矩阵，然后构造一个特殊的大矩阵，对其进行特征值分解获得信号子空间的估计值，进而利用 2D-ESPRIT 算法实现二维 DOA 估计。文献［8］介绍了一种基于双平行线阵列的单快拍二维 DOA 估计算法。该算法先利用阵列接收的单快拍数及其共轭构造两个具有特定关系的矩阵，再利用 DOA 矩阵法的思想得到信号的二维参数。在最大似然算法[9]的基础上，文献［10］介绍了联合对角化 DOA 矩阵法。Zoltowski 等人首先基于均匀圆阵列（Uniform Circular Array，UCA）的相模激励，结合子空间技术提出了 UCA-ESPRIT 算法，解决了二维波达方向估计和参数配对问题，随后又提出了基于均匀矩形阵列的 DFT 波束空间 2D 波达方向估计算法[11]。文献［12］通过将传播算子和 ESPRIT 算法结合，介绍了快速空间二维 DOA 估计算法。该算法不需要任何搜索，估计值由闭式解直接给出。Li 等人提出了基于子阵结构的二维 DOA 估计算法[13]。文献［14］介绍了一种利用高阶累积量实现方位角和仰角的估计算法。该算法适用于一般几何结构的阵列。在常用的面阵列结构中，因由等距线阵列构成的交叉阵列结构较为简单，故受到了研究人员的广泛重视，如在文献［15］中介绍的交叉十字阵列二维 DOA 估计算法。Hua 等人也给出了一种基于 L 型阵列的 2D MUSIC 算法[16-19]，由于需要进行二维谱峰搜索，因此大大限制了应用。一些研究人员还提出了一些其他的二维 DOA 估计算法。

4.2 均匀面阵列的基于旋转不变性的二维测向算法

下面将研究均匀面阵列的两种基于旋转不变性的二维 DOA 估计算法，包括基于 ESPRIT 的二维 DOA 估计算法和基于 PM 的二维 DOA 估计算法。

4.2.1 数据模型

考虑如图 4-1 所示的均匀面阵列，均匀分布 $M\times N$ 个阵元，相邻阵元的间距为 d，$d\leqslant\lambda/2$（λ 为信号波长）。假设空间有 K 个信源的信号入射到均匀面阵列，二维波达方向为$(\theta_k,\varphi_k),k=1,2,\cdots,K$。其中，$\theta_k$，$\varphi_k$ 分别为第 k 个信源的仰角和方位角。定义 $u_k=\sin\theta_k\sin\varphi_k$，$v_k=\sin\theta_k\cos\varphi_k$。

在 x 轴和 y 轴上，阵列的方向矢量[17-18]分别为

$$\boldsymbol{a}_x(\theta_k,\varphi_k)=\begin{bmatrix}1\\ \mathrm{e}^{\mathrm{j}2\pi d\sin\theta_k\cos\varphi_k/\lambda}\\ \vdots\\ \mathrm{e}^{\mathrm{j}2\pi(M-1)d\sin\theta_k\cos\varphi_k/\lambda}\end{bmatrix}\tag{4-1}$$

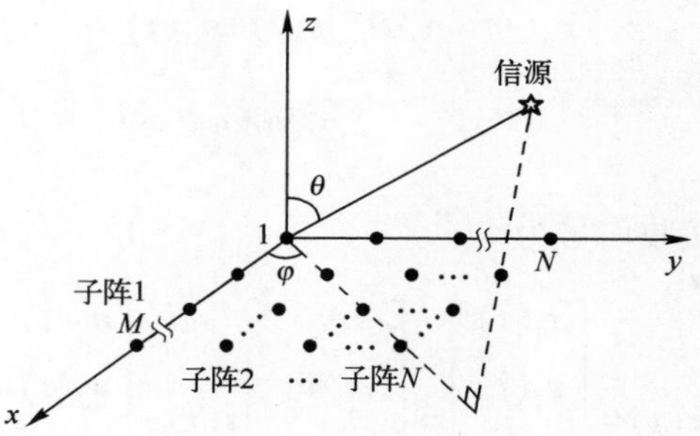

图 4-1　均匀面阵列示意图

$$\boldsymbol{a}_y(\theta_k,\varphi_k)=\begin{bmatrix}1\\ \mathrm{e}^{\mathrm{j}2\pi d\sin\varphi_k\sin\theta_k/\lambda}\\ \vdots\\ \mathrm{e}^{\mathrm{j}2\pi(N-1)d\sin\varphi_k\sin\theta_k/\lambda}\end{bmatrix}\tag{4-2}$$

在 x 轴上，M 个阵元对应的方向矩阵 $\boldsymbol{A}_x=[\boldsymbol{a}_x(\theta_1,\varphi_1),\boldsymbol{a}_x(\theta_2,\varphi_2),\cdots,\boldsymbol{a}_x(\theta_K,\varphi_K)]$，具体表示为

$$\boldsymbol{A}_x=\begin{bmatrix}1 & 1 & \cdots & 1\\ \mathrm{e}^{\mathrm{j}2\pi d\sin\theta_1\cos\varphi_1/\lambda} & \mathrm{e}^{\mathrm{j}2\pi d\sin\theta_2\cos\varphi_2/\lambda} & \cdots & \mathrm{e}^{\mathrm{j}2\pi d\sin\theta_K\cos\varphi_K/\lambda}\\ \vdots & \vdots & \ddots & \vdots\\ \mathrm{e}^{\mathrm{j}2\pi d(M-1)\sin\theta_1\cos\varphi_1/\lambda} & \mathrm{e}^{\mathrm{j}2\pi d(M-1)\sin\theta_2\cos\varphi_2/\lambda} & \cdots & \mathrm{e}^{\mathrm{j}2\pi d(M-1)\sin\theta_K\cos\varphi_K/\lambda}\end{bmatrix}\tag{4-3}$$

在 y 轴上，N 个阵元对应的方向矩阵 $\boldsymbol{A}_y=[\boldsymbol{a}_y(\theta_1,\varphi_1),\boldsymbol{a}_y(\theta_2,\varphi_2),\cdots,\boldsymbol{a}_y(\theta_K,\varphi_K)]$，具体表示为

$$\boldsymbol{A}_y=\begin{bmatrix}1 & 1 & \cdots & 1\\ \mathrm{e}^{\mathrm{j}2\pi d\sin\theta_1\sin\varphi_1/\lambda} & \mathrm{e}^{\mathrm{j}2\pi d\sin\theta_2\sin\varphi_2/\lambda} & \cdots & \mathrm{e}^{\mathrm{j}2\pi d\sin\theta_K\sin\varphi_K/\lambda}\\ \vdots & \vdots & \ddots & \vdots\\ \mathrm{e}^{\mathrm{j}2\pi d(N-1)\sin\theta_1\sin\varphi_1/\lambda} & \mathrm{e}^{\mathrm{j}2\pi d(N-1)\sin\theta_2\sin\varphi_2/\lambda} & \cdots & \mathrm{e}^{\mathrm{j}2\pi d(N-1)\sin\theta_K\sin\varphi_K/\lambda}\end{bmatrix}\tag{4-4}$$

子阵 1 的接收信号为

$$\boldsymbol{x}_1(t)=\boldsymbol{A}_x\boldsymbol{s}(t)+\boldsymbol{n}_1(t)\tag{4-5}$$

式中，$\boldsymbol{A}_x=[\boldsymbol{a}_x(\theta_1,\varphi_1),\boldsymbol{a}_x(\theta_2,\varphi_2),\cdots,\boldsymbol{a}_x(\theta_K,\varphi_K)]$是子阵 1 的方向矩阵；$\boldsymbol{n}_1(t)$是子阵 1 的加性高斯白噪声矢量；$\boldsymbol{s}(t)\in\mathbb{C}^{K\times1}$是信源信号矢量。

子阵 N 的接收信号为

$$\boldsymbol{x}_N(t)=\boldsymbol{A}_x\boldsymbol{\Phi}_y^{N-1}\boldsymbol{s}(t)+\boldsymbol{n}_N(t) \tag{4-6}$$

式中，$\boldsymbol{\Phi}_y=\mathrm{diag}(\mathrm{e}^{\mathrm{j}2\pi d\sin\theta_1\sin\varphi_1/\lambda},\cdots,\mathrm{e}^{\mathrm{j}2\pi d\sin\theta_K\sin\varphi_K/\lambda})$；$\boldsymbol{n}_N(t)$是子阵 N 的加性高斯白噪声矢量。

均匀面阵列的接收信号为

$$\boldsymbol{x}(t)=\begin{bmatrix}\boldsymbol{x}_1(t)\\\boldsymbol{x}_2(t)\\\vdots\\\boldsymbol{x}_N(t)\end{bmatrix}=\begin{bmatrix}\boldsymbol{A}_x\\\boldsymbol{A}_x\boldsymbol{\Phi}_y\\\vdots\\\boldsymbol{A}_x\boldsymbol{\Phi}_y^{N-1}\end{bmatrix}\boldsymbol{s}(t)+\begin{bmatrix}\boldsymbol{n}_1(t)\\\boldsymbol{n}_2(t)\\\vdots\\\boldsymbol{n}_N(t)\end{bmatrix} \tag{4-7}$$

式（4-7）也可以表示为

$$\boldsymbol{x}(t)=[\boldsymbol{A}_y\odot\boldsymbol{A}_x]\boldsymbol{s}(t)+\boldsymbol{n}(t) \tag{4-8}$$

式中，$\boldsymbol{A}_y=[\boldsymbol{a}_y(\theta_1,\varphi_1),\boldsymbol{a}_y(\theta_2,\varphi_2),\cdots,\boldsymbol{a}_y(\theta_K,\varphi_K)]$；$\boldsymbol{n}(t)=[\boldsymbol{n}_1(t)^{\mathrm{T}},\boldsymbol{n}_2(t)^{\mathrm{T}},\cdots,\boldsymbol{n}_N(t)^{\mathrm{T}}]^{\mathrm{T}}$；$\boldsymbol{A}_y\odot\boldsymbol{A}_x$ 表示 $\boldsymbol{A}_y$ 和 $\boldsymbol{A}_x$ 的 Khatri-Rao 积。

根据 Khatri-Rao 积的定义，接收信号可以写为

$$\boldsymbol{x}(t)=[\boldsymbol{a}_y(\theta_1,\varphi_1)\otimes\boldsymbol{a}_x(\theta_1,\varphi_1),\cdots,\boldsymbol{a}_y(\theta_K,\varphi_K)\otimes\boldsymbol{a}_x(\theta_K,\varphi_K)]\boldsymbol{s}(t)+\boldsymbol{n}(t) \tag{4-9}$$

式中，⊗代表 Kronecker 积。假设对于 J 次采样，$\boldsymbol{a}_x(\theta_k,\varphi_k)$和 $\boldsymbol{a}_y(\theta_k,\varphi_k)$固定不变，并且定义 $\boldsymbol{X}=[\boldsymbol{x}(1),\boldsymbol{x}(2),\cdots,\boldsymbol{x}(J)]$，则均匀面阵列的接收信号可以表示为

$$\boldsymbol{X}=[\boldsymbol{A}_y\odot\boldsymbol{A}_x]\boldsymbol{S}^{\mathrm{T}}+\boldsymbol{N}=\begin{bmatrix}\boldsymbol{X}_1\\\boldsymbol{X}_2\\\vdots\\\boldsymbol{X}_N\end{bmatrix}=\begin{bmatrix}\boldsymbol{A}_xD_1(\boldsymbol{A}_y)\\\boldsymbol{A}_xD_2(\boldsymbol{A}_y)\\\vdots\\\boldsymbol{A}_xD_N(\boldsymbol{A}_y)\end{bmatrix}\boldsymbol{S}^{\mathrm{T}}+\begin{bmatrix}\boldsymbol{N}_1\\\boldsymbol{N}_2\\\vdots\\\boldsymbol{N}_N\end{bmatrix} \tag{4-10}$$

式中，$\boldsymbol{S}=[\boldsymbol{s}(1),\boldsymbol{s}(2),\cdots,\boldsymbol{s}(J)]^{\mathrm{T}}\in\mathbb{C}^{J\times K}$是由 J 次采样的信源信号矢量组成的；$D_m(\cdot)$是由矩阵的 m 行构造的对角矩阵；$\boldsymbol{N}=[\boldsymbol{n}(1),\boldsymbol{n}(2),\cdots,\boldsymbol{n}(J)]$是接收的加性高斯白噪声矩阵；$\boldsymbol{N}_n\in\mathbb{C}^{M\times J}$（$n=1,2,\cdots,N$）是噪声矩阵；⊙表示 Khatri-Rao 积。

在式（4-10）中，$\boldsymbol{X}_n\in\mathbb{C}^{M\times J}$可以表示为

$$\boldsymbol{X}_n=\boldsymbol{A}_xD_n(\boldsymbol{A}_y)\boldsymbol{S}^{\mathrm{T}}+\boldsymbol{N}_n,\quad n=1,2,\cdots,N \tag{4-11}$$

4.2.2　基于 ESPRIT 的二维 DOA 估计算法

1. ESPRIT 算法

构造矩阵 $\boldsymbol{A}_1$ 和 $\boldsymbol{A}_2$ 分别为

$$\boldsymbol{A}_1=\begin{bmatrix}\boldsymbol{A}_x D_1(\boldsymbol{A}_y)\\ \boldsymbol{A}_x D_2(\boldsymbol{A}_y)\\ \vdots\\ \boldsymbol{A}_x D_{N-1}(\boldsymbol{A}_y)\end{bmatrix},\quad \boldsymbol{A}_2=\begin{bmatrix}\boldsymbol{A}_x D_2(\boldsymbol{A}_y)\\ \boldsymbol{A}_x D_3(\boldsymbol{A}_y)\\ \vdots\\ \boldsymbol{A}_x D_N(\boldsymbol{A}_y)\end{bmatrix} \tag{4-12}$$

$\boldsymbol{A}_1$ 与 $\boldsymbol{A}_2$ 之间相差一个旋转因子 $\boldsymbol{\Phi}_y$，即 $\boldsymbol{A}_2=\boldsymbol{A}_1\boldsymbol{\Phi}_y$，其中

$$\boldsymbol{\Phi}_y=\mathrm{diag}(\mathrm{e}^{\mathrm{j}2\pi d\sin\theta_1\sin\varphi_1/\lambda},\cdots,\mathrm{e}^{\mathrm{j}2\pi d\sin\theta_K\sin\varphi_K/\lambda}) \tag{4-13}$$

由式（4−10）可得协方差矩阵 $\hat{\boldsymbol{R}}=\boldsymbol{X}\boldsymbol{X}^{\mathrm{H}}/J$，$J$ 为快拍数，对其进行特征值分解，由 K 个较大特征值对应的特征矢量构造信号子空间，用 $\boldsymbol{U}_{\mathrm{s}}$ 表示。由于阵列具有移不变性，因此 $\boldsymbol{U}_{\mathrm{s}}$ 可以分解为两个部分，即 $\boldsymbol{U}_x=\boldsymbol{U}_{\mathrm{s}}(1:M(N-1),:)$ 和 $\boldsymbol{U}_y=\boldsymbol{U}_{\mathrm{s}}(M+1:NM,:)$。其中，$\boldsymbol{U}_x=\boldsymbol{U}_{\mathrm{s}}(1:M(N-1),:)$ 表示取 $\boldsymbol{U}_{\mathrm{s}}$ 的 $1\sim M(N-1)$ 行；$\boldsymbol{U}_y=\boldsymbol{U}_{\mathrm{s}}(M+1:NM,:)$ 表示取 $\boldsymbol{U}_{\mathrm{s}}$ 的 $M+1\sim NM$ 行。

$\boldsymbol{U}_x$、$\boldsymbol{U}_y$ 可以分别表示为

$$\boldsymbol{U}_x=\boldsymbol{A}_1\boldsymbol{T} \tag{4-14}$$

$$\boldsymbol{U}_y=\boldsymbol{A}_1\boldsymbol{\Phi}_y\boldsymbol{T} \tag{4-15}$$

式中，$\boldsymbol{T}$ 为 $K\times K$ 维满秩矩阵。

由式（4−14）和式（4−15），可得

$$\boldsymbol{U}_y=\boldsymbol{U}_x\boldsymbol{T}^{-1}\boldsymbol{\Phi}_y\boldsymbol{T}=\boldsymbol{U}_x\boldsymbol{\Psi} \tag{4-16}$$

式中，$\boldsymbol{\Psi}=\boldsymbol{T}^{-1}\boldsymbol{\Phi}_y\boldsymbol{T}$。

至此可知，$\boldsymbol{U}_x$ 和 $\boldsymbol{U}_y$ 张成相似的子空间，且矩阵 $\boldsymbol{\Phi}_y$ 对角上的元素为 $\boldsymbol{\Psi}$ 的特征值。根据最小二乘准则，$\hat{\boldsymbol{\Psi}}$可由下式得出，即

$$\hat{\boldsymbol{\Psi}}=\boldsymbol{U}_x^{+}\boldsymbol{U}_y \tag{4-17}$$

对$\hat{\boldsymbol{\Psi}}$进行特征值分解可得到 $\boldsymbol{\Phi}_y$ 的估计值$\hat{\boldsymbol{\Phi}}_y$，利用$\hat{\boldsymbol{\Psi}}$的特征矢量，可得到矩阵 $\boldsymbol{T}$ 的估计值$\hat{\boldsymbol{T}}$。在无噪声模型下，有

$$\hat{\boldsymbol{T}}=\boldsymbol{\Pi T} \tag{4-18}$$

$$\hat{\boldsymbol{\Phi}}_y=\boldsymbol{\Pi\Phi}_y\boldsymbol{\Pi}^{-1} \tag{4-19}$$

式中，$\boldsymbol{\Pi}$ 为置换矩阵。

由于 $\hat{\boldsymbol{\Psi}}$ 与 $\boldsymbol{\Phi}_y$ 的特征值相同，因此对 $\hat{\boldsymbol{\Psi}}$ 特征值进行分解可以得到 $\mathrm{e}^{\mathrm{j}(2\pi/\lambda)d\sin\theta_k\sin\varphi_k},k=1,2,\cdots,K$，$u_k=\sin\theta_k\sin\varphi_k$ 的估计值为

$$\hat{u}_k=\mathrm{angle}(\hat{\lambda}_k)\lambda/(2\pi d) \tag{4-20}$$

式中，$\hat{\lambda}_k$ 是矩阵 $\hat{\boldsymbol{\Psi}}$ 的第 k 个特征值；angle(·)表示取复数的相角。

对信号子空间 $\boldsymbol{U}_\mathrm{s}$ 进行重构，可得到 $\boldsymbol{U}'_\mathrm{s}=\boldsymbol{U}_\mathrm{s}\hat{\boldsymbol{T}}^{-1}$，即

$$\boldsymbol{U}'_\mathrm{s}=\begin{bmatrix}\boldsymbol{A}_y D_1(\boldsymbol{A}_x)\\ \boldsymbol{A}_y D_2(\boldsymbol{A}_x)\\ \vdots\\ \boldsymbol{A}_y D_M(\boldsymbol{A}_x)\end{bmatrix}\boldsymbol{\Pi}^{-1} \tag{4-21}$$

由 $\boldsymbol{U}'_\mathrm{s}$ 可构造矩阵 $\boldsymbol{U}'_x=\boldsymbol{U}'_\mathrm{s}(1:N(M-1),:)$ 和 $\boldsymbol{U}'_y=\boldsymbol{U}'_\mathrm{s}(N+1:MN,:)$。其中，$\boldsymbol{U}'_x=\boldsymbol{U}'_\mathrm{s}(1:N(M-1),:)$ 表示取 $\boldsymbol{U}'_\mathrm{s}$ 的 $1\sim N(M-1)$ 行；$\boldsymbol{U}'_y=\boldsymbol{U}'_\mathrm{s}(N+1:MN,:)$ 表示取 $\boldsymbol{U}'_\mathrm{s}$ 的 $N+1\sim MN$ 行。

定义

$$\boldsymbol{A}_3=\begin{bmatrix}\boldsymbol{A}_y D_1(\boldsymbol{A}_x)\\ \boldsymbol{A}_y D_2(\boldsymbol{A}_x)\\ \vdots\\ \boldsymbol{A}_y D_{M-1}(\boldsymbol{A}_x)\end{bmatrix} \tag{4-22}$$

则

$$\begin{aligned}\boldsymbol{U}'_x&=\boldsymbol{A}_3\boldsymbol{\Pi}^{-1}\\ \boldsymbol{U}'_y&=\boldsymbol{A}_3\boldsymbol{\Phi}_x\boldsymbol{\Pi}^{-1}\end{aligned} \tag{4-23}$$

进一步得到

$$(\boldsymbol{U}'_x)^{+}\boldsymbol{U}'_y=\boldsymbol{\Pi\Phi}_x\boldsymbol{\Pi}^{-1} \tag{4-24}$$

在无噪声影响的情况下，有

$$\hat{\boldsymbol{\Phi}}_x=\boldsymbol{\Pi}\boldsymbol{\Phi}_x\boldsymbol{\Pi}^{-1} \tag{4-25}$$

式中，$\boldsymbol{\Pi}$ 为置换矩阵。

$v_k=\sin\theta_k\cos\varphi_k$ 的估计值为

$$\hat{v}_k=\text{angle}(\varepsilon_k)\lambda/(2\pi d) \tag{4-26}$$

式中，ε_k 是矩阵 $(\boldsymbol{U}'_x)^+\boldsymbol{U}'_y$ 对角线上的第 k 个元素；angle(·)表示取复数的相角。

由式（4-19）和式（4-25）可知，u_k 和 v_k 的估计值有相同的列模糊，能够得到自动配对的方位角和仰角。由于(u_k,v_k) 配对完成，因此按照下式可得到二维 DOA 估计值，即

$$\hat{\theta}_k=\arcsin\left(\sqrt{\hat{u}_k^2+\hat{v}_k^2}\right) \tag{4-27}$$

$$\hat{\varphi}_k=\arctan(\hat{u}_k/\hat{v}_k) \tag{4-28}$$

至此，总结均匀面阵列基于 ESPRIT 的二维 DOA 估计算法的具体步骤如下。

算法 4.1：基于 ESPRIT 的二维 DOA 估计算法。

步骤 1：利用接收信号计算协方差矩阵的估计值$\hat{\boldsymbol{R}}$。

步骤 2：对$\hat{\boldsymbol{R}}$进行特征值分解，取其中 K 个最大特征值对应的特征矢量构造信号子空间 $\boldsymbol{U}_s$。

步骤 3：通过信号子空间 $\boldsymbol{U}_s$ 构造子阵 $\boldsymbol{U}_x$ 和 $\boldsymbol{U}_y$，对由式（4-17）得到的$\hat{\boldsymbol{\Psi}}$进行特征值分解，可得到矩阵$\hat{\boldsymbol{T}}$和$\hat{\boldsymbol{\Phi}}_y$，由$\hat{\boldsymbol{\Phi}}_y$ 得到 $\sin\theta_k\sin\varphi_k(k=1,2,\cdots,K)$ 的估计值。

步骤 4：重构信号子空间得到 $\boldsymbol{U}'_s$，利用与步骤 3 类似的方法得到 $\sin\theta_k\cos\varphi_k(k=1,2,\cdots,K)$ 的估计值。

步骤 5：二维 DOA 估计值通过式（4-27）、式（4-28）得到。

2. 基于 ESPRIT 的二维 DOA 估计算法的复杂度和优点

基于 ESPRIT 的二维 DOA 估计算法构造协方差矩阵的复杂度为 $O(JM^2N^2)$，协方差矩阵进行特征值分解的复杂度为 $O(M^3N^3)$，计算 $\hat{\boldsymbol{\Psi}}=\boldsymbol{U}_x^+\boldsymbol{U}_y$ 的复杂度为 $O(K^2MN+(N-1)MK+2K^2(M-1)N+2K^3)$，对 $\hat{\boldsymbol{\Psi}}$ 进行特征值分解的复杂度为 $O(K^3)$，总的复杂度约为 $O(JM^2N^2+M^3N^3+2K^2(M-1)+3K^3+K^2MN+(N-1)MK)$。

基于 ESPRIT 的二维 DOA 估计算法具有如下优点：

- 不需要进行谱峰搜索，具有较低的计算复杂度；
- 可实现仰角和方位角的自动配对，避免额外的参数配对运算。

3. 仿真结果

下面采用蒙特卡罗仿真对基于 ESPRIT 的二维 DOA 估计算法进行仿真实验，仿真实验次数为 1000，定义均方根误差为

$$\text{RMSE} = \frac{1}{K}\sum_{k=1}^{K}\sqrt{\frac{1}{1000}\sum_{n=1}^{1000}\left[(\hat{\varphi}_{k,n}-\varphi_k)^2+(\hat{\theta}_{k,n}-\theta_k)^2\right]} \tag{4-29}$$

式中，$\hat{\theta}_{k,n}$为第 n 次蒙特卡罗仿真实验时仰角 θ_k 的估计值；$\hat{\varphi}_{k,n}$为第 n 次蒙特卡罗仿真实验时方位角 φ_k 的估计值。假设有 3 个（$K=3$）不相关的信源，信号分别以（12°，15°）、（22°，25°）和（32°，35°）入射到接收阵列上，阵元间距 d 为信号波长的一半。在以下的仿真实验中，M、N 分别表示面阵列的行数和列数；K 表示信源数；J 表示快拍数。在仿真实验图中，elevation angle 和 azimuth angle 分别表示仰角和方位角，degree 表示度。

仿真 1. 图 4-2 为在 $M=8$、$N=6$、$J=100$、SNR=5dB 时，基于 ESPRIT 的二维 DOA 估计算法的仿真结果。图 4-3 为在 $M=8$、$N=6$、$J=100$、SNR=20dB 时，基于 ESPRIT 的二维 DOA 估计算法的仿真结果。由图 4-2 和图 4-3 可知，基于 ESPRIT 的二维 DOA 估计算法可以精确估计仰角和方位角。

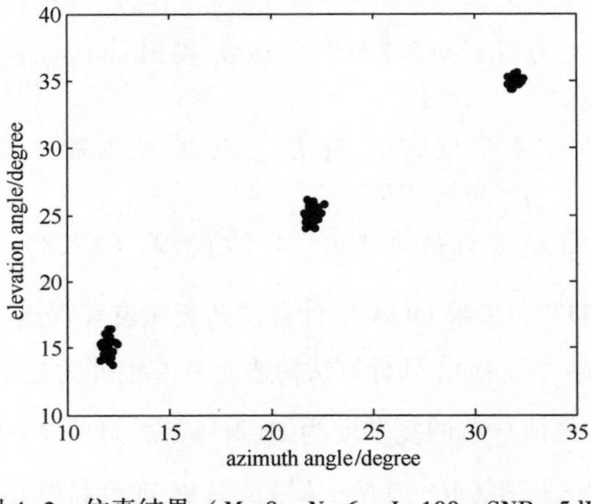

图 4-2　仿真结果（$M=8$，$N=6$，$J=100$，SNR=5dB）

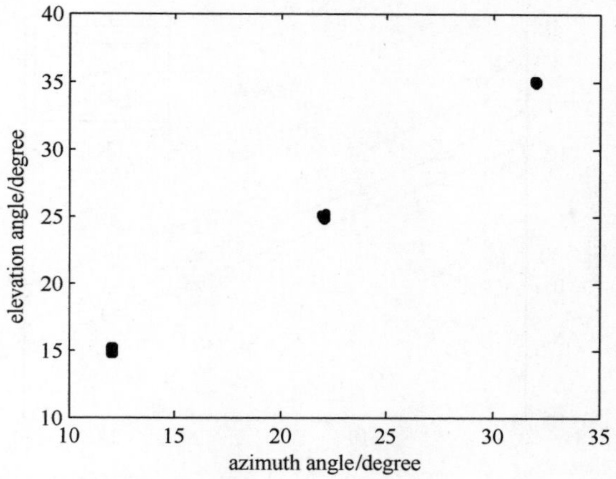

图 4-3　仿真结果（$M=8$，$N=6$，$J=100$，SNR=20dB）

仿真 2. 图 4-4 为在 $M=8$、$N=6$ 时，基于 ESPRIT 的二维 DOA 估计算法在不同快拍数时的估计性能对比。由图 4-4 可知，随着快拍数的增加，估计性能变好。这是因为采样数据随着快拍数的增加而增加，可得到更加精确的协方差矩阵。

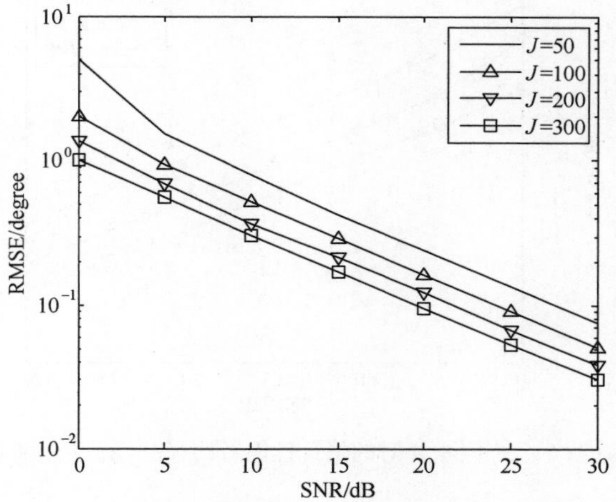

图 4-4　在不同快拍数时的估计性能对比（$M=8$，$N=6$）

仿真 3. 图 4-5 为在 $M=8$、$J=100$ 时，基于 ESPRIT 的二维 DOA 估计算法在不同 N 时的估计性能对比。由图 4-5 可知，随着 N 的增加，二维 DOA 估计性能变好。这是因为 N 的增加，会使分集增益增加。

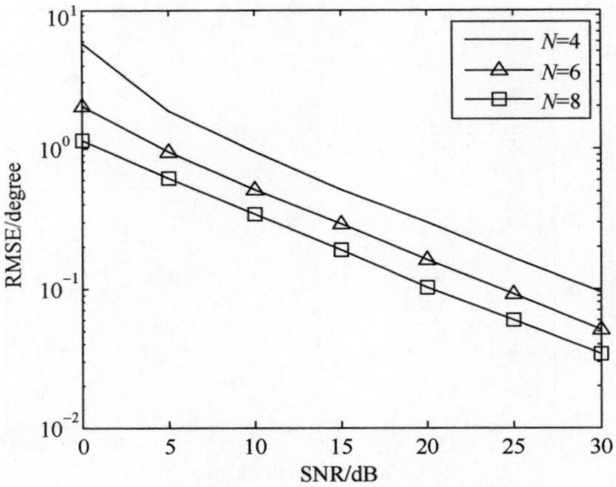

图 4-5　在不同 N 时的估计性能对比（$M=8$，$J=100$）

仿真 4. 图 4-6 为在 $N=8$、$J=100$ 时，基于 ESPRIT 的二维 DOA 估计算法在不同 M 时的估计性能对比。由图 4-6 可知，随着 M 的增加，二维 DOA 估计性能变好。这是因为 M 的增加，会使分集增益增加。

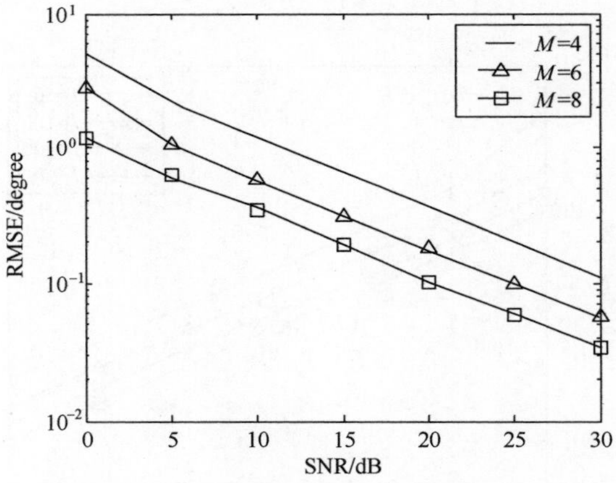

图 4-6　在不同 M 时的估计性能对比（$N=8$，$J=100$）

4.2.3　基于 PM 的二维 DOA 估计算法

1. 传播算子

对矩阵 $\boldsymbol{A}_x$ 进行分块可得

$$\boldsymbol{A}_x = \begin{bmatrix} \boldsymbol{A}_{x1} \\ \boldsymbol{A}_{x2} \end{bmatrix} \tag{4-30}$$

在假设阵列无空间模糊（$\boldsymbol{A}_x$ 列满秩）的情形下，$\boldsymbol{A}_{x1} \in \mathbb{C}^{K \times K}$ 为非奇异矩阵，$\boldsymbol{A}_{x2} \in \mathbb{C}^{(M-K) \times K}$ 由 $\boldsymbol{A}_{x1}$ 的线性变换得到，阵列方向矩阵 $\boldsymbol{A}$ 可以写为[20]

$$\boldsymbol{A} = \begin{bmatrix} \boldsymbol{A}_x D_1(\boldsymbol{A}_y) \\ \boldsymbol{A}_x D_2(\boldsymbol{A}_y) \\ \vdots \\ \boldsymbol{A}_x D_N(\boldsymbol{A}_y) \end{bmatrix} = \begin{bmatrix} \boldsymbol{A}_{x1} D_1(\boldsymbol{A}_y) \\ \boldsymbol{A}_{x2} D_1(\boldsymbol{A}_y) \\ \vdots \\ \boldsymbol{A}_{x1} D_N(\boldsymbol{A}_y) \\ \boldsymbol{A}_{x2} D_N(\boldsymbol{A}_y) \end{bmatrix} = \begin{bmatrix} \boldsymbol{A}_{x1} \\ \boldsymbol{P}^{\mathrm{H}} \boldsymbol{A}_{x1} \end{bmatrix} = \begin{bmatrix} \boldsymbol{I} \\ \boldsymbol{P}^{\mathrm{H}} \end{bmatrix} \boldsymbol{A}_{x1} \tag{4-31}$$

式中，$\boldsymbol{P}$ 为传播算子；$\boldsymbol{I} \in \mathbb{C}^{K \times K}$ 为单位矩阵。定义协方差矩阵 $\hat{\boldsymbol{R}} = \boldsymbol{X}\boldsymbol{X}^{\mathrm{H}}/J$，$J$ 为快拍数。对 $\hat{\boldsymbol{R}}$ 进行分块可得

$$\hat{\boldsymbol{R}} = [\hat{\boldsymbol{G}}, \hat{\boldsymbol{H}}] \tag{4-32}$$

式中，$\hat{\boldsymbol{G}} \in \mathbb{C}^{MN \times K}$；$\hat{\boldsymbol{H}} \in \mathbb{C}^{MN \times (MN-K)}$。传播算子 $\boldsymbol{P}$ 的最小二乘解为

$$\hat{\boldsymbol{P}} = (\boldsymbol{G}^{\mathrm{H}} \boldsymbol{G})^{-1} \boldsymbol{G}^{\mathrm{H}} \boldsymbol{H} \tag{4-33}$$

由式（4-31）和式（4-33），可定义矩阵

$$\boldsymbol{U} = \begin{bmatrix} \boldsymbol{I} \\ \hat{\boldsymbol{P}}^{\mathrm{H}} \end{bmatrix} = \boldsymbol{A}\boldsymbol{A}_{x1}^{-1} = \begin{bmatrix} \boldsymbol{A}_x D_1(\boldsymbol{A}_y) \\ \boldsymbol{A}_x D_2(\boldsymbol{A}_y) \\ \vdots \\ \boldsymbol{A}_x D_N(\boldsymbol{A}_y) \end{bmatrix} \boldsymbol{A}_{x1}^{-1} \tag{4-34}$$

构造矩阵 $\boldsymbol{U}_x = \boldsymbol{U}(1:M(N-1),:)$，$\boldsymbol{U}_y = \boldsymbol{U}(M+1:NM,:)$。其中，$\boldsymbol{U}_x = \boldsymbol{U}(1:M(N-1),:)$ 表示取 $\boldsymbol{U}$ 的 $1 \sim M(N-1)$ 行；$\boldsymbol{U}_y = \boldsymbol{U}(M+1:NM,:)$ 表示取 $\boldsymbol{U}$ 的 $M+1 \sim NM$ 行。

根据式（4-12）构造矩阵 $\boldsymbol{A}_1$ 和 $\boldsymbol{A}_2$，有

$$\boldsymbol{A}_1 = \begin{bmatrix} \boldsymbol{A}_x D_1(\boldsymbol{A}_y) \\ \boldsymbol{A}_x D_2(\boldsymbol{A}_y) \\ \vdots \\ \boldsymbol{A}_x D_{N-1}(\boldsymbol{A}_y) \end{bmatrix}, \quad \boldsymbol{A}_2 = \begin{bmatrix} \boldsymbol{A}_x D_2(\boldsymbol{A}_y) \\ \boldsymbol{A}_x D_3(\boldsymbol{A}_y) \\ \vdots \\ \boldsymbol{A}_x D_N(\boldsymbol{A}_y) \end{bmatrix} \tag{4-35}$$

$\boldsymbol{U}_x$ 和 $\boldsymbol{U}_y$ 分别为

$$\boldsymbol{U}_x=\boldsymbol{A}_1\boldsymbol{T} \tag{4-36}$$

$$\boldsymbol{U}_y=\boldsymbol{A}_1\boldsymbol{\Phi}_y\boldsymbol{T} \tag{4-37}$$

式中，$\boldsymbol{\Phi}_y=D_2(\boldsymbol{A}_y)=\mathrm{diag}(\mathrm{e}^{\mathrm{j}2\pi d\sin\theta_1\sin\varphi_1/\lambda},\cdots,\mathrm{e}^{\mathrm{j}2\pi d\sin\theta_K\sin\varphi_K/\lambda})$；$\boldsymbol{T}=\boldsymbol{A}_{x1}^{-1}$ 为 $K\times K$ 维满秩矩阵。

由式（4-36）和式（4-37），可得

$$\boldsymbol{U}_y=\boldsymbol{U}_x\boldsymbol{T}^{-1}\boldsymbol{\Phi}_y\boldsymbol{T}=\boldsymbol{U}_x\boldsymbol{\Psi} \tag{4-38}$$

式中，$\boldsymbol{\Psi}=\boldsymbol{T}^{-1}\boldsymbol{\Phi}_y\boldsymbol{T}$。

至此可知，$\boldsymbol{U}_x$ 和 $\boldsymbol{U}_y$ 张成相似的子空间，且矩阵 $\boldsymbol{\Phi}_y$ 对角线上的元素为 $\boldsymbol{\Psi}$ 的特征值。

根据最小二乘准则，$\hat{\boldsymbol{\Psi}}$可由下式得出，即

$$\hat{\boldsymbol{\Psi}}=\boldsymbol{U}_x^{+}\boldsymbol{U}_y \tag{4-39}$$

对 $\hat{\boldsymbol{\Psi}}$ 进行特征值分解，可得到 $\boldsymbol{\Phi}_y$ 的估计值$\hat{\boldsymbol{\Phi}}_y$，利用$\hat{\boldsymbol{\Psi}}$的特征矢量，可得到矩阵 $\boldsymbol{T}$ 的估计值$\hat{\boldsymbol{T}}$。在无噪声影响时，有

$$\hat{\boldsymbol{T}}=\boldsymbol{\Pi}\boldsymbol{T} \tag{4-40}$$

$$\hat{\boldsymbol{\Phi}}_y=\boldsymbol{\Pi}\boldsymbol{\Phi}_y\boldsymbol{\Pi}^{-1} \tag{4-41}$$

式中，$\boldsymbol{\Pi}$ 为置换矩阵。

由于$\hat{\boldsymbol{\Psi}}$与 $\boldsymbol{\Phi}_y$ 的特征值相同，因此对$\hat{\boldsymbol{\Psi}}$的特征值进行分解，可得到 $\mathrm{e}^{\mathrm{j}(2\pi/\lambda)d\sin\theta_k\sin\varphi_k},k=1,2,\cdots,K$，$u_k=\sin\theta_k\sin\varphi_k$ 的估计值为

$$\hat{u}_k=\mathrm{angle}(\hat{\lambda}_k)\lambda/(2\pi d) \tag{4-42}$$

式中，$\hat{\lambda}_k$ 是矩阵$\hat{\boldsymbol{\Psi}}$的第 k 个特征值；$\mathrm{angle}(\cdot)$表示取复数的相角。

对矩阵 $\boldsymbol{U}$ 进行重构，得到 $\boldsymbol{U}'=\boldsymbol{U}\hat{\boldsymbol{T}}^{-1}$，即

$$\boldsymbol{U}'=\begin{bmatrix}\boldsymbol{A}_yD_1(\boldsymbol{A}_x)\\ \boldsymbol{A}_yD_2(\boldsymbol{A}_x)\\ \vdots\\ \boldsymbol{A}_yD_M(\boldsymbol{A}_x)\end{bmatrix}\boldsymbol{\Pi}^{-1} \tag{4-43}$$

构造矩阵 $\boldsymbol{U}'_x=\boldsymbol{U}'(1:N(M-1),:)$ 和 $\boldsymbol{U}'_y=\boldsymbol{U}'(N+1:MN,:)$。其中，$\boldsymbol{U}'_x=\boldsymbol{U}'(1:N(M-1),:)$表示取 $\boldsymbol{U}'$的 $1\sim N(M-1)$行，$\boldsymbol{U}'_y=\boldsymbol{U}'(N+1:MN,:)$表示取 $\boldsymbol{U}'$的 $N+1\sim MN$ 行。

定义

$$\boldsymbol{A}_3=\begin{bmatrix}\boldsymbol{A}_y D_1(\boldsymbol{A}_x)\\ \boldsymbol{A}_y D_2(\boldsymbol{A}_x)\\ \vdots\\ \boldsymbol{A}_y D_{N-1}(\boldsymbol{A}_x)\end{bmatrix}\tag{4-44}$$

则

$$\begin{aligned}\boldsymbol{U}'_x&=\boldsymbol{A}_3\boldsymbol{\Pi}^{-1}\\ \boldsymbol{U}'_y&=\boldsymbol{A}_3\boldsymbol{\Phi}_x\boldsymbol{\Pi}^{-1}\end{aligned}\tag{4-45}$$

进一步得到

$$(\boldsymbol{U}'_x)^+\boldsymbol{U}'_y=\boldsymbol{\Pi}\boldsymbol{\Phi}_x\boldsymbol{\Pi}^{-1}\tag{4-46}$$

在无噪声影响时，有

$$\hat{\boldsymbol{\Phi}}_x=\boldsymbol{\Pi}\boldsymbol{\Phi}_x\boldsymbol{\Pi}^{-1}\tag{4-47}$$

式中，$\boldsymbol{\Pi}$ 为置换矩阵。

$v_k=\sin\theta_k\cos\varphi_k$ 的估计值为

$$\hat{v}_k=\text{angle}(\varepsilon_k)\lambda/(2\pi d)\tag{4-48}$$

式中，ε_k 是矩阵$(\boldsymbol{U}'_x)^+\boldsymbol{U}'_y$ 对角线上的第 k 个元素；angle(·)表示取复数的相角。

由式（4-41）和式（4-47）可知，u_k 和 v_k 的估计值有相同的列模糊，能够得到自动配对的方位角和仰角。由于(u_k,v_k)配对完成，因此按照下式可得到二维 DOA 估计值，即

$$\hat{\theta}_k=\arcsin(\sqrt{\hat{u}_k^2+\hat{v}_k^2})\tag{4-49}$$

$$\hat{\varphi}_k=\arctan(\hat{u}_k/\hat{v}_k)\tag{4-50}$$

至此，总结均匀面阵列基于 PM 的二维 DOA 估计算法的具体步骤如下。

算法 4.2：基于 PM 的二维 DOA 估计算法。

步骤 1：利用接收信号计算协方差矩阵的估计值$\hat{\boldsymbol{R}}$，对$\hat{\boldsymbol{R}}$进行分块得到$\hat{\boldsymbol{G}}$和$\hat{\boldsymbol{H}}$。

步骤 2：由式（4-33）估计传播算子$\boldsymbol{P}$，构造式（4-34）的矩阵$\boldsymbol{U}$。

步骤 3：根据式（4-39）对矩阵$\hat{\boldsymbol{\Psi}}$进行特征值分解，可得特征值矩阵$\hat{\boldsymbol{\Phi}}_y$和对应的特征矢量矩阵$\hat{\boldsymbol{T}}$。由式（4-42）可得 $\sin\theta_k\sin\varphi_k(k=1,2,\cdots,K)$的估计值。

步骤 4：根据式（4-43）对$\boldsymbol{U}$进行重构后，利用与步骤 3 类似的方法可得 $\sin\theta_k\cos\varphi_k(k=1,2,\cdots,K)$的估计值。

步骤 5：由式（4-49）、式（4-50）可得二维 DOA 估计值。

2. 基于 PM 的二维 DOA 估计算法的复杂度和优点

基于 PM 的二维 DOA 估计算法的总复杂度约为 $O(JM^2N^2+MNK^2+MN(MN-K)K+K^2(MN-K)+2K^2(M-1)N+4K^3+K^2MN+(N-1)MK)$。基于 ESPRIT 的二维 DOA 估计算法的复杂度为 $O(JM^2N^2+M^3N^3+2K^2(M-1)+3K^3+K^2MN+(N-1)MK)$。基于 PM 的二维 DOA 估计算法的复杂度较低。

基于 PM 的二维 DOA 估计算法具有如下优点：

- 不需要对接收信号协方差矩阵进行特征值分解，与基于 ESPRIT 的二维 DOA 估计算法相比，复杂度更低；
- 可实现仰角和方位角的自动配对，避免额外的参数配对运算；
- 在高信噪比的情形下，DOA 估计性能非常接近于基于 ESPRIT 的二维 DOA 估计算法，可以在仿真结果中得到验证。

3. 克拉美罗界

下面将推导面阵列 DOA 估计的克拉美罗界。假设信号$\boldsymbol{s}(t)$是固定的，用来估计的参数矢量可以表示为[21]

$$\boldsymbol{\zeta}=[\theta_1,\cdots,\theta_K,\varphi_1,\cdots,\varphi_K,\boldsymbol{s}_{\mathrm{R}}^{\mathrm{T}}(1),\cdots,\boldsymbol{s}_{\mathrm{R}}^{\mathrm{T}}(J),\boldsymbol{s}_{\mathrm{I}}^{\mathrm{T}}(1),\cdots,\boldsymbol{s}_{\mathrm{I}}^{\mathrm{T}}(J),\sigma_{\mathrm{n}}^2]^{\mathrm{T}} \tag{4-51}$$

式中，$\boldsymbol{s}_{\mathrm{R}}(l)$、$\boldsymbol{s}_{\mathrm{I}}(l)$分别表示$\boldsymbol{s}(l)$的实部和虚部；$\sigma_{\mathrm{n}}^2$ 为噪声功率。

J 次采样的输出信号可以表示为

$$\boldsymbol{y}=[\boldsymbol{x}^{\mathrm{T}}(1),\cdots,\boldsymbol{x}^{\mathrm{T}}(J)] \tag{4-52}$$

定义矩阵 $\boldsymbol{A}$ 为

$$\boldsymbol{A}=[\boldsymbol{A}_y\odot\boldsymbol{A}_x]=\begin{bmatrix}\boldsymbol{A}_xD_1(\boldsymbol{A}_y)\\ \boldsymbol{A}_xD_2(\boldsymbol{A}_y)\\ \vdots\\ \boldsymbol{A}_xD_N(\boldsymbol{A}_y)\end{bmatrix}\tag{4-53}$$

矩阵 $\boldsymbol{y}$ 的均值 $\boldsymbol{\mu}$ 及其协方差矩阵 $\boldsymbol{\Gamma}$ 分别为

$$\boldsymbol{\mu}=\begin{bmatrix}\boldsymbol{As}(1)\\ \vdots\\ \boldsymbol{As}(J)\end{bmatrix},\quad \boldsymbol{\Gamma}=\begin{bmatrix}\sigma_{\mathrm{n}}^2\boldsymbol{I} & & 0\\ & \ddots & \\ 0 & & \sigma_{\mathrm{n}}^2\boldsymbol{I}\end{bmatrix}\tag{4-54}$$

根据文献［21］，CRB 矩阵逆矩阵的第(i,j)个元素为

$$[\boldsymbol{P}_{\mathrm{cr}}^{-1}]_{ij}=\mathrm{tr}[\boldsymbol{\Gamma}^{-1}\boldsymbol{\Gamma}_i'\boldsymbol{\Gamma}^{-1}\boldsymbol{\Gamma}_j']+2\mathrm{Re}[\boldsymbol{\mu}_i'^{\mathrm{H}}\boldsymbol{\Gamma}^{-1}\boldsymbol{\mu}_j']\tag{4-55}$$

式中，$\boldsymbol{\Gamma}_i'$ 和 $\boldsymbol{\mu}_i'$ 分别为 $\boldsymbol{\Gamma}$ 和 $\boldsymbol{\mu}$ 在 $\boldsymbol{\zeta}$ 时第 i 个元素的导数。由于协方差矩阵正好与 σ_{n}^2 关联，因此式（4-55）中的第一项可以忽略，进而 CRB 矩阵逆矩阵的第(i,j)个元素可以写为

$$[\boldsymbol{P}_{\mathrm{cr}}^{-1}]_{ij}=2\mathrm{Re}[\boldsymbol{\mu}_i'^{\mathrm{H}}\boldsymbol{\Gamma}^{-1}\boldsymbol{\mu}_j']\tag{4-56}$$

根据式（4-54），有

$$\begin{gathered}\frac{\partial\boldsymbol{\mu}}{\partial\theta_k}=\begin{bmatrix}\dfrac{\partial\boldsymbol{A}}{\partial\theta_k}\boldsymbol{s}(1)\\ \vdots\\ \dfrac{\partial\boldsymbol{A}}{\partial\theta_k}\boldsymbol{s}(J)\end{bmatrix}=\begin{bmatrix}\boldsymbol{d}_{k\theta_k}\boldsymbol{s}_k(1)\\ \vdots\\ \boldsymbol{d}_{k\theta_k}\boldsymbol{s}_k(J)\end{bmatrix}\\ \frac{\partial\boldsymbol{\mu}}{\partial\varphi_k}=\begin{bmatrix}\dfrac{\partial\boldsymbol{A}}{\partial\varphi_k}\boldsymbol{s}(1)\\ \vdots\\ \dfrac{\partial\boldsymbol{A}}{\partial\varphi_k}\boldsymbol{s}(J)\end{bmatrix}=\begin{bmatrix}\boldsymbol{d}_{k\varphi_k}\boldsymbol{s}_k(1)\\ \vdots\\ \boldsymbol{d}_{k\varphi_k}\boldsymbol{s}_k(J)\end{bmatrix}\\ k=1,2,\cdots,K\end{gathered}\tag{4-57}$$

式中，$\boldsymbol{s}_k(t)$是$\boldsymbol{s}(t)$的第 k 个元素，有

$$\boldsymbol{d}_{k\theta_k}=\frac{\partial\boldsymbol{a}(\theta_k,\varphi_k)}{\partial\theta_k},\quad \boldsymbol{d}_{k\varphi_k}=\frac{\partial\boldsymbol{a}(\theta_k,\varphi_k)}{\partial\varphi_k} \tag{4-58}$$

式中，$\boldsymbol{a}(\theta_k,\varphi_k)$是矩阵$\boldsymbol{A}$的第$k$列。

令

$$\boldsymbol{\Delta}\triangleq\begin{bmatrix}\boldsymbol{d}_{1\theta}\boldsymbol{s}_1(1) & \cdots & \boldsymbol{d}_{K\theta}\boldsymbol{s}_K(1) & \boldsymbol{d}_{1\varphi}\boldsymbol{s}_1(1) & \cdots & \boldsymbol{d}_{K\varphi}\boldsymbol{s}_K(1)\\ \vdots & \ddots & \vdots & \vdots & \ddots & \vdots\\ \boldsymbol{d}_{1\theta}\boldsymbol{s}_1(J) & \cdots & \boldsymbol{d}_{K\theta}\boldsymbol{s}_K(J) & \boldsymbol{d}_{1\varphi}\boldsymbol{s}_1(J) & \cdots & \boldsymbol{d}_{K\varphi}\boldsymbol{s}_K(J)\end{bmatrix} \tag{4-59}$$

$$\boldsymbol{G}\triangleq\begin{bmatrix}\boldsymbol{A} & & \boldsymbol{O}\\ & \ddots & \\ \boldsymbol{O} & & \boldsymbol{A}\end{bmatrix},\quad \boldsymbol{s}=\begin{bmatrix}\boldsymbol{s}(1)\\ \vdots\\ \boldsymbol{s}(J)\end{bmatrix} \tag{4-60}$$

那么$\boldsymbol{\mu}=\boldsymbol{G}\boldsymbol{s}$，且有

$$\frac{\partial\boldsymbol{\mu}}{\partial\boldsymbol{s}_{\mathrm{R}}^{\mathrm{T}}}=\boldsymbol{G},\quad \frac{\partial\boldsymbol{\mu}}{\partial\boldsymbol{s}_{\mathrm{I}}^{\mathrm{T}}}=\mathrm{j}\boldsymbol{G} \tag{4-61}$$

式中，j为虚数单位，可以得到

$$\frac{\partial\boldsymbol{\mu}}{\partial\boldsymbol{\zeta}^{\mathrm{T}}}=[\boldsymbol{\Delta},\boldsymbol{G},\mathrm{j}\boldsymbol{G},\boldsymbol{O}] \tag{4-62}$$

式（4-56）可以表示为

$$2\mathrm{Re}\left\{\frac{\partial\boldsymbol{\mu}^*}{\partial\boldsymbol{\zeta}}\boldsymbol{\Gamma}^{-1}\frac{\partial\boldsymbol{\mu}}{\partial\boldsymbol{\zeta}^{\mathrm{T}}}\right\}=\begin{bmatrix}\boldsymbol{J} & \boldsymbol{O}\\ \boldsymbol{O} & \boldsymbol{O}\end{bmatrix} \tag{4-63}$$

式中

$$\boldsymbol{J}\triangleq\frac{2}{\sigma_{\mathrm{n}}^2}\mathrm{Re}\left\{\begin{bmatrix}\boldsymbol{\Delta}^{\mathrm{H}}\\ \boldsymbol{G}^{\mathrm{H}}\\ -\mathrm{j}\boldsymbol{G}^{\mathrm{H}}\end{bmatrix}[\boldsymbol{\Delta}\quad\boldsymbol{G}\quad\mathrm{j}\boldsymbol{G}]\right\} \tag{4-64}$$

定义

$$\boldsymbol{Q}\triangleq(\boldsymbol{G}^{\mathrm{H}}\boldsymbol{G})^{-1}\boldsymbol{G}^{\mathrm{H}}\boldsymbol{\Delta},\quad \boldsymbol{F}\triangleq\begin{bmatrix}\boldsymbol{I} & \boldsymbol{O} & \boldsymbol{O}\\ -\boldsymbol{Q}_{\mathrm{R}} & \boldsymbol{I} & \boldsymbol{O}\\ -\boldsymbol{Q}_{\mathrm{I}} & \boldsymbol{O} & \boldsymbol{I}\end{bmatrix} \tag{4-65}$$

式中，$\boldsymbol{Q}_{\mathrm{R}}$和$\boldsymbol{Q}_{\mathrm{I}}$分别为$\boldsymbol{Q}$的实部和虚部。

可以证明

$$
\begin{aligned}
[\boldsymbol{\Delta} \quad \boldsymbol{G} \quad \mathrm{j}\boldsymbol{G}]\boldsymbol{F} &= [(\boldsymbol{\Delta}-\boldsymbol{G}\boldsymbol{Q}) \quad \boldsymbol{G} \quad \mathrm{j}\boldsymbol{G}] \\
&= [\boldsymbol{\Pi}_G^{\perp}\boldsymbol{\Delta} \quad \boldsymbol{G} \quad \mathrm{j}\boldsymbol{G}]
\end{aligned} \tag{4-66}
$$

式中，$\boldsymbol{\Pi}_G^{\perp}=\boldsymbol{I}-\boldsymbol{G}(\boldsymbol{G}^{\mathrm{H}}\boldsymbol{G})^{-1}\boldsymbol{G}^{\mathrm{H}}$，$\boldsymbol{G}^{\mathrm{H}}\boldsymbol{\Pi}_G^{\perp}=0$。

$$
\begin{aligned}
\boldsymbol{F}^{\mathrm{T}}\boldsymbol{J}\boldsymbol{F} &= \frac{2}{\sigma_{\mathrm{n}}^2}\mathrm{Re}\left\{\boldsymbol{F}^{\mathrm{H}}\begin{bmatrix}\boldsymbol{\Delta}^{\mathrm{H}} \\ \boldsymbol{G}^{\mathrm{H}} \\ -\mathrm{j}\boldsymbol{G}^{\mathrm{H}}\end{bmatrix}[\boldsymbol{\Delta} \quad \boldsymbol{G} \quad \mathrm{j}\boldsymbol{G}]\boldsymbol{F}\right\} \\
&= \frac{2}{\sigma_{\mathrm{n}}^2}\mathrm{Re}\left\{\begin{bmatrix}\boldsymbol{\Delta}^{\mathrm{H}}\boldsymbol{\Pi}_G^{\perp}\boldsymbol{\Delta} & \boldsymbol{O} & \boldsymbol{O} \\ \boldsymbol{O} & \boldsymbol{G}^{\mathrm{H}}\boldsymbol{G} & \mathrm{j}\boldsymbol{G}^{\mathrm{H}}\boldsymbol{G} \\ \boldsymbol{O} & -\mathrm{j}\boldsymbol{G}^{\mathrm{H}}\boldsymbol{G} & \boldsymbol{G}^{\mathrm{H}}\boldsymbol{G}\end{bmatrix}\right\}
\end{aligned} \tag{4-67}
$$

因此 $\boldsymbol{J}^{-1}$ 可以写为

$$
\begin{aligned}
\boldsymbol{J}^{-1} &= \boldsymbol{F}(\boldsymbol{F}^{\mathrm{T}}\boldsymbol{J}\boldsymbol{F})^{-1}\boldsymbol{F}^{\mathrm{T}} \\
&= \frac{\sigma_{\mathrm{n}}^2}{2}\begin{bmatrix}\boldsymbol{I} & \boldsymbol{O} & \boldsymbol{O} \\ -\boldsymbol{Q}_{\mathrm{R}} & \boldsymbol{I} & \boldsymbol{O} \\ -\boldsymbol{Q}_{\mathrm{I}} & \boldsymbol{O} & \boldsymbol{I}\end{bmatrix}\begin{bmatrix}\mathrm{Re}(\boldsymbol{\Delta}^{\mathrm{H}}\boldsymbol{\Pi}_G^{\perp}\boldsymbol{\Delta}) & \boldsymbol{O} & \boldsymbol{O} \\ \boldsymbol{O} & \kappa & \kappa \\ \boldsymbol{O} & \kappa & \kappa\end{bmatrix}\begin{bmatrix}\boldsymbol{I} & -\boldsymbol{Q}_{\mathrm{R}}^{\mathrm{T}} & -\boldsymbol{Q}_{\mathrm{I}}^{\mathrm{T}} \\ \boldsymbol{O} & \boldsymbol{I} & \boldsymbol{O} \\ \boldsymbol{O} & \boldsymbol{O} & \boldsymbol{I}\end{bmatrix} \\
&= \begin{bmatrix}\frac{\sigma_{\mathrm{n}}^2}{2}[\mathrm{Re}(\boldsymbol{\Delta}^{\mathrm{H}}\boldsymbol{\Pi}_G^{\perp}\boldsymbol{\Delta})]^{-1} & \kappa & \kappa \\ \kappa & \kappa & \kappa \\ \kappa & \kappa & \kappa\end{bmatrix}
\end{aligned} \tag{4-68}
$$

式中，κ 表示不考虑的部分。

至此，CRB 矩阵为

$$
\mathrm{CRB}=\frac{\sigma_{\mathrm{n}}^2}{2}[\mathrm{Re}(\boldsymbol{\Delta}^{\mathrm{H}}\boldsymbol{\Pi}_G^{\perp}\boldsymbol{\Delta})]^{-1} \tag{4-69}
$$

通过进一步的简化，CRB 矩阵可以表示为

$$
\mathrm{CRB}=\frac{\sigma_{\mathrm{n}}^2}{2J}\{\mathrm{Re}[\boldsymbol{D}^{\mathrm{H}}\boldsymbol{\Pi}_A^{\perp}\boldsymbol{D}\oplus\hat{\boldsymbol{P}}^{\mathrm{T}}]\}^{-1} \tag{4-70}
$$

式中，$\oplus$ 表示 Hadamard 积；$\boldsymbol{D}=\left[\frac{\partial \boldsymbol{a}_1}{\partial \theta_1},\cdots,\frac{\partial \boldsymbol{a}_K}{\partial \theta_K},\frac{\partial \boldsymbol{a}_1}{\partial \varphi_1},\cdots,\frac{\partial \boldsymbol{a}_K}{\partial \varphi_K}\right]$；$\hat{\boldsymbol{P}}=\begin{bmatrix}\hat{\boldsymbol{P}}_{\mathrm{s}} & \hat{\boldsymbol{P}}_{\mathrm{s}} \\ \hat{\boldsymbol{P}}_{\mathrm{s}} & \hat{\boldsymbol{P}}_{\mathrm{s}}\end{bmatrix}$；

$\hat{\boldsymbol{P}}_s = \frac{1}{J}\sum_{t=1}^{J}\boldsymbol{s}(t)\boldsymbol{s}^{\mathrm{H}}(t)$；$\boldsymbol{\Pi}_A^{\perp} = \boldsymbol{I}_{M\times N} - \boldsymbol{A}[\boldsymbol{A}^{\mathrm{H}}\boldsymbol{A}]^{-1}\boldsymbol{A}^{\mathrm{H}}$；$\boldsymbol{a}_k$是矩阵$\boldsymbol{A}$的第$k$列。

4. 仿真结果

下面采用蒙特卡罗仿真对基于 PM 的二维 DOA 估计算法进行仿真实验，仿真实验次数为 1000。假设有 3 个（$K=3$）不相关的信源，信号分别以（12°，12°）、（22°,22°）和（32°,32°）入射到接收阵列上，阵元间距d为信号波长的一半。在以下的仿真实验中，M、N分别表示面阵列的行数和列数；K表示信源数；J表示快拍数。在仿真实验图中，elevation angle 和 azimuth angle 分别表示仰角和方位角，degree 表示度。

仿真 1. 图 4-7 为在$M=8$、$N=6$、$J=100$、SNR = 5dB 时，基于 PM 的二维 DOA 估计算法的仿真结果。图 4-8 为在$M=8$、$N=6$、$J=100$、SNR = 20dB 时，基于 PM 的二维 DOA 估计算法的仿真结果。由图 4-7 和图 4-8 可知，基于 PM 的二维 DOA 估计算法可以精确估计仰角和方位角。

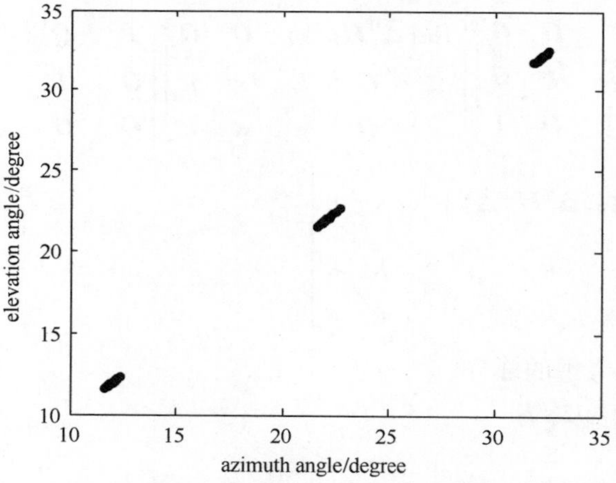

图 4-7 仿真结果（$M=8$，$N=6$，$J=100$，SNR = 5dB）

仿真 2. 基于 PM 和 ESPRIT 的二维 DOA 估计算法性能对比分别如图 4-9 和图 4-10 所示。由图 4-9 和图 4-10 可知，基于 PM 的二维 DOA 估计算法在同时估计仰角和方位角的情形下，性能与 ESPRIT 算法接近，在较高信噪比的情形下，性能非常接近 ESPRIT 算法。尽管基于 PM 的二维 DOA 估计算法为了降低计算复杂度牺牲了部分性能，但是在图 4-9 和图 4-10 中可以清晰地看出，只要信噪比稍大一些，性能就与 ESPRIT 算法非常接近。因此，基于 PM 的二维 DOA 估计算法比基于 ESPRIT 的二维 DOA 估计算法的应用范围更广。

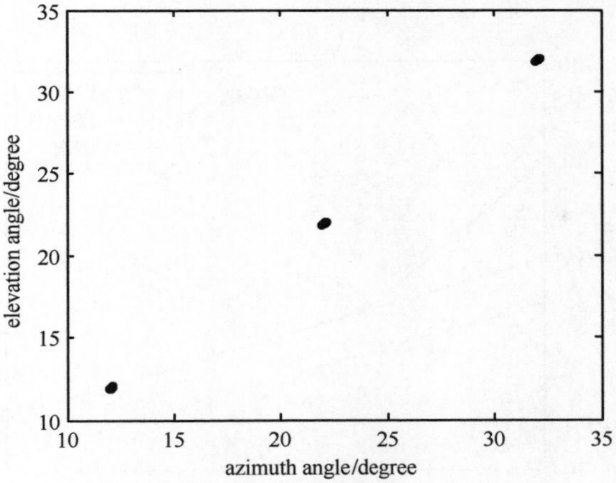

图 4-8　仿真结果（$M=8$，$N=6$，$J=100$，SNR=20dB）

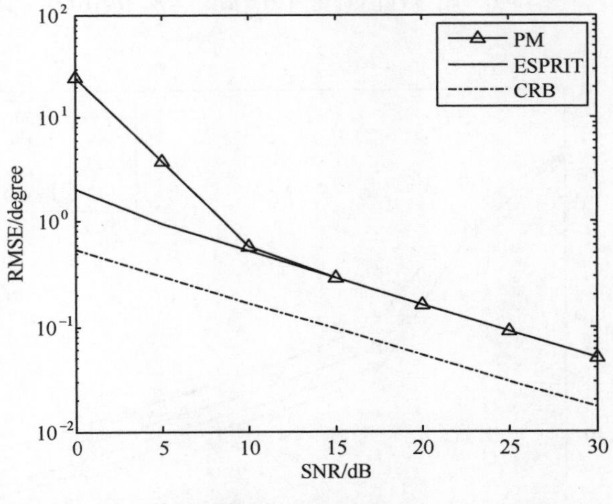

图 4-9　估计性能对比（$M=8$，$N=6$，$J=100$）

仿真 3. 图 4-11 为在 $M=8$、$N=6$ 时，基于 PM 的二维 DOA 估计算法在不同快拍数时的 DOA 估计性能对比。由图 4-11 可知，随着快拍数的增加，DOA 估计性能变好。这是因为采样数据随着快拍数的增加而增加，得到的协方差矩阵更精确，所以 DOA 估计性能更好。

仿真 4. 图 4-12 为在 $M=8$、$J=100$ 时，基于 PM 的二维 DOA 估计算法在不同 N 时的 DOA 估计性能对比。由图 4-12 可知，随着 N 的增加，二维 DOA 估计性能变好。这是因为 N 的增加，会使分集增益增加。

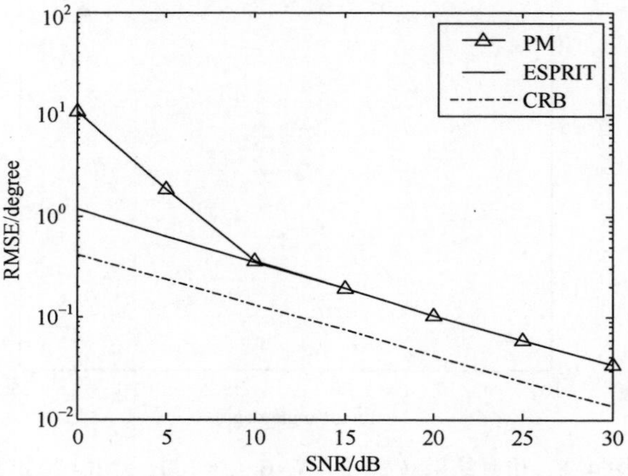

图 4-10　估计性能对比（$M=8$，$N=8$，$J=100$）

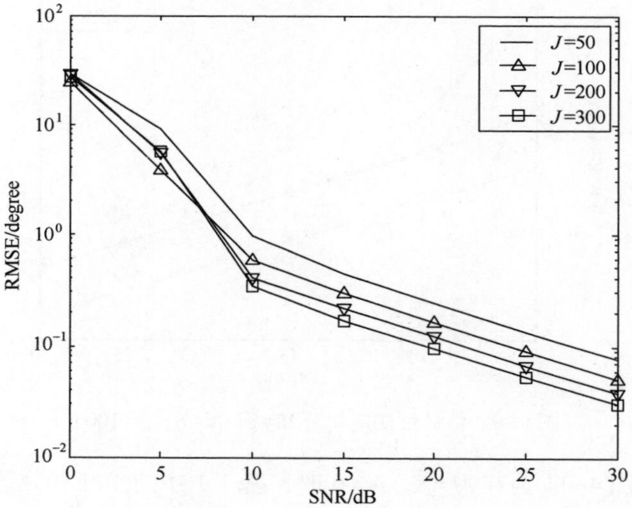

图 4-11　在不同快拍数时的 DOA 估计性能对比（$M=8$，$N=6$）

仿真 5. 图 4-13 为在 $N=8$、$J=100$ 时，基于 PM 的二维 DOA 估计算法在不同 M 时的 DOA 估计性能对比。由图 4-13 可知，随着 M 的增加，二维 DOA 估计性能变好。这是因为 M 的增加，会使分集增益增加。

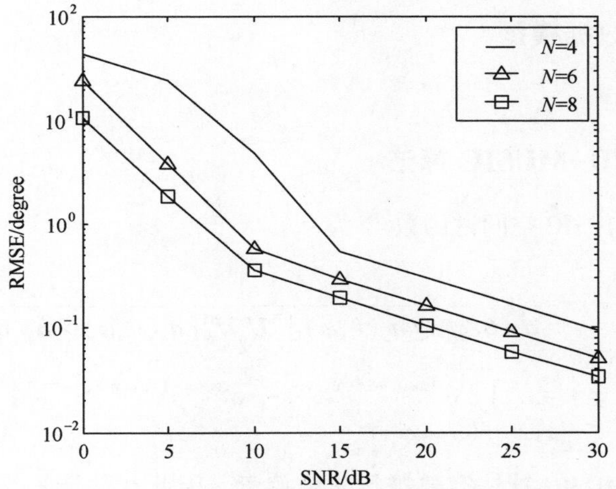

图 4-12　在不同 N 时的 DOA 估计性能对比（$M=8$，$J=100$）

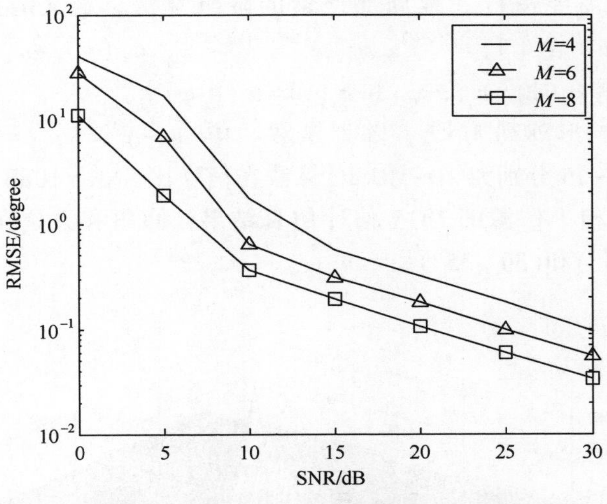

图 4-13　在不同 M 时的 DOA 估计性能对比（$N=8$，$J=100$）

4.3　均匀面阵列的基于 MUSIC 的二维测向算法

下面将介绍均匀面阵列的基于 MUSIC 的二维 DOA 估计算法，包括 2D-MUSIC 算法、RD-MUSIC 算法和级联 MUSIC 算法。

4.3.1 数据模型

见 4.2.1 节。

4.3.2 2D-MUSIC 算法

构造 2D-MUSIC 空间谱函数[18]为

$$f_{\text{2D-MUSIC}}(\theta,\varphi)=\frac{1}{[\boldsymbol{a}_y(\theta,\varphi)\otimes\boldsymbol{a}_x(\theta,\varphi)]^{\mathrm{H}}\boldsymbol{U}_{\mathrm{n}}\boldsymbol{U}_{\mathrm{n}}^{\mathrm{H}}[\boldsymbol{a}_y(\theta,\varphi)\otimes\boldsymbol{a}_x(\theta,\varphi)]} \tag{4-71}$$

式中，$\boldsymbol{a}_y(\theta,\varphi)=[1,\mathrm{e}^{\mathrm{j}2\pi d\sin\theta\sin\varphi/\lambda},\cdots,\mathrm{e}^{\mathrm{j}2\pi(N-1)d\sin\theta\sin\varphi/\lambda}]^{\mathrm{T}}$；$\boldsymbol{a}_x(\theta,\varphi)=[1,\mathrm{e}^{\mathrm{j}2\pi d\sin\theta\cos\varphi/\lambda},\cdots,\mathrm{e}^{\mathrm{j}2\pi(M-1)d\sin\theta\cos\varphi/\lambda}]^{\mathrm{T}}$。

由于 2D-MUSIC 算法需要进行二维搜索，因此在估计 $f_{\text{2D-MUSIC}}(\theta,\varphi)$ 的 K 个最大谱峰对应信源的仰角和方位角时，计算复杂度高，通常难以实现。下面将提出一种只需要进行一维局部搜索的降维算法。定义 $u\triangleq\sin\theta\sin\varphi$，$v\triangleq\sin\theta\cos\varphi$，$\boldsymbol{a}_y(u)\triangleq[1,\mathrm{e}^{\mathrm{j}2\pi du/\lambda},\cdots,\mathrm{e}^{\mathrm{j}2\pi(N-1)du/\lambda}]$，$\boldsymbol{a}_x(v)\triangleq[1,\mathrm{e}^{\mathrm{j}2\pi dv/\lambda},\cdots,\mathrm{e}^{\mathrm{j}2\pi(M-1)dv/\lambda}]$，有 $\boldsymbol{a}_y(u)=\boldsymbol{a}_y(\theta,\varphi)$ 和 $\boldsymbol{a}_x(v)=\boldsymbol{a}_x(\theta,\varphi)$。

采用均匀矩形阵列 $M\times N$，阵列参数：$M=8$，$N=8$，$J=100$，$d=\lambda/2$。图 4-14 和图 4-15 分别为 2D-MUSIC 算法在信噪比 SNR=10dB 和 SNR=30dB 时，对 3 个非相干信源的 DOA 估计仿真结果，仰角和方位角分别为(10°,15°)、(20°,25°)和(30°,35°)。

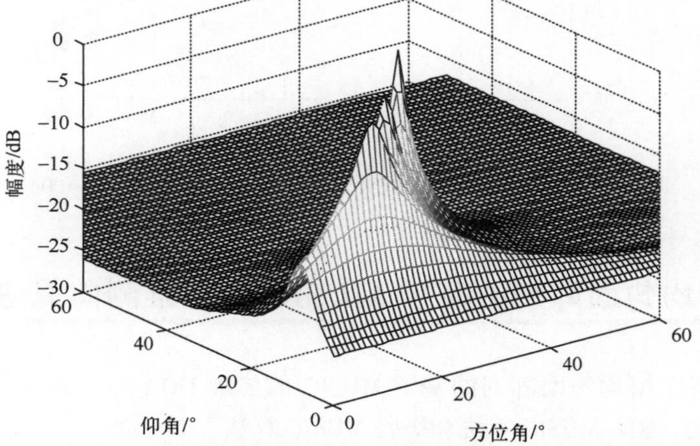

图 4-14 2D-MUSIC 算法对信源的 DOA 估计仿真结果（SNR=10dB）

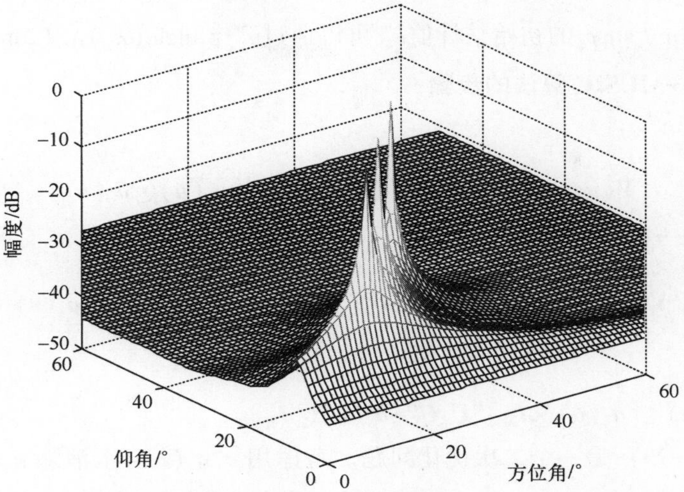

图4-15 2D-MUSIC算法对信源的DOA估计仿真结果（SNR=30dB）

由图4-14和图4-15可知，2D-MUSIC算法可以精确估计仰角和方位角，且随着信噪比的增加，谱峰越来越尖锐，性能越来越好。

4.3.3 RD-MUSIC算法

1. 初始估计

在无噪声影响时，信号子空间可以表示为

$$\boldsymbol{U}_{\mathrm{s}}=\begin{bmatrix}\boldsymbol{A}_x\\ \boldsymbol{A}_x\boldsymbol{\Phi}\\ \vdots\\ \boldsymbol{A}_x\boldsymbol{\Phi}^{N-1}\end{bmatrix}\boldsymbol{T} \tag{4-72}$$

式中，$\boldsymbol{T}$是$K\times K$维满秩矩阵。

将$\boldsymbol{U}_{\mathrm{s}}$分块为$\boldsymbol{U}_{\mathrm{s}}=[\boldsymbol{U}_{\mathrm{s}1}^{\mathrm{T}},\boldsymbol{U}_{\mathrm{s}2}^{\mathrm{T}},\cdots,\boldsymbol{U}_{\mathrm{s}N}^{\mathrm{T}}]^{\mathrm{T}}$。其中，$\boldsymbol{U}_{\mathrm{s}n}\in\mathbb{C}^{M\times K}$，$n=1,2,\cdots,N$，可得

$$\boldsymbol{U}_{\mathrm{s}1}^{+}\boldsymbol{U}_{\mathrm{s}2}=\boldsymbol{T}^{-1}\boldsymbol{\Phi}\boldsymbol{T} \tag{4-73}$$

式中，对角矩阵 $\boldsymbol{\Phi}$ 由 $\boldsymbol{U}_{s1}^{+}\boldsymbol{U}_{s2}$ 的所有特征值组成。假设 $\boldsymbol{U}_{s1}^{+}\boldsymbol{U}_{s2}$ 的第 k 个特征值为 λ_k，则 $\sin\theta_k\sin\varphi_k$ 的初始估计值 $\hat{u}_k^{\text{ini}}$ 可以通过 $\hat{u}_k^{\text{ini}}=\text{angle}(\lambda_k)\lambda/(2\pi d)$ 得到。

2. RD-MUSIC 算法的步骤

定义

$$V(u,v)=[\boldsymbol{a}_y(u)\otimes\boldsymbol{a}_x(v)]^{\text{H}}\boldsymbol{U}_{\text{n}}\boldsymbol{U}_{\text{n}}^{\text{H}}[\boldsymbol{a}_y(u)\otimes\boldsymbol{a}_x(v)] \tag{4-74}$$

式（4-74）也可以表示为

$$\begin{aligned}V(u,v)&=\boldsymbol{a}_x(v)^{\text{H}}[\boldsymbol{a}_y(u)\otimes\boldsymbol{I}_M]^{\text{H}}\boldsymbol{U}_{\text{n}}\boldsymbol{U}_{\text{n}}^{\text{H}}[\boldsymbol{a}_y(u)\otimes\boldsymbol{I}_M]\boldsymbol{a}_x(v)\\&=\boldsymbol{a}_x(v)^{\text{H}}\boldsymbol{Q}(u)\boldsymbol{a}_x(v)\end{aligned} \tag{4-75}$$

式中，$\boldsymbol{Q}(u)=[\boldsymbol{a}_y(u)\otimes\boldsymbol{I}_M]^{\text{H}}\boldsymbol{U}_{\text{n}}\boldsymbol{U}_{\text{n}}^{\text{H}}[\boldsymbol{a}_y(u)\otimes\boldsymbol{I}_M]$。

式（4-75）是一个二次优化问题。考虑用 $\boldsymbol{e}_1^{\text{H}}\boldsymbol{a}_x(v)=1$ 消除 $\boldsymbol{a}_x(v)=\boldsymbol{O}_M$ 的平凡解。其中，$\boldsymbol{e}_1=[1,0,\cdots,0]^{\text{T}}\in\mathbb{R}^{M\times1}$。二次优化问题可以重构为

$$\begin{aligned}&\min_{u,v}\boldsymbol{a}_x(v)^{\text{H}}\boldsymbol{Q}(u)\boldsymbol{a}_x(v)\\&\text{s. t. }\boldsymbol{e}_1^{\text{H}}\boldsymbol{a}_x(v)=1\end{aligned} \tag{4-76}$$

构造代价函数为

$$L(\theta,\varphi)=\boldsymbol{a}_x(v)^{\text{H}}\boldsymbol{Q}(u)\boldsymbol{a}_x(v)-\lambda(\boldsymbol{e}_1^{\text{H}}\boldsymbol{a}_x(v)-1)$$

式中，λ 是一个常量，对 $\boldsymbol{a}_x(v)$ 求导，有

$$\frac{\partial}{\partial\boldsymbol{a}_x(v)}L(\theta,\varphi)=2\boldsymbol{Q}(u)\boldsymbol{a}_x(v)+\lambda\boldsymbol{e}_1=0 \tag{4-77}$$

根据式（4-76）可得 $\boldsymbol{a}_x(v)=\mu\boldsymbol{Q}^{-1}(u)\boldsymbol{e}_1$。其中，$\mu$ 是一个常量。由于 $\boldsymbol{e}_1^{\text{H}}\boldsymbol{a}_x(v)=1$，结合 $\boldsymbol{a}_x(v)=\mu\boldsymbol{Q}^{-1}(u)\boldsymbol{e}_1$，可得 $\mu=1/\boldsymbol{e}_1^{\text{H}}\boldsymbol{Q}^{-1}(u)\boldsymbol{e}_1$，有

$$\hat{\boldsymbol{a}}_x(v)=\frac{\boldsymbol{Q}^{-1}(u)\boldsymbol{e}_1}{\boldsymbol{e}_1^{\text{H}}\boldsymbol{Q}^{-1}(u)\boldsymbol{e}_1} \tag{4-78}$$

将式（4-78）代入 $\min\limits_{\varphi}\boldsymbol{a}_x(v)^{\text{H}}\boldsymbol{Q}(u)\boldsymbol{a}_x(v)$，有

$$\hat{u}=\arg\min_u\frac{1}{\boldsymbol{e}_1^{\text{H}}\boldsymbol{Q}^{-1}(u)\boldsymbol{e}_1}=\arg\max_u\boldsymbol{e}_1^{\text{H}}\boldsymbol{Q}^{-1}(u)\boldsymbol{e}_1 \tag{4-79}$$

式（4-79）也可以写为

$$\hat{u}_k=\arg\max_u \boldsymbol{e}_1^{\mathrm{H}}\boldsymbol{Q}^{-1}(u)\boldsymbol{e}_1,\ k=1,2,\cdots,K \tag{4-80}$$

通过局部搜索 $u\in[\hat{u}_k^{\mathrm{ini}}-\Delta u,\hat{u}_k^{\mathrm{ini}}+\Delta u]$ 找到 $\boldsymbol{Q}^{-1}(u)$ 的 $(1,1)$ 元素的最大值，其中的 Δu 是一个微小值，最大的 K 个峰值（$\hat{u}_1,\hat{u}_2,\cdots,\hat{u}_K$）对应 $\sin\theta_k\sin\varphi_k$，$k=1,2,\cdots,K$，根据式（4-80），可以得到 K 个矢量 $\hat{\boldsymbol{a}}_x(v_1)$，$\hat{\boldsymbol{a}}_x(v_2),\cdots,\hat{\boldsymbol{a}}_x(v_K)$。

由 $\boldsymbol{a}_x(v_k)=[1,\exp(\mathrm{j}2\pi dv_k/\lambda),\cdots,\exp(\mathrm{j}2\pi d(M-1)v_k/\lambda)]^{\mathrm{T}}$，可得

$$\boldsymbol{g}_k=\mathrm{angle}(\boldsymbol{a}_x(v_k)) \tag{4-81}$$

式中，angle(·)表示取复矩阵中每个元素的相角；$\boldsymbol{g}_k=[0,2\pi dv_k/\lambda,\cdots,(M-1)2\pi dv_k/\lambda]^{\mathrm{T}}=v_k\boldsymbol{q}$；$\boldsymbol{q}=[0,2\pi d/\lambda,\cdots,2(M-1)\pi d/\lambda]^{\mathrm{T}}$，用最小二乘法则估计 v_k。归一化方向矢量估计值为 $\hat{\boldsymbol{a}}_x(v_k)(k=1,2,\cdots,K)$，根据式（4-81），由归一化的 $\hat{\boldsymbol{a}}_x(v_k)$ 可得 $\hat{\boldsymbol{g}}_k$。

现在用最小二乘法则估计 v_k。最小二乘法则为 $\min\limits_{\boldsymbol{c}_k}\|\boldsymbol{P}\boldsymbol{c}_k-\hat{\boldsymbol{g}}_k\|_F^2$。其中，$\boldsymbol{c}_k=[c_{k0},v_k]^{\mathrm{T}}\in\mathbb{R}^{2\times1}$，是一个未知参数矢量；$c_{k0}$ 为参数误差估计值；$\boldsymbol{P}=[\boldsymbol{I}_M,\boldsymbol{q}]$。最小二乘结果 $\boldsymbol{c}_k=[\hat{c}_{k0},\hat{v}_k]^{\mathrm{T}}=(\boldsymbol{P}^{\mathrm{T}}\boldsymbol{P})^{-1}\boldsymbol{P}^{\mathrm{T}}\hat{\boldsymbol{g}}_k$，信源的仰角和方位角分别为

$$\hat{\theta}_k=\arcsin(\mathrm{abs}(\hat{v}_k+\mathrm{j}\hat{u}_k)) \tag{4-82}$$

$$\hat{\varphi}_k=\mathrm{angle}(\hat{v}_k+\mathrm{j}\hat{u}_k) \tag{4-83}$$

至此，总结均匀面阵列的 RD-MUSIC 二维 DOA 估计算法的主要步骤如下。

算法 4.3：RD-MUSIC 的 2D-DOA 估计算法。

步骤 1：对信号协方差矩阵进行特征值分解，得到 $\boldsymbol{U}_{\mathrm{s}}$ 和 $\boldsymbol{U}_{\mathbf{n}}$。

步骤 2：利用 $\boldsymbol{U}_{\mathrm{s}}$ 进行初始估计，通过局部搜索，找到 $\boldsymbol{Q}^{-1}(u)$ 的 $(1,1)$ 元素中最大的 K 个峰值，得到对应 $u_k(k=1,2,\cdots,K)$ 的估计值。

步骤 3：根据式（4-78）得到 $\hat{\boldsymbol{a}}_x(v_k)$，利用最小二乘法则得到 $v_k(k=1,2,\cdots,K)$ 的估计值。

步骤 4：根据式（4-82）和式（4-83）得到 2D-DOA 的估计值。

3. RD-MUSIC 算法的复杂度和优点

RD-MUSIC 算法的复杂度低于 2D-MUSIC 算法的复杂度。RD-MUSIC 算法的复杂度为 $O\{n_1K[(M^2N+M^2)(MN-K)+M^2]+JM^2N^2+M^3N^3+2K^2M+3K^3\}$。

2D-MUSIC 算法的复杂度为 $O\{JM^2N^2+M^3N^3+n_g[MN(MN-K)+MN-K]\}$。其中，$n_1$和 n_g分别为局部搜索次数和全局搜索次数。RD-MUSIC 算法的复杂度高于 ESPRIT 算法的复杂度。ESPRIT 算法的复杂度为 $O(JM^2N^2+M^3N^3+2K^2(M-1)N+6K^3+2K^2(N-1)M)$。

RD-MUSIC 算法有以下优点：

- 可以实现自动配对的二维 DOA 估计；
- 只需要进行一次一维局部搜索，2D-MUSIC 算法需要进行二维全局搜索；
- DOA 估计性能比 ESPRIT 算法好，下面的仿真实验可以证明这一点；
- DOA 估计性能非常接近 2D-MUSIC 算法；
- 当包含仰角和方位角相同的信源时，可以进行有效的工作；
- 完全利用信号子空间和噪声子空间，ESPRIT 算法和 2D-MUSIC 算法仅利用信号子空间或噪声子空间。

4. 性能分析

下面将分析 RD-MUSIC 算法的估计性能，推导由 RD-MUSIC 算法的 2D-DOA 估计的大样本均方误差，以及 2D-DOA 估计的克拉美罗界。RD-MUSIC 算法在寻找 $\boldsymbol{V}(u,v)=[\boldsymbol{a}_y(u)\otimes\boldsymbol{a}_x(v)]^{\mathrm{H}}\boldsymbol{U}_{\mathrm{n}}\boldsymbol{U}_{\mathrm{n}}^{\mathrm{H}}[\boldsymbol{a}_y(u)\otimes\boldsymbol{a}_x(v)]$的最小值时，限制 $\boldsymbol{a}_x(v)$的第一个元素为 1。

定义

$$[\boldsymbol{U}_{\mathrm{s}}\,|\,\boldsymbol{U}_{\mathrm{n}}]=[\boldsymbol{s}_1,\cdots,\boldsymbol{s}_K\,|\,\boldsymbol{g}_1,\cdots,\boldsymbol{g}_{MN-K}] \tag{4-84}$$

$$[\hat{\boldsymbol{U}}_{\mathrm{s}}\,|\,\hat{\boldsymbol{U}}_{\mathrm{n}}]=[\hat{\boldsymbol{s}}_1,\cdots,\hat{\boldsymbol{s}}_K\,|\,\hat{\boldsymbol{g}}_1,\cdots,\hat{\boldsymbol{g}}_{MN-K}] \tag{4-85}$$

分别为由按升序排列的 $\boldsymbol{R}_x$特征值$\{\boldsymbol{\lambda}_i\}_{i=1}^{MN}$和$\hat{\boldsymbol{R}}_x$特征值$\{\hat{\boldsymbol{\lambda}}_i\}_{i=1}^{MN}$对应的特征矢量组成的矩阵，有

$$\begin{aligned}U[(\boldsymbol{U}_{\mathrm{s}}\boldsymbol{U}_{\mathrm{s}}^{\mathrm{H}}\hat{\boldsymbol{g}}_i)(\boldsymbol{U}_{\mathrm{s}}\boldsymbol{U}_{\mathrm{s}}\hat{\boldsymbol{g}}_j)^{\mathrm{H}}]&=\frac{\boldsymbol{\sigma}_{\mathrm{n}}^2}{\boldsymbol{J}}\left[\sum_{k=1}^{K}\frac{\boldsymbol{\lambda}_k}{(\boldsymbol{\sigma}_{\mathrm{n}}^2-\boldsymbol{\lambda}_k)^2}\boldsymbol{s}_k\boldsymbol{s}_k^{\mathrm{H}}\right]\boldsymbol{\delta}_{i,j}\\&=\frac{1}{\boldsymbol{J}}\boldsymbol{U}\delta_{i,j}\boldsymbol{\sigma}_{\mathrm{n}}^2\end{aligned} \tag{4-86}$$

$$U[(\boldsymbol{U}_{\mathrm{s}}\boldsymbol{U}_{\mathrm{s}}^{\mathrm{H}}\hat{\boldsymbol{g}}_i)(\boldsymbol{U}_{\mathrm{s}}^{\mathrm{H}}\boldsymbol{U}_{\mathrm{s}}^{\mathrm{H}}\hat{\boldsymbol{g}}_j)^{\mathrm{T}}]=0 \tag{4-87}$$

式中，$\delta_{i,j}=\begin{cases}1, & i=j\\ 0, & \text{其他}\end{cases}$；$\boldsymbol{U}=\sum\limits_{k=1}^{K}\frac{\boldsymbol{\lambda}_k}{(\sigma_{\mathrm{n}}^2-\boldsymbol{\lambda}_k)^2}\boldsymbol{s}_k\boldsymbol{s}_k^{\mathrm{H}}$；$\sigma_{\mathrm{n}}^2$ 为噪声功率。

定义 $\boldsymbol{r}\triangleq[u,v]^{\mathrm{T}}$，$\boldsymbol{a}_k\triangleq\boldsymbol{a}_y(u_k)\otimes\boldsymbol{a}_x(v_k)$，代价函数为

$$f(\boldsymbol{r})=\boldsymbol{a}_k^{\mathrm{H}}\boldsymbol{U}_{\mathrm{n}}\boldsymbol{U}_{\mathrm{n}}^{\mathrm{H}}\boldsymbol{a}_k \tag{4-88}$$

定义矩阵 $\boldsymbol{A}\triangleq\boldsymbol{A}_y\odot\boldsymbol{A}_x\in\mathbb{C}^{MN\times K}$，也可以表示为 $\boldsymbol{A}=[\boldsymbol{a}_1,\boldsymbol{a}_2,\cdots,\boldsymbol{a}_K]$。定义 $\nabla_{\boldsymbol{r}}\triangleq[\partial/\partial u,\partial/\partial v]^{\mathrm{T}}$，$\boldsymbol{d}(u_k)=\partial\boldsymbol{a}_k/\partial u_k$，$\boldsymbol{d}(v_k)=\partial\boldsymbol{a}_k/\partial v_k$，因为 $\{\hat{\boldsymbol{r}}_i\}$ 是 $f(\boldsymbol{r})$ 的极小点，所以可得 $f'(\hat{\boldsymbol{r}}_i)=0$，利用一阶泰勒展开，有

$$0\approx\nabla_{\boldsymbol{r}}f(\boldsymbol{r})\big|_{\boldsymbol{r}_i}+\nabla_{\boldsymbol{r}}(\nabla_{\boldsymbol{r}}f(\boldsymbol{r}))^{\mathrm{T}}\big|_{\boldsymbol{r}_{i\xi}}(\hat{\boldsymbol{r}}_i-\boldsymbol{r}_i) \tag{4-89}$$

式中，$\boldsymbol{r}_{i\xi}$ 表示由 $\boldsymbol{r}_i$ 和 $\hat{\boldsymbol{r}}_i$ 之间的一些值组成的矢量，估计误差为

$$\hat{\boldsymbol{r}}_i-\boldsymbol{r}_i=\frac{-\nabla_{\boldsymbol{r}}f(\boldsymbol{r})\big|_{\boldsymbol{r}_i}}{\nabla_{\boldsymbol{r}}(\nabla_{\boldsymbol{r}}f(\boldsymbol{r}))^{\mathrm{T}}\big|_{\boldsymbol{r}_{i\xi}}} \tag{4-90}$$

定义 $\boldsymbol{H}_i=\lim\limits_{N\to\infty}\nabla_{\boldsymbol{r}}(\nabla_{\boldsymbol{r}}f(\boldsymbol{r}))^{\mathrm{T}}\big|_{\boldsymbol{r}_i}$，渐近协方差矩阵为

$$\begin{aligned}\boldsymbol{\Phi}_{ik}&=\lim_{N\to\infty}\boldsymbol{U}[(\hat{\boldsymbol{r}}_i-\boldsymbol{r}_i)(\hat{\boldsymbol{r}}_k-\boldsymbol{r}_k)^{\mathrm{T}}]\\&=(\boldsymbol{H}_i)^{-1}\lim_{N\to\infty}\boldsymbol{U}[\nabla_{\boldsymbol{r}_i}f(\boldsymbol{r})(\nabla_{\boldsymbol{r}_k}f(\boldsymbol{r}))^{\mathrm{T}}]\big|_{\boldsymbol{r}_i,\boldsymbol{r}_k}(\boldsymbol{H}_k)^{-1}\end{aligned} \tag{4-91}$$

可得

$$\boldsymbol{a}_k^{\mathrm{H}}\hat{\boldsymbol{U}}_{\mathrm{n}}\hat{\boldsymbol{U}}_{\mathrm{n}}^{\mathrm{H}}\boldsymbol{d}(u_k)=\sum_{p=1}^{MN-K}[\boldsymbol{g}_p^{\mathrm{H}}\boldsymbol{d}(u_k)][\boldsymbol{a}_k^{\mathrm{H}}\boldsymbol{U}_{\mathrm{s}}\boldsymbol{U}_{\mathrm{s}}^{\mathrm{H}}\hat{\boldsymbol{g}}_p] \tag{4-92}$$

$$\boldsymbol{a}_k^{\mathrm{H}}\hat{\boldsymbol{U}}_{\mathrm{n}}\hat{\boldsymbol{U}}_{\mathrm{n}}^{\mathrm{H}}\boldsymbol{d}(v_k)=\sum_{p=1}^{MN-K}[\boldsymbol{g}_p^{\mathrm{H}}\boldsymbol{d}(v_k)][\boldsymbol{a}_k^{\mathrm{H}}\boldsymbol{U}_{\mathrm{s}}\boldsymbol{U}_{\mathrm{s}}^{\mathrm{H}}\hat{\boldsymbol{g}}_p] \tag{4-93}$$

估计误差的协方差矩阵为

$$\boldsymbol{\Phi}_{ik}=\frac{\sigma_{\mathrm{n}}^2}{2Jw(i)w(k)}\begin{bmatrix}\boldsymbol{d}^{\mathrm{H}}(v_i)\boldsymbol{P}_{\boldsymbol{A}}^{\perp}\boldsymbol{d}(v_i) & \boldsymbol{\rho}(i)\\ \boldsymbol{\rho}(i) & \boldsymbol{d}^{\mathrm{H}}(u_i)\boldsymbol{P}_{\boldsymbol{A}}\boldsymbol{d}(u_i)\end{bmatrix}\times$$

$$\mathrm{Re}\left\{(\boldsymbol{a}_i^{\mathrm{H}}\boldsymbol{U}\boldsymbol{a}_k)\begin{bmatrix}\boldsymbol{d}^{\mathrm{H}}(u_k)\boldsymbol{P}_{A}^{\perp}\boldsymbol{d}(u_i) & \boldsymbol{d}^{\mathrm{H}}(v_k)\boldsymbol{P}_{\boldsymbol{A}}\boldsymbol{d}(u_i)\\ \boldsymbol{d}^{\mathrm{H}}(u_k)\boldsymbol{P}_{\boldsymbol{A}}^{\perp}\boldsymbol{d}(v_i) & \boldsymbol{d}^{\mathrm{H}}(v_k)\boldsymbol{P}_{\boldsymbol{A}}^{\perp}\boldsymbol{d}(v_i)\end{bmatrix}\right\}\times$$

$$\begin{bmatrix} \boldsymbol{d}^{\mathrm{H}}(v_k)\boldsymbol{P}_{\boldsymbol{A}}^{\perp}\boldsymbol{d}(v_k) & \boldsymbol{\rho}(k) \\ \boldsymbol{\rho}(k) & \boldsymbol{d}^{\mathrm{H}}(u_k)\boldsymbol{P}_{\boldsymbol{A}}^{\perp}\boldsymbol{d}(u_k) \end{bmatrix} \tag{4-94}$$

式中，J 为快拍数；$w(i)=\boldsymbol{d}^{\mathrm{H}}(u_i)\boldsymbol{P}_{\boldsymbol{A}}^{\perp}\boldsymbol{d}(u_i)\boldsymbol{d}^{\mathrm{H}}(v_i)\boldsymbol{P}_{\boldsymbol{A}}^{\perp}\boldsymbol{d}(v_i)-\frac{1}{4}[\boldsymbol{d}^{\mathrm{H}}(u_i)\boldsymbol{P}_{\boldsymbol{A}}^{\perp}\boldsymbol{d}(v_i)+\boldsymbol{d}^{\mathrm{H}}(v_i)\boldsymbol{P}_{\boldsymbol{A}}^{\perp}\boldsymbol{d}(u_i)]^2$；$\boldsymbol{\rho}(i)=-[\boldsymbol{d}^{\mathrm{H}}(u_i)\boldsymbol{P}_{\boldsymbol{A}}^{\perp}\boldsymbol{d}(v_i)+\boldsymbol{d}^{\mathrm{H}}(v_i)\boldsymbol{P}_{\boldsymbol{A}}^{\perp}\boldsymbol{d}(u_i)]/2$；$\boldsymbol{P}_{\boldsymbol{A}}^{\perp}=\boldsymbol{I}-\boldsymbol{A}(\boldsymbol{A}^{\mathrm{H}}\boldsymbol{A})^{-1}\boldsymbol{A}^{\mathrm{H}}$。

根据式（4-94），变量 u_k 的估计误差为 $\boldsymbol{U}[\partial u_k^2]=\boldsymbol{\Phi}_{kk}(1,1)$，$v_k$ 的估计误差为 $\boldsymbol{U}[\partial v_k^2]=\boldsymbol{\Phi}_{kk}(2,2)$。$u_k$ 和 v_k 估计误差的协方差矩阵为 $\boldsymbol{U}[\partial v_k,\partial u_k])=\boldsymbol{\Phi}_{kk}(2,1)$。

方位角和仰角的 MSE 分别为

$$\begin{aligned} \boldsymbol{U}[\partial\varphi_k^2] &= \frac{1}{\sin^2\theta_k}[\boldsymbol{U}[\partial u_k^2]+\boldsymbol{U}[\partial v_k^2]-\mathrm{Re}\{(\boldsymbol{U}[\partial v_k^2]+2\mathrm{j}\boldsymbol{U}[\partial v_k,\partial u_k]-\boldsymbol{U}[\partial u_k^2])\mathrm{e}_k^{-\mathrm{j}2\varphi_k}\}] \\ &= \frac{1}{\sin^2\theta_k}[\boldsymbol{\Phi}_{kk}(1,1)+\boldsymbol{\Phi}_{kk}(2,2)-\mathrm{Re}\{(\boldsymbol{\Phi}_{kk}(2,2)+2\mathrm{j}\boldsymbol{\Phi}_{kk}(2,1)-\boldsymbol{\Phi}_{kk}(1,1))\mathrm{e}_k^{-\mathrm{j}2\varphi_k}\}] \\ &= \frac{1}{\sin^2\theta_k}[\boldsymbol{\Phi}_{kk}(1,1)\cos^2\varphi_k+\boldsymbol{\Phi}_{kk}(2,2)\sin^2\varphi_k-\boldsymbol{\Phi}_{kk}(2,1)\sin 2\varphi_k] \end{aligned} \tag{4-95}$$

$$\begin{aligned} \boldsymbol{U}[\partial\theta_k^2] &= \frac{1}{\sin^2\theta_k\cos^2\theta_k}(u_k^2\boldsymbol{U}[\partial u_k^2]+v_k^2\boldsymbol{U}[\partial v_k^2]+2u_kv_k\boldsymbol{U}[\partial v_{\mathrm{k}},\partial u_k]) \\ &= \frac{1}{\sin^2\theta_k\cos^2\theta_k}(u_k^2\boldsymbol{\Phi}_{kk}(1,1)+v_k^2\boldsymbol{\Phi}_{kk}(2,2)+2u_kv_k\boldsymbol{\Phi}_{kk}(2,1)) \\ &= \frac{1}{\cos^2\theta_k}(\sin^2\varphi_k\boldsymbol{\Phi}_{kk}(1,1)+\cos^2\varphi_k\boldsymbol{\Phi}_{kk}(2,2)+\sin 2\varphi_k\boldsymbol{\Phi}_{kk}(2,1)) \end{aligned} \tag{4-96}$$

均匀矩形阵列 DOA 估计的 CRB 为

$$\mathrm{CRB}=\frac{\sigma_{\mathrm{n}}^2}{2J}\{\mathrm{Re}[(\boldsymbol{D}^{\mathrm{H}}\boldsymbol{\Pi}_{\boldsymbol{A}}^{\perp}\boldsymbol{D})\oplus\boldsymbol{P}^{\mathrm{T}}]\}^{-1} \tag{4-97}$$

式中，$\oplus$表示 Hadamard 积；$\boldsymbol{\Pi}_{\boldsymbol{A}}^{\perp}=\boldsymbol{I}_{MN}-\boldsymbol{A}(\boldsymbol{A}^{\mathrm{H}}\boldsymbol{A})^{-1}\boldsymbol{A}^{\mathrm{H}}$；$\boldsymbol{P}=\frac{1}{J}\sum_{l=1}^{J}\boldsymbol{s}(t_l)\boldsymbol{s}^{\mathrm{H}}(t_l)$；$\boldsymbol{D}=[\boldsymbol{d}_1,\boldsymbol{d}_2,\cdots,\boldsymbol{d}_K,\boldsymbol{f}_1,\boldsymbol{f}_2,\cdots,\boldsymbol{f}_K]$；$\boldsymbol{d}_k=\partial\boldsymbol{a}_k/\partial\varphi_k$；$\boldsymbol{f}_k=\partial\boldsymbol{a}_k/\partial\theta_k$。

5. 仿真结果

通过 1000 次的蒙特卡罗仿真实验可以评估均匀面阵列 RD-MUSIC 算法的 DOA 估计性能。定义均方根误差为

$$\text{RMSE}=\frac{1}{K}\sum_{k=1}^{K}\sqrt{\frac{1}{1000}\sum_{l=1}^{1000}[(\hat{\theta}_{k,l}-\theta_k)^2+(\hat{\varphi}_{k,l}-\varphi_k)^2]} \tag{4-98}$$

式中，$\hat{\theta}_{k,l},\hat{\varphi}_{k,l}$分别为第 l 次蒙特卡罗仿真实验的 θ_k，φ_k估计值。假设在空间有 $K=2$个信源，DOA 分别为$(\theta_1,\varphi_1)=(10°,15°)$、$(\theta_2,\varphi_2)=(20°,25°)$，阵元间距 $d=\lambda/2$，M 和 N 分别表示在 x 轴和 y 轴上的阵元数，J 表示快拍数。

仿真 1. 图 4-16 和图 4-17 分别为当信噪比为 5dB 和 20dB 时，RD-MUSIC 算法 DOA 估计结果的散点图（$M=8$，$N=8$，$J=100$）。由图可知，RD-MUSIC 算法能够准确估计方位角和仰角。

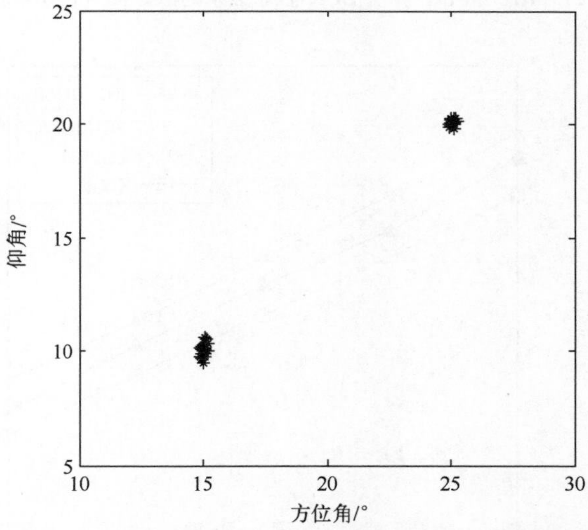

图 4-16　RD-MUSIC 算法 DOA 估计结果的散点图（SNR = 5dB）

仿真 2. 图 4-18 为当 $M=8$、$N=8$、$J=100$、$K=2$ 时，RD-MUSIC 算法、2D-MUSIC 算法、ESPRIT 算法的 DOA 估计性能对比。由图可知，RD-MUSIC 算法的 DOA 估计性能优于 ESPRIT 算法，且非常接近 2D-MUSIC 算法。

仿真 3. 图 4-19 为 RD-MUSIC 算法 DOA 估计性能随信源数 K 变化的示意图（$M=8$，$N=8$，$J=100$）。由图可知，信源数越多，互干扰越强，估计性能越差。

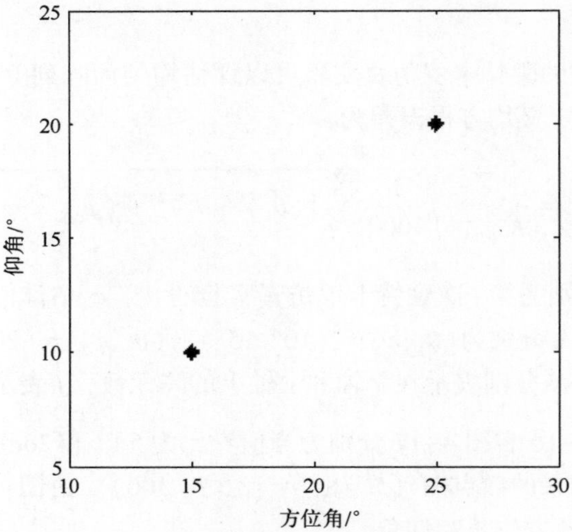

图 4-17　RD-MUSIC 算法 DOA 估计结果的散点图（SNR＝20dB）

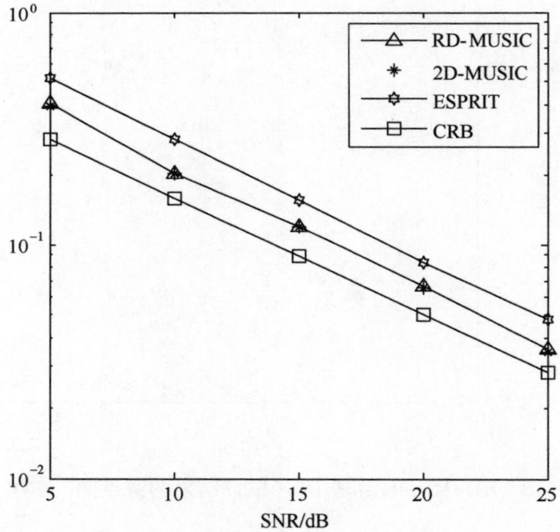

图 4-18　DOA 估计性能对比（$M=8$，$N=8$，$J=100$，$K=2$）

仿真 4. 图 4-20 为 RD-MUSIC 算法 DOA 估计性能随快拍数 J 变化的示意图（$M=8$，$N=8$，$K=2$）。由图可知，随着 J 的增加，DOA 估计性能越来越好。

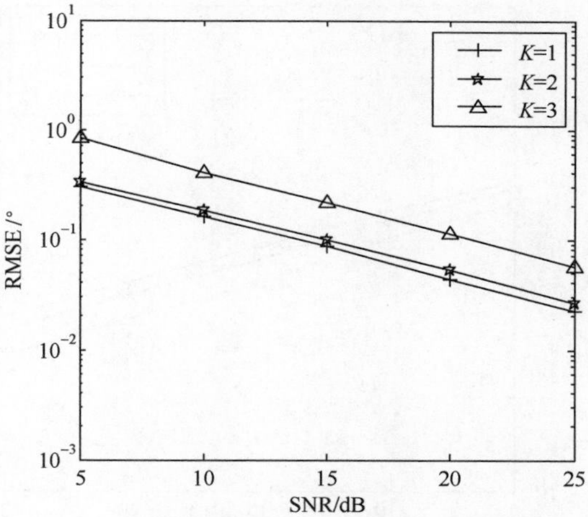

图 4-19　DOA 估计性能随信源数 K 变化的示意图（$M=8$，$N=8$，$J=100$）

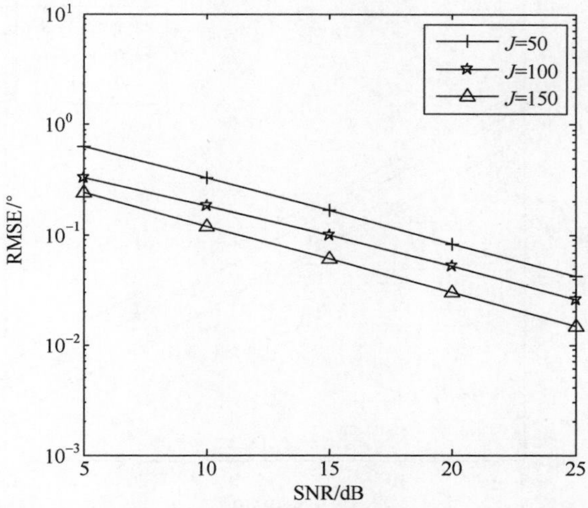

图 4-20　DOA 估计性能随快拍数 J 变化的示意图（$M=8$，$N=8$，$K=2$）

仿真 5. 图 4-21 和图 4-22 分别为 DOA 估计性能随阵元数 M 和 N 变化的示意图（$K=2$，$J=100$）。由图可知，随着阵元数 M 或 N 的增加，DOA 估计性能越来越好。

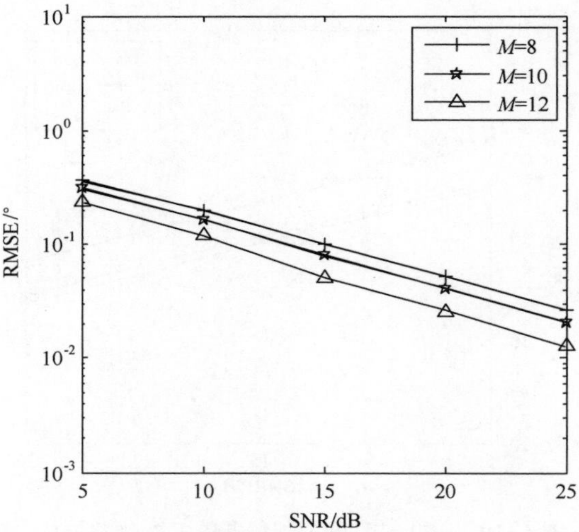

图 4-21　DOA 估计性能随阵元数 M 变化的示意图（$K=2$，$J=100$）

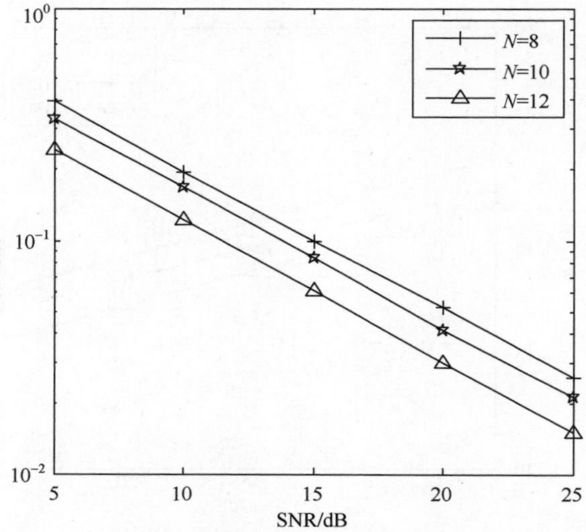

图 4-22　DOA 估计性能随阵元数 N 变化的示意图（$K=2$，$J=100$）

4.3.4　级联 MUSIC 算法

为了降低计算的复杂度，研究人员又提出了级联 MUSIC 算法。该算法先利用子空间的旋转不变性进行初始估计，再通过两次一维搜索实现自动配对，性能接近 2D-MUSIC 算法。

1. 算法描述

定义 $u=\sin\theta\sin\varphi$，$v=\sin\theta\cos\varphi$，首先利用 ESPRIT 算法得到参数的初始估计值。在无噪声影响时，信号子空间可以表示为

$$\boldsymbol{U}_{\mathrm{s}}=\begin{bmatrix}\boldsymbol{A}_x\\ \boldsymbol{A}_x\boldsymbol{\Phi}\\ \vdots\\ \boldsymbol{A}_x\boldsymbol{\Phi}^{N-1}\end{bmatrix}\boldsymbol{T} \tag{4-99}$$

式中，$\boldsymbol{T}$ 为 $K\times K$ 维满秩矩阵。

将 $\boldsymbol{U}_{\mathrm{s}}$ 分块为 $\boldsymbol{U}_{\mathrm{s}}=[\boldsymbol{U}_{\mathrm{s1}}^{\mathrm{T}},\boldsymbol{U}_{\mathrm{s2}}^{\mathrm{T}},\cdots,\boldsymbol{U}_{\mathrm{s}N}^{\mathrm{T}}]^{\mathrm{T}}$。其中，$\boldsymbol{U}_{\mathrm{s}n}\in\mathbb{C}^{M\times K}$，$n=1,2,\cdots,N$，可得

$$\boldsymbol{U}_{\mathrm{s1}}^{+}\boldsymbol{U}_{\mathrm{s2}}=\boldsymbol{T}^{-1}\boldsymbol{\Phi}\boldsymbol{T}$$

式中，对角矩阵 $\boldsymbol{\Phi}$ 由 $\boldsymbol{U}_{\mathrm{s1}}^{+}\boldsymbol{U}_{\mathrm{s2}}$ 的所有特征值组成。假设 $\boldsymbol{U}_{\mathrm{s1}}^{+}\boldsymbol{U}_{\mathrm{s2}}$ 的第 k 个特征值为 λ_k，$\sin\theta_k\sin\varphi_k$ 的初始估计值 $\hat{u}_k^{\mathrm{ini}}$ 可以通过 $\hat{u}_k^{\mathrm{ini}}=\mathrm{angle}(\lambda_k)\lambda/(2\pi d)$ 得到。

使用式（4-99）可以估计 $\hat{v}_k$，即

$$\hat{v}_k=\arg\max_{v_k\in[-1,+1]}\frac{1}{[\boldsymbol{a}_1(\hat{u}_k^{\mathrm{ini}})\otimes\boldsymbol{a}_2(v_k)]^{\mathrm{H}}\boldsymbol{U}_{\mathrm{n}}\boldsymbol{U}_{\mathrm{n}}^{\mathrm{H}}[\boldsymbol{a}_1(\hat{u}_k^{\mathrm{ini}})\otimes\boldsymbol{a}_2(v_k)]},\quad k=1,2,\cdots,K \tag{4-100}$$

式中，$\boldsymbol{a}_1(\hat{u}_k^{\mathrm{ini}})=[1,\mathrm{e}^{\mathrm{j}2\pi d\hat{u}_k^{\mathrm{ini}}/\lambda},\cdots,\mathrm{e}^{\mathrm{j}2\pi(N-1)d\hat{u}_k^{\mathrm{ini}}/\lambda}]^{\mathrm{T}}$；$\boldsymbol{a}_2(v_k)=[1,\mathrm{e}^{\mathrm{j}2\pi dv_k/\lambda},\cdots,\mathrm{e}^{\mathrm{j}2\pi(M-1)dv_k/\lambda}]^{\mathrm{T}}$。在区间 $[-1,+1]$ 内局部搜索 v_k，可得 $\hat{v}_k$，$k=1,2,\cdots,K$。

同理，使用式（4-101）在区间 $[\hat{u}_k^{\mathrm{ini}}-\Delta,\hat{u}_k^{\mathrm{ini}}+\Delta]$（$\Delta$ 是一个很小值）内搜索 u_k，可得到更加精确的 $\hat{u}_k$，即

$$\hat{u}_k=\arg\max_{u_k\in[\hat{u}_k^{\mathrm{ini}}-\Delta,\hat{u}_k^{\mathrm{ini}}+\Delta]}\frac{1}{[\boldsymbol{a}_1(u_k)\otimes\boldsymbol{a}_2(\hat{v}_k)]^{\mathrm{H}}\boldsymbol{U}_{\mathrm{n}}\boldsymbol{U}_{\mathrm{n}}^{\mathrm{H}}[\boldsymbol{a}_1(u_k)\otimes\boldsymbol{a}_2(\hat{v}_k)]},\quad k=1,2,\cdots,K \tag{4-101}$$

根据估计值 $\hat{v}_k$ 和 $\hat{u}_k$，使用式（4-102）可以得到估计值 $\hat{\theta}_k$ 和 $\hat{\varphi}_k$，即

$$\hat{\theta}_k=\arcsin\left(\sqrt{\hat{u}_k^2+\hat{v}_k^2}\right) \tag{4-102}$$

$$\hat{\varphi}_k=\arctan(\hat{u}_k/\hat{v}_k) \tag{4-103}$$

至此，总结级联 MUSIC 的二维空间谱估计（级联 MUSIC）算法的具体步骤如下。

算法 4.4：级联 MUSIC 的二维空间谱估计算法。

步骤 1：利用接收信号求协方差矩阵的估计值。

步骤 2：将$\hat{\boldsymbol{R}}_x$进行特征值分解，得到$\boldsymbol{U}_{\mathrm{s}}$和$\boldsymbol{U}_{\mathrm{n}}$，对信号子空间进行分块，利用旋转不变性得到$\hat{u}_k^{\mathrm{ini}}$。

步骤 3：通过一维 MUSIC 算法和式（4-100）得到估计值$\hat{v}_k$，保持$\hat{u}_k^{\mathrm{ini}}$固定。

步骤 4：通过式（4-101）得到$\hat{u}_k$，保持$\hat{v}_k$固定。

步骤 5：通过式（4-102）和式（4-103）计算$\hat{\theta}_k$和$\hat{\varphi}_k$。

2. 算法的复杂度和特点

级联 MUSIC 算法的复杂度约为 $O\{[JM^2N^2+M^3N^3+2K^2N+3K^3]+(n_1+n_2)K[MN(2MN-3K+1)]\}$。其中，$n_1$和$n_2$分别为两次搜索的步数。2D-MUSIC 算法的复杂度为 $O\{JM^2N^2+M^3N^3+n_{\mathrm{g}}[MN(MN-k)+MN-K]\}$。其中，$n_{\mathrm{g}}$为全局范围内搜索的步数。级联 MUSIC 算法的复杂度较低。

级联 MUSIC 算法的特点如下：

- 可对二维 DOA 进行自动配对；
- 只需要进行一维局部搜索，2D-MUSIC 算法需要进行二维全局搜索，DOA 估计性能接近 2D-MUSIC 算法；
- 可有效估计相同方位角（或仰角）的信源。

3. 克拉美罗界

均匀面阵列空间谱参数估计的 CRB 为

$$\mathrm{CRB}=\frac{\sigma_n^2}{2J}\{\mathrm{Re}[\boldsymbol{D}^{\mathrm{H}}\boldsymbol{\Pi}_{\boldsymbol{A}}^{\perp}\boldsymbol{D}\oplus\hat{\boldsymbol{P}}^{\mathrm{T}}]\}^{-1} \tag{4-104}$$

式中，$\oplus$为 Hadamard 积；$\boldsymbol{D}=\left[\frac{\partial\boldsymbol{a}_1}{\partial\theta_1},\cdots,\frac{\partial\boldsymbol{a}_K}{\partial\theta_K},\frac{\partial\boldsymbol{a}_1}{\partial\varphi_1},\cdots,\frac{\partial\boldsymbol{a}_K}{\partial\varphi_K}\right]$；$\hat{\boldsymbol{P}}=\begin{bmatrix}\hat{\boldsymbol{P}}_{\mathrm{s}} & \hat{\boldsymbol{P}}_{\mathrm{s}}\\ \hat{\boldsymbol{P}}_{\mathrm{s}} & \hat{\boldsymbol{P}}_{\mathrm{s}}\end{bmatrix}$；$\hat{\boldsymbol{P}}_{\mathrm{s}}=\frac{1}{J}\sum_{t=1}^{J}\boldsymbol{s}(t)\boldsymbol{s}^{\mathrm{H}}(t)$；$\boldsymbol{\Pi}_{\boldsymbol{A}}^{\perp}=\boldsymbol{I}_{M\times N}-\boldsymbol{A}[\boldsymbol{A}^{\mathrm{H}}\boldsymbol{A}]^{-1}\boldsymbol{A}^{\mathrm{H}}$；$\boldsymbol{a}_k$表示矩阵 $\boldsymbol{A}$ 的第 k 列。

4. 仿真结果

下面采用蒙特卡罗仿真对级联 MUSIC 算法进行仿真实验，定义均方根误差为

$$\mathrm{RMSE}=\sqrt{\frac{1}{TK}\sum_{m=1}^{T}\sum_{k=1}^{K}(\hat{\omega}_{k,m}-\omega_k)^2} \tag{4-105}$$

式中，T 为蒙特卡罗仿真实验的次数；$\hat{\omega}_{k,m}$ 为在第 m 次蒙特卡罗仿真实验中，第 k 个信源参数估计值；K 为信源数；ω_k 为 θ_k 或 φ_k。假设有 K 个信源，快拍数为 J，阵元数为 $M\times N$。不失一般性，在以下的仿真实验中，均假设 $N=8$。

仿真 1. 图 4-23 为级联 MUSIC 算法在 SNR=5dB 时的仿真结果，$M=8$，3 个信源的仰角和方位角分别为(10°,20°)、(20°,30°)和(30°,40°)。由图可知，级联 MUSIC 算法能够有效估计 3 个信源的 DOA。

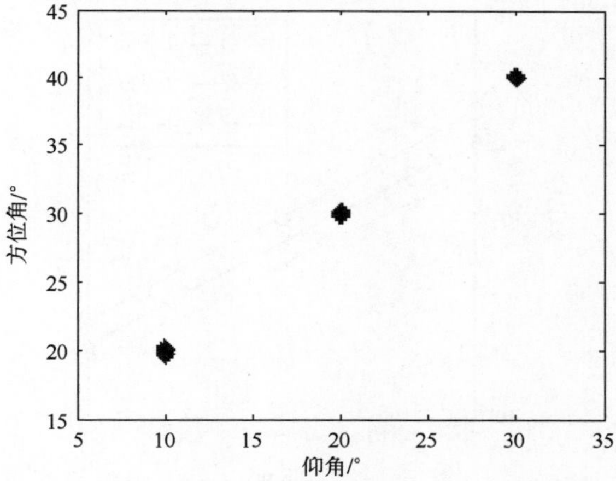

图 4-23 级联 MUSIC 算法在 SNR=5dB 时的仿真结果

仿真 2. 图 4-24 为级联 MUSIC 算法在不同快拍数时的 DOA 估计性能。因为快拍数的增加会使采样数据的样本变大，获得的协方差矩阵更精准，所以 DOA 估计性能变好。

仿真 3. 图 4-25 为级联 MUSIC 算法在不同阵元数时的 DOA 估计性能。由图可知，阵元数越多，级联 MUSIC 算法的性能越好，因为阵元数增加，分集增益变大。

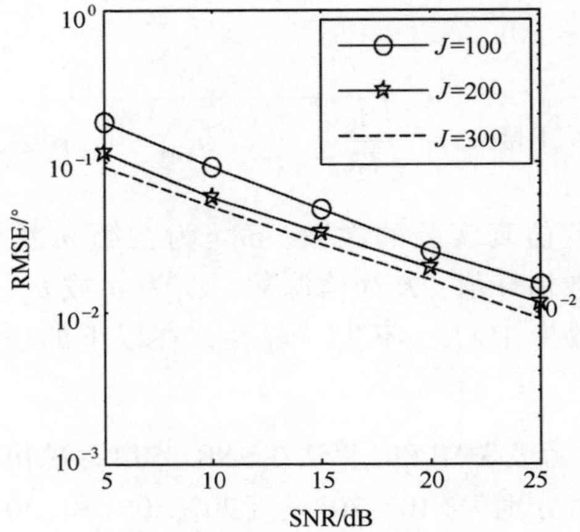

(a) 仰角估计

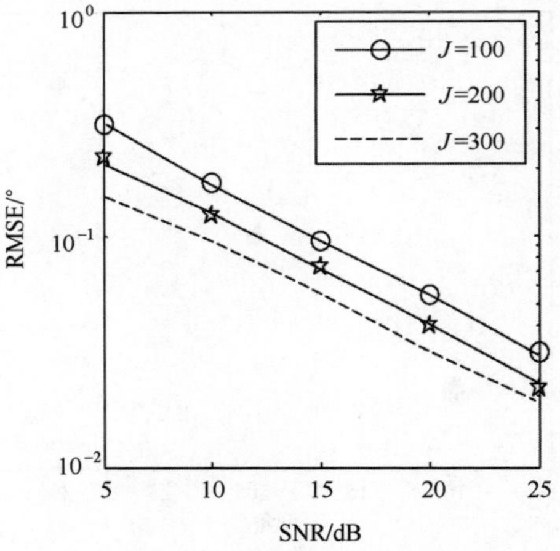

(b) 方位角估计

图 4-24　在不同快拍数时的 DOA 估计性能
($M=8$ 和 $K=3$)

仿真 4. 图 4-26 为级联 MUSIC 算法在不同信源数时的 DOA 估计性能。由图可知，信源数越多，信源之间的相互干扰越强，级联 MUSIC 算法的 DOA 估计性能越差。

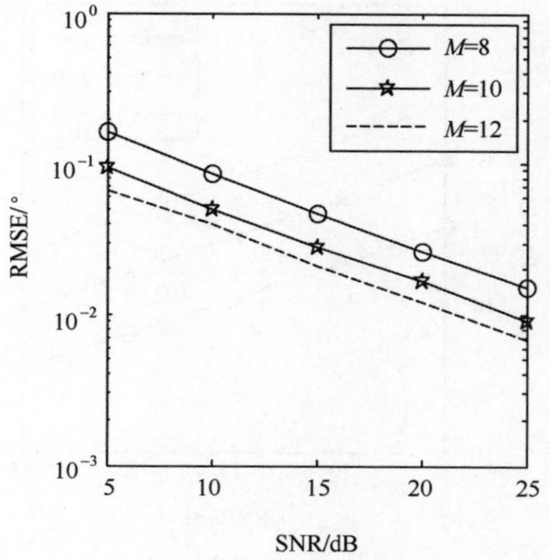

（a）仰角估计

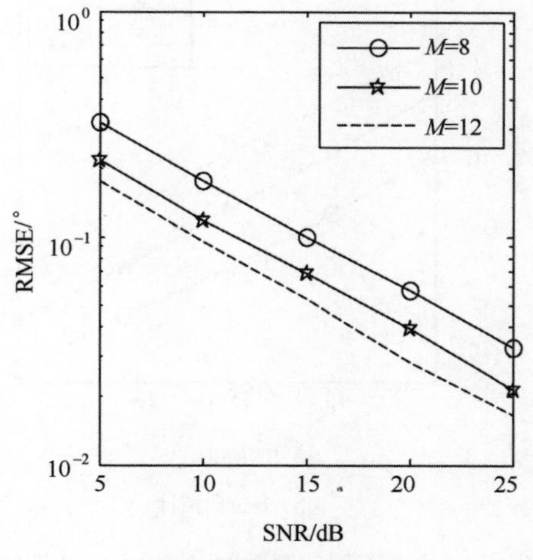

（b）方位角估计

图 4-25　在不同阵元数时的 DOA 估计性能（$J=300$ 和 $K=3$）

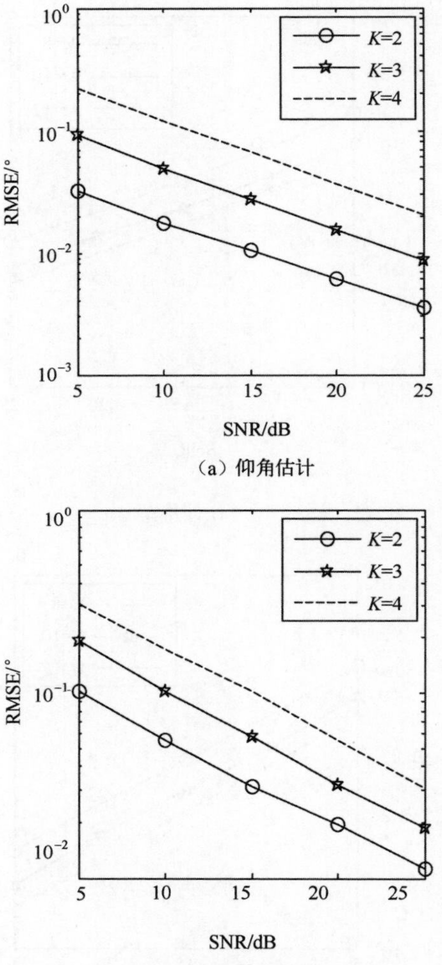

（a）仰角估计

（b）方位角估计

图 4-26　在不同信源数时的 DOA 估计性能
（$J=300$ 和 $M=16$）

仿真 5. 图 4-27 和图 4-28 分别显示了级联 MUSIC 算法对相同方位角和相同仰角信源的估计性能。因为级联 MUSIC 算法用于估计 θ_k 和 φ_k 的综合信息 u_k 和 v_k，即使 θ_k 和 φ_k 相同，依然能很好地进行估计。

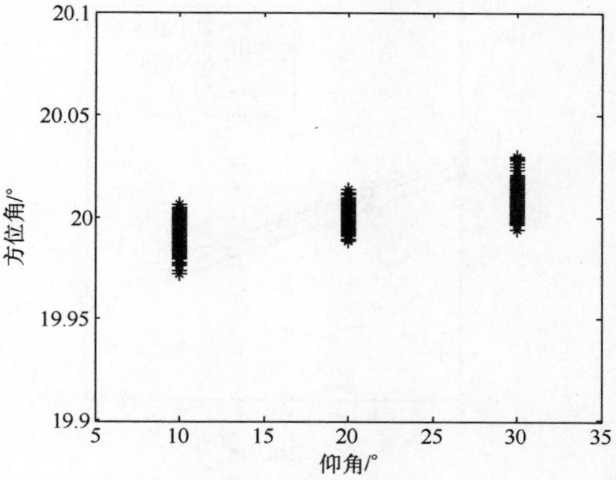

图 4-27　对相同方位角信源的估计性能
（$J=100$，$M=8$，$K=3$）

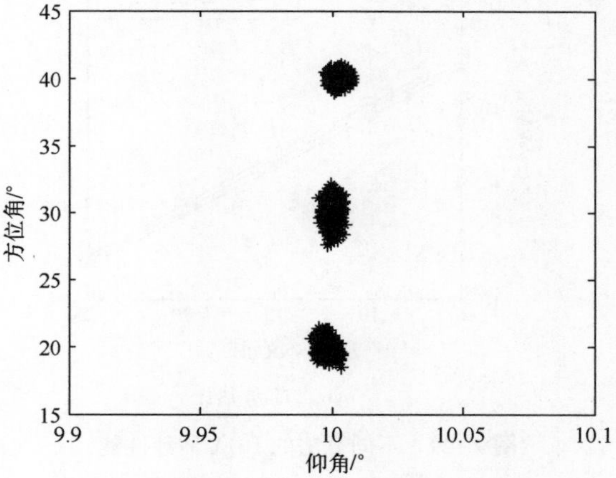

图 4-28　对相同仰角信源的估计性能
（$J=100$，$M=8$，$K=3$）

仿真 6. 图 4-29 对比了级联 MUSIC 算法（S-MUSIC）、二维 MUSIC 算法（2D-MUSIC）的 DOA 估计性能以及 CRB。显然，级联 MUSIC 算法的性能非常逼近 2D-MUSIC 算法。

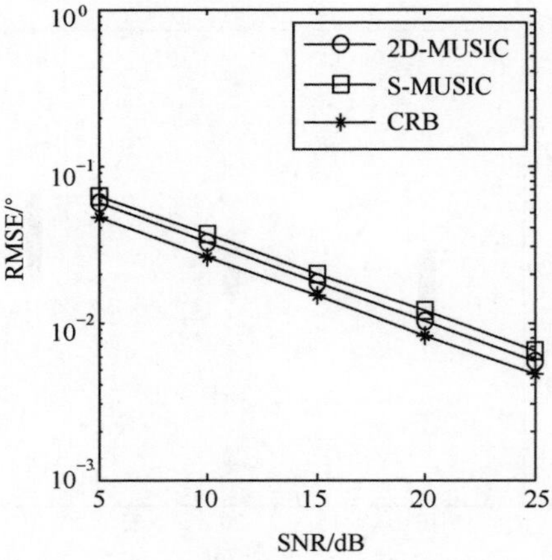

（a）仰角估计

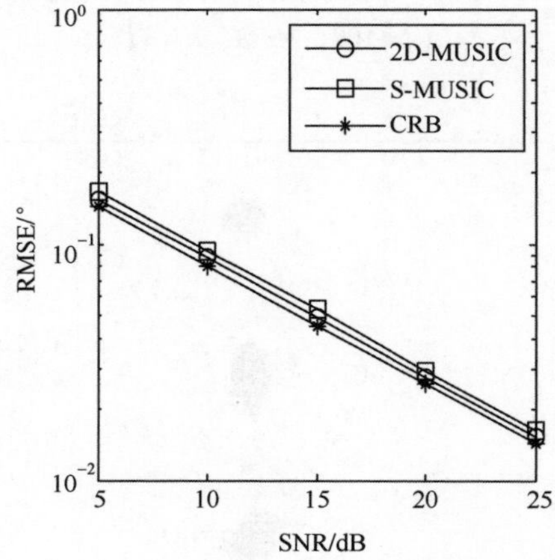

（b）方位角估计

图 4-29　不同算法的 DOA 估计性能

（$J=100$，$M=12$，$K=3$）

4.4　均匀面阵列的基于三线性分解的二维测向算法

下面介绍均匀面阵列的基于三线性分解的二维 DOA 估计算法。该算法利用三线性分解估计方向矩阵，进而使用最小二乘对参数进行估计。

4.4.1 数据模型

假设均匀面阵列（见图 4-1）共有 $M\times N$ 个阵元，阵元间距为 d，在空间有 K 个信源发射信号到阵列上，二维波达方向为(θ_k,φ_k)，$k=1,2,\cdots,K$。其中，θ_k,φ_k分别为第 k 个信源发射信号的仰角和方位角。

阵列接收信号可写为

$$\boldsymbol{X}=\begin{bmatrix}\boldsymbol{A}_xD_1(\boldsymbol{A}_y)\\ \boldsymbol{A}_xD_2(\boldsymbol{A}_y)\\ \vdots\\ \boldsymbol{A}_xD_M(\boldsymbol{A}_y)\end{bmatrix}\boldsymbol{S}^{\mathrm{T}}+\boldsymbol{N} \tag{4-106}$$

式中，$\boldsymbol{S}$ 为信源信号矩阵；$D_m(\cdot)$为由矩阵的 m 行构造的对角矩阵；$\boldsymbol{N}$ 为噪声矩阵；$\boldsymbol{A}_x$、$\boldsymbol{A}_y$分别为在 x 轴上的 M 个阵元的方向矩阵和在 y 轴上的 N 个阵元的方向矩阵，即

$$\boldsymbol{A}_x=\begin{bmatrix}1 & 1 & \cdots & 1\\ \mathrm{e}^{\mathrm{j}2\pi d\sin\theta_1\cos\varphi_1/\lambda} & \mathrm{e}^{\mathrm{j}2\pi d\sin\theta_2\cos\varphi_2/\lambda} & \cdots & \mathrm{e}^{\mathrm{j}2\pi d\sin\theta_K\cos\varphi_K/\lambda}\\ \vdots & \vdots & \ddots & \vdots\\ \mathrm{e}^{\mathrm{j}2\pi d(M-1)\sin\theta_1\cos\varphi_1/\lambda} & \mathrm{e}^{\mathrm{j}2\pi d(M-1)\sin\theta_2\cos\varphi_2/\lambda} & \cdots & \mathrm{e}^{\mathrm{j}2\pi d(M-1)\sin\theta_K\cos\varphi_K/\lambda}\end{bmatrix} \tag{4-107}$$

$$\boldsymbol{A}_y=\begin{bmatrix}1 & 1 & \cdots & 1\\ \mathrm{e}^{\mathrm{j}2\pi d\sin\theta_1\sin\varphi_1/\lambda} & \mathrm{e}^{\mathrm{j}2\pi d\sin\theta_2\sin\varphi_2/\lambda} & \cdots & \mathrm{e}^{\mathrm{j}2\pi d\sin\theta_K\sin\varphi_K/\lambda}\\ \vdots & \vdots & \ddots & \vdots\\ \mathrm{e}^{\mathrm{j}2\pi d(N-1)\sin\theta_1\sin\varphi_1/\lambda} & \mathrm{e}^{\mathrm{j}2\pi d(N-1)\sin\theta_2\sin\varphi_2/\lambda} & \cdots & \mathrm{e}^{\mathrm{j}2\pi d(N-1)\sin\theta_K\sin\varphi_K/\lambda}\end{bmatrix} \tag{4-108}$$

阵列接收信号可以表示为三线性模型或平行因子模型的形式[22-23]，即

$$x_{m,n,l}=\sum_{k=1}^{K}\boldsymbol{A}_x(m,k)\boldsymbol{A}_y(n,k)\boldsymbol{S}(l,k),$$
$$m=1,2,\cdots,M,\ n=1,2,\cdots,N,\ l=1,2,\cdots,J \tag{4-109}$$

式中，$\boldsymbol{A}_x(m,k)$、$\boldsymbol{A}_y(n,k)$和$\boldsymbol{S}(l,k)$分别为 x 轴方向矩阵$\boldsymbol{A}_x$的(m,k)元素、y 轴方向矩阵$\boldsymbol{A}_y$的(n,k)元素和信源信号矩阵 $\boldsymbol{S}$ 的(l,k)元素。$\boldsymbol{X}_n(n=1,2,\cdots,N)$可以由沿三个空间维度中的某个维度对三维阵列进行切片得到。由三线性模型的

对称性，可以得到三维阵列沿另外两个维度的切片形式，即

$$\boldsymbol{Y}_m=\boldsymbol{S}\boldsymbol{D}_m(\boldsymbol{A}_x)\boldsymbol{A}_y^{\mathrm{T}}+\boldsymbol{N}_{ym},\ m=1,2,\cdots,M \tag{4-110}$$

$$\boldsymbol{Z}_l=\boldsymbol{A}_y\boldsymbol{D}_l(\boldsymbol{S})\boldsymbol{A}_x^{\mathrm{T}}+\boldsymbol{N}_{zl},\ l=1,2,\cdots,J \tag{4-111}$$

式中，$\boldsymbol{N}_{ym}$、$\boldsymbol{N}_{zl}$分别为接收的噪声矩阵。

根据 Khatri-Rao 积的定义，$\boldsymbol{X}$，$\boldsymbol{Y}$，$\boldsymbol{Z}$ 可以分别表示为

$$\boldsymbol{X}=\begin{bmatrix}\boldsymbol{X}_1\\\boldsymbol{X}_2\\\vdots\\\boldsymbol{X}_N\end{bmatrix}=[\boldsymbol{A}_y\odot\boldsymbol{A}_x]\boldsymbol{S}^{\mathrm{T}}+\boldsymbol{N}_x \tag{4-112}$$

$$\boldsymbol{Y}=\begin{bmatrix}\boldsymbol{Y}_1\\\boldsymbol{Y}_2\\\vdots\\\boldsymbol{Y}_M\end{bmatrix}=[\boldsymbol{A}_x\odot\boldsymbol{S}]\boldsymbol{A}_y^{\mathrm{T}}+\boldsymbol{N}_y \tag{4-113}$$

$$\boldsymbol{Z}=\begin{bmatrix}\boldsymbol{Z}_1\\\boldsymbol{Z}_2\\\vdots\\\boldsymbol{Z}_J\end{bmatrix}=[\boldsymbol{S}\odot\boldsymbol{A}_y]\boldsymbol{A}_x^{\mathrm{T}}+\boldsymbol{N}_z \tag{4-114}$$

式中，$\boldsymbol{N}_x$、$\boldsymbol{N}_y$和$\boldsymbol{N}_z$均为噪声矩阵。

4.4.2 三线性分解

三线性交替最小二乘（Trilinear Alternating Least Squares，TALS）是常用于三线性模型中的一种方法[23]。式（4-106）是三维阵列沿 x 轴方向的切片形式。

式（4-112）可以写为

$$\begin{bmatrix}\boldsymbol{X}_1\\\boldsymbol{X}_2\\\vdots\\\boldsymbol{X}_N\end{bmatrix}=\begin{bmatrix}\boldsymbol{A}_x\boldsymbol{D}_1(\boldsymbol{A}_y)\\\boldsymbol{A}_x\boldsymbol{D}_2(\boldsymbol{A}_y)\\\vdots\\\boldsymbol{A}_x\boldsymbol{D}_N(\boldsymbol{A}_y)\end{bmatrix}\boldsymbol{S}^{\mathrm{T}}+\boldsymbol{N}_x \tag{4-115}$$

由式（4-115）可得 $\boldsymbol{S}$ 的最小二乘解为

$$\hat{\boldsymbol{S}}^{\mathrm{T}}=\begin{bmatrix}\boldsymbol{A}_xD_1(\boldsymbol{A}_y)\\ \boldsymbol{A}_xD_2(\boldsymbol{A}_y)\\ \vdots\\ \boldsymbol{A}_xD_N(\boldsymbol{A}_y)\end{bmatrix}^{+}\begin{bmatrix}\boldsymbol{X}_1\\ \boldsymbol{X}_2\\ \vdots\\ \boldsymbol{X}_N\end{bmatrix} \tag{4-116}$$

式中，$[\cdot]^{+}$为广义逆运算。

三维阵列沿 y 轴方向的切片形式为

$$\begin{bmatrix}\boldsymbol{Y}_1\\ \boldsymbol{Y}_2\\ \vdots\\ \boldsymbol{Y}_M\end{bmatrix}=\begin{bmatrix}\boldsymbol{S}^{\mathrm{T}}D_1(\boldsymbol{A}_x)\\ \boldsymbol{S}^{\mathrm{T}}D_2(\boldsymbol{A}_x)\\ \vdots\\ \boldsymbol{S}^{\mathrm{T}}D_M(\boldsymbol{A}_x)\end{bmatrix}\boldsymbol{A}_y^{\mathrm{T}}+\boldsymbol{N}_y \tag{4-117}$$

可以得到$\boldsymbol{A}_y^{\mathrm{T}}$的最小二乘解为

$$\hat{\boldsymbol{A}}_y^{\mathrm{T}}=\begin{bmatrix}\boldsymbol{S}^{\mathrm{T}}D_1(\boldsymbol{A}_x)\\ \boldsymbol{S}^{\mathrm{T}}D_2(\boldsymbol{A}_x)\\ \vdots\\ \boldsymbol{S}^{\mathrm{T}}D_M(\boldsymbol{A}_x)\end{bmatrix}^{+}\begin{bmatrix}\boldsymbol{Y}_1\\ \boldsymbol{Y}_2\\ \vdots\\ \boldsymbol{Y}_M\end{bmatrix} \tag{4-118}$$

三维阵列沿时域方向的切片形式为

$$\begin{bmatrix}\boldsymbol{Z}_1\\ \boldsymbol{Z}_2\\ \vdots\\ \boldsymbol{Z}_J\end{bmatrix}=\begin{bmatrix}\boldsymbol{A}_yD_1(\boldsymbol{S}^{\mathrm{T}})\\ \boldsymbol{A}_yD_2(\boldsymbol{S}^{\mathrm{T}})\\ \vdots\\ \boldsymbol{A}_yD_J(\boldsymbol{S}^{\mathrm{T}})\end{bmatrix}\boldsymbol{A}_x^{\mathrm{T}}+\boldsymbol{N}_z \tag{4-119}$$

可以得到$\boldsymbol{A}_x^{\mathrm{T}}$的最小二乘解为

$$\hat{\boldsymbol{A}}_x^{\mathrm{T}}=\begin{bmatrix}\boldsymbol{A}_yD_1(\boldsymbol{S}^{\mathrm{T}})\\ \boldsymbol{A}_yD_2(\boldsymbol{S}^{\mathrm{T}})\\ \vdots\\ \boldsymbol{A}_yD_J(\boldsymbol{S}^{\mathrm{T}})\end{bmatrix}^{+}\begin{bmatrix}\boldsymbol{Z}_1\\ \boldsymbol{Z}_2\\ \vdots\\ \boldsymbol{Z}_J\end{bmatrix} \tag{4-120}$$

由式（4-116）、式（4-118）、式（4-120）可知，$\boldsymbol{S}$、$\boldsymbol{A}_y$、$\boldsymbol{A}_x$不断采用 LS 进行更新，直至收敛，从而可得$\boldsymbol{A}_x$和$\boldsymbol{A}_y$的估计值。

4.4.3 可辨识性分析

下面分析算法的可辨识性。假设 $\boldsymbol{X}_n=\boldsymbol{A}_x D_n(\boldsymbol{A}_y)\boldsymbol{S}^{\mathrm{T}}, n=1,2,\cdots,N$。其中，$\boldsymbol{A}_x\in\mathbb{C}^{M\times K}$，$\boldsymbol{S}\in\mathbb{C}^{J\times K}$，$\boldsymbol{A}_y\in\mathbb{C}^{N\times K}$。假设所有的矩阵都是满 k-秩矩阵，如果存在

$$k_{\boldsymbol{A}_x}+k_{\boldsymbol{A}_y}+k_{\boldsymbol{S}}\geqslant 2K+2 \tag{4-121}$$

那么 $\boldsymbol{A}_x$、$\boldsymbol{S}$ 和 $\boldsymbol{A}_y$ 是可辨识的（存在列交换和尺度模糊）。

从绝对连续分布中取出相对独立的列组成的矩阵具有满 k-秩。如果三个矩阵都满足式（4-121），则可辨识的充分条件为

$$\min(M,K)+\min(N,K)+\min(J,K)\geqslant 2K+2 \tag{4-122}$$

如果 $\boldsymbol{A}_x$ 和 $\boldsymbol{A}_y$ 为 Vandermonde 矩阵，则可辨识性为

$$M+N+\min(J,K)\geqslant 2K+2 \tag{4-123}$$

如果 $J\geqslant K$，则可辨识性为

$$M+N+K\geqslant 2K+2 \tag{4-124}$$

写为

$$M+N\geqslant K+2 \tag{4-125}$$

当满足 $K\leqslant M+N-2$ 时，算法是有效的，并且最大可辨识信源数为 $M+N-2$。当接收信号受到噪声干扰时，矩阵 $\hat{\boldsymbol{A}}_x$、$\hat{\boldsymbol{S}}$ 和 $\hat{\boldsymbol{A}}_y$ 可由三线性分解估计得到，并且分别满足

$$\hat{\boldsymbol{A}}_x=\boldsymbol{A}_x\boldsymbol{\Pi}\boldsymbol{\Delta}_1+\boldsymbol{E}_1 \tag{4-126}$$

$$\hat{\boldsymbol{S}}=\boldsymbol{S}\boldsymbol{\Pi}\boldsymbol{\Delta}_2+\boldsymbol{E}_2 \tag{4-127}$$

$$\hat{\boldsymbol{A}}_y=\boldsymbol{A}_y\boldsymbol{\Pi}\boldsymbol{\Delta}_3+\boldsymbol{E}_3 \tag{4-128}$$

式中，$\boldsymbol{\Pi}$ 为置换矩阵；$\boldsymbol{\Delta}_1$、$\boldsymbol{\Delta}_2$、$\boldsymbol{\Delta}_3$ 为尺度模糊矩阵，$\boldsymbol{\Delta}_1\boldsymbol{\Delta}_2\boldsymbol{\Delta}_3=\boldsymbol{I}_K$；$\boldsymbol{E}_1$、$\boldsymbol{E}_2$ 和 $\boldsymbol{E}_3$ 均为估计误差矩阵[24]。在三线性分解中，固有的尺度模糊可以采用归一化方法进行解决。

4.4.4 二维 DOA 估计

在采用三线性分解法估计 $\boldsymbol{A}_x$、$\boldsymbol{A}_y$ 后，利用方向矩阵的 Vandermonde 特征

可对方向矩阵进行二维 DOA 估计。假设 $\boldsymbol{A}_x$ 的某一列为 $\boldsymbol{a}_x$，则先对方向矢量 $\boldsymbol{a}_x$ 进行归一化，使其首项为 1，取 $\boldsymbol{a}_x$ 的相角，因范围为 $[-\pi,\pi]$，故通过在某些项加上 $2k\pi$ 可成为递增序列。按以上方法对 $\boldsymbol{A}_x$ 的每一列进行调整后，利用最小二乘方法估计阵列之间的相位差，即可估计 DOA，具体过程如下。

由 $\boldsymbol{a}_x(\theta_k,\varphi_k)=[1,\mathrm{e}^{\mathrm{j}2\pi d\sin\theta_k\cos\varphi_k/\lambda},\cdots,\mathrm{e}^{\mathrm{j}2\pi d(M-1)\sin\theta_k\cos\varphi_k/\lambda}]^{\mathrm{T}}$ 定义

$$\boldsymbol{h}=\mathrm{angle}(\boldsymbol{a}_x(\theta_k,\varphi_k)) \tag{4-129}$$

式中，angle(·)表示取相角，有

$$\boldsymbol{h}=[0,2\pi d\sin\theta_k\cos\varphi_k/\lambda,\cdots,2\pi(M-1)d\sin\theta_k\cos\varphi_k/\lambda]^{\mathrm{T}} \tag{4-130}$$

通过 $\hat{\boldsymbol{h}}$ 进行 LS 拟合，有

$$\boldsymbol{P}\boldsymbol{c}_x=\hat{\boldsymbol{h}} \tag{4-131}$$

式中，

$$\boldsymbol{P}=\begin{bmatrix}1 & 0\\ 1 & \pi\\ \vdots & \vdots\\ 1 & (M-1)\pi\end{bmatrix},\ \boldsymbol{c}_x=\begin{bmatrix}c_{x0}\\ v_k\end{bmatrix} \tag{4-132}$$

得到 $\boldsymbol{c}_x$ 的 LS 解为

$$\begin{bmatrix}\hat{c}_{x0}\\ \hat{v}_k\end{bmatrix}=(\boldsymbol{P}^{\mathrm{T}}\boldsymbol{P})^{-1}\boldsymbol{P}\hat{\boldsymbol{h}} \tag{4-133}$$

式中，$\hat{v}_k$ 为 $\sin\theta_k\cos\varphi_k$ 的估计值。同理，对方向矩阵 $\hat{\boldsymbol{A}}_y$ 的第 k 列进行运算后，可以得到矢量表达式 $\hat{\boldsymbol{c}}_y=[\hat{c}_{y0},\hat{u}_k]^{\mathrm{T}}$。其中，$\hat{u}_k$ 就是对 $\sin\theta_k\sin\varphi_k$ 的估计值。

经综合，可得二维 DOA 估计值为

$$\hat{\theta}_k=\arcsin(\sqrt{\hat{u}_k^2+\hat{v}_k^2}) \tag{4-134}$$

$$\hat{\varphi}_k=\arctan(\hat{u}_k/\hat{v}_k) \tag{4-135}$$

式中，$\hat{\varphi}_k$ 为第 k 个信源的方位角；$\hat{\theta}_k$ 为第 k 个信源的仰角。

至此，总结均匀面阵列的基于三线性分解的二维 DOA 估计算法的具体步骤如下。

算法 4.5：基于三线性分解的二维 DOA 估计算法。

步骤 1：由式（4-106）利用三线性模型的对称性得到三维阵列 $\boldsymbol{X}$ 在三个方向上的切片。

步骤 2：初始化 $\boldsymbol{S}$、$\boldsymbol{A}_y$、$\boldsymbol{A}_x$。

步骤 3：按式（4-116）更新 $\boldsymbol{S}$。

步骤 4：按式（4-118）更新 $\boldsymbol{A}_y$。

步骤 5：按式（4-120）更新 $\boldsymbol{A}_x$。

步骤 6：重复步骤 3 至步骤 5，直至收敛。

步骤 7：联合估计矩阵和最小二乘方法得到二维 DOA 估计值。

4.4.5 算法的复杂度和特点

基于三线性分解的二维 DOA 估计算法的复杂度为 $O\{l(JMNK+3K^3+K^2(MN+MJ+NJ+J+M+N))\}$。其中，$l$ 表示算法的迭代次数。迭代次数取决于被分解的三维数据。ESPRIT 算法的复杂度为 $O(JM^2N^2+M^3N^3+2K^2(M-1)N+3K^3+K^2MN+(N-1)MK)$。PM 算法的复杂度为 $O(JM^2N^2+MNK^2+MN(MN-K)K+K^2(MN-K)+2K^2(M-1)N+4K^3+K^2MN+(N-1)MK)$。由此可知，基于三线性分解的二维 DOA 估计算法的复杂度较低。

基于三线性分解的二维 DOA 估计算法具有如下特点：

- 不需要进行高复杂度的谱峰搜索；
- 与 ESPRIT 算法和 PM 算法相比，有更好的 DOA 估计性能；
- 利用方向矩阵相同列的模糊特性，可估计参数自动匹配的二维 DOA。

4.4.6 仿真结果

下面采用蒙特卡罗仿真对基于三线性分解的二维 DOA 估计算法进行仿真实验，仿真实验次数为 1000，定义均方根误差为

$$\text{RMSE} = \frac{1}{K}\sum_{k=1}^{K}\sqrt{\frac{1}{1000}\sum_{n=1}^{1000}[(\hat{\varphi}_{k,n}-\varphi_k)^2+(\hat{\theta}_{k,n}-\theta_k)^2]} \tag{4-136}$$

式中，$\hat{\theta}_{k,n}$为第 n 次蒙特卡罗仿真实验仰角 θ_k的估计值；$\hat{\varphi}_{k,n}$为第 n 次蒙特卡罗仿真实验方位角 φ_k的估计值。假设 3 个（$K=3$）不相关信源的发射信号分别以（12°,15°）、（22°,25°）和（32°,35°）入射到接收阵列上，阵元间距 d 为信号波长的一半。在以下的仿真实验中，M、N 分别表示均匀面阵列的行数和

列数；K 表示信源数；J 表示快拍数。在仿真实验图中，elevation angle 和 azimuth angle 分别表示仰角和方位角，degree 表示度。

仿真 1. 图 4-30 为在 $M=8$、$N=6$、$J=100$、SNR=5dB 时，基于三线性分解的二维 DOA 估计算法的仿真结果。图 4-31 为在 $M=8$、$N=6$、$J=100$、SNR=20dB时，基于三线性分解的二维 DOA 估计算法的仿真结果。由图 4-30 和图 4-31 可知，基于三线性分解的二维 DOA 估计算法可以精确估计仰角和方位角。

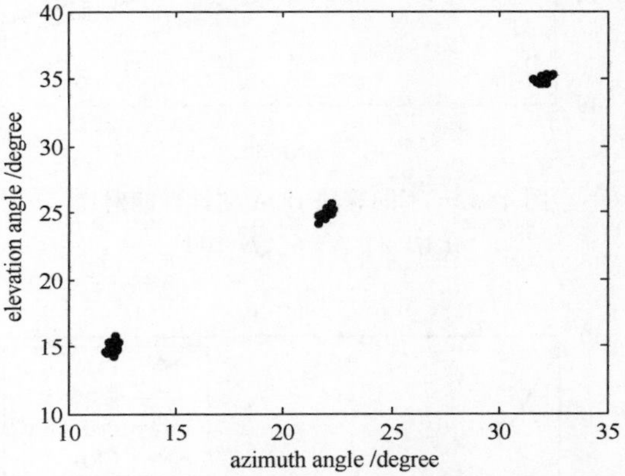

图 4-30 仿真结果（$M=8$，$N=6$，$J=100$，SNR=5dB）

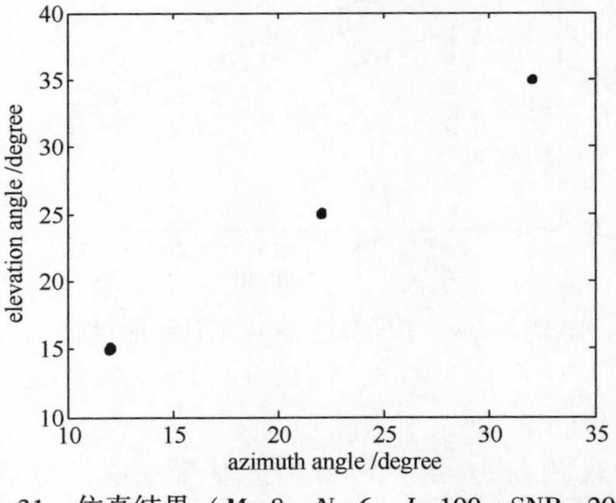

图 4-31 仿真结果（$M=8$，$N=6$，$J=100$，SNR=20dB）

仿真 2. 不同算法 DOA 估计性能对比分别如图 4-32、图 4-33 所示。由图可知，基于三线性分解的二维 DOA 估计算法（PARAFAC）的估计性能优于 ESPRIT 算法和 PM 算法。

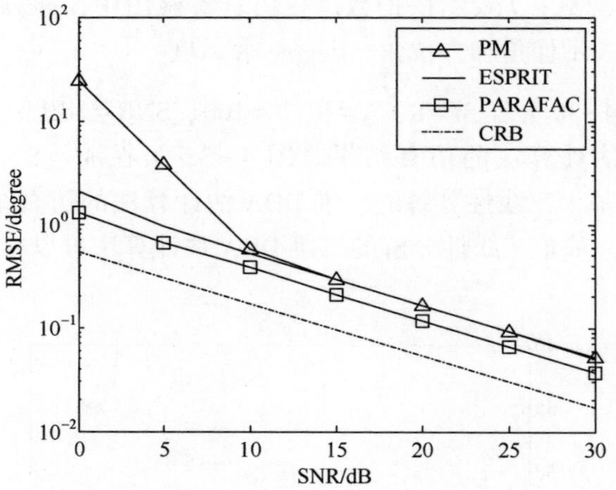

图 4-32　不同算法 DOA 估计性能对比
（$M=8$，$N=6$，$J=100$）

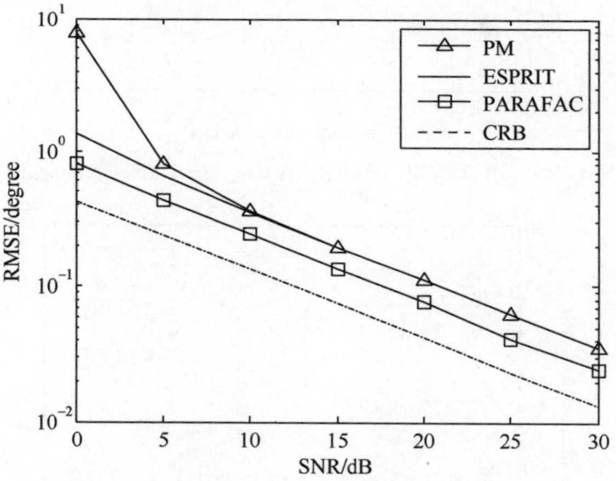

图 4-33　不同算法 DOA 估计性能对比
（$M=8$，$N=8$，$J=100$）

仿真 3. 图 4-34 为在 $M=8$、$N=6$ 时，基于三线性分解的二维 DOA 估计算法在不同快拍数时的 DOA 估计性能。由图 4-34 可知，随着快拍数的增加，基于三线性分解的二维 DOA 估计算法的 DOA 估计性能变好。这是因为采样数据随着快拍数的增加而增加，得到的协方差矩阵更精确。

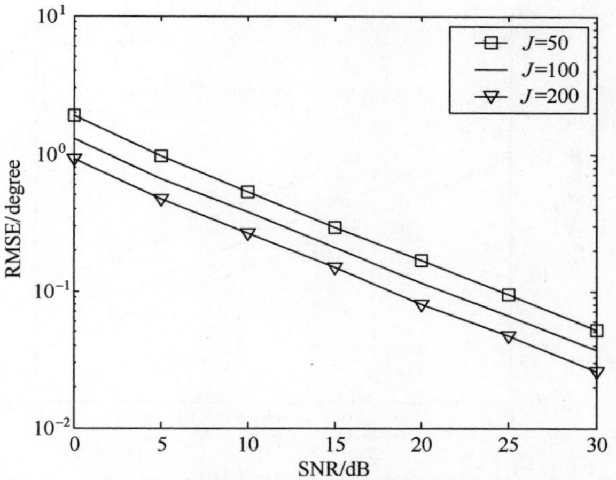

图 4-34 在不同快拍数时的 DOA 估计性能（$M=8$，$N=6$）

仿真 4. 图 4-35 为在 $M=8$、$J=100$ 时，基于三线性分解的二维 DOA 估计算法在不同 N 时的 DOA 估计性能。由图 4-35 可知，随着 N 的增加，基于三线性分解的二维 DOA 估计算法的 DOA 估计性能变好，因为 N 的增加，会增加分集增益。

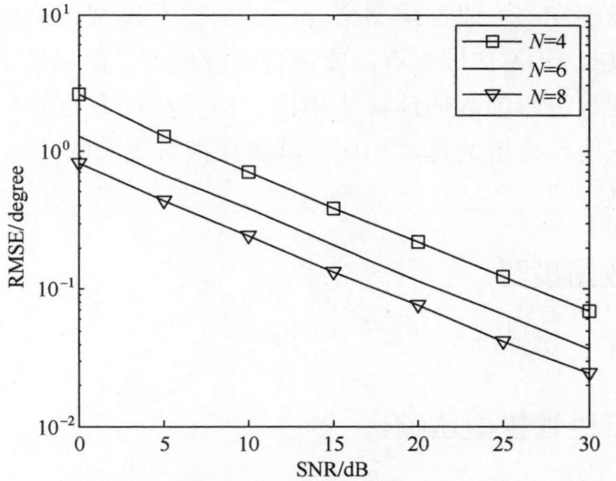

图 4-35 在不同 N 时的 DOA 估计性能（$M=8$，$J=100$）

仿真 5. 图 4-36 为在 $N=8$、$J=100$ 时，基于三线性分解的二维 DOA 估计算法在不同 M 时的 DOA 估计性能。由图 4-36 可知，随着 M 的增加，基于三线性分解的二维 DOA 估计算法的 DOA 估计性能变好，因为 M 的增加，会增加分集增益。

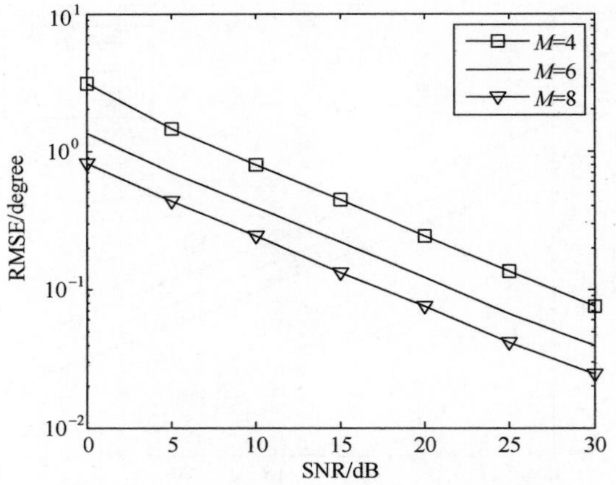

图 4-36　在不同 M 时的 DOA 估计性能（$N=8$，$J=100$）

4.5　均匀面阵列的基于压缩感知三线性模型的二维测向算法

下面介绍均匀面阵列的基于压缩感知三线性模型的二维 DOA 估计算法。该算法先将压缩感知与三线性模型结合，将三线性模型压缩成小三线性模型，再利用稀疏性进行 DOA 估计，不需要进行谱峰搜索，能够实现角度自动配对。与利用旋转不变性进行参数估计算法相比，该算法拥有更好的参数估计性能。与传统的基于三线性分解的算法相比，该算法拥有更低的计算复杂度，对存储空间的需求降低。

4.5.1　数据模型

见 4.2.1 节。

4.5.2　三线性模型压缩

将三维数据 $\boldsymbol{X}\in\mathbb{C}^{M\times J\times N}$ 压缩成一个更小的三维数据 $\boldsymbol{X}'\in\mathbb{C}^{M'\times J'\times N'}$[25]，$M'<M$，$J'<J$，$N'<N$。图 4-37 为三线性模型压缩示意图。

首先定义三个压缩矩阵，分别为 $\boldsymbol{U}\in\mathbb{C}^{M\times M'}(M'<M)$，$\boldsymbol{V}\in\mathbb{C}^{N\times N'}(N'<N)$，$\boldsymbol{W}\in\mathbb{C}^{J\times J'}(J'<J)$。三个压缩矩阵可由随机信号产生或 Tuck3 分解得到，有

$$\boldsymbol{X}'^{(M'\times J'N')}=\boldsymbol{U}^{\mathrm{H}}\boldsymbol{X}^{(M\times JN)}(\boldsymbol{W}\otimes\boldsymbol{V}) \tag{4-137}$$

式中，$\boldsymbol{X}^{(M\times JN)}=[\boldsymbol{X}_1,\boldsymbol{X}_2,\cdots,\boldsymbol{X}_N]$。

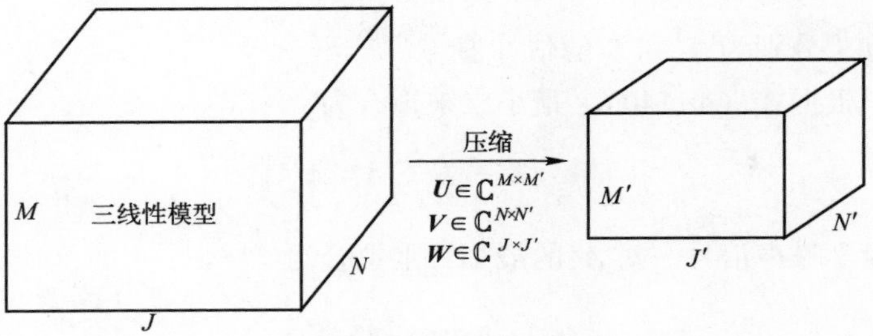

图 4-37　三线性模型压缩示意图

在无噪声影响时，压缩后的三维数据可以表示为

$$\boldsymbol{X}'=[\boldsymbol{A}_y'\odot\boldsymbol{A}_x']\boldsymbol{S}'^{\mathrm{T}} \tag{4-138}$$

式中，$\boldsymbol{A}_x'=\boldsymbol{U}^{\mathrm{H}}\boldsymbol{A}_x$；$\boldsymbol{A}_y'=\boldsymbol{V}^{\mathrm{H}}\boldsymbol{A}_y$；$\boldsymbol{S}'=\boldsymbol{W}^{\mathrm{H}}\boldsymbol{S}$。

根据对称性，有

$$\boldsymbol{Y}'=[\boldsymbol{A}_x'\odot\boldsymbol{S}']\boldsymbol{A}_y'^{\mathrm{T}} \tag{4-139}$$

$$\boldsymbol{Z}'=[\boldsymbol{S}'\odot\boldsymbol{A}_y']\boldsymbol{A}_x'^{\mathrm{T}} \tag{4-140}$$

4.5.3　三线性分解

根据三线性交替最小二乘原理，对压缩后的数据模型进行分解，可得到压缩后的三个承载矩阵的估计值$\hat{\boldsymbol{A}}_x'$、$\hat{\boldsymbol{A}}_y'$和$\hat{\boldsymbol{S}}'$。

根据式（4-138），最小二乘拟合为

$$\min_{\boldsymbol{A}_x',\boldsymbol{A}_y',\boldsymbol{S}'}\|\widetilde{\boldsymbol{X}}'-[\boldsymbol{A}_y'\odot\boldsymbol{A}_x']\boldsymbol{S}'^{\mathrm{T}}\|_F \tag{4-141}$$

式中，$\widetilde{\boldsymbol{X}}'$为含噪声信号。对矩阵$\boldsymbol{S}'$进行最小二乘更新，有

$$\hat{\boldsymbol{S}}'^{\mathrm{T}}=[\hat{\boldsymbol{A}}_y'\odot\hat{\boldsymbol{A}}_x']^{+}\widetilde{\boldsymbol{X}}' \tag{4-142}$$

式中，$\hat{\boldsymbol{A}}_x'$、$\hat{\boldsymbol{A}}_y'$ 分别为$\boldsymbol{A}_x'$和$\boldsymbol{A}_y'$的估计值。

根据式（4-139），最小二乘拟合为

$$\min_{\boldsymbol{A}_x',\boldsymbol{A}_y',\boldsymbol{S}'}\|\widetilde{\boldsymbol{Y}}'-[\boldsymbol{A}_x'\odot\boldsymbol{S}']\boldsymbol{A}_y'^{\mathrm{T}}\|_F \tag{4-143}$$

式中，$\widetilde{\boldsymbol{Y}}'$为含噪声信号。对$\boldsymbol{A}_y'$的最小二乘拟合为

$$\hat{\boldsymbol{A}}_y'^{\mathrm{T}}=[\hat{\boldsymbol{A}}_x'\odot\hat{\boldsymbol{S}}']^{+}\widetilde{\boldsymbol{Y}}' \tag{4-144}$$

式中，$\hat{\boldsymbol{A}}_x'$和$\hat{\boldsymbol{S}}'$分别为$\boldsymbol{A}_x'$和$\boldsymbol{S}'$的估计值。

同理，根据式（4-140），最小二乘拟合为

$$\min_{\boldsymbol{A}_x',\boldsymbol{A}_y',\boldsymbol{S}'}\|\widetilde{\boldsymbol{Z}}'-[\boldsymbol{S}'\odot\boldsymbol{A}_y']\boldsymbol{A}_x'^{\mathrm{T}}\|_F \tag{4-145}$$

式中，$\widetilde{\boldsymbol{Z}}'$为含噪声信号。对$\boldsymbol{A}_x'$的最小二乘拟合为

$$\hat{\boldsymbol{A}}_x'^{\mathrm{T}}=[\hat{\boldsymbol{S}}'\odot\hat{\boldsymbol{A}}_y']^{+}\widetilde{\boldsymbol{Z}}' \tag{4-146}$$

式中，$\hat{\boldsymbol{A}}_y'$、$\hat{\boldsymbol{S}}'$分别为$\boldsymbol{A}_y'$和$\boldsymbol{S}'$的估计值。

重复以上矩阵更新过程，直至算法收敛，可得到$\boldsymbol{A}_x'$、$\boldsymbol{A}_y'$和$\boldsymbol{S}'$的估计值。

4.5.4 可辨识性分析

下面将分析算法的可辨识性。假设$\boldsymbol{X}_n'=\boldsymbol{A}_x'D_n(\boldsymbol{A}_y')\boldsymbol{S}'^{\mathrm{T}}$，$n=1,2,\cdots,N'$。其中，$\boldsymbol{A}_x'\in\mathbb{C}^{M'\times K}$，$\boldsymbol{S}'\in\mathbb{C}^{J'\times K}$，$\boldsymbol{A}_y'\in\mathbb{C}^{N'\times K}$。假设所有的矩阵都是满$k$-秩矩阵，如果存在

$$k_{A_x'}+k_{A_y'}+k_{S'}\geqslant 2K+2 \tag{4-147}$$

那么$\boldsymbol{A}_x'$、$\boldsymbol{S}'$和$\boldsymbol{A}_y'$是可辨识的（存在列交换和尺度模糊）。

从绝对连续分布中取出相对独立的列组成的矩阵具有满k-秩。如果三个矩阵都满足式（4-147），则可辨识的条件为

$$\min(M',K)+\min(N',K)+\min(J',K)\geqslant 2K+2 \tag{4-148}$$

当$M'\geqslant K$、$N'\geqslant K$、$J'\geqslant K$时，可辨识的条件为

$$1\leqslant K\leqslant\min(M',N') \tag{4-149}$$

当$M'\leqslant K$、$N'\leqslant K$、$J'\geqslant K$时，可辨识的条件为

$$\max(M',N')\leqslant K\leqslant M'+N'-2 \tag{4-150}$$

当满足$K\leqslant M'+N'-2$条件时，算法是有效的，并且最大可辨识的信源数为$M'+N'-2$。

当接收信号受到噪声干扰时，矩阵$\hat{\boldsymbol{A}}_x'$、$\hat{\boldsymbol{S}}'$和$\hat{\boldsymbol{A}}_y'$可由三线性分解估计得到，并且分别满足

$$\hat{A}'_x = A'_x \Pi \Delta_1 + E_1 \tag{4-151}$$

$$\hat{S}' = S' \Pi \Delta_2 + E_2 \tag{4-152}$$

$$\hat{A}'_y = A'_y \Pi \Delta_3 + E_3 \tag{4-153}$$

式中，$\boldsymbol{\Pi}$ 为置换矩阵；$\boldsymbol{\Delta}_1$、$\boldsymbol{\Delta}_2$、$\boldsymbol{\Delta}_3$ 为尺度模糊矩阵，$\boldsymbol{\Delta}_1\boldsymbol{\Delta}_2\boldsymbol{\Delta}_3=\boldsymbol{I}_K$；$\boldsymbol{E}_1$、$\boldsymbol{E}_2$ 和 $\boldsymbol{E}_3$ 为估计误差矩阵。三线性分解中的固有尺度模糊可以采用归一化方法进行解决。

4.5.5 基于稀疏恢复的二维 DOA 估计

假设 $\hat{\boldsymbol{a}}'_{xk}$ 和 $\hat{\boldsymbol{a}}'_{yk}$ 分别为估计矩阵 $\hat{\boldsymbol{A}}'_x$ 和 $\hat{\boldsymbol{A}}'_y$ 的第 k 列，即

$$\hat{\boldsymbol{a}}'_{xk} = \boldsymbol{U}^{\mathrm{H}} \partial_{xk} \boldsymbol{a}_{xk} + \boldsymbol{n}_{xk} \tag{4-154}$$

$$\hat{\boldsymbol{a}}'_{yk} = \boldsymbol{V}^{\mathrm{H}} \partial_{yk} \boldsymbol{a}_{yk} + \boldsymbol{n}_{yk} \tag{4-155}$$

式中，$\boldsymbol{a}_{xk}$ 和 $\boldsymbol{a}_{yk}$ 分别为 $\boldsymbol{A}_x$ 和 $\boldsymbol{A}_y$ 的第 k 列；$\boldsymbol{n}_{xk}$ 和 $\boldsymbol{n}_{yk}$ 分别为相应的噪声；∂_{xk} 和 ∂_{yk} 分别为比例系数。

下面构造两个范德蒙矩阵 $\boldsymbol{A}_{sx}\in\mathbb{C}^{M\times P}$ 和 $\boldsymbol{A}_{sy}\in\mathbb{C}^{N\times P}$（$P\gg M$，$P\gg N$），是由与每个潜在信源位置相关的方向矢量的列矢量构成的，即

$$\boldsymbol{A}_{sx} = [\boldsymbol{a}_{sx1}, \boldsymbol{a}_{sx2} \cdots, \boldsymbol{a}_{sxP}] = \begin{bmatrix} 1 & 1 & \cdots & 1 \\ e^{j2\pi d g(1)/\lambda} & e^{j2\pi d g(2)/\lambda} & \cdots & e^{j2\pi d g(P)/\lambda} \\ \vdots & \vdots & \ddots & \vdots \\ e^{j2\pi(M-1) d g(1)/\lambda} & e^{j2\pi(M-1) d g(2)/\lambda} & \cdots & e^{j2\pi(M-1) d g(P)/\lambda} \end{bmatrix} \tag{4-156}$$

$$\boldsymbol{A}_{sy} = [\boldsymbol{a}_{sy1}, \boldsymbol{a}_{sy2} \cdots, \boldsymbol{a}_{syP}] = \begin{bmatrix} 1 & 1 & \cdots & 1 \\ e^{j2\pi d g(1)/\lambda} & e^{j2\pi d g(2)/\lambda} & \cdots & e^{j2\pi d g(P)/\lambda} \\ \vdots & \vdots & \ddots & \vdots \\ e^{j2\pi(N-1) d g(1)/\lambda} & e^{j2\pi(N-1) d g(2)/\lambda} & \cdots & e^{j2\pi(N-1) d g(P)/\lambda} \end{bmatrix} \tag{4-157}$$

式（4-156）和式（4-157）中的 $\boldsymbol{g}$ 是一个采样矢量，第 p 个元素 $\boldsymbol{g}(p)=-1+2p/P$，$p=1,2,\cdots,P$。

式（4-154）和式（4-155）可以写为[26]

$$\hat{\boldsymbol{a}}'_{xk}=\boldsymbol{U}^{\mathrm{T}}\boldsymbol{A}_{sx}\boldsymbol{x}_{s}+\boldsymbol{n}_{xk},\ k=1,2,\cdots,K \tag{4-158}$$

$$\hat{\boldsymbol{a}}'_{yk}=\boldsymbol{V}^{\mathrm{T}}\boldsymbol{A}_{yx}\boldsymbol{y}_{s}+\boldsymbol{n}_{yk},\ k=1,2,\cdots,K \tag{4-159}$$

式（4-158）和式（4-159）中的$\boldsymbol{x}_s$和$\boldsymbol{y}_s$是稀疏的，通过l_0范数进行约束优化，可以得到$\boldsymbol{x}_s$和$\boldsymbol{y}_s$的估计值，即

$$\begin{aligned}&\min\|\boldsymbol{a}'_{xk}-\boldsymbol{U}^{\mathrm{H}}\boldsymbol{A}_{sx}\boldsymbol{x}_{s}\|_2^2\\&\text{s. t. }\|\boldsymbol{x}_s\|_0=1\end{aligned} \tag{4-160}$$

$$\begin{aligned}&\min\|\boldsymbol{a}'_{yk}-\boldsymbol{V}^{\mathrm{H}}\boldsymbol{A}_{sy}\boldsymbol{y}_{s}\|_2^2\\&\text{s. t. }\|\boldsymbol{y}_s\|_0=1\end{aligned} \tag{4-161}$$

式中，$\|\cdot\|_0$表示l_0范数。

在式（4-160）和式（4-161）中，$\boldsymbol{x}_s$和$\boldsymbol{y}_s$可以通过正交匹配追踪方法得到：首先提取$\boldsymbol{x}_s$和$\boldsymbol{y}_s$中最大模元素的位置作为索引，分别记作p_x和p_y；然后在$\boldsymbol{A}_{sx}$和$\boldsymbol{A}_{sy}$中找到相对应的列，得到$\boldsymbol{g}(p_x)$和$\boldsymbol{g}(p_y)$，即分别为$\sin\theta_k\cos\varphi_k$和$\sin\theta_k\sin\varphi_k$的估计值。定义$\boldsymbol{\gamma}_k=\boldsymbol{g}(p_x)+\mathrm{j}\boldsymbol{g}(p_y)$，仰角和方位角可以通过下式得到，即

$$\hat{\theta}_k=\arcsin(\mathrm{abs}(\boldsymbol{\gamma}_k)),\ k=1,2,\cdots,K \tag{4-162}$$

$$\hat{\varphi}_k=\mathrm{angle}(\boldsymbol{\gamma}_k),\ k=1,2,\cdots,K \tag{4-163}$$

式中，$\mathrm{abs}(\cdot)$表示求模；$\mathrm{angle}(\cdot)$表示取复数的相角。由于估计矩阵$\hat{\boldsymbol{A}}'_x$和$\hat{\boldsymbol{A}}'_y$的列都是自动配对的，因此仰角和方位角的估计值也是自动配对的。

至此，总结均匀面阵列的基于压缩感知三线性模型的二维 DOA 估计算法的具体步骤如下。

算法 4.6：基于压缩感知三线性模型的二维 DOA 估计算法。

步骤 1：通过接收信号构造三阶矩阵$\boldsymbol{X}$。

步骤 2：通过压缩矩阵$\boldsymbol{U}\in\mathbb{C}^{M\times M'}$、$\boldsymbol{V}\in\mathbb{C}^{N\times N'}$和$\boldsymbol{W}\in\mathbb{C}^{J\times J'}$（$M'<M$，$N'<N$，$J'<J$），并根据式（4-138）得到更小的三阶矩阵$\boldsymbol{X}'$。

步骤 3：根据三线性交替最小二乘原理对压缩后的三阶矩阵$\boldsymbol{X}'$进行三线性分解，由式（4-142）、式（4-144）和式（4-146）分别得到$\boldsymbol{S}'$、$\boldsymbol{A}'_y$和$\boldsymbol{A}'_x$的估计值。

步骤 4：通过求解式（4-160）和式（4-161），得到估计稀疏矢量$\boldsymbol{x}_s$和$\boldsymbol{y}_s$，进而得到$\boldsymbol{g}(p_x)$和$\boldsymbol{g}(p_y)$。

步骤 5：根据式（4-162）和式（4-163），可得到均匀面阵列仰角和方位角的估计值。

4.5.6 算法的复杂度和优点

基于压缩感知三线性模型的二维 DOA 估计算法的复杂度为 $O(lM'N'J'K+3lK^3+lK^2(M'N'+M'N'+M'J'+N'+M'+J'))$。基于三线性分解的二维 DOA 估计算法的复杂度为 $O[l(JMNK+3K^3+K^2(MN+MJ+NJ+J+M+N)]$。由于 $M'<M$、$N'<N$、$J'<J$，因此基于压缩感知三线性模型的二维 DOA 估计算法的复杂度更低。

基于压缩感知三线性模型的二维 DOA 估计算法具有如下优点：

- 可以看作三线性模型和压缩感知理论的结合，与基于三线性分解的二维 DOA 估计算法相比，拥有更低的复杂度，对存储空间的需求降低；
- 与 ESPRIT 算法相比，DOA 估计性能较好，接近于基于三线性分解的二维 DOA 估计算法，可以在仿真结果中得到验证；
- 可以实现仰角和方位角的自动配对。

4.5.7 仿真结果

下面采用蒙特卡罗仿真对基于压缩感知三线性模型的二维 DOA 估计算法进行仿真实验，仿真实验次数为 1000。假设 3 个($K=3$)不相关信源的发射信号分别以（5°,10°）、（15°,20°）和（40°, 30°）入射到接收阵列上，阵元间距 d 为信号波长的一半。在以下的仿真实验中，M、N 分别表示均匀面阵列的行数和列数；K 表示信源数；J 表示快拍数。在仿真实验图中，elevation angle 和 azimuth angle 分别表示仰角和方位角，degree 表示度。

仿真 1. 图 4-38 为在 $M=16$、$N=20$、$J=100$、SNR=−10dB 时，基于压缩感知三线性模型的二维 DOA 估计算法的仿真结果。图 4-39 为在 $M=16$、$N=20$、$J=100$、SNR=5dB 时，基于压缩感知三线性模型的二维 DOA 估计算法的仿真结果。由图 4-38 和图 4-39 可知，基于压缩感知三线性模型的二维 DOA 估计算法可以精确估计仰角和方位角。

仿真 2. 不同算法的 DOA 估计性能对比分别如图 4-40、图 4-41 所示。由图 4-40 和图 4-41 可知，基于压缩感知三线性模型的二维 DOA 估计算法的 DOA 估计性能优于 ESPRIT 算法，接近基于三线性分解二维 DOA 估计算法。

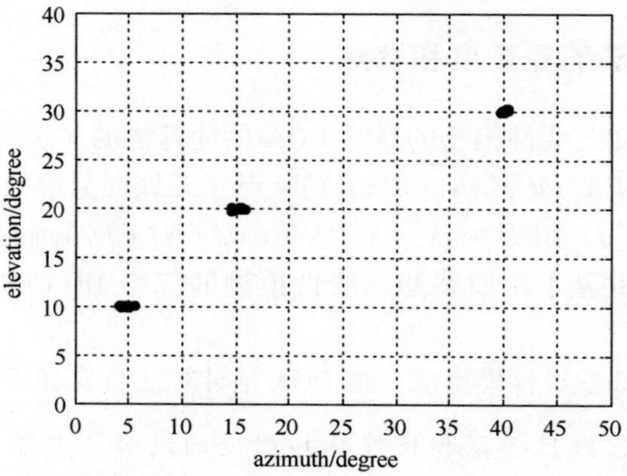

图 4-38　仿真结果（$M=16$，$N=20$，$J=100$，SNR=−10dB）

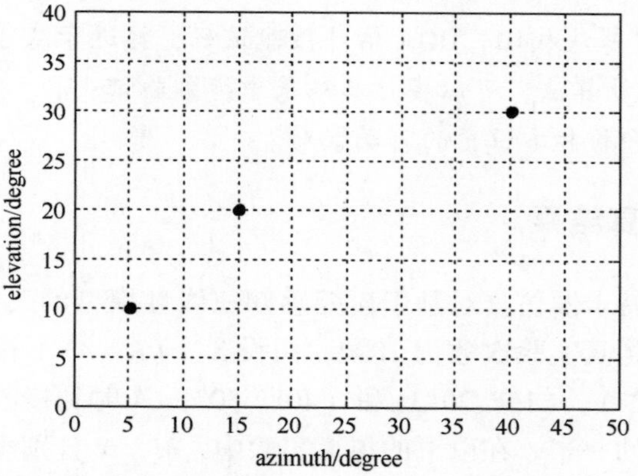

图 4-39　仿真结果（$M=16$，$N=20$，$J=100$，SNR=5dB）

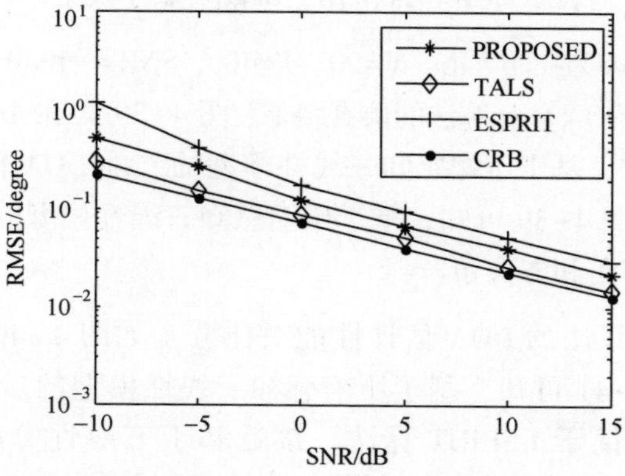

图 4-40　不同算法的 DOA 估计性能对比（$M=16$，$N=20$，$J=100$）

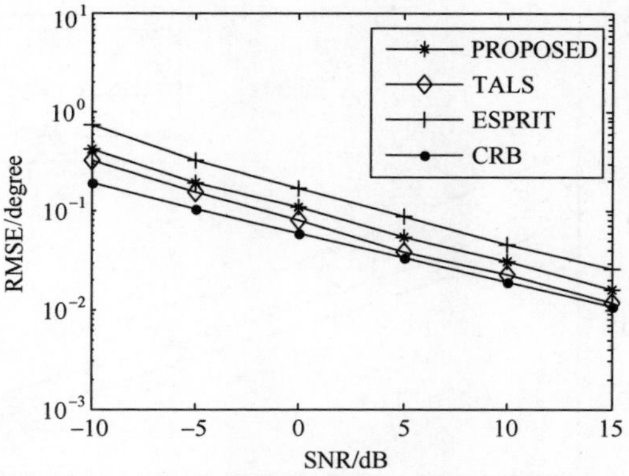

图 4-41 不同算法的 DOA 估计性能对比（$M=16$，$N=16$，$J=200$）

仿真 3. 图 4-42 为在 $M=20$、$N=16$ 时，基于压缩感知三线性模型的二维 DOA 估计算法在不同快拍数时的 DOA 估计性能。由图 4-42 可知，随着快拍数的增加，基于压缩感知三线性模型的二维 DOA 估计算法的 DOA 估计性能变好，因为采样数据随着快拍数的增加而增加，得到的协方差矩阵更精确。

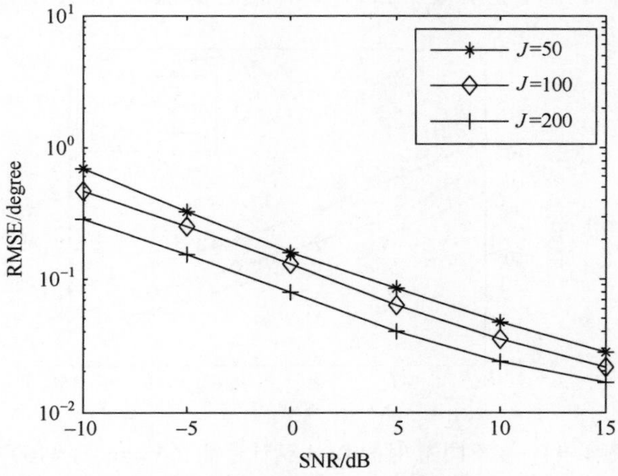

图 4-42 在不同快拍数时的 DOA 估计性能（$M=20$，$N=16$）

仿真 4. 图 4-43 为在 $M=8$、$J=100$ 时，基于压缩感知三线性模型的二维 DOA 估计算法在不同 N 时的 DOA 估计性能。由图 4-43 可知，随着 N 的增加，基于压缩感知三线性模型的二维 DOA 估计算法的 DOA 估计性能变好，因为 N 增加，会增加分集增益。

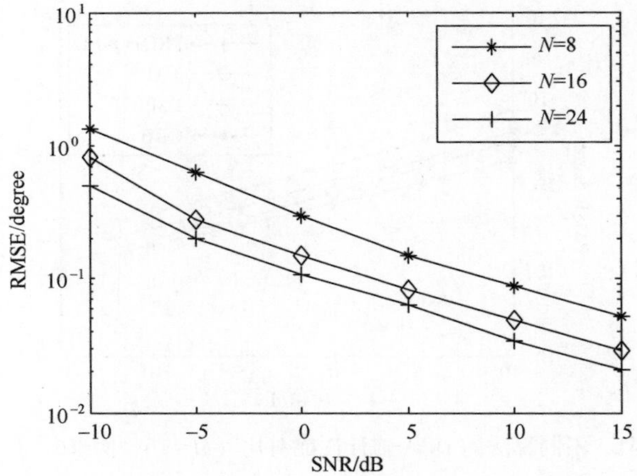

图 4-43　在不同 N 时的 DOA 估计性能（$M=16$，$J=100$）

仿真 5. 图 4-44 为在 $N=8$、$J=100$ 时，基于压缩感知三线性模型的二维 DOA 估计算法在不同 M 时的 DOA 估计性能。由图 4-44 可知，随着 M 的增加，基于压缩感知三线性模型的二维 DOA 估计算法的 DOA 估计性能变好。

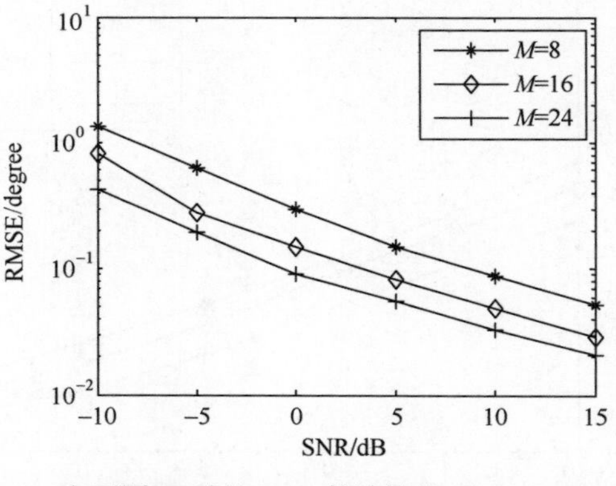

图 4-44　在不同 M 时的 DOA 估计性能（$N=16$，$J=100$）

4.6　双平行线阵列的二维测向算法

下面介绍双平行线阵列的 DOA 矩阵法和扩展 DOA 矩阵法的二维 DOA 估计算法。

4.6.1　阵列结构和信号模型

双平行线阵列示意图如图 4-45 所示。两个子阵分别为 X_a、Y_a。每个子阵均有 M 个阵元。相邻阵元沿 x 轴方向上的间距为 d，子阵间距为 D。假设在空间有 K 个非相关的窄带同载波信号 $s_k(t)\,(1\leqslant k\leqslant K)$ 入射到阵列上，与 x 轴的夹角为 α_k，与 y 轴的夹角为 β_k。

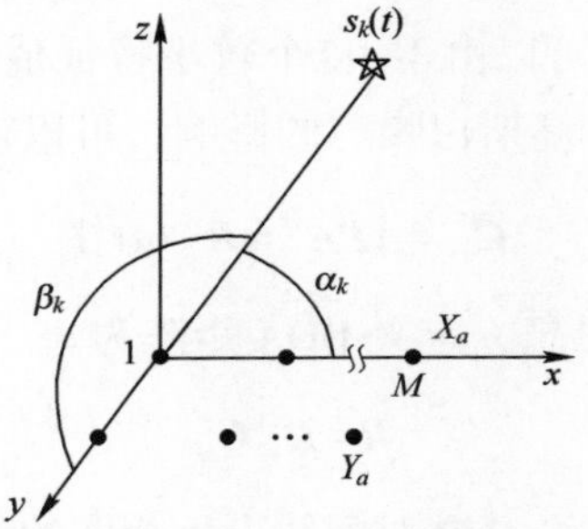

图 4-45　双平行线阵列示意图

在 t 时刻，子阵 X_a 和 Y_a 的接收信号分别为

$$\boldsymbol{x}(t)=\boldsymbol{A}\boldsymbol{s}(t)+\boldsymbol{n}_x(t) \tag{4-164}$$

$$\boldsymbol{y}(t)=\boldsymbol{A}\boldsymbol{\Phi}\boldsymbol{s}(t)+\boldsymbol{n}_y(t) \tag{4-165}$$

式中，$\boldsymbol{n}_x(t)$ 和 $\boldsymbol{n}_y(t)$ 分别为两个子阵的加性高斯白噪声矢量，与信号 $\boldsymbol{s}_k(t)$ 相互独立；$\boldsymbol{x}(t)=[x_1(t),\cdots,x_M(t)]^{\mathrm{T}}$；$\boldsymbol{y}(t)=[y_1(t),\cdots,y_M(t)]^{\mathrm{T}}$；$\boldsymbol{s}(t)=[s_1(t),\cdots,s_K(t)]^{\mathrm{T}}$；$\boldsymbol{A}=[\boldsymbol{a}_1,\cdots,\boldsymbol{a}_K]$，且

$$\boldsymbol{a}_k=[1,\mathrm{e}^{\mathrm{j}2\pi\frac{d}{\lambda}\cos\alpha_k},\cdots,\mathrm{e}^{\mathrm{j}2\pi\frac{(M-1)d}{\lambda}\cos\alpha_k}]^{\mathrm{T}} \tag{4-166}$$

$$\begin{aligned}\boldsymbol{\Phi}&=\mathrm{diag}(\mathrm{e}^{\mathrm{j}\frac{2\pi}{\lambda}D\cos\beta_1},\cdots,\mathrm{e}^{\mathrm{j}\frac{2\pi}{\lambda}D\cos\beta_K})\\&=\mathrm{diag}(\phi_1,\phi_2,\cdots,\phi_K)\end{aligned} \tag{4-167}$$

式中，λ 为信号的波长；$\phi_k=\mathrm{e}^{\mathrm{j}\frac{2\pi}{\lambda}D\cos\beta_k}$。

4.6.2　DOA 矩阵法

接收信号 $\boldsymbol{x}(t)$ 的自相关矩阵为 $\boldsymbol{R}_{xx}$，表达式为

$$\boldsymbol{R}_{xx}=E[\boldsymbol{x}(t)\boldsymbol{x}^{\mathrm{H}}(t)]=\boldsymbol{APA}^{\mathrm{H}}+\sigma_{\mathrm{n}}^{2}\boldsymbol{I} \tag{4-168}$$

式中，$\boldsymbol{P}=E[\boldsymbol{s}(t)\boldsymbol{s}^{\mathrm{H}}(t)]$为信源信号的协方差矩阵；$\boldsymbol{I}$为单位矩阵；$\sigma_{\mathrm{n}}^{2}$为加性高斯白噪声方差。考虑噪声自身的独立性，且独立于信号，假设$\boldsymbol{y}(t)$和$\boldsymbol{x}(t)$的互相关矩阵为$\boldsymbol{R}_{yx}$，则

$$\boldsymbol{R}_{yx}=E[\boldsymbol{y}(t)\boldsymbol{x}^{\mathrm{H}}(t)]=\boldsymbol{A\Phi PA}^{\mathrm{H}} \tag{4-169}$$

对$\boldsymbol{R}_{xx}$进行特征值分解（EVD），令$\varepsilon_1,\cdots,\varepsilon_K$为矩阵$\boldsymbol{R}_{xx}$的$K$个较大特征值，在白噪声的假设下，可以由$M-K$个较小特征值的平均得到高斯白噪声方差$\sigma_{\mathrm{n}}^{2}$的估计值，通过去除高斯白噪声的影响，可以得到

$$\boldsymbol{C}_{xx}=\boldsymbol{APA}^{\mathrm{H}}=\boldsymbol{R}_{xx}-\sigma_{\mathrm{n}}^{2}\boldsymbol{I} \tag{4-170}$$

根据DOA矩阵法的思想，定义DOA矩阵为

$$\boldsymbol{R}=\boldsymbol{R}_{yx}\boldsymbol{C}_{xx}^{+} \tag{4-171}$$

定理：如果$\boldsymbol{A}$与$\boldsymbol{P}$满秩，$\boldsymbol{\Phi}$对角线上无相同的元素，则DOA矩阵的K个非0特征值等于$\boldsymbol{\Phi}$对角线上的K个元素，对应的特征矢量等于相应的信号方向矢量，即

$$\boldsymbol{RA}=\boldsymbol{A\Phi}$$

对DOA矩阵$\boldsymbol{R}$进行特征值分解，可以直接得到矩阵$\boldsymbol{A}$和$\boldsymbol{\Phi}$，进而通过式（4-166）和式（4-167）得到DOA估计值。这种方法被称为DOA矩阵法。

对于相干信源的情形，可以通过空间平滑方法得到$\boldsymbol{R}_{xx}$、$\boldsymbol{R}_{yx}$和$\boldsymbol{C}_{xx}$，进而得到DOA估计值。

在实际应用中，考虑到有限次快拍数，接收信号$\boldsymbol{x}(t)$自相关矩阵的估计值为

$$\hat{\boldsymbol{R}}_{xx}=\frac{1}{J}\sum_{t=1}^{J}\boldsymbol{x}(t)\boldsymbol{x}^{\mathrm{H}}(t) \tag{4-172a}$$

接收信号$\boldsymbol{y}(t)$和$\boldsymbol{x}(t)$互相关矩阵的估计值为

$$\hat{\boldsymbol{R}}_{yx}=\frac{1}{J}\sum_{t=1}^{J}\boldsymbol{y}(t)\boldsymbol{x}^{\mathrm{H}}(t) \tag{4-172b}$$

DOA矩阵法流程如下。

算法 4.7：DOA 矩阵法。

步骤 1：求接收信号 $\boldsymbol{x}(t)$ 自相关矩阵的估计值。

步骤 2：求接收信号 $\boldsymbol{y}(t)$ 和 $\boldsymbol{x}(t)$ 互相关矩阵的估计值。

步骤 3：根据式（4-170），去除自相关矩阵中的噪声影响，得到 $\hat{\boldsymbol{C}}_{xx}$。

步骤 4：根据式（4-171），构造 DOA 矩阵 $\hat{\boldsymbol{R}}=\hat{\boldsymbol{R}}_{yx}\hat{\boldsymbol{C}}_{xx}^{+}$。

步骤 5：对 $\hat{\boldsymbol{R}}$ 进行特征值分解，根据特征值和特征矢量得到二维 DOA 的估计值。

4.6.3　扩展 DOA 矩阵法

接收信号 $\boldsymbol{x}(t)$ 的自相关矩阵为 $\boldsymbol{R}_{xx}$，表达式为

$$\boldsymbol{R}_{xx}=E[\boldsymbol{x}(t)\boldsymbol{x}^{\mathrm{H}}(t)]=\boldsymbol{APA}^{\mathrm{H}}+\sigma_{\mathrm{n}}^2\boldsymbol{I}_M \tag{4-173}$$

式中，$\boldsymbol{P}=E[\boldsymbol{s}(t)\boldsymbol{s}^{\mathrm{H}}(t)]$ 为信源信号的协方差矩阵；σ_{n}^2 为加性高斯白噪声方差。

接收信号 $\boldsymbol{y}(t)$ 的自相关矩阵为 $\boldsymbol{R}_{yy}$，表达式为

$$\begin{aligned}\boldsymbol{R}_{yy}&=E[\boldsymbol{y}(t)\boldsymbol{y}^{\mathrm{H}}(t)]\\&=\boldsymbol{A\Phi P\Phi}^{\mathrm{H}}\boldsymbol{A}^{\mathrm{H}}+\sigma_{\mathrm{n}}^2\boldsymbol{I}_M\\&=\boldsymbol{AP\Phi\Phi}^{\mathrm{H}}\boldsymbol{A}^{\mathrm{H}}+\sigma_{\mathrm{n}}^2\boldsymbol{I}_M\\&=\boldsymbol{APA}^{\mathrm{H}}+\sigma_{\mathrm{n}}^2\boldsymbol{I}_M\end{aligned} \tag{4-174}$$

考虑到噪声自身的独立性，且独立于信号，假设 $\boldsymbol{y}(t)$ 和 $\boldsymbol{x}(t)$ 的互相关矩阵为 $\boldsymbol{R}_{yx}$，则

$$\boldsymbol{R}_{yx}=E[\boldsymbol{y}(t)\boldsymbol{x}^{\mathrm{H}}(t)]=\boldsymbol{A\Phi PA}^{\mathrm{H}} \tag{4-175}$$

同理，可得 $\boldsymbol{x}(t)$ 和 $\boldsymbol{y}(t)$ 的互相关矩阵为

$$\boldsymbol{R}_{xy}=E[\boldsymbol{x}(t)\boldsymbol{y}^{\mathrm{H}}(t)]=\boldsymbol{A\Phi}^{-1}\boldsymbol{PA}^{\mathrm{H}} \tag{4-176}$$

对 $\boldsymbol{R}_{xx}$ 进行特征值分解（EVD），令 $\varepsilon_1,\cdots,\varepsilon_K$ 为矩阵 $\boldsymbol{R}_{xx}$ 的 K 个较大特征值，在高斯白噪声的假设下，先由 $M-K$ 个较小特征值的平均得到高斯白噪声方差 σ_{n}^2 的估计值，再通过去除高斯白噪声的影响，得到

$$\boldsymbol{C}_{xx}=\boldsymbol{APA}^{\mathrm{H}}=\boldsymbol{R}_{xx}-\sigma_{\mathrm{n}}^2\boldsymbol{I}_M \tag{4-177}$$

同理可得

$$C_{yy}=APA^{\mathrm{H}}=R_{yy}-\sigma_{\mathrm{n}}^{2}I_{M} \tag{4-178}$$

定义 $R_1,R_2\in\mathbb{C}^{2M\times M}$，有

$$R_1=\begin{bmatrix}C_{xx}\\R_{xy}\end{bmatrix}=\begin{bmatrix}APA^{\mathrm{H}}\\A\Phi^{-1}PA^{\mathrm{H}}\end{bmatrix} \tag{4-179}$$

$$R_2=\begin{bmatrix}R_{yx}\\C_{yy}\end{bmatrix}=\begin{bmatrix}A\Phi PA^{\mathrm{H}}\\APA^{\mathrm{H}}\end{bmatrix} \tag{4-180}$$

定义 $A_{\mathrm{E}}\in\mathbb{C}^{2M\times K}$，有

$$A_{\mathrm{E}}=\begin{bmatrix}A\\A\Phi^{-1}\end{bmatrix} \tag{4-181}$$

因此有

$$R_1=A_{\mathrm{E}}PA^{\mathrm{H}} \tag{4-182}$$

$$R_2=A_{\mathrm{E}}\Phi PA^{\mathrm{H}} \tag{4-183}$$

根据 DOA 矩阵法的思想，定义 DOA 矩阵 $R'\in\mathbb{C}^{2M\times 2M}$ 为

$$R'=R_2R_1^{+}=\begin{bmatrix}R_{yx}\\C_{yy}\end{bmatrix}\begin{bmatrix}C_{xx}\\R_{xy}\end{bmatrix}^{+} \tag{4-184}$$

式中，$R_1^{+}=R_1^{\mathrm{H}}(R_1R_1^{\mathrm{H}})^{-1}$。

如果 A 和 P 满秩，Φ 对角线上无相同的元素，则 DOA 矩阵 R' 的 K 个非 0 特征值等于 Φ 对角线上 K 个元素，对应的特征矢量等于相应的信号方向矢量，即

$$R'A_{\mathrm{E}}=A_{\mathrm{E}}\Phi \tag{4-185}$$

对 DOA 矩阵 R' 进行特征值分解，可以得到矩阵 A_{E} 和 Φ。根据 Φ 中的特征值，可以得到 v_k 的估计值 $\hat{v}_k$，进而得到 β_k 的估计值，即

$$\hat{\beta}_k=\arccos\left(\frac{\lambda}{2\pi D}\mathrm{angle}(\hat{v}_k)\right) \tag{4-186}$$

根据 A_{E} 的定义，可将其分为 A 和 $A\Phi^{-1}$ 两个部分，进行特征值分解后，两个部分的估计值分别为 $\hat{A}_1$ 和 $\hat{A}_2$。

假设$\hat{\boldsymbol{A}}_1$的某一列为$\boldsymbol{a}_i$，利用方向矩阵的 Vandermonde 特征对方向矩阵进行DOA 估计：先对方向矢量$\boldsymbol{a}_i$进行归一化，使其首项为 1，取其相位，估计阵列之间的相位差；再利用最小二乘原理估计 DOA。

因为$\boldsymbol{a}_i=[1,\exp(\mathrm{j}2\pi d\cos\alpha_i/\lambda),\cdots,\exp(\mathrm{j}2\pi(M-1)d\cos\alpha_i/\lambda)]^{\mathrm{T}}$，所以可以得到

$$\begin{aligned}\boldsymbol{T}&=\mathrm{angle}(\boldsymbol{a}_i)\\&=[0,2\pi d\cos\alpha_k/\lambda,2(M-1)\pi d\cos\alpha_k/\lambda]^{\mathrm{T}}\end{aligned}\tag{4-187}$$

最小二乘拟合为$\boldsymbol{B}\boldsymbol{c}_1=\boldsymbol{T}$。其中，$\boldsymbol{c}_1=[c_{01},u_k]^{\mathrm{T}}$，且有

$$\boldsymbol{B}=\begin{bmatrix}1 & 0\\1 & \pi d/\lambda\\\vdots & \vdots\\1 & (M-1)\pi d/\lambda\end{bmatrix}=\begin{bmatrix}1 & 0\\1 & \pi\\\vdots & \vdots\\1 & (M-1)\pi\end{bmatrix}\tag{4-188}$$

得到

$$\boldsymbol{c}_1=\begin{bmatrix}\hat{c}_{01}\\\hat{u}_k\end{bmatrix}=(\boldsymbol{B}^{\mathrm{T}}\boldsymbol{B})^{-1}\boldsymbol{B}^{\mathrm{T}}\boldsymbol{T}\tag{4-189}$$

式中，$\hat{u}_k$为$\cos\alpha_{k1}$的估计值，可以得到α_{k1}的估计值，即

$$\hat{\alpha}_{k1}=\arccos\hat{u}_k\tag{4-190}$$

同理，由$\hat{\boldsymbol{A}}_2$得到$\hat{\alpha}_{k2}$，α_k的估计值为

$$\hat{\alpha}_k=(\hat{\alpha}_{k1}+\hat{\alpha}_{k2})/2\tag{4-191}$$

算法 4.8：扩展 DOA 矩阵法。

步骤 1：求接收信号$\boldsymbol{x}(t)$和$\boldsymbol{y}(t)$的自相关矩阵和互相关矩阵的估计值，即

$$\hat{\boldsymbol{R}}_{xx}=\frac{1}{J}\sum_{t=1}^{J}\boldsymbol{x}(t)\boldsymbol{x}^{\mathrm{H}}(t)$$

$$\hat{\boldsymbol{R}}_{yy}=\frac{1}{J}\sum_{t=1}^{J}\boldsymbol{y}(t)\boldsymbol{y}^{\mathrm{H}}(t)$$

$$\hat{\boldsymbol{R}}_{xy}=\frac{1}{J}\sum_{t=1}^{J}\boldsymbol{x}(t)\boldsymbol{y}^{\mathrm{H}}(t)$$

$$\hat{\boldsymbol{R}}_{yx}=\frac{1}{J}\sum_{t=1}^{J}\boldsymbol{y}(t)\boldsymbol{x}^{\mathrm{H}}(t)$$

步骤 2：去除自相关矩阵中的噪声影响，得到$\hat{\boldsymbol{C}}_{xx}$和$\hat{\boldsymbol{C}}_{yy}$。

步骤 3：定义 $\boldsymbol{R}_1$和 $\boldsymbol{R}_2$，构建扩展 DOA 矩阵 $\boldsymbol{R}'=\boldsymbol{R}_2\boldsymbol{R}_1^+$。

步骤 4：对 $\boldsymbol{R}'$进行特征值分解，根据特征值和特征矢量得到二维 DOA 的估计值。

4.6.4 计算的复杂度和仿真结果

计算自相关矩阵和互相关矩阵估计值的复杂度为 $O\{4JM^2\}$。其中，J 表示接收信号的快拍数。计算 $\boldsymbol{R}_1^+$的复杂度为 $O\{5M^3\}$。计算 $\boldsymbol{R}'=\boldsymbol{R}_2\boldsymbol{R}_1^+$的复杂度为 $O\{4M^3\}$。对 $\boldsymbol{R}'$进行特征值分解的复杂度为 $O\{8M^3\}$。总的复杂度为 $O\{4JM^2+17M^3\}$。

扩展 DOA 矩阵法完全利用接收信号的自相关信息和互相关信息构建扩展的 DOA 矩阵。传统的 DOA 矩阵法未完全利用接收信号的自相关信息和互相关信息构建 DOA 矩阵。因此，扩展 DOA 矩阵法比传统 DOA 矩阵法具有更高的 DOA 估计性能。

假设在空间远场有三个窄带信号$(\alpha_1,\beta_1)=(50°,55°)$、$(\alpha_2,\beta_2)=(60°,65°)$、$(\alpha_3,\beta_3)=(70°,75°)$入射到阵列上，信号之间互不相关。下面采用 1000 次蒙特卡罗仿真实验评估 DOA 估计性能。

定义均方根误差为

$$\mathrm{RMSE}=\frac{1}{K}\sum_{k=1}^{K}\sqrt{\frac{1}{1000}\sum_{n=1}^{1000}[(\hat{\alpha}_{k,n}-\alpha_k)^2+(\hat{\beta}_{k,n}-\beta_k)^2]}$$

式中，$\hat{\alpha}_{k,n}$和$\hat{\beta}_{k,n}$分别为第 k 个信号在第 n 次蒙特卡罗仿真实验时的估计值；α_k和 β_k分别为第 k 个信号的真实值。

图 4-46 为在不同 SNR 时，传统 DOA 矩阵法和扩展 DOA 矩阵法的 DOA 估计性能对比。针对双平行线阵列进行仿真实验，子阵 1 和子阵 2 的阵元数均为$M=8$，快拍数 $J=500$。由图 4-46 可知，扩展 DOA 矩阵法具有较高的 DOA 估计性能。

图 4-47 为在不同快拍数时，传统 DOA 矩阵法和扩展 DOA 矩阵法的 DOA 估计性能对比，信噪比为 SNR = 10dB。由图可知，随着快拍数的增加，扩展 DOA 矩阵法的 DOA 估计性能明显优于传统 DOA 矩阵法的 DOA 估计性能。

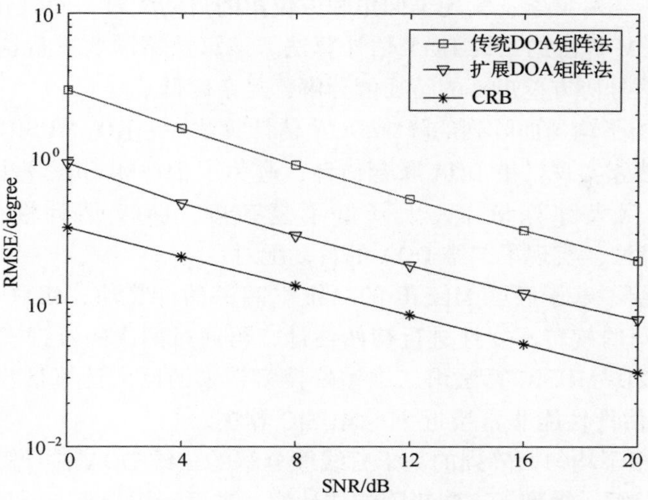

图 4-46　在不同 SNR 时的 DOA 估计性能对比

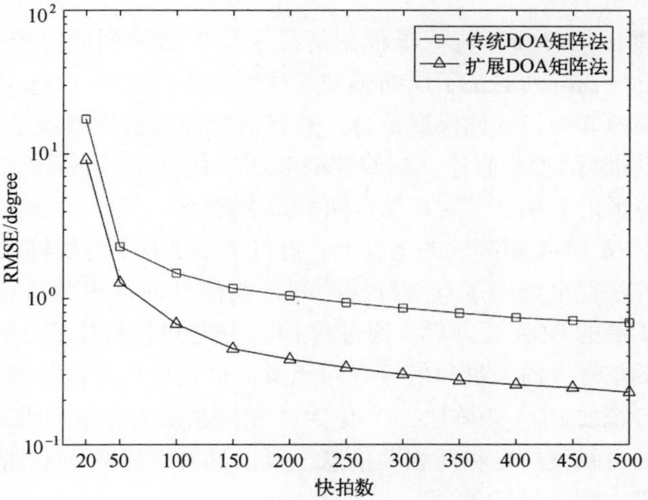

图 4-47　在不同快拍数时的 DOA 估计性能对比

4.7　本章小结

（1）介绍了均匀面阵列的基于 ESPRIT 算法的二维 DOA 估计算法。该算法不需要进行谱峰搜索，实现了仰角和方位角的自动配对，同时介绍了均匀面阵列的基于 PM 算法的二维 DOA 估计算法。该算法不需要进行谱峰搜索，避免了对接收信号协方差矩阵的特征值分解，复杂度低。

（2）介绍了均匀面阵列的降维 DOA 估计算法——RD-MUSIC 算法。该算法采用一维搜索实现二维 DOA 联合估计，避免了 2D-MUSIC 算法由二维谱峰搜索带来的巨大计算量，大大降低了复杂度，DOA 估计性能非常接近 2D-MUSIC 算法，实现了二维 DOA 的自动配对。

（3）介绍了基于级联 MUSIC 的二维空间谱估计算法。级联 MUSIC 算法先利用子空间的旋转不变性进行初始估计，再通过两次一维搜索实现自动配对，避免了 2D-MUSIC 算法由二维谱峰搜索带来的巨大计算量，降低了的复杂度，DOA 估计性能非常接近 2D-MUSIC 算法。

（4）介绍了均匀面阵列的基于三线性分解的二维 DOA 估计算法。该算法通过三线性分解，得到了方向矩阵的估计值，进而利用最小二乘原理得到信源的二维波达方向，可以得到自动配对的仰角和方位角，DOA 估计性能好于 ESPRIT 算法和 PM 算法。

（5）借助压缩感知平行因子框架解决了均匀面阵列的二维 DOA 估计问题，提出了均匀面阵列的基于压缩感知三线性模型的二维 DOA 估计算法。该算法先将压缩感知与三线性模型结合，并将三线性模型压缩成小三线性模型，再利用稀疏性进行 DOA 估计。与传统的基于三线性交替最小二乘算法相比，该算法拥有更低的复杂度，对存储空间的需求降低。

（6）在传统 DOA 矩阵法的基础上，提出了基于双平行线阵列的扩展 DOA 矩阵法。该算法完全利用了双平行线阵列接收信号的自相关信息和互相关信息，在构建扩展的 DOA 矩阵后，通过对 DOA 矩阵进行特征值分解，可以直接获得待估计的信号方向矢量和信号方向元素，得到待估计信号的二维 DOA 估计值。对比传统的 DOA 矩阵法，扩展 DOA 矩阵法因为完全利用了双平行线阵列接收信号的自相关信息和互相关信息，所以具有更好的 DOA 估计性能。部分相应成果见文献［27-37］。

参考文献

[1] WAX M, SHAN T J, KAILATH T. Spatio-temporal spectral analysis by eigenstructuremethods [J]. IEEE Transactions on Acoustics, Speech, and Signal Processing, 1984, 32 (4): 817-827.

[2] ZOLTOWSKI M D, HAARDT M, MATHEWS C P. Closed-form 2-D angle estimation with rectangular ar-

rays in element space or beamspace via unitary ESPRIT [J]. IEEE Transactions on Signal Processing, 1996, 44 (2): 316-328.

[3] MATHEWS C P, ZOLTOWSKI M D. Eigenstructure techniques for 2-D angle estimation with uniform circular arrays [J]. IEEE Transactions on Signal Processing, 1994, 42 (9): 2395-2407.

[4] 殷勤业, 邹理, NEWCOMB W R. 一种高分辨率二维信号参量估计方法-波达方向矩阵法 [J]. 通信学报, 1991, 12 (4): 1-7.

[5] 金梁, 殷勤业. 时空 DOA 矩阵法 [J]. 电子学报, 2000, 28 (6): 8-12.

[6] 金梁, 殷勤业. 时空 DOA 矩阵方法的分析与推广 [J]. 电子学报, 2001, 29 (3): 300-303.

[7] 董铁, 吴云韬, 廖桂生. 一种二维到达方向估计的 ESPRIT 新方法 [J]. 西安电子科技大学学报(自然科学版), 2003, 30 (5): 369-373.

[8] WU Y, LIAO G, SO H C. A fast algorithm for 2-D direction-of-arrival estimation [J]. Signal Processing, 2003, 83 (8): 1827-1831.

[9] CLARK M P, SCHARF L L. Two-dimensional modal analysis based on maximum likelihood [J]. IEEE Transactions on Signal Processing, 1994, 42 (6): 1443-1452.

[10] 夏铁骑. 二维波达方向估计方法研究 [D]. 成都: 电子科技大学, 2008.

[11] ZOLTOWSKI M D, HAARDT M, MATHEWS C P. Closed-form 2-D angle estimation with rectangular arrays in element space or beamspace via unitary ESPRIT [J]. IEEE Transactions on Signal Processing, 1996, 44 (2): 316-328.

[12] TAYEM N, KWON H M. L-shape 2-dimensional arrival angle estimation with propagator method [J]. IEEE Transactions on Antennas and Propagation, 2005, 53 (5): 1622-1630.

[13] LI P, YU B, SUN J. A new method for two-dimensional array signal processing in unknown noise environments [J]. Signal Processing, 1995, 47 (3): 319-327.

[14] LIU T H, MENDEL J M. Azimuth and elevation direction finding using arbitrary array geometries [J]. IEEE Transactions on Signal Processing, 1998, 46 (7): 2061-2065.

[15] 叶中付, 沈凤麟. 一种快速的二维高分辨波达方向估计方法-混合波达方向矩阵法 [J]. 电子科学学刊, 1996, 18 (6): 567-572.

[16] HUA Y B, SARKAR T K, WEINER D D. An L-shaped array for estimating 2-D directions of arrival [J]. IEEE Transactions on Antennas and Propagation, 1991, 39 (2): 143-146.

[17] 陈建. 二维波达方向估计理论研究 [D]. 长春: 吉林大学, 2007.

[18] 张小飞, 汪飞, 陈伟华. 阵列信号处理的理论与应用 [M]. 2版. 北京: 国防工业出版社, 2013.

[19] 黄殷杰. L型阵列二维 DOA 估计算法研究 [D]. 南京: 南京航空航天大学, 2014.

[20] LI J F, ZHANG X F, CHEN H. Improved two-dimensional DOA estimation algorithm for two-parallel uniform linear arrays using propagator method [J]. Signal Processing, 2012, 92 (12): 3032-3038.

[21] STOICA P, NEHORAI A. Performance study of conditional and unconditional direction-of-arrival estimation [J]. IEEE Transactions on Acoustics, Speech, and Signal Processing, 1990, 38 (10): 1783-1795.

[22] KRUSKAL J B. Three-way arrays: rank and uniqueness of trilinear decompositions, with application to arithmetic complexity and statistics [J]. Linear Algebra and its Applications, 1977, 18 (2): 95-138.

[23] SIDIROPOULOS N D, BRO R, GIANNAKIS G B. Parallel factor analysis in sensor array processing [J].

IEEE Transactions on Signal Processing, 2000, 48 (8): 2377-2388.

[24] SIDIROPOULOS N D, LIU X. Identifiability results for blind beamforming in incoherent multipath with small delay spread [J]. IEEE Transactions on Signal Processing, 2001, 49 (1): 228-236.

[25] SIDIROPOULOS N D, KYRILLIDIS A. Multi-way compressed sensing for sparse low-rank tensors [J]. IEEE Signal Processing Letters, 2012, 19 (11): 757-760.

[26] TROPP J A, GILBERT A C. Signal recovery from random measurements via orthogonal matching pursuit [J]. IEEE Transactions on Information Theory, 2007, 53 (12): 4655-4666.

[27] DAI X R, ZHANG X F, WANG Y F. Extended DOA-matrix method for DOA estimation via two parallel linear arrays [J]. IEEE Communications Letters, 2019, 23 (11): 1981-1984.

[28] CAO R Z, ZHANG X F, CHEN W Y. Compressed sensing parallel factor analysis-based joint angle and Doppler frequency estimation for monostatic multiple-input-multiple-output radar [J]. IET Radar, Sonar & Navigation, 2014, 8 (6): 597-606.

[29] CAO R Z, ZHANG X F, WANG C H. Reduced-dimensional PARAFAC-based algorithm for joint angle and doppler frequency estimation in monostatic MIMO radar [J]. Wireless Personal Communications, 2015, 80: 1231-1249.

[30] YU H X, QIU X F, ZHANG X F, et al. Two-dimensional direction of arrival (DOA) estimation for rectangular array via compressive sensing trilinear model [J]. International Journal of Antennas and Propagation, 2015, 2015.

[31] ZHANG X F, ZHOU M, CHEN H, et al. Two-dimensional DOA estimation for acoustic vector-sensor array using a successive MUSIC [J]. Multidimensional Systems and Signal Processing, 2014, 25: 583-600.

[32] ZHANG X F, WU W, CAO R Z. Compressed sensing trilinear model-based blind carrier frequency offset estimation for OFDM system with multiple antennas [J]. Wireless Personal Communications, 2014, 78: 927-941.

[33] ZHANG X F, CHEN C, LI J F, et al. Blind DOA and polarization estimation for polarization-sensitive array using dimension reduction MUSIC [J]. Multidimensional Systems and Signal Processing, 2014, 25: 67-82.

[34] ZHANG X F, GAO X, XU D Z. Multi-invariance ESPRIT-based blind DOA estimation for MC-CDMA with an antenna array [J]. IEEE Transactions on Vehicular Technology, 2009, 58 (8): 4686-4690.

[35] ZHANG X F, GAO X, XU D Z. Novel blind carrier frequency offset estimation for OFDM system with multiple antennas [J]. IEEE Transactions on Wireless Communications, 2010, 9 (3): 881-885.

[36] ZHANG X F, XU L Y, XU L, et al. Direction of departure (DOD) and direction of arrival (DOA) estimation in MIMO radar with reduced-dimension MUSIC [J]. IEEE Communications Letters, 2010, 14 (12): 1161-1163.

[37] XU L, WU R H, ZHANG X F, et al. Joint two-dimensional DOA and frequency estimation for L-shaped array via compressed sensing PARAFAC method [J]. IEEE Access, 2018, 6: 37204-37213.

第 5 章 传感器阵列非圆信号测向

非圆信号是常见的信号形式。信号的非圆特性能够提高 DOA 估计性能。本章介绍均匀线阵列非圆信号 DOA 估计算法，包括 NC-ESPRIT 算法、NC-RD-Capon 算法、NC-RD-MUSIC 算法和 NC-GESPRIT 算法等。

5.1 引言

在阵列信号处理领域，DOA 估计是一个主要的研究内容。传统的 DOA 估计算法有 MUSIC 算法、ESPRIT 算法、Capon 算法及 PM 算法等，已经有了较为成熟的理论[1-11]。为了提高 DOA 估计性能，研究人员开始利用信号的非圆特性估计信号的 DOA[12-20]，如在通信领域中的二进制相移键控（Binary Phase Shift Keying，BPSK）非圆信号和调幅（Amplitude Modulation，AM）非圆信号[21]。利用信号的非圆特性，可以将接收信号矩阵的维数加倍，提高估计性能。信号的非圆特性可提高 DOA 估计性能。文献［12］介绍了采用非圆 MUSIC 算法实现 DOA 估计。文献［13］介绍了非圆信号的求根 MUSIC 算法，可避免进行谱峰搜索。文献［14］介绍了采用 ESPRIT 算法实现非圆信号 DOA 估计，不需要进行谱峰搜索，复杂度较低。文献［17］介绍了实现非圆信号 DOA 估计的非圆 PM 算法。

所介绍的算法都是对均匀线阵列非圆信号的 DOA 进行估计，在非均匀线阵列情形下，需要进行二维谱峰搜索，复杂度较高，难以应用在实际工作中。为了降低复杂度，研究人员借鉴降维算法[22]研究了非圆信号降维算法。本章将针对线阵列的非圆信号 DOA 估计问题，介绍对非圆信号的 DOA 进行估计的降维 NC-Capon 算法、降维 NC-MUSIC 算法等。

5.2 均匀线阵列的基于 NC-ESPRIT 的非圆信号 DOA 估计算法

下面介绍均匀线阵列的基于 NC-ESPRIT 的非圆信号 DOA 估计算法（NC-

ESPRIT 算法)。信源信号为非圆信号。仿真结果表明，在采用 ESPRIT 算法的情形下，对非圆信号的 DOA 估计性能优于对圆信号的 DOA 估计性能。

5.2.1 数据模型

为了方便起见，考虑线阵列均匀分布在 x 轴上，如图 5-1 所示。

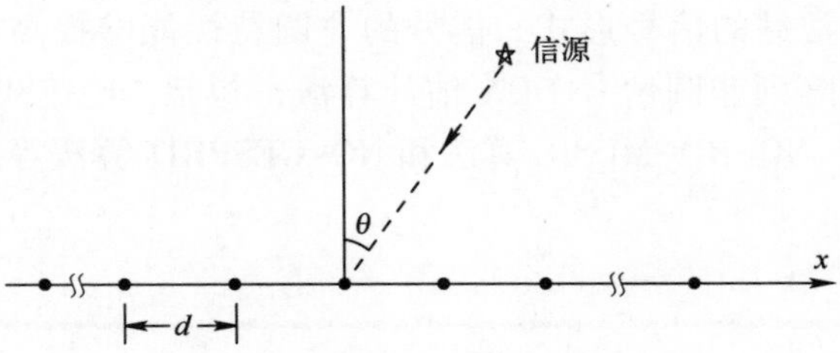

图 5-1 均匀线阵列分布示意图

对于一个由 M 个阵元组成的均匀线阵列，阵元间隔为 d。假设有 K 个独立的、波长为 λ 的信号以不同的入射角 $\theta_k(k=1,2,\cdots,K)$ 入射到均匀线阵列上，则均匀线阵列的方向矢量为

$$\boldsymbol{a}(\theta_k)=[1,\mathrm{e}^{-\mathrm{j}2\pi d\sin\theta_k/\lambda},\cdots,\mathrm{e}^{-\mathrm{j}2\pi(M-1)d\sin\theta_k/\lambda}]^{\mathrm{T}} \tag{5-1}$$

定义方向矩阵为

$$\begin{aligned}\boldsymbol{A}&=[\boldsymbol{a}(\theta_1),\boldsymbol{a}(\theta_2),\cdots,\boldsymbol{a}(\theta_K)]\\&=\begin{bmatrix}1 & 1 & \cdots & 1\\ \mathrm{e}^{-\mathrm{j}2\pi d\sin\theta_1/\lambda} & \mathrm{e}^{-\mathrm{j}2\pi d\sin\theta_2/\lambda} & \cdots & \mathrm{e}^{-\mathrm{j}2\pi d\sin\theta_K/\lambda}\\ \vdots & \vdots & \ddots & \vdots\\ \mathrm{e}^{-\mathrm{j}2\pi(M-1)d\sin\theta_1/\lambda} & \mathrm{e}^{-\mathrm{j}2\pi(M-1)d\sin\theta_2/\lambda} & \cdots & \mathrm{e}^{-\mathrm{j}2\pi(M-1)d\sin\theta_K/\lambda}\end{bmatrix}\end{aligned} \tag{5-2}$$

接收信号可表示为

$$\boldsymbol{x}(t)=\boldsymbol{A}\boldsymbol{s}(t)+\boldsymbol{n}(t) \tag{5-3}$$

式中，$\boldsymbol{s}(t)$ 为入射信号矢量；$\boldsymbol{n}(t)$ 为噪声矢量。

考虑非圆信号的定义，当满足 $E\{\boldsymbol{s}(t)\}=\boldsymbol{O}_{K\times1}$，$E\{\boldsymbol{s}(t)\boldsymbol{s}^{\mathrm{H}}(t)\}\neq\boldsymbol{O}_{K\times K}$，$E\{\boldsymbol{s}(t)\boldsymbol{s}^{\mathrm{T}}(t)\}=\boldsymbol{O}_{K\times K}$ 时，$\boldsymbol{s}(t)$ 为圆信号。否则，如果 $E\{\boldsymbol{s}(t)\}=\boldsymbol{O}_{K\times1}$，$E\{\boldsymbol{s}(t)\boldsymbol{s}^{\mathrm{H}}(t)\}\neq\boldsymbol{O}_{K\times K}$，$E\{\boldsymbol{s}(t)\boldsymbol{s}^{\mathrm{T}}(t)\}\neq\boldsymbol{O}_{K\times K}$，则 $\boldsymbol{s}(t)$ 为非圆信号[12,15]。根据非圆信号的定义，非圆信号矢量 $\boldsymbol{s}(t)$ 可表示为

$$s(t)=\boldsymbol{\Phi}s_{\mathrm{R}}(t) \tag{5-4}$$

式中，$s_{\mathrm{R}}(t)\in\mathbb{R}^{K\times1}$；$\boldsymbol{\Phi}=\mathrm{diag}\{\mathrm{e}^{-\mathrm{j}\phi_1},\mathrm{e}^{-\mathrm{j}\phi_2},\cdots,\mathrm{e}^{-\mathrm{j}\phi_K}\}$；$\phi_k$为第$k$个非圆信号的相位。因此，式（5-3）可改写为

$$\boldsymbol{x}(t)=\boldsymbol{A\Phi}s_{\mathrm{R}}(t)+\boldsymbol{n}(t) \tag{5-5}$$

5.2.2 基于ESPRIT算法的非圆信号DOA估计

当非圆信号入射到均匀线阵列上时，可定义一个行交换矩阵$\boldsymbol{J}$，即

$$\boldsymbol{J}=\begin{bmatrix}\boldsymbol{O} & & 1\\ & \iddots & \\ 1 & & \boldsymbol{O}\end{bmatrix} \tag{5-6}$$

重构接收信号矩阵为

$$\boldsymbol{z}(t)=\begin{bmatrix}\boldsymbol{x}(t)\\ \boldsymbol{J}\boldsymbol{x}^*(t)\end{bmatrix}=\begin{bmatrix}\boldsymbol{A\Phi}\\ \boldsymbol{J}\boldsymbol{A}^*\boldsymbol{\Phi}^*\end{bmatrix}s_{\mathrm{R}}(t)+\begin{bmatrix}\boldsymbol{n}(t)\\ \boldsymbol{J}\boldsymbol{n}^*(t)\end{bmatrix}=\boldsymbol{B}s_{\mathrm{R}}(t)+\boldsymbol{n}_0(t) \tag{5-7}$$

式中，$\boldsymbol{n}_0(t)=\begin{bmatrix}\boldsymbol{n}(t)\\ \boldsymbol{J}\boldsymbol{n}^*(t)\end{bmatrix}$；$\boldsymbol{B}\in\mathbb{C}^{2M\times K}$为方向矩阵，且

$$\boldsymbol{B}=\begin{bmatrix}\boldsymbol{A\Phi}\\ \boldsymbol{J}\boldsymbol{A}^*\boldsymbol{\Phi}^*\end{bmatrix} \tag{5-8}$$

则$\boldsymbol{A\Phi}$、$\boldsymbol{J}\boldsymbol{A}^*\boldsymbol{\Phi}^*$可分别表示为

$$\boldsymbol{A\Phi}=[\boldsymbol{b}_1(\theta_1,\phi_1),\boldsymbol{b}_1(\theta_2,\phi_2),\cdots,\boldsymbol{b}_1(\theta_K,\phi_K)] \tag{5-9}$$

式中

$$\boldsymbol{b}_1(\theta_i,\phi_i)=\begin{bmatrix}\mathrm{e}^{-\mathrm{j}\phi_i}\\ \mathrm{e}^{-\mathrm{j}(2\pi d\sin\theta_i/\lambda+\phi_i)}\\ \vdots\\ \mathrm{e}^{-\mathrm{j}(2\pi(M-1)d\sin\theta_i/\lambda+\phi_i)}\end{bmatrix}$$

$$\boldsymbol{J}\boldsymbol{A}^*\boldsymbol{\Phi}^*=[\boldsymbol{b}_2(\theta_1,\phi_1),\boldsymbol{b}_2(\theta_2,\phi_2),\cdots,\boldsymbol{b}_2(\theta_K,\phi_K)] \tag{5-10}$$

式中

$$\boldsymbol{b}_2(\theta_i,\varphi_i)=\begin{bmatrix}\mathrm{e}^{\mathrm{j}(2\pi(M-1)d\sin\theta_i/\lambda+\phi_i)}\\ \mathrm{e}^{\mathrm{j}(2\pi(M-2)d\sin\theta_i/\lambda+\phi_i)}\\ \vdots\\ \mathrm{e}^{\mathrm{j}\phi_i}\end{bmatrix}$$

$z(t)$的协方差矩阵为

$$\boldsymbol{R}_z=\boldsymbol{E}\{z(t)z^{\mathrm{H}}(t)\}=\boldsymbol{B}\boldsymbol{R}_{\mathrm{s}}\boldsymbol{B}^{\mathrm{H}}+\sigma_{\mathrm{n}}^2\boldsymbol{I}_{2M} \tag{5-11}$$

对其进行特征值分解，可得

$$\boldsymbol{R}_z=\boldsymbol{U}_{\mathrm{s}}\boldsymbol{\Lambda}_{\mathrm{s}}\boldsymbol{U}_{\mathrm{s}}^{\mathrm{H}}+\boldsymbol{U}_{\mathrm{n}}\boldsymbol{\Lambda}_{\mathrm{n}}\boldsymbol{U}_{\mathrm{n}}^{\mathrm{H}} \tag{5-12}$$

很容易证明

$$\mathrm{span}\{\boldsymbol{U}_{\mathrm{s}}\}=\mathrm{span}\{\boldsymbol{B}\} \tag{5-13}$$

因此存在一个满秩矩阵 $\boldsymbol{T}$，使得

$$\boldsymbol{U}_{\mathrm{s}}\boldsymbol{T}=\boldsymbol{B} \tag{5-14}$$

定义矩阵 $\boldsymbol{T}_1=[\boldsymbol{O}_{(M-1)\times 1},\boldsymbol{I}_{M-1}]$、$\boldsymbol{T}_2=[\boldsymbol{I}_{M-1},\boldsymbol{O}_{(M-1)\times 1}]$及行交换矩阵 $\boldsymbol{J}_1$、$\boldsymbol{J}_2$，有

$$\boldsymbol{J}_1=\begin{bmatrix}\boldsymbol{T}_1 & \boldsymbol{O}\\ \boldsymbol{O} & \boldsymbol{T}_1\end{bmatrix} \tag{5-15}$$

$$\boldsymbol{J}_2=\begin{bmatrix}\boldsymbol{T}_2 & \boldsymbol{O}\\ \boldsymbol{O} & \boldsymbol{T}_2\end{bmatrix} \tag{5-16}$$

式中，$\boldsymbol{O}$ 为零矩阵，且 $\boldsymbol{O}\in\mathbb{C}^{(M-1)\times M}$。

根据式（5-14）、式（5-15）、式（5-16）很容易得到如下关系，即

$$\boldsymbol{J}_1\boldsymbol{U}_{\mathrm{s}}\boldsymbol{T}=\boldsymbol{J}_2\boldsymbol{U}_{\mathrm{s}}\boldsymbol{T}\boldsymbol{\Phi}_x \tag{5-17}$$

式中

$$\boldsymbol{\Phi}_x=\begin{bmatrix}\mathrm{e}^{-\mathrm{j}2\pi d\sin\theta_1/\lambda} & & \\ & \ddots & \\ & & \mathrm{e}^{-\mathrm{j}2\pi d\sin\theta_K/\lambda}\end{bmatrix} \tag{5-18}$$

有

$$T\Phi_x T^{-1}=(J_2U_s)^+J_1U_s \tag{5-19}$$

在实际采样中，有

$$\hat{R}_z=\frac{1}{J}\sum_{j=1}^{J}z(t_j)z^{H}(t_j) \tag{5-20}$$

式中，J 为快拍数，式（5-19）可重写为

$$\hat{T}\hat{\Phi}_x\hat{T}^{-1}=(J_2\hat{U}_s)^+J_1\hat{U}_s \tag{5-21}$$

$\hat{\gamma}_k$为$\hat{\Phi}_x$对角线上的第 k 个元素，仰角$\hat{\theta}_k(k=1,2,\cdots,K)$通过下式得到，即

$$\hat{\theta}_k=-\arcsin\frac{\lambda\,\mathrm{angle}(\hat{\gamma}_k)}{2\pi d} \tag{5-22}$$

均匀线阵列 NC-ESPRIT 算法的主要步骤如下。

算法 5.1：NC-ESPRIT 算法。

步骤 1：根据式（5-7）重构接收信号阵列 $z(t)$。
步骤 2：根据式（5-20），得到 $z(t)$ 协方差矩阵 R_z 的估计值。
步骤 3：对协方差矩阵 R_z 进行特征值分解，得到信号子空间。
步骤 4：根据式（5-21）对$(J_2\hat{U}_s)^+J_1\hat{U}_s$进行特征值分解，得到$\hat{\Phi}_x$。
步骤 5：根据式（5-22）得到信源的 DOA 估计值$\hat{\theta}_k,k=1,2,\cdots,K$。

5.2.3 算法的复杂度和优点

NC-ESPRIT 算法的复杂度见表 5-1。

表 5-1 NC-ESPRIT 算法的复杂度

算法步骤	复杂度
计算协方差矩阵 R_z 的估计值$\hat{R}_z$	$O(4M^2J)$
对 R_z 进行特征值分解	$O(8M^3)$
计算$(J_2\hat{U}_s)^+J_1\hat{U}_s$并进行特征值分解，得到$\hat{\Phi}_x$	$O(8M^2K+6MK^2+2K^3)$
总复杂度	$O(4M^2J+8M^3+8M^2K+6MK^2+2K^3)$

注：M 为阵元数；K 为信源数；J 为快拍数。

NC-ESPRIT 算法的优点如下：

- 相比 ESPRIT 算法，DOA 估计性能更好；
- 不需要估计非圆信号的相位，就能估计信号的 DOA。

5.2.4 克拉美罗界

对于线阵列，假设重构接收信号矩阵 $\boldsymbol{z}(t)=\begin{bmatrix}\boldsymbol{x}(t)\\ \boldsymbol{x}^*(t)\end{bmatrix}$，在实际采样中，接收信号矩阵可重写为

$$\boldsymbol{Z}=\boldsymbol{B}\boldsymbol{S}_{\mathrm{R}}+\boldsymbol{N}_0 \tag{5-23}$$

式中，$\boldsymbol{Z}=[\boldsymbol{z}(t_1),\cdots,\boldsymbol{z}(t_J)]$；$\boldsymbol{S}_{\mathrm{R}}=[\boldsymbol{s}_{\mathrm{R}}(t_1),\cdots,\boldsymbol{s}_{\mathrm{R}}(t_J)]$；$\boldsymbol{B}\in\mathbb{C}^{2M\times K}$，且

$$\boldsymbol{B}=\begin{bmatrix}\boldsymbol{A}\boldsymbol{\Phi}\\ \boldsymbol{A}^*\boldsymbol{\Phi}^*\end{bmatrix} \tag{5-24}$$

假设信号是确定的，估计参数矢量可表示为

$$\boldsymbol{\zeta}=[\theta_1,\cdots,\theta_K,\phi_1,\cdots,\phi_K,\boldsymbol{s}_{\mathrm{R}}^{\mathrm{T}}(t_1),\cdots,\boldsymbol{s}_{\mathrm{R}}^{\mathrm{T}}(t_J),\sigma_{\mathrm{n}}^2]^{\mathrm{T}} \tag{5-25}$$

式中，$\boldsymbol{s}_{\mathrm{R}}^{\mathrm{T}}(t_l)$为$\boldsymbol{S}_{\mathrm{R}}$的第 l 行。

$\boldsymbol{Z}$ 的期望值$\boldsymbol{\mu}$ 及协方差矩阵 $\boldsymbol{\Gamma}$ 分别为

$$\boldsymbol{\mu}=\begin{bmatrix}\boldsymbol{B}\boldsymbol{s}(t_1)\\ \vdots\\ \boldsymbol{B}\boldsymbol{s}(t_J)\end{bmatrix}=\boldsymbol{G}\boldsymbol{S} \tag{5-26}$$

$$\boldsymbol{\Gamma}=\begin{bmatrix}\sigma_{\mathrm{n}}^2\boldsymbol{I}_{2M} & & 0\\ & \ddots & \\ 0 & & \sigma_{\mathrm{n}}^2\boldsymbol{I}_{2M}\end{bmatrix} \tag{5-27}$$

式中

$$\boldsymbol{G}=\begin{bmatrix}\boldsymbol{B} & & 0\\ & \ddots & \\ 0 & & \boldsymbol{B}\end{bmatrix} \tag{5-28}$$

$$\boldsymbol{S}=\begin{bmatrix}\boldsymbol{s}_{\mathrm{R}}(t_1)\\ \vdots\\ \boldsymbol{s}_{\mathrm{R}}(t_J)\end{bmatrix} \tag{5-29}$$

由文献［23］，有

$$[\boldsymbol{P}_{\mathrm{cr}}^{-1}]_{ij}=\mathrm{tr}[\boldsymbol{\Gamma}^{-1}\boldsymbol{\Gamma}'_i\boldsymbol{\Gamma}^{-1}\boldsymbol{\Gamma}'_j]+2\mathrm{Re}[\boldsymbol{\mu}'^{\mathrm{H}}_i\boldsymbol{\Gamma}^{-1}\boldsymbol{\mu}'_j] \tag{5-30}$$

式中，$\boldsymbol{\Gamma}'_i$、$\boldsymbol{\Gamma}'_j$和$\boldsymbol{\mu}'_i$、$\boldsymbol{\mu}'_j$分别为$\boldsymbol{\Gamma}$和$\boldsymbol{\mu}$关于$\boldsymbol{\zeta}$的第i、j个元素的导数。

由于协方差矩阵只与σ_{n}^2有关，式（5-30）中的$\mathrm{tr}[\boldsymbol{\Gamma}^{-1}\boldsymbol{\Gamma}'_i\boldsymbol{\Gamma}^{-1}\boldsymbol{\Gamma}'_j]$为 0，因此有

$$[\boldsymbol{P}_{\mathrm{cr}}^{-1}]_{ij}=2\mathrm{Re}[\boldsymbol{\mu}'^{\mathrm{H}}_i\boldsymbol{\Gamma}^{-1}\boldsymbol{\mu}'_j] \tag{5-31}$$

$$\frac{\partial\boldsymbol{\mu}}{\partial\theta_k}=\begin{bmatrix}\dfrac{\partial\boldsymbol{B}}{\partial\theta_k}\boldsymbol{s}_0(t_1)\\ \vdots\\ \dfrac{\partial\boldsymbol{B}}{\partial\theta_k}\boldsymbol{s}_0(t_J)\end{bmatrix}=\begin{bmatrix}\boldsymbol{d}_{k\theta_k}s_{0k}(t_1)\\ \vdots\\ \boldsymbol{d}_{k\theta_k}s_{0k}(t_J)\end{bmatrix},\ k=1,2,\cdots,K \tag{5-32}$$

$$\frac{\partial\boldsymbol{\mu}}{\partial\phi_k}=\begin{bmatrix}\dfrac{\partial\boldsymbol{B}}{\partial\phi_k}\boldsymbol{s}_0(t_1)\\ \vdots\\ \dfrac{\partial\boldsymbol{B}}{\partial\phi_k}\boldsymbol{s}_0(t_J)\end{bmatrix}=\begin{bmatrix}\boldsymbol{d}_{k\phi_k}s_{0k}(t_1)\\ \vdots\\ \boldsymbol{d}_{k\phi_k}s_{0k}(t_J)\end{bmatrix},\ k=1,2,\cdots,K \tag{5-33}$$

式中，$\boldsymbol{d}_{k\theta_k}=\dfrac{\partial\boldsymbol{b}_k}{\partial\theta_k}$；$\boldsymbol{d}_{k\phi_k}=\dfrac{\partial\boldsymbol{b}_k}{\partial\phi_k}$；$s_{0k}(t)$为$\boldsymbol{s}_0(t)$的第$k$个元素；$\boldsymbol{b}_k$为$\boldsymbol{B}$的第$k$列。

定义

$$\boldsymbol{\Delta}=\begin{bmatrix}\boldsymbol{d}_{1\theta}s_{01}(t_1) & \cdots & \boldsymbol{d}_{K\theta}s_{0K}(t_1) & \boldsymbol{d}_{1\phi}s_{01}(t_1) & \cdots & \boldsymbol{d}_{K\phi}s_{0K}(t_1)\\ \vdots & \ddots & \vdots & \vdots & \ddots & \vdots\\ \boldsymbol{d}_{1\theta}s_{01}(t_J) & \cdots & \boldsymbol{d}_{K\theta}s_{0K}(t_J) & \boldsymbol{d}_{1\phi}s_{01}(t_J) & \cdots & \boldsymbol{d}_{K\phi}s_{0K}(t_J)\end{bmatrix} \tag{5-34}$$

由于$\boldsymbol{\mu}=\boldsymbol{G}\boldsymbol{S}$，因此有

$$\frac{\partial\boldsymbol{\mu}}{\partial\boldsymbol{S}^{\mathrm{T}}}=\boldsymbol{G} \tag{5-35}$$

$$\frac{\partial\boldsymbol{\mu}}{\partial\boldsymbol{\zeta}^{\mathrm{T}}}=[\boldsymbol{\Delta},\boldsymbol{G},0] \tag{5-36}$$

由文献［23］，有

$$2\mathrm{Re}\left\{\frac{\partial \boldsymbol{\mu}^*}{\partial \boldsymbol{\zeta}}\boldsymbol{\Gamma}^{-1}\frac{\partial \boldsymbol{\mu}}{\partial \boldsymbol{\zeta}^{\mathrm{T}}}\right\}=\begin{bmatrix}\boldsymbol{J} & \boldsymbol{O}\\ \boldsymbol{O} & \boldsymbol{O}\end{bmatrix} \tag{5-37}$$

式中

$$\boldsymbol{J}=\frac{2}{\sigma_{\mathrm{n}}^2}\mathrm{Re}\left\{\begin{bmatrix}\boldsymbol{\Delta}^{\mathrm{H}}\\ \boldsymbol{G}^{\mathrm{H}}\end{bmatrix}[\boldsymbol{\Delta}\quad \boldsymbol{G}]\right\} \tag{5-38}$$

定义

$$\boldsymbol{Q}=(\boldsymbol{G}^{\mathrm{H}}\boldsymbol{G})^{-1}\boldsymbol{G}^{\mathrm{H}}\boldsymbol{\Delta} \tag{5-39}$$

$$\boldsymbol{F}=\begin{bmatrix}\boldsymbol{I}_{2K} & \boldsymbol{O}_{2K\times KJ}\\ -\boldsymbol{Q} & \boldsymbol{I}_{KJ}\end{bmatrix} \tag{5-40}$$

可很容易证明

$$[\boldsymbol{\Delta}\quad \boldsymbol{G}]\boldsymbol{F}=[(\boldsymbol{\Delta}-\boldsymbol{G}\boldsymbol{Q})\quad \boldsymbol{G}]=[\boldsymbol{\Pi}_{\boldsymbol{G}}^{\perp}\boldsymbol{\Delta}\quad \boldsymbol{G}] \tag{5-41}$$

式中

$$\boldsymbol{\Pi}_{\boldsymbol{G}}^{\perp}=\boldsymbol{I}-\boldsymbol{G}(\boldsymbol{G}^{\mathrm{H}}\boldsymbol{G})^{-1}\boldsymbol{G}^{\mathrm{H}} \tag{5-42}$$

$$\boldsymbol{G}^{\mathrm{H}}\boldsymbol{\Pi}_{\boldsymbol{G}}^{\perp}=0 \tag{5-43}$$

又因为

$$\boldsymbol{F}^{\mathrm{T}}\boldsymbol{J}\boldsymbol{F}=\frac{2}{\sigma_{\mathrm{n}}^2}\mathrm{Re}\left\{\boldsymbol{F}^{\mathrm{H}}\begin{bmatrix}\boldsymbol{\Delta}^{\mathrm{H}}\\ \boldsymbol{G}^{\mathrm{H}}\end{bmatrix}[\boldsymbol{\Delta}\quad \boldsymbol{G}]\boldsymbol{F}\right\} \tag{5-44}$$

所以很容易知道

$$\boldsymbol{F}^{\mathrm{H}}\begin{bmatrix}\boldsymbol{\Delta}^{\mathrm{H}}\\ \boldsymbol{G}^{\mathrm{H}}\end{bmatrix}[\boldsymbol{\Delta}\quad \boldsymbol{G}]\boldsymbol{F}=\begin{bmatrix}\boldsymbol{\Delta}^{\mathrm{H}}\boldsymbol{\Pi}_{\boldsymbol{G}}^{\perp}\\ \boldsymbol{G}^{\mathrm{H}}\end{bmatrix}[\boldsymbol{\Pi}_{\boldsymbol{G}}^{\perp}\boldsymbol{\Delta}\quad \boldsymbol{G}]=\begin{bmatrix}\boldsymbol{\Delta}^{\mathrm{H}}\boldsymbol{\Pi}_{\boldsymbol{G}}^{\perp}\boldsymbol{\Delta} & \boldsymbol{O}_{2K\times KJ}\\ \boldsymbol{O}_{KJ\times 2K} & \boldsymbol{G}^{\mathrm{H}}\boldsymbol{G}\end{bmatrix} \tag{5-45}$$

由式（5-41）至式（5-45）可知，$\boldsymbol{F}^{\mathrm{T}}\boldsymbol{J}\boldsymbol{F}$ 能够被重写，即

$$\boldsymbol{F}^{\mathrm{T}}\boldsymbol{J}\boldsymbol{F}=\frac{2}{\sigma_{\mathrm{n}}^2}\mathrm{Re}\left\{\begin{bmatrix}\boldsymbol{\Delta}^{\mathrm{H}}\boldsymbol{\Pi}_{\boldsymbol{G}}^{\perp}\boldsymbol{\Delta} & \boldsymbol{O}_{2K\times KJ}\\ \boldsymbol{O}_{KJ\times 2K} & \boldsymbol{G}^{\mathrm{H}}\boldsymbol{G}\end{bmatrix}\right\} \tag{5-46}$$

很容易知道

$$\boldsymbol{J}^{-1}=\boldsymbol{F}(\boldsymbol{F}^{\mathrm{T}}\boldsymbol{J}\boldsymbol{F})^{-1}\boldsymbol{F}^{\mathrm{T}} \tag{5-47}$$

因此J^{-1}可以被重写为

$$J^{-1}=\frac{\sigma_n^2}{2}\begin{bmatrix} I_{2K} & O_{2K\times KJ} \\ -Q & I_{KJ} \end{bmatrix}\begin{bmatrix} \mathrm{Re}(\Delta^H \Pi_G^{\perp} \Delta) & O_{2K\times KJ} \\ O_{KJ\times 2K} & G^H G \end{bmatrix}^{-1}\begin{bmatrix} I_{2K} & -Q^T \\ O_{2K\times KJ} & I_{KJ} \end{bmatrix} \tag{5-48}$$

进一步可知

$$J^{-1}=\begin{bmatrix} \frac{\sigma_n^2}{2}[\mathrm{Re}(\Delta^H \Pi_G^{\perp} \Delta)]^{-1} & \kappa \\ \kappa & \kappa \end{bmatrix} \tag{5-49}$$

式中，κ为在计算CRB过程中不关心的部分。

由文献［23］，CRB矩阵公式为

$$\mathrm{CRB}=\frac{\sigma_n^2}{2}[\mathrm{Re}(\Delta^H \Pi_G^{\perp} \Delta)]^{-1} \tag{5-50}$$

可简化为

$$\mathrm{CRB}=\frac{\sigma_n^2}{2J}\{\mathrm{Re}[D^H \Pi_B^{\perp} D \oplus \hat{R}_s^T]\}^{-1} \tag{5-51}$$

式中，σ_n^2为信号功率，并且

$$D=[d_{1\theta},d_{2\theta},\cdots,d_{K\theta},d_{1\phi},d_{2\phi},\cdots,d_{K\phi}] \tag{5-52}$$

$$\hat{R}_s=\frac{1}{J}\sum_{j=1}^{J} s_0(t_j)s_0^H(t_j) \tag{5-53}$$

$$\Pi_B^{\perp}=I_{2M\times 2M}-B(B^H B)^{-1}B^H \tag{5-54}$$

5.2.5 仿真结果

在下面的仿真实验中，M表示阵元数，K表示信源数，J表示快拍数，SNR表示信噪比，阵元间距为d，λ表示信号波长。

仿真实验均采用蒙特卡罗仿真方法，仿真次数为1000。

定义均方根误差为

$$\mathrm{RMSE}=\frac{1}{K}\sum_{k=1}^{K}\sqrt{\frac{1}{1000}\sum_{n=1}^{1000}(\hat{\theta}_{k,n}-\theta_k)^2} \tag{5-55}$$

式中，$\hat{\theta}_{k,n}$为第n次蒙特卡罗仿真实验第k个信号仰角θ_k的估计值。

假设有 3 个不相关信源的信号入射到接收阵列上，方向角为[10°,20°,30°]，非圆信号相位为[10°,30°,50°]，阵元间距 d 为信号波长的一半。

仿真 1. 图 5-2 为 NC-ESPRIT 算法的角度散布图。图中，$M=8$，$K=3$，$J=200$，SNR=20dB。由图可知，NC-ESPRIT 算法可以有效估计信号的 DOA。

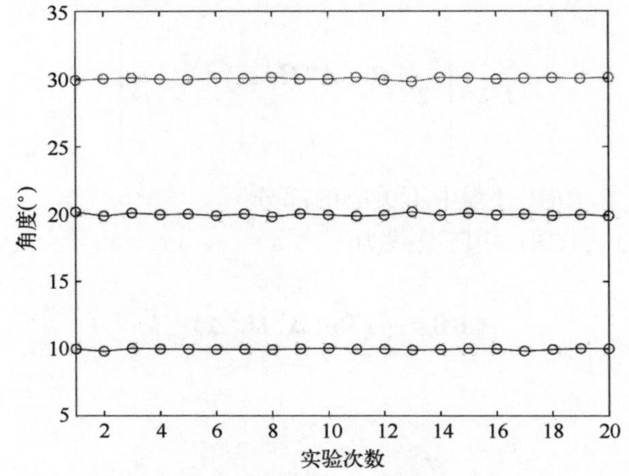

图 5-2　NC-ESPRIT 算法的角度散布图（$M=8$，$K=3$，$J=200$，SNR=20dB）

仿真 2. 图 5-3 为不同算法的 DOA 估计性能对比。由图可知，NC-ESPRIT 算法利用信号的非圆特性，通过扩展数据模型得到了更多信息，比 ESPRIT 算法的 DOA 估计性能更好。

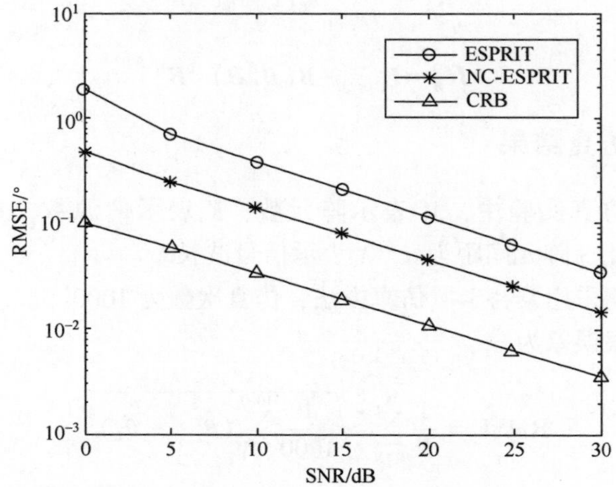

图 5-3　不同算法的 DOA 估计性能对比（$M=8$，$K=3$，$J=200$）

仿真3. 图5-4为在不同阵元数时DOA估计性能对比。由图可知，随着阵元数的增加，对信号的DOA估计性能有所改善，因为阵元数的增加，得到的信息量增加。

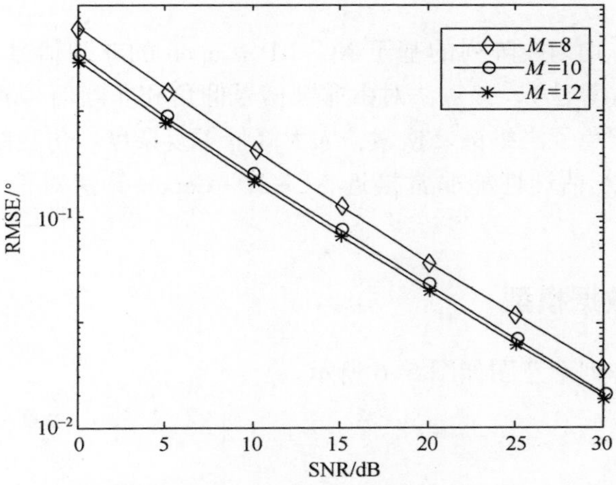

图5-4 在不同阵元数时DOA估计性能对比（$K=3$，$J=200$）

仿真4. 图5-5为在不同快拍数时DOA估计性能对比，由于快拍数的增加，使得采样数据增加，因此能够获得更好的DOA估计性能。

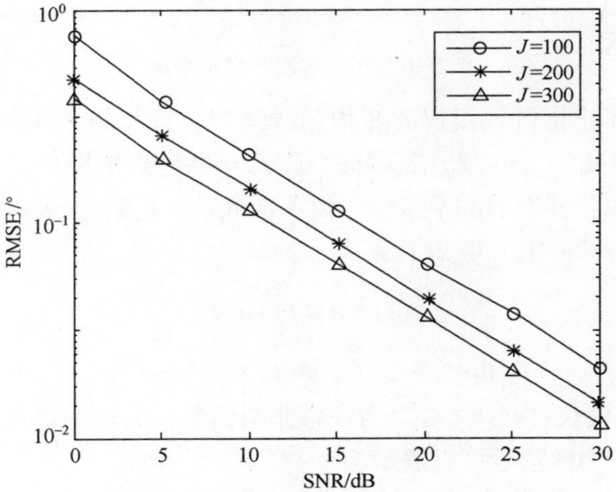

图5-5 在不同快拍数时DOA估计性能对比（$M=8$，$K=3$）

5.3 非均匀线阵列的基于 NC-RD-Capon 的非圆信号 DOA 估计算法

下面介绍非均匀线阵列的基于 NC-RD-Capon 的非圆信号 DOA 估计算法（NC-RD-Capon 算法）。该算法对由非圆信号仰角和非圆信号相位组成的谱函数进行降维，避免了二维谱峰搜索，大大降低了复杂度。仿真结果表明，该算法对信号的 DOA 估计性能非常接近 NC-2D-Capon 算法对信号的 DOA 估计性能。

5.3.1 数据模型

非均匀线阵列示意图如图 5-6 所示。

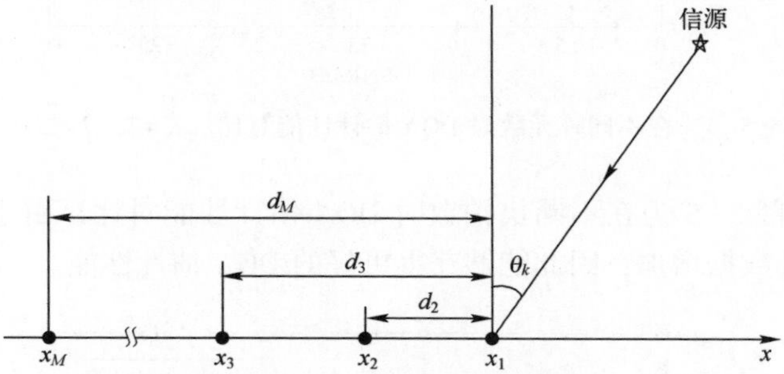

图 5-6 非均匀线阵列示意图

考虑由 M 个全向阵元组成的非均匀线阵列，选择第一个阵元(x_1)作为参考点，矢量 $\boldsymbol{d}=[d_1,d_2,\cdots,d_M]$ 表示每个阵元与参考点的距离，且 $d_1=0$。假设有 K 个远场信源，其发射的窄带信号以不同 $\theta_k(k=1,2,\cdots,K)$ 入射到非均匀线阵列上，接收信号可用矢量 $\boldsymbol{x}(t)$ 来表示，即

$$\boldsymbol{x}(t)=\boldsymbol{A}\boldsymbol{s}(t)+\boldsymbol{n}(t) \tag{5-56}$$

式中，$\boldsymbol{A}=[\boldsymbol{a}(\theta_1),\cdots,\boldsymbol{a}(\theta_K)]\in\mathbb{C}^{M\times K}$；$\boldsymbol{a}(\theta_k)=[1,\mathrm{e}^{-\mathrm{j}2\pi d_2\sin\theta_k/\lambda},\cdots,\mathrm{e}^{-\mathrm{j}2\pi d_M\sin\theta_k/\lambda}]^{\mathrm{T}}\in\mathbb{C}^{M\times 1}$；$\lambda$ 为信号波长；$\boldsymbol{s}(t)\in\mathbb{C}^{K\times 1}$ 为窄带非圆信号；$\boldsymbol{n}(t)$ 为高斯白噪声矢量。

严格的二阶非圆信号可以表示为

$$\boldsymbol{s}(t)=\boldsymbol{\Phi}\boldsymbol{s}_0(t) \tag{5-57}$$

式中，$\boldsymbol{s}_0(t)\in\mathbb{R}^{K\times 1}$；$\boldsymbol{\Phi}=\mathrm{diag}\{\mathrm{e}^{-\mathrm{j}\phi_1},\mathrm{e}^{-\mathrm{j}\phi_2},\cdots,\mathrm{e}^{-\mathrm{j}\phi_K}\}$；$\phi_k$ 为第 k 个非圆信号的相位。

根据式（5-56）、式（5-57），有

$$\boldsymbol{x}(t)=\boldsymbol{A\Phi s}_0(t)+\boldsymbol{n}(t) \tag{5-58}$$

5.3.2　数据扩展

当非圆信号入射到非均匀线阵列上时，非均匀线阵列的输出信号为

$$\begin{aligned}\boldsymbol{y}(t)&=\begin{bmatrix}\boldsymbol{x}(t)\\ \boldsymbol{x}^*(t)\end{bmatrix}\\ &=\begin{bmatrix}\boldsymbol{A\Phi}\\ \boldsymbol{A}^*\boldsymbol{\Phi}^*\end{bmatrix}\boldsymbol{s}_0(t)+\begin{bmatrix}\boldsymbol{n}(t)\\ \boldsymbol{n}^*(t)\end{bmatrix}\\ &=\boldsymbol{Bs}_0(t)+\boldsymbol{n}_0(t)\end{aligned} \tag{5-59}$$

式中，$\boldsymbol{n}_0(t)=\begin{bmatrix}\boldsymbol{n}(t)\\ \boldsymbol{n}^*(t)\end{bmatrix}\in\mathbb{C}^{2M\times 1}$；$\boldsymbol{B}=\begin{bmatrix}\boldsymbol{A\Phi}\\ \boldsymbol{A}^*\boldsymbol{\Phi}^*\end{bmatrix}\in\mathbb{C}^{2M\times K}$，可以写为

$$\boldsymbol{B}=\begin{bmatrix}\mathrm{e}^{-\mathrm{j}\phi_1} & \mathrm{e}^{-\mathrm{j}\phi_2} & \cdots & \mathrm{e}^{-\mathrm{j}\phi_K}\\ \mathrm{e}^{-\mathrm{j}(2\pi d_2\sin\theta_1/\lambda+\phi_1)} & \mathrm{e}^{-\mathrm{j}(2\pi d_2\sin\theta_2/\lambda+\phi_2)} & \cdots & \mathrm{e}^{-\mathrm{j}(2\pi d_2\sin\theta_K/\lambda+\phi_K)}\\ \vdots & \vdots & \ddots & \vdots\\ \mathrm{e}^{-\mathrm{j}(2\pi d_M\sin\theta_1/\lambda+\phi_1)} & \mathrm{e}^{-\mathrm{j}(2\pi d_M\sin\theta_2/\lambda+\phi_2)} & \cdots & \mathrm{e}^{-\mathrm{j}(2\pi d_M\sin\theta_K/\lambda+\phi_K)}\\ \mathrm{e}^{\mathrm{j}\phi_1} & \mathrm{e}^{\mathrm{j}\phi_2} & \cdots & \mathrm{e}^{\mathrm{j}\phi_K}\\ \mathrm{e}^{\mathrm{j}(2\pi d_2\sin\theta_1/\lambda+\phi_1)} & \mathrm{e}^{\mathrm{j}(2\pi d_2\sin\theta_2/\lambda+\phi_2)} & \cdots & \mathrm{e}^{\mathrm{j}(2\pi d_2\sin\theta_K/\lambda+\phi_K)}\\ \vdots & \vdots & \ddots & \vdots\\ \mathrm{e}^{\mathrm{j}(2\pi d_M\sin\theta_1/\lambda+\phi_1)} & \mathrm{e}^{\mathrm{j}(2\pi d_M\sin\theta_2/\lambda+\phi_2)} & \cdots & \mathrm{e}^{\mathrm{j}(2\pi d_M\sin\theta_K/\lambda+\phi_K)}\end{bmatrix} \tag{5-60}$$

扩展数据模型的协方差矩阵可以表示为

$$\boldsymbol{R}=E[\boldsymbol{y}(t)\boldsymbol{y}^{\mathrm{H}}(t)]$$

5.3.3　NC-2D-Capon 算法

NC-2D-Capon 算法可用于估计非圆信号的 DOA，有

$$P_{\text{NC-2D-Capon}}(\theta,\phi)=\frac{1}{\boldsymbol{b}^{\mathrm{H}}(\theta,\phi)\boldsymbol{R}^{-1}\boldsymbol{b}(\theta,\phi)} \tag{5-61}$$

式中

$$
\boldsymbol{b}(\theta,\phi)=\begin{bmatrix} e^{-j\phi} \\ e^{-j(2\pi d_2\sin\theta/\lambda+\phi)} \\ \vdots \\ e^{-j(2\pi d_M\sin\theta/\lambda+\phi)} \\ e^{j\phi} \\ e^{j(2\pi d_2\sin\theta/\lambda+\phi)} \\ \vdots \\ e^{j(2\pi d_M\sin\theta/\lambda+\phi)} \end{bmatrix} \tag{5-62}
$$

NC-2D-Capon 算法可以通过二维搜索 θ 和 ϕ 获得 K 个局部峰值。因为 NC-2D-Capon 算法需要进行二维搜索，复杂度较高，所以通常较为低效。文献 [24] 介绍了采用降维 Capon 算法来估计双基地多输入多输出系统信号的 DOA。下面基于降维思想，给出只需要进行一维搜索的非圆信号 DOA 估计方法，即 NC-RD-Capon 算法。

5.3.4 NC-RD-Capon 算法

式（5-62）可以表示为

$$
\begin{aligned}
\boldsymbol{b}(\theta,\phi) &= \begin{bmatrix} \boldsymbol{a}(\theta)e^{-j\phi} \\ \boldsymbol{a}^*(\theta)e^{j\phi} \end{bmatrix} \\
&= \begin{bmatrix} \boldsymbol{a}(\theta) & \boldsymbol{O}_{M\times 1} \\ \boldsymbol{O}_{M\times 1} & \boldsymbol{a}^*(\theta) \end{bmatrix} \begin{bmatrix} e^{-j\phi} \\ e^{j\phi} \end{bmatrix} \\
&= \boldsymbol{P}(\theta)\boldsymbol{e}_0(\phi)
\end{aligned} \tag{5-63}
$$

式中，$\boldsymbol{O}_{M\times 1}$ 是 $M\times 1$ 零矩阵。

$$
\boldsymbol{a}(\theta)=[1, e^{-j2\pi d_2\sin\theta/\lambda}, \cdots, e^{-j2\pi d_M\sin\theta/\lambda}]^{\mathrm{T}} \tag{5-64}
$$

$$
\boldsymbol{P}(\theta)=\begin{bmatrix} \boldsymbol{a}(\theta) & \boldsymbol{O}_{M\times 1} \\ \boldsymbol{O}_{M\times 1} & \boldsymbol{a}^*(\theta) \end{bmatrix} \tag{5-65}
$$

$$
\boldsymbol{e}_0(\phi)=\begin{bmatrix} e^{-j\phi} \\ e^{j\phi} \end{bmatrix} \tag{5-66}
$$

构造函数

$$V(\theta,\phi)=\frac{1}{P_{\text{NC-RD-Capon}}(\theta,\phi)} \tag{5-67}$$

由式（5-61）至式（5-67），有

$$V(\theta,\phi)=\boldsymbol{e}_0^{\mathrm{H}}(\phi)\boldsymbol{P}^{\mathrm{H}}(\theta)\boldsymbol{R}^{-1}\boldsymbol{P}(\theta)\boldsymbol{e}_0(\phi) \tag{5-68}$$

显然，$V(\theta,\phi)$可以表示为

$$V(\theta,\phi)=\mathrm{e}^{-\mathrm{j}\phi}\mathrm{e}^{\mathrm{j}\phi}\boldsymbol{e}_0^{\mathrm{H}}(\phi)\boldsymbol{P}^{\mathrm{H}}(\theta)\boldsymbol{R}^{-1}\boldsymbol{P}(\theta)\boldsymbol{e}_0(\phi) \tag{5-69}$$

可以写为

$$V(\theta,\phi)=\mathrm{e}^{-\mathrm{j}\phi}\boldsymbol{e}_0^{\mathrm{H}}(\phi)\boldsymbol{P}^{\mathrm{H}}(\theta)\boldsymbol{e}_0(\phi)\mathrm{e}^{\mathrm{j}\phi} \tag{5-70}$$

定义 $\boldsymbol{q}(\phi)=\boldsymbol{e}_0(\phi)\mathrm{e}^{\mathrm{j}\phi}=\begin{bmatrix}1\\ \mathrm{e}^{\mathrm{j}2\phi}\end{bmatrix}$和 $\boldsymbol{Q}(\theta)=\boldsymbol{P}^{\mathrm{H}}(\theta)\boldsymbol{R}^{-1}\boldsymbol{P}(\theta)$，式（5-70）可改写为

$$V(\theta,\phi)=\boldsymbol{q}^{\mathrm{H}}(\phi)\boldsymbol{Q}(\theta)\boldsymbol{q}(\phi) \tag{5-71}$$

式（5-71）是二次优化问题，考虑消除平凡解 $\boldsymbol{q}(\phi)=\boldsymbol{O}_{2\times1}$，增加约束 $\boldsymbol{e}^{\mathrm{H}}\boldsymbol{q}(\phi)=1$。其中，$\boldsymbol{e}=[1,0]^{\mathrm{T}}$。式（5-71）的优化问题可重构为

$$\begin{aligned}&\min_{\theta,\phi}\boldsymbol{q}^{\mathrm{H}}(\phi)\boldsymbol{Q}(\theta)\boldsymbol{q}(\phi)\\&\text{s. t.}\quad \boldsymbol{e}^{\mathrm{H}}\boldsymbol{q}(\phi)=1\end{aligned} \tag{5-72}$$

使用拉格朗日乘数构造代价函数为

$$L(\theta,\phi)=\boldsymbol{q}^{\mathrm{H}}(\phi)\boldsymbol{Q}(\theta)\boldsymbol{q}(\phi)-\rho[\boldsymbol{e}^{\mathrm{H}}\boldsymbol{q}(\phi)-1] \tag{5-73}$$

式中，ρ 为常数。

假设式（5-73）的导数为 0，有

$$\frac{\partial}{\partial\boldsymbol{q}(\phi)}L(\theta,\phi)=2\boldsymbol{Q}(\theta)\boldsymbol{q}(\phi)+\rho\boldsymbol{e}=0 \tag{5-74}$$

则 $\boldsymbol{q}(\phi)=-0.5\rho\boldsymbol{Q}^{-1}(\theta)\boldsymbol{e}$。

定义 $\mu=-0.5\rho$，有

$$\hat{\boldsymbol{q}}(\phi)=\mu\boldsymbol{Q}^{-1}(\theta)\boldsymbol{e} \tag{5-75}$$

由于 $\boldsymbol{e}^{\mathrm{H}}\boldsymbol{q}(\phi)=1$，$\mu=1/\boldsymbol{e}^{\mathrm{H}}\boldsymbol{Q}(\theta)^{-1}\boldsymbol{e}$，因此有

$$\hat{\boldsymbol{q}}(\phi)=\frac{\boldsymbol{Q}^{-1}(\theta)\boldsymbol{e}}{\boldsymbol{e}^{\mathrm{H}}\boldsymbol{Q}^{-1}(\theta)\boldsymbol{e}} \tag{5-76}$$

$$\hat{\theta}=\operatorname{argmin}\frac{1}{\boldsymbol{e}^{\mathrm{H}}\boldsymbol{Q}^{-1}(\theta)\boldsymbol{e}}=\operatorname{argmax}\boldsymbol{e}^{\mathrm{H}}\boldsymbol{Q}^{-1}(\theta)\boldsymbol{e} \tag{5-77}$$

因为 $\boldsymbol{Q}(\theta)=\boldsymbol{P}(\theta)^{\mathrm{H}}\boldsymbol{R}^{-1}\boldsymbol{P}(\theta)$，所以一个新的一维搜索代价函数可用于 DOA 估计，即

$$f_{\text{NC-RD-Capon}}(\theta)=\boldsymbol{e}^{\mathrm{H}}(\boldsymbol{P}(\theta)^{\mathrm{H}}\boldsymbol{R}^{-1}\boldsymbol{P}(\theta))^{-1}\boldsymbol{e} \tag{5-78}$$

在有限样本的情形下，协方差矩阵的估计值为

$$\hat{\boldsymbol{R}}=\frac{1}{J}\sum_{j=1}^{J}\boldsymbol{y}(t_j)\boldsymbol{y}^{\mathrm{H}}(t_j) \tag{5-79}$$

式中，J 表示快拍数。DOA $\theta_k(k=1,2,\cdots,K)$ 可通过下列搜索获得，即

$$f_{\text{NC-RD-Capon}}(\theta)=\boldsymbol{e}^{\mathrm{H}}(\boldsymbol{P}(\theta)^{\mathrm{H}}\hat{\boldsymbol{R}}^{-1}\boldsymbol{P}(\theta))^{-1}\boldsymbol{e} \tag{5-80}$$

NC-2D-Capon 算法通过二维搜索获得信号的 DOA 估计值。NC-RD-Capon 算法根据式（5-80），通过一维搜索获得信号的 DOA 估计值，不需要估计非圆信号的相位。

NC-RD-Capon 算法的主要步骤如下。

算法 5.2：NC-RD-Capon 算法。

步骤 1：构造扩展数据模型。
步骤 2：根据式（5-79）计算扩展数据模型的协方差矩阵。
步骤 3：根据式（5-80）通过一维搜索对信号的 DOA 进行估计。

5.3.5 算法的复杂度和优点

NC-RD-Capon 算法协方差矩阵的复杂度为 $O(4M^2J)$，协方差矩阵转置的复杂度为 $O(8M^3)$，谱峰搜索的复杂度为 $O(8(M^2+M))$，总的复杂度为 $O(4M^2J+8M^3+8(M^2+M)n)$。其中，n 为搜索次数。NC-2D-Capon 算法的复杂度为 $O(4M^2J+8M^3+(4M^2+2M)n^2)$。NC-RD-Capon 算法比NC-2D-Capon 算法的复杂度要低得多。图 5-7 为复杂度与快拍数的关系，$K=3$，$n=6000$，$M=8$。图 5-8 为 NC-RD-Capon 算法与 NC-2D-Capon 算法的运行时间对比。

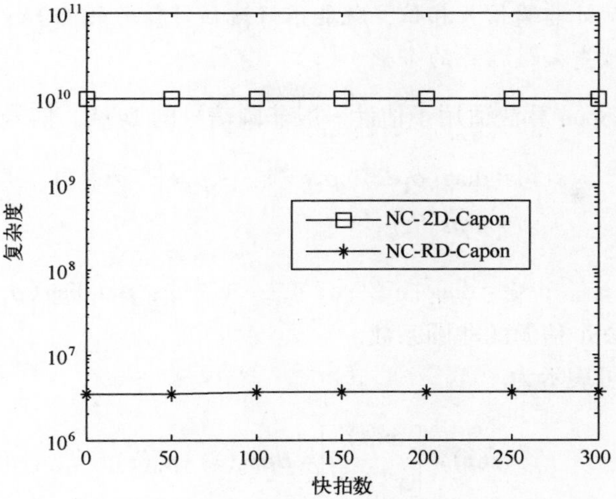

图 5-7 复杂度与快拍数的关系

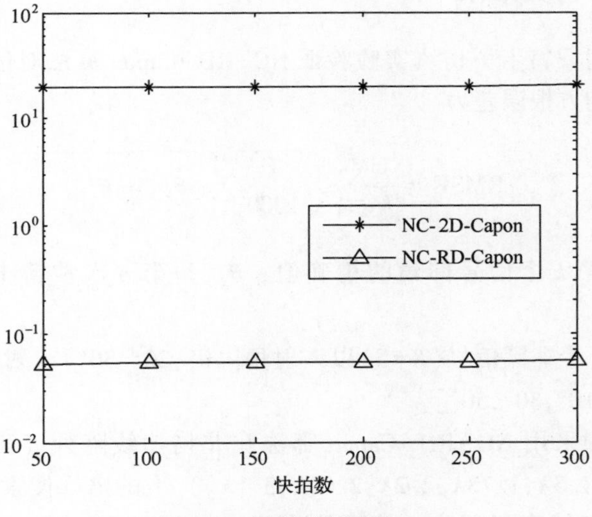

图 5-8 运行时间对比

NC-RD-Capon 算法的优点如下：

- 与传统的 Capon 算法相比，有较好的 DOA 估计性能，能够同时估计更多信号的 DOA；
- 与 NC-2D-MUSIC 算法相比，复杂度更低；
- 与 NC-2D-MUSIC 算法相比，拥有相近的 DOA 估计性能；

- 不需要估计非圆信号相位，就能很好地估计信号的 DOA；
- 不需要预先知道信源的个数。

NC-RD-Capon 算法适用于估计一般非圆信号的 DOA，信号矢量记为

$$\begin{aligned}\boldsymbol{s}(t)&=\mathrm{diag}(\rho_1\mathrm{e}^{-\mathrm{j}\phi_1},\rho_2\mathrm{e}^{-\mathrm{j}\phi_2},\cdots,\rho_K\mathrm{e}^{-\mathrm{j}\phi_K})\boldsymbol{s}_0(t)\\&=\boldsymbol{\Phi\rho s}_0(t)\end{aligned} \tag{5-81}$$

式中，$\boldsymbol{s}_0(t)\in\mathbb{R}^{K\times1}$；$\boldsymbol{\Phi}=\mathrm{diag}\{\mathrm{e}^{-\mathrm{j}\phi_1},\mathrm{e}^{-\mathrm{j}\phi_2},\cdots,\mathrm{e}^{-\mathrm{j}\phi_K}\}$；$\boldsymbol{\rho}=\mathrm{diag}(\rho_1,\rho_2,\cdots,\rho_K)\in\mathbb{R}^{K\times K}$；$\rho_k$ 为第 k 个信源的非圆系数。

扩展信号可表示为

$$\boldsymbol{y}(t)=\begin{bmatrix}\boldsymbol{x}(t)\\\boldsymbol{x}^*(t)\end{bmatrix}=\boldsymbol{B\rho s}_0(t)+\boldsymbol{n}_0(t) \tag{5-82}$$

5.3.6 仿真结果

下面采用蒙特卡罗仿真实验验证 NC-RD-Capon 算法对信号 DOA 的估计性能。定义均方根误差为

$$\mathrm{RMSE}=\frac{1}{K}\sum_{k=1}^{K}\sqrt{\frac{1}{1000}\sum_{n=1}^{1000}[\hat{\theta}_{k,n}-\theta_k]^2} \tag{5-83}$$

式中，θ_k 为第 k 个信号仰角的精确值；$\hat{\theta}_{k,n}$ 为第 n 次蒙特卡罗仿真实验的 θ_k 估计值。

假设有 3 个非圆信号($K=3$)以入射角[10°,20°,30°]入射到阵列上，非圆信号相位为[10°,30°,50°]。

图 5-9 为采用 NC-RD-Capon 算法在非均匀线阵列（阵元间距 $\boldsymbol{d}=[0,0.45\lambda,0.9\lambda,1.3\lambda,1.78\lambda,2.2\lambda,2.64\lambda,3.1\lambda]$）上的谱峰搜索结果，$\lambda$ 为信号波长。在谱峰搜索过程中，信噪比 SNR = 20dB，$M=8$，$J=200$，$K=3$。由图 5-9 可知，NC-RD-Capon 算法对信号 DOA 的估计性能较好。

图 5-10 为采用 NC-RD-Capon 算法和 Capon 算法在非均匀线阵列（阵元间距 $\boldsymbol{d}=[0,0.45\lambda,0.9\lambda,1.3\lambda,1.78\lambda,2.2\lambda,2.64\lambda,3.1\lambda]$）上的谱峰搜索结果，有 9 个非圆信号($K=9$)，以角度[−40°,−30°,−20°,−10°,0°,10°,20°,30°,40°]和相位[−40°,−30°,−20°,−10°,0°,10°,20°,30°,40°]入射到非均匀线阵列上，SNR= 20dB，$M=8$，$J=200$。

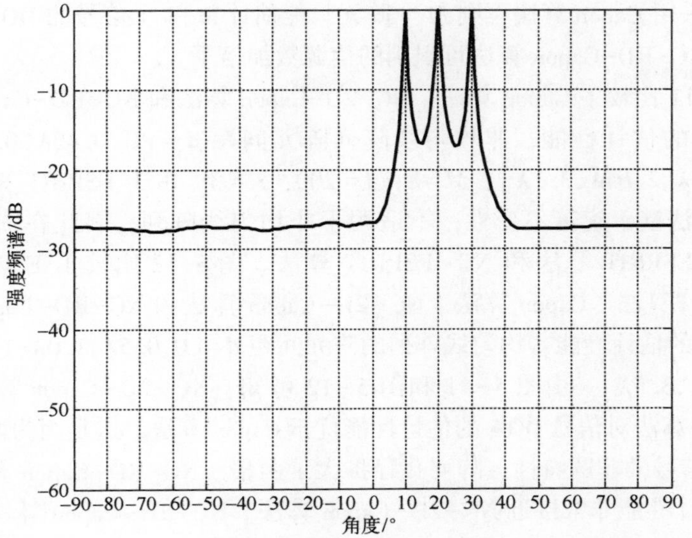

图 5-9　采用 NC-RD-Capon 算法的谱峰搜索结果（SNR = 20dB，M = 8，J = 200，K = 3）

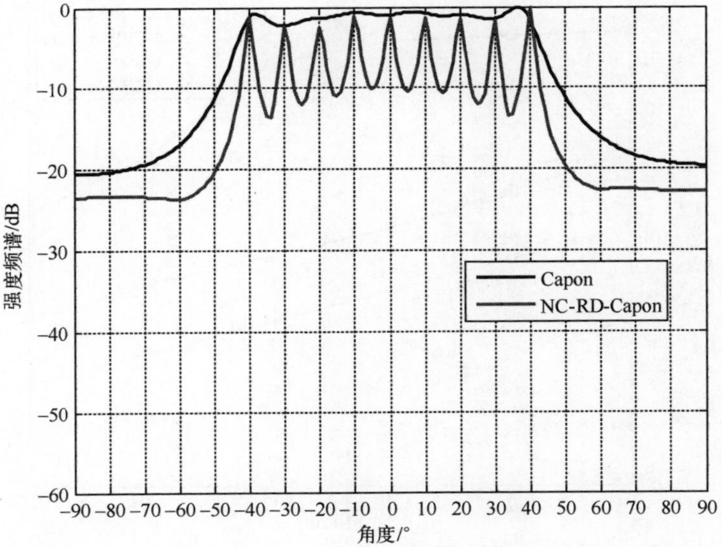

图 5-10　采用 NC-RD-Capon 算法和 Capon 算法的谱峰搜索结果
（SNR = 20dB，M = 8，J = 200，K = 9）

从图 5-10 可知，当非圆信号数大于阵元数时，NC-RD-Capon 算法仍可以很好地对信号的 DOA 进行估计，传统的 Capon 算法对信号 DOA 的估计性能很差。若采用 Capon 算法，则 M 个阵元只能估计 $M-1$ 个信号的 DOA。利用非圆特性，NC-RD-Capon 算法可识别的信源数加倍了。

图 5-11 比较了 Capon 算法、NC-2D-Capon 算法和 NC-RD-Capon 算法对信号 DOA 的估计性能，非均匀线阵列阵元间距 $\boldsymbol{d}=[0,0.45\lambda,0.9\lambda,1.3\lambda,1.78\lambda,2.2\lambda,2.64\lambda,3.1\lambda]$，$M=8$，$J=200$，$K=3$。由于 ESPRIT 算法和 NC-ESPRIT 算法基于旋转不变性，不适用于非均匀线阵列，因此在图 5-11 中，没有考虑 ESPRIT 算法和 NC-ESPRIT 算法。图 5-12 比较了 ESPRIT 算法、NC-ESPRIT 算法、Capon 算法、NC-2D-Capon 算法和 NC-RD-Capon 算法对信号 DOA 的估计性能，均匀线阵列的阵元间距 $\boldsymbol{d}=[0,0.5\lambda,1.0\lambda,1.5\lambda,2.0\lambda,2.5\lambda,3.0\lambda,3.5\lambda]$。由图 5-11 和图 5-12 可知，NC-2D-Capon 算法和 NC-RD-Capon 算法对信号 DOA 的估计性能优于 Capon 算法。这是因为两种算法充分利用了信号的非圆特性，阵列孔径扩大了两倍。NC-RD-Capon 算法对信号 DOA 的估计性能非常接近 NC-2D-Capon 算法。NC-2D-Capon 算法的复杂度更高。

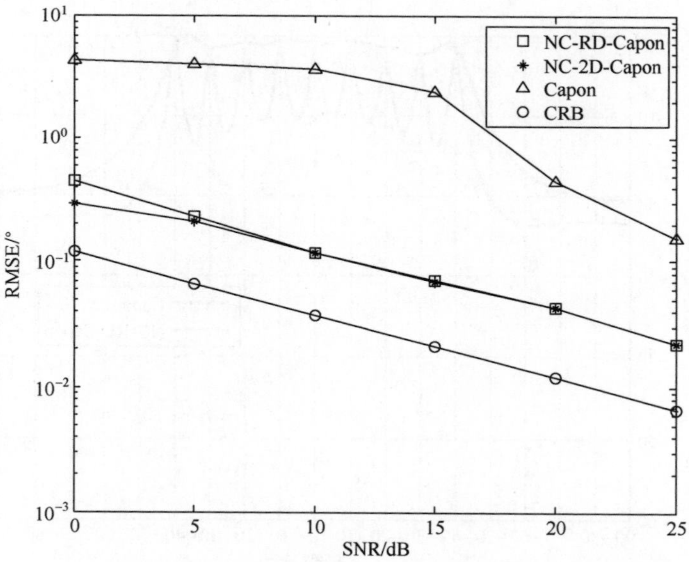

图 5-11　不同算法对非均匀线阵列信号 DOA 的估计性能对比（$M=8$，$J=200$，$K=3$）

图 5-13 比较了在不同阵元数时不同算法对信号 DOA 的估计性能。由图可知，NC-RD-Capon 算法对信号 DOA 的估计性能随着阵元数的增加而变好，由

于提高了分集增益，因此提高了 DOA 估计性能。

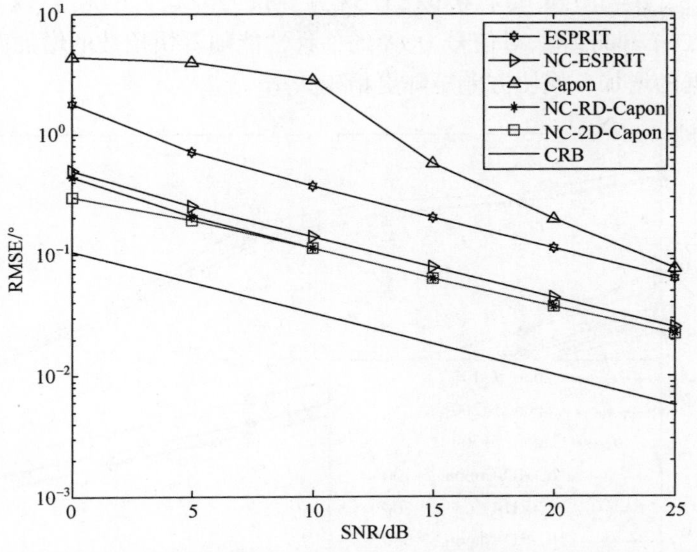

图 5-12 不同算法对均匀线阵列信号 DOA 的估计性能对比（$M=8$，$J=200$，$K=3$）

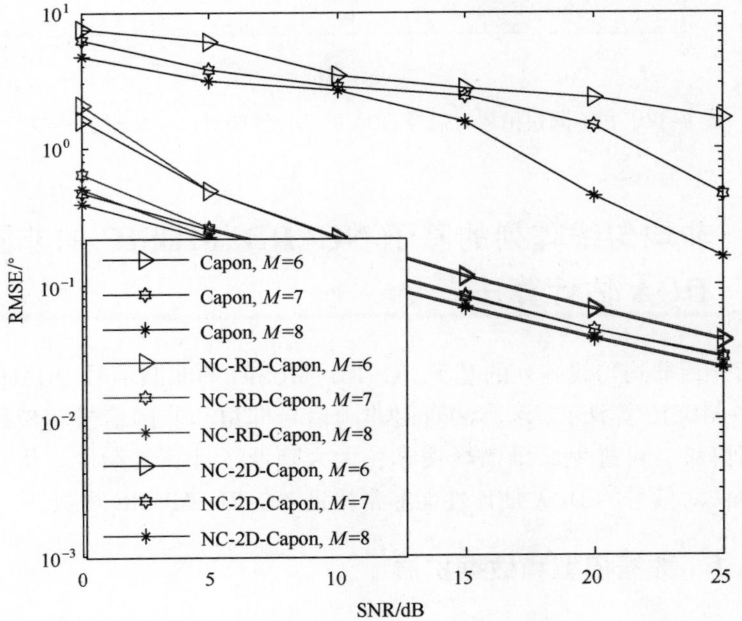

图 5-13 在不同阵元数时信号 DOA 的估计性能对比（$J=200$，$K=3$）

图 5-14 比较了在不同快拍数时，不同算法对信号 DOA 的估计性能，$M=8$，$K=3$，$\boldsymbol{d}=[0,0.45\lambda,0.9\lambda,1.3\lambda,1.78\lambda,2.2\lambda,2.64\lambda,3.1\lambda]$。由图可知，NC-RD-Capon 算法对信号 DOA 的估计性能随着快拍数的增加而变好，因为采样数据的增加，使协方差矩阵更精确。

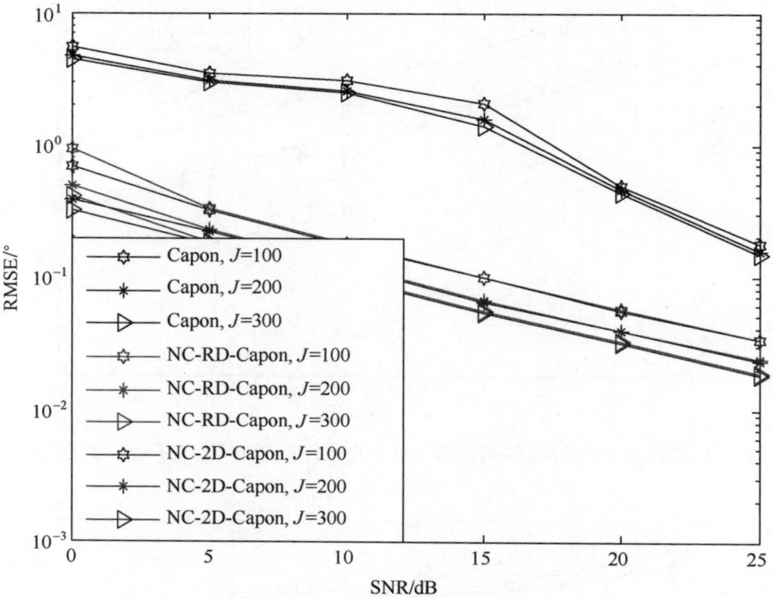

图 5-14　在不同快拍数时信号 DOA 的估计性能对比（$M=8$，$K=3$）

5.4　非均匀线阵列的基于 NC-RD-MUSIC 的非圆信号 DOA 估计算法

下面介绍非均匀线阵列的基于 NC-RD-MUSIC 的非圆信号 DOA 估计算法（NC-RD-MUSIC 算法）。该算法对由非圆信号仰角和非圆信号相位组成的谱函数进行降维，可避免二维谱峰搜索，大大降低了计算复杂度。仿真结果表明，该算法对信号的 DOA 估计性能非常接近 NC-2D-MUSIC 算法。

5.4.1　数据模型和数据扩展

见 5.3.1 节和 5.3.2 节。

5.4.2　NC-2D-MUSIC 算法

对协方差矩阵 $\boldsymbol{R}$ 进行特征值分解，可得

$$\boldsymbol{R}=\boldsymbol{U}_{\mathrm{s}}\boldsymbol{\Sigma}_{\mathrm{s}}\boldsymbol{U}_{\mathrm{s}}^{\mathrm{H}}+\sigma_{\mathrm{n}}{}^{2}\boldsymbol{U}_{\mathrm{n}}\boldsymbol{U}_{\mathrm{n}}^{\mathrm{H}}$$

式中，$\boldsymbol{U}_{\mathrm{s}}$ 为构成的信号子空间；$\boldsymbol{U}_{\mathrm{n}}$ 为构成的噪声子空间。

根据信号子空间与噪声子空间的正交性，可得

$$\mathrm{span}\{\boldsymbol{B}\}=\mathrm{span}\{\boldsymbol{U}_{\mathrm{s}}\}$$

即存在可逆矩阵 $\boldsymbol{T}$，使

$$\boldsymbol{U}_{\mathrm{s}}=\boldsymbol{B}\boldsymbol{T}$$

构造谱峰搜索函数为

$$P_{\mathrm{NC-2D-MUSIC}}(\theta,\phi)=\frac{1}{\boldsymbol{b}^{\mathrm{H}}(\theta,\phi)\boldsymbol{U}_{\mathrm{n}}\boldsymbol{U}_{\mathrm{n}}^{\mathrm{H}}b(\theta,\phi)} \tag{5-84}$$

式中

$$\boldsymbol{b}(\theta,\phi)=\begin{bmatrix} \mathrm{e}^{-\mathrm{j}\phi} \\ \mathrm{e}^{-\mathrm{j}(2\pi d_2\sin\theta/\lambda+\phi)} \\ \vdots \\ \mathrm{e}^{-\mathrm{j}(2\pi d_M\sin\theta/\lambda+\phi)} \\ \mathrm{e}^{\mathrm{j}\phi} \\ \mathrm{e}^{\mathrm{j}(2\pi d_2\sin\theta/\lambda+\phi)} \\ \vdots \\ \mathrm{e}^{\mathrm{j}(2\pi d_M\sin\theta/\lambda+\phi)} \end{bmatrix} \tag{5-85}$$

NC-2D-MUSIC 算法通过对谱峰搜索函数进行仰角 θ 和相位 ϕ 的二维搜索，可得到 K 个极大值，进而得到 K 个信号的仰角和相位。由于引入了二维搜索，NC-2D-MUSIC 算法的复杂度很高，因此本节采用 NC-RD-MUSIC 算法对非圆信号的 DOA 进行估计。该算法只需要进行一维搜索。

5.4.3　NC-RD-MUSIC 算法

式（5-85）重写为

$$
\begin{aligned}
\boldsymbol{b}(\theta,\phi) &= \begin{bmatrix} \boldsymbol{a}(\theta)\mathrm{e}^{-\mathrm{j}\phi} \\ \boldsymbol{a}^*(\theta)\mathrm{e}^{\mathrm{j}\phi} \end{bmatrix} \\
&= \begin{bmatrix} \boldsymbol{a}(\theta) & \boldsymbol{O}_{M\times 1} \\ \boldsymbol{O}_{M\times 1} & \boldsymbol{a}^*(\theta) \end{bmatrix} \begin{bmatrix} \mathrm{e}^{-\mathrm{j}\phi} \\ \mathrm{e}^{\mathrm{j}\phi} \end{bmatrix} \\
&= \boldsymbol{P}(\theta)\boldsymbol{e}_0(\phi)
\end{aligned} \tag{5-86}
$$

式中

$$
\boldsymbol{a}(\theta) = [1, \mathrm{e}^{-\mathrm{j}2\pi d_2 \sin\theta/\lambda}, \cdots, \mathrm{e}^{-\mathrm{j}2\pi d_M \sin\theta/\lambda}]^{\mathrm{T}} \tag{5-87}
$$

$$
\boldsymbol{P}(\theta) = \begin{bmatrix} \boldsymbol{a}(\theta) & \boldsymbol{O}_{M\times 1} \\ \boldsymbol{O}_{M\times 1} & \boldsymbol{a}^*(\theta) \end{bmatrix} \tag{5-88}
$$

$$
\boldsymbol{e}_0(\phi) = \begin{bmatrix} \mathrm{e}^{-\mathrm{j}\phi} \\ \mathrm{e}^{\mathrm{j}\phi} \end{bmatrix} \tag{5-89}
$$

构造函数

$$
V(\theta,\phi) = \frac{1}{P_{\text{NC-RD-MUSIC}}(\theta,\phi)} \tag{5-90}
$$

由式（5-84）至式（5-90），有

$$
V(\theta,\phi) = \boldsymbol{e}_0(\phi)^{\mathrm{H}} \boldsymbol{P}(\theta)^{\mathrm{H}} \boldsymbol{U}_{\mathrm{n}} \boldsymbol{U}_{\mathrm{n}}^{\mathrm{H}} \boldsymbol{P}(\theta) \boldsymbol{e}_0(\phi) \tag{5-91}
$$

显然有

$$
V(\theta,\phi) = \mathrm{e}^{-\mathrm{j}\phi} V(\theta,\phi) \mathrm{e}^{\mathrm{j}\phi} \tag{5-92}
$$

式（5-91）可以表示为

$$
V(\theta,\phi) = \mathrm{e}^{-\mathrm{j}\phi} \boldsymbol{e}_0(\phi)^{\mathrm{H}} \boldsymbol{P}(\theta)^{\mathrm{H}} \boldsymbol{U}_{\mathrm{n}} \boldsymbol{U}_{\mathrm{n}}^{\mathrm{H}} \boldsymbol{P}(\theta) \boldsymbol{e}_0(\phi) \mathrm{e}^{\mathrm{j}\phi} \tag{5-93}
$$

定义 $\boldsymbol{q}(\phi) = \boldsymbol{e}_0(\phi)\mathrm{e}^{\mathrm{j}\phi} = \begin{bmatrix} 1 \\ \mathrm{e}^{\mathrm{j}2\phi} \end{bmatrix}$，$\boldsymbol{Q}(\theta) = \boldsymbol{P}(\theta)^{\mathrm{H}} \boldsymbol{U}_{\mathrm{n}} \boldsymbol{U}_{\mathrm{n}}^{\mathrm{H}} \boldsymbol{P}(\theta)$，则式（5-93）可以表示为

$$
V(\theta,\phi) = \boldsymbol{q}^{\mathrm{H}}(\phi) \boldsymbol{Q}(\theta) \boldsymbol{q}(\phi) \tag{5-94}
$$

由于式（5-94）是二次优化问题，因此考虑用 $\boldsymbol{e}^{\mathrm{H}}\boldsymbol{q}(\phi) = 1$ 消除 $\boldsymbol{q}(\phi) = \boldsymbol{O}_{2\times 1}$ 的平凡解。其中，$\boldsymbol{e} = [1,0]^{\mathrm{T}}$。式（5-94）的优化问题可以重构为

$$\min_{\theta,\phi}\boldsymbol{q}^{\mathrm{H}}(\phi)\boldsymbol{Q}(\theta)\boldsymbol{q}(\phi) \quad \text{s. t.} \quad \boldsymbol{e}^{\mathrm{H}}\boldsymbol{q}(\phi)=1 \tag{5-95}$$

构造函数

$$L(\theta,\phi)=\boldsymbol{q}^{\mathrm{H}}(\phi)\boldsymbol{Q}(\theta)\boldsymbol{q}(\phi)-\rho[\boldsymbol{e}^{\mathrm{H}}\boldsymbol{q}(\phi)-1] \tag{5-96}$$

式中，ρ 为常数。

如果令式（5-96）的导数为0，即

$$\frac{\partial}{\partial \boldsymbol{q}(\phi)}L(\theta,\phi)=2\boldsymbol{Q}(\theta)\boldsymbol{q}(\phi)+\rho\boldsymbol{e}=0 \tag{5-97}$$

则有

$$\boldsymbol{q}(\phi)=\mu\boldsymbol{Q}^{-1}(\theta)\boldsymbol{e} \tag{5-98}$$

由于 $\boldsymbol{e}^{\mathrm{H}}\boldsymbol{q}(\phi)=1$，$\mu=1/\boldsymbol{e}^{\mathrm{H}}\boldsymbol{Q}^{-1}(\theta)\boldsymbol{e}$，因此有

$$\boldsymbol{q}(\phi)=\frac{\boldsymbol{Q}^{-1}(\theta)\boldsymbol{e}}{\boldsymbol{e}^{\mathrm{H}}\boldsymbol{Q}^{-1}(\theta)\boldsymbol{e}} \tag{5-99}$$

由式（5-96）至式（5-99），有

$$\hat{\theta}=\operatorname{argmin}\frac{1}{\boldsymbol{e}^{\mathrm{H}}\boldsymbol{Q}^{-1}(\theta)\boldsymbol{e}}=\operatorname{argmax}\boldsymbol{e}^{\mathrm{H}}\boldsymbol{Q}^{-1}(\theta)\boldsymbol{e} \tag{5-100}$$

由于 $\boldsymbol{Q}(\theta)=\boldsymbol{P}(\theta)^{\mathrm{H}}\boldsymbol{R}^{-1}\boldsymbol{P}(\theta)$，因此定义一维搜索函数为

$$f_{\text{NC-RD-MUSIC}}(\theta)=\boldsymbol{e}^{\mathrm{H}}(\boldsymbol{P}(\theta)^{\mathrm{H}}\boldsymbol{U}_{\mathrm{n}}\boldsymbol{U}_{\mathrm{n}}^{\mathrm{H}}\boldsymbol{P}(\theta))^{-1}\boldsymbol{e} \tag{5-101}$$

在有限次快拍数的情形下，协方差矩阵为

$$\hat{\boldsymbol{R}}=\frac{1}{J}\sum_{j=1}^{J}\boldsymbol{y}(t_j)\boldsymbol{y}^{\mathrm{H}}(t_j) \tag{5-102}$$

式中，J 为快拍数。

对 $\hat{\boldsymbol{R}}$ 进行特征值分解，可得到信号子空间 $\hat{\boldsymbol{U}}_{\mathrm{s}}$ 和噪声子空间 $\hat{\boldsymbol{U}}_{\mathrm{n}}$。对如下函数进行谱峰搜索，可得到仰角 $\theta_k(k=1,2,\cdots,K)$ 的估计值 $\hat{\theta}_k(k=1,2,\cdots,K)$，即

$$f_{\text{NC-RD-MUSIC}}(\theta)=\boldsymbol{e}^{\mathrm{H}}(\boldsymbol{P}(\theta)^{\mathrm{H}}\hat{\boldsymbol{U}}_{\mathrm{n}}\hat{\boldsymbol{U}}_{\mathrm{n}}^{\mathrm{H}}\boldsymbol{P}(\theta))^{-1}\boldsymbol{e} \tag{5-103}$$

NC-RD-MUSIC 算法的主要步骤如下。

算法 5.3：NC-RD-MUSIC 算法。

步骤 1：扩展信号矩阵。

步骤 2：通过式（5-102）构造扩展信号矩阵的协方差矩阵$\hat{\boldsymbol{R}}$，并对$\hat{\boldsymbol{R}}$进行特征值分解，得到噪声子空间$\hat{\boldsymbol{U}}_{\mathrm{n}}$。

步骤 3：通过搜索式（5-103），可估计信号的 DOA。

5.4.4 算法的复杂度和优点

NC-RD-MUSIC 算法的复杂度为 $O(4M^2J+16M^3-4M^2K+8(M^2+M)n)$。NC-2D-MUSIC 算法的复杂度为 $O(4M^2J+16M^3-4M^2K+(4M^2+2M)n^2)$。其中，$n$ 表示搜索次数。因此，NC-RD-MUSIC 算法比 NC-2D-MUSIC 算法的复杂度低。

图 5-15 为在 $K=3$、$n=6000$、$M=8$ 情形下，NC-2D-MUSIC 和 NC-RD-MUSIC 两种算法的复杂度比较。由图可知，NC-RD-MUSIC 算法的复杂度较低。

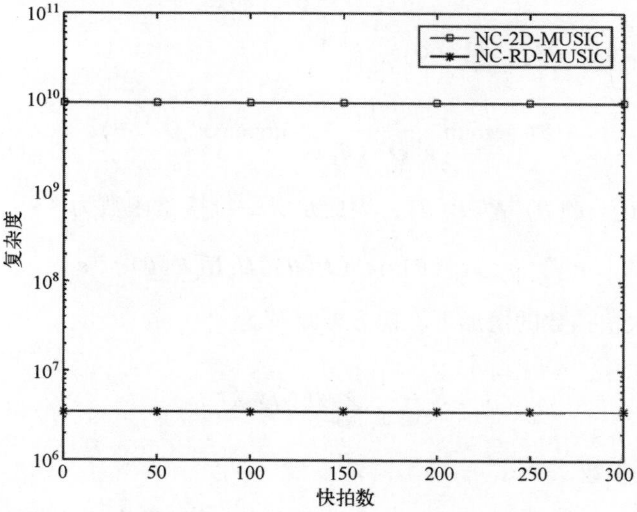

图 5-15　两种算法的复杂度比较

NC-RD-MUSIC 算法的优点如下：

- 与传统的 MUSIC 算法相比，有较好的 DOA 估计性能，能够同时估计更多的信号；

- 与 NC-2D-MUSIC 算法相比，复杂度更低；
- 与 NC-2D-MUSIC 算法相比，拥有相似的 DOA 估计性能；
- 不需要估计非圆信号的相位，就能很好地估计 DOA[25-28]。

5.4.5 仿真结果

下面通过仿真实验验证 NC-RD-MUSIC 算法对信号 DOA 的估计性能。在仿真实验中，M 表示阵元数；K 表示信号数；J 表示快拍数；SNR 表示信噪比；$\boldsymbol{d}=[d_1,d_2,\cdots,d_M]$表示各阵元与参考阵元的距离矢量。

定义均方根误差为

$$\text{RMSE}=\frac{1}{K}\sum_{k=1}^{K}\sqrt{\frac{1}{1000}\sum_{n=1}^{1000}[\hat{\theta}_{k,n}-\theta_k]^2} \tag{5-104}$$

式中，θ_k 为第 k 个信号仰角的精确值；$\hat{\theta}_{k,n}$为第 n 次蒙特卡罗仿真实验的 θ_k 估计值。在仿真实验中，假设有 3 个非圆信号入射到阵列上，仰角和相位分别为$[10°,20°,30°]$和$[10°,30°,50°]$

图 5-16 为 NC-RD-MUSIC 算法的谱峰搜索结果，非均匀线阵列的阵元间距 $\boldsymbol{d}=[0,0.45\lambda,0.9\lambda,1.3\lambda,1.78\lambda,2.2\lambda,2.64\lambda,3.1\lambda]$，SNR=20dB，$M=8$，$J=200$，$K=3$。仿真结果表明，NC-RD-MUSIC 算法能够对信号的 DOA 进行有效估计。

图 5-17 为 NC-RD-MUSIC 算法的谱峰搜索结果，阵元间距均为信号波长的一半，SNR=20dB，$M=8$，$J=200$，$K=9$。其中，9 个非圆信号的仰角和相位分别为$[-40°,-30°,-20°,-10°,0°,10°,20°,30°,40°]$和$[-40°,-30°,-20°,-10°,0°,10°,20°,30°,40°]$。仿真结果表明，NC-RD-MUSIC 算法在相比传统 MUSIC 算法在能够估计更多信号参数的同时，还能对 DOA 进行有效估计。

图 5-18 为采用 MUSIC 算法、NC-2D-MUSIC 算法、NC-RD-MUSIC 算法对信号 DOA 的估计性能对比，以及 CRB。其中，非均匀线阵列的阵元间距 $\boldsymbol{d}=[0,0.45\lambda,0.9\lambda,1.3\lambda,1.78\lambda,2.2\lambda,2.64\lambda,3.1\lambda]$，$M=8$，$J=200$，$K=3$。图 5-19 为采用 ESPRIT 算法、NC-ESPRIT 算法、MUSIC 算法、NC-2D-MUSIC 算法、NC-RD-MUSIC 算法对信号 DOA 的估计性能对比，以及 CRB。由于利用了非圆信号特性，因此NC-2D-MUSIC 算法和 NC-RD-MUSIC 算法均比 MUSIC 算法有更好的 DOA 估计性能。NC-RD-MUSIC 算法与 NC-2D-

MUSIC 算法有非常接近的 DOA 估计性能。

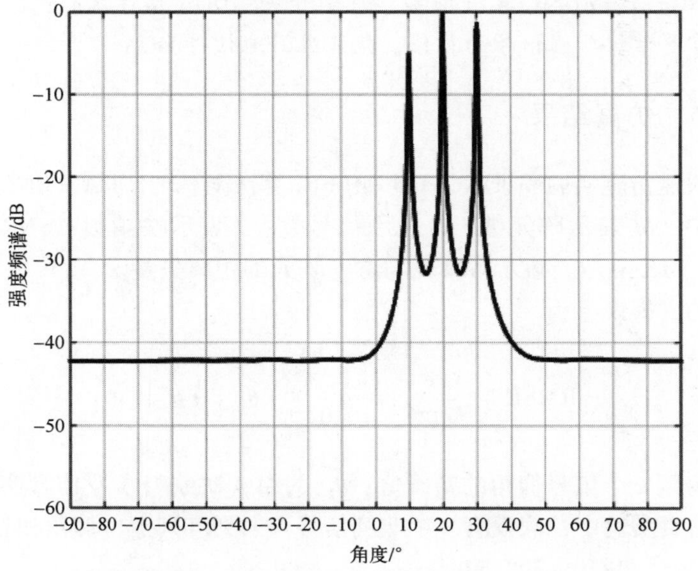

图 5-16　NC-RD-MUSIC 算法的谱峰搜索结果（SNR = 20dB，M = 8，J = 200，K = 3）

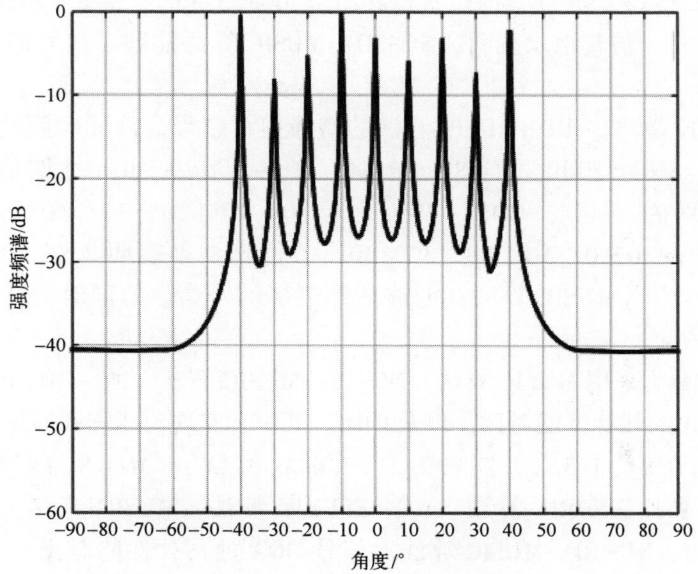

图 5-17　NC-RD-MUSIC 算法的谱峰搜索图（SNR = 20dB，M = 8，J = 200，K = 9）

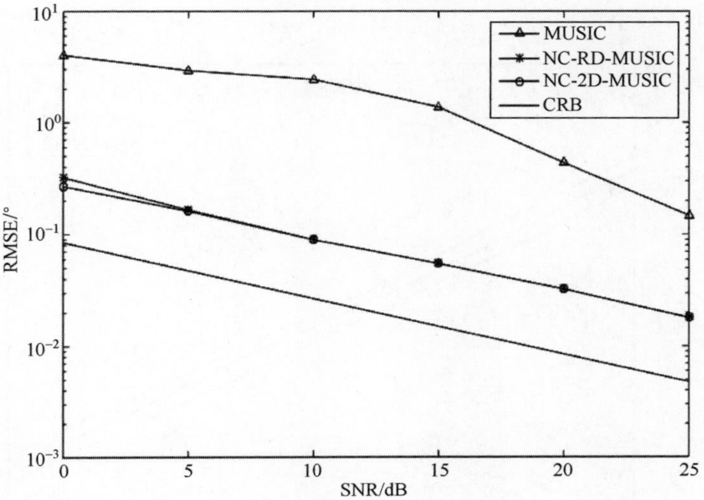

图 5-18 非均匀线阵列信号 DOA 的估计性能对比（$M=8$，$J=200$，$K=3$）

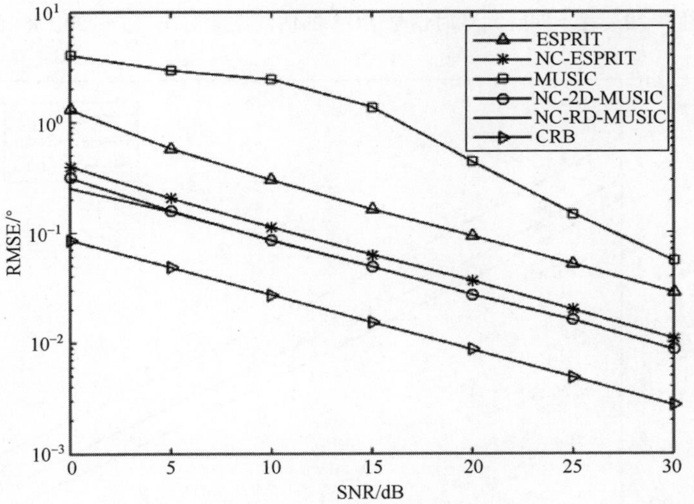

图 5-19 均匀线阵列信号 DOA 的估计性能对比（$M=8$，$J=200$，$K=3$）

图 5-20 为在不同阵元数时信号 DOA 的估计性能对比。由图可知，随着阵元数的增加，NC-RD-MUSIC 算法对信号 DOA 的估计性能有所改善，因为阵元数增加，使得到的数据量增加，分集增益增加，改善了性能。

图 5-21 为在不同快拍数时信号 DOA 的估计性能对比。由于快拍数增加，使采样数据增加，协方差矩阵更精确，因此 NC-RD-MUSIC 算法具有更好的

DOA 估计性能。

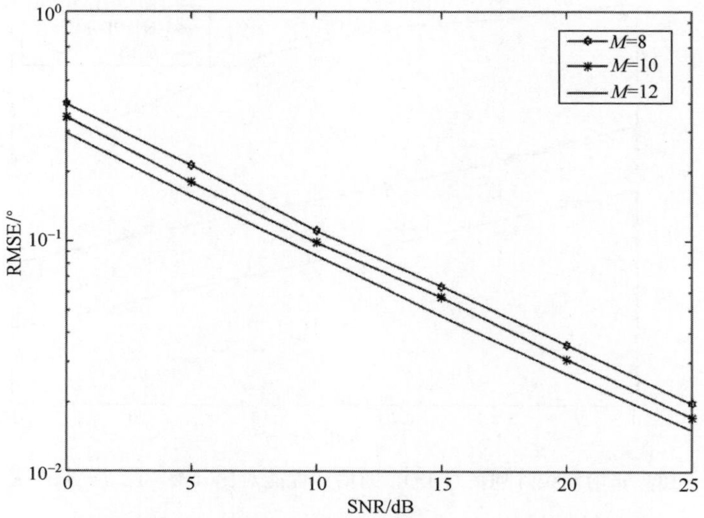

图 5-20　在不同阵元数时信号 DOA 的估计性能对比（$J=200$，$K=3$）

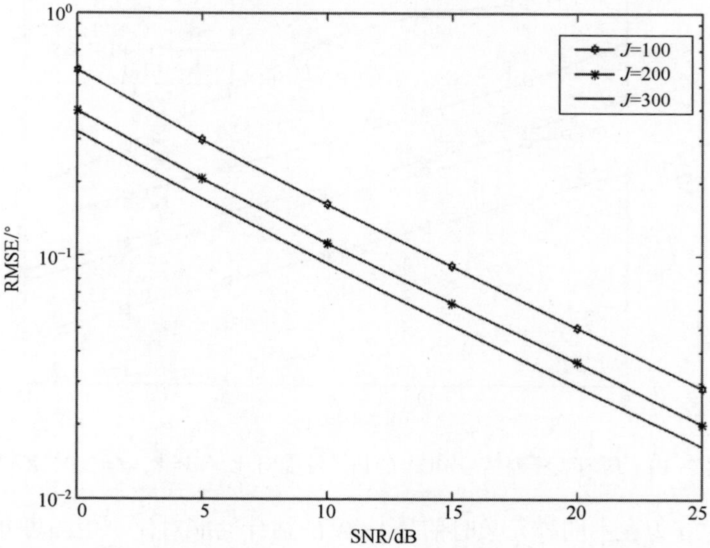

图 5-21　在不同快拍数时信号 DOA 的估计性能对比（$M=8$，$K=3$）

与传统的 MUSIC 算法相比，NC-RD-MUSIC 算法具有更好的信号 DOA 估计性能，能够估计更多的信号。与 NC-2D-MUSIC 算法相比，NC-RD-MUSIC

算法只需要进行一维搜索，在保持 DOA 估计性能的同时，具有较低的复杂度。仿真结果也表明了 NC-RD-MUSIC 算法的有效性。

5.5 线阵列的基于 NC-GESPRIT 的非圆信号 DOA 估计算法

下面介绍线阵列的基于 NC-GESPRIT 的非圆信号 DOA 估计算法（NC-GESPRIT 算法）、谱峰搜索 NC-GESPRIT 算法和求根 NC-GESPRIT 算法，分析了谱峰搜索 NC-GESPRIT 算法和求根 NC-GESPRIT 算法的优点及对非圆信号 DOA 的估计性能。

5.5.1 数据模型

当非圆信号入射到线阵列上时，线阵列的输出及其共轭可用于扩展数据模型，即

$$\begin{aligned}\boldsymbol{y}(t)&=\begin{bmatrix}\boldsymbol{x}(t)\\ \boldsymbol{J}\boldsymbol{x}^*(t)\end{bmatrix}\\ &=\begin{bmatrix}\boldsymbol{A\Phi}\\ \boldsymbol{J}\boldsymbol{A}^*\boldsymbol{\Phi}^*\end{bmatrix}\boldsymbol{s}_0(t)+\begin{bmatrix}\boldsymbol{n}(t)\\ \boldsymbol{J}\boldsymbol{n}^*(t)\end{bmatrix}\\ &=\boldsymbol{B}\boldsymbol{s}_0(t)+\boldsymbol{n}_0(t)\end{aligned}\tag{5-105}$$

式中，$\boldsymbol{J}$ 为反对角矩阵，对角线上的元素为 0，其余元素为 1，且

$$\boldsymbol{n}_0(t)=\begin{bmatrix}\boldsymbol{n}(t)\\ \boldsymbol{J}\boldsymbol{n}^*(t)\end{bmatrix}\tag{5-106}$$

$$\boldsymbol{B}=\begin{bmatrix}\boldsymbol{A\Phi}\\ \boldsymbol{J}\boldsymbol{A}^*\boldsymbol{\Phi}^*\end{bmatrix}\tag{5-107}$$

式中，方向矩阵 $\boldsymbol{B}$ 可表示为

$$\boldsymbol{B}=[\boldsymbol{b}_1,\boldsymbol{b}_2,\cdots,\boldsymbol{b}_K]\in\mathbb{C}^{2(M-1)\times K}\tag{5-108}$$

式中，$\boldsymbol{b}_k=[\mathrm{e}^{-\mathrm{j}\phi_k},\mathrm{e}^{-\mathrm{j}(2\pi d_2\sin\theta_k/\lambda+\phi_k)},\cdots,\mathrm{e}^{-\mathrm{j}(2\pi d_M\sin\theta_k/\lambda+\phi_k)},\mathrm{e}^{\mathrm{j}(2\pi d_M\sin\theta_k/\lambda+\phi_k)},\mathrm{e}^{\mathrm{j}(2\pi d_{M-1}\sin\theta_k/\lambda+\phi_k)},\cdots,\mathrm{e}^{\mathrm{j}\phi_k}]^{\mathrm{T}}$。

扩展信号协方差矩阵可以表示为

$$\boldsymbol{R}=E[\boldsymbol{y}(t)\boldsymbol{y}^{\mathrm{H}}(t)]$$

通过特征值分解，$\boldsymbol{R}$ 可以分解为

$$\boldsymbol{R}=\boldsymbol{U}_{\mathrm{s}}\boldsymbol{D}_{\mathrm{s}}\boldsymbol{U}_{\mathrm{s}}^{\mathrm{H}}+\boldsymbol{U}_{\mathrm{n}}\boldsymbol{D}_{\mathrm{n}}\boldsymbol{U}_{\mathrm{n}}^{\mathrm{H}} \tag{5-109}$$

式中，$\boldsymbol{D}_{\mathrm{s}}$ 为由最大 K 个特征值组成的对角矩阵；$\boldsymbol{D}_{\mathrm{n}}$ 为由最小 $2M-K$ 个特征值组成的对角矩阵；$\boldsymbol{U}_{\mathrm{s}}$ 为对应 K 个最大特征值的特征矢量；$\boldsymbol{U}_{\mathrm{n}}$ 由其余的特征矢量组成；$\boldsymbol{U}_{\mathrm{s}}$ 和 $\boldsymbol{U}_{\mathrm{n}}$ 分别表示信号子空间和噪声子空间。在无噪声的情形下，$\boldsymbol{U}_{\mathrm{s}}$ 和 $\boldsymbol{B}$ 满足

$$\boldsymbol{U}_{\mathrm{s}}=\boldsymbol{B}\boldsymbol{T} \tag{5-110}$$

式中，$\boldsymbol{T}$ 为 $K\times K$ 维非奇异矩阵。

5.5.2 谱峰搜索 NC-GESPRIT 算法

定义 4 个 $(M-1)\times K$ 维矩阵，即 $\boldsymbol{B}_1$、$\boldsymbol{B}_2$、$\boldsymbol{B}_3$、$\boldsymbol{B}_4$，分别包含 $\boldsymbol{B}$ 的第 $1\sim(M-1)$、$2\sim M$、$(M+1)\sim(2M-1)$、$(M+2)\sim 2M$ 行，构建两个新矩阵，即

$$\boldsymbol{B}_{x1}=\begin{bmatrix}\boldsymbol{B}_1\\ \boldsymbol{B}_3\end{bmatrix}\in\mathbb{C}^{(2M-2)\times K} \tag{5-111}$$

$$\boldsymbol{B}_{x2}=\begin{bmatrix}\boldsymbol{B}_2\\ \boldsymbol{B}_4\end{bmatrix}\in\mathbb{C}^{(2M-2)\times K} \tag{5-112}$$

式中，$\boldsymbol{B}_{x1}=[\boldsymbol{b}_{x11},\boldsymbol{b}_{x12},\cdots,\boldsymbol{b}_{x1K}]$；$\boldsymbol{b}_{x1k}$ 为 $\boldsymbol{B}_{x1}$ 的第 k 列；$\boldsymbol{B}_{x2}=[\boldsymbol{b}_{x21},\boldsymbol{b}_{x22},\cdots,\boldsymbol{b}_{x2K}]$；$\boldsymbol{b}_{x2k}$ 为 $\boldsymbol{B}_{x2}$ 的第 k 列。

$\boldsymbol{B}_{x1}$ 与 $\boldsymbol{B}_{x2}$ 的关系为

$$[\boldsymbol{b}_{x21},\boldsymbol{b}_{x22},\cdots,\boldsymbol{b}_{x2K}]=[\boldsymbol{\Gamma}_1 b_{x11},\boldsymbol{\Gamma}_2 b_{x12},\cdots,\boldsymbol{\Gamma}_K b_{x1K}] \tag{5-113}$$

式中，$\boldsymbol{\Gamma}_k=\mathrm{diag}\{\mathrm{e}^{-\mathrm{j}2\pi(d_2-d_1)\sin\theta_k/\lambda},\cdots,\mathrm{e}^{-\mathrm{j}2\pi(d_M-d_{M-1})\sin\theta_k/\lambda},\mathrm{e}^{-\mathrm{j}2\pi(d_M-d_{M-1})\sin\theta_k/\lambda},\cdots,\mathrm{e}^{-\mathrm{j}2\pi(d_2-d_1)\sin\theta_k/\lambda}\}$。

定义 $\boldsymbol{\Theta}(\theta)\in\mathbb{C}^{(2M-2)\times(2M-2)}$ 为

$$\boldsymbol{\Theta}(\theta)=\mathrm{diag}\{\mathrm{e}^{-\mathrm{j}2\pi(d_2-d_1)\sin\theta/\lambda},\cdots,\mathrm{e}^{-\mathrm{j}2\pi(d_M-d_{M-1})\sin\theta/\lambda},\mathrm{e}^{-\mathrm{j}2\pi(d_M-d_{M-1})\sin\theta/\lambda},\cdots,\mathrm{e}^{-\mathrm{j}2\pi(d_2-d_1)\sin\theta/\lambda}\} \tag{5-114}$$

构成矩阵

$$\begin{aligned}\boldsymbol{Q}&=\boldsymbol{B}_{x2}-\boldsymbol{\Theta}(\theta)\boldsymbol{B}_{x1}\\&=[(\boldsymbol{\Gamma}_1-\boldsymbol{\Theta}(\theta))\boldsymbol{b}_{x11},(\boldsymbol{\Gamma}_2-\boldsymbol{\Theta}(\theta))\boldsymbol{b}_{x12},\cdots,(\boldsymbol{\Gamma}_K-\boldsymbol{\Theta}(\theta))\boldsymbol{b}_{x1K}]\end{aligned} \tag{5-115}$$

式中，$\theta=\theta_i$；$\boldsymbol{Q}$ 的第 i 列为零矢量。

构造矩阵

$$\boldsymbol{U}_1=\begin{bmatrix}\boldsymbol{U}_{s1}\\\boldsymbol{U}_{s3}\end{bmatrix}\in\mathbb{C}^{(2M-2)\times K} \tag{5-116}$$

$$\boldsymbol{U}_2=\begin{bmatrix}\boldsymbol{U}_{s2}\\\boldsymbol{U}_{s4}\end{bmatrix}\in\mathbb{C}^{(2M-2)\times K} \tag{5-117}$$

式中，$\boldsymbol{U}_{s1}$、$\boldsymbol{U}_{s2}$、$\boldsymbol{U}_{s3}$、$\boldsymbol{U}_{s4}\in\mathbb{C}^{(M-1)\times K}$为 $\boldsymbol{U}_s$ 的第 $1\sim(M-1)$、$2\sim M$、$(M+1)\sim(2M-1)$、$(M+2)\sim 2M$ 行，是 $\boldsymbol{B}$ 的分割。

由式（5-114）、式（5-116）、式（5-117）可得

$$\boldsymbol{U}_2-\boldsymbol{\Theta}\boldsymbol{U}_1=\boldsymbol{Q}\boldsymbol{T} \tag{5-118}$$

根据文献［29］，可以用下面的谱函数来估计信号的 DOA，即

$$f(\theta)=\frac{1}{\det\{\boldsymbol{U}_1^{\mathrm{H}}\boldsymbol{U}_2-\boldsymbol{U}_1^{\mathrm{H}}\boldsymbol{\Theta}(\theta)\boldsymbol{U}_1\}} \tag{5-119}$$

在有限采样的情形下，协方差矩阵可被估计为

$$\hat{\boldsymbol{R}}=\frac{1}{J}\sum_{j=1}^{J}\boldsymbol{y}(t_j)\boldsymbol{y}^{\mathrm{H}}(t_j) \tag{5-120}$$

式中，J 表示快拍数。

采样协方差矩阵的特征值可以分解为

$$\hat{\boldsymbol{R}}=\hat{\boldsymbol{U}}_s\hat{\boldsymbol{D}}_s\hat{\boldsymbol{U}}_s^{\mathrm{H}}+\hat{\boldsymbol{U}}_n\hat{\boldsymbol{D}}_n\hat{\boldsymbol{U}}_n^{\mathrm{H}} \tag{5-121}$$

式中，$\hat{\boldsymbol{U}}_s$、$\hat{\boldsymbol{D}}_s$、$\hat{\boldsymbol{U}}_n$、$\hat{\boldsymbol{D}}_n$ 分别为对 $\boldsymbol{U}_s$、$\boldsymbol{D}_s$、$\boldsymbol{U}_n$、$\boldsymbol{D}_n$ 的估计值。对下式进行谱峰搜索，即

$$f(\hat{\theta})=\frac{1}{\det\{\hat{\boldsymbol{U}}_1^{\mathrm{H}}\hat{\boldsymbol{U}}_2-\hat{\boldsymbol{U}}_1^{\mathrm{H}}\boldsymbol{\Theta}(\theta)\hat{\boldsymbol{U}}_1\}} \tag{5-122}$$

式中，$\hat{\boldsymbol{U}}_1$、$\hat{\boldsymbol{U}}_2$ 由 $\hat{\boldsymbol{U}}_s$ 获得，即可获取波达方向 $\theta_k(k=1,2,\cdots,K)$。

谱峰搜索 NC-GESPRIT 算法的主要步骤如下。

算法 5.4：谱峰搜索 NC-GESPRIT 算法。

步骤 1：构造阵列扩展信号。

步骤 2：根据式（5-120）构建阵列扩展信号的协方差矩阵。

步骤 3：对$\hat{\boldsymbol{R}}$进行特征值分解，在获取信号子空间$\hat{\boldsymbol{U}}_s$后，分割$\hat{\boldsymbol{U}}_s$，形成$\hat{\boldsymbol{U}}_1$和$\hat{\boldsymbol{U}}_2$。

步骤 4：根据式（5-122）的谱峰搜索函数估计信号的 DOA。

谱峰搜索 NC-GESPRIT 算法的复杂度为 $O(4M^2J+8M^3+4nK^2(M-1)+2n(M-1)K+nK^3)$，$n$ 为搜索次数。谱峰搜索 GESPRIT 算法的复杂度为 $O(M^2J+M^3+2nK^2(M-1)+n(M-1)K+nK^3)$。由比较可知，谱峰搜索 NC-GESPRIT 算法比谱峰搜索 GESPRIT 算法的复杂度高。

5.5.3 求根 NC-GESPRIT 算法

式（5-121）的估计值涉及大量的谱峰搜索运算。下面推导一种估计信号 DOA 效率更高的改进 NC-GESPIRT 算法，因其基于多项式求根，所以被称为求根 NC-GESPIRT 算法。

定义 $d_{\min}=\min(d_2-d_1,d_3-d_2,\cdots,d_M-d_{M-1})$，假设 $i_m=(d_m-d_{m-1})/d_{\min}$，$m=2,\cdots,M$ 是整数，定义 $z=\mathrm{e}^{-\mathrm{j}2\pi d_{\min}\sin\theta/\lambda}$，式（5-114）可以表示为

$$\boldsymbol{\Theta}(z)=\mathrm{diag}\{z^{i_2},z^{i_3},\cdots,z^{i_M},z^{i_M},z^{i_{M-1}},\cdots,z^{i_2}\} \tag{5-123}$$

式（5-122）可以写为

$$P(z)=\det\{\hat{\boldsymbol{U}}_1^{\mathrm{H}}\hat{\boldsymbol{U}}_2-\hat{\boldsymbol{U}}_1^{\mathrm{H}}\boldsymbol{\Theta}(z)\hat{\boldsymbol{U}}_1\} \tag{5-124}$$

5.5.4 算法的优点

基于 NC-GESPRIT 的非圆信号 DOA 估计算法的优点如下。

- 将 GESPRIT 算法与非圆信号特性结合，估计线阵列的非圆信号 DOA，优于对圆信号 DOA 的估计性能。
- 给出了不需要进行搜索的、估计效率更高的求根NC-GESPIRT 算法。
- 不需要估计非圆信号相位，谱峰搜索 NC-GESPRIT 算法只需进行一维谱峰搜索即可估计非圆信号的 DOA。
- 求根 NC-GESPIRT 算法需要阵列满足 $i_m=(d_m-d_{m-1})/d_{\min}$，$m=2,\cdots,M$ 是整数。谱峰搜索 NC-GESPRIT 算法适用于任何阵列。

5.5.5 仿真结果

下面采用蒙特卡罗仿真实验验证 NC-GESPRIT 算法对信号 DOA 的估计性能。

定义均方根误差为

$$\text{RMSE} = \frac{1}{K}\sum_{k=1}^{K}\sqrt{\frac{1}{1000}\sum_{n=1}^{1000}[\hat{\theta}_{k,n} - \theta_k]^2} \tag{5-125}$$

式中，θ_k 为第 k 个信号仰角的精确值；$\hat{\theta}_{k,n}$为第 n 次蒙特卡罗仿真实验的 θ_k 估计值。假设有 3 个非圆信号以[10°,20°,30°]入射到阵列上，非圆信号相位为[10°,30°,50°]。

图 5-22 为谱峰搜索 NC-GESPRIT 算法的谱峰搜索结果，非均匀线阵列的阵元间距 $\boldsymbol{d}=[0,0.4\lambda,0.85\lambda,1.3\lambda,1.8\lambda,2.2\lambda,2.65\lambda,3.05\lambda,3.5\lambda]$，SNR = 20dB，$M=8$，$J=200$，$K=3$。由图可知，谱峰搜索 NC-GESPRIT 算法能够对信号的 DOA 进行有效估计。

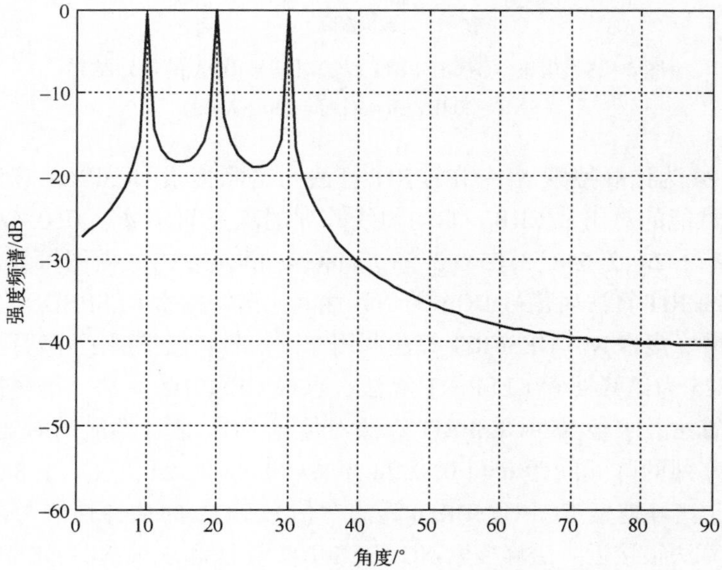

图 5-22 谱峰搜索 NC-GESPRIT 算法的谱峰搜索结果（SNR = 20dB，$M=8$，$J=200$，$K=3$）

图 5-23 为求根 NC-GESPRIT 算法对信号 DOA 的估计结果，非均匀线阵列的阵元间距 $\boldsymbol{d}=[0,0.2\lambda,0.6\lambda,0.8\lambda,1.2\lambda,1.6\lambda,1.8\lambda,2.2\lambda]$，SNR = 10dB，$M=8$，$J=200$，$K=3$。由图可知，求根 NC-GESPRIT 算法能够对信号的 DOA 进行有效估计。

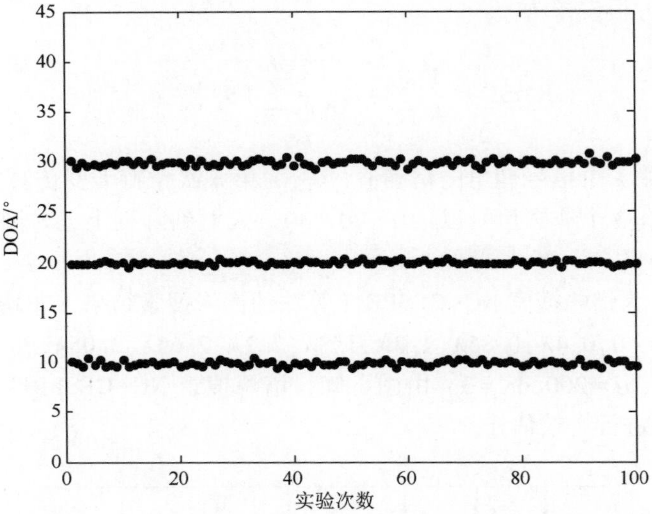

图 5-23　求根 NC-GESPRIT 算法对信号 DOA 的估计结果
（SNR = 10dB，$M=8$，$J=200$，$K=3$）

图 5-24 为谱峰搜索 NC-GESPRIT 算法与谱峰搜索 GESPRIT 算法对信号 DOA 估计性能的对比及 CRB，非均匀线阵列的阵元间距 $\boldsymbol{d}=[0,0.4\lambda,0.85\lambda,1.3\lambda,1.8\lambda,2.2\lambda,2.65\lambda,3.05\lambda,3.5\lambda,3.9\lambda,4.4\lambda,4.9\lambda]$。由图可知，谱峰搜索 NC-GESPRIT 算法对信号 DOA 的估计性能比谱峰搜索 GESPRIT 算法要好很多。因为谱峰搜索 NC-GESPRIT 算法利用非圆信号特性扩展了阵列孔径。

图 5-25 为谱峰搜索 GESPRIT 算法、求根 GESPRIT 算法、谱峰搜索 NC-GESPRIT 算法、求根 NC-GESPRIT 算法对信号 DOA 估计性能的对比及 CRB，非均匀线阵列的阵元间距 $\boldsymbol{d}=[0,0.2\lambda,0.6\lambda,0.8\lambda,1.2\lambda,1.6\lambda,1.8\lambda,2.2\lambda]$。由图可知，谱峰搜索 NC-GESPRIT 算法对信号 DOA 的估计性能与求根 NC-GESPRIT 算法很接近；谱峰搜索 NC-GESPRIT 算法和求根 NC-GESPRIT 算法对信号 DOA 的估计性能都比谱峰搜索 GESPRIT 算法和求根 GESPRIT 算法好很多。

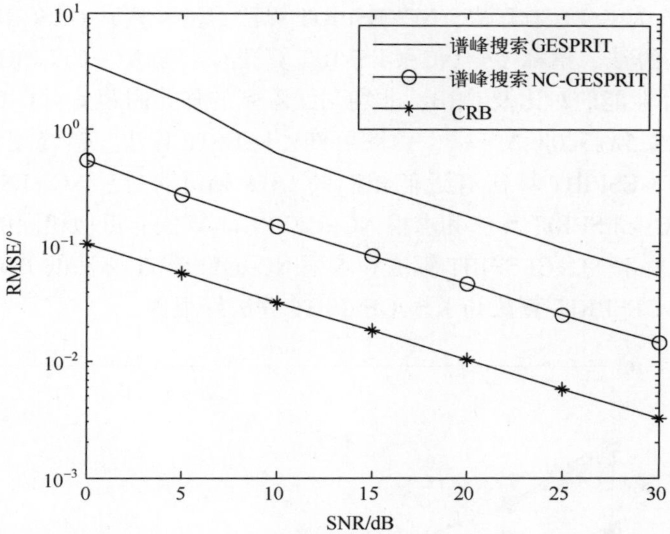

图 5-24　在普通非均匀线阵列情形下不同算法对信号 DOA 估计性能的对比及 CRB（$M=8$，$J=200$，$K=3$）

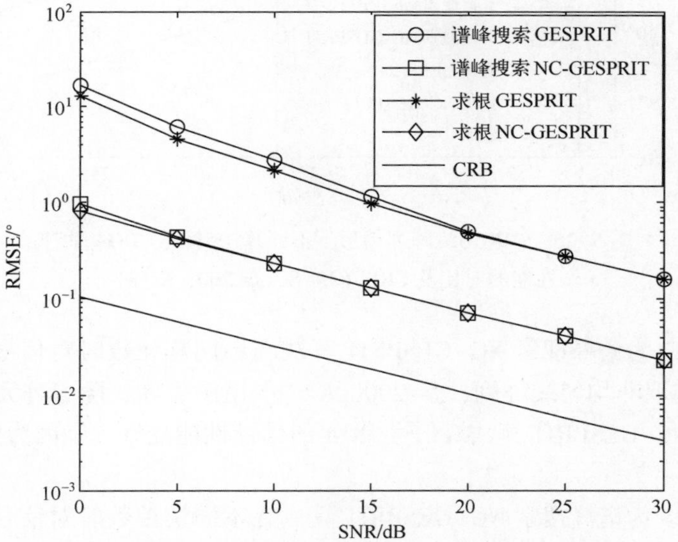

图 5-25　在特殊非均匀线阵列情形下不同算法对信号 DOA 估计性能的对比及 CRB（$M=8$，$J=200$，$K=3$）

图 5-26 为 ESPRIT 算法、NC-ESPRIT 算法、谱峰搜索 GESPRIT 算法、求根 GESPRIT 算法、谱峰搜索 NC-GESPRIT 算法、求根 NC-GESPRIT 算法对信号 DOA 估计性能的对比及 CRB，非均匀线阵列的阵元间距 $\boldsymbol{d}=[0,0.5\lambda,1.0\lambda,1.5\lambda,2.0\lambda,2.5\lambda,3.0\lambda,3.5\lambda]$。由图可知，ESPRIT 算法、谱峰搜索 GESPRIT 算法和求根 GESPRIT 算法有近似相同的 DOA 估计性能；NC-ESPRIT 算法、谱峰搜索 NC-GESPRIT 算法和求根 NC-GESPRIT 算法有近似相同的 DOA 估计性能；谱峰搜索 NC-GESPRIT 算法和求根 NC-GESPRIT 算法的 DOA 估计性能比谱峰搜索 GESPRIT 算法和求根 GESPRIT 算法好很多。

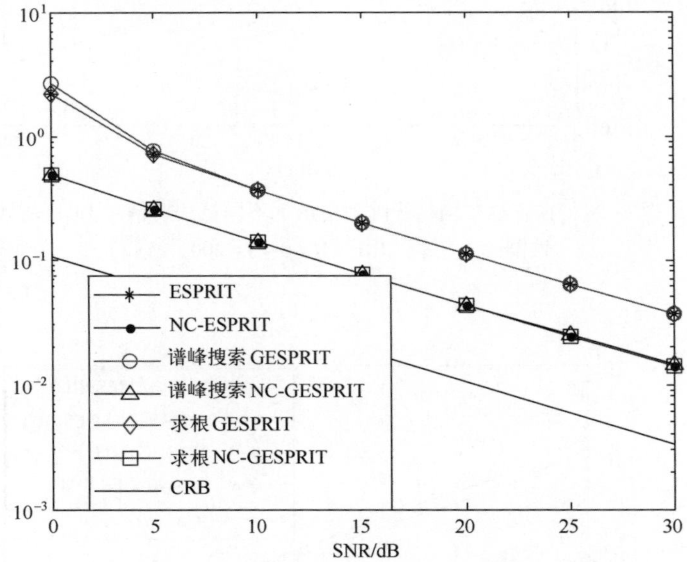

图 5-26　在均匀线阵列情形下不同算法对信号 DOA 估计性能的对比及 CRB（$M=8$，$J=200$，$K=3$）

图 5-27 为谱峰搜索 NC-GESPRIT 算法在不同阵元数时对信号 DOA 的估计性能，选取非均匀线阵列，$J=200$，$K=3$。由图可知，随着阵元数的增加，谱峰搜索 NC-GESPRIT 算法对信号 DOA 的估计性能变好，是因为分集增益增加的缘故。

图 5-28 为谱峰搜索 NC-GESPRIT 算法在不同快拍数时对信号 DOA 的估计性能，采用非均匀线阵列进行仿真。由图可知，随着快拍数的增加，谱峰搜索 NC-GESPRIT 算法对信号 DOA 估计的 RMSE 减小。

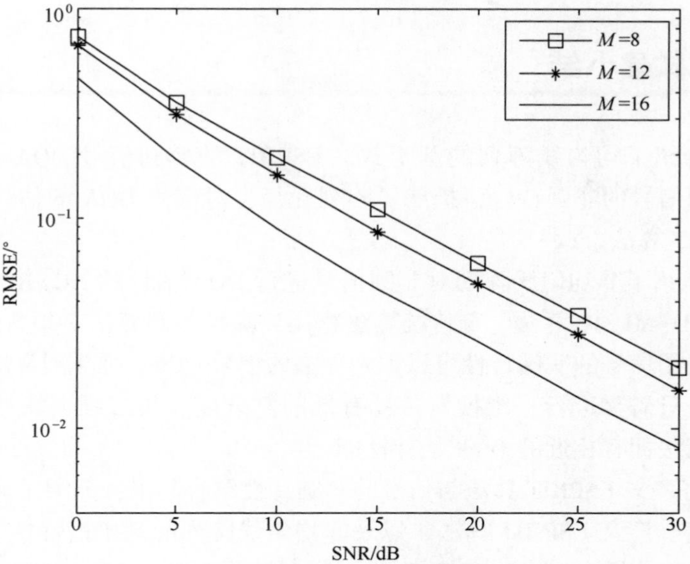

图 5-27　谱峰搜索 NC-GESPRIT 算法在不同阵元数时对信号 DOA 的估计性能

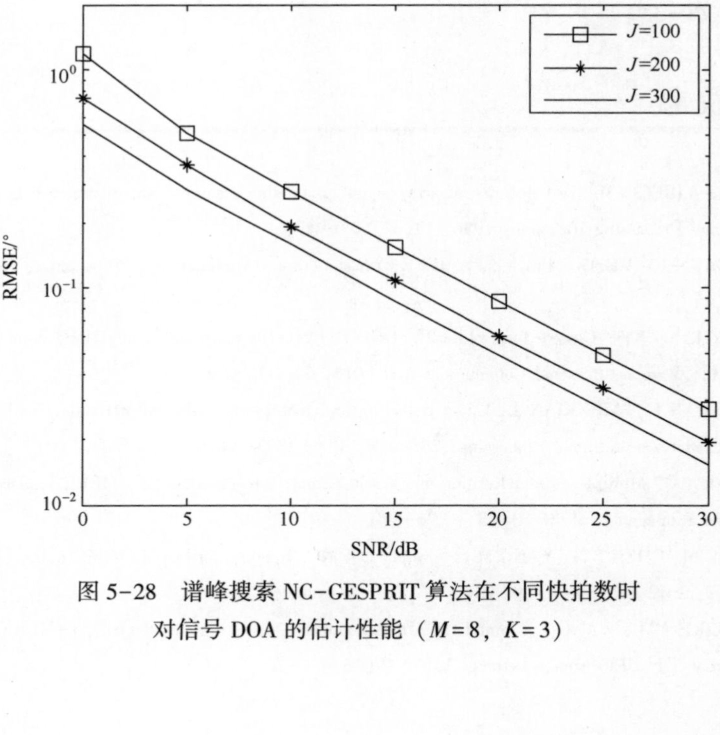

图 5-28　谱峰搜索 NC-GESPRIT 算法在不同快拍数时对信号 DOA 的估计性能（$M=8$，$K=3$）

5.6 本章小结

（1）介绍了均匀线阵列的基于 NC-ESPRIT 的非圆信号 DOA 估计算法。该算法利用信号的非圆特性，扩展了阵列孔径，对信号 DOA 的估计性能明显优于 ESPRIT 算法。

（2）介绍了非均匀线阵列对非圆信号进行 DOA 估计的 NC-RD-Capon 算法和 NC-RD-MUSIC 算法。与传统算法相比，降维非圆算法有更好的 DOA 估计性能，利用信号的非圆特性可以识别更多的信号。与二维非圆算法相比，降维非圆算法只需要进行一维搜索，具有低的复杂度。与二维谱峰搜索算法相比，降维算法拥有相近的 DOA 估计性能。

（3）将广义 ESPRIT 算法与信号的非圆特性结合起来，介绍了非均匀线阵列的非圆信号广义 ESPRIT 算法，以及非均匀线阵列的基于谱峰搜索 NC-GESPRIT 算法和求根 NC-GESPRIT 算法。仿真结果表明，NC-GESPRIT 算法比 GESPRIT 算法有更好的 DOA 估计性能，NC-GESPRIT 算法在不需要知道信号非圆信号相位的情形下，也能对信号的 DOA 进行估计。部分相应成果见文献[22，24，28-35]。

参考文献

[1] KRIM H, VIBERG M. Two decades of array signal processing research: the parametric approach [J]. IEEE Signal Processing Magazine, 1996, 13(4): 67-94.

[2] APPLEBAUM S. Adaptive arrays [J]. IEEE Transactions on Antennas and Propagation, 1976, 24(5): 585-598.

[3] LI J F, ZHANG X F. Closed-form blind 2D-DOD and 2D-DOA estimation for MIMO radar with arbitrary arrays [J]. Wireless Personal Communications, 2013, 69: 175-186.

[4] BEKKERMAN I, TABRIKIAN J. Target detection and localization using MIMO radars and sonars [J]. IEEE Transactions on Signal Processing, 2006, 54(10): 3873-3883.

[5] SCHMIDT R O. Multiple emitter location and signal parameter estimation [J]. IEEE Transactions on Antennas and Propagation, 1986, 34(3): 276-280.

[6] ZHENG G M, CHEN B X, YANG M L. Unitary ESPRIT algorithm for bistatic MIMO radar [J]. Electronics Letters, 2012, 48(3): 179-181.

[7] BENCHEIKH M L, WANG Y. Joint DOD-DOA estimation using combined ESPRIT-MUSIC approach in MIMO radar [J]. Electronics Letters, 2010, 46(15): 1-2.

[8] ZOLTOWSKI M D, HAARDT M, MATHEWS C P. Closed-form 2D angle estimation with rectangular arrays in element space or beamspace via unitary ESPRIT [J]. IEEE Transactions on Signal Processing, 1996, 44(1): 326-328.

[9] MARCOS S, MARSAL A, BENIDIR M. The propagator method for source bearing estimation [J]. Signal-Processing, 1995, 42(2): 121-138.

[10] 张保锋. 几种 DOA 估计算法的性能分析 [J]. 现代电子技术, 2003, 26 (9): 35-37.

[11] STOICA P, HÄNDEL P, SÖDERSTRÖM T. Study of Capon method for array signal processing [J]. Circuits, Systems and Signal Processing, 1995, 14(6): 749-770.

[12] ABEIDA H, DELMAS J P. MUSIC-like estimation of direction of arrival for noncircular sources [J]. IEEE Transactions on Signal Processing, 2006, 54(7): 2678-2690.

[13] CHARGÉ P, WANG Y D, SAILLARD J. A non-circular sources direction finding method using polynomial rooting [J]. Signal Processing, 2001, 81(8): 1765-1770.

[14] ZOUBIR A, CHARGÉ P, WANG Y D. Non circular sources localization with ESPRIT [C]//6th European Conference on Wireless Technology (ECWT 2003). Munich: IEEE, 2003.

[15] STEINWANDT J, RÖMER F, HAARDT M. Performance analysis of ESPRIT-type algorithms for non-circular sources [C]//2013 IEEE International Conference on Acoustics, Speech and Signal Processing. Vancouver: IEEE, 2013.

[16] HAARDT M, RÖMER F. Enhancements of unitary ESPRIT for non-circular sources [C]//2004 IEEE International Conference on Acoustics, Speech, and Signal Processing. Montreal: IEEE, 2004.

[17] 孙心宇, 周建江. 非圆传播算子 DOA 估计算法 [J]. 数据采集与处理, 2013, 28(3): 313-318.

[18] ZHAI H, LI Z, ZHANG X F. DOA estimation of noncircular signals for coprime linear array via polynomial root-finding technique [J]. Journal of Circuits, Systems and Computers, 2021, 30(02): 2150028.

[19] ZHANG X F, CAO R Z, ZHOU M. Noncircular-PARAFAC for 2D-DOA estimation of noncircular signals in arbitrarily spaced acoustic vector-sensor array subjected to unknown locations [J]. EURASIP Journal on Advances in Signal Processing, 2013, 2013: 1-10.

[20] LIU J, HUANG Z T, ZHOU Y Y. Azimuth and elevation estimation for noncircular signals [J]. Electronics Letters, 2007, 43(20): 1-2.

[21] DELMAS J P, ABEIDA H. Cramer-Rao bounds of DOA estimates for BPSK and QPSK modulated signals [J]. IEEE Transactions on Signal Processing, 2005, 54(1): 117-126.

[22] ZHANG X F, XU L Y, XU L, et al. Direction of departure (DOD) and direction of arrival (DOA) estimation in MIMO radar with reduced-dimension MUSIC [J]. IEEE Communications Letters, 2010, 14(12): 1161-1163.

[23] STOICA P, NEHORAI A. Performance study of conditional and unconditional direction-of-arrival estimation [J]. IEEE Transactions on Acoustics, Speech, and Signal Processing, 1990, 38(10): 1783-1795.

[24] ZHANG X F, XU D Z. Angle estimation in MIMO radar using reduced-dimension capon [J]. Electronics Letters, 2010, 46(12): 860-861.

[25] WU H T, YANG J F, CHEN F K. Source number estimator using Gerschgorin disks [C]//Proceedings of ICASSP '94. IEEE International Conference on Acoustics, Speech and Signal Processing. Adelaide: IEEE, 1994.

[26] DI A Z. Multiple source location--a matrix decomposition approach [J]. IEEE Transactions on Acoustics, Speech, and Signal Processing, 1985, 33(5): 1086-1091.

[27] HUANG L, LONG T, MAO E, et al. MMSE-based MDL method for robust estimation of number of sources without eigendecomposition [J]. IEEE Transactions on Signal Processing, 2009, 57(10): 4135-4142.

[28] ZHENG W, ZHANG X F, SUN H P, et al. Non-circular generalised-ESPRIT algorithm for direction of arrival estimation [J]. IET Radar, Sonar & Navigation, 2017, 11(5): 736-744.

[29] LV W H, SUN H P, ZHANG X F, et al. Reduced-dimension noncircular-capon algorithm for DOA estimation of noncircular signals [J]. International Journal of Antennas and Propagation, 2015, 11: 223-232.

[30] CHEN X Q, WANG C H, ZHANG X F. DOA and noncircular phase estimation of noncircular signal via an improved noncircular rotational invariance propagator method [J]. Mathematical Problems in Engineering, 2015, 10: 1155-1164.

[31] ZHANG L C, LV W H, ZHANG X F. 2D-DOA Estimation of Noncircular Signals for Uniform Rectangular Array via NC-PARAFAC Method [J]. International Journal of Electronics, 2016, 103(11): 1839-1849.

[32] LI Z, SHEN J Q, ZHAI H, et al. 3-D localization for near-field and strictly noncircular sources via centro-symmetric cross array [J]. IEEE Sensors Journal, 2021, 21(6): 8432-8440.

[33] LI Z, ZHANG X F, SHEN J Q. 2D-DOA estimation of strictly noncircular sources utilizing connection-matrix for l-shaped array [J]. IEEE Wireless Communications Letters, 2020, 10(2): 296-300.

[34] LI Z, SHEN J Q, ZHANG X F. 3-D localization of near-field and strictly noncircular sources using steering vector decomposition [J]. Frontiers of Information Technology & Electronic Engineering, 2022, 23: 644-652.

[35] LI B B, ZHANG X F, LI J F, et al. DOA estimation of non-circular source for large uniform linear array with a single snapshot: extended DFT method [J]. IEEE Communications Letters, 2021, 25(12): 3843-3847.

第 6 章 传感器阵列 DOA 跟踪

随着对动态目标研究的不断深入，DOA 跟踪算法得到了改进。本章主要介绍在阵列模型下的 DOA 跟踪算法，包括基于自适应 PARAFAC 跟踪算法和基于子空间跟踪算法等。

6.1 引言

对信号的 DOA 进行估计一般是估计静态情形下的信源方向。在很多情形下，由于信源的 DOA 并不是一直不变的，因此研究 DOA 跟踪算法是很有必要的[1-7]。DOA 跟踪算法一般由 DOA 估计和数据关联两个部分组成。DOA 估计主要采用基于子空间的估计算法，如 MUSIC 算法和 ESPRIT 算法等。之所以不能完成 DOA 实时跟踪，原因在于这些 DOA 估计算法不仅需要先对接收信号进行处理来获得协方差矩阵，再对协方差矩阵进行特征值分解，计算量大，还需要假设在进行数据采样期间，信源的 DOA 保持不变，从而产生了较大误差。DOA 跟踪算法必须避免进行重复的、计算量大的特征值分解，应该通过当前时刻的接收数据更新先前估计的子空间，减少计算量，保证跟踪的实时性。

跟踪精度是 DOA 跟踪研究过程中的重要指标，为了提高跟踪精度，往往需要使用比较复杂的阵列模型，会涉及对信源 DOA 进行多维跟踪。由于传统的 DOA 跟踪针对的是一维 DOA，因此为了实现二维 DOA 跟踪，就要涉及 DOA 关联和参数配对问题。这也是目前在研究二维 DOA 跟踪算法过程中的难点。

为了研究 DOA 跟踪算法，研究人员提出了许多算法[8-17]。子空间跟踪算法是较为经典的一种算法，即通过迭代方法获得信号子空间，进而对信源 DOA 进行跟踪。投影近似子空间跟踪（Projection Approximation Subspace Tracking，PAST）算法和紧缩投影近似子空间跟踪（Projection Approximation Subspace with deflation，PASTd）算法都属于子空间跟踪算法，基于最小化特定函数获得信号子空间，可避免进行特征值分解，实现对多个信源的 DOA 进行跟踪。文献［3］介绍了在声矢量传感器线阵列情形下的 OPASTd (Orthogonal Projection Approximation Subspace Tracking with deflation) DOA 跟踪算法，在通过 Kalman 滤波估计信号 DOA 的同时，可完成与信源的关联。文献［4］介绍了基于 Bi-SVD 的快速子空间跟踪算法。该算法具有良好的收敛特性。为了避免额外的角度关联，文献［8］介绍了正交投影近似子空间跟踪 (Orthogonal Projection Approximation Subspace Tracking) 算法。该算法可以提高跟踪精度。文献［9］介绍了基于递归最小二乘跟踪的 PARAFAC 算法。该算法能够实现对信号的二维 DOA 跟踪，复杂度较低。Yang 提出的 PAST 算法和 PASTd 算法[13]，都是基于最小化特定函数获得信号子空间，避免了特征值分解，可对多个信源的 DOA 进行跟踪。文献［16］介绍了将离散小波变换的波束空间处理技术与 MUSIC 算法结合，通过递归更新空间前置滤波器的中心频率实现对信号 DOA 的跟踪。

6.2 L 型阵列基于 PAST 的 DOA 跟踪算法

6.2.1 数据模型

数据模型采用 L 型阵列，在 x 轴和 y 轴上分别有 M 个和 N 个阵元，阵元等间距分布，$d=\lambda/2$，共有 $M+N-1$ 个阵元。假设空间的信源数为 K，第 k 个信源的信号入射到 L 型阵列的仰角和方位角分别为 $\theta_k,\varphi_k,k=1,2,\cdots,K$。

考虑在 x 轴上的子阵 1，方向矩阵为

$$\boldsymbol{A}_x=[\boldsymbol{a}_x(\theta_1,\varphi_1),\boldsymbol{a}_x(\theta_2,\varphi_2),\cdots,\boldsymbol{a}_x(\theta_K,\varphi_K)] \tag{6-1}$$

式中，$\boldsymbol{a}_x(\theta_k,\varphi_k)=[1,\mathrm{e}^{\mathrm{j}2\pi d\sin\theta_k\cos\varphi_k/\lambda},\cdots,\mathrm{e}^{\mathrm{j}2\pi(M-1)d\sin\theta_k\cos\varphi_k/\lambda}]^{\mathrm{T}}$。

考虑在 y 轴上的子阵 2，方向矩阵为

$$\boldsymbol{A}_y=[\boldsymbol{a}_y(\theta_1,\varphi_1),\boldsymbol{a}_y(\theta_2,\varphi_2),\cdots,\boldsymbol{a}_y(\theta_K,\varphi_K)] \tag{6-2}$$

式中，$\boldsymbol{a}_y(\theta_k,\varphi_k)=[\mathrm{e}^{\mathrm{j}2\pi d\sin\theta_k\sin\varphi_k/\lambda},\cdots,\mathrm{e}^{\mathrm{j}2\pi(N-1)d\sin\theta_k\sin\varphi_k/\lambda}]^{\mathrm{T}}$；$\lambda$ 为信号波长。

L 型阵列的接收信号 $\boldsymbol{x}(t)$ 可以表示为

$$\begin{aligned} \boldsymbol{x}(t) &= \begin{bmatrix} \boldsymbol{A}_x \\ \boldsymbol{A}_y \end{bmatrix} \boldsymbol{s}(t) + \boldsymbol{n}(t) \\ &= \boldsymbol{A}\boldsymbol{s}(t) + \boldsymbol{n}(t) \end{aligned} \tag{6-3}$$

式中，$\boldsymbol{s}(t)=[\boldsymbol{s}_1(t),\boldsymbol{s}_2(t),\cdots,\boldsymbol{s}_K(t)]^{\mathrm{T}}$；$\boldsymbol{s}_i(t)$表示第 i 个信源的窄带信号；$\boldsymbol{n}(t)$表示由阵元产生的高斯白噪声矢量。

6.2.2　基于 PAST 算法进行 DOA 跟踪

定义一个无约束目标函数

$$J(\boldsymbol{W})=E\{\|\boldsymbol{x}(t)-\boldsymbol{W}\boldsymbol{W}^{\mathrm{H}}\boldsymbol{x}(t)\|^2\} \tag{6-4}$$

式中，$\boldsymbol{x}\in\mathbb{C}^{(M+N-1)\times 1}$；$\boldsymbol{W}\in\mathbb{C}^{(M+N-1)\times K}$。

经过化简有

$$\begin{aligned} J(\boldsymbol{W}) &= E\{\|\boldsymbol{x}(t)-\boldsymbol{W}\boldsymbol{W}^{\mathrm{H}}\boldsymbol{x}(t)\|^2\} \\ &= E\{(\boldsymbol{x}(t)-\boldsymbol{W}\boldsymbol{W}^{\mathrm{H}}\boldsymbol{x}(t))^{\mathrm{H}}(\boldsymbol{x}(t)-\boldsymbol{W}\boldsymbol{W}^{\mathrm{H}}\boldsymbol{x}(t))\} \\ &= E\{\boldsymbol{x}(t)^{\mathrm{H}}\boldsymbol{x}(t)\}-2E\{\boldsymbol{x}(t)^{\mathrm{H}}\boldsymbol{W}\boldsymbol{W}^{\mathrm{H}}\boldsymbol{x}(t)\}+E\{\boldsymbol{x}(t)^{\mathrm{H}}\boldsymbol{W}\boldsymbol{W}^{\mathrm{H}}\boldsymbol{W}\boldsymbol{W}^{\mathrm{H}}\boldsymbol{x}(t)\} \end{aligned} \tag{6-5}$$

可以发现

$$E\{\boldsymbol{x}(t)^{\mathrm{H}}\boldsymbol{x}(t)\} = \sum_{i=1}^{M} E\{|\boldsymbol{x}_i(t)|^2\} = \mathrm{tr}(E\{\boldsymbol{x}(t)\boldsymbol{x}(t)^{\mathrm{H}}\}) = \mathrm{tr}\boldsymbol{C} \tag{6-6}$$

$$E\{\boldsymbol{x}(t)^{\mathrm{H}}\boldsymbol{W}\boldsymbol{W}^{\mathrm{H}}\boldsymbol{x}(t)\}=\mathrm{tr}(E\{\boldsymbol{W}^{\mathrm{H}}\boldsymbol{x}(t)\boldsymbol{x}(t)^{\mathrm{H}}\boldsymbol{W}\})=\mathrm{tr}(\boldsymbol{W}^{\mathrm{H}}\boldsymbol{C}\boldsymbol{W}) \tag{6-7}$$

$$E\{\boldsymbol{x}(t)^{\mathrm{H}}\boldsymbol{W}\boldsymbol{W}^{\mathrm{H}}\boldsymbol{W}\boldsymbol{W}^{\mathrm{H}}\boldsymbol{x}(t)\}=\mathrm{tr}(E\{\boldsymbol{W}^{\mathrm{H}}\boldsymbol{W}\boldsymbol{x}(t)\boldsymbol{x}(t)^{\mathrm{H}}\boldsymbol{W}^{\mathrm{H}}\boldsymbol{W}\})=\mathrm{tr}(\boldsymbol{W}^{\mathrm{H}}\boldsymbol{C}\boldsymbol{W}\boldsymbol{W}^{\mathrm{H}}\boldsymbol{W}) \tag{6-8}$$

式中，$\boldsymbol{C}$ 为 $\boldsymbol{x}(t)$的自相关矩阵；tr( )为取矩阵的迹。假设 $\boldsymbol{W}$ 的秩为 K，则可以用迹表示 $J(\boldsymbol{W})$，即

$$J(\boldsymbol{W})=\mathrm{tr}\boldsymbol{C}-2\mathrm{tr}(\boldsymbol{W}^{\mathrm{H}}\boldsymbol{C}\boldsymbol{W})+\mathrm{tr}(\boldsymbol{W}^{\mathrm{H}}\boldsymbol{C}\boldsymbol{W}\boldsymbol{W}^{\mathrm{H}}\boldsymbol{W}) \tag{6-9}$$

在文献［13］中，Yang 提出了两个重要定理。

定理 6.1　$\boldsymbol{W}$ 是 $J(\boldsymbol{W})$的一个平衡点，当且仅当 $\boldsymbol{W}=\boldsymbol{U}_{\mathrm{r}}\boldsymbol{Q}$［$\boldsymbol{U}_{\mathrm{r}}$为$(M+N-1)\times K$ 维矩阵，$\boldsymbol{Q}$ 为 $K\times K$ 维酉矩阵］时，特征值之和为 $J(\boldsymbol{W})$的值。

定理 6.2　只有在 $\boldsymbol{U}_{\mathrm{r}}$是由矩阵 $\boldsymbol{C}$ 的 K 个主特征矢量组成的情形下，目标函数 $J(\boldsymbol{W})$取极小值，在其他任意情形下，$J(\boldsymbol{W})$的平衡点都是鞍点。

由定理 6.2 可知，只要求出目标函数 $J(\boldsymbol{W})$的极小值，$\boldsymbol{W}$ 的列空间就等价

为信号子空间，对 $\boldsymbol{W}$ 取正交基，可得到信号子空间。

在现实情形下，跟踪的子空间并不是保持不变的，为了得到 t 时刻的子空间 $\boldsymbol{W}(t)$，需要利用 $t-1$ 时刻的子空间 $\boldsymbol{W}(t-1)$ 和 t 时刻的阵元数据 $\boldsymbol{x}(t)$，选择梯度下降法，由式（6-9）容易得到

$$\nabla J=[-2\boldsymbol{C}+\boldsymbol{C}\boldsymbol{W}\boldsymbol{W}^{\mathrm{H}}+\boldsymbol{W}\boldsymbol{W}^{\mathrm{H}}\boldsymbol{C}]\boldsymbol{W} \tag{6-10}$$

有

$$\begin{aligned}\boldsymbol{W}(t)&=\boldsymbol{W}(t-1)-\mu\nabla J(\boldsymbol{W}(t-1))\\&=\boldsymbol{W}(t-1)-\mu[-2\hat{\boldsymbol{C}}(t)+\hat{\boldsymbol{C}}(t)\boldsymbol{W}(t-1)\boldsymbol{W}^{\mathrm{H}}(t-1)+\\&\quad\boldsymbol{W}(t-1)\boldsymbol{W}^{\mathrm{H}}(t-1)\hat{\boldsymbol{C}}(t)]\boldsymbol{W}(t-1)\end{aligned} \tag{6-11}$$

式中，$\mu>0$ 表示需要适当选择的步长；$\hat{\boldsymbol{C}}(t)$ 表示在 t 时刻相关矩阵 $\boldsymbol{C}$ 的估计值。将 $\boldsymbol{C}(t)=\boldsymbol{x}(t)\boldsymbol{x}^{\mathrm{H}}(t)$、$\boldsymbol{y}(t)=\boldsymbol{W}^{\mathrm{H}}(t-1)\boldsymbol{x}(t)$ 代入，有

$$\begin{aligned}\boldsymbol{W}(t)=\boldsymbol{W}(t-1)-\mu[&2\boldsymbol{x}(t)\boldsymbol{y}^{\mathrm{H}}(t)-\boldsymbol{x}(t)\boldsymbol{y}^{\mathrm{H}}(t)\times\\&\boldsymbol{W}^{\mathrm{H}}(t-1)\boldsymbol{W}(t-1)-\boldsymbol{W}(t-1)\boldsymbol{W}^{\mathrm{H}}(t-1)\boldsymbol{y}(t)\boldsymbol{y}^{\mathrm{H}}(t)]\end{aligned} \tag{6-12}$$

由于在 $J(\boldsymbol{W})$ 取极小值时，$\boldsymbol{W}^{\mathrm{H}}(t-1)\boldsymbol{W}(t-1)=\boldsymbol{I}$，因此有

$$\boldsymbol{W}(t)=\boldsymbol{W}(t-1)+\mu[\boldsymbol{x}(t)-\boldsymbol{W}(t-1)\boldsymbol{y}(t)]\boldsymbol{y}^{\mathrm{H}}(t) \tag{6-13}$$

由于 $\boldsymbol{W}(t)$ 跟踪时变子空间的能力较差，算法收敛慢，因此定义一个新的指数加权函数，即

$$\begin{aligned}J(\boldsymbol{W}(t))&=\sum_{i=1}^{t}\beta^{t-i}\|\boldsymbol{x}(i)-\boldsymbol{W}(t)\boldsymbol{W}^{\mathrm{H}}(t)\boldsymbol{x}(i)\|^2\\&=\mathrm{tr}[\boldsymbol{C}(t)]-2\mathrm{tr}[\boldsymbol{W}^{\mathrm{H}}(t)\boldsymbol{C}(t)\boldsymbol{W}(t)]+\\&\quad\mathrm{tr}[\boldsymbol{W}^{\mathrm{H}}(t)\boldsymbol{C}(t)\boldsymbol{W}(t)\boldsymbol{W}^{\mathrm{H}}(t)\boldsymbol{W}(t)]\end{aligned} \tag{6-14}$$

式中，$0<\beta\leqslant 1$ 表示遗忘因子，用于在非稳定环境下将过去数据的权重降低，保证跟踪的稳定性。

当 $\beta=1$ 时，对应常见的滑动窗口

$$\boldsymbol{C}(t)=\sum_{i=1}^{t}\beta^{t-i}\boldsymbol{x}(i)\boldsymbol{x}^{\mathrm{H}}(i)$$

进一步有

$$\boldsymbol{y}(i)=\boldsymbol{W}^{\mathrm{H}}(i-1)\boldsymbol{x}(i)\approx\boldsymbol{W}^{\mathrm{H}}(t)\boldsymbol{x}(i) \tag{6-15}$$

将式（6-15）代入式（6-14），得到修正的目标函数为

$$J(\boldsymbol{W}(t))=\sum_{i=1}^{t}\beta^{t-i}\|\boldsymbol{x}(i)-\boldsymbol{W}(t)\boldsymbol{y}(i)\|^2 \tag{6-16}$$

当目标函数全局最小时，$\boldsymbol{W}(t)$可以用自相关矩阵$\boldsymbol{C}_{yy}(t)$和互相关矩阵$\boldsymbol{C}_{xy}(t)$来表示，$\min J(\boldsymbol{W}(t))$的最优解是 Wiener 滤波器，即

$$\boldsymbol{W}(t)=\boldsymbol{C}_{xy}(t)\boldsymbol{C}_{yy}^{-1}(t) \tag{6-17}$$

式中，$\boldsymbol{C}_{xy}(t)$和$\boldsymbol{C}_{yy}(t)$的更新公式为

$$\boldsymbol{C}_{xy}(t)=\sum_{i=1}^{t}\beta^{t-i}\boldsymbol{x}(i)\boldsymbol{y}^{\mathrm{H}}(i)=\beta\boldsymbol{C}_{xy}(t-1)+\boldsymbol{x}(t)\boldsymbol{y}^{\mathrm{H}}(t) \tag{6-18}$$

$$\boldsymbol{C}_{yy}(t)=\sum_{i=1}^{t}\beta^{t-i}\boldsymbol{y}(i)\boldsymbol{y}^{\mathrm{H}}(i)=\beta\boldsymbol{C}_{yy}(t-1)+\boldsymbol{y}(t)\boldsymbol{y}^{\mathrm{H}}(t) \tag{6-19}$$

将式（6-18）、式（6-19）代入式（6-17），通过矩阵求逆定理，可得到 PAST 算法。

PAST 算法的主要流程如下。

> 适当选择$\boldsymbol{P}(0)$和$\boldsymbol{W}(0)$。
> for $t=1:J$
> 　　$\boldsymbol{y}(t)=\boldsymbol{W}^{\mathrm{H}}(t-1)\boldsymbol{x}(t)$
> 　　$\boldsymbol{h}(t)=\boldsymbol{P}(t-1)\boldsymbol{y}(t)$
> 　　$\boldsymbol{g}(t)=\boldsymbol{h}(t)/[\beta+\boldsymbol{y}^{\mathrm{H}}(t)\boldsymbol{h}(t)]$
> 　　$\boldsymbol{P}(t)=1/\beta\cdot\mathrm{tri}\{\boldsymbol{P}(t-1)-\boldsymbol{g}(t)\boldsymbol{h}^{\mathrm{H}}(t)\}$
> 　　$\boldsymbol{e}(t)=\boldsymbol{x}(t)-\boldsymbol{W}(t-1)\boldsymbol{y}(t)$
> 　　$\boldsymbol{W}(t)=\boldsymbol{W}(t-1)+\boldsymbol{e}(t)\boldsymbol{g}^{\mathrm{H}}(t)$
> end for

其中，$\mathrm{tri}\{\boldsymbol{P}(t-1)-\boldsymbol{g}(t)\boldsymbol{h}^{\mathrm{H}}(t)\}=\mathrm{triu}(\boldsymbol{P}(t-1)-\boldsymbol{g}(t)\boldsymbol{h}^{\mathrm{H}}(t))+\mathrm{triu}(\boldsymbol{P}(t-1)-\boldsymbol{g}(t)\boldsymbol{h}^{\mathrm{H}}(t))^{\mathrm{H}}$；triu( )表示取矩阵上三角元素；$\boldsymbol{g}(t)$表示公共增益矢量；$\boldsymbol{P}(t)=\boldsymbol{C}_{yy}^{-1}(t)$。由于使用$\boldsymbol{y}(t)=\boldsymbol{W}^{\mathrm{H}}(t-1)\boldsymbol{x}(t)$来替代$\boldsymbol{y}(t)=\boldsymbol{W}^{\mathrm{H}}(t)\boldsymbol{x}(t)$，导致$\boldsymbol{W}^{\mathrm{H}}(t)$列矢量的正交性偏弱，在低信噪比情形下，DOA 跟踪性能较差。$\boldsymbol{e}(t)$表示误差信号。对于 PAST 算法，$\boldsymbol{P}(0)$和$\boldsymbol{W}(0)$的初始值可以是单位矩阵或子阵。

下面先利用 PAST 算法不断更新信号子空间，再利用 ESPRIT 算法估计信源的二维 DOA。

在 t 时刻，L 型阵列的接收信号表示为

$$\boldsymbol{X}=\begin{bmatrix}\boldsymbol{a}_x(\theta_1,\varphi_1),\boldsymbol{a}_x(\theta_2,\varphi_2),\cdots,\boldsymbol{a}_x(\theta_K,\varphi_K)\\\boldsymbol{a}_y(\theta_1,\varphi_1),\boldsymbol{a}_y(\theta_2,\varphi_2),\cdots,\boldsymbol{a}_y(\theta_K,\varphi_K)\end{bmatrix}\boldsymbol{S}+\boldsymbol{N} \tag{6-20}$$

先定义两个矩阵 $\boldsymbol{A}_1$ 和 $\boldsymbol{A}_2$，即

$$\boldsymbol{A}_1=\boldsymbol{A}(1:M-1,:) \tag{6-21}$$

$$\boldsymbol{A}_2=\boldsymbol{A}(2:M,:) \tag{6-22}$$

可以认为它们之间相差一个旋转因子，假设旋转因子为 $\boldsymbol{\Phi}_z$，则

$$\boldsymbol{\Phi}_z=\mathrm{diag}\{\mathrm{e}^{\mathrm{j}2\pi d\sin\theta_1\cos\varphi_1/\lambda},\mathrm{e}^{\mathrm{j}2\pi d\sin\theta_2\cos\varphi_2/\lambda},\cdots,\mathrm{e}^{\mathrm{j}2\pi d\sin\theta_K\cos\varphi_K/\lambda}\} \tag{6-23}$$

假设信号子空间为 $\boldsymbol{U}_\mathrm{s}$，对比 $\boldsymbol{U}_\mathrm{s}$ 和 L 型阵列的方向矩阵 $\boldsymbol{A}$，可以得到唯一一个满秩矩阵 $\boldsymbol{T}\in\mathbb{C}^{K\times K}$，满足

$$\boldsymbol{U}_\mathrm{s}=\begin{bmatrix}\boldsymbol{a}_x(\theta_1,\varphi_1),\boldsymbol{a}_x(\theta_2,\varphi_2),\cdots,\boldsymbol{a}_x(\theta_K,\varphi_K)\\\boldsymbol{a}_y(\theta_1,\varphi_1),\boldsymbol{a}_y(\theta_2,\varphi_2),\cdots,\boldsymbol{a}_y(\theta_K,\varphi_K)\end{bmatrix}\boldsymbol{T} \tag{6-24}$$

再定义两个矩阵，即

$$\begin{aligned}\boldsymbol{U}_x&=\boldsymbol{U}_\mathrm{s}(1:M-1,:)\\\boldsymbol{U}_y&=\boldsymbol{U}_\mathrm{s}(2:M,:)\end{aligned} \tag{6-25}$$

得到

$$\begin{bmatrix}\boldsymbol{U}_x\\\boldsymbol{U}_y\end{bmatrix}=\begin{bmatrix}\boldsymbol{A}_1\boldsymbol{T}\\\boldsymbol{A}_2\boldsymbol{T}\end{bmatrix}=\begin{bmatrix}\boldsymbol{A}_1\boldsymbol{T}\\\boldsymbol{A}_1\boldsymbol{\Phi}_z\boldsymbol{T}\end{bmatrix} \tag{6-26}$$

有

$$\boldsymbol{U}_y=\boldsymbol{U}_x\boldsymbol{T}^{-1}\boldsymbol{\Phi}_z\boldsymbol{T}=\boldsymbol{U}_x\boldsymbol{\Psi}_z \tag{6-27}$$

式中，因为 $\boldsymbol{\Psi}_z=\boldsymbol{T}^{-1}\boldsymbol{\Phi}_z\boldsymbol{T}$，所以 $\boldsymbol{\Psi}_z=\boldsymbol{U}_x^{+}\boldsymbol{U}_y$，得到 $\boldsymbol{\Psi}_z$ 和 $\boldsymbol{\Phi}_z$ 有同样的特征值。对 $\boldsymbol{\Psi}_z$ 进行特征值分解，得到旋转因子的估计值，$v_k=\sin\varphi_k\cos\theta_k$ 的估计值为

$$\hat{v}_k=\mathrm{angle}(\lambda_k\lambda/(2\pi d)) \tag{6-28}$$

式中，angle(·)表示取复数的相角；λ_k 表示 $\boldsymbol{\Psi}_z$ 的第 k 个特征值；λ 表示入射

信号波长。

重构 $\boldsymbol{U}_s$，重复上述操作，推出 $u_k=\sin\theta_k\sin\varphi_k$ 的估计值 $\hat{u}_k$。假设 $\hat{\theta}_k,\hat{\varphi}_k(k=1,2,\cdots,K)$ 分别为信源仰角 θ_k 和方位角 φ_k 的估计值，则有

$$\hat{\theta}_k=\arcsin(\sqrt{\hat{u}_k^2+\hat{v}_k^2}) \tag{6-29}$$

$$\hat{\varphi}_k=\arctan(\hat{u}_k/\hat{v}_k) \tag{6-30}$$

对信源进行二维 DOA 估计虽然实现了自动配对，但还没有与相关信源关联。目前使用较多的关联算法包括航迹分裂算法[18-19]、最近邻算法[20-22]等。在文献［23］中，基于均匀线阵列进行两次信源 DOA 的估计后，重构协方差矩阵，找出 K 个最大元素的位置，即可将 DOA 与对应的信源关联。

L 型阵列基于 PAST 算法的信源二维 DOA 跟踪的步骤如下。

算法 6.1：二维 DOA 跟踪的 PAST 算法。

步骤 1：由 L 型阵列的方向矩阵得到 t 时刻的输出信号。

步骤 2：选取适当的 $\boldsymbol{P}(0)$ 和 $\boldsymbol{W}(0)$，按 PAST 算法的流程获取信号子空间。

步骤 3：利用信号子空间估计信源的仰角和方位角。

步骤 4：将估计的二维 DOA 与信源关联。

步骤 5：重复步骤 1 至步骤 4，计算 $t+1$ 时刻的二维 DOA。

6.2.3 计算的复杂度和 CRB

在 L 型阵列下，每次利用 PAST 算法更新的复杂度均为 $O(3(M+N-1)K+K^2)$。传统的估计算法为了得到信号子空间需要构造协方差矩阵，复杂度为 $O(J(M+N-1)^2)$，进行特征值分解的复杂度为 $O((M+N-1)^3)$，相比 PAST 算法，复杂度高很多。

克拉美罗界为比较无偏估计量的性能提供了一个参考标准[24]。下面将推导二维 DOA 跟踪问题的 CRB。在 t 时刻，二维 DOA 估计的参数为

$$\boldsymbol{\zeta}=[\theta_1,\cdots,\theta_K,\varphi_1,\cdots,\varphi_K,\boldsymbol{s}_{\mathrm{R}}^{\mathrm{T}}(1),\cdots,\boldsymbol{s}_{\mathrm{R}}^{\mathrm{T}}(J),\boldsymbol{s}_{\mathrm{I}}^{\mathrm{T}}(1),\cdots,\boldsymbol{s}_{\mathrm{I}}^{\mathrm{T}}(J),\sigma_{\mathrm{n}}^2] \tag{6-31}$$

式中，$\boldsymbol{s}_{\mathrm{R}}(t)(t=1,2,\cdots,J)$ 表示信号 $\boldsymbol{s}(t)$ 的实部；$\boldsymbol{s}_{\mathrm{I}}(t)(t=1,2,\cdots,J)$ 表示信号 $\boldsymbol{s}(t)$ 的虚部。

假设快拍数为 J，则阵列输出为

$$\boldsymbol{y}=[\boldsymbol{x}^{\mathrm{T}}(1),\cdots,\boldsymbol{x}^{\mathrm{T}}(J)] \tag{6-32}$$

输出 $\boldsymbol{y}$ 的均值 $\boldsymbol{\mu}$ 表示为

$$\boldsymbol{\mu}=\begin{bmatrix}\boldsymbol{As}(1)\\ \boldsymbol{As}(2)\\ \vdots\\ \boldsymbol{As}(J)\end{bmatrix} \tag{6-33}$$

协方差矩阵 $\boldsymbol{\Gamma}$ 表示为

$$\boldsymbol{\Gamma}=\begin{bmatrix}\sigma_{\mathrm{n}}^2\boldsymbol{I} & & \boldsymbol{O}\\ & \ddots & \\ \boldsymbol{O} & & \sigma_{\mathrm{n}}^2\boldsymbol{I}\end{bmatrix} \tag{6-34}$$

在 CRB 矩阵中，(i,j) 元素表示为

$$\mathrm{CRB}_{ij}=\mathrm{tr}[\boldsymbol{\Gamma}^{-1}\boldsymbol{\Gamma}_i'\boldsymbol{\Gamma}^{-1}\boldsymbol{\Gamma}_j']+2\mathrm{Re}[\boldsymbol{\mu}_i'^{\mathrm{H}}\boldsymbol{\Gamma}^{-1}\boldsymbol{\mu}_i'] \tag{6-35}$$

式中，$\mathrm{tr}\{\cdot\}$ 表示矩阵的迹；$\boldsymbol{\Gamma}_i'$ 和 $\boldsymbol{\mu}_i'$ 分别表示 $\boldsymbol{\Gamma}_i$ 和 $\boldsymbol{\mu}_i$ 对行矢量 $\boldsymbol{\zeta}$ 中第 i 个元素的导数；$\mathrm{Re}\{\cdot\}$ 表示取矩阵的实部。因为 $\boldsymbol{\Gamma}$ 只与 σ_{n}^2 有关，所以 $\mathrm{tr}[\boldsymbol{\Gamma}^{-1}\boldsymbol{\Gamma}_i'\boldsymbol{\Gamma}^{-1}\boldsymbol{\Gamma}_j']$ 可以忽略，式（6-35）可以重写为

$$\mathrm{CRB}_{ij}=2\mathrm{Re}[\boldsymbol{\mu}_i'^{\mathrm{H}}\boldsymbol{\Gamma}^{-1}\boldsymbol{\mu}_i'] \tag{6-36}$$

由式（6-33）和式（6-34），可以得到

$$\frac{\partial\boldsymbol{\mu}}{\partial\theta_{\mathrm{k}}}=\begin{bmatrix}\dfrac{\partial\boldsymbol{A}}{\partial\theta_{\mathrm{k}}}\boldsymbol{s}(1)\\ \vdots\\ \dfrac{\partial\boldsymbol{A}}{\partial\theta_{\mathrm{k}}}\boldsymbol{s}(J)\end{bmatrix}=\begin{bmatrix}\boldsymbol{d}_{k\theta_{\mathrm{k}}}\boldsymbol{s}_k(1)\\ \vdots\\ \mathrm{d}_{k\theta_{\mathrm{k}}}\boldsymbol{s}_k(J)\end{bmatrix},\quad k=1,2,\cdots,K \tag{6-37}$$

$$\frac{\partial\boldsymbol{\mu}}{\partial\varphi_{\mathrm{k}}}=\begin{bmatrix}\dfrac{\partial\boldsymbol{A}}{\partial\varphi_{\mathrm{k}}}\boldsymbol{s}(1)\\ \vdots\\ \dfrac{\partial\boldsymbol{A}}{\partial\varphi_{\mathrm{k}}}\boldsymbol{s}(J)\end{bmatrix}=\begin{bmatrix}\mathrm{d}_{k\varphi_{\mathrm{k}}}\boldsymbol{s}_k(1)\\ \vdots\\ \mathrm{d}_{k\varphi_{\mathrm{k}}}\boldsymbol{s}_k(J)\end{bmatrix},\quad k=1,2,\cdots,K \tag{6-38}$$

式中，$\boldsymbol{d}_{k\theta_{\mathrm{k}}}$ 和 $\boldsymbol{d}_{k\varphi_{\mathrm{k}}}$ 分别为

$$\boldsymbol{d}_{k\theta_k}=\frac{\partial\,\boldsymbol{a}(\theta_k,\varphi_k)}{\partial\,\theta_k} \tag{6-39}$$

$$\boldsymbol{d}_{k\varphi_k}=\frac{\partial\,\boldsymbol{a}(\theta_k,\varphi_k)}{\partial\,\varphi_k} \tag{6-40}$$

式中，$\boldsymbol{a}(\theta_k,\varphi_k)$为方向矢量$\boldsymbol{A}$的第$k$列矢量。

假设令

$$\boldsymbol{\Delta}\triangleq\begin{bmatrix}\boldsymbol{d}_{1\theta}\boldsymbol{s}_1(1) & \cdots & \boldsymbol{d}_{K\theta}\boldsymbol{s}_K(1) & \boldsymbol{d}_{1\varphi}\boldsymbol{s}_1(1) & \cdots & \boldsymbol{d}_{K\varphi}\boldsymbol{s}_K(1)\\ \vdots & \ddots & \vdots & \vdots & \ddots & \vdots\\ \boldsymbol{d}_{1\theta}\boldsymbol{s}_1(J) & \cdots & \boldsymbol{d}_{K\theta}\boldsymbol{s}_K(J) & \boldsymbol{d}_{1\varphi}\boldsymbol{s}_1(J) & \cdots & \boldsymbol{d}_{K\varphi}\boldsymbol{s}_K(J)\end{bmatrix} \tag{6-41}$$

$$\boldsymbol{G}\triangleq\begin{bmatrix}\boldsymbol{A} & & \boldsymbol{O}\\ & \ddots & \\ \boldsymbol{O} & & \boldsymbol{A}\end{bmatrix} \tag{6-42}$$

$$\boldsymbol{s}\triangleq\begin{bmatrix}\boldsymbol{s}(1)\\ \vdots\\ \boldsymbol{s}(J)\end{bmatrix} \tag{6-43}$$

由式（6-33）、式（6-42）和式（6-43）可以得到$\boldsymbol{\mu}=\boldsymbol{G}\boldsymbol{s}$，并且有

$$\frac{\partial\boldsymbol{\mu}}{\partial\,\boldsymbol{s}_{\mathrm{R}}^{\mathrm{T}}}=\boldsymbol{G} \tag{6-44}$$

$$\frac{\partial\boldsymbol{\mu}}{\partial\,\boldsymbol{s}_{\mathrm{I}}^{\mathrm{T}}}=\mathrm{j}\boldsymbol{G} \tag{6-45}$$

至此，可以得到

$$\frac{\partial\boldsymbol{\mu}}{\partial\boldsymbol{\zeta}^{\mathrm{T}}}=[\boldsymbol{\Delta},\boldsymbol{G},\mathrm{j}\boldsymbol{G},\boldsymbol{O}] \tag{6-46}$$

由式（6-36）和式（6-46），可得

$$2\mathrm{Re}\left\{\frac{\partial\boldsymbol{\mu}^*}{\partial\boldsymbol{\zeta}^{\mathrm{T}}}\boldsymbol{\Gamma}^{-1}\frac{\partial\boldsymbol{\mu}}{\partial\boldsymbol{\zeta}^{\mathrm{T}}}\right\}=\begin{bmatrix}\boldsymbol{J} & \boldsymbol{O}\\ \boldsymbol{O} & \boldsymbol{O}\end{bmatrix} \tag{6-47}$$

式中

$$\boldsymbol{J}=\frac{2}{\sigma_{\mathrm{n}}^{2}}\mathrm{Re}\left\{\begin{bmatrix}\boldsymbol{\Delta}^{\mathrm{H}}\\ \boldsymbol{G}^{\mathrm{H}}\\ -\mathrm{j}\boldsymbol{G}^{\mathrm{H}}\end{bmatrix}\begin{bmatrix}\boldsymbol{\Delta} & \boldsymbol{G} & \mathrm{j}\boldsymbol{G}\end{bmatrix}\right\} \tag{6-48}$$

定义

$$\boldsymbol{D}\triangleq(\boldsymbol{G}^{\mathrm{H}}\boldsymbol{G})^{-1}\boldsymbol{G}^{\mathrm{H}}\boldsymbol{\Delta} \tag{6-49}$$

$$\boldsymbol{F}\triangleq\begin{bmatrix}\boldsymbol{I} & \boldsymbol{O} & \boldsymbol{O}\\ -\boldsymbol{D}_{\mathrm{R}} & \boldsymbol{I} & \boldsymbol{O}\\ -\boldsymbol{D}_{\mathrm{I}} & \boldsymbol{O} & \boldsymbol{I}\end{bmatrix} \tag{6-50}$$

可以得到

$$\begin{bmatrix}\boldsymbol{\Delta} & \boldsymbol{G} & \mathrm{j}\boldsymbol{G}\end{bmatrix}\boldsymbol{F}=\begin{bmatrix}\boldsymbol{\Delta}-\boldsymbol{G}\boldsymbol{D} & \boldsymbol{G} & \mathrm{j}\boldsymbol{G}\end{bmatrix}=\begin{bmatrix}\boldsymbol{\Pi}_{\boldsymbol{G}}^{\perp} & \boldsymbol{G} & \mathrm{j}\boldsymbol{G}\end{bmatrix} \tag{6-51}$$

式中，$\boldsymbol{\Pi}_{\boldsymbol{G}}^{\perp}=\boldsymbol{I}-\boldsymbol{G}(\boldsymbol{G}^{\mathrm{H}}\boldsymbol{G})^{-1}\boldsymbol{G}^{\mathrm{H}}$；$\boldsymbol{G}^{\mathrm{H}}\boldsymbol{\Pi}_{\boldsymbol{G}}^{\perp}=0$。

已经得到

$$\begin{aligned}\boldsymbol{F}^{\mathrm{T}}\boldsymbol{J}\boldsymbol{F}&=\frac{2}{\sigma_{\mathrm{n}}^{2}}\mathrm{Re}\left\{\boldsymbol{F}^{\mathrm{H}}\begin{bmatrix}\boldsymbol{\Delta}^{\mathrm{H}}\\ \boldsymbol{G}^{\mathrm{H}}\\ -\mathrm{j}\boldsymbol{G}^{\mathrm{H}}\end{bmatrix}\begin{bmatrix}\boldsymbol{\Delta} & \boldsymbol{G} & \mathrm{j}\boldsymbol{G}\end{bmatrix}\boldsymbol{F}\right\}\\ &=\frac{2}{\sigma_{\mathrm{n}}^{2}}\mathrm{Re}\left\{\begin{bmatrix}\boldsymbol{\Delta}^{\mathrm{H}}\boldsymbol{\Pi}_{G}^{\perp}\\ \boldsymbol{G}^{\mathrm{H}}\\ -\mathrm{j}\boldsymbol{G}^{\mathrm{H}}\end{bmatrix}\begin{bmatrix}\boldsymbol{\Pi}_{G}^{\perp}\boldsymbol{\Delta} & \boldsymbol{G} & \mathrm{j}\boldsymbol{G}\end{bmatrix}\right\}\\ &=\frac{2}{\sigma_{\mathrm{n}}^{2}}\mathrm{Re}\left\{\begin{bmatrix}\boldsymbol{\Delta}^{\mathrm{H}}\boldsymbol{\Pi}_{G}^{\perp}\boldsymbol{\Delta} & \boldsymbol{O} & \boldsymbol{O}\\ \boldsymbol{O} & \boldsymbol{G}^{\mathrm{H}}\boldsymbol{G} & \mathrm{j}\boldsymbol{G}^{\mathrm{H}}\boldsymbol{G}\\ \boldsymbol{O} & -\mathrm{j}\boldsymbol{G}^{\mathrm{H}}\boldsymbol{G} & \boldsymbol{G}^{\mathrm{H}}\boldsymbol{G}\end{bmatrix}\right\}\end{aligned} \tag{6-52}$$

能够推出

$$\begin{aligned}\boldsymbol{J}^{-1}&=\boldsymbol{F}(\boldsymbol{F}^{\mathrm{T}}\boldsymbol{J}\boldsymbol{F})^{-1}\boldsymbol{F}^{\mathrm{T}}\\ &=\frac{\sigma_{\mathrm{n}}^{2}}{2}\begin{bmatrix}\boldsymbol{I} & \boldsymbol{O} & \boldsymbol{O}\\ -\boldsymbol{D}_{\mathrm{R}} & \boldsymbol{I} & \boldsymbol{O}\\ -\boldsymbol{D}_{\mathrm{I}} & \boldsymbol{O} & \boldsymbol{I}\end{bmatrix}\begin{bmatrix}\mathrm{Re}(\boldsymbol{\Delta}^{\mathrm{H}}\boldsymbol{\Pi}_{G}^{\perp}\boldsymbol{\Delta}) & 0 & 0\\ 0 & \kappa & \kappa\\ 0 & \kappa & \kappa\end{bmatrix}\begin{bmatrix}\boldsymbol{I} & -\boldsymbol{D}_{\mathrm{R}}^{\mathrm{T}} & -\boldsymbol{D}_{\mathrm{I}}^{\mathrm{T}}\\ \boldsymbol{O} & \boldsymbol{I} & \boldsymbol{O}\\ \boldsymbol{O} & \boldsymbol{O} & \boldsymbol{I}\end{bmatrix}\end{aligned} \tag{6-53}$$

$$=\begin{bmatrix}\frac{\sigma_n^2}{2}[\mathrm{Re}(\boldsymbol{\Delta}^{\mathrm{H}}\boldsymbol{\Pi}_G^{\perp}\boldsymbol{\Delta})]^{-1} & \kappa & \kappa \\ \kappa & \kappa & \kappa \\ \kappa & \kappa & \kappa\end{bmatrix}$$

式中，κ 表示与 DOA 估计没有关系的量。

推导 CRB 为

$$\mathrm{CRB}=\frac{\sigma_n^2}{2}[\mathrm{Re}(\boldsymbol{\Delta}^{\mathrm{H}}\boldsymbol{\Pi}_G^{\perp}\boldsymbol{\Delta})]^{-1} \tag{6-54}$$

将式（6-54）化简，得到

$$\mathrm{CRB}=\frac{\sigma_n^2}{2J}\{\mathrm{Re}[\boldsymbol{D}^{\mathrm{H}}\boldsymbol{\Pi}_{\boldsymbol{A}}^{\perp}\boldsymbol{D}\oplus\boldsymbol{P}^{\mathrm{T}}]\}^{-1} \tag{6-55}$$

式中，$\oplus$表示 Hadamard 积；$\boldsymbol{D}=\left[\frac{\partial \boldsymbol{a}_1}{\partial \theta_1},\frac{\partial \boldsymbol{a}_2}{\partial \theta_2},\cdots,\frac{\partial \boldsymbol{a}_K}{\partial \theta_K},\frac{\partial \boldsymbol{a}_1}{\partial \varphi_1},\frac{\partial \boldsymbol{a}_2}{\partial \varphi_2},\cdots,\frac{\partial \boldsymbol{a}_K}{\partial \varphi_K}\right]$，$\boldsymbol{a}_k$ 为 $\boldsymbol{A}$ 矩阵的第 k 列；$\boldsymbol{P}=\begin{bmatrix}\boldsymbol{P}_s & \boldsymbol{P}_s \\ \boldsymbol{P}_s & \boldsymbol{P}_s\end{bmatrix}$；$\boldsymbol{P}_s=\frac{1}{J}\sum_{t=1}^{J}\boldsymbol{s}(t)\boldsymbol{s}^{\mathrm{H}}(t)$；$\boldsymbol{\Pi}_{\boldsymbol{A}}^{\perp}=\boldsymbol{I}-\boldsymbol{A}(\boldsymbol{A}^{\mathrm{H}}\boldsymbol{A})^{-1}\boldsymbol{A}^{\mathrm{H}}$；$\sigma_n^2$表示噪声功率。

6.2.4　仿真结果

定义均方根误差为

$$\mathrm{RMSE}=\frac{1}{K}\sum_{k=1}^{K}\sqrt{\frac{1}{Q}\sum_{q=1}^{Q}\frac{1}{T}\sum_{t=1}^{T}[(\hat{\theta}_{k,q,t}-\theta_{k,q,t})^2+(\hat{\varphi}_{k,q,t}-\varphi_{k,q,t})^2]} \tag{6-56}$$

式中，K 表示信源数；Q 表示蒙特卡罗仿真实验次数，次数取为 1000；T 表示 DOA 跟踪的时间；$\hat{\theta}_{k,q,t}$和$\hat{\varphi}_{k,q,t}$分别表示第 q 次蒙特卡罗仿真实验在 t 时刻，第 k 个信源仰角 $\theta_{k,q,t}$和方位角 $\varphi_{k,q,t}$的估计值。

M 和 N 分别表示 L 型阵列在 x 轴上的阵元数和在 y 轴上的阵元数，阵元间距$d=\lambda/2$。假设信源按直线或曲线运动，方位角和仰角在时间 T 内进行线性变化，在整个跟踪过程中，信源数保持不变。假设跟踪时间 T 为 60s，每隔 1s 跟踪一次。假设快拍数 J 为 100，通过 PAST 算法估计 $\boldsymbol{W}(t)$，进而获得信号子空间。假设遗忘因子β 为 0.97。PAST 算法要设置初始参数 $\boldsymbol{P}(0)$ 和 $\boldsymbol{W}(0)$，如果初始参数设置得不合适，将会影响跟踪初始时刻的精确度，对于跟踪后期的稳定性能没有影响。可设置如下初始参数：$\boldsymbol{P}(0)$ 为 $K\times K$ 维单位矩阵，$\boldsymbol{W}(0)=[\boldsymbol{I}_k,\boldsymbol{O}]$，$\boldsymbol{I}_k$ 为$K\times K$ 维单位矩阵。

仿真 1：图 6-1 和图 6-2 分别为当 SNR = 25dB 时 PAST 算法的 DOA 跟踪性能，阵列参数 $M=16$、$N=16$。由图 6-1、图 6-2 可知，PAST 算法能够有效实现对信源仰角和方位角的跟踪。

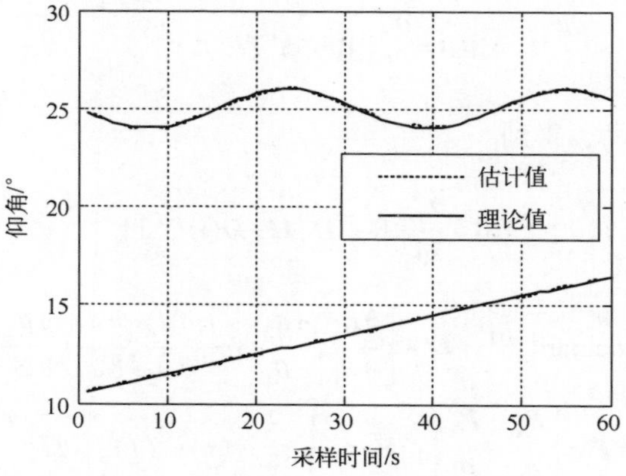

图 6-1　PAST 算法的 DOA 跟踪性能（SNR = 25dB）

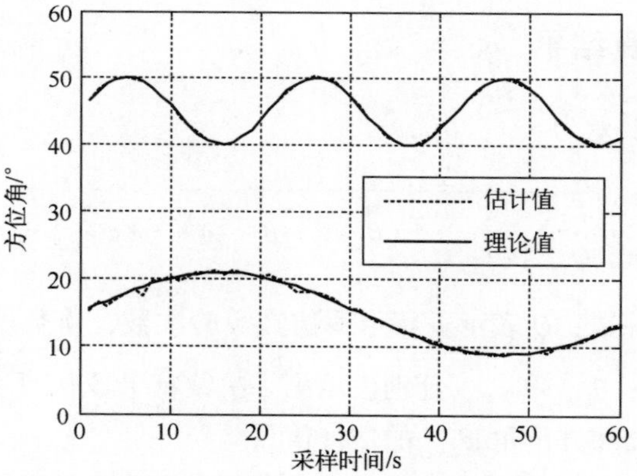

图 6-2　PAST 算法的 DOA 跟踪性能（SNR = 25dB）

图 6-3 为每个信源方位角相对于仰角的变化轨迹。由图 6-3 可知，PAST 算法能够较精确地进行二维 DOA 跟踪。

在 L 型阵列下，基于 PAST 算法的信源二维 DOA 跟踪，可避免为了得到子空间而进行的特征值分解，降低了复杂度，具有误差性能较好、复杂度低等优点。仿真结果表明，PAST 算法在高信噪比情形下，可以有效实现对信源的二维 DOA 跟踪。

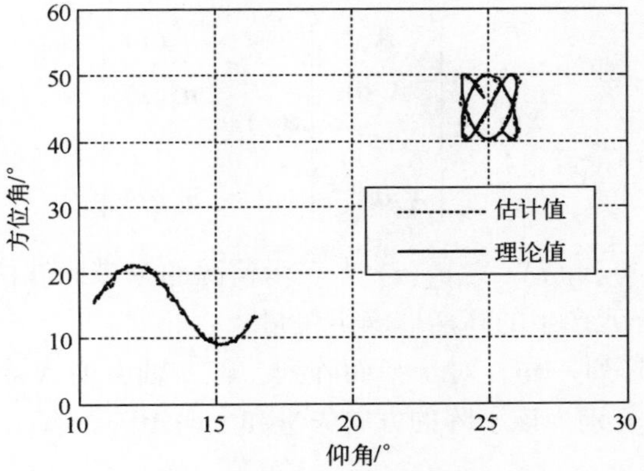

图 6-3　信源方位角相对于仰角的变化轨迹（SNR=25dB）

6.3　平面阵列基于自适应 PARAFAC-RLST 的 DOA 跟踪算法

下面介绍平面阵列基于自适应 PARAFAC-RLST 的 DOA 跟踪算法。传统三阶张量分解的计算量大，不适合在线工作。自适应 PARAFAC 算法可实现将信号的 DOA 估计问题扩展到阵列信号的 DOA 跟踪问题，不仅对信号有良好的跟踪效果，还具有复杂度低、误差性能较好等优点。

6.3.1　数据模型

数据模型采用平面阵列，阵元数为 $M\times N$，阵元间距 $d=\lambda/2$，λ 为信号波长。假设信源数为 K，第 k 个信源信号以 $\theta_k,\varphi_k(k=1,2,\cdots,K)$ 入射到平面阵列上，信源都处在高斯白噪声下，在 t 时刻，考虑在 x 轴上的子阵 1，方向矩阵为

$$\boldsymbol{A}_x=[\boldsymbol{a}_x(\theta_1,\varphi_1),\boldsymbol{a}_x(\theta_2,\varphi_2),\cdots,\boldsymbol{a}_x(\theta_K,\varphi_K)] \tag{6-57}$$

式中，$\boldsymbol{a}_x(\theta_k,\varphi_k)=[1,\mathrm{e}^{\mathrm{j}2\pi d\sin\theta_k\cos\varphi_k/\lambda},\cdots,\mathrm{e}^{\mathrm{j}2\pi(M-1)d\sin\theta_k\cos\varphi_k/\lambda}]^{\mathrm{T}}$。

子阵 $i+1$ 就是子阵 i 在 x 轴上进行偏移后的子阵，子阵 $m(m=2,\cdots,M)$ 的方向矩阵可以表示为

$$\boldsymbol{A}_m=\boldsymbol{A}_x\boldsymbol{\Phi}^{m-1} \tag{6-58}$$

式中，$\boldsymbol{\Phi}=\mathrm{diag}(\mathrm{e}^{\mathrm{j}2\pi d\sin\theta_1\sin\varphi_1/\lambda},\cdots,\mathrm{e}^{\mathrm{j}2\pi d\sin\theta_K\sin\varphi_K/\lambda})$。

平面阵列的接收信号 $\boldsymbol{x}(t)$ 为

$$\boldsymbol{x}(t)=\begin{bmatrix}\boldsymbol{A}_x\\ \boldsymbol{A}_x\boldsymbol{\Phi}\\ \vdots\\ \boldsymbol{A}_x\boldsymbol{\Phi}^{M-1}\end{bmatrix}\boldsymbol{s}(t)+\begin{bmatrix}\boldsymbol{n}_1(t)\\ \boldsymbol{n}_2(t)\\ \vdots\\ \boldsymbol{n}_M(t)\end{bmatrix} \tag{6-59}$$

式中，$\boldsymbol{s}(t)=[\boldsymbol{s}_1(t),\boldsymbol{s}_2(t),\cdots,\boldsymbol{s}_K(t)]^{\mathrm{T}}$ 表示信源的窄带回波信号；$\boldsymbol{n}_i(t)(i=1,2,\cdots,M)$ 表示由阵元产生的高斯白噪声矢量。

与研究 L 型阵列一样，对于平面阵列，将 y 轴上的 N 个阵元看成一个子阵，假设 $\boldsymbol{a}_y$、$\boldsymbol{A}_y$ 分别为该子阵的方向矢量和方向矩阵，有

$$\boldsymbol{a}_y=[1,\exp(\mathrm{j}2\pi d\sin\theta_k\sin\varphi_k/\lambda),\cdots,\exp(\mathrm{j}2\pi d(N-1)\sin\theta_k\sin\varphi_k/\lambda)]^{\mathrm{T}} \tag{6-60}$$

$$\boldsymbol{A}_y=\begin{bmatrix}1 & 1 & \cdots & 1\\ \mathrm{e}^{\mathrm{j}\frac{2\pi}{\lambda}d\sin\theta_1\sin\varphi_1} & \mathrm{e}^{\mathrm{j}\frac{2\pi}{\lambda}d\sin\theta_2\sin\varphi_2} & \cdots & \mathrm{e}^{\mathrm{j}\frac{2\pi}{\lambda}d\sin\theta_K\sin\varphi_K}\\ \vdots & \vdots & \ddots & \vdots\\ \mathrm{e}^{\mathrm{j}\frac{2\pi}{\lambda}(N-1)d\sin\theta_1\sin\varphi_1} & \mathrm{e}^{\mathrm{j}\frac{2\pi}{\lambda}(N-1)d\sin\theta_2\sin\varphi_2} & \cdots & \mathrm{e}^{\mathrm{j}\frac{2\pi}{\lambda}(N-1)d\sin\theta_K\sin\varphi_K}\end{bmatrix} \tag{6-61}$$

平面阵列的接收信号 $\boldsymbol{x}(t)$ 为

$$\begin{aligned}\boldsymbol{x}(t)&=[\boldsymbol{A}_y\odot\boldsymbol{A}_x]\boldsymbol{s}(t)+\boldsymbol{n}(t)\\ &=[\boldsymbol{a}_y(\theta_1,\varphi_1)\otimes\boldsymbol{a}_x(\theta_1,\varphi_1),\cdots,\boldsymbol{a}_y(\theta_K,\varphi_K)\otimes\boldsymbol{a}_x(\theta_K,\varphi_K)]\boldsymbol{s}(t)+\boldsymbol{n}(t)\\ &=\boldsymbol{A}\boldsymbol{s}(t)+\boldsymbol{n}(t)\end{aligned} \tag{6-62}$$

式中，$\odot$表示 Khatri-Rao 积；$\boldsymbol{n}(t)$表示由平面阵列产生的高斯白噪声矢量。

6.3.2 自适应 PARAFAC-RLST 算法

根据 PARAFAC 模型可以将三阶张量$\boldsymbol{\chi}\in\mathbb{C}^{M\times J\times N}$进行 PARAFAC 分解，有

$$\boldsymbol{\chi}=\sum_{k=1}^{K}\boldsymbol{a}_k\cdot\boldsymbol{b}_k\cdot\boldsymbol{c}_k \tag{6-63}$$

式中，$\boldsymbol{a}_k$、$\boldsymbol{b}_k$、$\boldsymbol{c}_k$ 分别为承载矩阵 $\boldsymbol{A}_{\mathrm{T}}\in\mathbb{C}^{M\times K}$、$\boldsymbol{S}\in\mathbb{C}^{J\times K}$、$\boldsymbol{A}_{\mathrm{R}}\in\mathbb{C}^{N\times K}$的第 k 列；· 表

示矢量的外积。将三线性模型应用在平面阵列上，可以得到三个等量关系，即

$$
\begin{aligned}
\boldsymbol{\chi}^{(1)} &= (\boldsymbol{A}_y \odot \boldsymbol{A}_x)\boldsymbol{S}^{\mathrm{T}} \\
\boldsymbol{\chi}^{(2)} &= (\boldsymbol{S} \odot \boldsymbol{A}_y)\boldsymbol{A}_x^{\mathrm{T}} \\
\boldsymbol{\chi}^{(3)} &= (\boldsymbol{A}_x \odot \boldsymbol{S})\boldsymbol{A}_y^{\mathrm{T}}
\end{aligned}
\tag{6-64}
$$

在 t 时刻，平面阵列的接收信号为

$$
\boldsymbol{\chi}^{(1)}(t) \simeq \boldsymbol{A}(t)\boldsymbol{S}^{\mathrm{T}}(t) = (\boldsymbol{A}_y(t) \odot \boldsymbol{A}_x(t))\boldsymbol{S}^{\mathrm{T}}(t) \tag{6-65}
$$

式中，忽略了阵元噪声矢量 $\boldsymbol{n}(t)$。

在 $t+1$ 时刻，有

$$
\begin{aligned}
\boldsymbol{\chi}^{(1)}(t+1) &\simeq \boldsymbol{A}(t+1)\boldsymbol{S}^{\mathrm{T}}(t+1) \\
&= (\boldsymbol{A}_y(t+1) \odot \boldsymbol{A}_x(t+1))\boldsymbol{S}^{\mathrm{T}}(t+1)
\end{aligned}
\tag{6-66}
$$

令 $\boldsymbol{x}(t+1)$ 为附加在 $\boldsymbol{\chi}^{(1)}(t)$ 后的一个新的切片，有

$$
\boldsymbol{\chi}^{(1)}(t+1) = [\boldsymbol{\chi}^{(1)}(t), \boldsymbol{x}(t+1)] \tag{6-67}
$$

考虑平面阵列的方向矩阵 $\boldsymbol{A}$ 在 t 时刻和 $t+1$ 时刻之间的变化缓慢，有 $\boldsymbol{A}(t+1) \simeq \boldsymbol{A}(t)$，可以得到

$$
\boldsymbol{S}^{\mathrm{T}}(t+1) = [\boldsymbol{S}^{\mathrm{T}}(t), \boldsymbol{s}^{\mathrm{T}}(t+1)] \tag{6-68}
$$

式中，$\boldsymbol{s}^{\mathrm{T}}(t+1) = \boldsymbol{A}^{+}(t)\boldsymbol{x}(t+1)$，通过式（6-66）能够取得 $\boldsymbol{A}(t+1)$ 的最小二乘更新 $\boldsymbol{A}(t+1) = \boldsymbol{\chi}^{(1)}(t+1)(\boldsymbol{S}^{\mathrm{T}}(t+1))^{+}$。若给定 $\boldsymbol{A}(t+1)$，则可以取代 $\boldsymbol{A}(t)$，在得到 $\boldsymbol{x}(t+1)$ 的进一步更新后，由 $\boldsymbol{A}(t+1)$ 得到 $\boldsymbol{A}_y(t+1)$ 和 $\boldsymbol{A}_x(t+1)$。

由于观测矩阵 $\boldsymbol{\chi}^{(1)}(t+1)$ 有必要对过去的观测值进行加权，因此必须进行加窗操作。这里选择截断窗口（Truncated Window），在 $t+1$ 时刻，考虑一个 $W(W>K)$ 截断窗口，构造如下矩阵，即

$$
\boldsymbol{\chi}_{\mathrm{TW}}^{(1)}(t+1) = [\boldsymbol{x}(t+2-W), \cdots, \boldsymbol{x}(t), \boldsymbol{x}(t+1)] \tag{6-69}
$$

式中，$\boldsymbol{\chi}_{\mathrm{TW}}^{(1)}(t+1)$ 表示由观测矩阵 $\boldsymbol{\chi}^{(1)}(t+1)$ 后 W 列构成的矩阵，将由 W 个最新切片构成的张量用 $\boldsymbol{\chi}(t+1) \in \mathbb{C}^{M\times W\times N}$ 表示，利用最小二乘准则最小化截断窗口，可以得到 $\chi(t+1)$ 的 PARAFAC 分解，即

$$
\min_{\{\boldsymbol{A}(t+1), \boldsymbol{S}_{\mathrm{TW}}(t+1)\}} \phi^{\mathrm{TW}}(t+1) \tag{6-70}
$$

式中，$\phi^{\mathrm{TW}}(t+1) = \sum_{\tau=1}^{N} \lambda^{W-\tau} \|\boldsymbol{x}(\mu+\tau) - \boldsymbol{A}(t+1)\boldsymbol{s}^{\mathrm{T}}(\mu+\tau)\|^2$；$\lambda$ 表示遗忘因

子；$\mu=t+1-W$；$\boldsymbol{S}_{\mathrm{TW}}(t+1)$由$\boldsymbol{S}(t+1)$的后$W$行构成。

由式（6-69）可以得到加权观察矩阵$\boldsymbol{\chi}_{\mathrm{TW}}(t+1)$，即

$$\boldsymbol{\chi}_{\mathrm{TW}}(t+1)=\boldsymbol{\chi}_{\mathrm{TW}}^{(1)}(t+1)\boldsymbol{\Lambda} \tag{6-71}$$

式中，$\boldsymbol{\Lambda}=\mathrm{diag}([\lambda^{W-1/2},\lambda^{W-2/2},\cdots,\lambda^{1/2},1])$。

更新$\boldsymbol{\chi}_{\mathrm{TW}}^{(1)}(t)$为

$$[\lambda^{W/2}\boldsymbol{x}(t+1-W),\boldsymbol{\chi}_{\mathrm{TW}}(t+1)]=[\lambda^{1/2}\boldsymbol{\chi}_{\mathrm{TW}}(t),\boldsymbol{x}(t+1)] \tag{6-72}$$

通过给定$t+1$时刻窄带回波信号的初始估计值$\boldsymbol{s}(t+1)$，可以实现递归更新$\boldsymbol{A}(t+1)$。$\phi^{\mathrm{TW}}(t+1)$的梯度为$\nabla\phi^{\mathrm{TW}}(t+1)\in\mathbb{C}^{MN\times K}$，有

$$\nabla\phi^{\mathrm{TW}}(t+1)=2\sum_{\tau=1}^{W}\lambda^{W-\tau}(\boldsymbol{x}(\mu+\tau)-\boldsymbol{A}(t+1)\boldsymbol{s}^{\mathrm{T}}(\mu+\tau))\boldsymbol{s}^{*}(\mu+\tau) \tag{6-73}$$

令$\nabla\phi^{\mathrm{TW}}(t+1)=0$，有

$$\boldsymbol{A}(t+1)=\boldsymbol{D}_{\mathrm{TW}}(t+1)\boldsymbol{P}_{\mathrm{TW}}^{-1}(t+1) \tag{6-74}$$

式中，$\boldsymbol{D}_{\mathrm{TW}}(t+1)=\sum_{\tau=1}^{W}\lambda^{W-\tau}\boldsymbol{x}(\mu+\tau)\boldsymbol{s}^{*}(\mu+\tau)$；$\boldsymbol{P}_{\mathrm{TW}}(t+1)=\sum_{\tau=1}^{W}\lambda^{W-\tau}\boldsymbol{s}^{\mathrm{T}}(\mu+\tau)\cdot\boldsymbol{s}^{*}(\mu+\tau)$。

递归更新$\boldsymbol{D}_{\mathrm{TW}}(t+1)$和$\boldsymbol{P}_{\mathrm{TW}}(t+1)$为

$$\boldsymbol{D}_{\mathrm{TW}}(t+1)=\lambda\boldsymbol{D}_{\mathrm{TW}}(t)+\boldsymbol{x}(t+1)\boldsymbol{s}^{*}(t+1)-\lambda^{W}\boldsymbol{x}(\mu)\boldsymbol{s}^{*}(\mu) \tag{6-75}$$

$$\boldsymbol{P}_{\mathrm{TW}}(t+1)=\lambda\boldsymbol{P}_{\mathrm{TW}}(t)+\boldsymbol{s}^{\mathrm{T}}(t+1)\boldsymbol{s}^{*}(t+1)-\lambda^{W}\boldsymbol{s}^{\mathrm{T}}(\mu)\boldsymbol{s}^{*}(\mu) \tag{6-76}$$

假设$\boldsymbol{Q}_{\mathrm{TW}}=\boldsymbol{P}_{\mathrm{TW}}^{-1}$，通过两次矩阵求逆，能够推出

$$\boldsymbol{Q}_{\mathrm{TW}}(t+1)=\widetilde{\boldsymbol{Q}}+\frac{\lambda^{W}\widetilde{\boldsymbol{Q}}\boldsymbol{s}^{\mathrm{T}}(\mu)\boldsymbol{s}^{*}(\mu)\widetilde{\boldsymbol{Q}}}{1-\lambda^{W}\boldsymbol{s}^{*}(\mu)\widetilde{\boldsymbol{Q}}\boldsymbol{s}^{\mathrm{T}}(\mu)} \tag{6-77}$$

式中，

$$\widetilde{\boldsymbol{Q}}=\lambda^{-1}\boldsymbol{Q}_{\mathrm{TW}}(t)-\frac{\lambda^{-2}\boldsymbol{Q}_{\mathrm{TW}}(t)\boldsymbol{s}^{\mathrm{T}}(t+1)\boldsymbol{s}^{*}(t+1)\boldsymbol{Q}_{\mathrm{TW}}(t)}{1+\lambda^{-1}\boldsymbol{s}^{*}(t+1)\boldsymbol{Q}_{\mathrm{TW}}(t)\boldsymbol{s}^{\mathrm{T}}(t+1)} \tag{6-78}$$

通过$\boldsymbol{D}_{\mathrm{TW}}(t+1)$和$\boldsymbol{P}_{\mathrm{TW}}^{-1}(t+1)$，递归更新$\boldsymbol{A}(t+1)$，即

$$\boldsymbol{A}(t+1)=\boldsymbol{D}_{\mathrm{TW}}(t+1)\boldsymbol{P}_{\mathrm{TW}}^{-1}(t+1) \tag{6-79}$$

假设已经给出$t+1$时刻阵列$\boldsymbol{A}(t+1)$的先前估计值，则由等式$\boldsymbol{A}^{+}(t+1)=$

$\boldsymbol{P}(t+1)\boldsymbol{D}^{+}(t+1)$ 能够得到 $\boldsymbol{s}(t+1)$ 的最小二乘估计值，即

$$\boldsymbol{s}^{\mathrm{T}}(t+1)=\boldsymbol{P}_{\mathrm{TW}}(t+1)\boldsymbol{D}_{\mathrm{TW}}^{+}(t+1)\boldsymbol{x}(t+1) \tag{6-80}$$

$\boldsymbol{D}_{\mathrm{TW}}^{+}(t+1)$ 和 $\boldsymbol{P}_{\mathrm{TW}}^{-1}(t+1)$ 的递归更新值分别为

$$\boldsymbol{D}_{\mathrm{TW}}^{+}(t+1)=(\lambda\boldsymbol{D}_{\mathrm{TW}}(t)+\boldsymbol{x}(t+1)\boldsymbol{s}^{*}(t+1)-\lambda^{W}\boldsymbol{x}(t)\boldsymbol{s}^{*}(t))^{+} \tag{6-81}$$

$$\boldsymbol{P}_{\mathrm{TW}}^{-1}(t+1)=(\lambda\boldsymbol{P}_{\mathrm{TW}}(t)+\boldsymbol{s}^{\mathrm{T}}(t+1)\boldsymbol{s}^{*}(t+1)-\lambda^{W}\boldsymbol{s}^{\mathrm{T}}(t)\boldsymbol{s}^{*}(t))^{-1} \tag{6-82}$$

由得到的 $\boldsymbol{A}(t)$ 更新值 $\boldsymbol{A}(t+1)$，可以更新得到 $\boldsymbol{A}_y(t+1)$ 和 $\boldsymbol{A}_x(t+1)$，流程为

for $t=1,2,\cdots,K$

$\boldsymbol{A}_k(t+1)=\mathrm{unvec}([\boldsymbol{A}(t+1)_{:,k},N,M])$

$\boldsymbol{a}_{yk}^{*}(t+1)=\boldsymbol{A}_k^{\mathrm{H}}(t+1)\boldsymbol{a}_y(t)$

$\boldsymbol{a}_{xk}(t+1)=\dfrac{\boldsymbol{A}_k(t+1)\boldsymbol{a}_y(t+1)}{[\![\boldsymbol{A}_k(t+1)\boldsymbol{a}_y(t+1)]\!]}$

end for

其中，unvec 表示矩阵化算子，将 $\boldsymbol{A}(t+1)$ 的第 k 列转换为 $M\times N$ 维矩阵；$\boldsymbol{A}(t+1)_{:,k}$ 表示取矩阵 $\boldsymbol{A}(t+1)$ 的第 k 列；$[\![\boldsymbol{A}_k(t+1)\boldsymbol{a}_y(t+1)]\!]$ 表示取 $\boldsymbol{A}_k(t+1)\boldsymbol{a}_y(t+1)$ 的最大奇异值；$\boldsymbol{a}_{yk}(t+1)$ 表示 $\boldsymbol{A}_y(t+1)$ 的第 k 列；$\boldsymbol{a}_{xk}(t+1)$ 表示 $\boldsymbol{A}_x(t+1)$ 的第 k 列。

通过平面阵列的旋转不变性，可以得到信源二维 DOA。定义

$$\boldsymbol{h}=\mathrm{angle}(\boldsymbol{a}_x(\theta_k,\varphi_k)) \tag{6-83}$$

由 $\boldsymbol{a}_x(\theta_k,\varphi_k)=[1,\mathrm{e}^{\mathrm{j}2\pi d\sin\theta_k\cos\varphi_k/\lambda},\cdots,\mathrm{e}^{\mathrm{j}2\pi(M-1)d\sin\theta_k\cos\varphi_k/\lambda}]^{\mathrm{T}}$ 可以得到

$$\boldsymbol{h}=[0,2\pi d\sin\theta_k\cos\varphi_k/\lambda,\cdots,2\pi(M-1)d\sin\theta_k\cos\varphi_k/\lambda]^{\mathrm{T}} \tag{6-84}$$

将 $\boldsymbol{h}$ 进行最小二乘拟合，可以得到

$$\boldsymbol{P}\boldsymbol{c}_x=\boldsymbol{h} \tag{6-85}$$

式中

$$\boldsymbol{P}=\begin{bmatrix}1 & 0\\ 1 & \pi\\ \vdots & \vdots\\ 1 & (M-1)\pi\end{bmatrix},\quad \boldsymbol{c}_x=\begin{bmatrix}c_{x0}\\ \hat{v}_k\end{bmatrix}$$

$\boldsymbol{c}_x$ 的 LS 解可以表示为

$$\begin{bmatrix} c_{x0} \\ \hat{v}_k \end{bmatrix} = (\boldsymbol{P}^{\mathrm{T}}\boldsymbol{P})^{-1}\boldsymbol{P}^{\mathrm{T}}\boldsymbol{h} \tag{6-86}$$

式中，$\hat{v}_k$ 为阵列矩阵中 $\sin\theta_k\cos\varphi_k$ 的估计值。

同理可对 $\boldsymbol{A}_y$ 的估计值进行运算，得到

$$\boldsymbol{c}_y = [c_{y0}, \hat{u}_k]^{\mathrm{T}} \tag{6-87}$$

式中，$\hat{u}_k$ 为阵列矩阵中 $\sin\theta_k\sin\varphi_k$ 的估计值。

信源二维 DOA 的估计值$\hat{\theta}_k$ 和$\hat{\varphi}_k$ 分别为

$$\hat{\theta}_k = \arcsin(\sqrt{\hat{u}_k^2+\hat{v}_k^2}) \tag{6-88}$$

$$\hat{\varphi}_k = \arctan(\hat{u}_k/\hat{v}_k) \tag{6-89}$$

二维 DOA 跟踪的 PARAFAC-RLST 算法虽然实现了自动配对，但没有与相关信源关联。下面采用文献［23］中介绍的算法对相关信源进行关联。

平面阵列基于 PARAFAC-RLST 算法二维 DOA 跟踪步骤如下。

算法 6.2：二维 DOA 跟踪的 PARAFAC-RLST 算法。

步骤 1：给定算法的初始输入值 $\boldsymbol{D}$、$\boldsymbol{P}$、$\boldsymbol{D}^{+}$、$\boldsymbol{P}^{-1}$。

步骤 2：更新 $\boldsymbol{s}^{\mathrm{T}}(t+1)$ 的估计值。

步骤 3：通过式（6-74）、式（6-75）、式（6-80）及式（6-81）依次递归更新 $\boldsymbol{D}$、$\boldsymbol{P}$、$\boldsymbol{D}^{+}$、$\boldsymbol{P}^{-1}$。

步骤 4：更新 $\boldsymbol{A}(t+1)$，迭代计算 $\boldsymbol{A}_y(t+1)$ 和 $\boldsymbol{A}_x(t+1)$ 的估计值。

步骤 5：通过 LS 拟合求得 $t+1$ 时刻的信源 DOA。

步骤 6：将求出的信源 DOA 与信源关联。

步骤 7：重复上述步骤，跟踪估计下一时刻的信源 DOA。

6.3.3 计算的复杂度和 CRB

PARAFAC-RLST 算法可避免 $t+1$ 时刻复杂度很高的三阶张量分解，降低了复杂度。PARAFAC-RLST 算法的复杂度为 $O(K^2(16MN+72)+K(144MN+10N+20))$。PARAFAC-TALS 算法的复杂度为 $O\{l(JMNK+3K^3+K^2(MN+MJ+NJ+J+M+N))$。其中，$l$ 表示迭代次数。经比较可知，PARAFAC-RLST 算法的

复杂度较低。

在 t 时刻，CRB 为

$$\mathrm{CRB}(t)=\frac{\sigma_{\mathrm{n}}^{2}}{2J}\{\mathrm{Re}[\boldsymbol{D}^{\mathrm{H}}\boldsymbol{\Pi}_{\boldsymbol{A}(t)}^{\perp}\boldsymbol{D}\oplus\boldsymbol{P}^{\mathrm{T}}]\}^{-1} \tag{6-90}$$

式中，$\oplus$表示 Hadamard 积；$\boldsymbol{D}=\left[\frac{\partial \boldsymbol{a}_1}{\partial \theta_1},\frac{\partial \boldsymbol{a}_2}{\partial \theta_2},\cdots,\frac{\partial \boldsymbol{a}_K}{\partial \theta_K},\frac{\partial \boldsymbol{a}_1}{\partial \varphi_1},\frac{\partial \boldsymbol{a}_2}{\partial \varphi_2},\cdots,\frac{\partial \boldsymbol{a}_K}{\partial \varphi_K}\right]$，$\boldsymbol{a}_k$ 为 $\boldsymbol{A}$ 矩阵的第 k 列；$\boldsymbol{P}=\begin{bmatrix}\boldsymbol{P}_{\mathrm{s}} & \boldsymbol{P}_{\mathrm{s}}\\ \boldsymbol{P}_{\mathrm{s}} & \boldsymbol{P}_{\mathrm{s}}\end{bmatrix}$；$\boldsymbol{P}_{\mathrm{s}}=\frac{1}{J}\sum_{t=1}^{J}\boldsymbol{s}(t)\boldsymbol{s}^{\mathrm{H}}(t)$； $\boldsymbol{\Pi}_{\boldsymbol{A}(t)}^{\perp}=\boldsymbol{I}-\boldsymbol{A}(\boldsymbol{A}^{\mathrm{H}}\boldsymbol{A})^{-1}\boldsymbol{A}^{\mathrm{H}}$；$\sigma_{\mathrm{n}}^{2}$表示噪声协方差。

DOA 跟踪过程的平均 CRB 为

$$\mathrm{CRB}=\frac{1}{T}\sum_{t=1}^{T}\mathrm{CRB}(t) \tag{6-91}$$

6.3.4 仿真结果

定义 RMSE 为

$$\mathrm{RMSE}=\frac{1}{K}\sum_{k=1}^{K}\sqrt{\frac{1}{Q}\sum_{q=1}^{Q}\frac{1}{T}\sum_{t=1}^{T}[(\hat{\theta}_{k,q,t}-\theta_{k,q,t})^{2}+(\hat{\varphi}_{k,q,t}-\varphi_{k,q,t})^{2}]} \tag{6-92}$$

式中，K 表示信源数；Q 表示蒙特卡罗仿真实验的次数，次数取 1000；T 表示 DOA 跟踪的时间；$\hat{\theta}_{k,q,t}$和$\hat{\varphi}_{k,q,t}$分别表示第 q 次蒙特卡罗仿真实验在 t 时刻，第 k 个信源仰角 $\theta_{k,q,t}$和方位角 $\varphi_{k,q,t}$的估计值。

M 和 N 分别表示平面阵列在 x 轴上的阵元数和在 y 轴上的阵元数，阵元间距 $d=\lambda/2$，λ 表示信号波长。假设信源按直线或曲线运动，方位角在时间 T 内进行线性变化，在跟踪过程信源的个数保持不变。假设遗忘因子 λ 为 0.97。如果没有特别说明，假设快拍数 J 为 100，在跟踪过程中，观察的切片数$T=40$。

仿真 1：图 6-4 至图 6-6 分别为 SNR = 15dB 时自适应 PARAFAC-RLST 算法的 DOA 跟踪结果，在平面阵列上，在 x 轴上的阵元数和在 y 轴上的阵元数都为 6。由图可知，当信源 DOA 随时间变化时，自适应 PARAFAC-RLST 算法能够有效进行二维 DOA 跟踪。

仿真结果表明，自适应 PARAFAC-RLST 算法通过自适应 PARAFAC 分解实现 DOA 跟踪，对信源有着良好的跟踪效果，具有复杂度低、误差性能较好、二维 DOA 估计可自动配对等优点，适合在线工作。

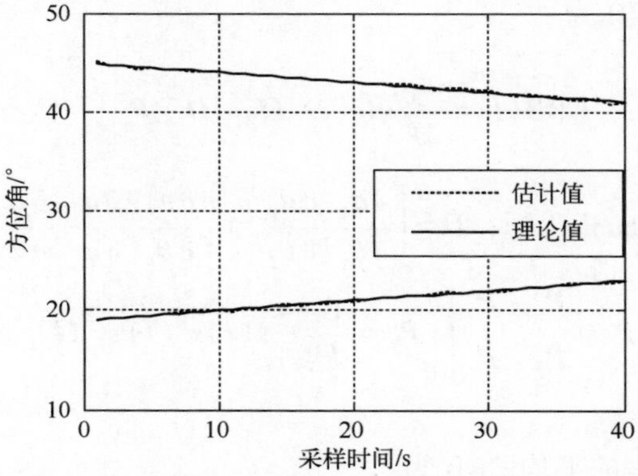

图 6-4　自适应 PARAFAC-RLST 算法的 DOA 跟踪结果（SNR = 15dB，直线运动）

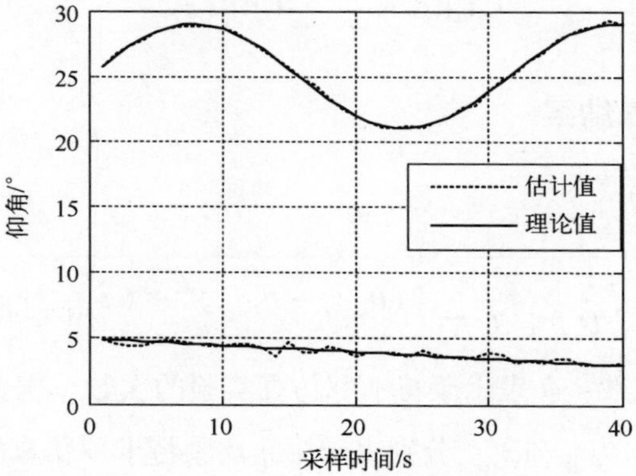

图 6-5　自适应 PARAFAC-RLST 算法的 DOA 跟踪结果
（SNR = 15dB，直线运动和曲线运动）

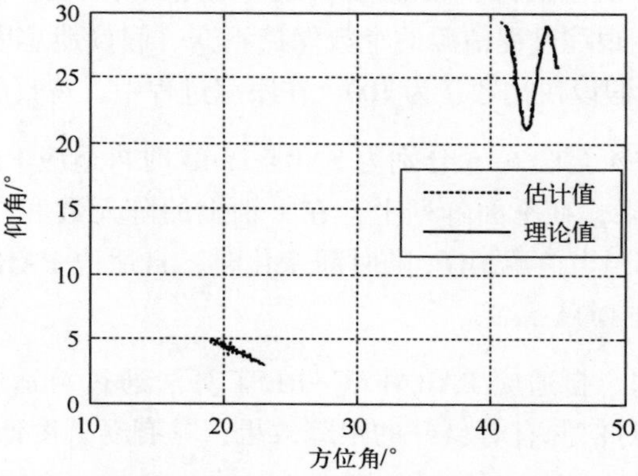

图 6-6　信源方位角相对于仰角的变化轨迹（SNR = 15dB）

6.4 均匀线阵列基于 Kalman 滤波和 OPASTd 的 DOA 跟踪算法

OPASTd 算法通过 Gram-Schmidt 正交法进行初始化操作，可避免 PASTd 算法在迭代更新时的误差累积，确保信号子空间的正交性，加快收敛，同时采用 Kalman 滤波将估计的 DOA 与信源关联。

6.4.1 数据模型

数据模型采用均匀线阵列，阵元数为 M，阵元间距 $d=\lambda/2$，λ 表示信号波长。假设信源数为 K，第 k 个信源信号以 $\theta_k(k=1,2,\cdots,K)$ 入射到均匀线阵列上，且信源都处在高斯白噪声下，则相邻两个阵元的波程差表示为

$$\beta_k=2\pi d\sin\theta_k/\lambda \tag{6-93}$$

均匀线阵列的方向矢量用矩阵形式表示为

$$\boldsymbol{a}(\theta_k)=[1,\exp(\mathrm{j}2\pi d\sin\theta_k/\lambda),\cdots,\exp(\mathrm{j}2\pi d(M-1)\sin\theta_k/\lambda)]^{\mathrm{T}} \tag{6-94}$$

定义 $\boldsymbol{A}$ 为均匀线阵列的方向矩阵，表示为

$$\begin{aligned}\boldsymbol{A}&=[\boldsymbol{a}(\theta_1),\boldsymbol{a}(\theta_2),\cdots,\boldsymbol{a}(\theta_K)]\\&=\begin{bmatrix}1&1&\cdots&1\\ \mathrm{e}^{\mathrm{j}\frac{2\pi}{\lambda}d\sin\theta_1}&\mathrm{e}^{\mathrm{j}\frac{2\pi}{\lambda}d\sin\theta_2}&\cdots&\mathrm{e}^{\mathrm{j}\frac{2\pi}{\lambda}d\sin\theta_K}\\ \vdots&\vdots&\ddots&\vdots\\ \mathrm{e}^{\mathrm{j}\frac{2\pi}{\lambda}(M-1)d\sin\theta_1}&\mathrm{e}^{\mathrm{j}\frac{2\pi}{\lambda}(M-1)d\sin\theta_2}&\cdots&\mathrm{e}^{\mathrm{j}\frac{2\pi}{\lambda}(M-1)d\sin\theta_K}\end{bmatrix}\end{aligned} \tag{6-95}$$

均匀线阵列的接收信号 $\boldsymbol{x}(t)$ 表示为

$$\boldsymbol{x}(t)=\boldsymbol{A}\boldsymbol{s}(t)+\boldsymbol{n}(t) \tag{6-96}$$

式中，$\boldsymbol{n}(t)$ 表示在 t 时刻的噪声矢量。

6.4.2 Kalman 滤波和 OPASTd 算法

类似 PASTd 算法，定义无约束目标函数为

$$
\begin{aligned}
J(\boldsymbol{W}(t)) &= \sum_{i=1}^{t} \beta^{t-i} \| \boldsymbol{X}(i) - \boldsymbol{W}(t)\boldsymbol{W}^{\mathrm{H}}(t)\boldsymbol{X}(i) \|^2 \\
&= \mathrm{tr}(\boldsymbol{C}(t)) - 2\mathrm{tr}(\boldsymbol{W}^{\mathrm{H}}(t)\boldsymbol{C}(t)\boldsymbol{W}(t)) + \\
&\quad \mathrm{tr}(\boldsymbol{W}^{\mathrm{H}}(t)\boldsymbol{C}(t)\boldsymbol{W}(t)\boldsymbol{W}^{\mathrm{H}}(t)\boldsymbol{W}(t))
\end{aligned} \tag{6-97}
$$

式中，$0<\beta\leqslant 1$ 为遗忘因子；$\boldsymbol{W}(t)\in\mathbb{C}^{M\times K}$。

信源协方差矩阵 $\boldsymbol{C}(t)$ 为

$$
\boldsymbol{C}(t) = \sum_{i=1}^{t} \beta^{t-i}\boldsymbol{x}(i)\boldsymbol{x}^{\mathrm{H}}(i) = \beta\boldsymbol{C}(t-1) + \boldsymbol{x}(t)\boldsymbol{x}^{\mathrm{H}}(t) \tag{6-98}
$$

当式（6-97）逼近全局最小值时，$\boldsymbol{W}(t)$ 逼近 $\boldsymbol{r}(i)$ 信号子空间的特征矢量。PASTd 算法由于在设置初始值 $\boldsymbol{W}(0)$ 时没有进行正交化操作，因此收敛慢。PASTd 算法采用压缩技术降低了复杂度，相比 PAST 算法，正交性更弱。PAST 算法和 PASTd 算法在迭代更新 $\boldsymbol{W}(t)$ 时会累积误差，再次破坏了 $\boldsymbol{W}(t)$ 的正交性。

为了解决上面提到的问题，保证 $\boldsymbol{W}(t)$ 的正交性，下面将采用 Gram-Schmidt 正交法，正交化均匀线阵列方向矩阵中每一列的预测矢量来构成 $\boldsymbol{W}(t)$ 的初始值，并将其中的列矢量 $\boldsymbol{w}_k(t)$ 代入 PASTd 算法中进行计算，可避免在迭代更新时的误差累积，被称为 OPASTd 算法，流程如下：

适当选择 $\lambda_k(0)$ 以及正交化后的 $\boldsymbol{W}(0)$。

for $t=1:J$

  $\boldsymbol{x}_1(t)=\boldsymbol{X}(t)$;

  for $k=1:K$

    $\boldsymbol{y}_k(t)=\boldsymbol{W}_k^{\mathrm{H}}(t-1)\boldsymbol{x}_k(t)$;

    $\lambda_k(t)=\beta\lambda_k^{\mathrm{H}}(t-1)+|\boldsymbol{y}_k(t)|^2$;

    $\boldsymbol{W}_k(t)=\boldsymbol{W}_k(t-1)+(\boldsymbol{x}_k(t)-\boldsymbol{W}_k(1-t)\boldsymbol{y}_k(t))(\boldsymbol{y}_k^{\mathrm{H}}(t)/\lambda_k(t))$;

    sum $=0$;

   if $k\geqslant 2$

    for $j=1:k-1$

      sum $=$ sum $+(\boldsymbol{W}_j^{\mathrm{H}}(t)\boldsymbol{W}_k(t))\boldsymbol{W}_j(t)$;

    end for

   end if

$\boldsymbol{W}_k^*(t)=\boldsymbol{W}_k(t)-\text{sum}$;

$\boldsymbol{W}_k^o(t)=\boldsymbol{W}_k^*(t)/\|\boldsymbol{W}_k^*(t)\|$;

$\boldsymbol{W}_k(t)=\boldsymbol{W}_k^o(t)$;

$\boldsymbol{x}_{k+1}(t)=\boldsymbol{x}_k(t)-\boldsymbol{W}_k(t)\boldsymbol{y}_k(t)$;

end for

end for

Kalman 滤波可以用于 DOA 估计与信源的关联，实现更好的 DOA 跟踪性能。Kalman 滤波算法的流程如图 6-7 所示。

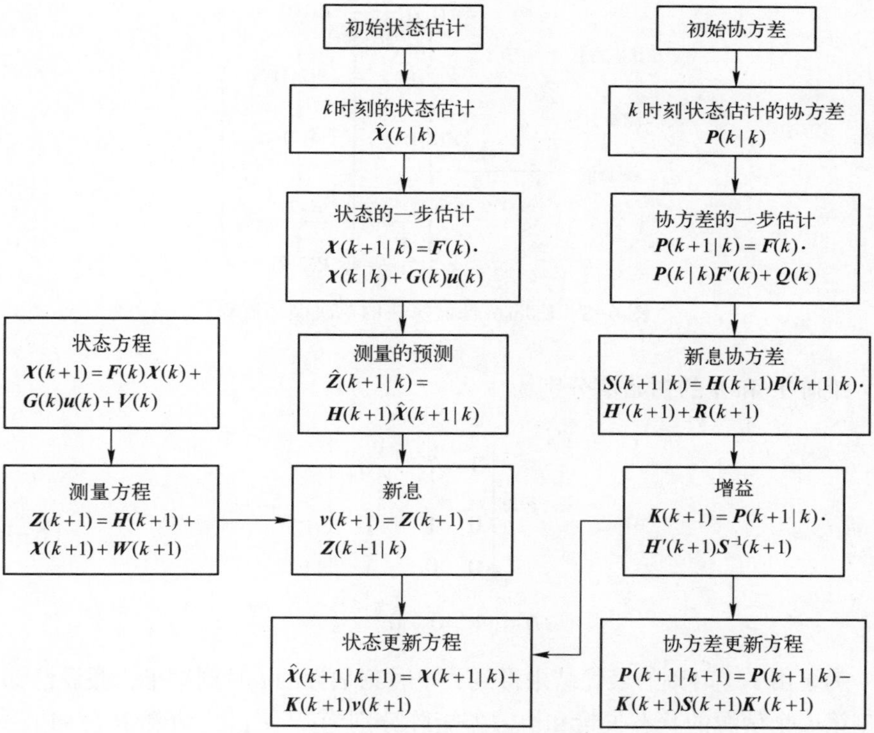

图 6-7　Kalman 滤波算法的流程

Kalman 滤波算法的单次循环流程如图 6-8 所示。

对第 k 个信源的 DOA 进行滤波需要建立两个重要方程，即

$$
\begin{aligned}
z_k(t) &= \boldsymbol{h}\boldsymbol{y}_k(t)+\boldsymbol{e}(t) \\
\boldsymbol{y}_k(t+1) &= \boldsymbol{F}\boldsymbol{y}_k(t)+\boldsymbol{c}(t)
\end{aligned}
\tag{6-99}
$$

式中，$\boldsymbol{y}_k(t)=[\theta_k(t),\dot{\theta}_k(t),\ddot{\theta}_k(t)]$表示状态矢量；$\theta_k(t)$表示第 k 个信源的 DOA；$\dot{\theta}_k(t)$表示第 k 个信源 DOA 改变的速度，假设$\dot{\theta}_k(t)=\theta_k(t+1)-\theta_k(t)$；$\ddot{\theta}_k(t)$表示第 k 个信源 DOA 改变的加速度，假设为 0；$\boldsymbol{c}(t)$为过程噪声矢量，协方差矩阵为$\boldsymbol{Q}_k(t)$；$\boldsymbol{e}(t)$为测量噪声矢量，协方差矩阵为$\sigma_{zk}^2(t)\boldsymbol{I}$，两者均值都为 0；$\boldsymbol{F}$ 表示状态转移矩阵；$\boldsymbol{h}$ 表示测量矩阵。

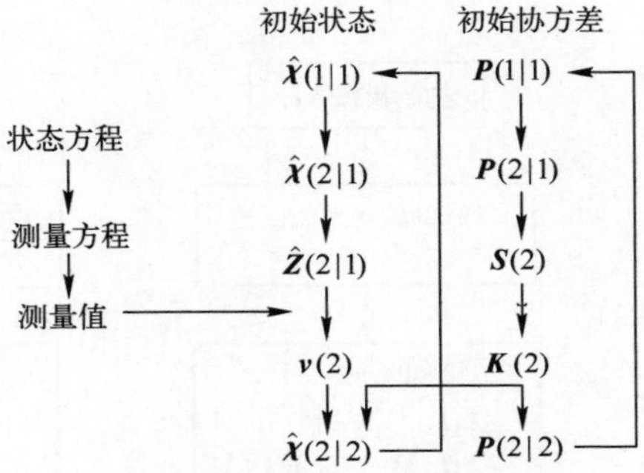

图 6-8　Kalman 滤波算法的单次循环流程

矩阵 $\boldsymbol{F}$ 和 $\boldsymbol{h}$ 的初始值分别为

$$
\boldsymbol{F}=\begin{bmatrix} 1 & T & \frac{1}{2}T^2 \\ 0 & 1 & T \\ 0 & 0 & 1 \end{bmatrix}
\tag{6-100}
$$

$$
\boldsymbol{h}=[1\quad 0\quad 0]
$$

为了由 $t-1$ 时刻的最优结果得到 $t-1$ 时刻估计的 t 时刻结果，假设已知 $t-1$ 时刻第 k 个信源的状态矢量和协方差矩阵分别为$\hat{\boldsymbol{y}}_k(t-1|t-1)$和 $\boldsymbol{P}_k(t-1|t-1)$，且都是由 $t-1$ 时刻得到的最终结果，通过下面的 Kalman 滤波方程可以推出估计值$\hat{\boldsymbol{y}}_k(t|t-1)$和 $\boldsymbol{P}_k(t|t-1)$，即

$$
\hat{\boldsymbol{y}}_k(t|t-1)=\boldsymbol{F}\hat{\boldsymbol{y}}_k(t-1|t-1) \tag{6-101}
$$

$$
\boldsymbol{P}_k(t|t-1)=\boldsymbol{F}\boldsymbol{P}_k(t-1|t-1)\boldsymbol{F}^{\mathrm{H}}+\boldsymbol{Q}_k(t) \tag{6-102}
$$

式中，$\hat{\boldsymbol{y}}_k(t|t-1)$ 和 $\boldsymbol{P}_k(t|t-1)$ 分别表示在 $t-1$ 时刻估计的 t 时刻状态矢量和协方差矩阵；$\hat{\boldsymbol{y}}_k(t|t-1)$ 的第一个元素就是在 $t-1$ 时刻估计的 t 时刻信源的仰角$\hat{\theta}_k(t|t-1)$，通过$\hat{\theta}_k(t|t-1)$可以初始化 $\boldsymbol{W}(0)=[\boldsymbol{w}_1(0),\cdots,\boldsymbol{w}_K(0)]$。假设$\hat{\boldsymbol{A}}$为$\hat{\theta}_k(t|t-1)$的方向矩阵，则有

$$\hat{\boldsymbol{A}}=[\hat{\boldsymbol{a}}_1(t|t-1),\hat{\boldsymbol{a}}_2(t|t-1),\cdots,\hat{\boldsymbol{a}}_K(t|t-1)] \tag{6-103}$$

式中，$\hat{\boldsymbol{a}}_k(t|t-1)=\exp(\mathrm{j}2\pi d\sin\hat{\theta}_k(t|t-1)/\lambda)$，为$\hat{\boldsymbol{y}}_k(t|t-1)$的第一行元素，表示估计方向矢量。

通过 Gram-Schmidt 正交法正交化$\hat{\boldsymbol{A}}$的每一列，可得到

$$\boldsymbol{W}(0)=[\boldsymbol{w}'_1(0),\cdots,\boldsymbol{w}'_K(0)] \tag{6-104}$$

式中，$\boldsymbol{w}'_k(0)$表示已进行正交化的列矢量。

在时间 T 内，通过 J 次快拍可以推出 $\boldsymbol{W}(J)=[\boldsymbol{w}_1(J),\cdots,\boldsymbol{w}_K(J)]$，并从 $k=2$ 开始迭代。定义 $\boldsymbol{W}$ 的正交投影矩阵为 $\boldsymbol{Q}_W^{\perp}$，有

$$\boldsymbol{Q}_W^{\perp}=\boldsymbol{I}_{MN}-\boldsymbol{W}(\boldsymbol{W}^{\mathrm{H}}\boldsymbol{W})^{-1}\boldsymbol{W}^{\mathrm{H}} \tag{6-105}$$

第 k 个信源在 t 时刻的角度更新 $\Delta\theta_k(t)$ 为

$$\Delta\theta_k(t)=\mathrm{Re}(\boldsymbol{\alpha}_k^{\mathrm{H}}(t)\boldsymbol{\beta}_k(t)/(\boldsymbol{\alpha}_k^{\mathrm{H}}(t)\boldsymbol{\alpha}_k(t))) \tag{6-106}$$

式中，$\boldsymbol{\alpha}_k(t)=\boldsymbol{Q}_W^{\perp}(t)\,\mathrm{d}\hat{\boldsymbol{a}}_k(t|t-1)/\mathrm{d}\theta$；$\boldsymbol{\beta}_k(t)=-\boldsymbol{Q}_W^{\perp}(t)\hat{\boldsymbol{a}}_k(t|t-1)$。第 k 个信源在 t 时刻的 DOA 为 $\theta_k(t)$，即

$$\theta_k(t)=\hat{\theta}_k(t|t-1)+\Delta\theta_k(t) \tag{6-107}$$

为了实现在信源跟踪时间 T 内对 DOA 进行跟踪，需要进一步得到 $t+1$ 时刻及以后时刻信源的 DOA，可以通过如下方程更新 t 时刻的$\hat{\boldsymbol{y}}_k(t|t)$和 $\boldsymbol{P}_k(t|t)$，代入式（6-101）和式（6-102），重复上述计算流程，有

$$\hat{\boldsymbol{y}}_k(t|t)=\hat{\boldsymbol{y}}_k(t|t-1)+\boldsymbol{G}_k(t)\Delta\theta_k(t) \tag{6-108}$$

$$\boldsymbol{P}_k(t|t)=[\boldsymbol{I}_3-\boldsymbol{G}_k(t)\boldsymbol{h}]\boldsymbol{P}_k(t|t-1) \tag{6-109}$$

式中，$\boldsymbol{G}_k(t)=\boldsymbol{P}_k(t|t-1)\boldsymbol{h}^{\mathrm{T}}[\boldsymbol{h}\boldsymbol{P}_k(t|t-1)\boldsymbol{h}^{\mathrm{T}}+\sigma_{zk}^2(t)]^{-1}$；$\boldsymbol{I}_3$ 为 3×3 维单位矩阵。

下面给出 Kalman 滤波算法的信源 DOA 跟踪步骤。

算法 6.3：DOA 跟踪的 Kalman 滤波算法。

步骤 1：设置 Kalman 滤波需要的初始值 $\boldsymbol{F}$、$\boldsymbol{P}$ 和 $\boldsymbol{Q}$，并初始化 $\boldsymbol{W}$。

步骤 2：设置 OPASTd 算法的初始值，通过迭代计算，得到 $\boldsymbol{W}$ 的正交投影矩阵 $\boldsymbol{Q}_W^{\perp}$。

步骤 3：由式（6-106）得到 $\Delta\theta_k(t)$，进一步得到 t 时刻的 $\theta_k(t)$。

步骤 4：由式（6-108）和式（6-109）得到 t 时刻的估计状态矢量 $\hat{\boldsymbol{y}}_k(t|t)$ 和协方差矩阵 $\boldsymbol{P}_k(t|t)$。

步骤 5：由式（6-101）和式（6-102）推出在 t 时刻估计 $t+1$ 时刻的 $\hat{\boldsymbol{y}}_k(t+1|t)$ 和 $\boldsymbol{P}_k(t+1|t)$。

步骤 6：重复上述步骤，完成 $t+1$ 时刻信源的 DOA 估计，进而完成在跟踪时间 T 内对信源的 DOA 跟踪。

6.4.3 复杂度和 CRB

PAST 算法在线阵列下每次更新子空间的复杂度均为 $O(3MK+K^2)$。PASTd 算法与 PAST 算法相比，复杂度更低，为 $O(4MK+K)$。PAST 算法和 PASTd 算法都不能保证子空间的正交性，导致收敛慢。OPASTd 算法采用 Gram-Schmidt 正交法保证子空间的正交性，复杂度为 $O(4MK+MK^2+K)$，相比前面两个算法，虽然复杂度更高，但是性能得到了改善。

在 t 时刻，CRB 为

$$\mathrm{CRB}(t)=\frac{\sigma_{\mathrm{n}}^2}{2J}\{\mathrm{Re}[\boldsymbol{D}^{\mathrm{H}}\boldsymbol{\Pi}_{\boldsymbol{A}(t)}^{\perp}\boldsymbol{D}\oplus\boldsymbol{P}^{\mathrm{T}}]\}^{-1} \tag{6-110}$$

式中，$\oplus$表示 Hadamard 积；$\boldsymbol{D}=\left[\frac{\partial \boldsymbol{a}_1}{\partial\theta_1},\frac{\partial \boldsymbol{a}_2}{\partial\theta_2},\cdots,\frac{\partial \boldsymbol{a}_K}{\partial\theta_K}\right]$，$\boldsymbol{a}_k$ 为 $\boldsymbol{A}$ 矩阵的第 k 列；$\boldsymbol{P}=\begin{bmatrix}\boldsymbol{P}_{\mathrm{s}} & \boldsymbol{P}_{\mathrm{s}}\\ \boldsymbol{P}_{\mathrm{s}} & \boldsymbol{P}_{\mathrm{s}}\end{bmatrix}$，$\boldsymbol{P}_{\mathrm{s}}=\frac{1}{J}\sum_{t=1}^{J}\boldsymbol{s}(t)\boldsymbol{s}^{\mathrm{H}}(t)$；$\boldsymbol{\Pi}_{\boldsymbol{A}(t)}^{\perp}=\boldsymbol{I}-\boldsymbol{A}(\boldsymbol{A}^{\mathrm{H}}\boldsymbol{A})^{-1}\boldsymbol{A}^{\mathrm{H}}$；$\sigma_{\mathrm{n}}^2$表示噪声协方差。

DOA 跟踪过程的平均 CRB 为

$$\mathrm{CRB}=\frac{1}{T}\sum_{t=1}^{T}\mathrm{CRB}(t) \tag{6-111}$$

6.4.4 仿真结果

定义均方根误差为

$$\mathrm{RMSE}=\frac{1}{K}\sum_{k=1}^{K}\sqrt{\frac{1}{Q}\sum_{q=1}^{Q}\frac{1}{T}\sum_{t=1}^{T}[(\hat{\theta}_{k,q,t}-\theta_{k,q,t})^2]} \tag{6-112}$$

式中，K 表示信源数；Q 表示蒙特卡罗仿真实验次数，仿真实验次数取为 1000；T 表示 DOA 跟踪时间；$\hat{\theta}_{k,q,t}$ 表示第 q 次蒙特卡罗仿真实验在 t 时刻，第 k 个信源仰角 $\theta_{k,q,t}$ 的估计值。

M 表示均匀线阵列的阵元数，阵元间距 $d=\lambda/2$，λ 表示信号波长。假设信源按直线或曲线运动，信源 DOA 在时间 T 内进行线性变化，在整个 DOA 跟踪过程中，信源数保持不变。DOA 跟踪时间 T 假设为 40s，遗忘因子 $\beta=0.99$。每隔 1s 跟踪一次，在 1s 内的快拍数 J 假设为 50。

在算法开始前，初始化 Kalman 滤波需要之前时刻的估计值 $\hat{\theta}_k(-1)$ 和 $\hat{\theta}_k(0)$，可以得到 $\hat{\boldsymbol{y}}_k(0|0)=[\hat{\theta}_k(0|0),\hat{\dot{\theta}}_k(0|0),\hat{\ddot{\theta}}_k(0|0)]$。其中，$\hat{\theta}_k(0|0)=\hat{\theta}_k(0)$，$\hat{\dot{\theta}}_k(0|0)=[\hat{\theta}_k(0)-\hat{\theta}_k(-1)]/T$，$\hat{\ddot{\theta}}_k(0|0)=0$。

定义

$$\boldsymbol{P}_k(0|0)=\begin{bmatrix}1 & 1/T & 0\\ 1/T & 2/T^2 & 0\\ 0 & 0 & 0\end{bmatrix}\sigma_{ck}^2(0) \tag{6-113}$$

$$\boldsymbol{Q}_k=\begin{bmatrix}T^4/4 & T^3/2 & T^2/2\\ T^3/2 & T^2 & T\\ T^2/2 & T & 1\end{bmatrix}\sigma_{ek}^2(0) \tag{6-114}$$

式中，$\sigma_{c1}^2(0)=\sigma_{c2}^2(0)=\sigma_{c3}^2(0)=0.1$；$\sigma_{e1}^2(0)=\sigma_{e2}^2(0)=0.0001$；$\sigma_{e3}^2(0)=0.02$。

仿真 1：图 6-9 至图 6-11 分别为在 SNR = 10dB 时，基于 Kalman 滤波和 OPASTd 算法的 DOA 跟踪结果，阵列参数 $M=8$。由图可知，基于 Kalman 滤波和 OPASTd 算法能够有效对信源的 DOA 进行跟踪。图 6-10、图 6-11 还显示了在一些复杂情形下，如在信源 DOA 轨迹交叉时，基于 Kalman 滤波和 OPASTd 算法仍然能够对信源的 DOA 进行有效跟踪。

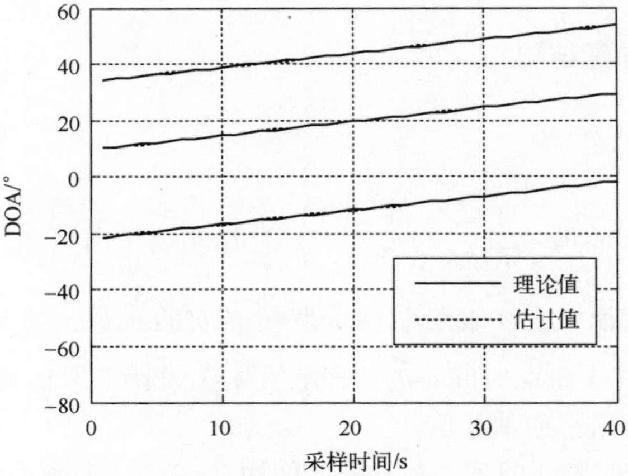

图 6-9　基于 Kalman 滤波和 OPASTd 算法的 DOA 跟踪结果（SNR = 10dB，直线运动）

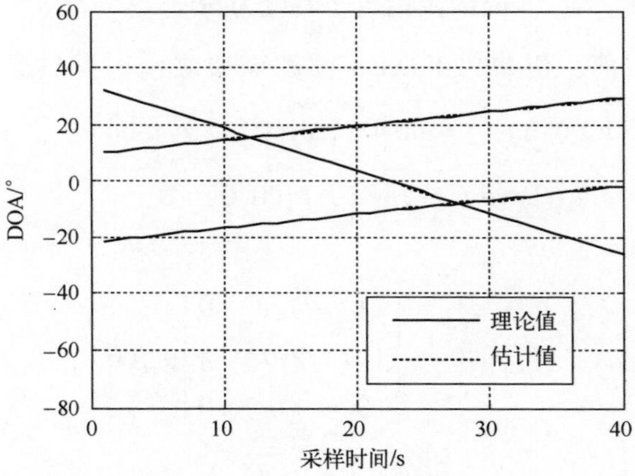

图 6-10　基于 Kalman 滤波和 OPASTd 算法的 DOA 跟踪结果（SNR = 10dB，直线运动有交叉）

均匀线阵列的基于 Kalman 滤波和 OPASTd 算法的信源一维 DOA 跟踪，通过 Gram-Schmidt 正交法进行初始化操作，大幅减少了 PASTd 算法在迭代更新时的误差累积，改善了正交性，加快了收敛速度，具有误差小、精度高等优势，同时采用 Kalman 滤波可以将估计的 DOA 与信源关联。仿真结果表明，基于 Kalman 滤波和 OPASTd 算法的 DOA 跟踪性能接近线阵列 CRB，优于 PASTd 算法，能够精确实现在线阵列下对信源的 DOA 进行跟踪。

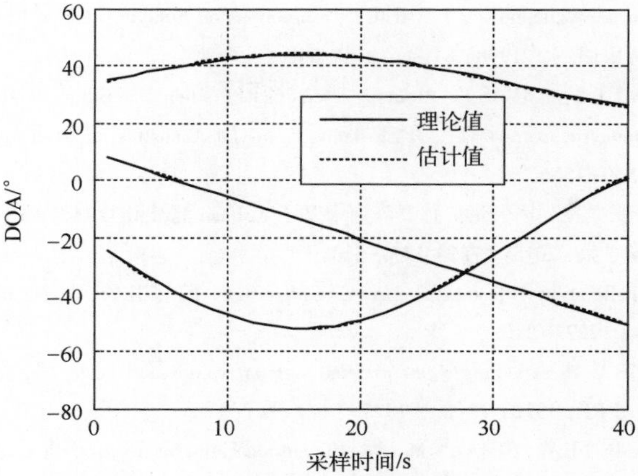

图 6-11　基于 Kalman 滤波和 OPASTd 算法的 DOA 跟踪结果
（SNR = 10dB，直线运动和曲线运动且有交叉）

6.5　本章小结

（1）介绍了 L 型阵列基于 PAST 的二维 DOA 跟踪算法。该算法相比传统的信源 DOA 估计，复杂度更低，且可实现信源二维 DOA 的自动配对。仿真结果显示，在高信噪比情况下，该算法的跟踪性能良好。

（2）介绍了平面阵列基于自适应 PARAFAC-RLST 的二维 DOA 跟踪算法。该算法采用递归最小二乘跟踪的 PARAFAC 算法实现了将 DOA 估计推广到阵列信号，不仅对信源有良好的 DOA 跟踪效果，还具有复杂度低、误差性能较好等优点。

（3）介绍了均匀线阵列基于 Kalman+OPASTd 的 DOA 跟踪算法。该算法利用 Gram-Schmidt 正交法避免了在迭代更新时的误差累积，可确保信号子空间的正交性，同时采用 Kalman 滤波将估计的 DOA 与信源关联。仿真结果表明，该算法的 DOA 跟踪性能优于 PASTd 算法，能够精确实现阵列信号的 DOA 跟踪。部分相应成果见文献［25-32］。

参考文献

［1］ KAGIWADA H，OHMORI H，SANO A. A recursive algorithm for tracking DOA' s of multiple moving targets by using linear approximations [J]. IEICE Transactions on Fundamentals of Electronics, Communications and Computer sciences, 1998, 81(4): 639-648.

[2] YANG X, SARKAR T K, ARVAS E. A survey of conjugate gradient algorithms for solution of extreme eigen-problems of a symmetric matrix [J]. IEEE Transactions on Acoustics, Speech, and Signal Processing, 1989, 37(10): 1550-1556.

[3] 陈未央，张小飞，张立岑. 声矢量传感器阵列中基于 Kalman 滤波和 OPASTd 的 DOA 跟踪算法 [J]. 南京航空航天大学学报，2015，47(3)：377-383.

[4] STROBACH P. Bi-iteration SVD subspace tracking algorithms [J]. IEEE Transactions on Signal Processing, 1997, 45(5): 1222-1240.

[5] COMON P, GOLUB G H. Tracking a few extreme singular values and vectors in signal processing [J]. Proceedings of the IEEE, 1990, 78(8): 1327-1343.

[6] SASTRY C R, KAMEN E W, SIMAAN M. An efficient algorithm for tracking the angles of arrival of moving targets [J]. IEEE Transactions on Signal Processing, 1991, 39(1): 242-246.

[7] YAN H, FAN H H. Signal-selective DOA tracking for wideband cyclostationary sources [J]. IEEE Transactions on Signal Processing, 2007, 55(5): 2007-2015.

[8] ZHANG H, REN G L, ZHANG H N, et al. An improved OPAST algorithm for spatio-temporal multiuser detection technique based on subspace tracking [C]//The Ninth International Conference on Communications Systems. Singapore: IEEE, 2004.

[9] NION D, SIDIROPOULOS N D. Adaptive algorithms to track the PARAFAC decomposition of a third-order tensor [J]. IEEE Transactions on Signal Processing, 2009, 57(6): 2299-2310.

[10] 张小飞，张弓，李建峰，等. MIMO 雷达目标定位 [M]. 北京：国防工业出版社，2014.

[11] CHONAVEL T, CHAMPAGNE B, RIOU C. Fast adaptive eigenvalue decomposition: a maximum likelihood approach [J]. Signal Processing, 2003, 83(2): 307-324.

[12] YU K B. Recursive updating the eigenvalue decomposition of a covariance matrix [J]. IEEE Transactions on Signal Processing, 1991, 39(5): 1136-1145.

[13] YANG B. Projection approximation subspace tracking [J]. IEEE Transactions on Signal Processing, 1995, 43(1): 95-107.

[14] RYU C S, LEE S H, LEE K K. Multiple target angle tracking algorithm using angular innovations extracted from signal subspace [J]. Electronics Letters, 1999, 35(18): 1520-1522.

[15] LO K W, LI C K. An improved multiple target angle tracking algorithm [J]. IEEE Transactions on Aerospace and Electronic Systems, 1992, 28(3): 797-805.

[16] CHEN Y H, KUO P L, LI G J. A new multi-target angle tracking algorithm for antenna array [C]//IEEE Antennas and Propagation Society International Symposium. Montreal, Quebec: IEEE, 1997.

[17] KIM J S, KIM H S, Park M H, et al. Coherent Multiple Target Angle-Tracking Algorithm [J]. The Journal of the Acoustical Society of Korea, 2005, 24(4): 230-237.

[18] BAR-SHALOM Y. Tracking methods in a multitarget environment [J]. IEEE Transactions on Automatic Control, 1978, 23(4): 618-626.

[19] 王欢，孙进平，付锦斌，等. 角度信息辅助的集中式多传感器多假设跟踪算法 [J]. 电子与信息学报，2015，37(1)：56-62.

[20] JADBABAIE A, LIN J, MORSE A S. Coordination of groups of mobile autonomous agents using nearest neighbor rules [J]. IEEE Transactions on Automatic Control, 2003, 48(6): 988-1001.

[21] 赵莹，高隽，汪荣贵，等．一种新的广义最近邻方法研究 [J]．电子学报，2004，32(S1)：196-198.

[22] INDYK P, MOTWANI R. Approximate nearest neighbors: towards removing the curse of dimensionality [C]//Proceedings of the Thirtieth Annual ACM Symposium on Theory of Computing. New York: ACM, 1998.

[23] RAO C R, ZHANG L, ZHAO L C. Multitarget angle tracking an algorithm for data association [J]. IEEE Transactions on Signal Processing, 1994, 42(2): 459-462.

[24] RAO B D, HARI K V S. Performance analysis of ESPRIT and TAM in determining the direction of arrival of plane waves in noise [J]. IEEE Transactions on Acoustics, Speech, and Signal Processing, 1989, 37(12): 1990-1995.

[25] WU H L, ZHANG X F, FENG G P, et al. DOA tracking in monostatic MIMO radar using PARAFAC-RLST algorithm [C]//The 3rd International Conference on Information Science and Engineering. Yangzhou: ICISE, 2011.

[26] WU H L, ZHANG X F. DOD and DOA tracking algorithm for bistatic MIMO radar using PASTD without additional angles pairing [C]//2012 IEEE Fifth International Conference on Advanced Computational Intelligence (ICACI). Nanjing, China: IEEE, 2012.

[27] LU G J, HU B, ZHANG X F. A two-dimensional DOA tracking algorithm using PAST with l-shape array [J]. Procedia Computer Science, 2017, 107: 624-629.

[28] LI B B, LI J F, ZHU B Z, et al. Multiple unknown emitters direct tracking with distributed sensor arrays: non-homogeneous data fusion and fast position update [J]. IEEE Sensors Journal, 2022, 22(11): 10965-10973.

[29] YU H X, ZHANG X F, CHEN X Q, et al. Computationally efficient DOA tracking algorithm in monostatic MIMO radar with automatic association [J]. International Journal of Antennas and Propagation, 2014: 1-9

[30] CHEN W Y, WU W, Li X Y, et al. DOA Tracking Algorithm for Acoustic Vector-Sensor Array via Adaptive PARAFAC-RLST [M]. Amsterdam: Atlantis Press, 2015.

[31] DONG X D, ZHAO J, SUN M, et al. A Modified δ-Generalized Labeled Multi-Bernoulli Filtering for Multi-Source DOA Tracking with Coprime Array [J]. IEEE Transactions on Wireless Communications, 2023, 22(12): 9424-9437.

[32] DONG X D, SUN M, ZHAO J, et al. An Improved PHD Filtering for DOA Tracking with Sparse Array via Unscented Transform Strategy [J]. IEEE Transactions on Circuits and Systems II: Express Briefs, 2023, 70(8): 3174-3178.

第7章 传感器阵列近场信源定位

本章将研究传感器阵列近场信源定位问题，信源定位需要估计角度和距离参数，介绍了传感器阵列近场信源定位算法，包括二维 MUSIC 算法和基于二阶统计量算法，提出了降秩 MUSIC 算法和降维 MUSIC 算法，将二维搜索转换为一维搜索，降低了复杂度。

7.1 引言

7.1.1 研究背景

在信号处理领域，阵列信号处理是一项重要内容，充分利用在空间不同位置的接收信号，增强分量信号的强度，抑制信号的干扰和噪声[1]。与单个传感器相比，传感器阵列信号处理具有信号增益更大、抑制干扰和噪声能力及空间分辨能力更强[2-4]等诸多优点，在声呐、雷达、电子对抗、生物医学等领域均有广泛的应用。

根据空间信源与接收阵列的距离，信源定位可分为远场信源定位和近场信源定位。远场信源，即信源位于阵列的远场区域，$r \gg 2D^2/\lambda$。其中，r 为信源到阵列参考阵元的距离；D 为阵列孔径；λ 为信号波长。由信号传输理论可知，信源信号的波前曲率可忽略不计，在空间传输时可看作平行波，因此远场信源定位是对信源的 DOA 进行估计。近场信源，即信源与阵列参考阵元的距离满足 $0.62(D^3/\lambda)^{1/2} \leqslant r \leqslant 2D^2/\lambda$，信源位于阵列孔径的菲涅耳区域，信源信号在到达阵列的波前时呈球面状，不能近似为平行波。当信源处于阵列孔径的菲涅耳区域，即近场区域时，信源定位问题不仅与信源信号的来向有关，还与信源与阵列参考阵元之间的距离有关[5]。由于近场信源模型既包括信源的波达方向信息，又包括距离信息，能够更加准确地描述信源在空间的具体位置，因此研究近场信源定位是十分有必要的。

7.1.2 研究现状

与对远场信源参数的估计相比，对近场信源参数的估计起步稍晚。目前，对近场信源参数的估计大多采用参数化估计模型。由于对信源信号到达阵列各阵元的时延差采用非涅耳近似处理，因此信源信号到达阵列各阵元的时延差是阵元位置的二次非线性函数，很多成熟的基于远场信源参数的估计算法都不能直接用于近场信源参数估计。鉴于此，国内外研究人员进行了大量的研究工作，提出了很多近场信源参数估计算法。

1988年，Swindlehurst A L等人首先提出了基于最大似然的近场信源参数估计算法[6]。该算法虽然具有优异的统计特性，估计精度高，但需要对一个高度非线性的目标函数进行高维度搜索，计算量巨大。1991年，Huang Y D等人证明了信号子空间和噪声子空间的正交特性在近场信源定位中依然成立[7]，并且将远场信源的MUSIC算法推广至近场信源，提出了适用于近场信源参数估计的经典二维MUSIC（2D-MUSIC）算法。该算法需要在角度和距离两个维度对全局空域空间谱进行搜索，得到近场信源的角度和距离的估计值，精度高，由于需要对二维全局空域进行搜索，因此计算量巨大。研究人员还提出了很多近场信源参数估计算法，如Root-MUISC算法[8]、路径跟踪算法[9]、加权线性预测算法[10]等。Lee等人提出的改进型路径跟踪算法[11]，对路径搜索法进行了进一步的优化，利用已知的路径替代路径搜索，进一步减少了计算量。

近年来，研究人员提出了很多基于二阶统计量算法[12-13]。此类算法虽然复杂度低，但通常需要进行多次矩阵分解操作和参数配对处理。平行因子技术可用于分析多维数据[14]，近年来在阵列信号处理领域得到了广泛应用。由于平行因子的分解具有唯一性，基于平行因子模型分解的参数估计算法具有自动配对和不需要进行谱峰搜索等特点，因此平行因子技术的运用可以降低复杂度，实现参数自动配对。梁军利将平行因子分析理论引入了近场信源参数估计[15]，提出了基于平行因子分析理论的近场信源参数估计算法。该算法不需要进行谱峰搜索，参数能够自动配对。

综上所述，信源空间定位参数估计的基本理论和基本算法已经比较成熟，尤其近场信源参数估计，近年来受到了广泛关注，由于很多算法需要进行多维空域搜索或高复杂度的计算，因此限制了实际应用，如何有效降低复杂度、避免进行谱峰搜索、参数能够自动配对，一直是近场信源参数估计的研究热点。

7.2 基于二阶统计量的近场信源定位算法

7.2.1 数据模型

均匀线阵列由 $M=2N$ 个阵元均匀分布组成，$d\leqslant\lambda/4$，如图 7-1 所示。阵元 $m\in[-(N-1),\cdots,0,\cdots,N]$，选取阵元 0 作为阵列参考阵元。

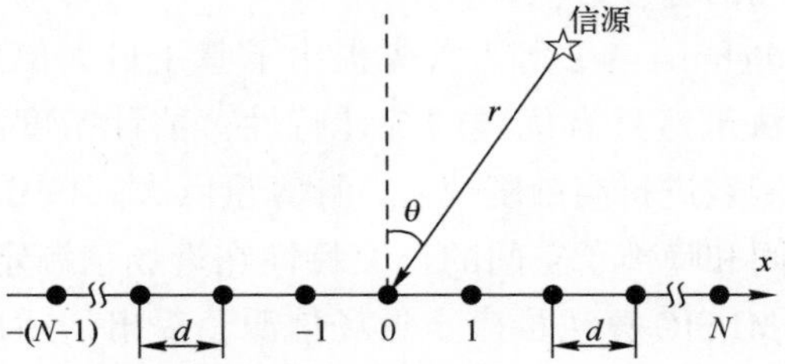

图 7-1　均匀线阵列近场信源数据模型（2N 个阵元）

假设在均匀线阵列的近场区域有 K 个信源发射信号，根据近场信源的定义，信源与阵列参考阵元的距离满足 $0.62(D^3/\lambda)^{1/2}\leqslant r\leqslant 2D^2/\lambda$，$D$ 为阵列孔径，λ 为信号波长。第 k 个信源信号的入射角和到阵列参考阵元的距离为 (θ_k,r_k)，信号解调到中频并满足奈奎斯特采样定律后，第 m 个阵元的接收信号可以表示为

$$x_m(t)=\sum_{k=1}^{K}s_k(t)\mathrm{e}^{\mathrm{j}\tau_{mk}}+n_m(t) \tag{7-1}$$

式中，$s_k(t)$ 为第 k 个信源信号被第 m 个阵元接收并进行解调后的基带信号；$n_m(t)$ 为第 m 个阵元的加性噪声；τ_{mk} 为第 k 个信源信号到达第 m 个阵元与到达阵列参考阵元之间的相位差，$-(N-1)\leqslant m\leqslant N$。在近场信源数据模型中，相位差 τ_{mk} 可以表示为

$$\tau_{mk}=\frac{2\pi r_k}{\lambda_k}\left(\sqrt{1+\frac{m^2d^2}{r_k^2}-\frac{2md\sin\theta_k}{r_k}}-1\right) \tag{7-2}$$

式中，θ_k 为第 k 个信源信号的入射方向与阵列法线方向的夹角，$\theta_k\in[-\pi/2,\pi/2]$；$r_k$ 为第 k 个信源到阵列参考阵元的距离；λ_k 为第 k 个信源信号的波长。对式（7-2）进行二阶泰勒展开，相位差可以写为

$$\tau_{mk}=\left(-\frac{2\pi d}{\lambda_k}\sin\theta_k\right)m+\left(\frac{\pi d^2}{\lambda_k r_k}\cos^2\theta_k\right)m^2+o\left(\frac{d^2}{r_k^2}\right) \tag{7-3}$$

根据菲涅耳近似，有

$$\tau_{mk}\approx r_k m+\varphi_k m^2 \tag{7-4}$$

式中，$r_k=-2\pi d\sin\theta_k/\lambda_k$；$\varphi_k=\pi d^2\cos^2\theta_k/(\lambda_k r_k)$，式（7-1）可以表示为

$$x_m(t)=\sum_{k=1}^{K}s_k(t)\mathrm{e}^{\mathrm{j}(r_k m+\varphi_k m^2)}+n_m(t) \tag{7-5}$$

写成矩阵形式，有

$$\boldsymbol{x}(t)=\boldsymbol{A}\boldsymbol{s}(t)+\boldsymbol{n}(t) \tag{7-6}$$

式中，$\boldsymbol{x}(t)=[x_{-(N-1)}(t),\cdots,x_0(t),\cdots,x_N(t)]^{\mathrm{T}}$ 为接收信号矩阵；$\boldsymbol{A}=[\boldsymbol{a}(\theta_1,r_1),\cdots,\boldsymbol{a}(\theta_K,r_K)]$为方向矩阵；$\boldsymbol{s}(t)=[s_1(t),\cdots,s_K(t)]^{\mathrm{T}}$ 为信源信号矩阵；$\boldsymbol{n}(t)=[n_{-(N-1)}(t),\cdots,n_0(t),\cdots,n_N(t)]$为接收噪声矩阵。

为简化模型又不失一般性，数据模型可进行如下假设：

- 信源信号是零均值且相互统计独立的窄带信号，信源有非零功率；
- 阵元上的噪声为零均值高斯白或色噪声，方差为 σ_{n}^2，与信源信号统计独立；
- 在混合场景中，信源数满足 $K\leqslant N$，其中远场信源不多于一个，近场信源有若干个，且近场信源参数均不相同；
- 空间增益为 1，阵元为全向阵元，响应特性完全相同，不存在通道不一致、互耦等因素的影响，阵元间距满足 $d\leqslant\lambda/4$。

7.2.2　算法描述

由接收信号 $x(t)$ 定义二阶统计量矩阵为

$$\begin{aligned}r(m)&\triangleq E\{x_{m+1,0}(t)x_{m,0}^*(t)\}\\&=E\left\{\sum_{k=1}^{K}s_k(t)\mathrm{e}^{\mathrm{j}[r_k(m+1)+\varphi_k(m+1)^2]}\cdot\sum_{k=1}^{K}s_k^*(t)\mathrm{e}^{\mathrm{j}[r_k m+\varphi_k m^2]}\right\}+\sigma_{\mathrm{n}}^2\delta(m+1-m)\\&=\sum_{k=1}^{K}r_{sk}\mathrm{e}^{\mathrm{j}[r_k+\varphi_k]}\mathrm{e}^{2\mathrm{j}\varphi_k m}\end{aligned} \tag{7-7}$$

式中，r_{sk}为第 k 个信源的功率，由假设，有 $r_{sk}\neq 0$；$(\cdot)^*$表示取共轭；$k=1,2,\cdots,K$，$m=1,2,\cdots,N$。

由二阶统计量矩阵构造两个 $N\times N$ 维矩阵 $\boldsymbol{R}_1$，$\boldsymbol{R}_2$，其第 m 行、第 n 列元素分别被定义为

$$\boldsymbol{R}_1(m,n)\triangleq r(m-n)=\sum_{k=1}^{K} r_{sk}\mathrm{e}^{\mathrm{j}[r_k+\varphi_k]}\mathrm{e}^{\mathrm{j}[2(m-n)\varphi_k]}$$

$$\boldsymbol{R}_2(m,n)\triangleq r^*(n-m)=\sum_{k=1}^{K} r_{sk}\mathrm{e}^{-\mathrm{j}[r_k+\varphi_k]}\mathrm{e}^{\mathrm{j}[2(m-n)\varphi_k]}$$

$$\boldsymbol{R}_1=\boldsymbol{A}(\varphi)\boldsymbol{\Omega}\boldsymbol{\Lambda}\boldsymbol{\Gamma}\boldsymbol{A}^{\mathrm{H}}(\varphi) \tag{7-8}$$

$$\boldsymbol{R}_2=\boldsymbol{A}(\varphi)\boldsymbol{\Omega}^{-1}\boldsymbol{\Lambda}^{-1}\boldsymbol{\Gamma}\boldsymbol{A}^{\mathrm{H}}(\varphi) \tag{7-9}$$

$$\boldsymbol{A}(\varphi)=\begin{pmatrix} 1 & \cdots & 1 \\ \mathrm{e}^{\mathrm{j}2\varphi_1} & \cdots & \mathrm{e}^{\mathrm{j}2\varphi_K} \\ \vdots & \ddots & \vdots \\ \mathrm{e}^{\mathrm{j}2(N-1)\varphi_1} & \cdots & \mathrm{e}^{\mathrm{j}2(N-1)\varphi_K} \end{pmatrix} \tag{7-10}$$

式中，$\boldsymbol{\Omega}=\mathrm{diag}\{\mathrm{e}^{\mathrm{j}r_1},\mathrm{e}^{\mathrm{j}r_2},\cdots,\mathrm{e}^{\mathrm{j}r_K}\}$；$\boldsymbol{\Lambda}=\{\mathrm{e}^{\mathrm{j}\varphi_1},\mathrm{e}^{\mathrm{j}\varphi_1},\cdots,\mathrm{e}^{\mathrm{j}\varphi_K}\}$；$\boldsymbol{\Gamma}=\mathrm{diag}\{r_{s1},r_{s2},\cdots,r_{sK}\}$，由假设信源有非零功率（$r_{sk}\neq 0$）可知，$\boldsymbol{\Gamma}$ 为可逆对角矩阵；$(\cdot)^{\mathrm{H}}$ 表示取共轭转置；$\mathrm{diag}(\cdot)$表示生成对角矩阵。

运用 PARAFAC 模型，由 $\boldsymbol{R}_1$、$\boldsymbol{R}_2$ 构造切片矩阵为

$$\begin{bmatrix}\boldsymbol{R}_1\\ \boldsymbol{R}_2\end{bmatrix}=\begin{bmatrix}\underline{\boldsymbol{X}}(:,:,1)\\ \underline{\boldsymbol{X}}(:,:,2)\end{bmatrix}=\boldsymbol{A}(\varphi)\begin{bmatrix}\boldsymbol{\Gamma}\boldsymbol{\Omega}\boldsymbol{\Lambda}\\ \boldsymbol{\Gamma}\boldsymbol{\Omega}^{-1}\boldsymbol{\Lambda}^{-1}\end{bmatrix}\boldsymbol{A}^{\mathrm{H}}(\varphi)+\boldsymbol{N} \tag{7-11}$$

式中，$\boldsymbol{N}$ 为估计误差矩阵，令 $\boldsymbol{C}=\begin{bmatrix}\boldsymbol{\Gamma}\boldsymbol{\Omega}\boldsymbol{\Lambda}\\ \boldsymbol{\Gamma}\boldsymbol{\Omega}^{-1}\boldsymbol{\Lambda}^{-1}\end{bmatrix}$，$\boldsymbol{B}=\boldsymbol{A}^{\mathrm{H}}(\varphi)$，则式（7-11）可以写为[16]

$$\boldsymbol{Z}=\begin{bmatrix}\underline{\boldsymbol{X}}(:,:,1)\\ \underline{\boldsymbol{X}}(:,:,2)\end{bmatrix}=\begin{bmatrix}\boldsymbol{Z}_1\\ \vdots\\ \boldsymbol{Z}_N\end{bmatrix}=\begin{bmatrix}\boldsymbol{A}\boldsymbol{D}_1(\boldsymbol{C})\\ \vdots\\ \boldsymbol{A}\boldsymbol{D}_N(\boldsymbol{C})\end{bmatrix}\boldsymbol{B}^{\mathrm{T}}+\boldsymbol{N}=(\boldsymbol{C}\odot\boldsymbol{A})\boldsymbol{B}^{\mathrm{T}}+\boldsymbol{N} \tag{7-12}$$

同样，由 PARAFAC 模型的对称性，可以构造切片矩阵为

$$\boldsymbol{X}=\begin{bmatrix}\underline{\boldsymbol{X}}(1,:,:)\\ \underline{\boldsymbol{X}}(2,:,:)\end{bmatrix}=\begin{bmatrix}\boldsymbol{X}_1\\ \vdots\\ \boldsymbol{X}_N\end{bmatrix}=\begin{bmatrix}\boldsymbol{B}\boldsymbol{D}_1(\boldsymbol{A})\\ \vdots\\ \boldsymbol{B}\boldsymbol{D}_N(\boldsymbol{A})\end{bmatrix}\boldsymbol{C}^{\mathrm{T}}+\boldsymbol{N}=(\boldsymbol{A}\odot\boldsymbol{B})\boldsymbol{C}^{\mathrm{T}}+N \tag{7-13}$$

$$\boldsymbol{Y}=\begin{bmatrix}\underline{\boldsymbol{X}}(:,1,:)\\ \underline{\boldsymbol{X}}(:,2,:)\end{bmatrix}=\begin{bmatrix}\boldsymbol{Y}_1\\ \vdots\\ \boldsymbol{Y}_N\end{bmatrix}=\begin{bmatrix}\boldsymbol{C}\boldsymbol{D}_1(\boldsymbol{B})\\ \vdots\\ \boldsymbol{C}\boldsymbol{D}_N(\boldsymbol{B})\end{bmatrix}\boldsymbol{A}^{\mathrm{T}}+\boldsymbol{N}=(\boldsymbol{B}\odot\boldsymbol{C})\boldsymbol{A}^{\mathrm{T}}+\boldsymbol{N} \tag{7-14}$$

为了得到矩阵 $\boldsymbol{A}$、$\boldsymbol{B}$ 和 $\boldsymbol{C}$ 的估计值，采用 TALS 算法，由式（7-12），可得 $\boldsymbol{B}$ 的最小二乘解为

$$\hat{\boldsymbol{B}}^{\mathrm{T}}=\begin{bmatrix}\boldsymbol{A}\boldsymbol{D}_1(\boldsymbol{C})\\ \vdots\\ \boldsymbol{A}\boldsymbol{D}_N(\boldsymbol{C})\end{bmatrix}^{+}\begin{bmatrix}\boldsymbol{Z}_1\\ \vdots\\ \boldsymbol{Z}_N\end{bmatrix} \tag{7-15}$$

式中，$(\cdot)^{+}$表示伪逆。同理，将式（7-13）、式（7-14）采用三线性交替最小二乘法，有

$$\hat{\boldsymbol{C}}^{\mathrm{T}}=\begin{bmatrix}\boldsymbol{B}\boldsymbol{D}_1(\boldsymbol{A})\\ \vdots\\ \boldsymbol{B}\boldsymbol{D}_N(\boldsymbol{A})\end{bmatrix}^{+}\begin{bmatrix}\boldsymbol{X}_1\\ \vdots\\ \boldsymbol{X}_N\end{bmatrix} \tag{7-16}$$

$$\hat{\boldsymbol{A}}^{\mathrm{T}}=\begin{bmatrix}\boldsymbol{C}\boldsymbol{D}_1(\boldsymbol{B})\\ \vdots\\ \boldsymbol{C}\boldsymbol{D}_N(\boldsymbol{B})\end{bmatrix}^{+}\begin{bmatrix}\boldsymbol{Y}_1\\ \vdots\\ \boldsymbol{Y}_N\end{bmatrix} \tag{7-17}$$

由式（7-10）可知 $\boldsymbol{A}(\varphi)$ 的 Vandermonde 特性，相位参数的估计值为

$$\hat{\varphi}_k=\frac{1}{2(N-1)}\sum_{i=1}^{N-1}\left\{\mathrm{angle}\left[\frac{\hat{\boldsymbol{A}}(i+1,:)}{\hat{\boldsymbol{A}}(i,:)}\right]\right\} \tag{7-18}$$

$$\hat{r}_k=\frac{1}{2}\mathrm{angle}\left[\frac{\hat{\boldsymbol{C}}(1,:)\mathrm{e}^{-2\mathrm{j}\hat{\varphi}_k}}{\hat{\boldsymbol{C}}(2,:)}\right] \tag{7-19}$$

式中，$\mathrm{angle}(\cdot)$表示取复数的相角；$\hat{\boldsymbol{A}}(i,:)$表示取矩阵的第 i 行；$1\leqslant k\leqslant K$。由三线性分解的唯一性可知，相位参数 $\hat{r}_k$ 和 $\hat{\varphi}_k$ 是自动配对的，信源的角度和距离估计值分别为

$$\hat{\theta}_k=-\arcsin\left(\frac{\hat{r}_k\lambda_k}{2\pi d}\right) \tag{7-20}$$

$$\hat{r}_k=\frac{\pi d^2}{\lambda_k\hat{\varphi}_k}\cos^2\hat{\theta}_k \tag{7-21}$$

7.2.3 算法步骤

基于二阶统计量的近场信源定位算法的主要步骤如下。

算法 7.1：基于二阶统计量的近场信源定位算法。

步骤 1：由式（7-8）和式（7-9）定义二阶统计量矩阵 $\boldsymbol{R}_1$ 和 $\boldsymbol{R}_2$。

步骤 2：利用 PARAFAC 模型，由式（7-12）、式（7-13）、式（7-14）构造三阶矩阵切片，使用三线性交替最小二乘法，得到参数矩阵的估计值。

步骤 3：由式（7-18）、式（7-19）计算信源参数估计值$\hat{\varphi}_k$、$\hat{r}_k$。

步骤 4：由式（7-20）、式（7-21）计算信源的角度和距离的估计值$\hat{\theta}_k$、$\hat{r}_k$。

7.2.4 算法的复杂度

基于二阶统计量和平行因子算法的复杂度主要包括：计算二阶统计量矩阵的复杂度为 $O\{2M^2N^2J\}$，进行三线性分解的复杂度为 $O\{3K^3+2K^2N^2+8K^2N+6KN^2\}$，计算相位参数的复杂度为 $O\{K(N-1)+2K\}$，总的复杂度为 $O\{2M^2N^2J+3K^3+2K^2N^2+8K^2N+6KN^2+K(N-1)+2K\}$。经典 2D-MUSIC 算法的复杂度为 $O\{M^3+M^2J+n_g n_1(M-K)(N+1)(M+N+1)\}$。

基于二阶统计量和平行因子算法及经典 2D-MUSIC 算法的复杂度对比分别如图 7-2、图 7-3 所示。由图可知，相比经典 2D-MUSIC 算法，基于二阶统计量和平行因子算法的复杂度大幅度降低。

7.2.5 仿真结果

为了验证基于二阶统计量近场信源定位算法的参数估计性能，采用多次蒙特卡罗实验进行仿真。定义均方根误差为

$$\mathrm{RMSE}_\theta=\frac{1}{K}\sum_{k=1}^{K}\sqrt{\frac{1}{1000}\sum_{i=1}^{1000}(\hat{\theta}_{k,i}-\theta_k)^2} \tag{7-22}$$

$$\mathrm{RMSE}_r=\frac{1}{K}\sum_{k=1}^{K}\sqrt{\frac{1}{1000}\sum_{i=1}^{1000}(\hat{r}_{k,i}-r_k)^2} \tag{7-23}$$

式中，K 为信源数；蒙特卡罗仿真实验次数为 1000；θ_k、r_k 分别为第 k 个信源的角度和距离的实际值；$\hat{\theta}_{k,i}$、$\hat{r}_{k,i}$分别为第 i 次蒙特卡罗仿真实验中得到的第 k

个信源的角度和距离的估计值。

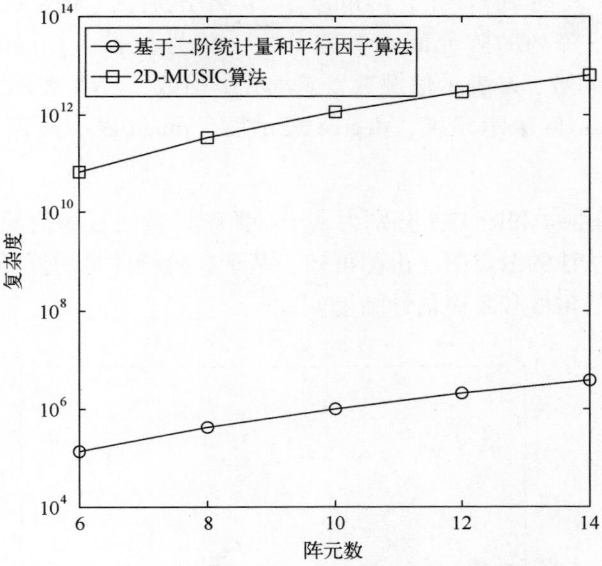

图 7-2　在不同阵元数时不同算法的复杂度对比

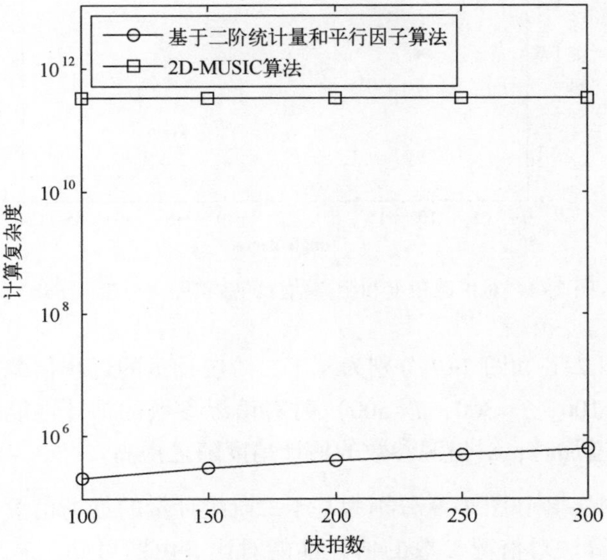

图 7-3　在不同快拍数时不同算法的复杂度对比

假设空间有 2 个（$K=2$）不相关的信源位于对称均匀线阵列的近场区域，信源信号入射到阵列上，角度和距离分别为（$10°, 0.3\lambda$）和（$30°, 0.6\lambda$），均匀线阵列的阵元间距为四分之一信号波长。在以下的仿真实验中，M 表示阵元数，K 表示信源数，J 表示快拍数，SNR 表示信噪比。在仿真结果图中，angle 表示角度，degree 表示度，range 表示距离，λ 表示距离单位——波长。

仿真 1. 图 7-4 和图 7-5 分别为基于二阶统计量的近场信源定位算法对信源角度和距离估计的散点图。由图可知，基于二阶统计量的近场信源定位算法能够得到正确的角度和距离估计结果。

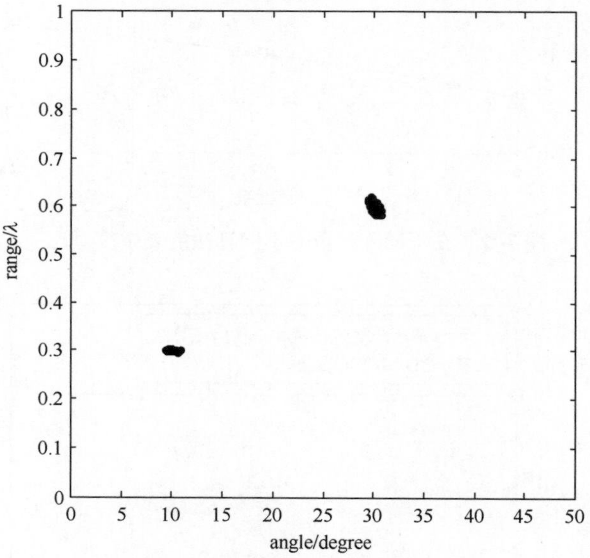

图 7-4　对信源角度和距离估计的散点图（SNR=15dB）

仿真 2. 图 7-6 和图 7-7 分别为基于二阶统计量的近场信源定位算法在不同快拍数（$J=100$，$J=300$，$J=500$）时对信源参数的估计性能对比。由图可知，当快拍数增加时，对信源参数的估计精度随之提高。

仿真 3. 图 7-8 和图 7-9 分别为基于二阶统计量的近场信源定位算法与经典 2D-MUSIC 算法对信源参数的估计性能对比。由图可知，基于二阶统计量的近场信源定位算法对信源参数的估计精度低于经典 2D-MUSIC 算法。

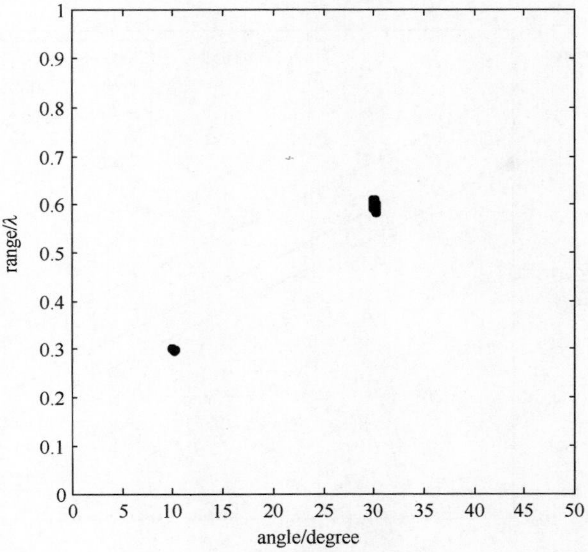

图 7-5　对信源角度和距离估计的散点图（SNR = 25dB）

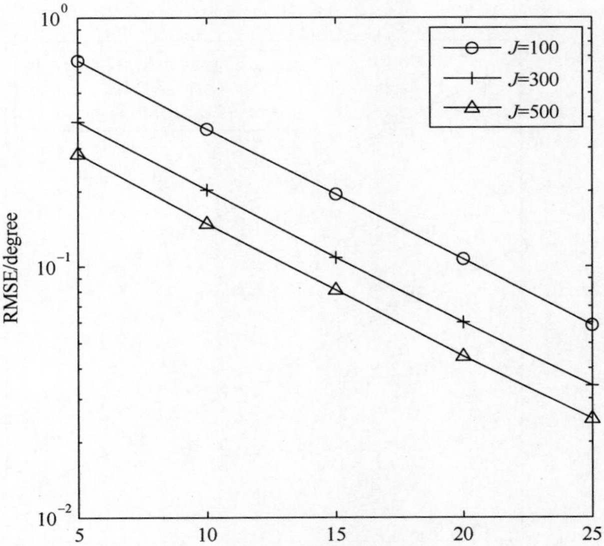

图 7-6　在不同快拍数时对信源角度的估计性能对比

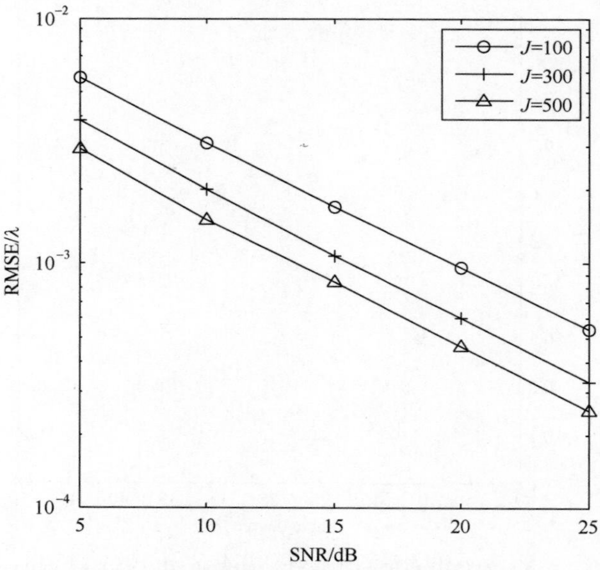

图 7-7　在不同快拍数时对信源距离的估计性能对比

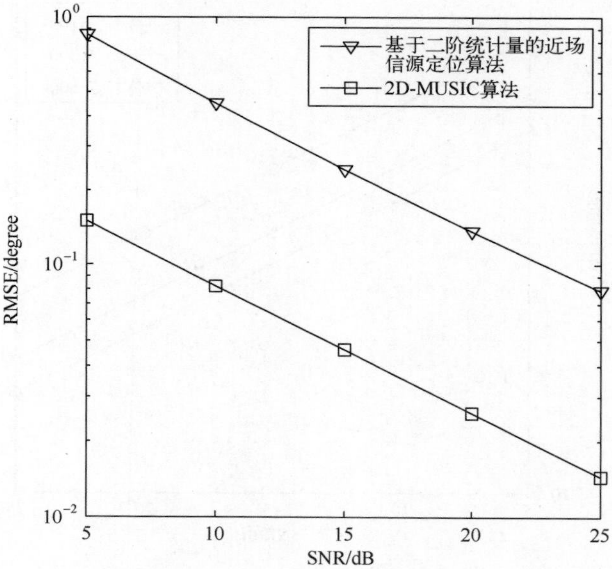

图 7-8　对信源角度的估计性能对比

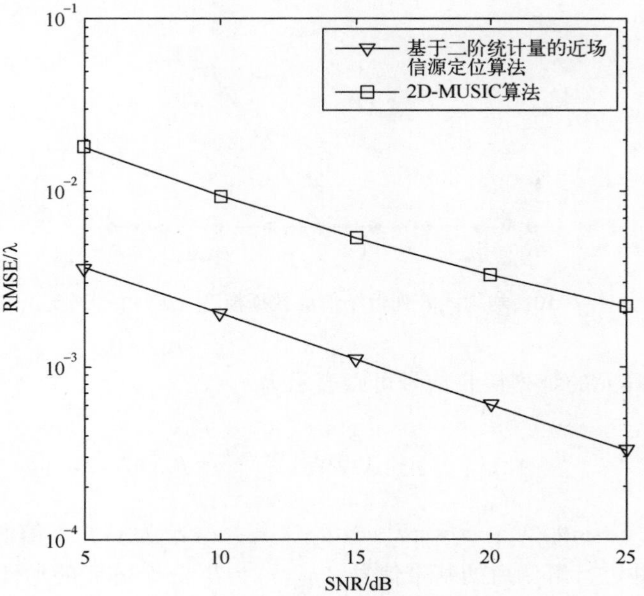

图 7-9　对信源距离的估计性能对比

7.2.6　算法的优点

- 不需要计算接收信号的协方差矩阵，不需要进行特征值分解，不需要进行谱峰搜索，参数估计结果能够自动配对。
- 相比经典 2D-MUSIC 算法和 RARE-MUSIC 算法，基于二阶统计量的近场信源定位算法大大降低了复杂度。

7.3　基于二维 MUSIC 的近场信源定位算法

7.3.1　数据模型

如图 7-10 所示，均匀线阵列由 M 个阵元均匀分布组成，$M=2N+1$，阵元间距 $d\leqslant\lambda/4$，选取阵元 0 作为阵列参考阵元。

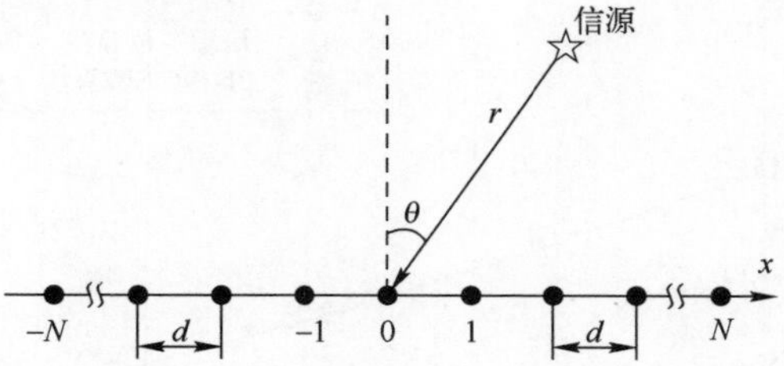

图 7-10　均匀线阵列近场信源数据模型（2N+1 个阵元）

第 m 个阵元的阵列接收信号可以表示为

$$x_m(t)=\sum_{k=1}^{K}s_k(t)\mathrm{e}^{\mathrm{j}(r_k m+\varphi_k m^2)}+n_m(t) \tag{7-24}$$

式中，$r_k=-2\pi d\sin\theta_k/\lambda_k$；$\varphi_k=\pi d^2\cos^2\theta_k/\lambda_k r_k$；$s_k(t)$为第 k 个信源信号被第 m 个阵元接收并进行解调后的基带信号；$n_m(t)$为第 m 个阵元的加性噪声。

将式（7-24）写成矩阵形式，有

$$\boldsymbol{x}(t)=\boldsymbol{A}\boldsymbol{s}(t)+\boldsymbol{n}(t) \tag{7-25}$$

式中，$\boldsymbol{x}(t)=[x_{-N}(t),\cdots,x_0(t),\cdots,x_N(t)]^{\mathrm{T}}$为接收信号矩阵；$\boldsymbol{A}=[\boldsymbol{a}(\theta_1,r_1),\cdots,\boldsymbol{a}(\theta_K,r_K)]$为方向矩阵；$\boldsymbol{s}(t)=[s_1(t),\cdots,s_K(t)]^{\mathrm{T}}$为信源信号矩阵；$\boldsymbol{n}(t)=[n_{-N}(t),\cdots,n_0(t),\cdots,n_N(t)]^{\mathrm{T}}$为接收噪声矩阵。方向矩阵$\boldsymbol{A}$中的列矢量$\boldsymbol{a}(\theta_k,r_k)$可表示为

$$\boldsymbol{a}(\theta_k,r_k)=\begin{bmatrix}\mathrm{e}^{\mathrm{j}[r(-N)+\varphi(-N)^2]}\\ \vdots\\ \mathrm{e}^{\mathrm{j}(-r+\varphi)}\\ 1\\ \mathrm{e}^{\mathrm{j}(r+\varphi)}\\ \vdots\\ \mathrm{e}^{\mathrm{j}(rN+\varphi N^2)}\end{bmatrix} \tag{7-26}$$

7.3.2 算法描述

假设采样时间大于相干时间，则有限次采样得到的接收信号协方差矩阵可

表示为

$$\hat{\boldsymbol{R}}_x = \boldsymbol{X}^{\mathrm{H}}\boldsymbol{X}/J \tag{7-27}$$

式中，$\boldsymbol{X}$ 为接收信号矩阵；$(\cdot)^{\mathrm{H}}$ 表示取共轭转置；J 表示快拍数。

式（7-27）可以看成对实际阵列接收信号协方差矩阵 $\boldsymbol{R}_x(\theta,r)=\boldsymbol{A}(\theta,r)\boldsymbol{R}_{\mathrm{s}}\boldsymbol{A}^{\mathrm{H}}(\theta,r)+\sigma_{\mathrm{n}}^2\boldsymbol{I}$ 的估计值，对其进行特征值分解，可得

$$\hat{\boldsymbol{R}}_x = \boldsymbol{U}_{\mathrm{s}}\mathrm{diag}(\lambda_1,\cdots,\lambda_K)\boldsymbol{U}_{\mathrm{s}}^{\mathrm{H}}+\boldsymbol{U}_{\mathrm{n}}\mathrm{diag}(\lambda_{K+1},\cdots,\lambda_{2N+1})\boldsymbol{U}_{\mathrm{n}}^{\mathrm{H}} \tag{7-28}$$

式中，$\lambda_{K+1},\cdots,\lambda_{2N+1}$表示 $2N+1-K$ 个较小的特征值，由与其对应的特征矢量构成的矩阵 $\boldsymbol{U}_{\mathrm{n}}$ 表示噪声子空间，在搜索区间 $r\in[0.62(D^3/\lambda)^{1/2},(2D^2/\lambda)]$、$\theta\in[-\pi/2,\pi/2]$内构造谱峰搜索函数为

$$P(\theta,r)=\frac{1}{\boldsymbol{a}^{\mathrm{H}}(\theta,r)\boldsymbol{U}_{\mathrm{n}}\boldsymbol{U}_{\mathrm{n}}^{\mathrm{H}}\boldsymbol{a}(\theta,r)} \tag{7-29}$$

对式（7-29）进行二维谱峰搜索，如图 7-11 所示，可以得到对应峰值的下标，即信源的距离和角度分别为

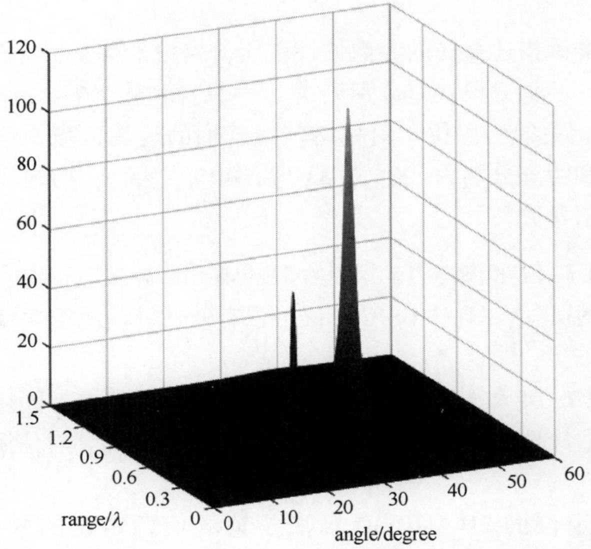

图 7-11　对角度和距离进行二维谱峰搜索（SNR＝10dB）

$$\hat{\boldsymbol{r}}=[\hat{r}_1,\hat{r}_2,\cdots,\hat{r}_K]$$
$$\hat{\boldsymbol{\theta}}=[\hat{\theta}_1,\hat{\theta}_2,\cdots,\hat{\theta}_K] \tag{7-30}$$

式中，$\hat{\boldsymbol{r}}$与$\hat{\boldsymbol{\theta}}$分别为 K 个信源相对阵列参考阵元的距离和角度。

7.3.3 算法步骤

综上所述，基于 2D-MUSIC 近场信源定位算法的步骤如下。

算法 7.2：基于2D-MUSIC 的近场信源定位算法。

步骤 1：根据采样得到的信号矩阵构造接收信号协方差矩阵的估计值。

步骤 2：对接收信号的协方差矩阵进行特征值分解，按照特征值的大小，把与信源数相等的较大特征值和对应的特征矢量看作信号子空间，把剩下的部分看作噪声子空间。

步骤 3：根据噪声特征矢量和信号特征矢量的正交性，由式（7-29）构造谱峰搜索函数，对其进行二维谱峰搜索，可以得到 K 组配对的角度与距离的估计结果。

7.3.4 仿真结果

为了能够准确描述算法的参数估计性能，采用多次蒙特卡罗仿真实验进行验证，参数估计的均方根误差分别见式（7-22）和式（7-23）。假设空间有 2 个（$K=2$）不相关的信源位于对称均匀线阵列的近场区域，信源信号入射到阵列上，角度和距离分别为$(20°,0.3\lambda)$和$(40°,0.8\lambda)$，均匀线阵列的阵元间距为四分之一信号波长。

仿真 1. 图 7-12 和图 7-13 分别为 2D-MUSIC 算法对信源角度和距离估计的散点图。由图可知，2D-MUSIC 算法可以有效估计信源的角度和距离，且参数能自动配对。

仿真 2. 图 7-14 和图 7-15 分别为 2D-MUSIC 算法在不同快拍数时对信源角度和距离的估计性能。由图可知，随着快拍数的增加，对信源角度和距离的估计性能变好。

近场信源定位的 2D-MUSIC 算法是远场信源定位的基于子空间理论 MUSIC 算法的拓展，是一种经典的信源参数估计算法，精度高，由于需要进行二维搜索，因此复杂度较高。

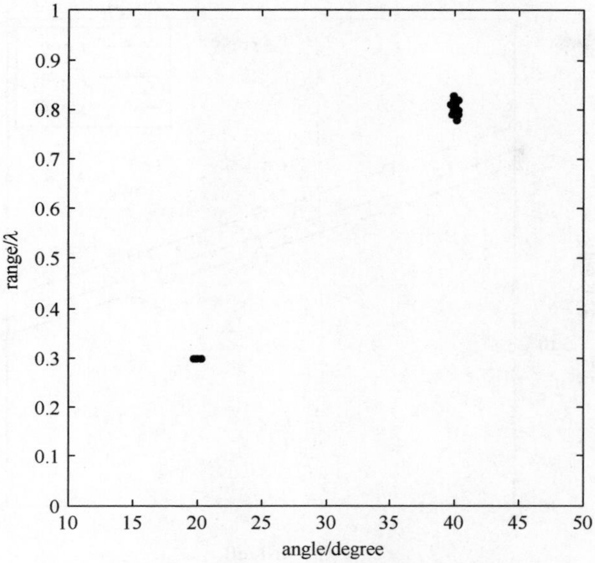

图 7-12　对信源角度和距离估计的散点图（SNR = 10dB）

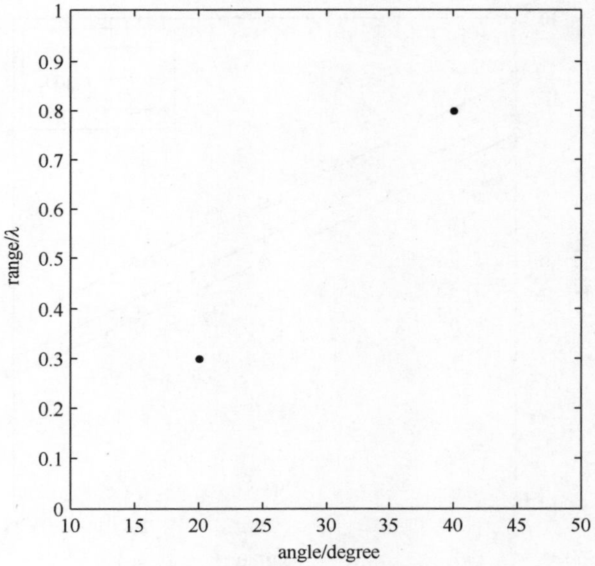

图 7-13　对信源角度和距离估计的散点图（SNR = 25dB）

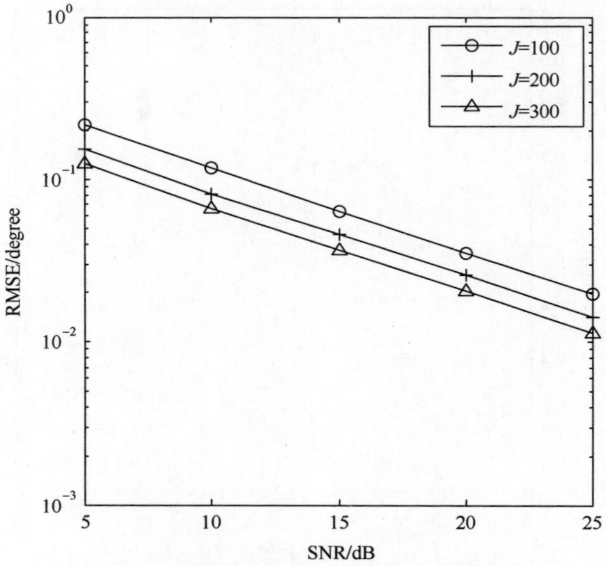

图 7-14　在不同快拍数时对信源角度的估计性能

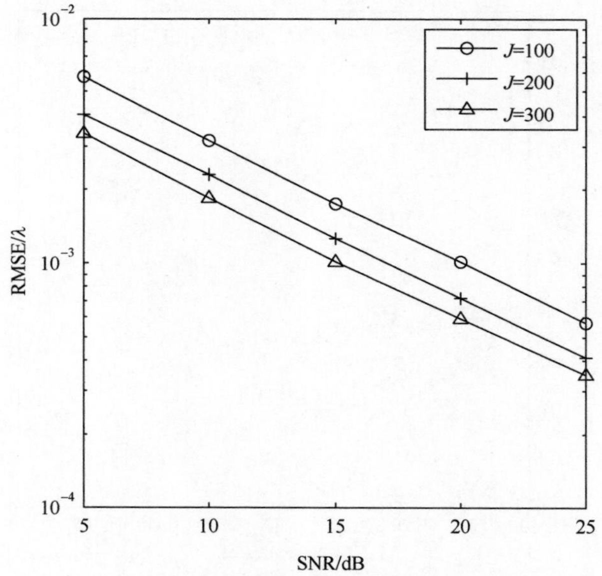

图 7-15　在不同快拍数时对信源距离的估计性能

7.4　基于降秩 MUSIC 的近场信源定位算法

基于降秩 MUSIC 的近场信源定位算法利用了矩阵降秩的思想，能够将经典 2D-MUSIC 算法中的二维搜索过程转换为多次一维搜索过程，与经典 2D-MUSIC 算法相比，参数估计性能基本一致，复杂度大大降低。

7.4.1　数据模型

均匀线阵列由 $M=2N+1$ 个阵元均匀分布组成，阵元间距 $d\leqslant\lambda/4$，λ 为信号波长，选取阵元 0 作为阵列参考阵元，见图 7-11。

假设在均匀线阵列的近场区域有 K 个信源，根据近场信源的定义，信源到阵列参考阵元的距离满足 $0.62(D^3/\lambda)^{1/2}\leqslant r\leqslant 2D^2/\lambda$，$D$ 为阵列孔径，λ 为信号波长。第 k 个信源信号的入射角和到阵列参考阵元的距离为(θ,r)。将信号解调到中频并满足奈奎斯特采样定律后，第 m 个阵元的接收信号可以表示为

$$x_m(t)=\sum_{k=1}^{K}s_k(t)\mathrm{e}^{\mathrm{j}(r_k m+\varphi_k m^2)}+n_m(t) \tag{7-31}$$

式中，$r_k=-2\pi d\sin\theta_k/\lambda_k$；$\varphi_k=\pi d^2\cos^2\theta_k/(\lambda_k r_k)$；$s_k(t)$为第 k 个信源信号被第 m 个阵元接收并进行解调后的基带信号；$n_m(t)$为第 m 个阵元的加性噪声。将式（7-31）写成矩阵形式，有

$$\boldsymbol{x}(t)=\boldsymbol{A}\boldsymbol{s}(t)+\boldsymbol{n}(t) \tag{7-32}$$

式中，$\boldsymbol{x}(t)=[\boldsymbol{x}_{-N}(t),\cdots,x_0(t),\cdots,x_N(t)]^{\mathrm{T}}$ 为接收信号矩阵；$\boldsymbol{A}=[\boldsymbol{a}(\theta_1,r_1),\cdots,\boldsymbol{a}(\theta_K,r_K)]$为方向矩阵；$\boldsymbol{s}(t)=[s_1(t),\cdots,s_K(t)]^{\mathrm{T}}$ 为信源信号矩阵；$\boldsymbol{n}(t)=[n_{-N}(t),\cdots,n_0(t),\cdots,n_N(t)]^{\mathrm{T}}$ 为接收噪声矩阵。方向矩阵 $\boldsymbol{A}$ 中的列矢量 $\boldsymbol{a}(\theta_k,r_k)$可表示为

$$\boldsymbol{a}(\theta_k,r_k)=[\mathrm{e}^{\mathrm{j}[r(-N)+\varphi(-N)^2]},\mathrm{e}^{\mathrm{j}[r(-N+1)+\varphi(-N+1)^2]},\cdots,1,\cdots,\mathrm{e}^{\mathrm{j}(r(N-1)+\varphi(N-1)^2)}\mathrm{e}^{\mathrm{j}(rN+\varphi N^2)}]^{\mathrm{T}} \tag{7-33}$$

7.4.2　算法描述

根据子空间理论，信号子空间与噪声子空间的正交性在阵列近场区域依然

成立，当信源参数(θ,r)为实际位置时，对于经典 2D-MUSIC 算法，有下式成立，即

$$f_{\text{2D-MUSIC}}(\theta,r)=\frac{1}{\boldsymbol{a}^{\mathrm{H}}(\theta,r)\boldsymbol{U}_{\mathrm{n}}\boldsymbol{U}_{\mathrm{n}}^{\mathrm{H}}\boldsymbol{a}(\theta,r)} \tag{7-34}$$

式中，$\boldsymbol{U}_{\mathrm{n}}$ 为接收信号协方差矩阵在进行特征值分解后，由 $2N+1-K$ 个较小特征值对应的特征矢量张成的噪声子空间。

由于阵列结构的对称性，因此式（7-33）的方向矢量可被分解为[16]

$$\boldsymbol{a}(\theta,r)=\begin{bmatrix} \mathrm{e}^{\mathrm{j}(-N)}\boldsymbol{r} & & & & & & \\ & \mathrm{e}^{\mathrm{j}(-N+1)}\boldsymbol{r} & & & & & \\ & & \ddots & & & & \\ & & & 1 & & & \\ & & & & \ddots & & \\ & & & & & \mathrm{e}^{\mathrm{j}(N-1)}\boldsymbol{r} & \\ & & & & & & \mathrm{e}^{\mathrm{j}N}\boldsymbol{r} \end{bmatrix}\cdot\begin{bmatrix} \mathrm{e}^{\mathrm{j}(-N)^2}\boldsymbol{\varphi} \\ \mathrm{e}^{\mathrm{j}(-N+1)^2}\boldsymbol{\varphi} \\ \vdots \\ \mathrm{e}^{\mathrm{j}(-1)^2}\boldsymbol{\varphi} \\ 1 \end{bmatrix}=\boldsymbol{\zeta}(\theta)\boldsymbol{v}(\theta,r) \tag{7-35}$$

$$\boldsymbol{\zeta}(\theta)=\begin{bmatrix} \mathrm{e}^{\mathrm{j}(-N)}\boldsymbol{r} & & & & & & \\ & \mathrm{e}^{\mathrm{j}(-N+1)}\boldsymbol{r} & & & & & \\ & & \ddots & & & & \\ & & & 1 & & & \\ & & & & \ddots & & \\ & & & & & \mathrm{e}^{\mathrm{j}(N-1)}\boldsymbol{r} & \\ & & & & & & \mathrm{e}^{\mathrm{j}N}\boldsymbol{r} \end{bmatrix} \tag{7-36}$$

$$\boldsymbol{v}(\theta,r)=\begin{bmatrix} \mathrm{e}^{\mathrm{j}(-N)^2}\boldsymbol{\varphi} \\ \mathrm{e}^{\mathrm{j}(-N+1)^2}\boldsymbol{\varphi} \\ \vdots \\ \mathrm{e}^{\mathrm{j}(-1)^2}\boldsymbol{\varphi} \\ 1 \end{bmatrix} \tag{7-37}$$

式中，$\boldsymbol{\zeta}(\theta)\in\mathbb{C}^{(2N+1)\times(N+1)}$，仅包含信源的角度信息；$\boldsymbol{v}(\theta,r)\in\mathbb{C}^{(N+1)\times 1}$，同时包含信源的角度信息和距离信息，$\boldsymbol{v}(\theta,r)\neq 0$。

将式（7-35）代入式（7-34），有

$$
\begin{aligned}
f_{\text{2D-MUSIC}}(\theta,r) &= \frac{1}{\boldsymbol{v}^{\mathrm{H}}(\theta,r)\boldsymbol{\zeta}^{\mathrm{H}}(\theta)\boldsymbol{U}_{\mathrm{n}}\boldsymbol{U}_{\mathrm{n}}^{\mathrm{H}}\boldsymbol{\zeta}(\theta)\boldsymbol{v}(\theta,r)} \\
&= \frac{1}{\boldsymbol{v}^{\mathrm{H}}(\theta,r)\boldsymbol{C}(\theta)\boldsymbol{v}(\theta,r)}
\end{aligned}
\tag{7-38}
$$

式中，$\boldsymbol{C}(\theta)=\boldsymbol{\zeta}^{\mathrm{H}}(\theta)\boldsymbol{U}_{\mathrm{n}}\boldsymbol{U}_{\mathrm{n}}^{\mathrm{H}}\boldsymbol{\zeta}(\theta)$，只包含信源的角度信息。由 $\boldsymbol{v}(\theta,r)\neq 0$ 可知，$\boldsymbol{C}(\theta)$ 为非负的共轭对称矩阵，$\boldsymbol{v}^{\mathrm{H}}(\theta,r)\boldsymbol{C}(\theta)\boldsymbol{v}(\theta,r)=0$ 成立的充分必要条件是当且仅当 $\boldsymbol{C}(\theta)$ 为奇异矩阵。由假设条件可知，当 $K\leqslant N$ 时，噪声子空间 $\boldsymbol{U}_{\mathrm{n}}$ 的列秩不小于 $N+1$，$\boldsymbol{C}(\theta)$ 为满秩矩阵，只有当信源的角度为实际值时，矩阵降秩，即 $\operatorname{rank}\{\boldsymbol{C}(\theta)\}<N+1$，$\boldsymbol{C}(\theta)$ 变为奇异矩阵，正交性成立，可以对下式进行一维谱峰搜索，得到信源 DOA 的估计值，即

$$
\hat{\theta}_k=\arg\max_{\theta_k}\frac{1}{\det[\boldsymbol{C}(\theta)]}
\tag{7-39}
$$

式中，$\arg\max(\cdot)$ 表示取最大值；$\det(\cdot)$ 表示取行列式的值，$k=1,2,\cdots,K$。

在得到信源角度的估计值之后，将 $\hat{\theta}_k$ 依次代入经典 2D-MUSIC 谱函数，构造距离搜索谱函数，在进行一维谱峰搜索后，可得到对信源距离的估计值 $\hat{r}_k$，即

$$
\hat{r}_k=\arg\max_{r} f(\hat{\theta}_k,r)=\frac{1}{\boldsymbol{a}^{\mathrm{H}}(\hat{\theta}_k,r)\boldsymbol{U}_{\mathrm{n}}\boldsymbol{U}_{\mathrm{n}}^{\mathrm{H}}\boldsymbol{a}(\hat{\theta}_k,r)}
\tag{7-40}
$$

式中，距离的搜索范围满足 $0.62(D^3/\lambda)^{1/2}<r_k<2D^2/\lambda$，$k=1,2,\cdots,K$，需要进行 K 次一维搜索，且 $\hat{r}_k$ 与 $\hat{\theta}_k$ 能够自动配对。

7.4.3　算法步骤

均匀线阵列近场信源基于降秩 MUSIC 的近场信源定位算法（RARE-MUSIC算法）的主要步骤如下。

算法 7.3：基于降秩 MUSIC 的近场信源定位算法。

步骤 1：计算接收信号协方差矩阵 $\hat{\boldsymbol{R}}_x$，并对其进行特征值分解，得到噪声

子空间$\hat{\boldsymbol{U}}_{\mathrm{n}}$。

步骤2：将方向矢量$\boldsymbol{a}(\theta,r)$拆分为$\boldsymbol{a}(\theta,r)=\boldsymbol{\zeta}(\theta)\boldsymbol{v}(\theta,r)$，构造$\boldsymbol{C}(\theta)=\boldsymbol{\zeta}^{\mathrm{H}}(\theta)\boldsymbol{U}_{\mathrm{n}}\boldsymbol{U}_{\mathrm{n}}^{\mathrm{H}}\boldsymbol{\zeta}(\theta)$。

步骤3：由式（7-39）构造DOA谱函数，通过一维谱峰搜索得到信源DOA的估计值。

步骤4：将信源的K个DOA估计值逐个代入距离搜索谱函数，通过对式（7-40）进行一维谱峰搜索，可得到对信源距离的估计值$\hat{r}_k$。

7.4.4 算法的复杂度

RARE-MUSIC算法的复杂度与经典2D-MUSIC算法的复杂度相比：RARE-MUSIC算法的复杂度主要包括计算接收信号协方差矩阵的复杂度$O\{M^2J\}$，进行特征值分解的复杂度$O\{M^3\}$，进行角度搜索的复杂度$O\{n_{\mathrm{g}}(M-K)(N+1)(M+N+1)\}$，进行$K$次距离搜索的复杂度$O\{n_1K(M-K)(M+1)\}$，总的复杂度为$O\{M^3+M^2J+(M-K)[n_{\mathrm{g}}(N+1)(M+N+1)+n_1K(M+1)]\}$；经典2D-MUSIC算法的复杂度为$M^3+M^2J+n_{\mathrm{g}}n_1(M-K)(N+1)(M+N+1)]$。其中，$M$为阵元数；$J$为快拍数；$K$为信源数；$n_{\mathrm{g}}$为角度空间的谱峰搜索次数，$n_{\mathrm{g}}=[90°-(-90°)]/\Delta$；$n_1$为距离区间的谱峰搜索次数，$n_1=[2D^2/\lambda-0.62(D^3/\lambda)^{1/2}]/\Delta$；$\Delta$为搜索步长，取$\Delta=0.001$。

不同算法的复杂度对比分别如图7-16和图7-17所示。由图可知，RARE-MUSIC算法的复杂度高于基于二阶统计量的近场信源定位算法。相比经典2D-MUSIC算法，RARE-MUSIC算法大大降低了复杂度。

7.4.5 仿真结果

为了能够准确描述算法的参数估计性能，采用多次蒙特卡罗仿真实验进行验证，参数估计的均方根误差分别见式（7-22）和式（7-23）。假设空间有2个（$K=2$）不相关的信源位于对称均匀线阵列的近场区域，信源信号入射到阵列上，角度和距离分别为$(10°,0.3\lambda)$和$(30°,0.6\lambda)$，阵元间距为四分之一信号波长。

仿真1. 图7-18和图7-19分别为RARE-MUSIC算法对信源角度和距离估计的散点图。

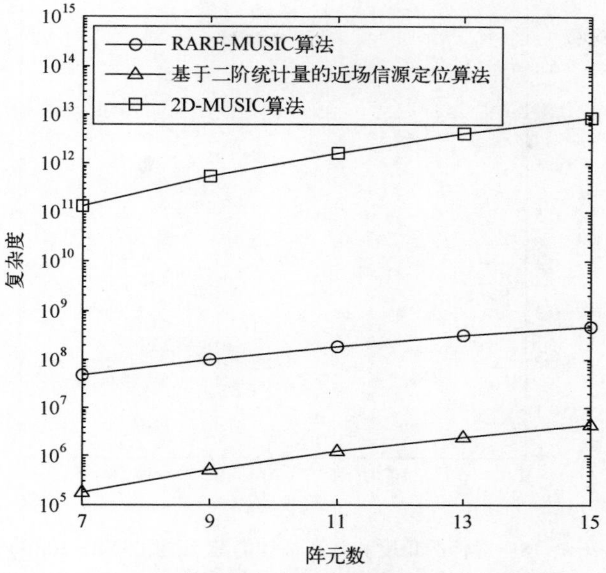

图 7-16　在不同阵元数时不同算法的复杂度对比

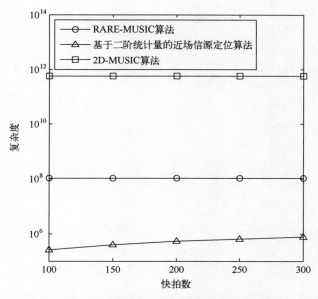

图 7-17　在不同快拍数时不同算法的复杂度对比

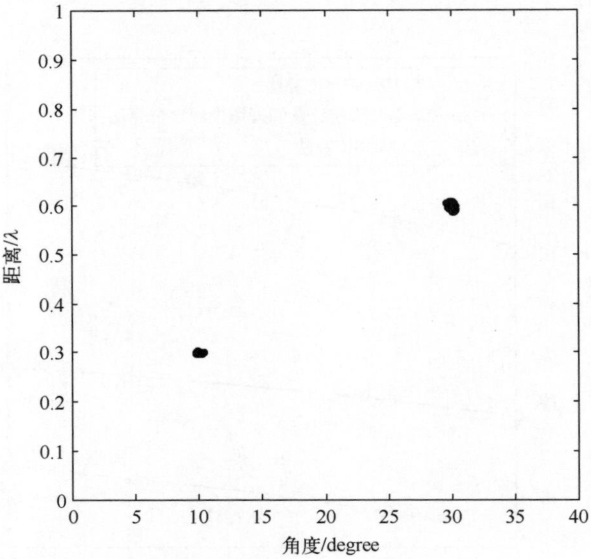

图 7-18　对信源角度和距离估计的散点图（SNR = 10dB）

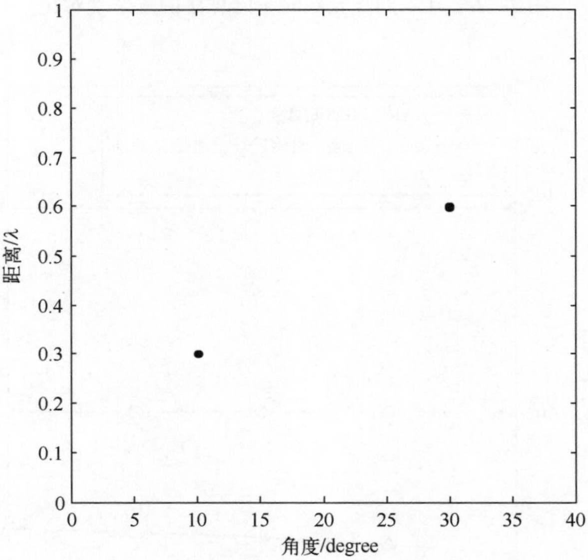

图 7-19　对信源角度和距离估计的散点图（SNR = 25dB）

仿真 2. 图 7-20 和图 7-21 分别为 RARE-MUSIC 算法在不同快拍数时对信源角度和距离的估计性能。由图可知，随着快拍数的增加，参数估计性能变好。

仿真 3. 图 7-22 和图 7-23 分别为不同算法对信源角度和距离的估计性能对比。由图可知，RARE-MUSIC 算法与 2D-MUSIC 算法对信源的估计性能非常接近，远好于基于二阶统计量的近场信源定位算法。

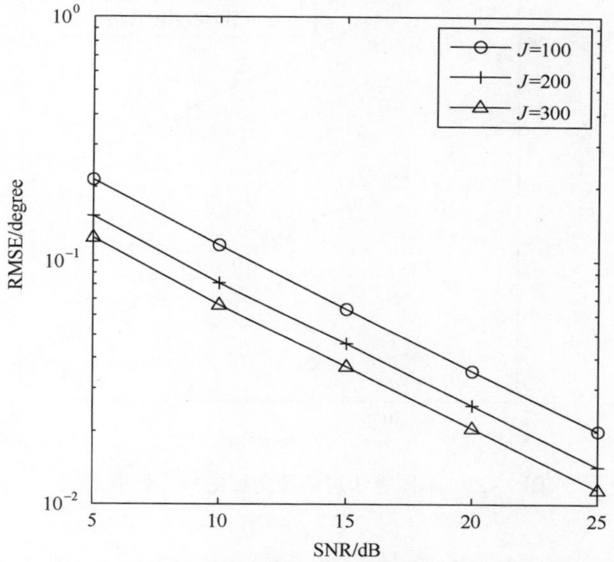

图 7-20　在不同快拍数时对信源角度的估计性能

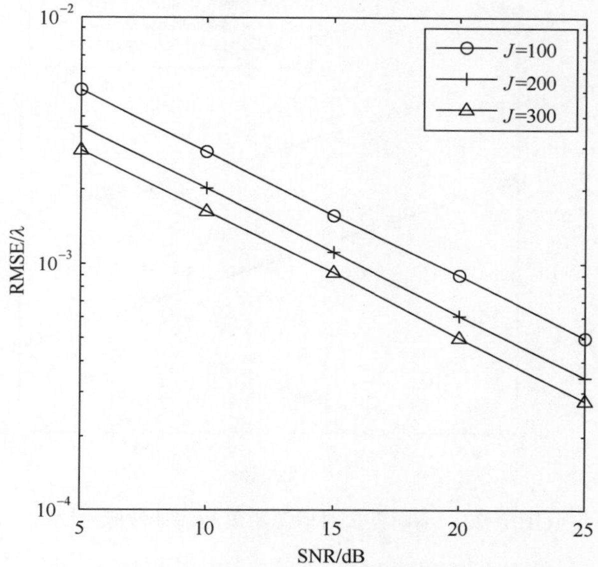

图 7-21　在不同快拍数时对信源距离的估计性能

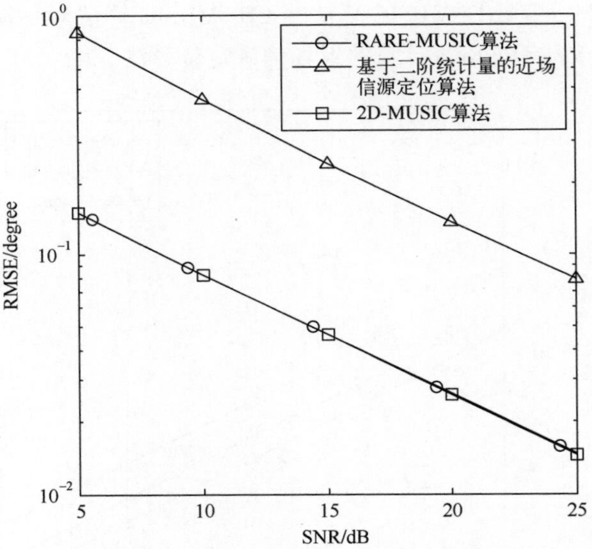

图 7-22　不同算法对信源角度的估计性能对比

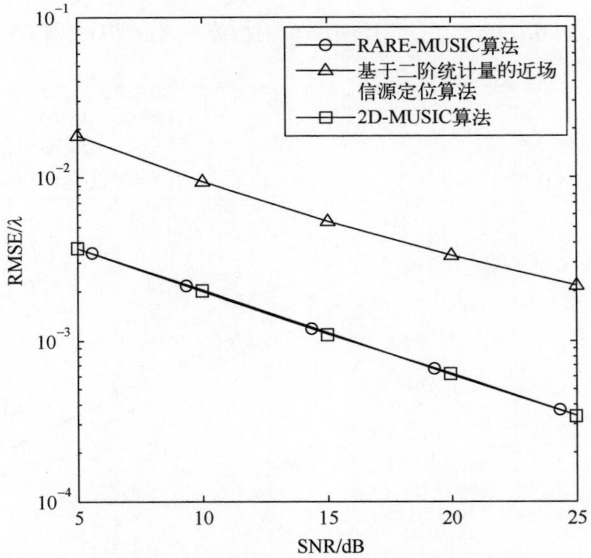

图 7-23　不同算法对信源距离的估计性能对比

7.4.6 算法的优点

- 能够实现对近场信源角度和距离的联合估计，且能够自动配对。
- 相比经典2D-MUSIC算法，大大降低了复杂度。
- 参数估计性能非常接近经典2D-MUSIC算法，具有较高的估计精度。

7.5 基于降维MUSIC的近场信源定位算法

7.5.1 数据模型

数据模型及假设条件同7.4.1节。

7.5.2 算法描述

对于经典2D-MUSIC算法，信源参数(θ,r)可通过在空域中进行二维谱峰搜索得到，即

$$f_{\text{2D-MUSIC}}(\theta,r)=\frac{1}{\boldsymbol{a}^{\mathrm{H}}(\theta,r)\boldsymbol{U}_{\mathrm{n}}\boldsymbol{U}_{\mathrm{n}}^{\mathrm{H}}\boldsymbol{a}(\theta,r)} \tag{7-41}$$

式中，$\boldsymbol{U}_n$为接收信号协方差矩阵在进行特征值分解后，由$2N+1-K$个较小特征值对应的特征矢量张成的噪声子空间。

根据阵列结构的对称性，由式（7-33）可知，方向矢量可被分解为

$$\boldsymbol{a}(\theta,r)=\begin{bmatrix} \mathrm{e}^{\mathrm{j}(-N)\gamma} & & & & & & \\ & \mathrm{e}^{\mathrm{j}(-N+1)\gamma} & & & & & \\ & & \ddots & & & & \\ & & & 1 & & & \\ & & & & \ddots & & \\ & & & & & \mathrm{e}^{\mathrm{j}(N-1)\gamma} & \\ & & & & & & \mathrm{e}^{\mathrm{j}N\gamma} \end{bmatrix}\cdot\begin{bmatrix} \mathrm{e}^{\mathrm{j}(-N)^2\varphi} \\ \mathrm{e}^{\mathrm{j}(-N+1)^2\varphi} \\ \vdots \\ \mathrm{e}^{\mathrm{j}(-1)^2\varphi} \\ 1 \end{bmatrix}=\boldsymbol{a}_1(r)\boldsymbol{a}_2(\varphi) \tag{7-42a}$$

式中

$$
\boldsymbol{a}_1(r)=\begin{bmatrix} \mathrm{e}^{\mathrm{j}(-N)}r & & & & & & \\ & \mathrm{e}^{\mathrm{j}(-N+1)}r & & & & & \\ & & \ddots & & & & \\ & & & 1 & & & \\ & & & & \ddots & & \\ & & & & & \mathrm{e}^{\mathrm{j}(N-1)}r & \\ & & & & & & \mathrm{e}^{\mathrm{j}N}r \end{bmatrix} \tag{7-42b}
$$

$$
\boldsymbol{a}_2(\varphi)=\begin{bmatrix} \mathrm{e}^{\mathrm{j}(-N)^2}\varphi \\ \mathrm{e}^{\mathrm{j}(-N+1)^2}\varphi \\ \vdots \\ \mathrm{e}^{\mathrm{j}(-1)^2}\varphi \\ 1 \end{bmatrix} \tag{7-42c}
$$

$\boldsymbol{a}_1(r)\in\mathbb{C}^{(2N+1)\times(N+1)}$仅包含信源的角度信息；$\boldsymbol{a}_2(\varphi)\in\mathbb{C}^{(N+1)\times 1}$同时包含信源的角度和距离信息。

将式（7-42）代入式（7-41），有

$$
\begin{aligned} f_{\text{2D-MUSIC}}(\theta,r)&=\frac{1}{\boldsymbol{a}_2^{\mathrm{H}}(\varphi)\boldsymbol{a}_1^{\mathrm{H}}(r)\boldsymbol{U}_{\mathrm{n}}\boldsymbol{U}_{\mathrm{n}}^{\mathrm{H}}\boldsymbol{a}_1(r)\boldsymbol{a}_2(\varphi)} \\ &=\frac{1}{\boldsymbol{a}_2^{\mathrm{H}}(\varphi)\boldsymbol{Q}(r)\boldsymbol{a}_2(\varphi)} \end{aligned} \tag{7-43}
$$

式中，$\boldsymbol{Q}(r)=\boldsymbol{a}_1^{\mathrm{H}}(r)\boldsymbol{U}_{\mathrm{n}}\boldsymbol{U}_{\mathrm{n}}^{\mathrm{H}}\boldsymbol{a}_1(r)$。

式（7-43）是一个二次优化问题，考虑到$\boldsymbol{e}_1^{\mathrm{H}}\boldsymbol{a}_2(\varphi)=1$，其中$\boldsymbol{e}_1=[0,2,\cdots,1]^{\mathrm{T}}\in\mathbb{R}^{M\times 1}$，则二次优化问题可以重构为

$$
\begin{aligned} &V(\theta,r)_{\min}=\min_{r,\varphi}\boldsymbol{a}_2^{\mathrm{H}}(\varphi)\boldsymbol{Q}(r)\boldsymbol{a}_2(\varphi) \\ &\text{s. t.}\quad \boldsymbol{e}_1^{\mathrm{H}}\boldsymbol{a}_2(\varphi)=1 \end{aligned} \tag{7-44}
$$

构造目标函数为

$$L(r,\varphi)=\boldsymbol{a}_2^{\mathrm{H}}(\varphi)\boldsymbol{Q}(r)\boldsymbol{a}_2(\varphi)-\omega(\boldsymbol{e}_1^{\mathrm{H}}\boldsymbol{a}_2(\varphi)-1) \tag{7-45}$$

式中，ω 为一个常量。

对式（7-45）中的 $\boldsymbol{a}_2(\varphi)$ 求偏导，有

$$\frac{\partial L(r,\varphi)}{\partial \boldsymbol{a}_2(\varphi)}=2\boldsymbol{Q}(r)\boldsymbol{a}_2(\varphi)+\omega\boldsymbol{e}_1=0 \tag{7-46}$$

可得

$$\boldsymbol{a}_2(\varphi)=\mu\boldsymbol{Q}^{-1}(r)\boldsymbol{e}_1 \tag{7-47}$$

式中，μ 为一个常量。

由于 $\boldsymbol{e}_1^{\mathrm{H}}\boldsymbol{a}_2(\varphi)=1$，因此有

$$\mu=1/\boldsymbol{e}_1^{\mathrm{H}}\boldsymbol{Q}^{-1}(r)\boldsymbol{e}_1 \tag{7-48}$$

将式（7-48）代入式（7-47），可得

$$\boldsymbol{a}_2(\varphi)=\frac{\boldsymbol{Q}^{-1}(r)\boldsymbol{e}_1}{\boldsymbol{e}_1^{\mathrm{H}}\boldsymbol{Q}^{-1}(r)\boldsymbol{e}_1} \tag{7-49}$$

结合式（7-45）和式（7-43），有

$$\hat{r}=\arg\min_{r}\frac{1}{\boldsymbol{e}_1^{\mathrm{H}}\boldsymbol{Q}^{-1}(r)\boldsymbol{e}_1}=\arg\max_{r}\boldsymbol{e}_1^{\mathrm{H}}\boldsymbol{Q}^{-1}(r)\boldsymbol{e}_1 \tag{7-50}$$

式中，$\arg\max(\cdot)$ 表示取最大值。由于 $r=-2\pi d\sin\theta/\lambda$，将波长进行归一化，$r$ 满足 $-\pi/2\leqslant r\leqslant\pi/2$，进行一维谱峰搜索，可以得到与峰值对应的估计值 $\hat{r}$。

将得到的 K 个 $\hat{r}$ 代入式（7-49），可得 K 个 $\hat{a}_2(\varphi)$，由式（7-42）可知

$$\boldsymbol{a}_2(\varphi)=\begin{bmatrix} \mathrm{e}^{\mathrm{j}(-N)^2\varphi} \\ \mathrm{e}^{\mathrm{j}(-N+1)^2\varphi} \\ \vdots \\ \mathrm{e}^{\mathrm{j}(-1)^2\varphi} \\ 1 \end{bmatrix} \tag{7-51a}$$

变换为

$$\boldsymbol{a}_2'(\varphi)=\begin{bmatrix}1\\ \mathrm{e}^{\mathrm{j}(-1)^2\varphi}\\ \vdots\\ \mathrm{e}^{\mathrm{j}(-N+1)^2\varphi}\\ \mathrm{e}^{\mathrm{j}(-N)^2\varphi}\end{bmatrix} \tag{7-51b}$$

$$\hat{\boldsymbol{g}}=\mathrm{angle}(\boldsymbol{a}_2'(\varphi)) \tag{7-52}$$

式中，angle(·)表示取复数的相角，则式（7-52）可以表示为

$$\hat{\boldsymbol{g}}=\begin{bmatrix}0\\ \varphi\\ 4\varphi\\ \vdots\\ (N-1)^2\varphi\\ N^2\varphi\end{bmatrix}=\begin{bmatrix}0\\ 1\\ 4\\ \vdots\\ (N-1)^2\\ N^2\end{bmatrix}\varphi=\boldsymbol{q}\varphi \tag{7-53}$$

式中，$\boldsymbol{q}=[0,1,4,\cdots,(N-1)^2,N^2]^{\mathrm{T}}$，可由最小二乘法则求出$\hat{\varphi}$。

最小二乘法则为

$$\min_{\boldsymbol{c}}\|\boldsymbol{pc}-\hat{\boldsymbol{g}}\|_F^2 \tag{7-54}$$

式中，$\hat{\boldsymbol{g}}=\mathrm{angle}(\boldsymbol{a}_2'(\varphi))$；$\boldsymbol{p}=[\boldsymbol{1}_{N+1},\boldsymbol{q}]$；$\boldsymbol{c}=[c_0,\hat{\varphi}]^{\mathrm{T}}\in\mathbb{R}^{2\times1}$为未知待估计参数矢量；$c_0$为参数误差。

$\boldsymbol{c}$ 的解为

$$\boldsymbol{c}=(\boldsymbol{p}^{\mathrm{T}}\boldsymbol{p})^{-1}\boldsymbol{p}^{\mathrm{T}}\hat{\boldsymbol{g}} \tag{7-55}$$

由以上可知，$\hat{\varphi}$和$\hat{r}$是配对的，可以得到配对的信源角度和距离的估计值，即

$$\hat{\theta}=-\arcsin\left(\frac{\hat{r}\lambda}{2\pi d}\right) \tag{7-56}$$

$$\hat{r}=\frac{\pi d^2}{\lambda\hat{\varphi}}\cos^2\hat{\theta} \tag{7-57}$$

式中，arcsin(·)表示取反正弦函数。

7.5.3　算法步骤

基于降维 MUSIC 的近场信源定位算法（RD-MUSIC 算法）的角度和距离估计步骤如下。

算法 7.4：基于降维 MUSIC 的近场信源定位算法。

步骤1：计算接收信号协方差矩阵$\hat{\boldsymbol{R}}_x$，对其进行特征值分解，得到噪声子空间$\hat{\boldsymbol{U}}_n$。

步骤2：将方向矢量$\boldsymbol{a}(\theta,r)$拆分为$\boldsymbol{a}_1(r)$与$\boldsymbol{a}_2(\varphi)$的乘积形式，由信号子空间与噪声子空间的正交性构造$V(\theta,r)=\boldsymbol{a}_2^{\mathrm{H}}(\varphi)\boldsymbol{Q}(r)\boldsymbol{a}_2(\varphi)$，并对其进行二次优化，通过一维搜索得到估计值$\hat{r}$。

步骤3：由式（7-42）计算$\hat{\boldsymbol{a}}_2(\varphi)$，并使用最小二乘法则得到与$\hat{r}$配对的$\hat{\varphi}$。

步骤4：由式（7-56）和式（7-57）计算信源的角度和距离的估计值$\hat{\theta}$和$\hat{r}$。

7.5.4　算法的复杂度

RD-MUSIC 算法的复杂度远低于经典 2D-MUSIC 算法的复杂度。RD-MUSIC 算法的复杂度主要包括计算接收信号协方差矩阵的复杂度$O\{M^2J\}$，进行特征值分解的复杂度$O\{M^3\}$，进行一维谱峰搜索的复杂度$O\{n_{\mathrm{g}}(N+1)[(M-K)(2M+N+1)+(N+1)^2]\}$，总的复杂度为$O\{M^3+M^2J+n_{\mathrm{g}}[(M-K)(N+1)(2M+N+1)+(N+1)^3]\}$。经典 2D-MUSIC 算法的复杂度为$O\{M^3+M^2J+n_{\mathrm{g}}n_1(M-K)(N+1)(2M+N+1)\}$。其中，$n_{\mathrm{g}}$为角度空间的谱峰搜索次数，$n_{\mathrm{g}}=[\pi/2-(-\pi/2)]/\Delta$；$n_1$为距离区间的谱峰搜索次数，$n_1=[2D^2/\lambda-0.62(D^3/\lambda)^{1/2}]/\Delta$；$\Delta$为搜索步长；$M$为阵元数；$N=(M-1)/2$；$K$为信源数；$J$为快拍数；$D$为阵列孔径。

不同算法的复杂度对比分别如图 7-24 和图 7-25 所示。由图可知，相比经典 2D-MUSIC 算法，RD-MUSIC 算法大大降低了复杂度；相比 RARE-MUSIC 算法，RD-MUSIC 算法进一步降低了复杂度。

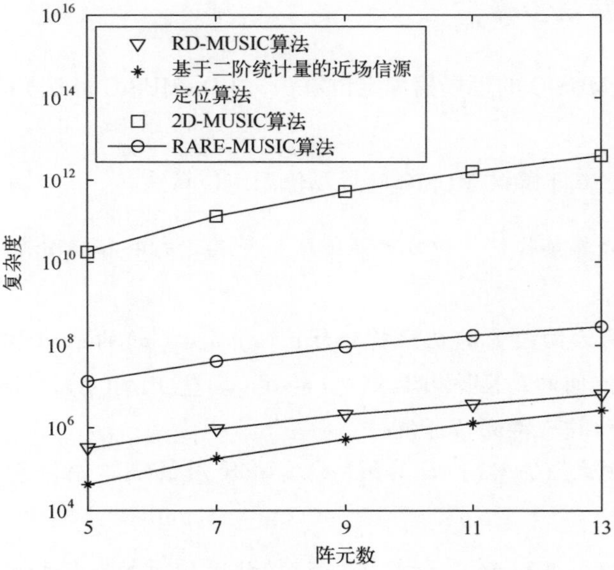

图 7-24　在不同阵元数时不同算法的复杂度对比

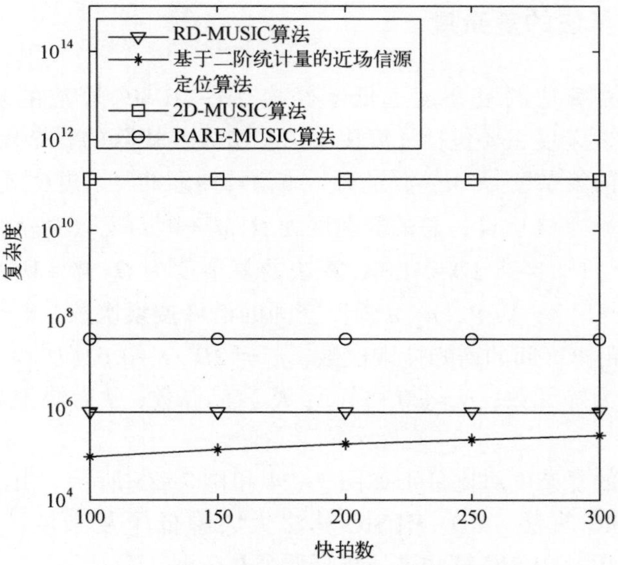

图 7-25　在不同快拍数时不同算法的复杂度对比

7.5.5 仿真结果

为了能够准确描述算法的参数估计性能，采用多次蒙特卡罗仿真实验进行验证，参数估计的均方根误差分别见式（7-22）和式（7-23）。假设空间有2个（$K=2$）不相关的信源位于对称均匀线阵列的近场区域，信源信号入射到阵列上，角度和距离分别为$(5°,0.3\lambda)$和$(10°,0.5\lambda)$，阵元间距为四分之一信号波长。在以下的仿真实验中，M表示阵元数，K表示信源数，J表示快拍数，SNR表示信噪比。在仿真结果图中，angle表示角度，degree表示度，range表示距离，λ表示距离单位——波长。

仿真1. 图7-26和图7-27分别为RD-MUSIC算法对信源角度和距离估计的散点图。

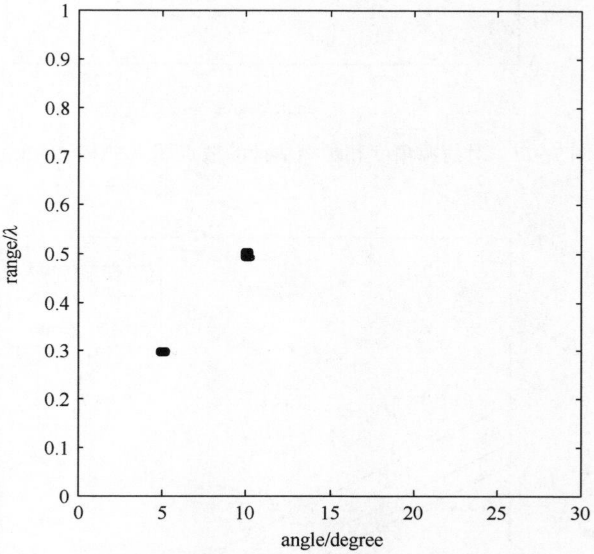

图7-26 对信源角度和距离估计的散点图（SNR=10dB）

仿真2. 图7-28和图7-29分别为RD-MUSIC算法在不同快拍数时对信源角度和距离的估计性能。由图可知，随着快拍数的增加，参数估计性能变好。

仿真3. 图7-30和图7-31分别为不同算法对信源角度和距离的估计性能对比。由图可知，RD-MUSIC算法、2D-MUSIC算法及RARE-MUSIC算法对信源参数的估计性能非常接近，远好于基于二阶统计量的近场信源定位算法。

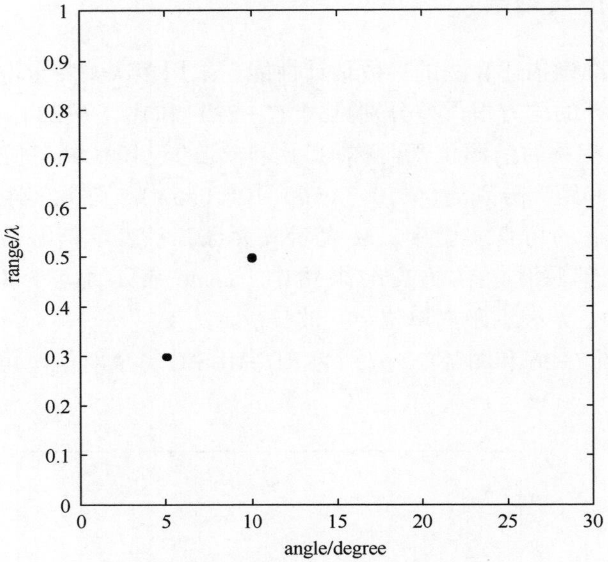

图 7-27　对信源角度和距离估计的散点图（SNR＝25dB）

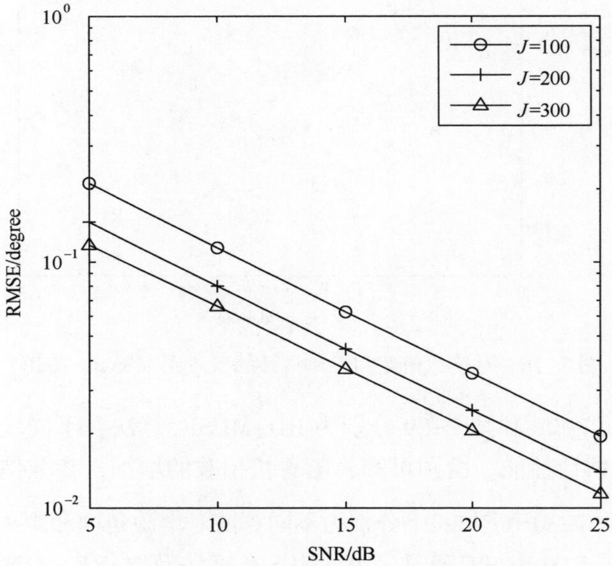

图 7-28　在不同快拍数时对信源角度的估计性能

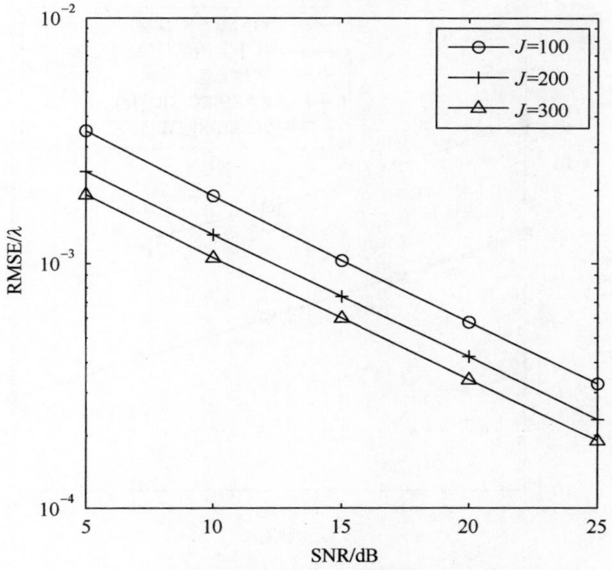

图 7-29　在不同快拍数时对信源距离的估计性能

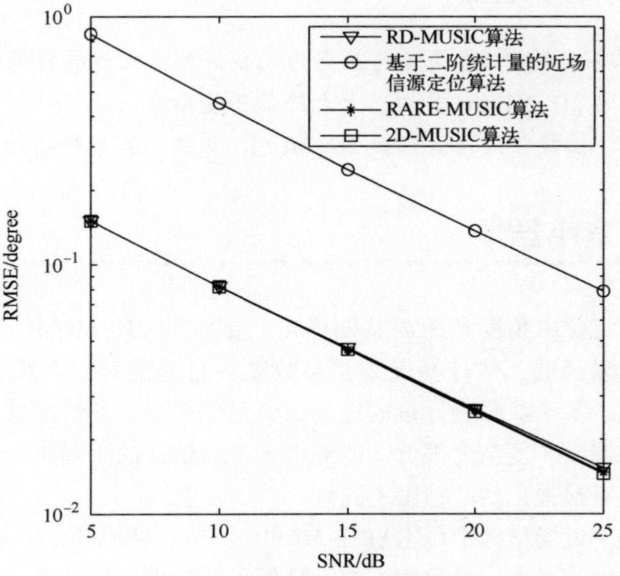

图 7-30　对信源角度的估计性能对比

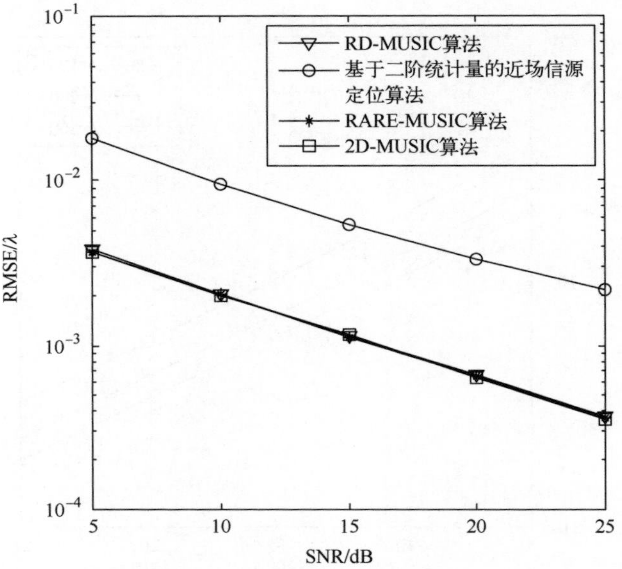

图 7-31　对信源距离的估计性能对比

7.5.6　算法的优点

- 能够实现对近场信源角度与距离的联合估计，且能够自动配对。
- 相比经典 2D-MUSIC 算法，大大降低了复杂度。
- 参数估计性能非常接近经典 2D-MUSIC 算法，具有较高的估计精度。

7.6　本章小结

近场信源定位由角度和距离共同确定。传统的 2D-MUSIC 算法利用子空间理论构造搜索函数，估计精度高，参数能够自动配对，二维搜索计算量巨大。本章研究了基于二阶统计量的近场信源定位算法，参数能够自动配对，不需要进行谱峰搜索，复杂度很低，能够得到参数估计的闭式解，阵元利用率不高，阵列孔径有损失，估计精度不高。

本章给出了近场信源定位 RARE-MUSIC 算法，能够将 2D-MUSIC 算法中的二维搜索转换为多次一维搜索，大大降低了复杂度，估计性能与 2D-MUSIC 算法基本一致，具有较高的估计精度；给出了近场信源定位 RD-MUSIC 算法，可将二维搜索转换为一维局部搜索，进一步降低了复杂度，估计性能与传统 2D-MUSIC 算法非常接近。部分相应成果见文献［17-20］。

参考文献

[1] 张贤达，保铮．通信信号处理［M］．北京：国防工业出版社，2000.

[2] SCHMIDT R O. Multiple emitter location and signal parameter estimation［J］. IEEE Transactions on Antennas and Propagation，1986，34（3）：276-280.

[3] ROY R，KAILATH T. ESPRIT-estimation of signal parameters via rotational invariance techniques［J］. IEEE Transactions on Acoustics，Speech，and Signal Processing，1989，37（7）：984-995.

[4] RAO B D，HARI K V S. Performance analysis of root-MUSIC［J］. IEEE Transactions on Acoustics Speech and Signal Processing，1989，37（12）：1939-1949.

[5] JOHNSON R C. Antenna Engineering Handbook［M］. 3rd ed. New York：McGraw-Hill，1993：9-12.

[6] SWINDLEHURST A L，KAILATH T. Passive direction-of-arrival and range estimation for near-field sources［C］//IEEE Workshop on Spectrum Estimation and Modeling. Rochester：IEEE，1988.

[7] HUANG Y D，BARKAT M. Near-field multiple source localization by passive sensor array［J］. IEEE Transactions on Antennas and Propagation，1991，39（7）：968-975.

[8] WEISS A J，FRIEDLANDER B. Range and bearing estimation using polynomial rooting［J］. IEEE Journal of Oceanic Engineering，1993，18（2）：130-137.

[9] STARER D，NEHORAI A. Passive localization of near-field sources by path following［J］. IEEE Transactions on Signal Processing，1994，42（3）：677-680.

[10] GROSICKI E，ABED-MERAIM K，HUA Y. A weighted linear prediction method for near-field source localization［J］. IEEE Transactions on Signal Processing，2005，53（10）：3651-3660.

[11] LEE J H，LEE C M，LEE K K. A modified path-following algorithm using a known algebraic path［J］. IEEE Transactions on Signal Processing，1999，47（5）：1407-1409.

[12] ABED-MERAIM K，HUA Y B，BELOUCHRANI A. Second-order near-field source localization：algorithm and performance analysis［C］//Conference Record of The Thirtieth Asilomar Conference on Signals，Systems and Computers. California：IEEE，1996.

[13] ABED-MERAIM K，HUA Y B. 3-D near field source localization using second order statistics［C］//Conference Record of the Thirty-First Asilomar Conference on Signals，Systems and Computers. California：IEEE，1997.

[14] PHAM T D，MÖCKS J. Beyond principal component analysis：a trilinear decomposition model and least squares estimation［J］. Psychometrika，1992，57：203-215.

[15] LIANG J L，YANG S Y，ZHANG J Y. A New Near-Field Source Localization Algorithm without Pairing Parameters［C］//Fourth IEEE Workshop on Sensor Array and Multichannel Processing. Massachusetts：IEEE，2006.

[16] XIE J，TAO H H，RAO X，et al. Passive localization of noncircular sources in the near-field［C］//2015

16th International Radar Symposium (IRS). Dresden: IEEE, 2015.

[17] ZHANG X F, CHEN W Y, ZHENG W, et al. Localization of near-field sources: a reduced-dimension MUSIC algorithm [J]. IEEE Communications Letters, 2018, 22 (7): 1422-1425.

[18] 陈未央，徐乐，张小飞．均匀线阵中基于降秩 Capon 的近场源定位 [J]．数据采集与处理，2020，35 (1)：110-117.

[19] LI Z, SHEN J Q, ZHAI H, et al. 3-D localization for near-field and strictly noncircular sources via centro-symmetric cross array [J]. IEEE Sensors Journal, 2021, 21 (6): 8432-8440.

[20] LI Z, SHEN J Q, ZHANG X F. 3-D localization of near-field and strictly noncircular sources using steering vector decomposition [J]. Frontiers of Information Technology & Electronic Engineering, 2022, 23: 644-652.

第 8 章 多阵列联合 DOA 融合信源定位

本章将研究多阵列联合 DOA 融合信源定位问题。DOA 的聚类定位是 DOA 融合信源定位的一种常见算法，采用无监督学习中的聚类方法排除伪点，实现对多个信源的定位。当有多个信源时，除了同一信源到达不同观测点的方位线相交产生有用的数据点，不同信源到达不同观测点的方位线也会相交，从而产生伪点，使现有的单个信源 DOA 定位算法失效。本章提出了在二维场景下基于 DOA 的聚类定位算法和在三维场景下基于 DOA 的聚类定位算法。

8.1 引言

8.1.1 研究背景

阵列信号处理在通信、雷达、勘探等领域得到了广泛应用和迅速发展[1]。与传统的单个天线相比，由多个天线单元按一定的规律排列而成的天线阵列，具有灵活的波束控制、更大的接收信号增益、更强的空间分辨能力和干扰抑制能力，通过有效处理天线阵列的接收信号，可以使有用信号增强，噪声和干扰减弱，获得更接近真实值的有用信息[2-4]。对于单个固定阵列，其本身只能得到方向信息，不能得到距离信息，在复杂多变的空间电磁环境下，更难以仅从单个固定阵列的观测信息中及时抽取精确的有用信息。通过对多个阵列接收信号的综合利用和差异性的考量：一方面可以提高信息的冗余度，提升信息的准确性；另一方面可以获取多种类型的信息，实现对信源的定位。因此，开展基于多阵列的信源定位研究具有重要意义和应用价值。

阵列信号 DOA 的估计是阵列信号处理的基本内容之一，目前已有很多可以采用的高分辨率、高精度的算法：一类是以 MUSIC 算法为代表的噪声子空间类算法[5-7]；另一类是以 ESPRIT 算法为代表的信号子空间类算法[8-10]。根据现有的研究，基于信号波达方向的定位技术因结构简单、易于实现而被广泛应用。考虑到多阵列测向步骤之间具有独立性，当有多个信源需要同时进行定位时，通过求解伪线性方程得到信源位置的估计算法将无法采用，解决方案是基于数据关联算法进行角度匹配，因计算量大、稳定性差，不能进行实际应用[11-13]，所以对基于DOA的多个信源定位算法的研究是很有必要的。

8.1.2 研究现状

对基于DOA定位技术的研究是从20世纪60年代开始的，通过观测点获得了信号的DOA估计值，利用多个角度的测量值得到了信号DOA射线的交点，进而确定了信源的位置[14-16]。TOA定位是通过将信号到达各观测点的时间，转换为以观测点为圆心的圆的半径信息，确定信源所在圆的方程，联立多个圆的方程，信源位置就是圆的交点[17-19]。TOA定位在实现时具有很大的挑战性，依赖信源信号到观测点的时间完全同步。基于信源信号到两个观测点时间差的TDOA定位技术解决了时间完全同步难的问题，通过确定参考观测点，构造一组双曲线，即可确定信源位置[20-22]，定位精度较高，得到了广泛应用。基于信源到观测点距离的定位，RSS技术通过测量接收信号的强度信息，利用自由空间损耗模型，计算信源与观测点之间的距离，进而完成对信源的定位[23-25]。

在定位技术中，基于DOA的信源定位技术具有结构简单、观测点之间不需要接收信号时间完全同步的优势，得到了研究人员的广泛关注。针对两步定位，对基于DOA信源定位技术的研究相应集中在两个方面：一个方面是对角度估计算法进行研究；另一个方面是对位置解算算法进行研究。Schmidt于1979年提出了超分辨率MUSIC算法，使DOA信源定位技术产生了质的飞跃，打破了传统算法分辨率受限“瑞利限”的局限。在此基础上，研究人员进一步改进了MUSIC算法以提升DOA的估计精度[26-28]。为了避免MUSIC算法需要进行的复杂谱函数搜索，Roy于1986年提出了基于子空间旋转不变的ESPRIT算法。ESPRIT算法能够获得信号角度估计的闭式解，复杂度低。在信源位置估计方面，由于信源位置和观测信息之间存在非线性关系，难以得到信源位置的闭式解，因此研究人员针对求解伪线性方程进行了大量的研究。文献［29］介绍了多站测向定位场景中的位置估计算法，通过多站观测数据的冗余性，提升了最小二乘解的估计精度。文献［30］介绍了利用泰勒展开实现对信源位置的估计：首先确定信源位置的粗估计值，并把粗估计值作为泰勒展开的初始信源位置；然后通过确定局部线性最小平方误差和校正每一个步骤的估计结果。文献［31］介绍了利用多个观测平台或单个运动观测点进行信源定位的场景，通过将定位方程的非线性部分视为噪声，构造信源和观测点相对位置的线性关系，结合卡尔曼滤波给出了信源位置估计值。这种求解信源位置伪线性方程的方法，由于没有考虑观测矩阵与噪声之间的相关性，因此存在有偏性。为了降低算法的有偏性，研究人员将定位问题转换为利用辅助变量的线性最小二乘问题，研究出了一种利用角度估计噪声方差先验知识的偏差补偿算法，降低了误差，实现了信源位置的渐近无偏估计[32]。现有的研究大都针对如何求解由信源和观测点位置构造的非线性方程，通过消除方程的有偏性来提升定位精度。这种算法只适用于单个信源的定位场景，在面对需要同时对多个信源进行位置估计时，由于观测点在中间参数测量步骤上的独立性，第二步的信源位置估计仅利用了第一步参数的估计结果，不知道哪些参数属于同一个信源，导致许多已有的单个信源定位算法失效。

解决上述问题的一个直接思路就是进行信源与中间参数的匹配。为了实现参数匹配，研究人员对数据关联技术进行了广泛研究。Bar-Shalom 于 1974 年提出了一种用于信源跟踪的概率数据关联算法[33]。该算法的主要思想是对于接收的多个回波信号，认为都具有来自某一信源的可能性，只是概率不同。该算法有效的前提是在有效的空间，仅存在一个轨迹已经形成的信源，当信源比较密集时，容易被来自同一空间其他信源的测量值干扰，导致跟踪信源丢失或误跟。文献［34］介绍的多维分配算法也被认为是数据关联的有效算法，当信源的个数和观测点的个数增加时，复杂度会出现指数级增长，很难用于实际应用。

解决多个信源定位问题的另一个方法是先得到所有可能信源位置的估计值，再通过排除伪点，获得信源位置的估计值。文献［35］介绍了分层快速关联去除伪点的算法，通过观测点之间的位置关系和信源信号入射到不同观测点的角度信息规律构造检验统计量，在消除一部分伪点后，通过层次组合，从剩余的位置估计值中选取真实定位点。文献［36］介绍了以最小距离为分类准则的二次聚类算法。该算法首先以最小距离为分类准则，对每个方位线上的所有交点均进行聚类，从中选取聚类度比较高的集合，然后通过计算集合的交集进行二次聚类，从二次聚类结果中找出最优交集，排除伪点，保证了算法的关联性。相关研究主要针对的都是二维定位场景，计算量比较大，对三维场景中信源定位的研究不是很多，在基于空中平台移动监测或水下信源定位时，往往需要对三维场景下的多个信源进行定位。

8.2 在二维场景下基于 DOA 的聚类定位算法

8.2.1 数据模型

二维聚类定位系统数据模型如图 8-1 所示。假设在空间有 N 个位置精确已知的观测点，忽略观测点的位置误差，观测点的位置为 $\boldsymbol{p}_n=[x_n,y_n]^{\mathrm{T}}, n=1,2,\cdots,N$，在各观测点均配置一个阵元数为 M 的理想均匀线阵列，所有阵元均被视为无差别的点且忽略阵元之间的互耦，有 K 个远场信源，位于 $\boldsymbol{u}_k=[v_k,w_k]^{\mathrm{T}}$。

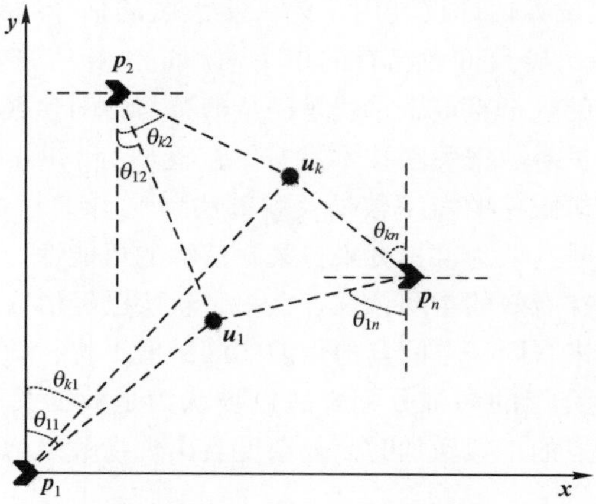

图 8-1　二维聚类定位系统数据模型

信源 k 相对于第 n 个观测点的真实到达角 θ_{kn} 可以表示为

$$\theta_{kn}=\arctan\frac{v_k-y_n}{w_k-x_n} \tag{8-1}$$

在实际应用中，到达角 θ_{kn} 总会产生一定的误差，记 θ_{kn} 对应的误差项为服从互不相关零均值高斯分布的误差 e_{kn}，则第 n 个观测点的一组到达角为

$$\hat{\boldsymbol{\theta}}_n=\boldsymbol{\theta}_n+\boldsymbol{e}_n \tag{8-2}$$

式中，$\boldsymbol{\theta}_n=[\theta_{1n},\theta_{2n},\cdots,\theta_{Kn}]^{\mathrm{T}}$；$\boldsymbol{e}_n=[e_{1n},e_{2n},\cdots,e_{Kn}]^{\mathrm{T}}$。

8. 2. 2　算法描述

假设在各观测点已经得到了 K 个信源信号到达角的测量值，根据 MUSIC 算法和 ESPRIT 算法，由第 n 个观测点的测量值确定的 K 条方位线方程为

$$\begin{cases} v_1-w_1\tan\hat{\theta}_{1n}=x_n-y_n\tan\hat{\theta}_{1n} \\ v_2-w_2\tan\hat{\theta}_{2n}=x_n-y_n\tan\hat{\theta}_{2n} \\ \qquad\vdots \\ v_K-w_K\tan\hat{\theta}_{Kn}=x_n-y_n\tan\hat{\theta}_{Kn} \end{cases} \tag{8-3}$$

由 N 个观测点的测量值，可以得到 KN 条方位线方程。假设选取其中任意两个观测点的测量值，即第 i 个观测点的测量值 $\hat{\theta}_{ai}$ 和第 j 个观测点的测量值 $\hat{\theta}_{bj}$，可得确定的两条方位线方程为

$$\begin{cases} x-y\tan\hat{\theta}_{ai}=x_i-y_i\tan\hat{\theta}_{ai} \\ x-y\tan\hat{\theta}_{bj}=x_j-y_j\tan\hat{\theta}_{bj} \end{cases} \tag{8-4}$$

式中，a 和 b 分别为表征信源的未知正整数，$a,b\in[1,K]$。

将式（8-4）写成矩阵形式，有

$$\begin{bmatrix} 1 & -\tan\hat{\theta}_{ai} \\ 1 & -\tan\hat{\theta}_{bj} \end{bmatrix}\begin{bmatrix} x \\ y \end{bmatrix}=\begin{bmatrix} x_i-y_i\tan\hat{\theta}_{ai} \\ x_j-y_j\tan\hat{\theta}_{bj} \end{bmatrix} \tag{8-5}$$

求解可得

$$\begin{aligned} x&=(q_j\tan\hat{\theta}_{ai}-q_i\tan\hat{\theta}_{bj})/e \\ y&=(q_j-q_i)/e \end{aligned} \tag{8-6}$$

式中，

$$\begin{cases} q_i=x_i-y_i\tan\hat{\theta}_{ai} \\ q_j=x_j-y_j\tan\hat{\theta}_{bj} \\ e=\tan\hat{\theta}_{ai}-\tan\hat{\theta}_{bj} \end{cases} \tag{8-7}$$

如果 $a=b$，则通过求解式（8-4），可得到真实信源位置的估计值。如果 $a\neq b$，

即$\hat{\theta}_{ai}$和$\hat{\theta}_{bj}$对应的信号不是来自同一个信源，则式（8-6）的解为一个伪点。

在实际应用中，真实信源位置未知，难以区分式（8-4）的解是真实信源位置还是伪点。这里采用无监督学习中的聚类思想排除伪点，通过不同方位线的组合，得到诸如式（8-6）的交点个数为$NK(N-1)K/2$。其中，真实信源位置的个数为K。为了找出真实信源位置，引入损失函数

$$L(q)=\sum_{i=1}^{D_0}d_i,\ q=1,2,\cdots,NK(N-1)K/2 \tag{8-8}$$

式中，q为交点索引；$d_i(i=1,2,\cdots,D_0)$为与第q个交点距离最近的D_0个交点的距离；D_0为预先设定的参数，满足$D_0\leqslant NK(N-1)K/2$。$L(q)$越大，交点q附近聚集的交点越多。

将得到的损失函数从小到大进行排序，有

$$\widetilde{\boldsymbol{L}}(q)=[\widetilde{L}(1),\widetilde{L}(2),\cdots,\widetilde{L}(NK(K-1)K/2))] \tag{8-9}$$

式中，$\widetilde{L}(1)<\widetilde{L}(2)<\cdots<\widetilde{L}(NK(N-1)K/2)$，且$\widetilde{L}(1)$对应的交点为第1个信源位置的估计值。

设定一个阈值W，假设$\widetilde{L}(j)$对应的交点位置为第$k(1<k\leqslant K)$个信源位置的估计值，计算与前$k-1$个已估计信源的距离。若存在距离小于W的信源，则令$j=j+1$，再次计算下一个交点位置与前$k-1$个已估计信源的距离。若某个交点位置与前$k-1$个信源的距离均大于W，则$\widetilde{L}(j)$对应的交点位置为第k个信源位置的估计值。重复上述过程，直到找出第K个信源位置的估计值。

8.2.3 步骤描述

在二维场景下基于DOA的聚类定位算法的主要步骤如下。

算法8.1：在二维场景下基于DOA的聚类定位算法。

步骤1：观测点在$\boldsymbol{p}_n=[x_n,y_n]^{\mathrm{T}}$处接收信号，并进行信号到达角估计，得到信源信号入射到第n个观测点的到达角估计值$\hat{\boldsymbol{\theta}}_n$。

步骤2：根据式（8-3）可得由第n个观测点测量值确定的K条方位线方程，进而得到所有KN条方位线方程。

步骤3：选取其中任意两个观测点的测量值$\hat{\theta}_{ai}$和$\hat{\theta}_{bj}$，根据式（8-6）和式（8-7），得到$NK(N-1)K/2$个方位线的交点。

步骤4：定义参数D_0，根据式（8-8）构造损失函数$L(q)$，并将其从小

到大进行排序，得到升序排列的损失函数$\widetilde{L}$，进而得到$\widetilde{L}(1)$对应的交点位置为第 1 个信源位置的估计值。

步骤 5：定义阈值 W，找出满足损失函数$\widetilde{L}$最小值且两两之间距离不小于 W 的 $K-1$ 个交点，即可得到其余 $K-1$ 个信源位置的估计值。

8.2.4　仿真结果

下面采用多次蒙特卡罗仿真实验对算法的参数估计性能进行验证，定义均方根误差为

$$\mathrm{RMSE}=\frac{1}{K}\sqrt{\frac{1}{Q}\sum_{q=1}^{Q}\sum_{k=1}^{K}\|\boldsymbol{u}_k-\hat{\boldsymbol{u}}_{k,q}\|_2^2} \tag{8-10}$$

式中，Q 为蒙特卡罗仿真实验的次数，取 100 次；$\hat{\boldsymbol{u}}_{k,q}$ 为第 q 次蒙特卡罗仿真实验的第 k 个信源位置的估计值。

图 8-2 为基于 DOA 的聚类定位算法在二维场景下的定位散点图，信源数 $K=3$，与各观测点位于同一个平面内的位置分别为（100m，900m）、（500m，200m）、（900m，700m），$N=5$ 个观测点均匀分布在 x 轴的 [-1000m，1000m] 范围内，观测点间隔 $D=500$m。

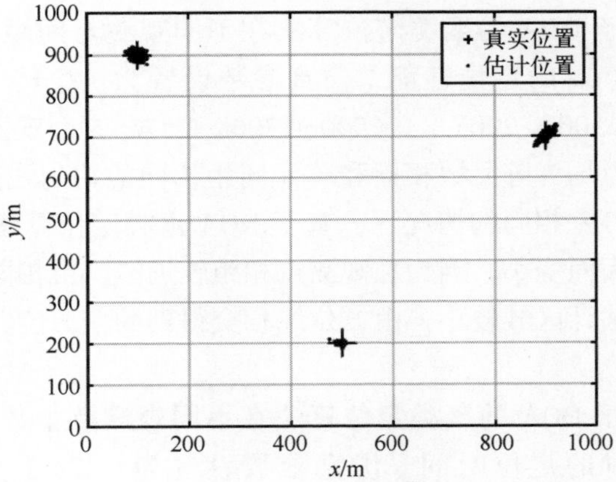

图 8-2　在二维场景下的定位散点图

图 8-3 为基于 DOA 的聚类定位算法在不同观测点个数（$N=5$、$N=7$、$N=9$、$N=11$）时的定位性能，仿真参数设置为：$K=3$ 个信源分别位于（100m，900m）、（500m，200m）、（900m，700m），N 个观测点均匀分布在

x 轴上，所有观测点均为阵元数相同和阵元间距相同的均匀线阵列，观测点间距 $D=500\text{m}$。由图可知，基于 DOA 聚类定位算法的定位误差随着角度测量误差方差的减小而减小，定位性能随着观测点个数的增加而变好，说明增加观测点个数是提升定位精度的一个方法。

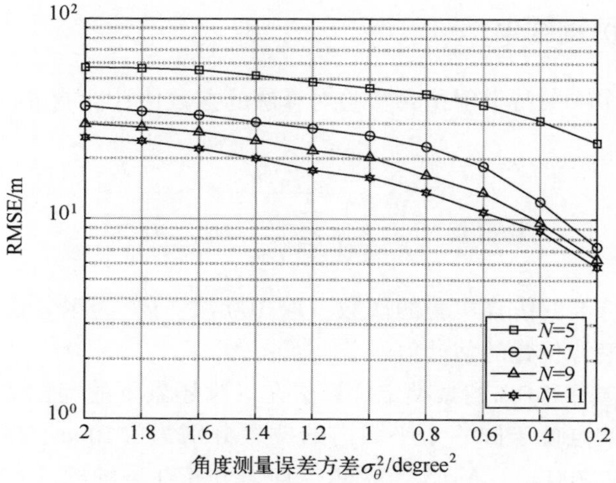

图 8-3　在不同观测点个数时的定位性能

图 8-4 为基于 DOA 的聚类定位算法在不同观测点间距（$D=100\text{m}$、$D=200\text{m}$、$D=500\text{m}$）时的定位性能，仿真参数设置为：$K=3$ 个信源分别位于 (100m,900m)、(500m,200m)、(900m,700m)，$N=5$ 个观测点均匀分布在 x 轴上，所有观测点均为阵元数相同和阵元间距相同的均匀线阵列。由图可知，在角度测量误差方差相同的情况下，基于 DOA 聚类定位算法的定位误差随着观测点间距的增大而变小，因为在观测点相距较远时，由相同角度测量误差引起的有误差位置估计区域较小，由方位线相交得到的信源位置估计距离真实信源位置越近。

图 8-5 为基于 DOA 的聚类定位算法在不同观测点个数（$N=5$、$N=7$、$N=9$、$N=11$）时的定位时间，仿真参数设置为：$K=3$ 个信源分别位于 (100m,900m)、(500m,200m)、(900m,700m)，N 个观测点在 x 轴上均匀分布，所有观测点均为阵元数相同和阵元间距相同的均匀线阵列。由图可知，在观测点间距相同的情况下，随着观测点个数的增加，基于 DOA 聚类定位算法的定位时间越长。由前面的仿真实验可知，因为增加观测点个数是提升定位精度的一种有效方法，所以在实际应用中，要视具体情况选择折中方案。

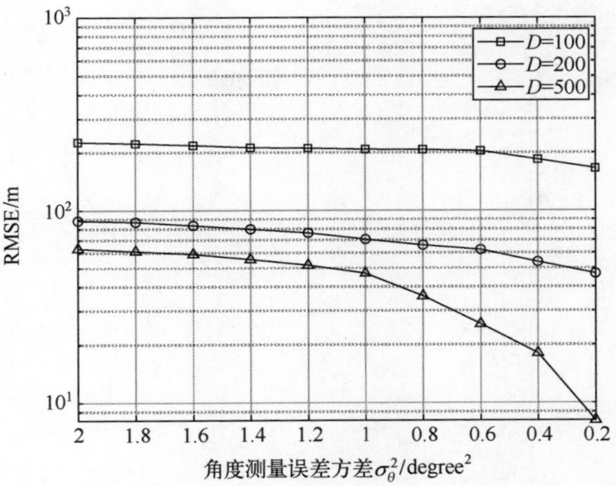

图 8-4　在不同观测点间距时的定位性能

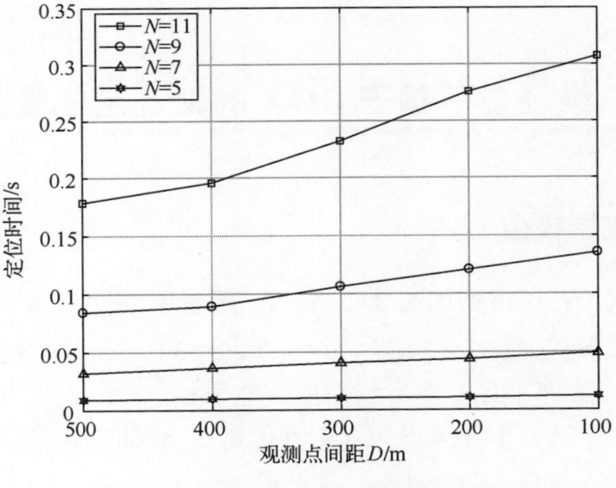

图 8-5　在不同观测点个数时的定位时间

图 8-6 为基于 DOA 的聚类定位算法在不同信源数（$K=1$、$K=2$、$K=3$）时的定位时间，当 $K=1$ 时信源位于（100m,900m），当 $K=2$ 时增加一个信源，位于（500m,200m），当 $K=3$ 时继续增加一个信源，位于（900m,700m），其他仿真参数设置为：$N=5$ 个观测点均匀分布在 x 轴上，观测点间隔 $D=500$m。由图可知，定位时间与观测点个数近似为幂函数关系，当只有一个信源时，定位时间增加的幅度很小；随着信源数的增加，定位时间随着观测点个数的增加，增加速度变快。这是因为，方位线交点的个数由观测点

个数和信源数决定。

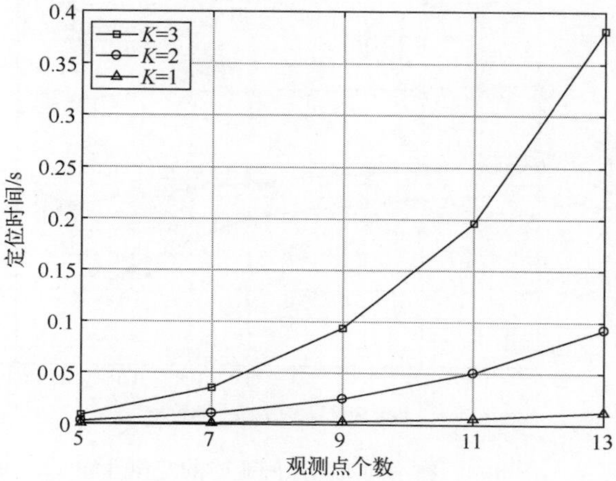

图 8-6　在不同信源数时的定位时间

8.3　在三维场景下基于 DOA 的聚类定位算法

8.3.1　数据模型

三维聚类定位系统模型如图 8-7 所示。假设在空间有 N 个位置精确已知的观测点，位置为 $\boldsymbol{p}_n=[x_n,y_n,z_n]^{\mathrm{T}}$，$n=1,2,\cdots,N$，在各观测点均配置一个阵元数为 M 的 L 型阵列，有 K 个远场信源，位于 $\boldsymbol{u}_k=[v_k,w_k,h_k]^{\mathrm{T}}$。

信源 k 相对于第 n 个观测点的真实方位角 φ_{kn} 和仰角 θ_{kn} 分别为

$$\varphi_{kn}=\arctan\frac{v_k-y_n}{w_k-x_n} \tag{8-11}$$

$$\theta_{kn}=\arctan\frac{h_k-z_n}{[(w_k-x_n)^2+(v_k-y_n)^2]^{1/2}} \tag{8-12}$$

在实际应用中，若测量值存在误差，记方位角 φ_{kn} 对应的误差项为 ε_{kn}，仰角 θ_{kn} 对应的误差项为 e_{kn}，则第 n 个观测点获得信号的方位角信息和仰角信息分别为

$$\hat{\boldsymbol{\varphi}}_n=\boldsymbol{\varphi}_n+\boldsymbol{\varepsilon}_n \tag{8-13}$$

$$\hat{\boldsymbol{\theta}}_n=\boldsymbol{\theta}_n+\boldsymbol{e}_n \tag{8-14}$$

式中，$\boldsymbol{\varphi}_n=[\varphi_{1n},\varphi_{2n},\cdots,\varphi_{Kn}]^{\mathrm{T}}$；$\boldsymbol{\theta}_n=[\theta_{1n},\theta_{2n},\cdots,\theta_{Kn}]^{\mathrm{T}}$；$\boldsymbol{\varepsilon}_n=[\varepsilon_{1n},\varepsilon_{2n},\cdots,\varepsilon_{Kn}]^{\mathrm{T}}$；$\boldsymbol{e}_n=[e_{1n},e_{2n},\cdots,e_{Kn}]^{\mathrm{T}}$。

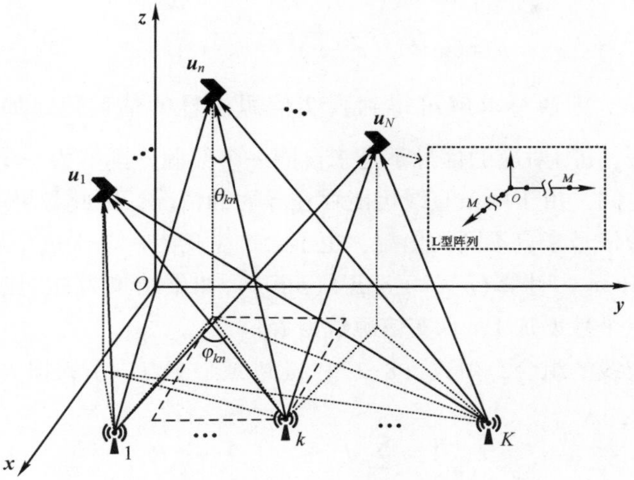

图 8-7　三维聚类定位系统模型

8.3.2　算法描述

假设在各观测点已经得到了 K 个信源方位角和仰角的测量值，根据二维角度估计算法，由第 n 个观测点的方位面和俯仰面相交的第 k 条方位线见式（8-13）。

由于采用角度估计算法可以同时获得已经配对好的方位角和仰角，因此不同信源的方位面和俯仰面不会产生虚假方位线，N 个观测点可以得到 KN 条方位线。选取任意两个观测点得到任意两条方位线，假设选取第 i 个位置和第 j 个位置，两条方位线分别由两组角度估计值$(\hat{\varphi}_{ai},\hat{\theta}_{ai})$和$(\hat{\varphi}_{bj},\hat{\theta}_{bj})$得到，位置矢量为

$$\boldsymbol{o}_{ai}=(\cos\hat{\varphi}_{ai}\cos\hat{\theta}_{ai},\sin\hat{\varphi}_{ai}\cos\hat{\theta}_{ai},\sin\hat{\theta}_{ai}) \tag{8-15}$$

$$\boldsymbol{o}_{bj}=(\cos\hat{\varphi}_{bj}\cos\hat{\theta}_{bj},\sin\hat{\varphi}_{bj}\cos\hat{\theta}_{bj},\sin\hat{\theta}_{bj}) \tag{8-16}$$

代入式（8-11）和式（8-12），可得

$$
\begin{aligned}
v_i &= \frac{(x_i\tan\hat{\varphi}_{ai}-y_i)-(x_j\tan\hat{\varphi}_{bj}-y_j)}{\tan\hat{\varphi}_{ai}-\tan\hat{\varphi}_{bj}} \\
w_i &= \tan\hat{\varphi}_{ai}(v_i-x_i)+y_i \\
h_i &= \tan\hat{\theta}_{ai}\sqrt{(v_i-x_i)^2+(w_i-y_i)^2}+z_i
\end{aligned}
\tag{8-17}
$$

如果 $a=b$，则通过求解可得到真实信源位置的估计值。如果 $a\neq b$，即 $(\hat{\varphi}_{ai},\hat{\theta}_{ai})$ 和 $(\hat{\varphi}_{bj},\hat{\theta}_{bj})$ 对应的信号不是来自同一个信源，则解为一个伪点。

在三维空间，由于两条直线可能存在异面的情况，因此如果两条方位线异面，那么尽管信号来自不同的信源，也不会产生伪点。基于这个事实，对于两条方位线 $\boldsymbol{o}_{ai}$ 和 $\boldsymbol{o}_{bj}$，计算 $(\overline{\boldsymbol{o}_{ai}\boldsymbol{p}_i} * \overline{\boldsymbol{o}_{bj}\boldsymbol{p}_j})(\overline{\boldsymbol{p}_i\boldsymbol{p}_j})$，如果结果为 0，则方位线 $\boldsymbol{o}_{ai}$ 和 $\boldsymbol{o}_{bj}$ 相交，交点个数增加 1，真实信源数为 K。

通过方位线的组合，由式（8-17）得到 P 个交点，引入损失函数

$$
L(q) = \sum_{i=1}^{D_0} d_i,\ q = 1,2,\cdots,P \tag{8-18}
$$

式中，q 为交点索引；$d_i(i=1,2,\cdots,D_0)$ 为与第 q 个交点距离最近的 D_0 个交点的距离；D_0 为预先设定的参数，满足 $D_0\leqslant N(N-1)/2$。$L(q)$ 越大，说明交点 q 附近聚集的交点越多。

将得到的损失函数从小到大进行排序，可得

$$
\widetilde{\boldsymbol{L}}(q)=[\widetilde{L}(1),\widetilde{L}(2),\cdots,\widetilde{L}(NK(N-1)K/2))] \tag{8-19}
$$

式中，$\widetilde{L}(1)<\widetilde{L}(2)<\cdots<\widetilde{L}(KN(N-1)K/2)$，且 $\widetilde{L}(1)$ 对应的交点为第 1 个信源位置的估计值。

设定一个阈值 W，假设 $\widetilde{L}(j)$ 对应的交点位置为第 $k(1<k\leqslant K)$ 个信源位置的估计值，计算与前 $k-1$ 个已估计信源的距离。若存在距离小于 W 的信源，则令 $j=j+1$，再次计算下一个交点位置与前 $k-1$ 个已估计信源的距离。若某个交点位置与前 $k-1$ 个信源的距离均大于 W，则 $\widetilde{L}(j)$ 对应的交点位置为第 k 个信源位置的估计值。重复上述过程，直到找出第 K 个信源位置的估计值。

8.3.3 步骤描述

在三维场景下基于 DOA 的聚类定位算法的主要步骤如下。

算法 8.2：在三维场景下基于 DOA 的聚类定位算法。

步骤 1：观测点在 $\boldsymbol{p}_n=[x_n,y_n,z_n]^{\mathrm{T}}$ 位置接收信号，并进行信号到达角估计，得到信号入射到第 n 个观测点的方位角和仰角估计值 $\hat{\boldsymbol{\varphi}}_n$ 和 $\hat{\boldsymbol{\theta}}_n$。

步骤 2：根据式（8-13）得到由第 n 个观测点的方位面和俯仰面相交的第 k 条方位线，进而得到所有 KN 条方位线。

步骤 3：选取任意两个观测点的角度估计值 $\hat{\varphi}_{ai},\hat{\theta}_{ai}$ 和 $\hat{\varphi}_{bj},\hat{\theta}_{bj}$，根据 $(\overline{\boldsymbol{o}_{ai}\boldsymbol{p}_i}*\overline{\boldsymbol{o}_{bj}\boldsymbol{p}_j})(\overline{\boldsymbol{p}_i\boldsymbol{p}_j})$ 是否为 0，判断方位线是否异面。

步骤 4：若 $(\overline{\boldsymbol{o}_{ai}\boldsymbol{p}_i}*\overline{\boldsymbol{o}_{bj}\boldsymbol{p}_j})(\overline{\boldsymbol{p}_i\boldsymbol{p}_j})$ 为 0，则根据式（8-17）可得到方位线的交点位置，进而得到所有的 P 个交点位置，$P\leqslant NK(N-1)K/2$。

步骤 5：定义参数 D_0，根据式（8-18）构造损失函数 $L(q)$，并将其从小到大进行排序，得到升序排列的损失函数，进而得到 $\widetilde{L}(1)$ 对应的交点位置为第 1 个信源位置的估计值。

步骤 6：定义阈值 W，找出满足损失函数的最小值，且两两之间距离不小于 W 的 $K-1$ 个交点，即可得到其余 $K-1$ 个信源位置的估计值。

8.3.4　仿真结果

下面采用多次蒙特卡罗仿真实验对算法参数的估计性能进行验证。定义均方根误差为

$$\mathrm{RMSE}=\frac{1}{K}\sqrt{\frac{1}{Q}\sum_{q=1}^{Q}\sum_{k=1}^{K}\|\boldsymbol{u}_k-\hat{\boldsymbol{u}}_{k,q}\|_2^2}\tag{8-20}$$

式中，Q 为蒙特卡罗仿真实验的次数，取 1000 次；$\hat{\boldsymbol{u}}_{k,q}$ 为第 q 次蒙特卡罗仿真实验的第 k 个信源位置的估计值。

图 8-8 为基于 DOA 的聚类定位算法在三维场景下的定位散点图，有 $K=3$ 个信源，分别位于（900m，200m，300m）、（500m，500m，100m）、（200m，900m，400m），$N=5$ 个观测点分布在一个与 xoy 平行的平面上，高度为 500m，观测点沿 x 轴均匀分布，观测点间隔为 500m。由图可知，基于 DOA 的聚类定位算法在三维场景下能有效对多个信源同时进行定位。

图 8-9 为基于 DOA 的聚类定位算法在不同方位角测量误差方差（$\sigma_\varphi^2=0.01$、$\sigma_\varphi^2=0.1$、$\sigma_\varphi^2=0.5$）时的定位性能，方位角测量误差方差 σ_φ^2 的单位为度（degree）的平方，仿真参数设置为：$K=3$ 个信源分别位于（900m，200m，300m）、（500m，500m，100m）、（200m，900m，400m），$N=5$ 个观测点沿 x 轴

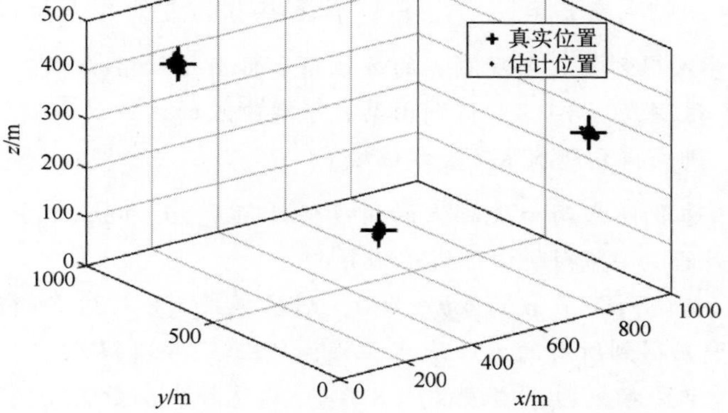

图 8-8 在三维场景下的定位散点图

均匀分布在一个与 xoy 平行的平面上，观测点间隔为 500m，所有观测点均为阵元数相同和阵元间距相同的 L 型阵列。由图可知，在仰角测量误差方差 σ_θ^2 相同的条件下，随着方位角测量误差方差的减小，基于 DOA 的聚类定位算法的定位性能变好，说明降低方位角估计误差，可有效提升定位精度。

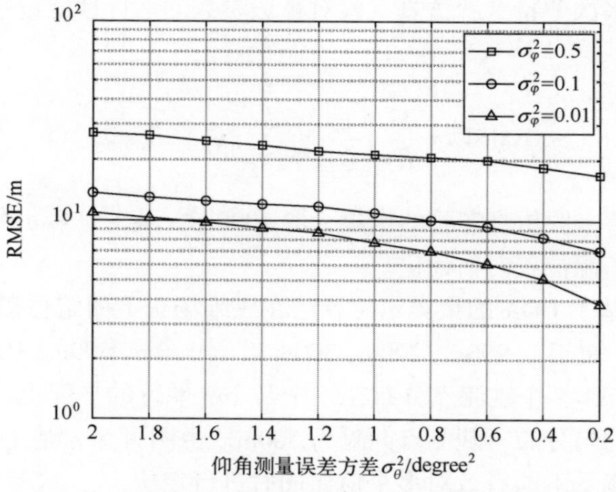

图 8-9 在不同方位角测量误差方差时的定位性能

图 8-10 为基于 DOA 的聚类定位算法在不同仰角测量误差方差（σ_θ^2=0.01、σ_θ^2=0.1、σ_θ^2=0.5）时的定位性能，仰角测量误差方差 σ_θ^2 的单位为

度（degree）的平方，仿真参数设置为：$K=3$ 个信源分别位于（900m，200m，300m）、（500m，500m，100m）、（200m，900m，400m），$N=5$ 个观测点沿 x 轴均匀分布在一个与 xoy 平行的平面上，观测点间隔为 500m，所有观测点均为阵元数相同和阵元间距相同的 L 型阵列。由图可知，随着方位角测量误差方差 σ_φ^2 和仰角测量误差方差 σ_θ^2 的减小，基于 DOA 的聚类定位算法的 RMSE 变小，验证了定位性能的有效性。

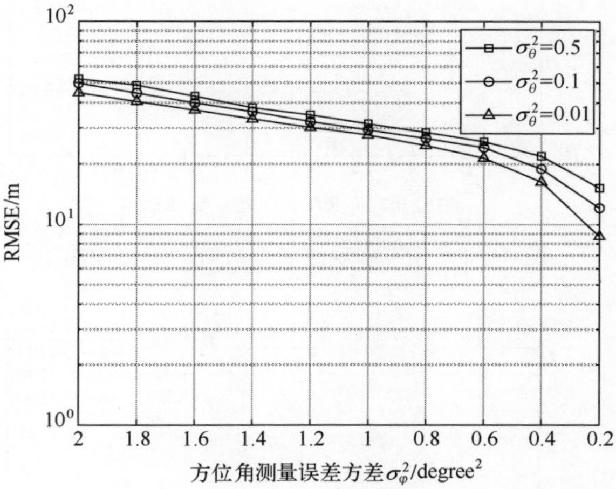

图 8-10　在不同仰角测量误差方差时的定位性能

图 8-11 为基于 DOA 的聚类定位算法在不同观测点个数（$N=5$、$N=7$、$N=9$、$N=11$）时的定位性能，仿真参数设置为：有 $K=3$ 个信源，分别位于（900m，200m，300m）、（500m，500m，100m）、（200m，900m，400m），N 个观测点沿 x 轴均匀分布在一个与 xoy 平行的平面上，所有观测点均为阵元数相同和阵元间距相同的均匀线阵列，观测点间距 $D=500$m。由图可知，基于 DOA 的聚类定位算法在三维场景下的定位结果与在二维场景下的定位结果一致，同样可以通过增加观测点个数来降低定位误差。

图 8-12 为基于 DOA 的聚类定位算法在不同观测点间距（$D=300$m、$D=400$m、$D=500$m）时的定位性能，仿真参数设置为：有 $K=3$ 个信源，分别位于（900m，200m，300m）、（500m，500m，100m）、（200m，900m，400m），$N=5$ 个观测点分布在一个与 xoy 平行的平面上，沿 x 轴均匀分布，高度为 500m，所有观测点均为阵元数相同和阵元间距相同的 L 型阵列。由图可知，在方位角测量误差方差或仰角测量误差方差相同的情况下，基于 DOA 的聚类定位算法的定位误差随观测点间距的增加而减小。

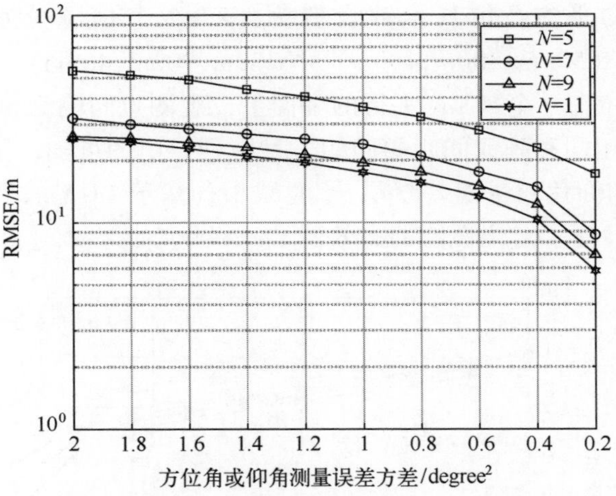

图 8-11　在不同观测点个数时的定位性能

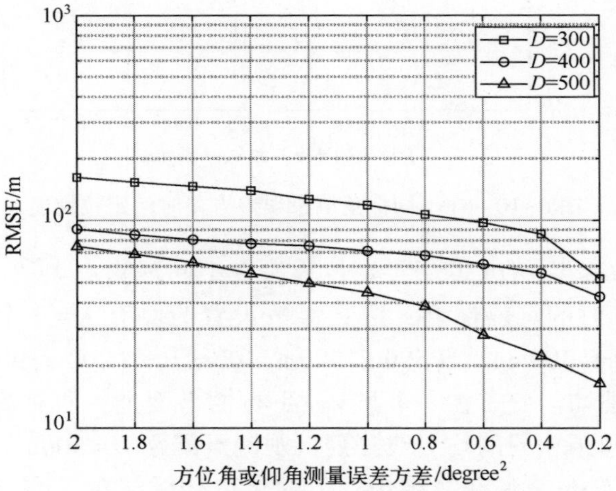

图 8-12　在不同观测点间距时的定位性能

图 8-13 为基于 DOA 的聚类定位算法在不同信源数（$K=1$、$K=2$、$K=3$）时的定位时间，当 $K=1$ 时信源位于（900m,200m,300m），当 $K=2$ 时增加一个信源，位于（500m,500m,100m），当 $K=3$ 时继续增加一个信源，位于(200m,900m,400m)，其他仿真参数设置为：$N=5$ 个观测点均匀分布在一个与 xoy 平行的平面上，所有观测点均为阵元数相同和阵元间距相同的均匀线阵列，观测点间隔 $D=500$m。由图可知，与二维场景中的结论一样，定位时间与

观测点个数近似为一个幂函数关系，随着信源数的增加，定位时间随观测点个数的增加速度变快。

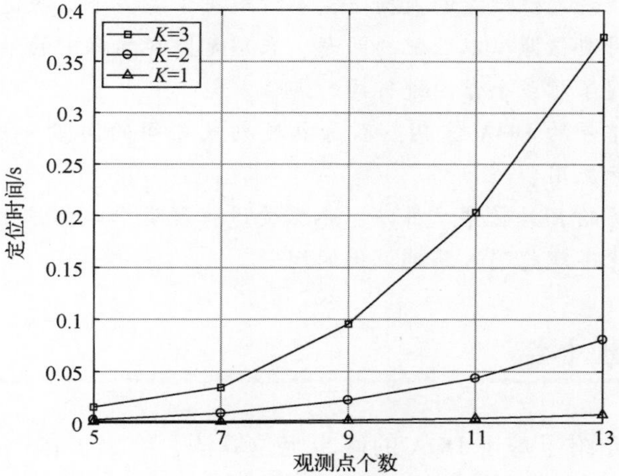

图 8-13　在不同信源数时的定位时间

8.4　性能分析

8.4.1　算法的时间复杂度

下面以算法执行的语句次数为衡量标准分析基于 DOA 的聚类定位算法的时间复杂度。基于 DOA 的聚类定位算法的时间复杂度与方位线相交的点数有关。为了简便，这里记相交的点数为 Q：在二维场景下，基于 DOA 的聚类定位算法，$Q=NK(N-1)K/2$；在三维场景下，基于 DOA 的聚类定位算法，$Q\leqslant NK(N-1)K/2$。其中，N 为观测点个数；K 为信源数。

对于二维场景下基于 DOA 的聚类定位算法和三维场景下基于 DOA 的聚类定位算法，最坏的时间复杂度包括：求解所有交点位置的时间复杂度为 $O(Q)$，计算交点之间距离的时间复杂度为 $O(Q(Q-1)/2)$，计算到每个交点距离最小的几个距离之和的时间复杂度为 $O(Q)$，判断第 2 个到第 K 个信源位置的时间复杂度为 $O(K-2+(Q-K+1)(K-1))$。综上所述，聚类定位算法总的时间复杂度为 $O((Q^2+(2K+3)Q+6K-2K^2-6)/2)$。

8.4.2 算法的优点

- 在保持较好定位性能的前提下，有效解决了对多个信源进行定位时角度信息与对应信源难以匹配的问题，采用无监督学习中的聚类方法排除伪点，实现了对多个信源进行同时定位。
- 仅需要信号的 DOA 信息，不需要观测点之间的同步和协作，成本低，易于实际应用。
- 相比传统的 K 均值聚类算法，不需要进行聚类中心初始化，可避免因随机初始化不理想陷入局部最优的问题。

8.5 本章小结

本章主要介绍了基于 DOA 的两步定位算法，给出了在二维场景下基于 DOA 的聚类定位算法。该算法在三维场景中也有很好的定位效果，不涉及复乘运算，只需要计算交点之间的距离，计算速度快。仿真结果表明，基于 DOA 的聚类定位算法能够有效实现在二维场景和三维场景下对多个信源进行同时定位，具有很好的应用价值。部分成果见文献［37-38］。

参考文献

[1] 张小飞，汪飞，徐大专．阵列信号处理的理论和应用［M］．北京：国防工业出版社，2010.

[2] 张小飞，陈华伟，仇小锋，等．阵列信号处理及 MATLAB 实现［M］．北京：电子工业出版社，2015.

[3] 刘德树，罗景青，张剑云．空间谱估计及其应用［M］．合肥：中国科学技术大学出版社，1997.

[4] KRIM H，VIBERG M. Two decades of array signal processing research：the parametric approach［J］. IEEE Signal Processing Magazine，1996，13（4）：67-94.

[5] RAO B D，HARI K V S. Performance analysis of root-MUSIC［J］. IEEE Transactions on Acoustics，Speech and Signal Processing，1989，37（12）：1939-1949.

[6] KUNDU D. Modified MUSIC algorithm for estimating DOA of signal［J］. Signal Processing，1996，48（1）：85-90.

[7] SCHMIDT R O. Multiple emitter location and signal parameter estimation［J］. IEEE Transactions on Antennas and Propagation，1986，34（3）：276-280.

[8] ROY R，PAULRAJ A，KAILATH T. ESPRIT--A subspace rotation approach to estimation of parameters of cisoids in noise［J］. IEEE Transactions on Acoustics，Speech and Signal Processing，1986，34（5）：

1340-1342.

[9] ROY R, KAILATH T. ESPRIT-estimation of signal parameters via rotational invariance techniques [J]. IEEE Transactions on Acoustics, Speech and Signal Processing, 1989, 37 (7): 984-995.

[10] FORSTER P, NIKIAS C L. Bearing estimation in the bispectrum domain [J]. IEEE Transactions on Signal Processing, 1991, 39 (9): 1994-2006.

[11] SINGER R A, STEIN J J. An optimal tracking filter for processing sensor data of imprecisely determined origin in surveillance systems [C]//1971 IEEE Conference on Decision and Control. Florida: IEEE, 1971.

[12] BAR-SHALOM Y, TSE E. Tracking in a cluttered environment with probabilistic data association [J]. Automatica, 1975, 11 (5): 451-460.

[13] FORTMANN T, BAR-SHALOM Y, SCHEFFE M. Sonar tracking of multiple targets using joint probabilistic data association [J]. IEEE Journal of Oceanic Engineering, 1983, 8 (3): 173-184.

[14] LEE Y S, PARK J W, BAROLLI L. A localization algorithm based on AOA for ad-hoc sensor networks [J]. Mobile Information Systems, 2012, 8 (1): 61-72.

[15] LEE Y S, LEE J M, YEO S S, et al. A Study on the Performance of Wireless Localization System Based on AoA in WSN Environment [C]//2011 Third International Conference on Intelligent Networking and Collaborative Systems. Fukuoka: IEEE, 2011.

[16] LU L, WU H C, CHANG S Y. New direction-of-arrival-based source localization algorithm for wideband signals [J]. IEEE Transactions on Wireless Communications, 2012, 11 (11): 3850-3859.

[17] HEIDARI M, ALSINDI N A, PAHLAVAN K. UDP identification and error mitigation in TOA-based indoor localization systems using neural network architecture [J]. IEEE Transactions on Wireless Communications, 2009, 8 (7): 3597-3607.

[18] HUANG J, XUE Y, YANG L. An efficient closed-form solution for joint synchronization and localization using TOA [J]. Future Generation Computer Systems, 2013, 29 (3): 776-781.

[19] GO S, CHONG J W. Improved TOA-based localization method with BS selection scheme for wireless sensor networks [J]. ETRI Journal, 2015, 37 (4): 707-716.

[20] LI H W, LI C. TDOA based data association and multi-targets passive localization algorithm [C]//2014 7th International Congress on Image and Signal Processing. Dalian: IEEE, 2014.

[21] 刘金龙. 无线传感器网络 TDOA 定位算法研究 [D]. 哈尔滨: 哈尔滨工业大学, 2011.

[22] KIM R, HA T, LIM H, et al. TDOA localization for wireless networks with imperfect clock synchronization [C]//The International Conference on Information Networking 2014. Phuket: IEEE, 2014.

[23] WANG G, YANG K. A new approach to sensor node localization using RSS measurements in wireless sensor networks [J]. IEEE Transactions on Wireless Communications, 2011, 10 (5): 1389-1395.

[24] VAGHEFI R M, GHOLAMI M R, STRÖM E G. RSS-based sensor localization with unknown transmit power [C]//2011 IEEE International Conference on Acoustics, Speech and Signal Processing. Prague: IEEE, 2011.

[25] STOYANOVA T, KERASIOTIS F, ANTONOPOULOS C, et al. RSS-based localization for wireless sensor networks in practice [C]//2014 9th International Symposium on Communication Systems, Networks and Digital Signal Processing. Manchester: IEEE, 2014.

[26] KUNDU D. Modified MUSIC algorithm for estimating DOA of signals [J]. Signal Processing, 1996, 48 (1): 85-90.

[27] HE Z, HUANG L Z. A modified high-order cumulant MUSIC algorithm for signal DOA estimation [J]. Journal of Electronics, 2000, 17 (4): 319-324.

[28] HE W G. An improved MUSIC algorithm for estimating DOA of coherent signals sources [J]. Electronic Science and Technology, 2011, 24 (8): 8-11.

[29] 徐济仁，薛磊．最小二乘方法用于多站测向定位的算法 [J]. 电波科学学报，2001，16 (2): 227-230.

[30] FOY W H. Position-location solutions by taylor-series estimation [J]. IEEE Transactions on Aerospace and Electronic Systems, 2007, 12 (2): 187-194.

[31] LINGREN A G, GONG K F. Position and velocity estimation via bearing observations [J]. IEEE Transactions on Aerospace and Electronic Systems, 1978, 14 (4): 564-577.

[32] SHAO H J, ZHANG X P, WANG Z. Efficient closed-form algorithms for AOA based self-localization of sensor nodes using auxiliary variables [J]. IEEE Transactions on Signal Processing, 2014, 62 (10): 2580-2594.

[33] BAR-SHALOM Y. Extension of the probabilistic data association filter to multi-target tracking [C]//Proceedings of 5th Symposium on Nonlinear Estimation. San Diego: 1974.

[34] POPP R L, PATTIPATI K R, BAR-SHALOM Y. M-best S-D assignment algorithm with application tomultitarget tracking [J]. IEEE Transactions on Aerospace and Electronic Systems, 2001, 37 (1): 22-39.

[35] 陈建宏，时银水，赵国顺．交叉定位中去除虚假目标的一种新算法 [J]. 弹箭与制导学报，2010，30 (4): 190-192.

[36] 蒋维特，杨露菁，杨亚桥．测向交叉定位中基于最小距离的二次聚类算法 [J]. 火力与指挥控制，2009，34 (10): 25-28.

[37] LI J F, LI Y Y, JIANG H, et al. Multi-TDOA estimation and source direct position determination based on parallel factor analysis [J]. IEEE Internet of Things Journal, 2022, 10 (8): 7405-7415.

[38] LI J F, HE Y, ZHANG X F, et al. Simultaneous localization of multiple unknown emitters based on UAV monitoring big data [J]. IEEE Transactions on Industrial Informatics, 2021, 17 (9): 6303-6313.

第 9 章 多阵列联合多域融合信源定位

第 8 章介绍的信源定位算法仅考虑了信号到达角（Angle Of Arrival, AOA）信息，如角度的估计精度不理想，则定位误差较大。为了提高定位精度，本章给出了基于级联 AOA 和 TDOA 的两步定位算法，充分利用传感器阵列的结构特征和无人机平台的机动性，弥补了现有系统在低信噪比情形下定位精度迅速降低的不足。

9.1 引言

9.1.1 研究背景

随着无线电技术的飞速发展，电磁环境日益复杂，在保障通信安全的同时，充分利用有限的频谱资源助力国家经济建设至关重要。在现代电子战中，对敌方辐射源进行快速准确的识别和定位是把握战场态势、夺取制空权和制电磁权的重要保障。因此，加强频谱监测、快速准确地定位信源非常重要。

基于 AOA 的定位算法在短距离、高信噪比条件下具有很高的定位精度。在不断发展的电子对抗技术的推动下，空间电磁环境日益复杂，各种干扰源部署的范围广泛，仅利用 DOA 信息往往不能满足远距离、高精度的定位需求。基于 TDOA 的定位算法虽然具有应用范围广的优势，但是需要观测点的个数更多。AOA 定位系统与 TDOA 定位系统的联合可以实现优势互补。现有的 AOA 和 TDOA 联合定位算法只考虑通过信息冗余性来提高定位精度，当环境较恶劣时，仍然存在定位性能无法满足需求的缺点。如何充分利用 AOA 信息和 TDOA 信息来提高定位精度，增强定位系统的稳定性，是拓宽应用范围的关键。

9.1.2 研究现状

为了进一步提高定位精度，弥补单一信息定位算法的不足，多信息融合定位得到了迅速发展。一般来说，提高两步定位算法的性能有两个关键算法：一个是优化求解定位方程的算法；另一个是优化中间参数的估计算法。文献［1］介绍了无源定位系统中的两步混合定位算法。该算法首先需要测量 AOA 和 TDOA，然后通过求解一组方程估计信源位置。事实上，现有的混合定位算法大多属于这类算法，主要是对非线性方程进行求解。文献［2］介绍了在三维场景下基于最小二乘的双站定位通用求解算法。该算法由 AOA 和 TDOA 的测量值构造超定方程，通过求其闭式解估计信源位置。同样是针对混合 AOA 和 TDOA 定位问题的最小二乘算法，文献［3］介绍了基于 Davidson-Fletcher-Powell 的优化算法，获得了比普通最小二乘算法更高的定位精度。虽然基于最小二乘算法成功解决了非平凡问题，且比最大似然估计算法具有更低的复杂度[4]，但是如果方程中的冗余项偏差较大，则定位性能可能会下降。也就是说，基于最小二乘算法对信源位置估计的优越性取决于 AOA 和 TDOA 测量值的误差都很小，否则，误差较大的测量值会拖累定位性能，导致混合信息定位系统不如单一信息定位系统的定位性能好。

为了解决这一问题，加权最小二乘（Weighted Least Squares，WLS）的思路被提出。文献［5］借助该思路，介绍了利用角度信息和时间差信息的联合定位算法。仿真结果表明，角度信息和时间差信息的加权融合位置估计算法，相比仅利用时间差信息的算法具有更高的定位精度，且基于 WLS 的信源位置估计算法的定位精度优于传统的基于最小二乘算法的定位精度。这种优势在低信噪比环境下更加明显。在基于 WLS 的信源位置估计算法中，为了设置一个有效的加权矢量，测量噪声被假设为方差已知的零均值高斯噪声。假设的测量噪声在真实环境下可能是不合理的，方差也很难用作先验信息。

在 AOA 和 TDOA 联合信息定位系统中，提高定位精度的另一个方面是提高 AOA 和 TDOA 的估计精度。针对信号到达时间差的估计问题，目前普遍采用的时间差估计算法是广义互相关（Generalized Cross Correlation，GCC）算法[6-7]。由于在实际应用中处理的都是数字信号，因此对到达时间差的估计精度受信号采样频率的限制，极大制约了 TDOA 定位系统的估计性能。虽然增加采样频率可以缓解这一问题，但是仍然不能达到在一个采样间隔以内的时延估计精度，而且增加采样频率会增加负载，对硬件也提出了更高的要求。为了解决估计精度受限的问题，文献［8］介绍了改进的基于相关函数插值的时延估计算法，虽获得了较高的分辨率，但随之带来的缺点是数据量大，增加了各监测节点的负担，不利于实际应用。

由此可以看出，现有的两步定位算法存在定位精度低、在低信噪比环境下定位性能下降严重、对多个信源很难定位等问题，研究符合实际应用的基于多阵列的两步定位算法是十分有价值且具有现实意义的。

9.2 基于AOA和TDOA融合的多阵列联合两步定位算法

9.2.1 数据模型

基于AOA和TDOA的数据模型如图9-1所示。假设在空间有 L 个位置精确已知的观测点，位于 $\boldsymbol{p}_l=[x_l,y_l]^{\mathrm{T}}$，$l=1,2,\cdots,L$，观测点的位置误差忽略不计，在每个观测点均配置一个阵元数为 M 的理想均匀线阵列，有一个位于 $\boldsymbol{u}=[x,y]^{\mathrm{T}}$ 的信源信号入射到均匀线阵列上。

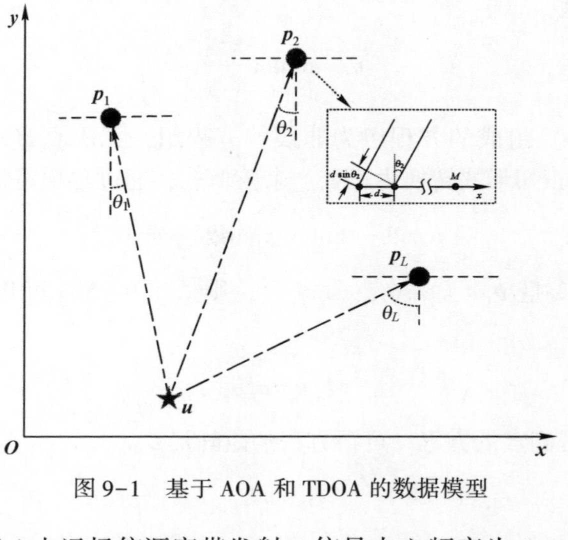

图9-1 基于AOA和TDOA的数据模型

假设信号 $s(t)$ 由远场信源窄带发射，信号中心频率为 f_0，信号入射到第 l 个观测点的到达角 $\theta_l\in(-\pi/2,\pi/2)$，则第 l 个观测点的接收信号可以表示为

$$s_l(t)=\alpha_l s(t-\Gamma_l) \tag{9-1}$$

式中，α_l 和 Γ_l 分别为信号入射到第 l 个观测点的路径衰落系数和传播时延。

假设所有观测点都选取阵列最左边的阵元作为参考阵元，则对于第 l 个观测点，第 m 个阵元在 t 时刻的接收信号可以写为

$$x_{l,m}(t)=s_l(t)\mathrm{e}^{\mathrm{j}2\pi f_0\tau_m(\theta_l)}+n_{l,m}(t) \tag{9-2}$$

式中，$\tau_m(\theta_l)=(m-1)d\sin\theta_l/c$ 为第 m 个阵元接收信号相对参考阵元接收信号的时延；c 为信号传播速度；$n_{l,m}(t)$ 为互不相关的零均值加性高斯白噪声，与信号不相关。

第 l 个观测点在 t 时刻接收信号的矢量形式可以写为

$$\boldsymbol{x}_l(t)=\boldsymbol{a}(\theta_l)s_l(t)+\boldsymbol{n}_l(t) \tag{9-3}$$

式中，$\boldsymbol{a}(\theta_l)=[1,\mathrm{e}^{\mathrm{j}2\pi d\sin\theta_l/\lambda},\cdots,\mathrm{e}^{\mathrm{j}2\pi(M-1)d\sin\theta_l/\lambda}]^{\mathrm{T}}$ 为阵列方向矢量；$\boldsymbol{n}_l(t)=[n_{l,1}(t),n_{l,2}(t),\cdots,n_{l,M}(t)]^{\mathrm{T}}$ 为接收噪声矢量。

9.2.2 算法描述

根据如图 9-1 所示的信源与观测点之间的几何关系，可得信源相对于第 l 个观测点的真实到达角 θ_l 为

$$\theta_l=\arctan\frac{y-y_l}{x-x_l} \tag{9-4}$$

由式（9-4）组成的方程组为非线性方程组，无法直接求出信源的位置 (x,y)，需要将正切形式转换为正弦、余弦形式，通过移项可线性化为

$$x\cos\theta_l-y\sin\theta_l=x_l\cos\theta_l-y_l\sin\theta_l \tag{9-5}$$

定义辅助变量 $\boldsymbol{b}_l=[\cos\theta_l,-\sin\theta_l]^{\mathrm{T}}$，则式（9-5）可以表示为矢量形式，即

$$\boldsymbol{b}_l^{\mathrm{T}}\boldsymbol{u}=\boldsymbol{b}_l^{\mathrm{T}}\boldsymbol{p}_l \tag{9-6}$$

联立 L 个观测点的方程，可得方程的矩阵形式为

$$\boldsymbol{G}_1\boldsymbol{u}=\boldsymbol{h}_1 \tag{9-7}$$

式中，$\boldsymbol{G}_1=[\boldsymbol{b}_1,\boldsymbol{b}_2,\cdots,\boldsymbol{b}_L]^{\mathrm{T}}$；$\boldsymbol{h}_1=[\boldsymbol{b}_1^{\mathrm{T}}\boldsymbol{p}_1,\boldsymbol{b}_2^{\mathrm{T}}\boldsymbol{p}_2,\cdots,\boldsymbol{b}_L^{\mathrm{T}}\boldsymbol{p}_L]^{\mathrm{T}}$。

同理，根据信源与观测点之间的几何关系，可得信源信号到达第 l 个观测

点的时延为

$$\Gamma_l = \frac{1}{c}\sqrt{(x-x_l)^2+(y-y_l)^2} \tag{9-8}$$

将式（9-8）两边同时乘以 c 并进行平方，得

$$r_l^2 = K_l - 2x_l x - 2y_l y + x^2 + y^2 \tag{9-9}$$

式中，$r_l = c\Gamma_l$；$K_l = x_l^2 + y_l^2$。

以观测点 1 的位置 $\boldsymbol{p}_1$ 为参考点，记信源信号到达观测点 l 相对于到达观测点 1 的差为 $r_{l,1} = r_l - r_1$，有

$$r_l^2 = (r_{l,1}+r_1)^2 = r_{l,1}^2 + 2r_{l,1}r_1 + r_1^2 \tag{9-10}$$

联立式（9-9）和式（9-10），经化简，可得

$$x_{l,1}x + y_{l,1}y + r_{l,1}r_1 = \frac{1}{2}(K_l - K_1 - r_{l,1}^2) \tag{9-11}$$

式中，$x_{l,1} = x_l - x_1$；$y_{l,1} = y_l - y_1$；$r_{l,1} = c\Gamma_{l,1}$；$\Gamma_{l,1}$ 为信源信号到达观测点 l 相对于到达观测点 1 的时延。注意，若把 r_1 看作独立的未知参数，则式（9-11）可以看作关于未知参数 x、y、r_1 的伪线性方程。定义未知变量 $\boldsymbol{e} = [\boldsymbol{u}^{\mathrm{T}}, r_1]^{\mathrm{T}}$，可得式（9-11）的矩阵形式为

$$\boldsymbol{G}_2\boldsymbol{e} = \boldsymbol{h}_2 \tag{9-12}$$

式中

$$\begin{gathered}\boldsymbol{G}_2 = \begin{bmatrix} x_{2,1} & y_{2,1} & r_{2,1} \\ \vdots & \vdots & \vdots \\ x_{L,1} & y_{L,1} & r_{L,1} \end{bmatrix} \\ \boldsymbol{h}_2 = \begin{bmatrix} (K_2 - K_1 - r_{2,1}^2)/2 \\ \vdots \\ (K_L - K_1 - r_{L,1}^2)/2 \end{bmatrix}\end{gathered} \tag{9-13}$$

上面的讨论都是在无噪声条件下进行的。在实际测量中，信源信号入射到各观测点的到达角和到达时间差会存在一定的误差，导致式（9-7）和式（9-12）的等号不成立。考虑在实际测量时，带有误差的信号到达角估计值为 $\hat{\theta}_l$，信号到达时间差估计值为 $\hat{\Gamma}_{l,1}$，通过 $\hat{\theta}_l$ 和 $\hat{\Gamma}_{l,1}$ 误差可分别表示为

$$\eta_l=(x-x_l)\cos\hat{\theta}_l-(y-y_l)\sin\hat{\theta}_l \tag{9-14}$$

$$\mu_l=x_{l,1}x+y_{l,1}y+c\hat{\Gamma}_{l,1}r_1-\frac{1}{2}(K_l-K_1-c^2\hat{\Gamma}_{l,1}^2) \tag{9-15}$$

定义误差矢量 $\boldsymbol{\varepsilon}_1=[\eta_1,\cdots,\eta_L]^{\mathrm{T}}$，$\boldsymbol{\varepsilon}_2=[\eta_2,\cdots,\eta_L]^{\mathrm{T}}$，重新构造矩阵形式，有

$$\hat{\boldsymbol{G}}_1\boldsymbol{u}-\hat{\boldsymbol{h}}_1=\boldsymbol{\varepsilon}_1 \tag{9-16}$$

$$\hat{\boldsymbol{G}}_2\boldsymbol{e}-\hat{\boldsymbol{h}}_2=\boldsymbol{\varepsilon}_2 \tag{9-17}$$

式中，$\hat{\boldsymbol{G}}_1$、$\hat{\boldsymbol{h}}_1$、$\hat{\boldsymbol{G}}_2$、$\hat{\boldsymbol{h}}_2$ 分别为代入估计值 $\hat{\theta}_l$ 和 $\hat{\Gamma}_{l,1}$ 后的 $\boldsymbol{G}_1$、$\boldsymbol{h}_1$、$\boldsymbol{G}_2$、$\boldsymbol{h}_2$ 估计值。

联立式（9-16）和式（9-17），可得伪线性方程为

$$\hat{\boldsymbol{G}}\boldsymbol{e}-\hat{\boldsymbol{h}}=\boldsymbol{\varepsilon} \tag{9-18}$$

式中，$\hat{\boldsymbol{G}}=[\hat{\boldsymbol{G}}_1,\boldsymbol{O}_L;\hat{\boldsymbol{G}}_2]$；$\hat{\boldsymbol{h}}=[\hat{\boldsymbol{h}}_1;\hat{\boldsymbol{h}}_2]$；$\boldsymbol{\varepsilon}=[\boldsymbol{\varepsilon}_1;\boldsymbol{\varepsilon}_2]$。

合理设置观测点的位置，使 $\mathrm{rank}(\hat{\boldsymbol{G}})=3$，根据最小二乘估计原理，可以得到包含信源位置估计值的未知矢量 $\boldsymbol{e}$ 的闭式解为

$$\hat{\boldsymbol{e}}=(\hat{\boldsymbol{G}}^{\mathrm{H}}\hat{\boldsymbol{G}})^{-1}\hat{\boldsymbol{G}}^{\mathrm{H}}\hat{\boldsymbol{h}} \tag{9-19}$$

9.2.3 问题分析

观察式（9-16）、式（9-17）和式（9-18）不难发现，三个公式均具有相同的方程形式，只要合理设置观测点的位置，使 $\mathrm{rank}(\hat{\boldsymbol{G}}_1)=2$ 或 $\mathrm{rank}(\hat{\boldsymbol{G}}_2)=3$，就可以得到信源位置的估计值。其中，式（9-16）和式（9-17）为仅利用AOA 和仅利用 TDOA 进行信源定位的方程。在信源信号入射到各观测点的到达角和到达时间差的测量误差较小的前提下，基于信号 AOA 和 TDOA 融合的两步定位算法能够获得比仅利用 AOA 或 TDOA 的定位算法更高的定位精度。当中间参数的误差增大时，由于式（9-18）中冗余项所引起的误差增大，无法通过增加冗余项来提高定位精度，因此融合 AOA 和 TDOA 定位算法的性能可能不如基于单一中间参数定位算法的性能。下面将对基于 AOA 和 TDOA 融合的两步定位算法及单一参数定位算法进行理论分析。

根据如图 9-1 所示的信源与观测点之间的几何关系，信源信号到达观测点 l 的到达角与到达观测点 l 和观测点 1 时间差的方程组为

$$\begin{cases} \tan\theta_l = \dfrac{y-y_l}{x-x_l} \\ c\Gamma_{l,1} = \sqrt{(x-x_l)^2+(y-y_l)^2} - \sqrt{(x-x_l)^2+(y-y_l)^2} \end{cases} \tag{9-20}$$

假设信源位置估计误差为 $\mathrm{d}x$、$\mathrm{d}y$，到达角估计误差为 $\mathrm{d}\theta_l$，时延估计误差为 $\mathrm{d}\Gamma_{l,1}$，因为主要讨论信源位置估计误差与中间参数估计误差之间的关系，因此为了简便，忽略观测点的位置误差，并假设观测点的准确位置是可用的，对式（9-20）求微分，经化简，可得

$$\begin{cases} \mathrm{d}\theta_l = -\dfrac{y-y_l}{r_l^2}\mathrm{d}x + \dfrac{x-x_l}{r_l^2}\mathrm{d}y \\ c[\mathrm{d}\Gamma_{l,1}] = \dfrac{x-x_l}{r_l}\mathrm{d}x - \dfrac{x-x_1}{r_1}\mathrm{d}x + \dfrac{y-y_l}{r_l}\mathrm{d}y - \dfrac{y-y_1}{r_1}\mathrm{d}y \end{cases} \tag{9-21}$$

将 $\mathrm{d}x$、$\mathrm{d}y$ 看作未知数，则式（9-21）可以看作一个关于 $\mathrm{d}x$、$\mathrm{d}y$ 的线性方程组，通过求解，可以得到信源位置估计误差与到达角估计误差、时延估计误差之间的关系，有

$$\begin{cases} \mathrm{d}x = \dfrac{1}{\gamma_l}\left[\left(\dfrac{y-y_l}{r_l} - \dfrac{y-y_1}{r_1}\right)\mathrm{d}\theta_l - \dfrac{x-x_l}{r_l^2}\mathrm{d}r_{l,1}\right] \\ \mathrm{d}y = \dfrac{1}{\gamma_l}\left[-\left(\dfrac{x-x_l}{r_l} - \dfrac{x-x_1}{r_1}\right)\mathrm{d}\theta_l - \dfrac{y-y_l}{r_l^2}\mathrm{d}r_{l,1}\right] \end{cases} \tag{9-22}$$

式中，γ_l 为与到达角估计误差和时延估计误差无关的量；$\mathrm{d}r_{l,1}$ 与时延估计误差成正比，分别表示为

$$\gamma_l = \frac{(y-y_l)(y-y_1)+(x-x_l)(x-x_1)-r_1 r_l}{r_1 r_l^2} \tag{9-23}$$

$$\mathrm{d}r_{l,1} = c[\mathrm{d}\Gamma_{l,1}] \tag{9-24}$$

将式（9-22）中的两个方程式进行平方后相加，并表示为关于到达角估计误差和时延估计误差的函数形式，可以得到由第 l 个观测点引入的信源位置估计均方误差为

$$f(\mathrm{d}\theta_l,\mathrm{d}r_{l,1})=\frac{1}{\gamma_l^2}\left[(2-2\cos(\theta_l-\theta_1))(\mathrm{d}\theta_l)^2+\frac{1}{r_l^2}(\mathrm{d}r_{l,1})^2-2\frac{1}{r_l}\sin(\theta_l-\theta_1)\mathrm{d}\theta_l\mathrm{d}r_{l,1}\right] \tag{9-25}$$

由于到达角估计误差和时延估计误差相互独立，因此这里以纯 TDOA 定位系统为例，说明到达角信息的加入对定位系统的影响。假设时延估计误差 $\mathrm{d}\Gamma_{l,1}$ 为固定值，在提取式（9-25）中的常数项 $(\mathrm{d}r_{l,1})^2$ 后，式（9-25）可化简为

$$f(k)=\frac{1}{\gamma_l^2}\frac{1}{(\mathrm{d}r_{l,1})^2}\left[(2-2\cos(\theta_l-\theta_1))k^2-2\frac{1}{r_l}\sin(\theta_l-\theta_1)k+\frac{1}{r_l^2}\right] \tag{9-26}$$

式中，$k=\mathrm{d}\theta_l/\mathrm{d}r_{l,1}$。

由式（9-26）可知，信源位置估计均方误差是关于 k 的对称轴近似为 0 的二次函数。在时延估计误差为固定值的假设下，基于纯 TDOA 定位系统的定位均方误差也为固定值，即在不同信噪比的情形下，定位均方误差为一条直线。当到达角估计误差与距离测量误差之比 k 达到阈值时，基于 AOA 和 TDOA 融合的两步定位算法的估计误差将超过纯 TDOA 定位系统，如图 9-2 所示。

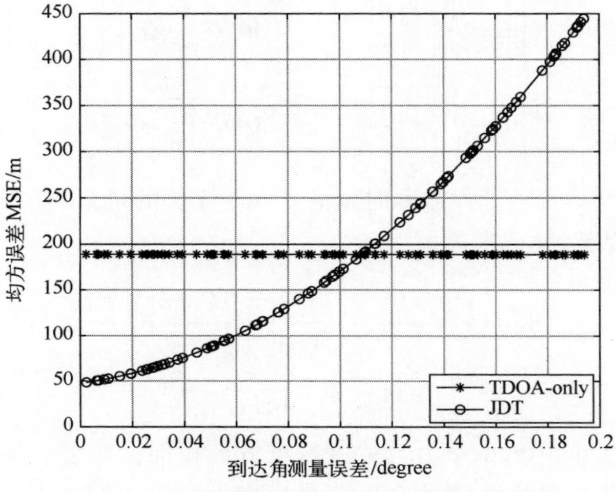

图 9-2　到达角测量误差对定位精度的影响

9.3　基于级联 AOA 和 TDOA 的两步定位算法

9.3.1　数据模型

数据模型见 9.2.1 节。

9.3.2　算法描述

下面介绍一种有效的级联 AOA 和 TDOA 定位算法（简称 DTAC 算法），充分利用阵列的波束方向图特性，通过阵列的旋转实现空间滤波，增强阵列输出端的期望信号，利用到达角提高时延估计性能。DTAC 算法系统模型如图 9-3 所示。

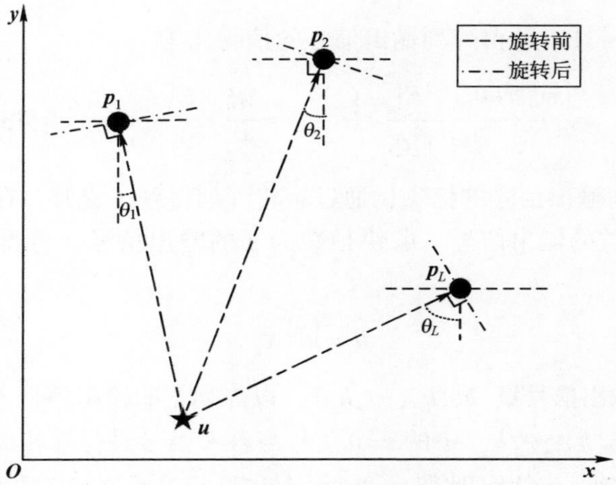

图 9-3　DTAC 算法系统模型

此外，为了突破采样频率的限制，这里设计了一种改进的基于时延补偿的 TDOA 估计技术，利用传统的 Chan 算法[9]给出定位结果。

在旋转前，阵列 l 的方向矢量为

$$\boldsymbol{a}(\theta_l)=[1,\mathrm{e}^{\mathrm{j}2\pi f_0\tau_2(\theta_l)},\cdots,\mathrm{e}^{\mathrm{j}2\pi f_0\tau_M(\theta_l)}]^{\mathrm{T}} \tag{9-27}$$

假设信源信号到达所有阵列的到达角估计值为 $\{\hat{\theta}_1,\hat{\theta}_2,\cdots,\hat{\theta}_L\}$，到达角可以通过 MUSIC 算法得到。通过旋转阵列，阵列 l 的方向矢量重构为

$$\widetilde{\boldsymbol{a}}(\theta_l)=[1,\mathrm{e}^{\mathrm{j}2\pi f_0\widetilde{\tau}_2(\theta_l)},\cdots,\mathrm{e}^{\mathrm{j}2\pi f_0\widetilde{\tau}_M(\theta_l)}]^{\mathrm{T}} \tag{9-28}$$

式中，$\widetilde{\tau}_m(\theta_l)=(m-1)d\sin(\theta_1-\hat{\theta}_l)/c$，$m=2,\cdots,M$。由式（9-28），可得阵列 l 在 t 时刻的输出信号为

$$\widetilde{\boldsymbol{x}}_l(t)=\widetilde{\boldsymbol{a}}(\theta_l)s_l(t)+\widetilde{\boldsymbol{n}}_l(t) \tag{9-29}$$

将式（9-29）中各阵元的输出信号直接相加，可得阵列输出信号的标量形式为

$$h_l(t)=\boldsymbol{w}^{\mathrm{T}}\widetilde{\boldsymbol{x}}_l(t) \tag{9-30}$$

式中，$\boldsymbol{w}$ 为 M 维单位矢量。

假设信号和噪声相互独立，每个阵元的噪声彼此独立且方差相同，均为 σ_{n}^2，则阵列输出信号的平均功率为

$$P=E[h_l(t)^2]=|\boldsymbol{w}^{\mathrm{T}}\widetilde{\boldsymbol{a}}(\theta_l)|^2E[s_l(t)^2]+\|\boldsymbol{w}^{\mathrm{T}}\|_2^2\sigma_{\mathrm{n}}^2 \tag{9-31}$$

根据式（9-31）可得阵列输出信号的信噪比为

$$\mathrm{SNR}_{\mathrm{out}}=\frac{|\boldsymbol{w}^{\mathrm{T}}\widetilde{\boldsymbol{a}}(\theta_l)|^2E[s_l(t)^2]}{\|\boldsymbol{w}^{\mathrm{T}}\|_2^2\sigma_{\mathrm{n}}^2}\approx\frac{M^2}{M}\cdot\frac{E[s_l(t)^2]}{\sigma_{\mathrm{n}}^2}=M\mathrm{SNR}_{\mathrm{in}} \tag{9-32}$$

显然，阵列输出信号的信噪比通过旋转阵列得到了提升，在接收端可以得到 M 倍功率增益的输出信号。取快拍数为 J 的输出信号，可得输出信号的矢量形式为

$$\boldsymbol{h}_l=\boldsymbol{w}^{\mathrm{T}}\widetilde{\boldsymbol{X}}_l \tag{9-33}$$

根据阵列输出信号集$\{\boldsymbol{h}_1,\boldsymbol{h}_2,\cdots,\boldsymbol{h}_L\}$，以阵列 1 的输出信号 $\boldsymbol{h}_1$ 为参考信号，选取剩余信号集$\{\boldsymbol{h}_2,\cdots,\boldsymbol{h}_L\}$中的一个信号与参考信号进行互相关，记选取的信号为 $\boldsymbol{h}_l$，根据维纳-辛钦定理[10]，两个信号的互相关函数与互功率谱密度函数互为傅里叶变换对，可得阵列 l 输出信号与阵列 1 输出信号的互相关函数为

$$R_{l,1}(\tau)=\frac{1}{\pi}\int_0^{\pi}G_{l,1}(\omega)\mathrm{e}^{\mathrm{j}\omega\tau}\mathrm{d}\omega \tag{9-34}$$

式中，$G_{l,1}(\omega)$为 $\boldsymbol{h}_1$ 和 $\boldsymbol{h}_l$ 的互功率谱密度函数。为了降低噪声的影响，通常会对信号预先进行频域滤波，这里选取窗函数为预滤波函数，有

$$\psi_{12}(\omega)=\frac{1}{X_1(\omega)\oplus X_l^*(\omega)} \tag{9-35}$$

式中，$X_1(\omega)$ 和 $X_l(\omega)$ 分别为 $\boldsymbol{h}_1$ 和 $\boldsymbol{h}_l$ 的频谱表示；$\oplus$表示 $X_1(\omega)$ 和 $X_l^*(\omega)$ 的 Hadamard 积。滤波后的互功率谱密度函数可以表示为

$$G_{g1l}(\omega)=\psi_{12}(\omega)\oplus G_{l,1}(\omega) \tag{9-36}$$

再次根据维纳-辛钦定理，可以得到滤波后的广义互相关函数为

$$R_{g1l}(\tau)=\frac{1}{\pi}\int_0^{\tau}\psi_{12}(\omega)\oplus G_{l,1}(\omega)\mathrm{e}^{\mathrm{j}\omega\tau}\mathrm{d}\omega \tag{9-37}$$

根据广义互相关函数，找到峰值即为时延估计结果，有

$$\hat{\Gamma}_{l,1}=\arg\max_{\tau}R_{g1l}(\tau) \tag{9-38}$$

由于旋转阵列可带来 M 倍的输出信号功率增益，因此通过式（9-38）能够得到高精度的时延估计结果，利用高精度时延估计值结果建立定位方程组，可以得到优于纯 TDOA 定位系统信源位置的估计值。

上述算法虽然解决了在传统算法中存在的因到达角估计误差增大使到达角信息和时间差信息融合定位性能降低的问题，但是定位性能仍然受限于时延估计精度。在理论上，两个时延连续信号的广义互相关函数只有一个非零值，该值对应的时延即为两个信号的时延估计值。在无噪声环境下，理想互相关函数值随采样点数变化示意图如图 9-4 所示。在实际应用中处理的都是数字信号，由于采样频率有限，难以保证两个信号的真实时延正好位于信号采样点上，因

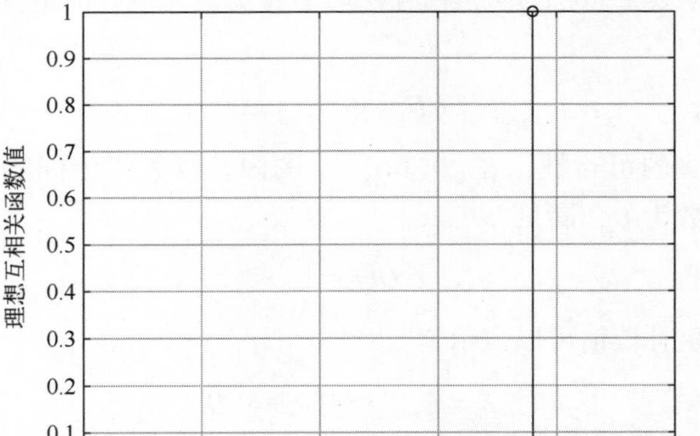

图 9-4　在无噪声环境下的理想互相关函数值随采样点数变化示意图

此广义互相关函数的最大值会由于能量泄漏效应而减弱，如图 9-5 所示。显然，通过式（9-38）可以获得最优估计值。时延估计精度无法突破采样间隔的问题极大制约了定位性能。现有的解决方法虽然可以采用拟合或插值，但是数据量的增加对硬件提出了更高的要求，不利于实际应用。下面将给出一种基于时延补偿的时延估计技术。

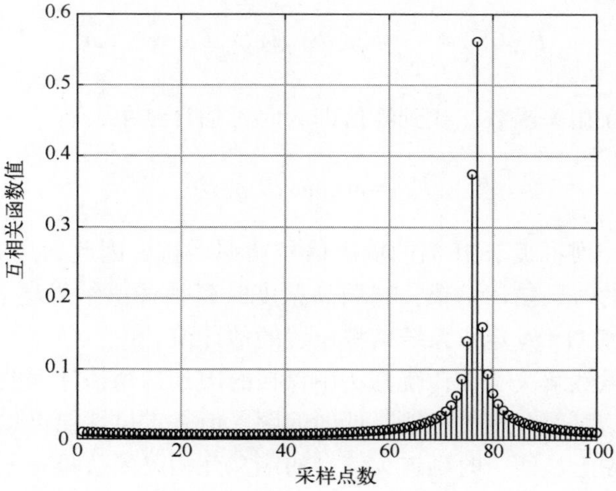

图 9-5　在噪声环境下存在能量泄漏示意图

由以上分析可知，如果给接收信号加上一个微小的时延补偿 δ^o，则必然存在一个确定的值 $\delta^o \in [0,1/f_s]$，使补偿后的真实值与估计的最优值之间的偏差减小到 0，即

$$\lceil (\Gamma_{l,1}+\delta^o)f_s \rfloor = 0 \tag{9-39}$$

考虑到算法的可行性，在 $[0,1/f_s]$ 范围内，以 ξ 作为间隔进行搜索，找到 δ^o，搜索次数为 Q，满足

$$Q\xi f_s = 1 \tag{9-40}$$

则输出信号时延补偿值可以表示为

$$\delta_j = j\xi, \quad j=1,2,\cdots,Q \tag{9-41}$$

定义辅助变量 q_j 为广义互相关函数峰值和次峰值的幅度之比，数学表示为

$$q_j = \frac{\max_{1\text{-th}} \hat{R}_{g12}^j(\tau)}{\max_{2\text{-th}} \hat{R}_{g12}^j(\tau)}, \quad j=1,2,\cdots,Q \tag{9-42}$$

式中，$\hat{R}^{j}_{\mathrm{g12}}(\tau)$为输出信号$\widetilde{\boldsymbol{x}}_1(t)$与补偿后输出信号$\widetilde{\boldsymbol{x}}_l(t+\delta_j)$的广义互相关函数；$\max_{1\text{-th}}\hat{R}^{j}_{\mathrm{g12}}(\tau)$和$\max_{2\text{-th}}\hat{R}^{j}_{\mathrm{g12}}(\tau)$分别表示$\hat{R}^{j}_{\mathrm{g12}}(\tau)$的峰值和次峰值。根据最优互相关结果，即互相关函数的最大值，可以得到最优补偿时延估计值和对应的最优时延补偿值，有

$$\widetilde{\boldsymbol{\Gamma}}^{\mathrm{opt}}_{l,1}=\arg\max_{k}\{\hat{R}^{j}_{\mathrm{g12}}(k)\mid k\in[0,K-1],\quad j=\arg\max_{j}q_j\}/f_{\mathrm{s}} \tag{9-43}$$

$$\delta^{\mathrm{opt}}_{l}=\arg\max_{j}q_j\xi \tag{9-44}$$

利用最优时延及其相应的补偿值，可以得到信源信号到达阵列的时延估计值为

$$\hat{\boldsymbol{\Gamma}}_{l,1}=\widetilde{\boldsymbol{\Gamma}}^{\mathrm{opt}}_{l,1}-\delta^{\mathrm{opt}}_{l} \tag{9-45}$$

由式（9-45）得到的高精度时延估计值，可以建立双曲线方程组，有

$$c\hat{\boldsymbol{\Gamma}}_{l,1}=\sqrt{(x-x_l)^2+(y-y_l)^2}-\sqrt{(x-x_1)^2+(y-y_1)^2},\quad l=2,\cdots,L \tag{9-46}$$

式（9-46）的线性化方程与9.2.2节一样，利用最小二乘求解即可得到高精度信源位置的估计值。

9.3.3 算法步骤

基于级联AOA和TDOA两步定位算法的主要步骤如下。

算法9.1：基于级联AOA和TDOA的两步定位算法。

步骤1：观测点在位置$\boldsymbol{p}_l$得到接收信号$\boldsymbol{x}_l(t)$，进行信号到达角估计，得到信源信号到达L个观测点的到达角估计值$\{\hat{\theta}_1,\hat{\theta}_2,\cdots,\hat{\theta}_L\}$。

步骤2：利用到达角估计值$\{\hat{\theta}_1,\hat{\theta}_2,\cdots,\hat{\theta}_L\}$进行阵列旋转，根据式（9-28）得到重构的方向矢量$\widetilde{\boldsymbol{a}}(\theta_l)$，进而得到旋转后观测点的同步接收信号$\widetilde{\boldsymbol{x}}_l(t)$。

步骤3：根据式（9-40）和式（9-41）构造时延补偿值δ_j，选取其中一个阵列的接收信号$\widetilde{\boldsymbol{x}}_1(t)$为参考信号，对其余接收信号进行时延补偿，得到时延补偿信号$\widetilde{\boldsymbol{x}}_l(t+\delta_j)$。

步骤4：根据式（9-35）、式（9-36）和式（9-37），得到参考信号$\widetilde{\boldsymbol{x}}_1(t)$和时延补偿信号$\widetilde{\boldsymbol{x}}_l(t+\delta_j)$的广义互相关函数，根据式（9-42）定义的辅助变量q_j，找到最优广义互相关结果$\hat{R}^{j}_{\mathrm{g12}}(\tau)$。

步骤5：根据式（9-43）和式（9-44），得到最优补偿时延估计值$\widetilde{\boldsymbol{\Gamma}}^{\mathrm{opt}}_{l,1}$和

对应的最优时延补偿值δ_l^{opt}，进而得到高精度时延估计值$\hat{\Gamma}_{l,1}=\widetilde{\Gamma}_{l,1}^{\text{opt}}-\delta_l^{\text{opt}}$。

步骤6：根据式（9-46）建立双曲线方程组，采用Chan算法得到信源位置估计结果。

9.3.4 算法的复杂度

考虑到实际应用，下面介绍基于级联AOA和TDOA两步定位算法的复杂度。基于级联AOA和TDOA的两步定位（DTAC）算法、纯AOA（DOA-only）算法、纯TDOA（TDOA-only）算法、基于AOA和TDOA融合的两步定位（JDT）算法的复杂度，均包括求解到达角变量$\hat{\theta}_l$、求解时延变量$\hat{\Gamma}_{l,1}$、求解信源位置变量$\hat{u}$的复杂度，其中包含计算协方差矩阵、对协方差矩阵进行特征值分解、计算伪逆、进行快速傅里叶变换等步骤的复杂度。表9-1为各步骤的复杂度。注意，求解信源位置变量$\hat{u}$的复杂度与式（9-16）、式（9-17）和式（9-18）中矩阵$\hat{\boldsymbol{G}}_1$、$\hat{\boldsymbol{G}}_2$、$\hat{\boldsymbol{G}}$的维数相关。表9-1中的复杂度仅以式（9-16）为例，与式（9-17）和式（9-18）类似。

表9-1 各步骤的复杂度

变量	步骤	复杂度
$\hat{\theta}_l$	计算$M\times J$维数据矩阵的协方差矩阵	$O(M^2J)$
	对$M\times M$维协方差矩阵进行特征值分解	$O(M^3)$
	计算$(M-1)\times 1$维子阵矩阵的伪逆	$O(2M^2+M^3)$
$\hat{\Gamma}_{l,1}$	对$1\times J$维数据矢量进行快速傅里叶变换	$O(J\log J)$
	将两个FFT信号矢量的频谱相乘	$O(J^2)$
	对$1\times J$维矢量进行快速傅里叶逆变换	$O(J\log J)$
$\hat{u}$	计算$L\times 2$维系数矩阵的伪逆	$O(4L^2+L^3)$
	将$L\times L$维和$L\times 1$维矩阵进行复乘运算	$O(L^2)$

对于基于级联AOA和TDOA两步定位算法，进行空间滤波操作需要的复杂度为$O(MJ)$，虽然增加了额外的复杂度，但求解信源位置变量$\hat{u}$需要的复杂度却仅为$O(7(M-1)^2+(M-1)^3)$。在传统JDT算法中，求解信源位置变量$\hat{u}$需要的复杂度为$O(5M^2+M^3)$。通过仿真实验得到的四种算法总复杂度和复乘次数见表9-2。仿真结果表明，基于级联AOA和TDOA两步定位算法的复杂度略高于JDT算法的复杂度，可以获得性能改进。综上所述，基于级联AOA和

TDOA两步定位算法在性能和复杂度之间的折中最好。

表9-2 四种算法总复杂度和复乘次数

算法	总复杂度	复乘次数
AOA-only	$O(L(2M^2+2M^3+M^2J)+5L^2+L^3)$	197160
TDOA-only	$O(3(L-1)J\log J+(L-1)J^2+7(L-1)^2+(L-1)^3)$	33849380
JDT	$O(L(2M^2+2M^3+M^2J)+3(L-1)J\log J+(L-1)J^2+7(2L-1)^2+(2L-1)^3)$	34046732
DTAC	$O(L(2M^2+2M^3+M^2J)+3(L-1)J\log J+(L-1)J^2+7(L-1)^2+(L-1)^3+MLJ)$	34095620

9.3.5 算法的优点

- 充分利用了阵列方向图特性，克服了在低信噪比情形下，传统定位算法定位性能迅速下降的问题。
- 解决了因到达角信息的加入使传统定位系统总体定位性能下降的问题，具有更高的定位精度。
- 基于时延补偿的时延估计技术突破了采样频率的限制，不需要高采样率，即可获得优于采样间隔的时延估计精度。
- 充分考虑了在实际应用中的载荷和实时性需求，可用于无人机等载荷的有限移动平台。

9.3.6 仿真结果

下面采用蒙特卡罗仿真实验验证算法的信源位置估计性能，定义均方根误差为

$$\mathrm{RMSE}=\sqrt{\frac{1}{P}\sum_{p=1}^{P}\|\hat{\boldsymbol{u}}_p-\boldsymbol{u}\|_2^2} \tag{9-47}$$

式中，P为蒙特卡罗仿真实验的次数，取1000次；$\hat{\boldsymbol{u}}_p$为第p次蒙特卡罗仿真实验的信源位置估计结果。

下面对基于时延补偿的时延估计算法的性能进行验证，仿真参数设置为：信噪比SNR = 20dB，采样频率f_s = 100MHz，两个相关信号的真实时延为0.244s，在$[0,1/f_s]$范围内进行等间隔搜索，找到δ，搜索次数$Q=10$。

图 9-6 和图 9-7 分别为在未进行时延补偿时的广义互相关函数值和在进行时延补偿后的广义互相关函数值随采样点数变化示意图。由图 9-6 和图 9-7 可知，在未进行时延补偿时，互相关函数因估计精度受限于采样间隔，导致能量泄漏，功率被多个峰值共享；在进行时延补偿后，功率集中在真实时延点，突破了采样间隔的限制，获得了更精确的时延估计值。

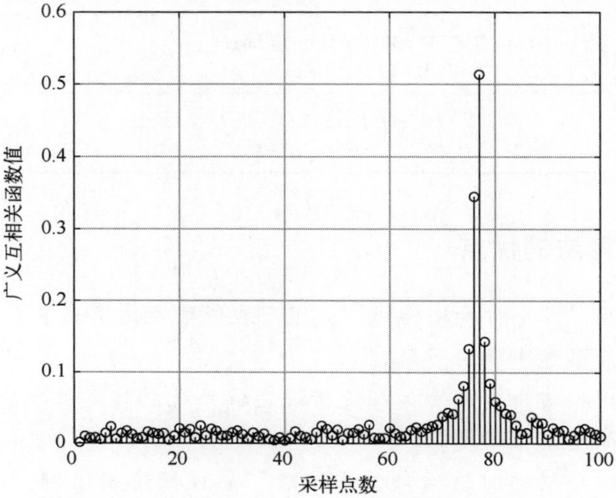

图 9-6　在未进行时延补偿时的广义互相关函数值随采样点数变化示意图

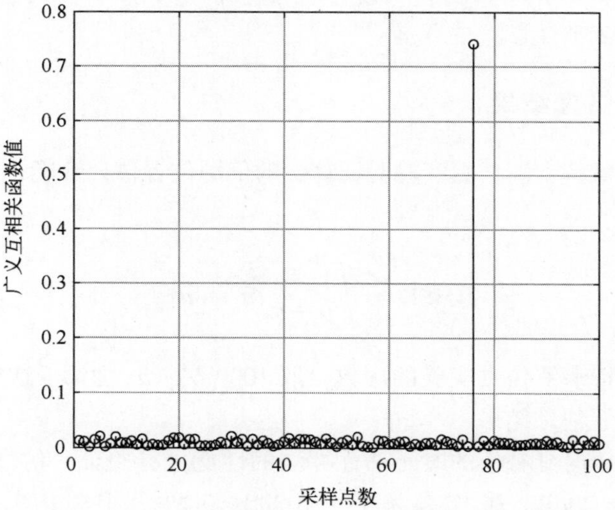

图 9-7　在进行时延补偿后的广义互相关函数值随采样点数变化示意图

图 9-8 为 DTAC 算法在信噪比 SNR = -10dB 和采样频率 f_s = 800MHz 情形下的定位散点图。信源位置为（2km, 6km），观测点个数 L = 3，位置分别为 $\boldsymbol{p}_1$ = [0km, 0km]^{T}，$\boldsymbol{p}_2$ = [5km, 0km]^{T}，$\boldsymbol{p}_3$ = [5km, 8km]^{T}，在每个观测点均配置一个阵元数为 M=4 的均匀线阵列。图 9-9 为在相同仿真参数下，DTAC-SDC 算法在进行时延补偿时的定位散点图。由图 9-8、图 9-9 可知：图 9-8 中的信源位置分布在真实位置附近的一个小范围内；图 9-9 中的信源位置分布在一个更小的范围内。仿真结果表明，DTAC 算法能有效完成信源的空间定位。

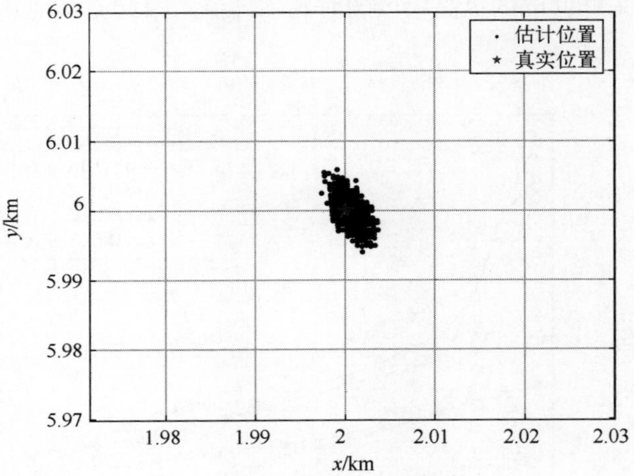

图 9-8 DTAC 算法定位散点图

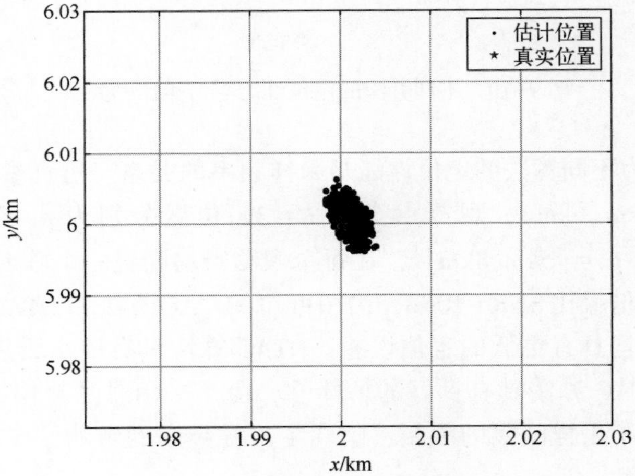

图 9-9 DTAC-SDC 算法定位散点图

图 9-10 为不同算法的定位性能与信噪比的关系。仿真参数设置为：信源位置为（2km, 6km），观测点个数 $L=3$，位置分别为 $\boldsymbol{p}_1=[0,0]^{\mathrm{T}}$，$\boldsymbol{p}_2=[5\mathrm{km},0\mathrm{km}]^{\mathrm{T}}$，$\boldsymbol{p}_3=[5\mathrm{km},8\mathrm{km}]^{\mathrm{T}}$，在每个观测点均配置一个阵元数为 $M=4$ 的均匀线阵列，采样频率 $f_s=800\mathrm{Hz}$。仿真结果表明，DTAC 算法的 RMSE 相比其他几种算法均低很多。虽然传统 JDT 算法在高信噪比情形下具有优于 DTAC 算法的定位性能，但在低信噪比时，却无法保持良好的定位性能，DTAC 算法能克服在低信噪比情形下的定位性能衰落。同时可以看出，由于 DTAC-SDC 算法获得了优于采样间隔的更高精度的时延估计值，因此比其他几种算法具有更低的误差下限。

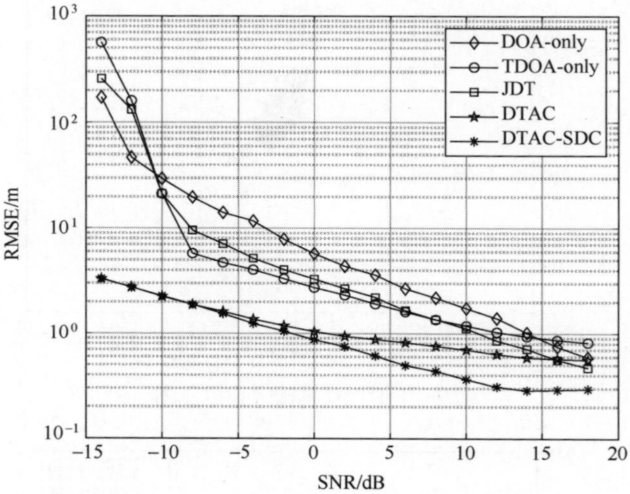

图 9-10　不同算法的定位性能与信噪比的关系

图 9-11 为不同算法的定位性能与采样频率的关系。仿真参数设置为：信源位置为（2km, 6km），观测点个数 $L=3$，位置分别为 $\boldsymbol{p}_1=[0,0]^{\mathrm{T}}$，$\boldsymbol{p}_2=[5\mathrm{km},0\mathrm{km}]^{\mathrm{T}}$，$\boldsymbol{p}_3=[5\mathrm{km},8\mathrm{km}]^{\mathrm{T}}$，在每个观测点均配置一个阵元数为 $M=4$ 的均匀线阵列，信噪比 SNR = 10dB。由图可知，DTAC 算法和 DTAC-SDC 算法比其他几种算法均具有更低的定位误差，DTAC 算法具有最小增量的定位误差，也就是说，DTAC 算法具有良好的鲁棒性，由于采用时延补偿，因此 DTAC-SDC 算法突破了采样间隔的限制，削弱了采样频率的影响，实现了近似不变的定位误差。

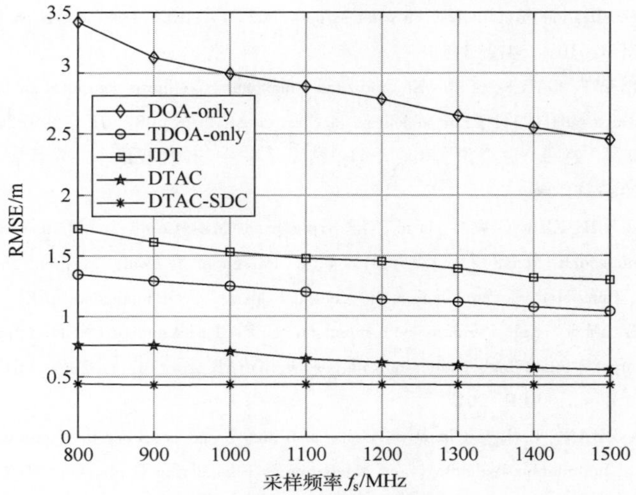

图 9-11　不同算法的定位性能与采样频率的关系

9.4　本章小结

本章主要介绍了基于 AOA 和 TDOA 的两步定位算法，针对现有算法存在的问题，给出了基于级联 AOA 和 TDOA 的两步定位算法，充分利用了阵列方向图特性，达到了增强信噪比的有益效果。

此外，针对传统算法在利用互相关函数进行估计时，时延精度受限于采样频率的问题，进一步研究了基于时延补偿的时延估计算法。仿真结果表明，基于时延补偿的时延估计算法能够克服在低信噪比情形下定位性能迅速下降的问题，不需要高采样频率，即可获得优于采样间隔的时延估计精度，相比现有的定位算法，具有更高的定位精度。部分相应成果见文献［11-12］。

参考文献

［1］ HUA M C, HSU C H, LIU H C. Joint TDOA-DOA localization scheme for passive coherent location systems［C］// 2012 8th International Symposium on Communication Systems, Networks and Digital Signal Processing (CSNDSP). Poznan: IEEE, 2012.

［2］ YIN J, WAN Q, YANG S, et al. A simple and accurate TDOA-AOA localization method using two stations［J］. IEEE Signal Processing Letters, 2015, 23 (1): 144-148.

[3] YU K. 3-D localization error analysis in wireless networks [J]. IEEE Transactions on Wireless Communications, 2007, 6 (10): 3472-3481.

[4] WANG J, QIN Z T, GAO F, et al. An approximate maximum likelihood algorithm for target localization in multistatic passive radar [J]. Chinese Journal of Electronics, 2019, 28 (01): 199-205.

[5] 赵勇胜, 赵拥军, 赵闯. 联合角度和时差的单站无源相干定位加权最小二乘算法 [J]. 雷达学报, 2016 (3): 302-311.

[6] LIANG M, LI X H, ZHANG W G, et al. The Generalized Cross-Correlation Method for Time Delay Estimation of Infrasound Signal [C]// 2015 Fifth International Conference on Instrumentation and Measurement, Computer, Communication and Control (IMCCC). Qinhuangdao: IEEE, 2015.

[7] KIM S, ON B, IM S, et al. Performance comparison of FFT-based and GCC-PHAT time delay estimation schemes for target azimuth angle estimation in a passive SONAR array [C]// 2017 IEEE Underwater Technology (UT). Busan: IEEE, 2017.

[8] ZHANG Q Q, ZHANG L H. An improved delay algorithm based on generalized cross correlation [C]// 2017 IEEE 3rd Information Technology and Mechatronics Engineering Conference (ITOEC). Chongqing: IEEE, 2017.

[9] 倪磊磊, 杨露菁, 蔡时超, 等. 基于 TDOA 的 Chan 定位算法仿真研究 [J]. 舰船电子工程, 2016, 36 (05): 92-95.

[10] COHEN L. Generalization of the Wiener-Khinchin theorem [J]. IEEE Signal Processing Letters, 1998, 5 (11): 292-294.

[11] ZHAO G F, ZHENG H, LI Y Y, et al. A frequency domain direct localization method based on distributed antenna sensing [J]. Wireless Communications and Mobile Computing, 2021, 2021: 1-10.

[12] HE Y, LI J F, ZHANG X F. Adaptive cascaded high-resolution source localization based on collaboration of multi-UAVs [J]. China Communications, 2020, 17 (4): 165-179.

第 10 章
多阵列联合信源直接定位

多阵列联合信源直接定位是阵列信号处理领域中的重要研究内容。本章介绍相关的基于加权 MUSIC 的直接定位算法、降维 SDF 的非圆信号直接定位算法、嵌套阵列基于泰勒补偿的高精度直接定位算法及增广互质线阵列基于加权 SDF 的直接定位算法等。

10.1 引言

10.1.1 研究背景

为了满足更高定位性能的需求，直接定位技术引起了研究人员的广泛关注。直接定位技术通过直接从原始接收信号中抽取信源位置信息，即最大限度利用观测信息，实现对信源进行高精度的定位。由于不需要对中间参数进行估计，因此直接定位技术不依赖额外的信息匹配就可以实现对多个信源进行同时定位，能够满足日渐复杂电磁环境下的信源定位需求。现有的直接定位技术在处理多个阵列的接收信号时，没有充分考虑观测误差不平衡对定位性能造成的影响，定位精度难以进一步提高。进一步研究高精度的直接定位技术是很有意义的。

从信息论的角度，所能利用的原始信息越多，算法的性能越好。研究表明，在构建算法模型时，考虑信源的信号特征能够进一步提高定位精度。调幅信号、二进制相移键控信号、脉冲幅度调制信号、正交相移键控信号等都是现代通信系统中不可或缺的信号形式，都属于非圆（Non-Circular，NC）[1] 信号类型，对有关非圆信号直接定位算法的研究具有重要的应用价值。

在日渐复杂的电磁环境下，除了对定位精度有更高的需求，对密集环境下的信源进行准确识别和定位的要求也越来越高。根据天线阵列理论，对信源进行高分辨率的识别和定位需要大孔径天线阵列的支持。天线阵列孔径的增大，会加重承载平台的负担，增加处理系统的复杂性。若要求天线阵列有较高的角度分辨率，则所采用的均匀线阵列就需要由较多的阵元组成，势必会增加天线系统的造价，降低天线系统的机动性。此外，由于实际应用条件的限制，天线阵列可能是非等距或不规则的天线阵列，适用于均匀线阵列的很多直接定位算法将不再适用，因此研究基于稀疏阵列的直接定位算法具有实际意义。

10.1.2 研究现状

Demissie 于 2008 年提出了一种子空间数据融合（Subspace Data Fusion, SDF）直接定位算法[2]。该算法将阵列信号处理领域中的超高分辨 MUSIC 估计算法拓展到了直接定位技术中。虽然 SDF 直接定位算法也需要进行网格搜索，但只需要进行一次有效空间的二维或三维网格搜索，就可得到所有信源位置的估计值，相比基于最大似然[3]的直接定位算法，搜索复杂度不会随着信源数的增加而增加。同样是基于空间谱估计理论，文献［4］介绍了基于 Capon 的直接定位算法。该算法不需要知道信源数，只需要将最大似然估计器和迭代交替投影（Alternating Projection, AP）技术结合，即可将高复杂度的多维优化问题分解为一系列低维优化问题，减少了计算量。

针对现代通信系统中的正交频分复用信号，文献［5-6］介绍了基于最大似然的 DPD 算法。为了降低算法的复杂度，提升算法的实用性，文献［7］介绍了一种改进的 DPD 算法。针对恒模信号，文献［8］利用恒包络特征，构建了最大似然估计模型，给出了针对恒模信号的 DPD 算法。

针对均匀线阵列自由度的受限问题，文献［9］将直接定位技术从均匀线阵列扩展到了非均匀互质阵列：首先根据互质阵列的结构构建基于单个移动阵列的 DPD 模型；然后基于连续虚拟阵列响应构建虚拟阵列模型，在对连续虚拟阵列响应进行空间平滑后，对加权平滑子阵矩阵进行特征值分解；最后基于子空间数据融合构造定位损失函数。文献［9］虽然借助空间平滑算法实现了在互质阵列中对多个信源进行同时定位，但不可避免地损失了一半的自由度。文献［10］将文献［9］中介绍的算法进行了进一步的推广，考虑了移动互质阵列的多普勒特性，利用 Kronecker 积扩展了阵列孔径，最大程度地利用了虚拟阵列的自由度，提高了定位精度，实现了在欠定条件下对多个信源位置进行有效估计。文献［11］介绍了一种基于移动嵌套阵列的直接定位算法。该算法首先对传统嵌套阵列的阵元进行了重新排列，得到大孔径和高自由度的差和嵌套阵列和二阶超嵌套阵列，然后通过矢量化协方差矩阵和空间平滑算法，获得了基于子空间数据融合的损失函数，实现了在信源数大于阵元数时，对多个信源进行同时定位。文献［11］虽然利用了空间平滑算法，但仍然会损失一半的自由度。

由此可以看出，无论定位精度还是自由度，现有的直接定位算法还存在很多不足，因此研究基于多阵列联合信源直接定位技术，以满足在复杂电磁环境下不断提升的定位需求，具有很强的现实意义。

10.2 基于加权 MUSIC 的直接定位算法

下面研究直接利用多阵列接收信号进行信源位置估计，针对传统的基于 MUSIC 的直接定位算法没有考虑观测误差的异方差性，给出一种基于加权 MUSIC 的直接定位算法，充分利用对协方差矩阵进行特征值分解后的特征值和特征矢量，获得渐近最优的位置估计性能，提升对信源的分辨能力。

10.2.1 数据模型

直接定位系统数据模型如图 10-1 所示。假设在空间有 K 个信源，信源位置为 $\boldsymbol{p}_k=[p_{xk},p_{yk},p_{zk}]^{\mathrm{T}}$，$L$ 个观测点的位置为 $\boldsymbol{u}_l=[u_{xl},u_{yl},u_{zl}]^{\mathrm{T}}$，在各观测点均配置一个二维阵列，这里以 L 型阵列为例进行说明，阵元数 $M=2M_0-1$，M_0为其中一个子阵的阵元数。

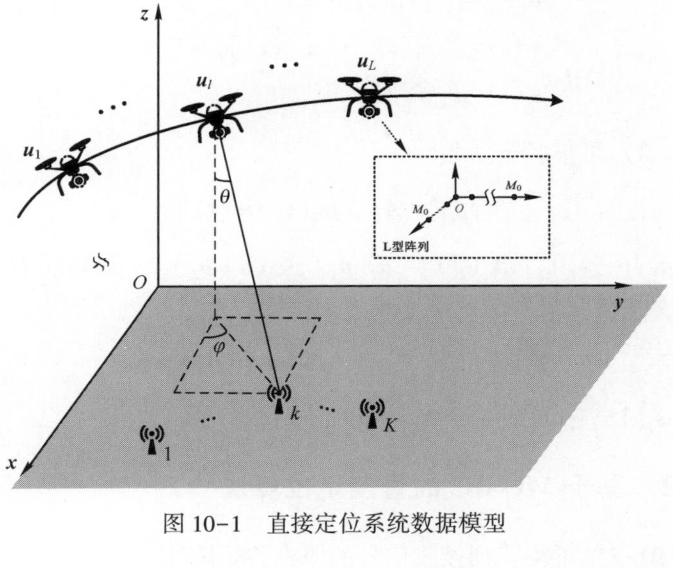

图 10-1 直接定位系统数据模型

假设 K 个信源的信号均是波长为 λ 的远场窄带信号，由自由空间传输损耗模型可知，在实际应用中，来自同一个信源的信号在入射到不同位置的阵列时，阵列接收信号的强度是不同的。假设信源信号的功率均为 P_k，在观测位置 $\boldsymbol{u}_l$ 接收的来自第 k 个信源信号的功率为 $P_{l,k}$，则路径传输损耗系数可表示为

$$b_{l,k}=\sqrt{P_{l,k}/P_k} \tag{10-1}$$

记 $s_{l,k}(t)$ 为第 k 个信源发射到第 l 个观测点的信号，第 l 个阵列在 t 时刻的接收信号为

$$\boldsymbol{y}_l(t)=\sum_{k=1}^{K} b_{l,k}\boldsymbol{a}_l(\boldsymbol{p}_k)s_{l,k}(t)+\boldsymbol{n}_l(t) \tag{10-2}$$

式中，$t=1,2,\cdots,J$；J 为快拍数；$\boldsymbol{n}_l(t)$ 为在阵列 l 上的零均值加性高斯白噪声矢量，假设噪声方差均为 $\sigma_{\mathrm{n}}^2\boldsymbol{I}_M$，各噪声相互独立且信号与噪声之间互不相关；$\boldsymbol{a}_l(\boldsymbol{p}_k)=[\mathrm{e}^{\mathrm{j}\boldsymbol{k}_l^{\mathrm{T}}(\boldsymbol{p}_k)\boldsymbol{d}_1},\cdots,\mathrm{e}^{\mathrm{j}\boldsymbol{k}_l^{\mathrm{T}}(\boldsymbol{p}_k)\boldsymbol{d}_{M_0}}]^{\mathrm{T}}$ 为阵列方向矢量；$\boldsymbol{d}_m$ 为阵列的第 m 个阵元相对于参考阵元的位置矢量；$\boldsymbol{k}_l(\boldsymbol{p}_k)$ 为观测位置 $\boldsymbol{u}_l$ 的波数矢量，有

$$\boldsymbol{k}_l(\boldsymbol{p}_k)=\frac{2\pi}{\lambda}\frac{\boldsymbol{p}_k-\boldsymbol{u}_l}{\|\boldsymbol{p}_k-\boldsymbol{u}_l\|} \tag{10-3}$$

定义辅助矢量为

$$\begin{aligned}
&\boldsymbol{b}_l=[b_{l,1},\cdots,b_{l,K}]^{\mathrm{T}}\in\mathbb{C}^{K\times 1}\\
&\bar{\boldsymbol{s}}_l(t)=[s_{l,1}(t),\cdots,s_{l,K}(t)]^{\mathrm{T}}\in\mathbb{C}^{K\times 1}\\
&\boldsymbol{s}_l(t)=\boldsymbol{b}_l\odot\bar{\boldsymbol{s}}_l(t)
\end{aligned} \tag{10-4}$$

式（10-2）可重新表示为

$$\boldsymbol{y}_l(t)=\boldsymbol{A}_l(\boldsymbol{p})\boldsymbol{s}_l(t)+\boldsymbol{n}_l(t) \tag{10-5}$$

式中，$\boldsymbol{p}=[\boldsymbol{p}_1^{\mathrm{T}},\cdots,\boldsymbol{p}_K^{\mathrm{T}}]^{\mathrm{T}}$；$\boldsymbol{A}_l(\boldsymbol{p})=[\boldsymbol{a}_l(\boldsymbol{p}_1),\cdots,\boldsymbol{a}_l(\boldsymbol{p}_K)]$。采集所有 J 个快拍数据，得到阵列 l 接收信号的矩阵形式为

$$\boldsymbol{Y}_l=[\boldsymbol{y}_l(1),\cdots,\boldsymbol{y}_l(J)]=\boldsymbol{A}_l(\boldsymbol{p})\boldsymbol{S}_l+\boldsymbol{N}_l \tag{10-6}$$

式中，$\boldsymbol{S}_l=[\boldsymbol{s}_l(1),\cdots,\boldsymbol{s}_l(J)]$；$\boldsymbol{N}_l=[\boldsymbol{n}_l(1),\cdots,\boldsymbol{n}_l(J)]$。

10.2.2 基于 MUSIC 的直接定位算法

由式（10-5）可得阵列接收信号的协方差矩阵为

$$\boldsymbol{R}_l=E[\boldsymbol{y}_l(t)\boldsymbol{y}_l^{\mathrm{H}}(t)] \tag{10-7}$$

考虑有限的快拍数，在实际应用中，通常用 J 次快拍数估计采样协方差矩阵代替理论意义上的协方差矩阵。协方差矩阵为

$$\hat{\boldsymbol{R}}_l=\frac{1}{J}\sum_{t=1}^{J}\boldsymbol{y}_l(t)\boldsymbol{y}_l^{\mathrm{H}}(t) \tag{10-8}$$

对式（10-8）进行特征值分解，可得

$$\hat{\boldsymbol{R}}_l=\boldsymbol{U}_l^{(\mathrm{s})}\boldsymbol{\Lambda}_l^{(\mathrm{s})}(\boldsymbol{U}_l^{(\mathrm{s})})^{\mathrm{H}}+\boldsymbol{U}_l^{(\mathrm{n})}\boldsymbol{\Lambda}_l^{(\mathrm{n})}(\boldsymbol{U}_l^{(\mathrm{n})})^{\mathrm{H}} \tag{10-9}$$

式中，$\boldsymbol{U}_l^{(\mathrm{s})}\in\mathbb{C}^{M\times K}$和 $\boldsymbol{U}_l^{(\mathrm{n})}\in\mathbb{C}^{M\times(M-K)}$分别为对第 l 个观测点的接收信号协方差矩阵进行特征值分解后得到的信号子空间和噪声子空间；$\boldsymbol{\Lambda}_l^{(\mathrm{s})}$ 和 $\boldsymbol{\Lambda}_l^{(\mathrm{n})}$ 分别为由 K 个大特征值和 $M-K$ 个小特征值组成的对角阵列。

$\boldsymbol{\Lambda}_l^{(\mathrm{s})}$ 和 $\boldsymbol{\Lambda}_l^{(\mathrm{n})}$ 分别表示为

$$\boldsymbol{\Lambda}_l^{(\mathrm{s})}=\mathrm{diag}\{\lambda_{l,1},\cdots,\lambda_{l,K}\} \tag{10-10}$$

$$\boldsymbol{\Lambda}_l^{(\mathrm{n})}=\mathrm{diag}\{\lambda_{l,K+1},\cdots,\lambda_{l,M}\} \tag{10-11}$$

式中，$\lambda_{l,i}(i=1,2,\cdots,M)$为$\hat{\boldsymbol{R}}_l$ 的 M 个特征值，且 $\lambda_{l,1}\geqslant\cdots\geqslant\lambda_{l,K}>\lambda_{l,K+1}=\cdots=\lambda_{l,M}$。

由信号子空间和噪声子空间的正交性可知，只有当阵列方向矢量 $\boldsymbol{a}_l(\boldsymbol{p})$是由真实信源位置 $\boldsymbol{p}_k$ 构成时，在噪声子空间的投影才为 0，将阵列方向矢量在 L 个观测点噪声子空间的投影相加，构造损失函数为

$$f_{\mathrm{MUSIC}}(\boldsymbol{p})=\sum_{l=1}^{L}\boldsymbol{a}_l^{\mathrm{H}}(\boldsymbol{p})\boldsymbol{U}_l^{(\mathrm{n})}(\boldsymbol{U}_l^{(\mathrm{n})})^{\mathrm{H}}\boldsymbol{a}_l(\boldsymbol{p}) \tag{10-12}$$

即将直接定位问题转换为求解式（10-12）的最小值问题，通过进行网格搜索，找到式（10-12）的前 K 个最小值，即为信源位置的估计结果。

算法的主要步骤总结如下。

算法 10.1：基于 MUSIC 的直接定位算法

步骤 1：根据式（10-8）计算阵列接收信号的协方差矩阵$\hat{\boldsymbol{R}}_l$。

步骤 2：对$\hat{\boldsymbol{R}}_l$ 进行特征值分解，得到噪声子空间 $\boldsymbol{U}_l^{(\mathrm{n})}$。

步骤 3：根据式（10-12）构造损失函数，进行网格搜索，得到信源位置的估计结果。

10.2.3 基于 SNR 加权 MUSIC 的直接定位算法

式（10-12）的损失函数对所有在观测点噪声子空间的投影均进行了同等处理，只要在 L 个谱函数中存在一个性能较差的，就会受到干扰，即基于 MUSIC 的直接定位（SDF-MUSIC）算法的性能，会受到来自不同观测点正交投影误差异方差性的影响。SDF-MUSIC 算法只利用了噪声子空间，噪声子空间对环境非常敏感，如快拍数少、信噪比低等，从而限制了定位性能。

针对 SDF-MUSIC 算法稳定性差、噪声敏感性差等问题，下面采用平衡正交投影误差获得误差小、鲁棒性高的损失函数，充分利用获得的所有数据提高定位精度。

为每个在观测点噪声子空间的投影分配一个权值，构造损失函数为

$$f_{\text{WMUSIC}}(\boldsymbol{p}) = \sum_{l=1}^{L} w_l \boldsymbol{a}_l^{\text{H}}(\boldsymbol{p}) \boldsymbol{U}_l^{(\text{n})} (\boldsymbol{U}_l^{(\text{n})})^{\text{H}} \boldsymbol{a}_l(\boldsymbol{p}) \tag{10-13}$$

式中，w_l 是为第 l 个观测点噪声子空间投影分配的权值。

根据注水分配功率原则，质量好的信道被分配较多的功率，质量差的信道被分配较少的功率，从而获得最大的信道容量[12]。同样，为了减小总的投影误差，需要分配一个随误差的下降而呈增长趋势的权值。由于较高的信噪比会产生较小的误差，较低的信噪比会产生较大的误差，因此下面给出基于 SNR 加权 MUSIC 的直接定位（SDF-WMUSIC1）算法。

在噪声彼此不相关且信号与噪声相互独立的假设下，将式（10-5）代入式（10-8），协方差矩阵可重写为

$$\hat{\boldsymbol{R}}_l = \frac{1}{J} \sum_{t=1}^{J} \left(\sum_{k=1}^{K} b_{l,k}^2 P_k \boldsymbol{a}_l(\boldsymbol{p}) \boldsymbol{a}_l^{\text{H}}(\boldsymbol{p}) + \sigma_{\text{n}}^2 \boldsymbol{I}_{M\times M} \right) \tag{10-14}$$

式中，$\boldsymbol{I}_{M\times M}$ 为 $M\times M$ 维单位矩阵。由式（10-14）可知，不同信源信号入射到同一阵列时的功率或同一信源信号入射到不同阵列时的功率取决于信源信号功率 P_k 和未知参数 $b_{l,k}$，假设噪声功率在观测过程中保持不变，则不同观测点的信噪比正比于 $b_{l,k}^2 P_k$，即 $P_{l,k}$。该值在实际应用中是未知的。

接收信号协方差矩阵可分解为两个部分，即

$$\hat{\boldsymbol{R}}_l = \boldsymbol{R}_{\text{s}} + \boldsymbol{R}_{\text{n}} = \boldsymbol{A}_l(\boldsymbol{p}) \operatorname{diag}([P_{l,1}, \cdots, P_{l,K}]) \boldsymbol{A}_l^{\text{H}}(\boldsymbol{p}) + \sigma_{\text{n}}^2 \boldsymbol{I}_{M\times M} \tag{10-15}$$

在同样的假设前提下，协方差矩阵的特征值可以表示为

$$\lambda_{l,i}=\begin{cases}\sigma_{y_i}^2+\sigma_{\mathrm{n}}^2, & 1\leqslant i\leqslant K\\ \sigma_{\mathrm{n}}^2, & K+1\leqslant i\leqslant M\end{cases} \tag{10-16}$$

式中，$\sigma_{y_i}^2(1\leqslant i\leqslant K)$ 为 $\boldsymbol{R}_{\mathrm{s}}$ 的 K 个较大的非零特征值，表征接收信号的功率 $P_{l,k}$。注意，这里假设噪声功率在观测过程中保持不变，具体数值在实际应用中也是未知的，噪声功率的估计值可以通过 $M-K$ 个较小的特征值得到，即

$$\hat{\sigma}_{\mathrm{n}l}^2=\frac{1}{M-K}\sum_{i=K+1}^{M}\lambda_{l,i} \tag{10-17}$$

由于估计值和真实值之间存在微小偏差，因此不同观测点噪声功率的估计值近似相等。根据噪声功率的估计值，第 l 个阵列接收信号功率的估计值为

$$\hat{P}_l=\sum_{i=1}^{K}(\lambda_{l,i}-\hat{\sigma}_{\mathrm{n}l}^2) \tag{10-18}$$

根据前面的分析，在信噪比较大的位置，接收信号会产生较小的误差，为该位置分配一个较大的权值，则基于 SNR 加权 MUSIC 直接定位算法的损失函数为

$$f_{\mathrm{WMUSIC1}}(\boldsymbol{p})=\sum_{l=1}^{L}\frac{\hat{P}_l}{\hat{\sigma}_{\mathrm{n}l}^2}\|(\boldsymbol{U}_l^{(\mathrm{n})})^{\mathrm{H}}\boldsymbol{a}_l(\boldsymbol{p})\|^2 \tag{10-19}$$

通过搜索式（10−19），可得到高精度的信源位置估计结果。

算法的主要步骤总结如下。

算法 10.2：基于 SNR 加权 MUSIC 的直接定位算法。

步骤 1：根据式（10−8）计算阵列接收信号的协方差矩阵$\hat{\boldsymbol{R}}_l$。

步骤 2：对$\hat{\boldsymbol{R}}_l$ 进行特征值分解，得到特征值 $\lambda_{l,i}(i=1,2,\cdots,M)$ 和噪声子空间 $\boldsymbol{U}_l^{(\mathrm{n})}$。

步骤 3：根据式（10−17）和式（10−18）分别估计噪声功率$\hat{\sigma}_{\mathrm{n}l}^2$和接收信号功率$\hat{P}_l$。

步骤 4：根据式（10−19）构造损失函数，进行网格搜索，得到信源位置的估计结果。

10.2.4 基于最优权值加权 MUSIC 的直接定位算法

基于 SNR 加权 MUSIC 的直接定位算法虽然可以有效降低在 L 个观测点噪声子空间的总投影误差，但是没有使总投影误差最小化，因而不是最优的。下面给出基于最优权值加权 MUSIC 的直接定位（SDF-WMUSIC2）算法。

定义方向矢量在第 l 个观测点噪声子空间的投影误差为

$$\boldsymbol{\xi}_l=(\boldsymbol{U}_l^{(\mathrm{n})})^{\mathrm{H}}\boldsymbol{a}_l(\boldsymbol{p}) \tag{10-20}$$

则最优权值加权直接定位问题可表示为，找到一个最优权值 $\boldsymbol{W}^*$ 和信源位置估计值$\hat{\boldsymbol{p}}$，使总投影误差最小，即

$$\hat{\boldsymbol{p}},\boldsymbol{W}^*=\arg\min_{\boldsymbol{p},\boldsymbol{W}}\|\boldsymbol{W}^{1/2}\boldsymbol{\xi}\|^2 \tag{10-21}$$

式中，$\boldsymbol{\xi}=[\boldsymbol{\xi}_1^{\mathrm{H}},\boldsymbol{\xi}_2^{\mathrm{H}},\cdots,\boldsymbol{\xi}_L^{\mathrm{H}}]^{\mathrm{H}}$ 为所有在观测点噪声子空间的投影误差。

式（10-21）是一个典型的加权最小二乘优化问题，最优权值为投影误差矢量 $\boldsymbol{\xi}$ 的协方差矩阵的逆矩阵，即 $\boldsymbol{W}^*=\mathrm{cov}(\boldsymbol{\xi})^{-1}$。由文献［13］可知，投影误差矢量 $\boldsymbol{\xi}$ 服从零均值高斯分布，协方差矩阵具有如下形式，即

$$\begin{aligned}&E(\boldsymbol{\xi}_i\boldsymbol{\xi}_j^{\mathrm{H}})=\boldsymbol{a}_l^{\mathrm{H}}(\boldsymbol{p})\boldsymbol{\Lambda}_l\boldsymbol{a}_l(\boldsymbol{p})\boldsymbol{\delta}_{i,j}\boldsymbol{I}_{(M-K)\times(M-K)}\\&E(\boldsymbol{\xi}_i\boldsymbol{\xi}_j^{\mathrm{T}})=\boldsymbol{O}_{(M-K)\times(M-K)},\qquad \text{for}\ \forall\, i,j\end{aligned} \tag{10-22}$$

式中，$\boldsymbol{I}_{(M-K)\times(M-K)}$ 和 $\boldsymbol{O}_{(M-K)\times(M-K)}$ 分别为$(M-K)\times(M-K)$维单位矩阵和$(M-K)\times(M-K)$维零矩阵；$\boldsymbol{\delta}_{i,j}$为冲激矢量，当且仅当 $i=j$ 时，$\boldsymbol{\delta}_{i,j}=1$，在其他情况下，$\boldsymbol{\delta}_{i,j}$均为 0；矩阵 $\boldsymbol{\Lambda}_l$ 具有如下形式，即

$$\boldsymbol{\Lambda}_l=\frac{1}{J}\boldsymbol{U}_l^{(\mathrm{s})}\mathrm{diag}\left(\left[\frac{\lambda_{l,1}}{\sigma_{\mathrm{n}}^2}+\frac{\sigma_{\mathrm{n}}^2}{\lambda_{l,1}}-2,\cdots,\frac{\lambda_{l,K}}{\sigma_{\mathrm{n}}^2}+\frac{\sigma_{\mathrm{n}}^2}{\lambda_{l,K}}-2\right]\right)(\boldsymbol{U}_l^{(\mathrm{s})})^{\mathrm{H}} \tag{10-23}$$

由式（10-22）可知，组成投影误差矢量 $\boldsymbol{\xi}$ 的子矢量 $\boldsymbol{\xi}_l$ 彼此独立，投影误差矢量 $\boldsymbol{\xi}$ 的协方差矩阵是$(M-K)L\times(M-K)L$ 维对角矩阵，有

$$\mathrm{cov}(\boldsymbol{\xi})=E(\boldsymbol{\xi}\boldsymbol{\xi}^{\mathrm{H}})=\mathrm{diag}b_{l,k}[E(\boldsymbol{\xi}_1\boldsymbol{\xi}_1^{\mathrm{H}}),\cdots,E(\boldsymbol{\xi}_L\boldsymbol{\xi}_L^{\mathrm{H}})] \tag{10-24}$$

将式（10-22）和式（10-23）代入式（10-24），经化简，可得最优权值矩阵的解为

$$\boldsymbol{W}^*=\mathrm{diag}([w_1^*(\boldsymbol{p}),.\cdots,w_L^*(\boldsymbol{p})])\otimes\boldsymbol{I}_{(M-K)\times(M-K)} \tag{10-25}$$

式中

$$w_l^*(\boldsymbol{p}) = \frac{1}{\sum_{k=1}^{K} g_{l,k} \| (\boldsymbol{U}_l^{(\mathrm{s})})^{\mathrm{H}} \boldsymbol{a}_l(\boldsymbol{p}) \|^2} \tag{10-26}$$

式中，$g_{l,k}$为阵列 l 的接收信号中来自信源 k 信号的权值，与信噪比有关，有

$$g_{l,k} = \left(\rho_{l,k} + \frac{1}{\rho_{l,k}} - 2 \right)^{-1} \tag{10-27}$$

式中，$\rho_{l,k} = 1 + \mathrm{SNR}_{l,k} = \lambda_{l,k} / \sigma_{\mathrm{n}}^2$。由式（10-27）可知，最优权值不仅考虑了接收信号信噪比之间的差异，还与噪声子空间和搜索网格有关。

根据式（10-25），基于最优权值加权 MUSIC 的直接定位算法的损失函数为

$$f_{\mathrm{WMUSIC2}}(\boldsymbol{p}) = \sum_{l=1}^{L} \frac{\| (\boldsymbol{U}_l^{(\mathrm{n})})^{\mathrm{H}} \boldsymbol{a}_l(\boldsymbol{p}) \|^2}{\| \mathrm{diag}([g_{l,1}^{1/2}, \cdots, g_{l,K}^{1/2}]) (\boldsymbol{U}_l^{(\mathrm{s})})^{\mathrm{H}} \boldsymbol{a}_l(\boldsymbol{p}) \|^2} \tag{10-28}$$

通过搜索式（10-28）的前 K 个最小值，可得到高精度的信源位置估计结果。算法的主要步骤总结如下。

算法 10.3：基于最优权值加权 MUSIC 的直接定位算法。

步骤 1：根据式（10-8）计算阵列接收信号的协方差矩阵$\hat{\boldsymbol{R}}_l$。

步骤 2：对$\hat{\boldsymbol{R}}_l$ 进行特征值分解，得到特征值 $\lambda_{l,i}(i=1,2,\cdots,M)$ 的特征子空间 $\boldsymbol{U}_l^{(\mathrm{s})}$ 和 $\boldsymbol{U}_l^{(\mathrm{n})}$。

步骤 3：根据式（10-27）计算 $g_{l,k}$。

步骤 4：根据式（10-28）构造损失函数，进行网格搜索，得到信源位置的估计结果。

10.2.5　性能分析

1. 算法渐近最优性

为了从理论上说明基于最优权值加权 MUSIC 直接定位算法的最优性，下面从渐近最优性进行证明。

定义$\overline{\boldsymbol{U}}_l^{(\mathrm{n})}$ 和$\overline{\boldsymbol{p}}$分别为真实的噪声子空间和信源位置矢量，$\boldsymbol{U}_l^{(\mathrm{n})}$ 和 $\boldsymbol{p}$ 分别为有误差的噪声子空间和信源位置矢量，有

$$\boldsymbol{U}_l^{(\mathrm{n})} = \overline{\boldsymbol{U}}_l^{(\mathrm{n})} + \delta_{\boldsymbol{U}_l^{(\mathrm{n})}} \tag{10-29}$$

$$\boldsymbol{p}=\bar{\boldsymbol{p}}+\delta_{\boldsymbol{p}} \tag{10-30}$$

式中，$\delta_{\boldsymbol{U}_l^{(n)}}$ 和 $\delta_{\boldsymbol{p}}$ 分别为相应噪声子空间和信源位置矢量的偏差。在无噪声的环境下，由真实信源位置矢量构成的方向矢量和真实噪声子空间是完全正交的，即

$$(\bar{\boldsymbol{U}}_l^{(n)})^{\mathrm{H}}\boldsymbol{a}_l(\bar{\boldsymbol{p}})=0 \tag{10-31}$$

将由有误差信源位置矢量构成的方向矢量 $\boldsymbol{a}_l(\boldsymbol{p})$ 在真实信源位置矢量 $\bar{\boldsymbol{p}}$ 处进行泰勒展开，忽略二阶以上的项，方向矢量 $\boldsymbol{a}_l(\boldsymbol{p})$ 的估计值为

$$\hat{\boldsymbol{a}}_l(\boldsymbol{p})=\boldsymbol{a}_l(\bar{\boldsymbol{p}})+\left.\frac{\partial\boldsymbol{a}_l(\boldsymbol{p})}{\partial\boldsymbol{p}}\right|_{\boldsymbol{p}}(\boldsymbol{p}-\bar{\boldsymbol{p}}) \tag{10-32}$$

用式（10-32）代替式（10-20）中的方向矢量，可得方向矢量在第 l 个观测点噪声子空间的投影误差为

$$(\boldsymbol{U}_l^{(n)})^{\mathrm{H}}\boldsymbol{a}_l(\bar{\boldsymbol{p}})+(\boldsymbol{U}_l^{(n)})^{\mathrm{H}}\left.\frac{\partial\boldsymbol{a}_l(\boldsymbol{p})}{\partial\boldsymbol{p}}\right|_{\bar{\boldsymbol{p}}}(\boldsymbol{p}-\bar{\boldsymbol{p}})=\boldsymbol{\xi}_l \tag{10-33}$$

定义辅助变量

$$\begin{aligned}\boldsymbol{H}_l&=(\boldsymbol{U}_l^{(n)})^{\mathrm{H}}\left.\frac{\partial\boldsymbol{a}_l(\boldsymbol{p})}{\partial\boldsymbol{p}}\right|_{\bar{\boldsymbol{p}}}\\ \boldsymbol{b}_l&=(\boldsymbol{U}_l^{(n)})^{\mathrm{H}}\left.\frac{\partial\boldsymbol{a}_l(\boldsymbol{p})}{\partial\boldsymbol{p}}\right|_{\bar{\boldsymbol{p}}}\bar{\boldsymbol{p}}-(\boldsymbol{U}_l^{(n)})^{\mathrm{H}}\boldsymbol{a}_l(\bar{\boldsymbol{p}})\end{aligned} \tag{10-34}$$

则式（10-33）可以表示为矩阵形式，有

$$\boldsymbol{H}_l\boldsymbol{p}-\boldsymbol{b}_l=\boldsymbol{\xi}_l \tag{10-35}$$

联立所有 L 个观测点的观测方程，有

$$\boldsymbol{H}\boldsymbol{p}-\boldsymbol{b}=\boldsymbol{\xi} \tag{10-36}$$

式中，$\boldsymbol{H}=[\boldsymbol{H}_1^{\mathrm{T}},\boldsymbol{H}_2^{\mathrm{T}},\cdots,\boldsymbol{H}_L^{\mathrm{T}}]^{\mathrm{T}}$；$\boldsymbol{b}=[\boldsymbol{b}_1^{\mathrm{T}},\boldsymbol{b}_2^{\mathrm{T}},\cdots,\boldsymbol{b}_L^{\mathrm{T}}]^{\mathrm{T}}$。

基于方向矢量在噪声子空间投影误差最小化原则，可将对多个信源进行同时定位转换为最小化目标函数的优化问题，即

$$\hat{\boldsymbol{p}}=\arg\min_{\boldsymbol{p}}(\boldsymbol{H}\boldsymbol{p}-\boldsymbol{b})^{\mathrm{H}}\boldsymbol{W}(\boldsymbol{H}\boldsymbol{p}-\boldsymbol{b}) \tag{10-37}$$

显然，式（10-37）是一个加权最小二乘优化问题，根据加权最小二乘理论[14]，信源位置估计的闭式解为

$$\hat{\boldsymbol{p}}=(\boldsymbol{H}^{\mathrm{H}}\boldsymbol{W}^{*}\boldsymbol{H})^{-1}\boldsymbol{H}^{\mathrm{H}}\boldsymbol{W}^{*}\boldsymbol{b} \tag{10-38}$$

在闭式解中包含信源真实位置矢量$\bar{\boldsymbol{p}}$。它不是先验信息。为了能够更直观地表示辅助变量 $\boldsymbol{H}$、$\boldsymbol{b}$ 与信源真实位置矢量$\bar{\boldsymbol{p}}$和有误差噪声子空间 $\boldsymbol{U}_l^{(\mathrm{n})}$ 之间的关系，将式（10-38）重写为

$$\hat{\boldsymbol{p}}=(\boldsymbol{H}(\boldsymbol{U}_l^{(\mathrm{n})},\bar{\boldsymbol{p}})^{\mathrm{H}}\boldsymbol{W}^{*}\boldsymbol{H}(\boldsymbol{U}_l^{(\mathrm{n})},\bar{\boldsymbol{p}}))^{-1}\boldsymbol{H}(\boldsymbol{U}_l^{(\mathrm{n})},\bar{\boldsymbol{p}})^{\mathrm{H}}\boldsymbol{W}^{*}\boldsymbol{b}(\boldsymbol{U}_l^{(\mathrm{n})},\bar{\boldsymbol{p}}) \tag{10-39}$$

将式（10-39）左边的信源位置估计矢量与右边的逆分量相乘，可以得到

$$(\boldsymbol{H}(\boldsymbol{U}_l^{(\mathrm{n})},\bar{\boldsymbol{p}})^{\mathrm{H}}\boldsymbol{W}^{*}\boldsymbol{H}(\boldsymbol{U}_l^{(\mathrm{n})},\bar{\boldsymbol{p}}))\hat{\boldsymbol{p}}=\boldsymbol{H}(\boldsymbol{U}_l^{(\mathrm{n})},\bar{\boldsymbol{p}})^{\mathrm{H}}\boldsymbol{W}^{*}\boldsymbol{b}(\boldsymbol{U}_l^{(\mathrm{n})},\bar{\boldsymbol{p}}) \tag{10-40}$$

定义

$$\boldsymbol{H}(\boldsymbol{U}_l^{(\mathrm{n})},\bar{\boldsymbol{p}})=\boldsymbol{H}(\bar{\boldsymbol{U}}_l^{(\mathrm{n})},\bar{\boldsymbol{p}})+\boldsymbol{\delta}_{\boldsymbol{H}(\boldsymbol{U}_l^{(\mathrm{n})},\bar{\boldsymbol{p}})} \tag{10-41}$$

$$\boldsymbol{b}(\boldsymbol{U}_l^{(\mathrm{n})},\bar{\boldsymbol{p}})=\boldsymbol{b}(\bar{\boldsymbol{U}}_l^{(\mathrm{n})},\bar{\boldsymbol{p}})+\boldsymbol{\delta}_{\boldsymbol{b}(\boldsymbol{U}_l^{(\mathrm{n})},\bar{\boldsymbol{p}})} \tag{10-42}$$

$$\hat{\boldsymbol{p}}=\bar{\boldsymbol{p}}+\boldsymbol{\delta}_{\hat{\boldsymbol{p}}} \tag{10-43}$$

将式（10-41）、式（10-42）和式（10-43）代入式（10-40），忽略二阶误差项，利用 $\boldsymbol{H}(\bar{\boldsymbol{U}}_l^{(\mathrm{n})},\bar{\boldsymbol{p}})\bar{\boldsymbol{p}}=\boldsymbol{b}_l(\bar{\boldsymbol{U}}_l^{(\mathrm{n})},\bar{\boldsymbol{p}})$ 和 $\boldsymbol{\delta}_{\boldsymbol{b}(\boldsymbol{U}_l^{(\mathrm{n})},\bar{\boldsymbol{p}})}-\boldsymbol{\delta}_{\boldsymbol{H}(\boldsymbol{U}_l^{(\mathrm{n})},\bar{\boldsymbol{p}})}\bar{\boldsymbol{p}}\approx\boldsymbol{\xi}$ 进行化简，可得

$$(\boldsymbol{H}(\bar{\boldsymbol{U}}_l^{(\mathrm{n})},\bar{\boldsymbol{p}})^{\mathrm{H}}\boldsymbol{W}^{*}\boldsymbol{H}(\bar{\boldsymbol{U}}_l^{(\mathrm{n})},\bar{\boldsymbol{p}}))\boldsymbol{\delta}_{\hat{\boldsymbol{p}}}=\boldsymbol{H}(\bar{\boldsymbol{U}}_l^{(\mathrm{n})},\bar{\boldsymbol{p}})^{\mathrm{H}}\boldsymbol{W}^{*}\boldsymbol{\xi} \tag{10-44}$$

根据式（10-44），信源位置估计矢量$\hat{\boldsymbol{p}}$的期望和方差分别为

$$E(\hat{\boldsymbol{p}})=\bar{\boldsymbol{p}}+E(\boldsymbol{\delta}_{\hat{\boldsymbol{p}}})=\bar{\boldsymbol{p}} \tag{10-45}$$

$$\mathrm{cov}(\hat{\boldsymbol{p}})=(\boldsymbol{H}(\bar{\boldsymbol{U}}_l^{(\mathrm{n})},\bar{\boldsymbol{p}})^{\mathrm{H}}\boldsymbol{W}^{*}\boldsymbol{H}(\bar{\boldsymbol{U}}_l^{(\mathrm{n})},\bar{\boldsymbol{p}}))^{-1} \tag{10-46}$$

考虑到投影误差矢量 $\boldsymbol{\xi}$ 服从高斯分布，因此 Fisher 信息矩阵可以用 Slepian-Bang 公式[15]进行计算，有

$$[\boldsymbol{F}]_{m,n}=\sum_{l=1}^{L}\sum_{i=1}^{M-K}\mathrm{cov}^{-1}[\boldsymbol{\xi}_l]_i\frac{\partial[\boldsymbol{\xi}_l]_i}{\partial[\boldsymbol{p}]_m}\frac{\partial[\boldsymbol{\xi}_l]_i}{\partial[\boldsymbol{p}]_n} \tag{10-47}$$

式中，$[\boldsymbol{X}]_{m,n}$和$[\boldsymbol{x}]_m$ 分别为矩阵 $\boldsymbol{X}$ 的第 m 行第 n 列的元素和矢量 $\boldsymbol{x}$ 的第 m 个

元素。

信源位置估计的 CRB 可以表示为

$$\mathrm{CRB}(\boldsymbol{p}) = \boldsymbol{F}^{-1} = \left(\sum_{l=1}^{L} \boldsymbol{H}_l^{\mathrm{H}} \mathrm{cov}^{-1}(\boldsymbol{\xi}_l) \boldsymbol{H}_l \right)^{-1} = \mathrm{cov}(\hat{\boldsymbol{p}}) \tag{10-48}$$

2. 算法的复杂度

下面比较两种加权直接定位算法与传统直接定位（SDF-MUSIC）算法的复杂度，只考虑复数乘法的次数。加权直接定位算法的复杂度与以下参数有关：观测点的个数 L，信源数 K，阵元数 M，快拍数 J，沿 x 方向和 y 方向的谱函数搜索点数，分别记为 α_x 和 α_y。

基于 SNR 加权 MUSIC 的直接定位（SDF-WMUSIC1）算法和基于最优权值加权 MUSIC 的直接定位（SDF-WMUSIC2）算法的复杂度包括以下几个方面：计算 $M\times J$ 维接收信号协方差矩阵的复杂度为 $O(JM^2)$，对 $M\times M$ 维接收信号协方差矩阵进行特征值分解的复杂度为 $O(M^3)$，计算每个搜索网格谱峰值的复杂度为 $O(M(M-K))$。此外，在 SDF-WMUSIC1 算法中，计算权值不需要增加额外的复杂度，由于 SDF-WMUSIC2 算法中的最优权值与每个搜索网格有关，因此还需要 $O(MK)$ 的复杂度用于计算每个网格的权值。综上所述，三种直接定位算法的复杂度见表 10-1。

表 10-1　三种直接定位算法的复杂度

算　法	复 杂 度
SDF-MUSIC	$O(LM^3+JLM^2+\alpha_x\alpha_y M(M-K))$
SDF-WMUSIC1	$O(LM^3+JLM^2+\alpha_x\alpha_y M(M-K))$
SDF-WMUSIC2	$O(LM^3+JLM^2+\alpha_x\alpha_y M^2)$

图 10-2 为在特定参数下不同算法的复杂度随搜索网格数的变化，仿真参数设置为：观测点个数 $L=10$，信源数 $K=3$，阵元数 $M=9$，快拍数 $J=100$，沿 x 方向和 y 方向的谱函数搜索点数 $\alpha_x=\alpha_y$，范围为 100～500。与 SDF-MUSIC 算法相比，SDF-WMUSIC1 算法能够在不增加复杂度的情况下提升定位性能，SDF-WMUSIC2 算法的复杂度虽高于其他算法，但在定位性能上有很大提升。

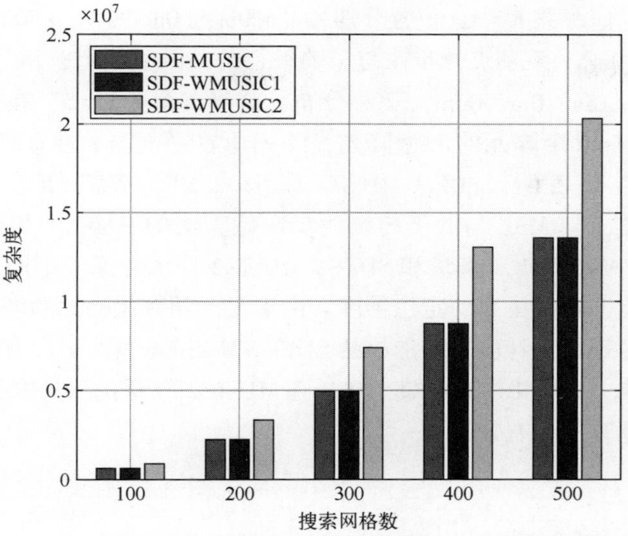

图 10-2　在特定参数下不同算法的复杂度随搜索网格数的变化

3. 算法的优点

- 不需要中间参数的估计步骤，避免了信息的二次损耗，有效提高了定位精度。
- 将多个观测数据进行有效融合，减小了定位误差，其中基于最优权值加权 MUSIC 的直接定位算法具有渐近最优的估计结果。
- 充分利用了特征值和特征矢量，相比传统的直接定位算法，具有更高的定位精度、更强的信源分辨力及更好的鲁棒性。
- 相比两步定位算法，不需要额外的信息匹配即可实现对多个信源进行同时定位，定位精度高。

10.2.6　仿真结果

图 10-3 为不同算法的定位性能随信噪比的变化，包括基于 DOA 的聚类定位算法（Clustering）、基于 MUSIC 的 DOA 两步定位算法（DOA）、基于 WMUSIC 的 DOA 两步定位算法（DOA-WMUSIC）以及 SDF-MUSIC 算法、SDF-WMUSIC1 算法、SDF-WMUSIC2 算法。由于传统两步定位算法在对多个信源进行定位时需要额外的信息匹配，因此常用的信息匹配算法有最近领域法[16]、概率数据关联算法[17]、交互多模型算法[18]等。这里假设对多个信源信息已经

进行了匹配，信源数 $K=3$，位置分别为（600m,900m,0m）、（500m,500m,0m）、（900m,600m,0m），观测点分布在与 x 轴平行的一条直线上，从（-1000m,0m,500m）到（1000m,0m,500m）等距分布，观测点个数 $L=5$，在每个观测点均配置一个有 $M=9$ 个阵元的 L 型阵列，阵列所在平面与 z 轴垂直，快拍数 $J=100$。仿真结果表明，SDF-MUSIC 算法、SDF-WMUSIC1 算法、SDF-WMUSIC2 算法的 RMSE 均低于传统两步定位算法的 RMSE。相比传统直接定位算法，SDF-WMUSIC1 算法和 SDF-WMUSIC2 算法考虑了不同观测点误差异方差性的影响，具有更高的定位精度。由于误差随着信噪比的增大而减小，因此用相应的信噪比估计值进行加权的 SDF-WMUSIC1 算法可以有效降低误差异方差性的影响。由图 10-3 可知，SDF-WMUSIC2 算法的 RMSE 最低，验证了最优权重性能改进的有效性。

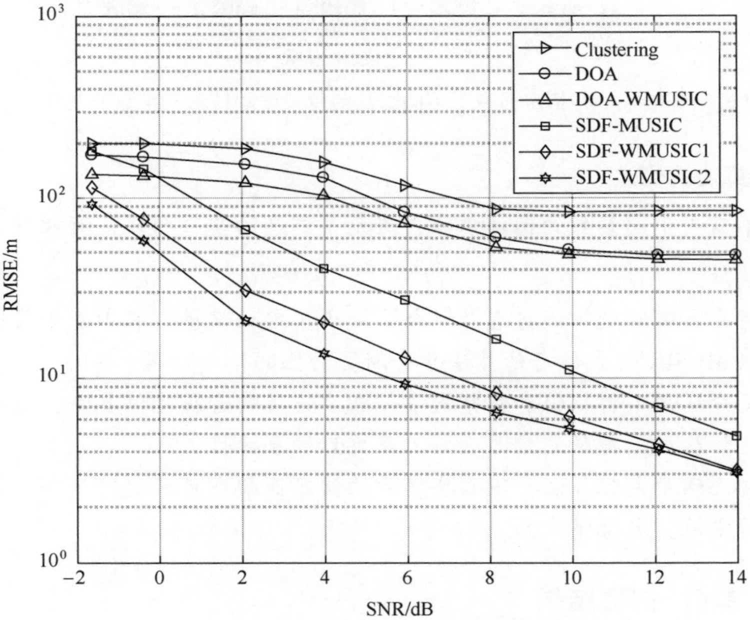

图 10-3　不同算法的定位性能随信噪比的变化

图 10-4 为不同算法的定位性能随快拍数的变化，仿真参数设置为：$K=3$ 个信源分别位于（600m,900m,0m）、（500m,500m,0m）、（900m,600m,0m），$L=5$ 个观测点分布在与 x 轴平行的一条直线上，从（-1000m,0m,500m）到（1000m,0m,500m）等距分布，在每个观测点均配置一个有 $M=9$ 个阵元的 L 型阵列，阵列所在平面与 z 轴垂直，信噪比 SNR=10dB。仿真结果表明，随着

每个观测点快拍数的增加，不同算法的定位误差均呈下降趋势，当快拍数较低（$J=50$）时，SDF-MMUSIC1 算法和 SDF-MMUSIC2 算法的 RMSE 均表现稳定，SDF-MUSIC 算法由于仅利用了噪声子空间，对环境比较敏感，因此在低快拍水平下，定位性能严重衰落，验证了加权直接定位算法具有更稳健的谱函数特性。

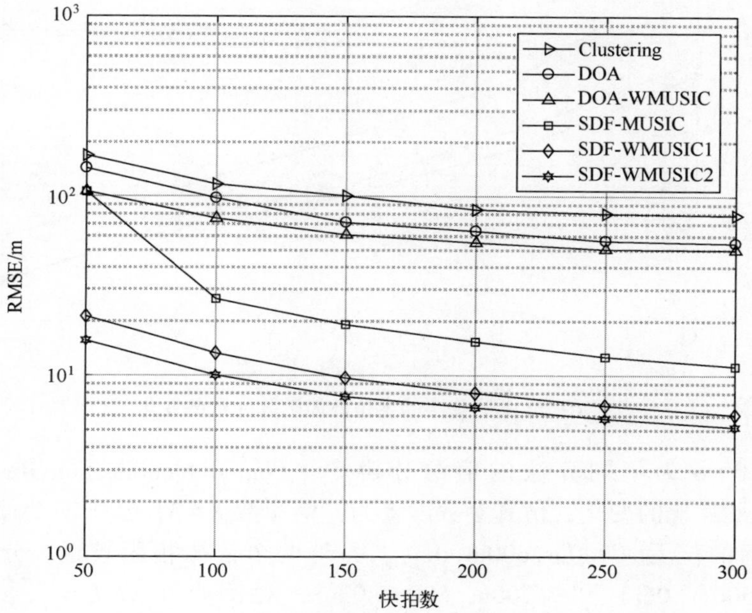

图 10-4　不同算法的定位性能随快拍数的变化

图 10-5 为不同算法的定位性能随阵元数的变化，仿真参数设置为：$K=3$ 个信源分别位于为（600m, 900m, 0m）、（500m, 500m, 0m）、（900m, 600m, 0m），$L=5$ 个观测点分布在与 x 轴平行的一条直线上，从（−1000m, 0m, 500m）到（1000m, 0m, 500m）等距分布，快拍数 $J=100$，信噪比 SNR = 10dB，在 L 型阵列中，子阵的阵元数相同。仿真结果表明，当子阵中的阵元数 $M_0=4$ 时，两步定位算法和传统直接定位算法的定位性能都很差，SDF-WMUSIC1 算法和 SDF-WMUSIC2 算法的定位性能良好，进一步说明了加权直接定位算法更具鲁棒性。当子阵中的阵元数 M_0 大于 6 时，两步定位算法的 RMSE 几乎不变。这是因为两步定位算法的定位性能均受角度估计误差的制约，随着阵元数的增加，角度估计误差可能逐渐达到估计精度的上限。

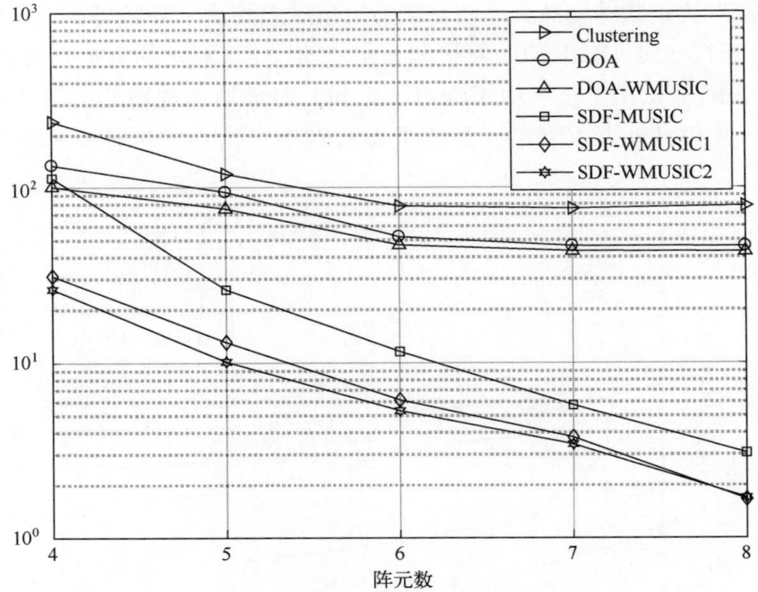

图 10-5　不同算法的定位性能随阵元数的变化

图 10-6 为不同算法的信源分辨率（Source Identification Resolution，SIR）随信噪比的变化，仿真参数设置为：信源数 $K=3$，其中一个信源位于距离较远的位置（900m，600m，0m），另外两个信源相距较近，分别位于（350m，500m，0m）和（500m，500m，0m），观测点个数 $L=5$，分布与图 10-5 相同，快拍数 $J=100$，信噪比的变化范围为 8～18dB。由图可知，在 $M_0=5$ 的配置下，当信噪比增大到 11dB 左右时，SDF-WMUSIC2 算法可以成功分辨所有信源，当信噪比增大到 12dB 时，SDF-WMUSIC1 算法对信源的分辨率也能达到 100%。相比之下，对两个相距较近的信源，SDF-MUSIC 算法的分辨率受到了较大影响，特别是在子阵阵元数较少的情况下。此外，当 $M_0=4$ 时，SDF-WMUSIC2 算法对信源的分辨率优于当 $M_0=5$ 时 SDF-MUSIC 算法对信源的分辨率，表明了基于最优权值加权 MUSIC 的直接定位算法在实际应用中可降低成本。

为了验证不同算法的信源分辨率与信源间距之间的关系，设置如下仿真场景：$K=2$ 个信源均位于与 x 轴平行的直线上，其中一个信源固定在（500m，500m，0m）位置，与另一个信源的间距在 100～50m 范围内变化，观测点个数 $L=5$，位置保持不变。图 10-7 为不同算法的信源分辨率随信源间距的变化。由图可知，当两个信源的间距较大时，三种算法都能成功分辨所有信源。随着

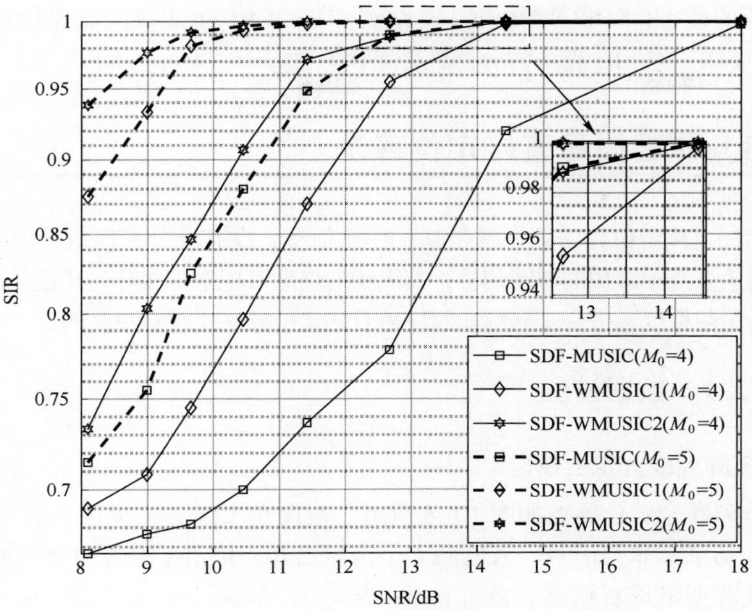

图 10-6 不同算法的信源分辨率随信噪比的变化

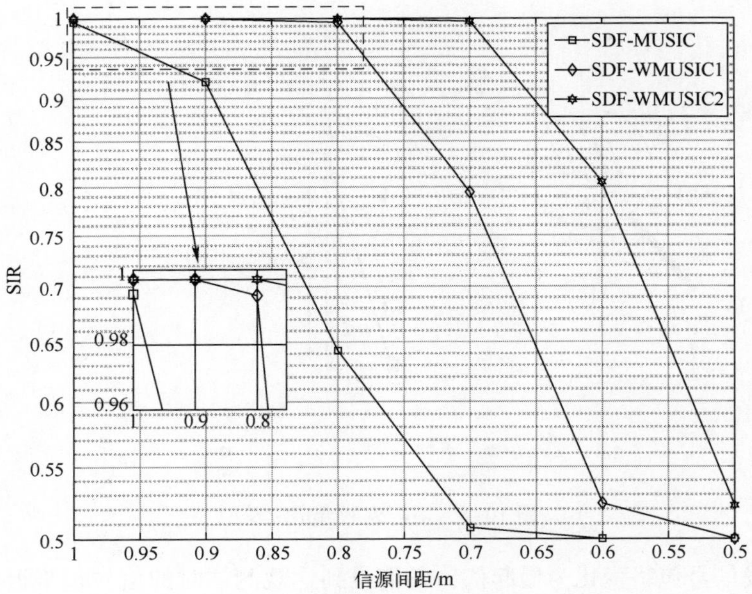

图 10-7 不同算法的信源分辨率随信源间距的变化

信源间距的减小，SDF-WMUSIC1 算法和 SDF-WMUSIC2 算法能保持较好的分辨性能，SDF-MUSIC 算法的分辨性能下降严重。

10.3 非圆信号直接定位算法

现有的直接定位算法假设的是基于任意信源，没有充分考虑信号的特点，如在现代通信系统中常用的非圆信号，其隐藏的信息可用来扩展阵列孔径，提高自由度，改善定位精度，进一步研究非圆信号直接定位算法是很有意义的。

10.3.1 数据模型

1. 多阵列联合定位模型

多阵列联合定位模型如图 10-8 所示。假设在二维 $x-y$ 平面上有 K 个互不相关的远场窄带非圆信号，入射到 L 个位置已知，由沿 x 轴方向水平放置的 M 个均匀线阵列组成观测站，阵元间距 $d=\lambda/2$，信源位于 $\boldsymbol{p}_k=[x_k, y_k]^{\mathrm{T}}(k=1, 2,\cdots,K)$，$L$ 个观测站位于 $\boldsymbol{u}_l=[x_{u_l}, y_{u_l}]^{\mathrm{T}}(l=1,2,\cdots,L)$。

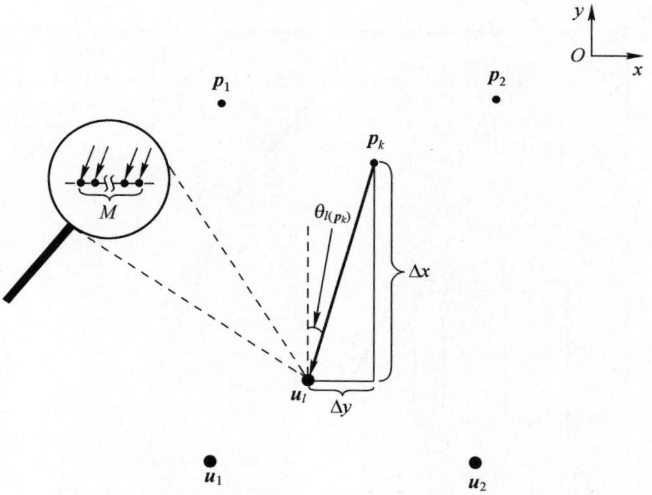

图 10-8 多阵列联合定位模型

假设信号包络变化为慢起伏，各信号到达观测站时的信号包络近似相等，由第 $l(l=1,2,\cdots,L)$ 个观测站接收的第 $j(j=1,2,\cdots,J)$ 次采样快拍时刻的信号

复包络 $\boldsymbol{r}_l(j)$ 可以表示为

$$\boldsymbol{r}_l(j)=\sum_{k=1}^{K}\boldsymbol{a}_l(\boldsymbol{p}_k)s_{l,k}(j)+\boldsymbol{n}_l(j) \tag{10-49}$$

式中，$s_{l,k}(j)$ 为第 k 个信源发射到第 l 个观测站的第 j 次采样快拍时刻的信号波形；$\boldsymbol{n}_l(j)\in\mathbb{C}^{M\times 1}$ 为第 l 个观测站的阵列噪声矢量，满足文献［14］中假设的高斯白噪声模型；$\boldsymbol{a}_l(\boldsymbol{p}_k)$ 为方向矢量，由信号到达方向 $\theta_l(\boldsymbol{p}_k)$ 决定，即

$$\theta_l(\boldsymbol{p}_k)=\arctan\frac{\boldsymbol{u}_l(1)-\boldsymbol{p}_k(1)}{\boldsymbol{u}_l(2)-\boldsymbol{p}_k(2)} \tag{10-50}$$

$$\boldsymbol{a}_l(\boldsymbol{p}_k)=[1,\mathrm{e}^{-\mathrm{j}2\pi d\sin\theta_l(\boldsymbol{p}_k)},\cdots,\mathrm{e}^{-\mathrm{j}2\pi(M-1)d\sin\theta_l(\boldsymbol{p}_k)}]^{\mathrm{T}} \tag{10-51}$$

将式（10-49）用矢量形式表示，有

$$\boldsymbol{r}_l(j)=\boldsymbol{A}_l(\boldsymbol{p})\boldsymbol{s}_l(j)+\boldsymbol{n}_l(j) \tag{10-52}$$

式中

$$\boldsymbol{A}_l(\boldsymbol{p})=[\boldsymbol{a}_l(\boldsymbol{p}_1),\boldsymbol{a}_l(\boldsymbol{p}_2),\cdots,\boldsymbol{a}_l(\boldsymbol{p}_K)] \tag{10-53}$$

$$\boldsymbol{s}_l(j)=[s_{l,1}(j),s_{l,2}(j),\cdots,s_{l,K}(j)]^{\mathrm{T}} \tag{10-54}$$

$$\boldsymbol{p}=[\boldsymbol{p}_1^{\mathrm{T}},\boldsymbol{p}_2^{\mathrm{T}},\cdots,\boldsymbol{p}_K^{\mathrm{T}}]^{\mathrm{T}} \tag{10-55}$$

$$\boldsymbol{n}_l(j)=[n_{l,1}(j),n_{l,2}(j),\cdots,n_{l,M}(j)]^{\mathrm{T}} \tag{10-56}$$

2. 非圆信号模型

由文献［19］可知，对于复圆信号随机矢量 $\boldsymbol{s}_l(j)$，其协方差矩阵 $E[\boldsymbol{s}_l(j)\boldsymbol{s}_l^{\mathrm{H}}(j)]\neq 0$，椭圆协方差矩阵 $E[\boldsymbol{s}_l(j)\boldsymbol{s}_l^{\mathrm{T}}(j)]=0$；对于非圆信号随机矢量，协方差矩阵和椭圆协方差矩阵都不为0，且均满足

$$E[\boldsymbol{s}_l(j)\boldsymbol{s}_l^{\mathrm{H}}(j)]=\rho\mathrm{e}^{\mathrm{j}\phi}E[\boldsymbol{s}_l(j)\boldsymbol{s}_l^{\mathrm{T}}(j)] \tag{10-57}$$

式中，ϕ 为非圆信号相位；ρ 为非圆率，取值在0~1之间。

非圆率为1的信号被称为最大非圆率信号。为了简便，假设非圆率均为1，根据文献［20-22］，非圆信号可表示为

$$\boldsymbol{s}(j)=\boldsymbol{\Phi}\boldsymbol{s}^{(0)}(j) \tag{10-58}$$

式中

$$\boldsymbol{\Phi}=\begin{bmatrix} e^{-j\phi_1} & 0 & \cdots & 0 \\ 0 & e^{-j\phi_2} & \cdots & \vdots \\ \vdots & \vdots & \ddots & 0 \\ 0 & \cdots & 0 & e^{-j\phi_K} \end{bmatrix} \tag{10-59}$$

$$\boldsymbol{s}^{(0)}(j)=[s_1^{(0)}(j),s_2^{(0)}(j),\cdots,s_K^{(0)}(j)]^{\mathrm{T}} \tag{10-60}$$

10.3.2 基于 SDF 的非圆信号直接定位算法

根据式（10-58），式（10-52）等价为

$$\boldsymbol{r}_l(j)=\boldsymbol{A}_l(\boldsymbol{p})\boldsymbol{\Phi}\boldsymbol{s}_l^{(0)}(j)+\boldsymbol{n}_l(j) \tag{10-61}$$

式中

$$\boldsymbol{s}_l^{(0)}(j)=[s_{l,1}^{(0)}(j),s_{l,2}^{(0)}(j),\cdots,s_{l,K}^{(0)}(j)]^{\mathrm{T}} \tag{10-62}$$

为信号矢量的幅度，是一个实值矢量。利用非圆信号椭圆协方差矩阵不为 0 的特点，可将接收信号矢量扩展[23]为

$$\boldsymbol{z}_l(j)=\begin{bmatrix} \boldsymbol{r}_l(j) \\ \boldsymbol{r}_l^*(j) \end{bmatrix}=\begin{bmatrix} \boldsymbol{A}_l(\boldsymbol{p})\boldsymbol{s}_l(j) \\ \boldsymbol{A}_l^*(\boldsymbol{p})\boldsymbol{s}_l^*(j) \end{bmatrix}+\begin{bmatrix} \boldsymbol{n}_l(j) \\ \boldsymbol{n}_l^*(j) \end{bmatrix} \tag{10-63}$$

由式（10-58），可得

$$\boldsymbol{s}_l^*(j)=\boldsymbol{\Phi}^*\boldsymbol{s}_l^{(0)*}(j)=\boldsymbol{\Phi}^*\boldsymbol{\Phi}^{-1}\boldsymbol{s}_l(j)=(\boldsymbol{\Phi}^*)^2\boldsymbol{s}_l(j) \tag{10-64}$$

式（10-63）可以表示为

$$\begin{aligned}\boldsymbol{z}_l(j)&=\begin{bmatrix} \boldsymbol{A}_l(\boldsymbol{p}) \\ \boldsymbol{A}_l^*(\boldsymbol{p})\boldsymbol{\Phi}^*\boldsymbol{\Phi}^* \end{bmatrix}\boldsymbol{s}_l(j)+\begin{bmatrix} \boldsymbol{n}_l(j) \\ \boldsymbol{n}_l^*(j) \end{bmatrix} \\ &=\boldsymbol{B}_l(\boldsymbol{p})\boldsymbol{s}_l(j)+\begin{bmatrix} \boldsymbol{n}_l(j) \\ \boldsymbol{n}_l^*(j) \end{bmatrix}\in\mathbb{C}^{2M\times 1}\end{aligned} \tag{10-65}$$

式中

$$\begin{aligned}\boldsymbol{B}_l(\boldsymbol{p})&=\begin{bmatrix} \boldsymbol{A}_l(\boldsymbol{p}) \\ \boldsymbol{A}_l^*(\boldsymbol{p})\boldsymbol{\Phi}^*\boldsymbol{\Phi}^* \end{bmatrix} \\ &=[\boldsymbol{b}_l(\boldsymbol{p}_1),\boldsymbol{b}_l(\boldsymbol{p}_2),\cdots,\boldsymbol{b}_l(\boldsymbol{p}_K)]\end{aligned} \tag{10-66}$$

$$\boldsymbol{b}_l(\boldsymbol{p}_k)=\begin{bmatrix}\boldsymbol{a}_l(\boldsymbol{p})\\ \boldsymbol{a}_l^*(\boldsymbol{p})\mathrm{e}^{-\mathrm{j}2\phi_k}\end{bmatrix} \tag{10-67}$$

式中，$\boldsymbol{b}_l(\boldsymbol{p}_k)\in\mathbb{C}^{2M\times 1}$为扩展阵列流形矢量。

将第 l 个观测站所有采样快拍的扩展接收信号矢量综合起来，得到扩展接收信号矢量为

$$\boldsymbol{Z}_l=[\boldsymbol{z}_l(1),\boldsymbol{z}_l(2),\cdots,\boldsymbol{z}_l(J)]\in\mathbb{C}^{2M\times J} \tag{10-68}$$

扩展接收信号矢量的协方差估计值为

$$\hat{\boldsymbol{R}}_l=\boldsymbol{Z}_l\boldsymbol{Z}_l^{\mathrm{H}}/J\in\mathbb{C}^{2M\times 2M} \tag{10-69}$$

对$\hat{\boldsymbol{R}}_l$ 进行特征值分解，有

$$\hat{\boldsymbol{R}}_l=[\boldsymbol{U}_l^{\mathrm{s}}\quad\boldsymbol{U}_l^{\mathrm{n}}]\boldsymbol{\Sigma}_l[\boldsymbol{U}_l^{\mathrm{s}}\quad\boldsymbol{U}_l^{\mathrm{n}}]^{\mathrm{H}} \tag{10-70}$$

若用 $\lambda_m(m=1,2,\cdots,2M)$表示按从大到小进行排序后的特征值，对应的特征矢量用$\boldsymbol{e}_m(m=1,2,\cdots,2M)$表示，则式（10-70）中，信号子空间 $\boldsymbol{U}_l^{\mathrm{s}}=[\boldsymbol{e}_1,\boldsymbol{e}_2,\cdots,\boldsymbol{e}_K]$，噪声子空间 $\boldsymbol{U}_l^{\mathrm{n}}=[\boldsymbol{e}_{K+1},\boldsymbol{e}_{K+2},\cdots,\boldsymbol{e}_{2M}]$，$\boldsymbol{\Sigma}_l$ 为以特征值为元素的对角矩阵，即 $\boldsymbol{\Sigma}_l=\mathrm{diag}\{\lambda_1,\lambda_2,\cdots,\lambda_{2M}\}$。

相比圆信号，非圆信号直接定位算法需要考虑非圆信号相位的影响，为了保证定位精度，在求解信源位置时还需要对非圆信号的相位进行估计，同时需要对位置$\boldsymbol{p}$ 和 $\boldsymbol{\phi}$ 进行搜索，基于 SDF 的非圆信号直接定位（NC-SDF）算法的损失函数为

$$\begin{aligned}f_{\text{NC-SDF}}(\boldsymbol{p},\boldsymbol{\phi})&=\arg\min_{\boldsymbol{p},\boldsymbol{\phi}}\sum_{l=1}^{L}(\boldsymbol{b}_l^{\mathrm{H}}(\boldsymbol{p},\boldsymbol{\phi})\boldsymbol{U}_l^{\mathrm{n}}(\boldsymbol{U}_l^{\mathrm{n}})^{\mathrm{H}}\boldsymbol{b}_l(\boldsymbol{p},\boldsymbol{\phi}))\\&=\arg\max_{\boldsymbol{p},\boldsymbol{\phi}}\frac{1}{\sum\limits_{l=1}^{L}(\boldsymbol{b}_l^{\mathrm{H}}(\boldsymbol{p},\boldsymbol{\phi})\boldsymbol{U}_l^{\mathrm{n}}(\boldsymbol{U}_l^{\mathrm{n}})^{\mathrm{H}}\boldsymbol{b}_l(\boldsymbol{p},\boldsymbol{\phi}))}\end{aligned} \tag{10-71}$$

式（10-71）峰值对应的坐标即为信源位置和非圆信号相位的估计值。由于扩展接收信号矢量的本质是增大阵列孔径，因此在理论上，NC-SDF 算法比 SDF 算法能估计的信源更多，具有更大的空间自由度。由于 NC-SDF 算法在求解时需要同时对信源位置(x,y)和非圆信号相位 ϕ 进行搜索，是三维搜索问题，因此复杂度大幅提升。

基于 SDF 的非圆信号直接定位算法的主要步骤如下。

算法 10.4：基于 SDF 的非圆信号直接定位算法。

步骤 1：根据式（10-63）和式（10-68）得到扩展接收信号矢量 $\boldsymbol{Z}_l$。

步骤 2：根据式（10-69）计算 $\boldsymbol{Z}_l$ 的协方差估计值 $\hat{\boldsymbol{R}}_l$。

步骤 3：对 $\hat{\boldsymbol{R}}_l$ 进行特征值分解，得到噪声子空间 $\boldsymbol{U}_l^{\mathrm{n}}$。

步骤 4：根据式（10-71）构造损失函数，进行网格搜索，得到信源位置的估计结果。

10.3.3 基于降维 SDF 的非圆信号直接定位算法

为了降低算法的复杂度，提高算法的实用性，下面在文献［1］的基础上给出 RD-SDF 算法，引入降维思想，在保证原有定位性能的前提下，减少搜索维度。

由于 $\boldsymbol{s}_l^{(0)}(j)$ 为实值矢量，因此有

$$\boldsymbol{s}_l^{(0)}(j)=\boldsymbol{s}_l^{(0)*}(j) \tag{10-72}$$

根据式（10-72）和式（10-61），式（10-63）的扩展接收信号矢量 $\boldsymbol{z}_l(j)$ 可表示为

$$\begin{aligned}\boldsymbol{z}_l(j)&=\begin{bmatrix}\boldsymbol{r}_l(j)\\ \boldsymbol{r}_l^*(j)\end{bmatrix}\\ &=\begin{bmatrix}\boldsymbol{A}_l(\boldsymbol{p})\boldsymbol{\Phi}\\ \boldsymbol{A}_l^*(\boldsymbol{p})\boldsymbol{\Phi}^*\end{bmatrix}\boldsymbol{s}_l^{(0)}(j)+\begin{bmatrix}\boldsymbol{n}_l(j)\\ \boldsymbol{n}_l^*(j)\end{bmatrix}\\ &=\boldsymbol{H}_l(\boldsymbol{p},\boldsymbol{\phi})\boldsymbol{s}_l^{(0)}(j)+\boldsymbol{n}_l^{\mathrm{c}}(j)\end{aligned} \tag{10-73}$$

式中

$$\boldsymbol{H}_l(\boldsymbol{p},\boldsymbol{\phi})=\begin{bmatrix}\boldsymbol{A}_l(\boldsymbol{p})\boldsymbol{\Phi}\\ \boldsymbol{A}_l^*(\boldsymbol{p})\boldsymbol{\Phi}^*\end{bmatrix} \tag{10-74}$$

$$\boldsymbol{n}_l^{\mathrm{c}}(j)=\begin{bmatrix}\boldsymbol{n}_l(j)\\ \boldsymbol{n}_l^*(j)\end{bmatrix} \tag{10-75}$$

令

$$\boldsymbol{H}_l(\boldsymbol{p},\boldsymbol{\phi})=[\boldsymbol{h}_l(\boldsymbol{p}_1,\boldsymbol{\phi}_1),\boldsymbol{h}_l(\boldsymbol{p}_2,\boldsymbol{\phi}_2),\cdots,\boldsymbol{h}_l(\boldsymbol{p}_K,\boldsymbol{\phi}_K)] \tag{10-76}$$

有

$$\boldsymbol{h}_l(\boldsymbol{p}_k,\boldsymbol{\phi}_k)=\begin{bmatrix}\boldsymbol{a}_l(\boldsymbol{p}_k)\mathrm{e}^{-\mathrm{j}\boldsymbol{\phi}_k}\\ \boldsymbol{a}_l^*(\boldsymbol{p}_k)\mathrm{e}^{\mathrm{j}\boldsymbol{\phi}_k}\end{bmatrix}\in\mathbb{C}^{2M\times1}(k=1,\cdots,K) \tag{10-77}$$

为了扩展流形矢量，在式（10-77）中包含了第 k 个信源的位置信息与非圆信号的相位信息，进行矩阵转换后，信源位置信息与非圆信号相位信息分离，有

$$\begin{aligned}\boldsymbol{h}_l(\boldsymbol{p}_k,\boldsymbol{\phi}_k)&=\begin{bmatrix}\boldsymbol{a}_l(\boldsymbol{p}_k)\mathrm{e}^{-\mathrm{j}\boldsymbol{\phi}_k}\\ \boldsymbol{a}_l^*(\boldsymbol{p}_k)\mathrm{e}^{\mathrm{j}\boldsymbol{\phi}_k}\end{bmatrix}\\&=\begin{bmatrix}\boldsymbol{a}_l(\boldsymbol{p}_k) & \boldsymbol{O}_{M\times1}\\ \boldsymbol{O}_{M\times1} & \boldsymbol{a}_l^*(\boldsymbol{p}_k)\end{bmatrix}\begin{bmatrix}\mathrm{e}^{-\mathrm{j}\boldsymbol{\phi}_k}\\ \mathrm{e}^{\mathrm{j}\boldsymbol{\phi}_k}\end{bmatrix}\\&=\boldsymbol{Q}(\boldsymbol{p}_k)\boldsymbol{e}_0(\boldsymbol{\phi}_k)\end{aligned} \tag{10-78}$$

式中

$$\boldsymbol{Q}(\boldsymbol{p}_k)=\begin{bmatrix}\boldsymbol{a}_l(\boldsymbol{p}_k) & \boldsymbol{O}_{M\times1}\\ \boldsymbol{O}_{M\times1} & \boldsymbol{a}_l^*(\boldsymbol{p}_k)\end{bmatrix} \tag{10-79}$$

$$\boldsymbol{e}_0(\boldsymbol{\phi}_k)=\begin{bmatrix}\mathrm{e}^{-\mathrm{j}\boldsymbol{\phi}_k}\\ \mathrm{e}^{\mathrm{j}\boldsymbol{\phi}_k}\end{bmatrix} \tag{10-80}$$

第 l 个观测站的损失函数为

$$V_l(\boldsymbol{p},\boldsymbol{\phi})=\boldsymbol{e}_0^{\mathrm{H}}(\boldsymbol{\phi})\boldsymbol{Q}^{\mathrm{H}}(\boldsymbol{p})\boldsymbol{U}_l^{\mathrm{n}}(\boldsymbol{U}_l^{\mathrm{n}})^{\mathrm{H}}\boldsymbol{Q}(\boldsymbol{p})\boldsymbol{e}_0(\boldsymbol{\phi}) \tag{10-81}$$

有

$$\begin{aligned}V_l(\boldsymbol{p},\boldsymbol{\phi})&=\mathrm{e}^{-\mathrm{j}\boldsymbol{\phi}}V_l(\boldsymbol{p},\boldsymbol{\phi})\mathrm{e}^{\mathrm{j}\boldsymbol{\phi}}\\&=\mathrm{e}^{-\mathrm{j}\boldsymbol{\phi}}\boldsymbol{e}_0^{\mathrm{H}}(\boldsymbol{\phi})\boldsymbol{Q}^{\mathrm{H}}(\boldsymbol{p})\boldsymbol{U}_l^{\mathrm{n}}(\boldsymbol{U}_l^{\mathrm{n}})^{\mathrm{H}}\boldsymbol{Q}(\boldsymbol{p})\boldsymbol{e}_0(\boldsymbol{\phi})\mathrm{e}^{\mathrm{j}\boldsymbol{\phi}}\end{aligned} \tag{10-82}$$

定义 $\boldsymbol{g}(\boldsymbol{\phi})=\boldsymbol{e}_0(\boldsymbol{\phi})\mathrm{e}^{\mathrm{j}\boldsymbol{\phi}}=[1,\mathrm{e}^{2\boldsymbol{\phi}}]^{\mathrm{T}}$，$\boldsymbol{J}_l(\boldsymbol{p})=\boldsymbol{Q}^{\mathrm{H}}(\boldsymbol{p})\boldsymbol{U}_l^{\mathrm{n}}(\boldsymbol{U}_l^{\mathrm{n}})^{\mathrm{H}}\boldsymbol{Q}(\boldsymbol{p})$，则式（10-82）可表示为

$$V_l(\boldsymbol{p},\boldsymbol{\phi})=\boldsymbol{g}^{\mathrm{H}}(\boldsymbol{\phi})\boldsymbol{J}_l(\boldsymbol{p})\boldsymbol{g}(\boldsymbol{\phi}) \tag{10-83}$$

对于未知参数 $\boldsymbol{\phi}$，式（10-83）为二次优化问题。令 $\boldsymbol{e}=[1,0]^{\mathrm{T}}$，则 $\boldsymbol{e}^{\mathrm{H}}\boldsymbol{g}(\boldsymbol{\phi})=1$，重构式（10-83）的二次优化问题，有

$$\begin{aligned}&\min_{\boldsymbol{p},\boldsymbol{\phi}}\boldsymbol{g}^{\mathrm{H}}(\boldsymbol{\phi})\boldsymbol{J}_l(\boldsymbol{p})\boldsymbol{g}(\boldsymbol{\phi})\\&\text{s. t. }\ \boldsymbol{e}^{\mathrm{H}}\boldsymbol{g}(\boldsymbol{\phi})=1\end{aligned} \tag{10-84}$$

为了求解二次优化问题，采用拉格朗日乘子法，构造以下函数，即

$$L(\boldsymbol{p},\boldsymbol{\phi})=\boldsymbol{g}^{\mathrm{H}}(\boldsymbol{\phi})\boldsymbol{J}_l(\boldsymbol{p})\boldsymbol{g}(\boldsymbol{\phi})-\lambda[\boldsymbol{e}^{\mathrm{H}}\boldsymbol{g}(\boldsymbol{\phi})-1] \tag{10-85}$$

式中，λ 为乘子。令式（10-85）对 $\boldsymbol{e}_0(\boldsymbol{\phi})$的导数为0，有

$$\frac{\partial L(\boldsymbol{p},\boldsymbol{\phi})}{\partial \boldsymbol{e}_0(\boldsymbol{\phi})}=2\boldsymbol{J}_l(\boldsymbol{p})\boldsymbol{g}(\boldsymbol{\phi})-\lambda\boldsymbol{e}=0 \tag{10-86}$$

则

$$\boldsymbol{g}(\boldsymbol{\phi})=\mu\boldsymbol{J}_l(\boldsymbol{p})^{-1}\boldsymbol{e} \tag{10-87}$$

因为 $\boldsymbol{e}^{\mathrm{H}}\boldsymbol{g}(\boldsymbol{\phi})=1$，所以 $\mu=1/(\boldsymbol{e}^{\mathrm{H}}\boldsymbol{J}_l(\boldsymbol{p})^{-1}\boldsymbol{e})$，于是

$$\boldsymbol{g}(\boldsymbol{\phi})=\frac{\boldsymbol{J}_l(\boldsymbol{p})^{-1}\boldsymbol{e}}{\boldsymbol{e}^{\mathrm{H}}\boldsymbol{J}_l(\boldsymbol{p})^{-1}\boldsymbol{e}} \tag{10-88}$$

根据式（10-87）和式（10-88），降维后，第 l 个观测站的损失函数为

$$f_l(\boldsymbol{p})=\arg\min_{\boldsymbol{p}}\frac{1}{\boldsymbol{e}^{\mathrm{H}}\boldsymbol{J}_l^{-1}(\boldsymbol{p})\boldsymbol{e}}=\arg\max_{\boldsymbol{p}}\boldsymbol{e}^{\mathrm{H}}\boldsymbol{J}_l^{-1}(\boldsymbol{p})\boldsymbol{e} \tag{10-89}$$

根据文献［24］，在理论上，当矢量 $\boldsymbol{p}$ 为信源位置时，$\boldsymbol{Q}^{\mathrm{H}}(\boldsymbol{p})\boldsymbol{U}_l^{\mathrm{n}}=0$，即 $\boldsymbol{Q}^{\mathrm{H}}(\boldsymbol{p})$与 $\boldsymbol{U}_l^{\mathrm{n}}(l=1,2,\cdots,L)$满足正交关系，若考虑噪声影响，则对于所有观测站，式（10-89）都取得极大值，构造 RD-SDF 算法的损失函数为

$$\begin{aligned} f_{\text{RD-SDF}}(\boldsymbol{p}) &= \arg\max_{\boldsymbol{p}}\sum_{l=1}^{L}\boldsymbol{e}^{\mathrm{H}}\boldsymbol{J}_l^{-1}(\boldsymbol{p})\boldsymbol{e} \\ &= \arg\max_{\boldsymbol{p}}\sum_{l=1}^{L}\boldsymbol{e}^{\mathrm{H}}\left(\boldsymbol{Q}^{\mathrm{H}}(\boldsymbol{p})\boldsymbol{U}_l^{\mathrm{n}}\left(\boldsymbol{U}_l^{\mathrm{n}}\right)^{\mathrm{H}}\boldsymbol{Q}(\boldsymbol{p})\right)^{-1}\boldsymbol{e} \end{aligned} \tag{10-90}$$

至此，在保证原有定位精度的前提下，通过对二次优化问题进行求解，实现了由式（10-71）到式（10-90）的等价转换，减少了搜索维度，降低了复杂度。

比较式（10-71）和式（10-90）可知，在降维前后，损失函数是通过矩阵变换和矩阵替代实现的，在本质上是利用二次优化问题减少对非圆信号相位进行搜索的维度，先通过估计得到信源位置$\hat{\boldsymbol{p}}$，再通过式（10-88）求解非圆信号相位，因此式（10-71）和式（10-90）是等价的。

基于降维 SDF 的非圆信号直接定位（RD-SDF）算法的主要步骤如下。

算法 10.5：基于降维 SDF 的非圆信号直接定位算法。

步骤 1：根据式（10-63）和式（10-68）得到扩展接收信号矢量 $\boldsymbol{Z}_l$。

步骤 2：根据式（10-69）计算 $\boldsymbol{Z}_l$ 的协方差估计值$\hat{\boldsymbol{R}}_l$。

步骤 3：对$\hat{\boldsymbol{R}}_l$ 进行特征值分解，得到噪声子空间 $\boldsymbol{U}_l^{\mathrm{n}}$。

步骤 4：根据 $\boldsymbol{e}=[1,0]^{\mathrm{T}}$、式（10-79）和式（10-90）构造损失函数 $f_{\text{RD-SDF}}(\boldsymbol{p})$。

步骤 5：将信源位置的搜索区域划分为若干个二维平面网格，计算每个网格对应的损失函数值，其峰值对应的坐标即为信源位置的估计值$(\hat{x}_k,\hat{y}_k)$ $(k=1,2,\cdots,K)$。

10.3.4　性能分析

1. 算法的复杂度

RD-SDF 算法的复杂度分析：M 表示阵元数，K 表示信源数，L 表示观测站个数，J 表示快拍数，在进行全局搜索时，x 方向被划分为 L_x 等份，y 方向被划分为 L_y 等份，非圆信号相位被划分为 L_ϕ 等份。在降维前，算法主要由协方差矢量 $\boldsymbol{Z}_l$ 的计算、特征值的分解及搜索谱函数的计算等三个步骤构成，对应的复杂度分别为 $4LJM^2$、$8LM^3$ 及 $4M^2(2M-K)+4M^2+2M$，总的复杂度为 $4LJM^2+8LM^3+LL_xL_yL_\phi[4M^2(2M-K)+4M^2+2M]$。相比而言，在降维后，算法一次谱函数的复杂度为 $4M^2(2M-K)+8M^2+8M+14$，搜索维度仅包含 x 和 y 两个维度，总的复杂度为 $4LJM^2+8LM^3+LL_xL_y[4M^2(2M-K)+8M^2+8M+14]$。此外，在文献［25］中，传统 SDF 算法的复杂度为 $LJM^2+LM^3+LL_xL_y[M^2(M-K)+M^2+M]$；在文献［4］中，Capon 算法的复杂度为 $LJM^2+LM^3+LL_xL_y[M^2+M]$；传统两步定位算法的复杂度为 $LJM^2+LM^3+4LK^2(M-1)+10LK^3$。复杂度随着非圆信号相位搜索维度的减少而显著降低。相比传统 SDF 算法、Capon 算法和传统两步定位算法，RD-SDF 算法的复杂度虽然更高，但却具有更高的估计精度和空间自由度。

2. 算法的优点

- 相比传统 SDF 算法、Capon 算法和传统两步定位算法，RD-SDF 算法的定位精度更高。
- 相比传统 SDF 算法和传统两步定位算法，RD-SDF 算法可同时估计更多的信源，具有更高的空间自由度。
- 通过引入降维思想，在保证定位性能的前提下，减少了非圆信号相位的搜索维度，实现了从三维搜索到二维搜索的转换，复杂度降低。

10.3.5 仿真结果

假设信源数 $K=3$，分别位于 $\boldsymbol{p}_1=[-800\text{m},800\text{m}]$、$\boldsymbol{p}_2=[0\text{m},500\text{m}]$ 和 $\boldsymbol{p}_3=[500\text{m},700\text{m}]$，非圆信号相位 $\boldsymbol{\phi}=[30°,60°,45°]$，观测站个数 $L=5$，分别位于 $\boldsymbol{u}_1=[-1000\text{m},-500\text{m}]$、$\boldsymbol{u}_2=[-700\text{m},-200\text{m}]$、$\boldsymbol{u}_3=[-200\text{m},-500\text{m}]$、$\boldsymbol{u}_4=[100\text{m},-300\text{m}]$ 和 $\boldsymbol{u}_5=[900\text{m},-700\text{m}]$。

仿真 1. 验证在阵元数和信源数相等的条件下，RD-SDF 算法的定位性能。在仿真过程中，快拍数 $J=200$，阵元数 $M=3$，信噪比为 15dB，图 10-9 为 RD-SDF 算法的定位散点图。由图可知，即使在阵元数和信源数相等的条件下，RD-SDF 算法仍能成功定位。

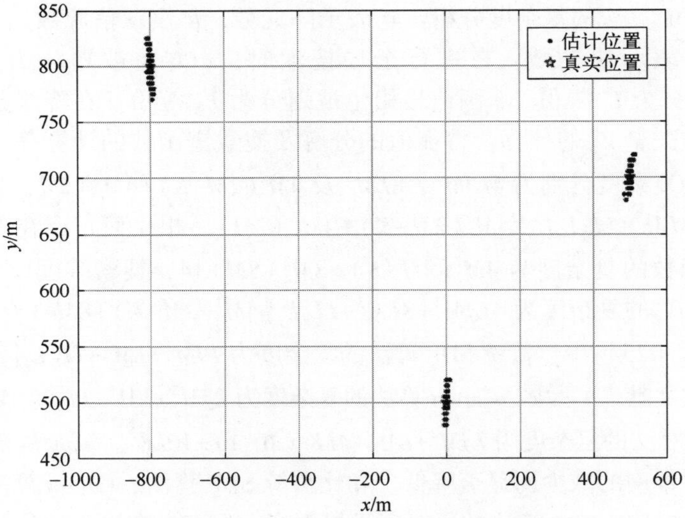

图 10-9 RD-SDF 算法的定位散点图

仿真 2. 验证信噪比变化对 RD-SDF 算法、传统 SDF 算法、Capon 算法和传统两步定位（Two-Step）算法定位性能的影响。在仿真过程中，快拍数 $J=100$，阵元数 $M=6$，信噪比从-5dB 以 5dB 间隔步进至 30dB。由图 10-10 可知，RD-SDF 算法的定位性能始终优于传统 SDF 算法、Capon 算法和传统两步定位算法。

仿真 3. 验证快拍数变化对 RD-SDF 算法、传统 SDF 算法、Capon 算法和

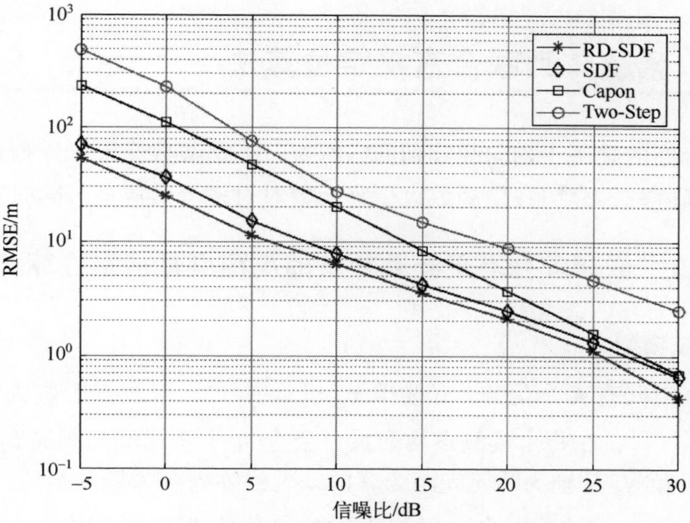

图 10-10　不同算法的定位性能对比（改变信噪比）

传统两步定位算法定位性能的影响。在仿真过程中，阵元数 $M=6$，信噪比 SNR=10dB，快拍数从 50 以间隔 50 步进至 300。由图 10-11 可知，快拍数增加，定位性能提升，RD-SDF 算法的定位性能始终保持最优。

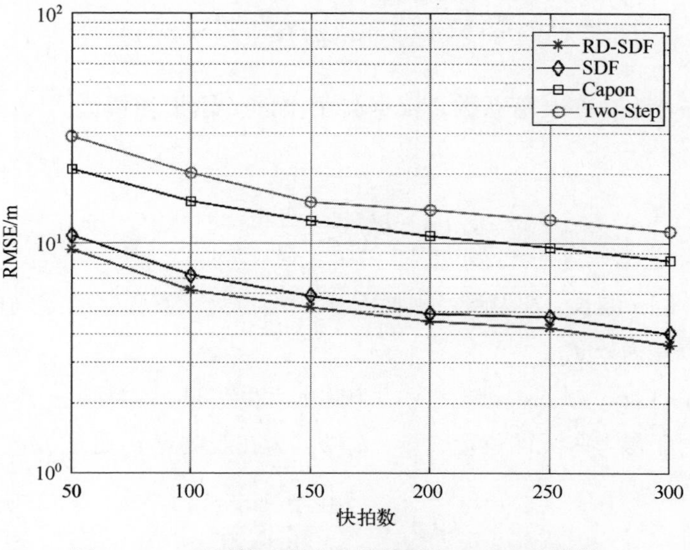

图 10-11　不同算法的定位性能对比（改变快拍数）

10.4 稀疏阵列联合直接定位算法

前面介绍的是基于均匀线阵列的信源定位，信源数受限于阵列自由度。下面基于稀疏阵列，介绍在信源数大于阵元数时对多个信源进行同时定位。

10.4.1 嵌套阵列基于泰勒补偿的高精度直接定位算法

1. 系统模型

假设在空间有 K 个信源，位置为 $\boldsymbol{p}_k=[x_k,y_k]^{\mathrm{T}}$，观测点个数为 L，位置为 $\boldsymbol{u}_l=[x_l^{(u)},y_l^{(u)}]^{\mathrm{T}}$，在每个观测点均配置一个有 M 个阵元的二级嵌套阵列，$M=N_1+N_2$，N_1 和 N_2 分别为阵元间距为 d 的均匀线阵列和阵元间距为 $(N_1+1)d$ 的均匀线阵列的阵元数。在自由度最大时的最优嵌套阵列结构[26]：若 M 为偶数，则设置 $N_1=N_2=M/2$；若 M 为奇数，则设置 $N_1=(M-1)/2$，$N_2=(M+1)/2$。

假设信源信号均为远场窄带信号，第 k 个信源信号为 $s_{l,k}(t)$，则第 l 个观测点在 t 时刻的接收信号为

$$\boldsymbol{x}_l(t)=\sum_{k=1}^{K}\alpha_l(\boldsymbol{p}_k)\boldsymbol{a}_l(\boldsymbol{p}_k)s_{l,k}(t)+\boldsymbol{n}_l(t) \tag{10-91}$$

式中，$\alpha_l(\boldsymbol{p}_k)$为功率衰落系数。根据自由空间传输损耗模型[27]，$\alpha_l(\boldsymbol{p}_k)$可以表示为

$$\alpha_l(\boldsymbol{p}_k)=\frac{\lambda}{4\pi\beta^{1/2}\|\boldsymbol{p}_k-\boldsymbol{u}_l\|} \tag{10-92}$$

式中，λ 为信号波长；β 为路径损耗因子。$\boldsymbol{n}_l(t)$为相互独立的零均值加性高斯白噪声，方差为 $\sigma_{\mathrm{n}}^2\boldsymbol{I}_M$。

$\boldsymbol{a}_l(\boldsymbol{p}_k)=[\mathrm{e}^{\mathrm{j}\boldsymbol{k}_l^{\mathrm{T}}(\boldsymbol{p}_k)\boldsymbol{d}_1},\cdots,\mathrm{e}^{\mathrm{j}\boldsymbol{k}_l^{\mathrm{T}}(\boldsymbol{p}_k)\boldsymbol{d}_M}]^{\mathrm{T}}$ 为阵列方向矢量。其中，$\boldsymbol{d}_m$ 为阵列中第 m 个阵元相对于参考阵元的位置矢量；$\boldsymbol{k}_l(\boldsymbol{p}_k)$为在观测点 $\boldsymbol{u}_l$ 处的波数矢量，有

$$\boldsymbol{k}_l(\boldsymbol{p}_k)=\frac{2\pi}{\lambda}\frac{\boldsymbol{p}_k-\boldsymbol{u}_l}{\|\boldsymbol{p}_k-\boldsymbol{u}_l\|} \tag{10-93}$$

根据式（10-91），在快拍数为 J 时，接收信号为

$$\boldsymbol{X}_l=\boldsymbol{A}_l(\boldsymbol{p})\boldsymbol{\Phi}_l(\boldsymbol{p})\boldsymbol{S}_l+\boldsymbol{N}_l \tag{10-94}$$

式中，$\boldsymbol{A}_l(\boldsymbol{p})=[\boldsymbol{a}_l(\boldsymbol{p}_1),\cdots,\boldsymbol{a}_l(\boldsymbol{p}_K)]$ 为阵列流形矩阵；$\boldsymbol{p}=[\boldsymbol{p}_1^{\mathrm{T}},\cdots,\boldsymbol{p}_K^{\mathrm{T}}]^{\mathrm{T}}$ 为由 K 个信源的位置坐标组成的位置矢量；$\boldsymbol{s}_l=[\boldsymbol{s}_{l,1},\cdots,\boldsymbol{s}_{l,K}]^{\mathrm{T}}$；$\boldsymbol{s}_{l,k}=[s_{l,k}(1),s_{l,k}(2),\cdots,s_{l,k}(J)]^{\mathrm{T}}$；$\boldsymbol{N}_l=[\boldsymbol{n}_l(1),\boldsymbol{n}_l(2),\cdots,\boldsymbol{n}_l(J)]$；矩阵 $\boldsymbol{\Phi}_l(\boldsymbol{p})$ 为由 K 个功率衰落系数组成的对角矩阵，表示为

$$\boldsymbol{\Phi}_l(\boldsymbol{p})=\mathrm{diag}(\alpha_l(\boldsymbol{p}_1),\alpha_l(\boldsymbol{p}_2),\cdots,\alpha_l(\boldsymbol{p}_K)) \tag{10-95}$$

由于实际接收信号的采样长度有限，因此通常用有限次快拍数采样数据构成的采样协方差矩阵代替真实的协方差矩阵。接收信号的采样协方差矩阵为

$$\hat{\boldsymbol{R}}_l=\frac{1}{J}\sum_{t=1}^{J}\boldsymbol{x}_l(t)\boldsymbol{x}_l^{\mathrm{H}}(t) \tag{10-96}$$

考虑到嵌套阵列的结构特性，对第 l 个观测点接收信号的采样协方差矩阵进行矢量化处理，则第 l 个观测点的虚拟接收信号可以表示为

$$\hat{\boldsymbol{z}}_l=\mathrm{vec}(\hat{\boldsymbol{R}}_l)=(\boldsymbol{A}_l^*(\boldsymbol{p})\odot\boldsymbol{A}_l(\boldsymbol{p}))\boldsymbol{\delta}_l^{(r)}+\sigma_{\mathrm{n}}^2\mathrm{vec}(\boldsymbol{I}_{M\times M}) \tag{10-97}$$

式中，$\boldsymbol{\delta}_l^{(r)}$ 为由接收信号功率组成的功率矢量；$\boldsymbol{I}_{M\times M}$ 为 $M\times M$ 维单位矩阵。

记 $\boldsymbol{\delta}_{\mathrm{s}}=[\sigma_{\mathrm{s}_1}^2,\sigma_{\mathrm{s}_2}^2,\cdots,\sigma_{\mathrm{s}_K}^2]$ 是由 K 个信源发射信号的功率组成的功率矢量，有

$$\boldsymbol{\delta}_l^{(r)}=\boldsymbol{\Phi}_l(\boldsymbol{p})\boldsymbol{\delta}_{\mathrm{s}} \tag{10-98}$$

记进行矢量化处理后的等效方向矩阵 $\widetilde{\boldsymbol{A}}_l(\boldsymbol{p})=\boldsymbol{A}_l^*(\boldsymbol{p})\odot\boldsymbol{A}_l(\boldsymbol{p})$，则式（10-97）可以重写为

$$\hat{\boldsymbol{z}}_l=\mathrm{vec}(\hat{\boldsymbol{R}}_l)=\widetilde{\boldsymbol{A}}_l(\boldsymbol{p})\boldsymbol{\Phi}_l(\boldsymbol{p})\boldsymbol{\delta}_{\mathrm{s}}+\sigma_{\mathrm{n}}^2\boldsymbol{1}_{M^2} \tag{10-99}$$

式中，$\boldsymbol{1}_{M^2}=\mathrm{vec}(\boldsymbol{I}_{M\times M})$。

2. 粗估计

为了简便，记 $\boldsymbol{B}_l(\boldsymbol{p})=\widetilde{\boldsymbol{A}}_l(\boldsymbol{p})\boldsymbol{\Phi}_l(\boldsymbol{p})$，则式（10-99）可进一步简化为

$$\hat{\boldsymbol{z}}_l=\boldsymbol{B}_l(\boldsymbol{p})\boldsymbol{\delta}_{\mathrm{s}}+\sigma_{\mathrm{n}}^2\boldsymbol{1}_{M^2} \tag{10-100}$$

将所有 L 个观测点的虚拟接收信号融合，可得 L 个观测点的总虚拟接收信号矢量为

$$\hat{\boldsymbol{z}}=\boldsymbol{B}(\boldsymbol{p})\boldsymbol{\delta}_{\mathrm{s}}+\sigma_{\mathrm{n}}^2\boldsymbol{1}_{M^2L} \tag{10-101}$$

式中，$\hat{z}=[\hat{z}_1,\hat{z}_2,\cdots,\hat{z}_L]^{\mathrm{T}}$；$\boldsymbol{B}(\boldsymbol{p})=[\boldsymbol{B}_1^{\mathrm{T}}(\boldsymbol{p}),\boldsymbol{B}_2^{\mathrm{T}}(\boldsymbol{p}),\cdots,\boldsymbol{B}_L^{\mathrm{T}}(\boldsymbol{p})]^{\mathrm{T}}$；$\boldsymbol{1}_{M^2L}=\boldsymbol{I}_L\otimes\boldsymbol{1}_{M^2}$。

记$\widetilde{\boldsymbol{a}}_l(\boldsymbol{p}_l)$是由任意二维位置坐标$\boldsymbol{p}_l$构成的虚拟方向矢量，$\boldsymbol{e}(\boldsymbol{p}_l)$是由$L$个观测点虚拟方向矢量组成的$M^2L\times1$维矢量，分别表示为

$$\widetilde{\boldsymbol{a}}_l(\boldsymbol{p}_l)=\boldsymbol{a}_l^*(\boldsymbol{p}_l)\odot\boldsymbol{a}_l(\boldsymbol{p}_l) \tag{10-102}$$

$$\boldsymbol{e}(\boldsymbol{p}_l)=[\widetilde{\boldsymbol{a}}_1^{\mathrm{T}}(\boldsymbol{p}_l),\cdots,\widetilde{\boldsymbol{a}}_L^{\mathrm{T}}(\boldsymbol{p}_l)]^{\mathrm{T}} \tag{10-103}$$

对于任意位置$\boldsymbol{p}_l$，将矢量$\boldsymbol{e}(\boldsymbol{p}_l)$与式（10-101）进行相关处理，可以得到矢量$\boldsymbol{e}(\boldsymbol{p}_l)$到矢量$\hat{z}$的投影为

$$\begin{aligned} z &= \boldsymbol{e}^{\mathrm{H}}(\boldsymbol{p}_l)\,\hat{z} \\ &= \sum_{l=1}^{L}\widetilde{\boldsymbol{a}}_l^{\mathrm{H}}(\boldsymbol{p}_l)\,\widetilde{\boldsymbol{A}}_l(\boldsymbol{p}_l)\boldsymbol{\Phi}_l(\boldsymbol{p}_l)\boldsymbol{\delta}_{\mathrm{s}} \\ &= \sum_{l=1}^{L}\sum_{k=1}^{K}\widetilde{\boldsymbol{a}}_l^{\mathrm{H}}(\boldsymbol{p}_l)\,\widetilde{\boldsymbol{a}}_l(\boldsymbol{p}_l)\boldsymbol{\alpha}_l(\boldsymbol{p}_l)\boldsymbol{\delta}_{\mathrm{s}k}^2 \end{aligned} \tag{10-104}$$

由式（10-104）可知，由于传输信道之间存在不同的功率衰落系数$\boldsymbol{\alpha}_l(\boldsymbol{p}_k)$，因此不能在真实信源位置有最大输出。如果利用均衡技术产生与信道相反的特性来消除功率衰落造成的干扰，就可以使z在真实信源位置有最大输出，式（10-104）可修正为

$$\begin{aligned} z &= \sum_{l=1}^{L}w_l(\boldsymbol{p}_l)\,\widetilde{\boldsymbol{a}}_l^{\mathrm{H}}(\boldsymbol{p}_l)\,\widetilde{\boldsymbol{A}}_l(\boldsymbol{p}_l)\boldsymbol{\Phi}_l(\boldsymbol{p}_l)\boldsymbol{\delta}_{\mathrm{s}} \\ &= \sum_{l=1}^{L}\sum_{k=1}^{K}w_l(\boldsymbol{p}_l)\,\widetilde{\boldsymbol{a}}_l^{\mathrm{H}}(\boldsymbol{p}_l)\,\widetilde{\boldsymbol{a}}_l(\boldsymbol{p}_l)\alpha_l(\boldsymbol{p}_l)\boldsymbol{\sigma}_{\mathrm{s}k}^2 \end{aligned} \tag{10-105}$$

式中，$w_l(\boldsymbol{p}_l)=\alpha_l^{-1}(\boldsymbol{p}_l)$。此时，对于任意位置$\boldsymbol{p}_l$，均有

$$z=z_{\max}=\sum_{l=1}^{L}\sum_{k=1}^{K}\widetilde{\boldsymbol{a}}_l^{\mathrm{H}}(\boldsymbol{p}_l)\,\widetilde{\boldsymbol{a}}_l(\boldsymbol{p}_l)\boldsymbol{\sigma}_{\mathrm{s}k}^2=M^2L\sum_{k=1}^{K}\boldsymbol{\sigma}_{\mathrm{s}k}^2 \tag{10-106}$$

在实际应用中，功率衰落系数$\alpha_l(\boldsymbol{p}_l)$是未知的，由自由空间传输损耗模型可知，$1/\alpha_l(\boldsymbol{p}_l)$与位置$\boldsymbol{p}_l$到观测点位置$\boldsymbol{u}_l$的距离成正比，取$w_l(\boldsymbol{p}_l)=\|\boldsymbol{p}_l-\boldsymbol{u}_l\|$，则可以将信源位置估计问题转换为找出如下损失函数的前K个最大值问题，即

$$f(\boldsymbol{p}_l)=\|w_l(\boldsymbol{p}_l)\boldsymbol{e}^{\mathrm{H}}(\boldsymbol{p}_l)\hat{z}\| \tag{10-107}$$

对损失函数进行搜索，可得到前 K 个最大值对应的坐标，即为对信源位置进行粗估计的结果。

3. 泰勒补偿

为了提高信源的定位精度，下面对粗估计结果进行泰勒补偿。

假设通过对式（10-107）进行搜索得到的 K 个信源位置的粗估计结果为 $\hat{\boldsymbol{p}}_k=[\hat{x}_k,\hat{y}_k]^{\mathrm{T}},k=1,2,\cdots,K$，定义矢量 $\boldsymbol{p}^{\mathrm{ini}}=[\hat{\boldsymbol{p}}_1^{\mathrm{T}},\hat{\boldsymbol{p}}_2^{\mathrm{T}},\cdots,\hat{\boldsymbol{p}}_K^{\mathrm{T}}]^{\mathrm{T}}$，将式（10-101）中由真实信源位置矢量 $\boldsymbol{p}=[\boldsymbol{p}_1^{\mathrm{T}},\cdots,\boldsymbol{p}_K^{\mathrm{T}}]^{\mathrm{T}}$ 构成的矩阵 $\boldsymbol{B}(\boldsymbol{p})$ 在 $\boldsymbol{p}^{\mathrm{ini}}$ 处进行一阶泰勒展开，忽略二阶及二阶以上的误差项，则 $\boldsymbol{B}(\boldsymbol{p})$ 可近似表示为

$$\boldsymbol{B}(\boldsymbol{p})=\boldsymbol{B}(\boldsymbol{p}^{\mathrm{ini}})+\sum_{i=1}^{2K}([\boldsymbol{p}]_i-[\boldsymbol{p}^{\mathrm{ini}}]_i)\left.\frac{\partial\boldsymbol{B}(\boldsymbol{p})}{\partial[\boldsymbol{p}]_i}\right|_{\boldsymbol{p}=\boldsymbol{p}^{\mathrm{ini}}}\tag{10-108}$$

式中，$[\cdot]_i$ 表示矢量的第 i 个元素。

定义矢量

$$\begin{aligned}&\boldsymbol{p}_x=[x_1,\cdots,x_K]^{\mathrm{T}},\quad \boldsymbol{p}_y=[y_1,\cdots,y_K]^{\mathrm{T}}\\&\boldsymbol{p}_x^{\mathrm{ini}}=[\hat{x}_1,\cdots,\hat{x}_K]^{\mathrm{T}},\quad \boldsymbol{p}_y^{\mathrm{ini}}=[\hat{y}_1,\cdots,\hat{y}_K]^{\mathrm{T}}\end{aligned}\tag{10-109}$$

则式（10-108）可以表示为

$$\boldsymbol{B}(\boldsymbol{p})=\boldsymbol{B}(\boldsymbol{p}^{\mathrm{ini}})+\left.\frac{\partial\boldsymbol{B}(\boldsymbol{p})}{\partial\boldsymbol{p}_x^{\mathrm{T}}}\right|_{\boldsymbol{p}_x=\boldsymbol{p}_x^{\mathrm{ini}}}\boldsymbol{\Lambda}_x+\left.\frac{\partial\boldsymbol{B}(\boldsymbol{p})}{\partial\boldsymbol{p}_y^{\mathrm{T}}}\right|_{\boldsymbol{p}_y=\boldsymbol{p}_y^{\mathrm{ini}}}\boldsymbol{\Lambda}_y\tag{10-110}$$

式中，$\boldsymbol{\Lambda}_x=\mathrm{diag}(\boldsymbol{\xi}_x)$；$\boldsymbol{\Lambda}_y=\mathrm{diag}(\boldsymbol{\xi}_y)$；$\boldsymbol{\xi}_x=\boldsymbol{p}_x-\boldsymbol{p}_x^{\mathrm{ini}}$；$\boldsymbol{\xi}_y=\boldsymbol{p}_y-\boldsymbol{p}_y^{\mathrm{ini}}$。将式（10-110）代入式（10-101），总虚拟接收信号矢量可重写为

$$\begin{aligned}\hat{\boldsymbol{z}}&=\left(\boldsymbol{B}(\boldsymbol{p}^{\mathrm{ini}})+\left.\frac{\partial\boldsymbol{B}(\boldsymbol{p})}{\partial\boldsymbol{p}_x^{\mathrm{T}}}\right|_{\boldsymbol{p}_x=\boldsymbol{p}_x^{\mathrm{ini}}}\boldsymbol{\Lambda}_x+\left.\frac{\partial\boldsymbol{B}(\boldsymbol{p})}{\partial\boldsymbol{p}_y^{\mathrm{T}}}\right|_{\boldsymbol{p}_y=\boldsymbol{p}_y^{\mathrm{ini}}}\boldsymbol{\Lambda}_y\right)\boldsymbol{\delta}_{\mathrm{s}}+\sigma_{\mathrm{n}}^2\boldsymbol{I}_{M^2L}\\&=\begin{bmatrix}\boldsymbol{B}(\boldsymbol{p}^{\mathrm{ini}}) & \left.\dfrac{\partial\boldsymbol{B}(\boldsymbol{p})}{\partial\boldsymbol{p}_x^{\mathrm{T}}}\right|_{\boldsymbol{p}_x=\boldsymbol{p}_x^{\mathrm{ini}}} & \left.\dfrac{\partial\boldsymbol{B}(\boldsymbol{p})}{\partial\boldsymbol{p}_y^{\mathrm{T}}}\right|_{\boldsymbol{p}_y=\boldsymbol{p}_y^{\mathrm{ini}}}\end{bmatrix}\begin{bmatrix}\boldsymbol{\delta}_{\mathrm{s}}\\\boldsymbol{\omega}_x\\\boldsymbol{\omega}_y\end{bmatrix}+\sigma_{\mathrm{n}}^2\boldsymbol{I}_{M^2L}\end{aligned}\tag{10-111}$$

式中，$\boldsymbol{\omega}_x=\boldsymbol{\Lambda}_x\boldsymbol{\delta}_{\mathrm{s}}$；$\boldsymbol{\omega}_y=\boldsymbol{\Lambda}_y\boldsymbol{\delta}_{\mathrm{s}}$。

定义

$$\widetilde{\boldsymbol{B}}=\begin{bmatrix}\boldsymbol{B}(\boldsymbol{p}^{\mathrm{ini}}) & \left.\dfrac{\partial\boldsymbol{B}(\boldsymbol{p})}{\partial\boldsymbol{p}_x^{\mathrm{T}}}\right|_{\boldsymbol{p}_x=\boldsymbol{p}_x^{\mathrm{ini}}} & \left.\dfrac{\partial\boldsymbol{B}(\boldsymbol{p})}{\partial\boldsymbol{p}_y^{\mathrm{T}}}\right|_{\boldsymbol{p}_y=\boldsymbol{p}_y^{\mathrm{ini}}}\end{bmatrix},\quad \boldsymbol{y}=\begin{bmatrix}\boldsymbol{\delta}_{\mathrm{s}}\\\boldsymbol{\omega}_x\\\boldsymbol{\omega}_y\end{bmatrix}\tag{10-112}$$

则式（10-111）可以表示为

$$\hat{z}=\widetilde{\boldsymbol{B}}\boldsymbol{y}+\sigma_{\mathrm{n}}^{2}\boldsymbol{1}_{M^2L} \tag{10-113}$$

根据最小二乘理论，可以得到式（10-113）的闭式解为

$$\hat{\boldsymbol{y}}_{\mathrm{LS}}=(\widetilde{\boldsymbol{B}}^{\mathrm{H}}\widetilde{\boldsymbol{B}})^{-1}\widetilde{\boldsymbol{B}}^{\mathrm{H}}\hat{z} \tag{10-114}$$

根据矢量 $\boldsymbol{y}$ 的定义，可得由矢量$\hat{\boldsymbol{y}}_{\mathrm{LS}}$的第 1 个到第 K 个元素组成矢量$\hat{\boldsymbol{\delta}}_{\mathrm{s}}$ 的估计值，第 $K+1$ 个到第 $2K$ 个元素组成矢量 $\boldsymbol{\omega}_x$ 的估计值$\hat{\boldsymbol{\omega}}_x$，第 $2K+1$ 个到第 $3K$ 个元素组成矢量 $\boldsymbol{\omega}_y$ 的估计值$\hat{\boldsymbol{\omega}}_y$，由此可以解得信源位置估计结果的横坐标和纵坐标的泰勒补偿值分别为

$$\boldsymbol{\xi}_x=\boldsymbol{\omega}_x./\boldsymbol{\delta}_{\mathrm{s}} \tag{10-115}$$

$$\boldsymbol{\xi}_y=\boldsymbol{\omega}_y./\boldsymbol{\delta}_{\mathrm{s}} \tag{10-116}$$

K 个信源的定位结果为

$$\hat{\boldsymbol{p}}_x=\boldsymbol{p}_x^{\mathrm{ini}}+\boldsymbol{\xi}_x \tag{10-117}$$

$$\hat{\boldsymbol{p}}_y=\boldsymbol{p}_y^{\mathrm{ini}}+\boldsymbol{\xi}_y \tag{10-118}$$

算法的主要步骤如下。

算法 10.6：嵌套阵列基于泰勒补偿的高精度直接定位算法。

步骤 1：根据式（10-96）计算接收信号的采样协方差矩阵$\hat{\boldsymbol{R}}_l$。

步骤 2：根据式（10-97）对$\hat{\boldsymbol{R}}_l$ 进行矢量化处理，得到$\hat{z}_l$，根据$\hat{z}=[\hat{z}_1,\hat{z}_2,\cdots,\hat{z}_L]^{\mathrm{T}}$ 得到$\hat{z}$。

步骤 3：根据 $w_l(\boldsymbol{p}_l)=\|\boldsymbol{p}_l-\boldsymbol{u}_l\|$、式（10-102）、式（10-103）和式（10-107）构造损失函数 $f(\boldsymbol{p}_l)$。

步骤 4：将信源位置的搜索区域划分为若干个二维平面网格，计算每个网格对应的损失函数值，其峰值对应的坐标即为信源位置的粗估计值 $\hat{\boldsymbol{p}}_x^{\mathrm{ini}}$ 和 $\hat{\boldsymbol{p}}_y^{\mathrm{ini}}$。

步骤 5：根据式（10-112）构造矩阵$\widetilde{\boldsymbol{B}}$。

步骤 6：根据式（10-114）得到 $\hat{\boldsymbol{y}}_{\mathrm{LS}}$，并根据式（10-115）和式（10-116）得到泰勒补偿值 $\boldsymbol{\xi}_x$ 和 $\boldsymbol{\xi}_y$。

步骤 7：根据式（10-117）和式（10-118）对信源位置的粗估计值进行泰勒补偿，得到信源位置的精估计值 $\hat{\boldsymbol{p}}_x$ 和 $\hat{\boldsymbol{p}}_y$。

4. 算法的复杂度

嵌套阵列基于泰勒补偿的高精度直接定位算法的复杂度与以下参数有关：观测点个数为 L，信源数为 K，阵元数 $M=N_1+N_2$，虚拟均匀线阵列的阵元总数 $M_\mathrm{v}=2N_2(N_1+1)-1$，空间平滑的子阵阵元数 $M_\mathrm{ss}=(M_\mathrm{v}+1)/2$，快拍数为 J，沿 x 方向和 y 方向的谱函数搜索点数分别记为 α_x 和 α_y。

嵌套阵列基于泰勒补偿的高精度直接定位算法粗估计的复杂度主要包括：计算 $M\times J$ 维接收信号协方差矩阵需要的复杂度为 $O(JM^2)$，对每个网格谱峰值的计算需要的复杂度为 $O(LM_\mathrm{v})$。对粗估计结果进行泰勒补偿的复杂度主要包括：计算泰勒展开系数需要的复杂度为 $O(2KM_\mathrm{v})$，求解 $M_\mathrm{v}\times 3K$ 维矩阵 $\widetilde{\boldsymbol{B}}$ 共轭转置矩阵的伪逆需要的复杂度为 $O(18K^2LM_\mathrm{v}+27K^3)$，计算最小二乘估计结果 $\hat{\boldsymbol{y}}_\mathrm{LS}$ 需要的复杂度为 $O(3KLM_\mathrm{v})$。表 10-2 为嵌套阵列基于泰勒补偿的高精度直接定位算法与现有算法复杂度的比较。

表 10-2　嵌套阵列基于泰勒补偿的高精度直接定位算法与现有算法复杂度的比较

算　法	复 杂 度
SDF	$O(JLM^2+LM_\mathrm{ss}^2+LM_\mathrm{ss}^3+\alpha_x\alpha_yM_\mathrm{ss}(M_\mathrm{ss}-K))$
粗估计	$O(JLM^2+\alpha_x\alpha_yLM_\mathrm{v})$
泰勒补偿	$O(JLM^2+\alpha_x\alpha_yLM_\mathrm{v}+18K^2LM_\mathrm{v}+27K^3+5KLM_\mathrm{v})$

图 10-12 为在特定参数下不同算法复杂度随阵元数的变化，仿真参数设置为：观测点个数 $L=11$，信源数 $K=6$，快拍数 $J=100$，沿 x 方向和 y 方向的谱函数搜索点数 $\alpha_x=\alpha_y=100$。由图可知，当阵元数比较少时，嵌套阵列基于泰勒补偿的高精度直接定位算法的复杂度与 SDF 算法差不多。随着阵元数的增加，嵌套阵列基于泰勒补偿的高精度直接定位算法复杂度的增加幅度较小，SDF 算法复杂度大大增加。

5. 算法的优点

- 避免了位置信息的二次损耗，有效提高了定位精度。
- 不需要额外的信息匹配即可实现对多个信源进行同时定位。
- 与传统基于子空间融合的直接定位算法相比，复杂度低。
- 突破了阵列自由度的限制，实现了在信源数大于阵元数时对多个信源进行同时定位。

6. 仿真结果

图 10-13 为在正定条件下不同算法的定位性能随信噪比的变化，涉及的

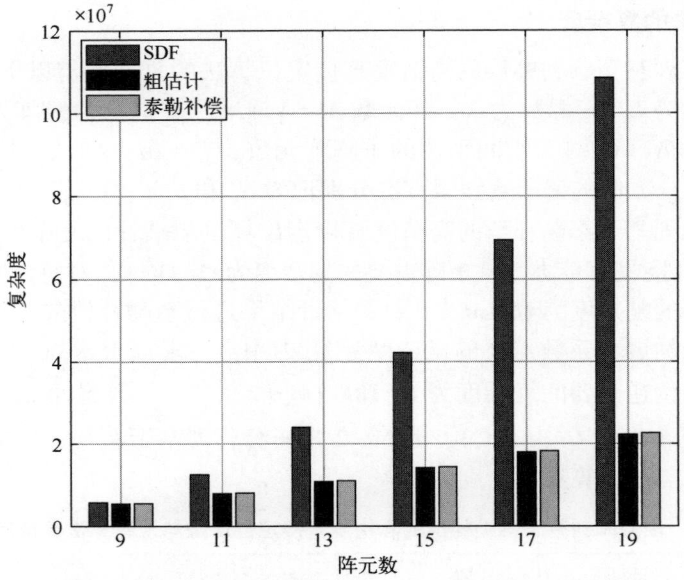

图 10-12　在特定参数下不同算法复杂度随阵元数的变化

算法分别为基于 DOA 的两步定位算法（DOA 两步定位）、基于子空间融合的直接定位算法（SDF）及嵌套阵列的粗估计和泰勒补偿的直接定位算法。在仿真过程中，参数设置为：信源数 $K=5$，分别位于(200m,700m)、(600m,400m)、(400m,600m)、(300m,500m)、(500m,700m)，$L=11$ 个观测点均匀分布在 x 轴上，位置从(0m,0m)到(1000m,0m)，在每个观测点均配置有阵元数 $M=6$ 的嵌套阵列，快拍数 $J=100$。仿真结果表明，在相同仿真条件下，传统两步定位算法的定位误差最大。与传统基于 MUSIC 的直接定位算法相比，基于泰勒补偿的直接定位算法的 RMSE 更低，虽然随着信噪比的增大，传统基于 MUSIC 的直接定位算法的定位精度逐渐超过粗估计直接定位算法的定位精度，但 RMSE 仍然高于泰勒补偿后的位置估计结果，验证了基于泰勒补偿的直接定位算法的有效性。

图 10-14 为在欠定条件下不同算法的定位性能随信噪比的变化。在仿真过程中，嵌套阵列的阵元数 $M=6$，信源数 $K=7$，分别位于(200m,300m)、(200m,700m)、(300m,500m)、(400m,200m)、(400m,900m)、(500m,700m)、(600m,400m)，观测点个数 $L=11$，等间隔分布在 x 轴的[0m,1000m]范围内，快拍数 $J=100$。仿真结果表明，嵌套阵列基于泰勒补偿的直接定位算法的定位性能优于其他算法，且泰勒补偿后的定位精度比粗估计的定位精度更高。

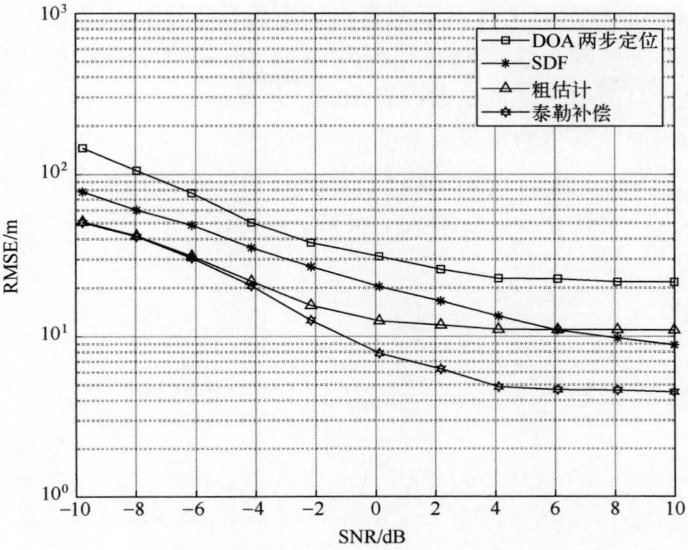

图 10-13 不同算法的定位性能随信噪比的变化（$K<M$）

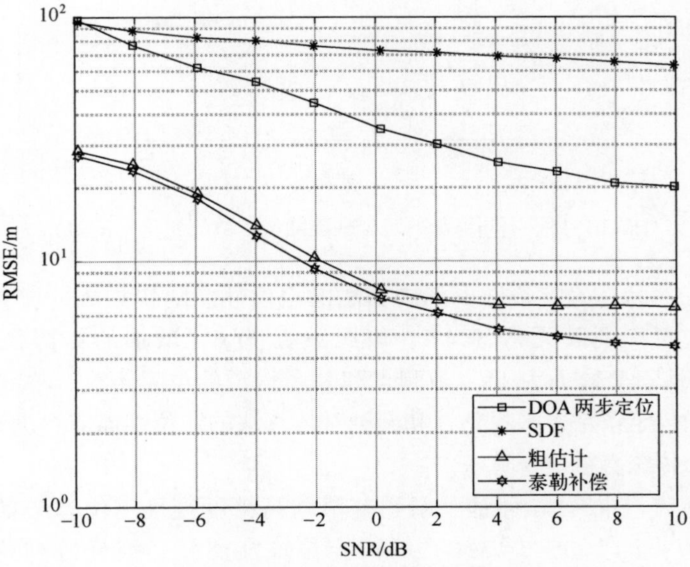

图 10-14 不同算法的定位性能随信噪比的变化（$K>M$）

图 10-15 为在正定条件下不同算法的定位性能随快拍数的变化。在仿真过程中，嵌套阵列阵元数 $M=6$，信源数 K 为 5，观测点个数 L 为 11，信源和观测点的位置与图 10-13 的参数设置相同，信噪比 SNR=−2dB。由图可知，随着快拍数的增加，算法的定位误差都呈下降趋势。其中，传统两步定位算法的 RMSE 最大，传统直接定位算法次之，粗估计算法在快拍数大于 100 时，误差下降幅度不大，泰勒补偿算法增大了误差下降的幅度。

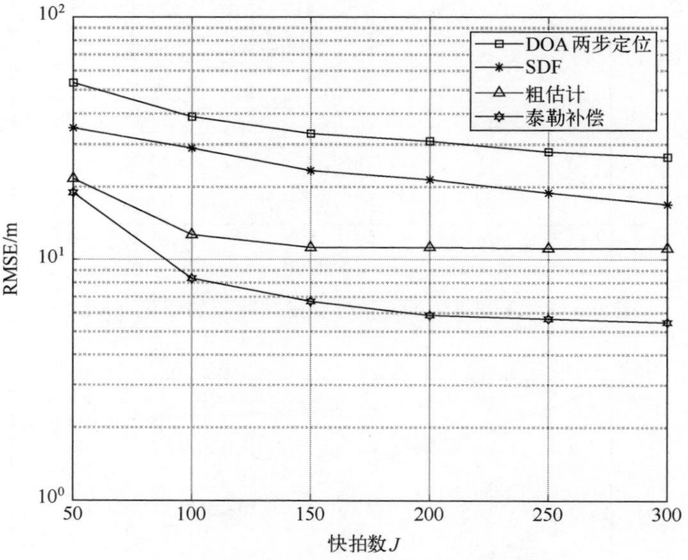

图 10-15　不同算法的定位性能随快拍数的变化（$K<M$）

图 10-16 为在欠定条件下不同算法的定位性能随快拍数的变化。在仿真过程中，嵌套阵列阵元数 $M=5$，信源数 K 为 6，增加的信源位于(400m, 200m)，观测点个数 L 为 11，观测点和其余信源的位置不变，SNR=0dB。由图可知，在欠定条件下，粗估计和泰勒补偿算法的定位性能依然优于传统两步定位算法和传统直接定位算法。

图 10-17 为嵌套阵列基于泰勒补偿的高精度直接定位算法在不同快拍数（$J=100$、$J=200$、$J=300$）时的定位性能比较，嵌套阵列阵元数 $M=6$，信源数 $K=7$，信源和观测点的位置保持不变。由图可知，随着快拍数的增加，嵌套阵列基于泰勒补偿的高精度直接定位算法的定位性能越来越好。

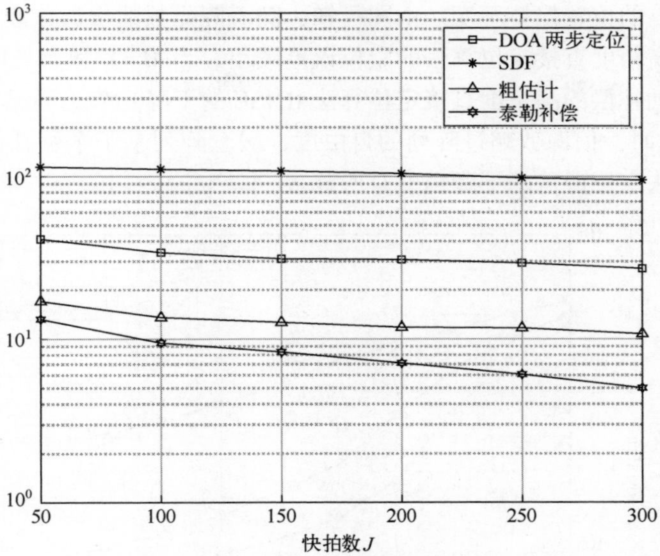

图 10-16　不同算法的定位性能随快拍数的变化（$K>M$）

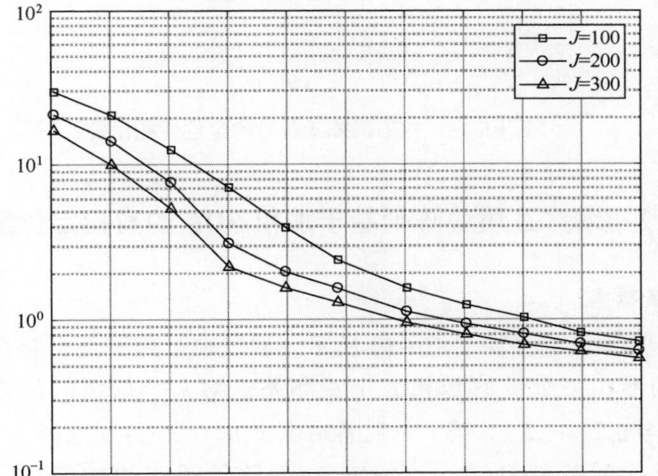

图 10-17　在不同快拍数时的定位性能比较

图 10-18 为嵌套阵列基于泰勒补偿的高精度直接定位算法在不同阵元数（$M=6$、$M=8$、$M=10$）时的定位性能比较，信源数 $K=7$，快拍数 $J=100$，信

源和观测点的位置保持不变。由图可知，随着阵元数的增加，嵌套阵列基于泰勒补偿的高精度直接定位算法的定位误差减小。当 $M=8$ 和 $M=10$ 时，嵌套阵列基于泰勒补偿的高精度直接定位算法 RMSE 的下降趋势更明显。当阵元数减小到 $M=6$ 时，信源数超过阵列的自由度，嵌套阵列基于泰勒补偿的高精度直接定位算法定位误差的下降幅度有所减缓。

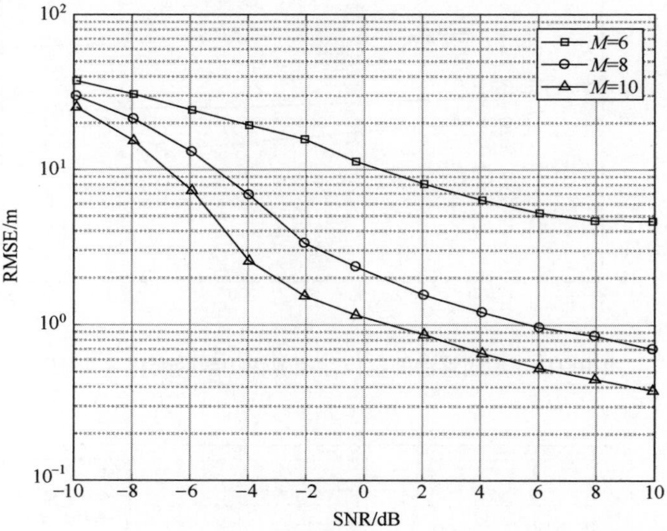

图 10-18　在不同阵元数时的定位性能比较

10.4.2　增广互质线阵列基于加权 SDF 的直接定位算法

1. 系统模型

直接定位系统模型如图 10-19 所示。假设在二维平面上存在由 K 个远场信源发射的不相关窄带信号和 L 个观测站，第 k 个信源的位置矢量为 $\boldsymbol{p}_k=[x_k,y_k]^{\mathrm{T}}(k=1,2,\cdots,K)$，第 l 个观测站位于 $\boldsymbol{u}_l=[x_{u_l},y_{u_l}]^{\mathrm{T}}(l=1,2,\cdots,L)$。在每个观测站均配备由 $D(D=2M+N-1)$ 个阵元组成的增广互质线阵列，如图 10-20 所示。在增广互质线阵列中，两个子阵中的阵元数分别为 $2M$ 和 N，阵元间距分别为 Nd 和 Md，M 和 N 为互质，且 $M<N$，d 为信号波长的一半。

根据自由空间传输损耗模型，当来自同一信源的信号入射到阵列的不同位置时，阵列接收信号的强度是不同的。假设第 k 个信源发射信号的功率为 W_k，第 l 个观测站的接收功率为 $W_{l,k}$，则路径传输损耗系数可以表示为

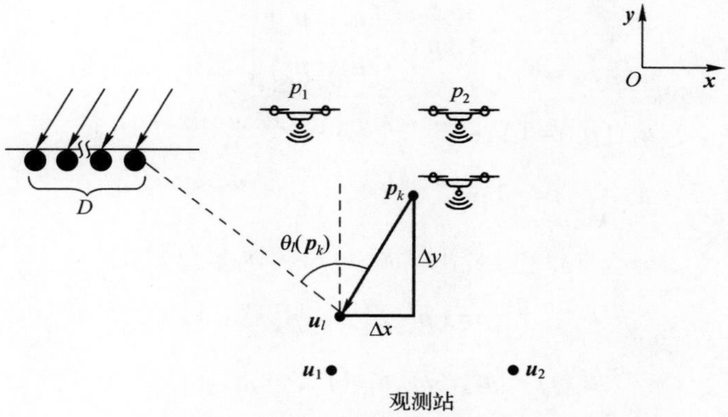

图 10-19　直接定位系统模型

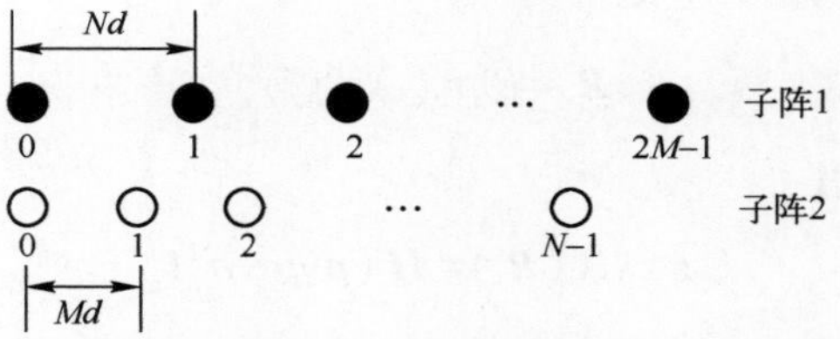

图 10-20　增广互质线阵列

$$b_{l,k}=\sqrt{W_{l,k}/W_k} \tag{10-119}$$

第 l 个观测站在第 j 个快拍时间内的接收信号为

$$\boldsymbol{r}_l(j)=\sum_{k=1}^{K} b_{l,k}\boldsymbol{a}_l(\boldsymbol{p}_k)s_{l,k}(j)+\boldsymbol{n}_l(j) \tag{10-120}$$

式中，$s_{l,k}(j)$表示由第 k 个信源发射的、第 l 个观测站在第 j 个采样快拍时刻的信号；$\boldsymbol{n}_l(j)\in\mathbb{C}^{M\times 1}$表示第 l 个观测站的阵列噪声矢量；$\boldsymbol{a}_l(\boldsymbol{p}_k)$为方向矢量，由信号到达方向 $\theta_l(\boldsymbol{p}_k)$决定[28]，即

$$\theta_l(\boldsymbol{p}_k)=\arctan\frac{\boldsymbol{x}_{u_l}(1)-\boldsymbol{p}_k(1)}{\boldsymbol{y}_{u_l}(2)-\boldsymbol{p}_k(2)} \tag{10-121}$$

将式（10-120）用矢量形式表示，有

$$\boldsymbol{r}_l(j)=\boldsymbol{A}_l(\boldsymbol{p})\boldsymbol{s}_l(j)+\boldsymbol{n}_l(j) \tag{10-122}$$

式中，

$$\boldsymbol{A}_l(\boldsymbol{p})=\begin{bmatrix}\boldsymbol{a}_{l,1}(\boldsymbol{p}_k)\\ \boldsymbol{a}_{l,2}(\boldsymbol{p}_k)\end{bmatrix} \tag{10-123}$$

$$\boldsymbol{a}_{l,1}(\boldsymbol{p}_k)=[1,\mathrm{e}^{\mathrm{j}2\pi d\sin\theta_l(\boldsymbol{p}_k)},\cdots,\mathrm{e}^{\mathrm{j}2\pi(2M-1)Nd\sin\theta_l(\boldsymbol{p}_k)}]^{\mathrm{T}} \tag{10-124}$$

$$\boldsymbol{a}_{l,2}(\boldsymbol{p}_k)=[1,\mathrm{e}^{\mathrm{j}2\pi d\sin\theta_l(\boldsymbol{p}_k)},\cdots,\mathrm{e}^{\mathrm{j}2\pi(N-1)Md\sin\theta_l(\boldsymbol{p}_k)}]^{\mathrm{T}} \tag{10-125}$$

$$\boldsymbol{s}_l(j)=[\boldsymbol{s}_{l,1}(j),\boldsymbol{s}_{l,2}(j),\cdots,\boldsymbol{s}_{l,K}(j)]^{\mathrm{T}} \tag{10-126}$$

$$\boldsymbol{p}=[\boldsymbol{p}_1^{\mathrm{T}},\boldsymbol{p}_2^{\mathrm{T}},\cdots,\boldsymbol{p}_K^{\mathrm{T}}]^{\mathrm{T}} \tag{10-127}$$

$$\boldsymbol{n}_l(j)=[\boldsymbol{n}_{l,1}(j),\boldsymbol{n}_{l,2}(j),\cdots,\boldsymbol{n}_{l,K}(j)]^{\mathrm{T}} \tag{10-128}$$

2. 基于 SDF 的直接定位算法

阵列接收信号的协方差矩阵为

$$\boldsymbol{R}_l=E[\boldsymbol{r}_l(j)\boldsymbol{r}_l^{\mathrm{H}}(j)] \tag{10-129}$$

将其进行矢量化，有

$$\tilde{\boldsymbol{z}}=\mathrm{vec}(\boldsymbol{R}_l)=\boldsymbol{H}_l(\boldsymbol{p})\boldsymbol{\mu}+\sigma_{\mathrm{n}}^2\boldsymbol{I}_{\mathrm{n}} \tag{10-130}$$

式中，$\boldsymbol{H}_l(\boldsymbol{p})=\boldsymbol{A}^*\odot\boldsymbol{A}=[\boldsymbol{a}^*(\boldsymbol{p}_1)\otimes\boldsymbol{a}(\boldsymbol{p}_1),\boldsymbol{a}^*(\boldsymbol{p}_2)\otimes\boldsymbol{a}(\boldsymbol{p}_2),\cdots,\boldsymbol{a}^*(\boldsymbol{p}_K)\otimes\boldsymbol{a}(\boldsymbol{p}_K)]$为虚拟阵列方向矩阵；$\boldsymbol{\mu}=[\sigma_1^2,\sigma_2^2,\cdots,\sigma_K^2]^{\mathrm{T}}$ 为单快拍信号矢量；$\boldsymbol{I}_{\mathrm{n}}=\mathrm{vec}(\boldsymbol{I})$；$\boldsymbol{I}$ 为单位矩阵。为了方便处理，将$\tilde{z}$按相位进行排序，并删除由冗余行得到的矢量 z，矢量 z 即为增广互质线阵列虚拟阵列的接收信号。

由于空间平滑算法均基于阵元的连续特性，故截取 z 的由连续虚拟阵元部分得到的矢量 z_1。截取后的虚拟阵列是一个位于$[-(MN+M-1),(MN+M-1)]$范围，阵元间距为 d 的均匀线阵列，阵元数为 $2MN+2M-2$。空间平滑算法的基本思想是将等距线阵列划分为若干相互重叠的子阵。若各子阵结构相同，则将它们的协方差矩阵相加后，通过求平均值来取代原来意义上的接收信号协方差矩阵。

利用空间平滑算法，将截取后的虚拟阵列划分为 $MN+M$ 个相互重叠的子阵，如图 10-21 所示。每一个子阵均包含 $MN+M$ 个阵元。其中，第 i 个子阵的阵元位置为

$$\{(i+1+n)d,\quad n=0,1,\cdots,MN+M-1\} \tag{10-131}$$

接收信号矩阵来自第 $MN+M-1-i$ 到 z_1 的 $2MN+2M-2-i$ 行，记为 z_{hi}，构造协方差矩阵为

$$\boldsymbol{R}_i=z_{hi}z_{hi}^{\mathrm{H}} \tag{10-132}$$

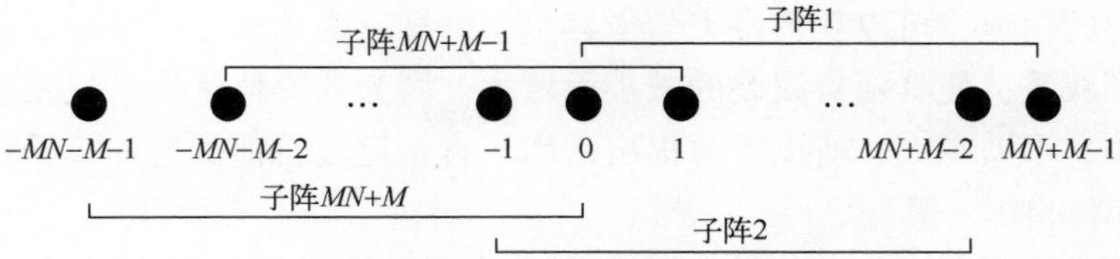

图 10-21　相互重叠的子阵

将所有子阵的协方差矩阵求和，求平均值，得到空间平滑协方差矩阵为

$$\boldsymbol{R}_l = \frac{1}{MN+M}\sum_{i=1}^{MN+M}\boldsymbol{R}_i \tag{10-133}$$

由于信号和噪声相互独立，因此矩阵特征值可分解为信号子空间和噪声子空间，即

$$\boldsymbol{R}_l = [\boldsymbol{U}_l^{\mathrm{s}} \quad \boldsymbol{U}_l^{\mathrm{n}}]\boldsymbol{\Sigma}_l[\boldsymbol{U}_l^{\mathrm{s}} \quad \boldsymbol{U}_l^{\mathrm{n}}]^{\mathrm{H}} \tag{10-134}$$

根据信号子空间和噪声子空间的正交性质，只有当阵列方向矢量$\boldsymbol{a}_l(\boldsymbol{p}_k)$由真实信源位置$\boldsymbol{p}_k$构成时，阵列方向矢量在噪声子空间的投影才为 0。利用正交性，将阵列方向矢量在第 L 个观测站噪声子空间的投影结果相加，构造损失函数为

$$f_{\mathrm{SDF}}(\boldsymbol{p}_k) = \sum_{l=1}^{L}\boldsymbol{a}_l^{\mathrm{H}}(\boldsymbol{p}_k)\boldsymbol{U}_l^{\mathrm{n}}(\boldsymbol{U}_l^{\mathrm{n}})^{\mathrm{H}}\boldsymbol{a}_l(\boldsymbol{p}_k) \tag{10-135}$$

显然，损失函数对所有观测站噪声子空间的投影结果进行了同等处理。当其中一个谱函数性能较差时，损失函数容易受到干扰，即 SDF 算法的性能受到不同观测站噪声子空间正交投影误差异方差性的影响。

由于 SDF 算法只基于噪声子空间，容易受快拍数少、信噪比低等外部因素影响，因此定位性能受到限制。下面通过平衡正交投影误差得到误差小、鲁棒性强的损失函数，即 W-SDF 算法充分利用了数据，提高了定位精度，在每个观测站对投影结果赋予一个权重，构造损失函数为

$$f_{\mathrm{W-SDF}}(\boldsymbol{p}) = \sum_{l=1}^{L}w_l\boldsymbol{a}_l^{\mathrm{H}}(\boldsymbol{p})\boldsymbol{U}_l^{\mathrm{n}}(\boldsymbol{U}_l^{\mathrm{n}})^{\mathrm{H}}\boldsymbol{a}_l(\boldsymbol{p}) \tag{10-136}$$

式中，w_l 是第 l 个观测站的权值。

3. 基于 SNR 加权 SDF 的直接定位算法

根据注水功率分配原则，将更多功率分配给质量好的信道，更少功率分配

给质量差的信道，可以获得最大信道容量。同样，为了减小总投影误差，需要设计一个权重，使其随着误差的减小而增大。因为信噪比越大，误差越小，信噪比越小，误差越大，所以下面提出适用于直接定位的信噪比加权子空间数据融合（SW-SDF）算法。

在假设噪声不相关且信号和噪声相互独立的情况下，将式（10-122）代入式（10-134），改写协方差矩阵为

$$\hat{\boldsymbol{R}}_l = \frac{1}{K}\sum_{k=1}^{K}\left(\sum_{k=1}^{K} b_{l,k}^2 W_{l,k}\boldsymbol{a}_l(\boldsymbol{p})\boldsymbol{a}_l^{\mathrm{H}}(\boldsymbol{p}) + \sigma_{\mathrm{n}}^2\boldsymbol{I}_{V\times V}\right) \tag{10-137}$$

式中，$\boldsymbol{I}_{V\times V}$为 $V\times V$ 维单位矩阵；$V=MN+M$。同一阵列接收不同信源不同功率的信号，不同阵列接收同一信源不同功率的信号，都取决于信号功率 $W_{l,k}$和未知参数 $b_{l,k}$。假设在观测过程中，噪声功率是恒定的，不同观测站的信噪比与 $b_{l,k}^2 W_{l,k}$ 成正比，也就是与 $W_{l,k}$成正比。这个值在实际应用中是未知的。接收信号协方差矩阵可分解为两个部分，即

$$\hat{\boldsymbol{R}}_l = \boldsymbol{R}_{\mathrm{s}} + \boldsymbol{R}_{\mathrm{n}} = \boldsymbol{A}_l(\boldsymbol{p})\,\mathrm{diag}([W_{l,1},\cdots,W_{l,K}])\boldsymbol{A}_l^{\mathrm{H}}(\boldsymbol{p}) + \sigma_{\mathrm{n}}^2\boldsymbol{I}_{V\times V} \tag{10-138}$$

在相同的假设下，特征值可以表示为

$$\boldsymbol{\lambda}_{l,k} = \begin{cases} \sigma_{z_k}^2 + \sigma_{\mathrm{n}}^2, & 1\leqslant k\leqslant K \\ \sigma_{\mathrm{n}}^2, & K+1\leqslant k\leqslant V \end{cases} \tag{10-139}$$

式中，$\sigma_{z_k}^2(1\leqslant k\leqslant K)$是 $\boldsymbol{R}_{\mathrm{s}}$ 的 K 个大非零特征值，表示接收信号的功率。假设在观测过程中噪声功率是恒定的，在实际应用中噪声功率是未知的。根据式（10-139），噪声功率的估计值可用 $V-K$ 个小的特征值进行计算，即

$$\hat{\sigma}_{\mathrm{n}l}^2 = \frac{1}{V-K}\sum_{k=K+1}^{V}\boldsymbol{\lambda}_{l,k} \tag{10-140}$$

由于估计值和真实值之间存在微小偏差，因此不同观测站噪声功率的估计值近似相等。根据噪声功率的估计值，第 l 个观测站接收信号功率的估计值为

$$\hat{W}_l = \sum_{k=1}^{K}(\boldsymbol{\lambda}_{l,k} - \hat{\sigma}_{\mathrm{n}k}^2) \tag{10-141}$$

根据前面的分析，在接收信号信噪比较大的位置会产生较小的误差，因而给该位置赋予一个较大的权值。基于 SNR 加权 SDF 的直接定位算法的损失函

数可以构造为

$$f_{\text{SW-SDF}}(\boldsymbol{p})=\sum_{l=1}^{L}\frac{\hat{W}_l}{\hat{\sigma}_{\text{n}l}^2}\|(\boldsymbol{U}_l^{\text{n}})^{\text{H}}\boldsymbol{a}_l(\boldsymbol{p})\|^2 \tag{10-142}$$

通过搜索式（10-142）的前 K 个最小值，即可得到高精度的信源位置估计结果。

4. 基于最优权值加权 SDF 的直接定位算法

SW-SDF 算法可以有效减小到观测站噪声子空间的总投影误差，由于并没有达到总投影误差的最小值，因此不是最优算法。下面给出最优加权子空间数据融合算法，将从第 l 个观测站得到的噪声子空间与转向矢量之间的投影误差定义为

$$\boldsymbol{\xi}_l=(\boldsymbol{U}_l^{\text{n}})^{\text{H}}\boldsymbol{a}_l(\boldsymbol{p}) \tag{10-143}$$

则最优加权直接定位问题可以表示为找到一个最优权值 T^* 和信源位置估计值 $\hat{\boldsymbol{p}}$，使总投影误差最小，即

$$[\hat{\boldsymbol{p}},T^*]=\arg\min_{\boldsymbol{p},\boldsymbol{W}}\|T^{1/2}\boldsymbol{\xi}\|^2 \tag{10-144}$$

式中，$\boldsymbol{\xi}=[\boldsymbol{\xi}_1^{\text{H}},\boldsymbol{\xi}_2^{\text{H}},\cdots,\boldsymbol{\xi}_L^{\text{H}}]^{\text{H}}$ 是在所有观测站噪声子空间的投影误差矢量。

由于投影误差矢量 $\boldsymbol{\xi}$ 服从零均值高斯分布，因此协方差矩阵具有以下形式，即

$$\begin{aligned}&E(\boldsymbol{\xi}_i\boldsymbol{\xi}_j^{\text{H}})=\boldsymbol{a}_l^{\text{H}}(\boldsymbol{p})\boldsymbol{\Lambda}_l\boldsymbol{a}_l(\boldsymbol{p})\boldsymbol{\delta}_{i,j}\boldsymbol{I}_{(V-K)\times(V-K)}\\&E(\boldsymbol{\xi}_i\boldsymbol{\xi}_j^{\text{T}})=\boldsymbol{O}_{(V-K)\times(V-K)},\quad \text{for}\ \forall\, i,j\end{aligned} \tag{10-145}$$

式中，$\boldsymbol{I}_{(V-K)\times(V-K)}$ 和 $\boldsymbol{O}_{(V-K)\times(V-K)}$ 分别为 $(V-K)\times(V-K)$ 维单位矩阵和 $(V-K)\times(V-K)$ 维零矩阵；$\boldsymbol{\delta}_{i,j}$ 为冲激矢量，当且仅当 $i=j$ 时，$\boldsymbol{\delta}_{i,j}=1$，在其他情况时，$\boldsymbol{\delta}_{i,j}$ 均为 0；矩阵 $\boldsymbol{\Lambda}_l$ 具有如下形式，即

$$\boldsymbol{\Lambda}_l=\frac{1}{K}\boldsymbol{U}_l^{\text{s}}\text{diag}\left(\left[\frac{\lambda_{l,1}}{\sigma_{\text{n}}^2}+\frac{\sigma_{\text{n}}^2}{\lambda_{l,1}}-2,\cdots,\frac{\lambda_{l,K}}{\sigma_{\text{n}}^2}+\frac{\sigma_{\text{n}}^2}{\lambda_{l,K}}-2\right]\right)(\boldsymbol{U}_l^{\text{s}})^{\text{H}} \tag{10-146}$$

由式（10-145）可知，组成投影误差矢量 $\boldsymbol{\xi}$ 的子矢量 $\boldsymbol{\xi}_l$ 彼此独立，可得投影误差矢量 $\boldsymbol{\xi}$ 的协方差矩阵是一个 $(V-K)L\times(V-K)L$ 维的块对角矩阵，各块对角矩阵为 $E(\boldsymbol{\xi}_l\boldsymbol{\xi}_l^{\text{H}})\ (l=1,2,\cdots,L)$，即

$$\text{cov}(\boldsymbol{\xi})=E(\boldsymbol{\xi}\boldsymbol{\xi}^{\text{H}})=\text{diagblk}([E(\boldsymbol{\xi}_1\boldsymbol{\xi}_1^{\text{H}}),\cdots,E(\boldsymbol{\xi}_L\boldsymbol{\xi}_L^{\text{H}})]) \tag{10-147}$$

将式（10-145）和式（10-146）代入式（10-147），经化简，可得最优权值矩阵的解为

$$T^* = \mathrm{diag}([t_1^*(\boldsymbol{p}), \cdots, t_L^*(\boldsymbol{p})]) \otimes \boldsymbol{I}_{(V-K)\times(V-K)} \tag{10-148}$$

式中

$$t_l^*(\boldsymbol{p}) = \frac{1}{\sum_{k=1}^{K} g_{l,k} \| (\boldsymbol{U}_l^{\mathrm{s}})^{\mathrm{H}} \boldsymbol{a}_l(\boldsymbol{p}) \|^2} \tag{10-149}$$

式中，$g_{l,k}$为第 l 个观测站的接收信号中来自信源 k 的信号权值，与信噪比有关，表示为

$$g_{l,k} = \left(\rho_{l,k} + \frac{1}{\rho_{l,k}} - 2\right)^{-1} \tag{10-150}$$

式中，$\rho_{l,k} = 1 + \mathrm{SNR}_{l,k} = \lambda_{l,k}/\sigma_{\mathrm{n}}^2$。根据式（10-150）可知，最优权值不仅考虑了接收信号信噪比之间的差异，还与噪声子空间和搜索网格有关。基于最优权值加权 SDF 的直接定位（OW-SDF）算法的损失函数可以构造为

$$f_{\text{OW-SDF}}(\boldsymbol{p}) = \sum_{l=1}^{L} \frac{\| (\boldsymbol{U}_l^{\mathrm{n}})^{\mathrm{H}} \boldsymbol{a}_l(\boldsymbol{p}) \|^2}{\| \mathrm{diag}([g_{l,1}^{1/2}, \cdots, g_{l,K}^{1/2}]) (\boldsymbol{U}_l^{\mathrm{s}})^{\mathrm{H}} \boldsymbol{a}_l(\boldsymbol{p}) \|^2} \tag{10-151}$$

通过搜索式（10-151）的前 K 个最小值，可得高精度的信源位置估计结果。

算法的主要步骤如下。

算法 10.7：增广互质线阵列基于加权 SDF 的直接定位算法。

步骤 1：根据式（10-122）构造增广互质线阵列直接定位模型。

步骤 2：根据式（10-129）计算接收信号的协方差矩阵 $\boldsymbol{R}_l$。

步骤 3：根据式（10-130）对 $\boldsymbol{R}_l$ 进行矢量化，得到$\tilde{z}$，对其进行排序，去除冗余，得到 $\boldsymbol{z}$。

步骤 4：根据 $\boldsymbol{R}_i = z_{hi} z_{hi}^{\mathrm{H}}$和式（10-133）得到空间平滑协方差 $\boldsymbol{R}_l$。

步骤 5：对空间平滑协方差 $\boldsymbol{R}_l$ 进行特征值分解，得到特征值和特征子空间 $\boldsymbol{U}_l^{\mathrm{s}}$ 和 $\boldsymbol{U}_l^{\mathrm{n}}$。

步骤 6：根据式（10-150）得到 $g_{l,k}$，根据式（10-151）构造损失函数 $f_{\text{OW-SDF}}(\boldsymbol{p})$。

步骤 7：将信源位置搜索区域划分为若干个二维平面网格，计算每个网格

对应的损失函数值，前 K 个最小值对应的网格即为信源位置估计值$(\hat{x}_k, \hat{y}_k)$ $(k=1,2,\cdots,K)$。

5. 可用自由度

增广互质线阵列比均匀线阵列增加了可用自由度：增广互质线阵列的自由度为 $2MN+2M-1$，均匀线阵列的自由度为 $2M+N$。

6. 算法的复杂度

SDF 类算法的复杂度与以下参数有关：观测站个数为 L，信源数为 K，阵元数为 D，快拍数为 J，在进行全局搜索时，将 x 方向划分为 L_x 等份，y 方向划分为 L_y 等份。对于 SW-SDF 算法和 OW-SDF 算法，复杂度包括以下方面：计算接收信号协方差矩阵的复杂度为 $O(JD^2)$，分解接收信号协方差矩阵特征值的复杂度为 $O(V^3)$，计算每个搜索网格谱峰值的复杂度为 $O(V^2(V-K)+V^2+V)$。在 SW-SDF 算法中，计算权重不需要增加额外的复杂度。OW-SDF 算法的复杂度为 $O(LJD^2+LV^3+LL_xL_y(V^2(V-K)+2V^2+2V))$。不同算法的复杂度和运行时间见表 10-3。

表 10-3　不同算法的复杂度和运行时间

算　法	复　杂　度	运行时间/s
SDF	$O(LJD^2+LV^3+LL_xL_y(V^2(V-K)+V^2+V))$	32.867873
SW-SDF	$O(LJD^2+LV^3+LL_xL_y(V^2(V-K)+V^2+V))$	32.180425
OW-SDF	$O(LJD^2+LV^3+LL_xL_y(V^2(V-K)+2V^2+2V))$	36.953023
Capon	$O(LJD^2+LL_xL_y(V^3+V^2+V))$	101.878995
PM	$O(LJD^2+L(2K^2V+KV(V-K)+K^3)+LL_xL_y(V^2(V-K)+V^2+V))$	23.165267

图 10-22 为在特定参数下不同算法复杂度随搜索网格数的变化。仿真参数设置如下：观测站个数 $L=5$，信源数 $K=3$，阵列参数 $M=3$，$N=5$，总阵元数 $D=10$，快拍数 $J=100$，平滑后的阵元数 $V=18$，沿 x 方向和 y 方向的搜索网格数范围为 200~1000。PM 算法的复杂度略低于 SDF 算法和SW-SDF 算法。Capon 算法的复杂度高于其他算法。与 SDF 算法相比，SW-SDF 算法可以在不增加复杂度的情况下提高定位性能。OW-SDF 算法的复杂度略高于 SW-SDF 算法，定位性能大大提高。

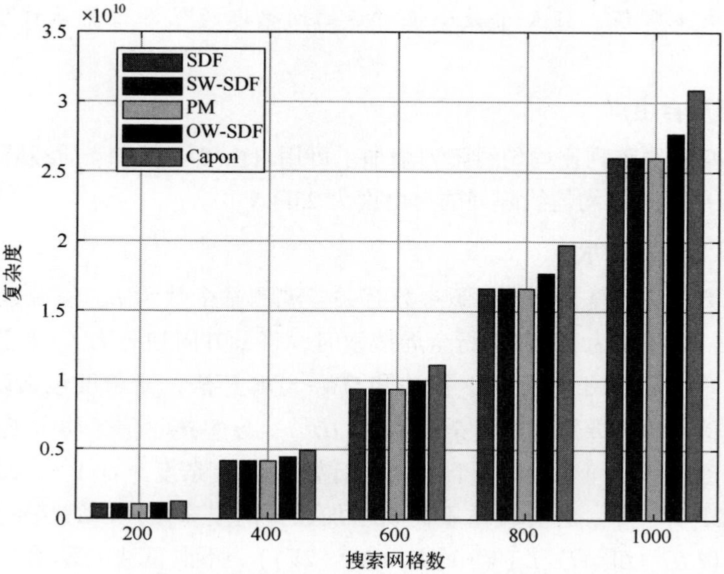

图 10-22 在特定参数下不同算法复杂度随搜索网格数的变化

7. 算法的优点

- SW-SDF 算法不需要中间参数估计步骤，可避免信息的二次丢失，有效提高了定位精度。
- SW-SDF 算法利用增广互质线阵列的特性，与均匀线阵列相比，自由度有了明显提高，扩展了阵列的空间自由度，增加了信源的可分辨数目。
- 通过平衡正交投影误差获得误差小、鲁棒性强的损失函数，充分利用所有数据来提高定位精度。

8. 仿真结果

假设有 5 个观测站，位置分别为(－1000m，－500m)、(－500m，－500m)、(0m,－500m)、(500m,－500m)、(1000m,－500m)，3 个信源，位置分别为(100m,100m)、(300m,300m)、(700m,700m)，阵列参数设置为$(M,N)=(3,5)$，快拍数为 100。由图 10-23 可知，对于增广互质线阵列，W-SDF 算法的直接定位性能优于 SDF 算法和 PM 算法。OW-SDF 算法的定位精度略优于 SW-SDF 算法。图 10-24 为基于不同阵列时不同算法的定位性能比较。

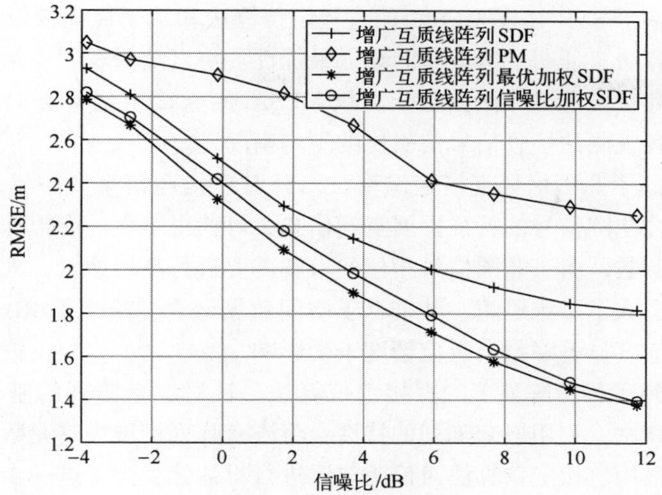

图 10-23 不同算法的定位性能

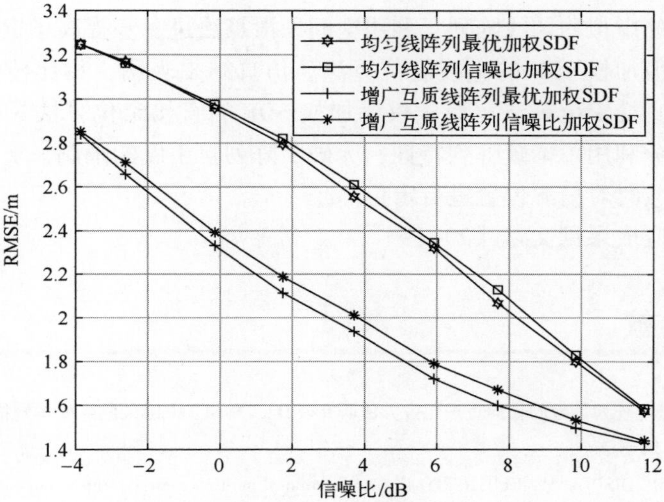

图 10-24 基于不同阵列时不同算法的定位性能比较

10.5 本章小结

（1）介绍了基于加权 MUSIC 的直接定位算法。首先介绍了传统 MUSIC 的直接定位算法，针对存在的问题，给出了基于加权 MUSIC 的高精度直接定位算法，包括基于 SNR 加权 MUSIC 的直接定位算法和基于最优权值加权 MUSIC 的直接定位算法，证明了所具有的渐近最优性。仿真结果表明，相比传统的两步定位算法和直接定位算法，基于加权 MUSIC 的直接定位算法提高了定位精度，解决了各观测站接收信号信噪比的不均衡问题。

（2）介绍了非圆信号直接定位算法。针对现代通信系统中常用的非圆信号类型，结合非圆信号的特征扩展空间信息，可获得增大的虚拟阵列孔径，分辨更多的信源数。由于非圆信号相位的求解需要进行高维搜索，大大增加了复杂度，因此引入了降维思想，并结合子空间数据融合，给出了 RD-SDF 算法。该算法的复杂度显著降低，定位精度未受影响。

（3）介绍了稀疏阵列下的直接定位算法。针对嵌套阵列的基于泰勒补偿的直接定位算法，利用嵌套阵列的特性，将嵌套阵列扩展为阵元数更多的虚拟均匀阵列，采用直接定位算法对信源位置进行粗估计，为了进一步提高定位精度，给出了泰勒补偿算法，以粗估计结果为初始位置估计值进行泰勒展开。针对增广互质线阵列基于加权 SDF 的直接定位算法，将增广互质线阵列扩展为阵元数更多的虚拟均匀线阵列，利用空间平滑算法进一步提高了定位精度，给出了最优权值加权 SDF 的直接定位算法。仿真结果表明，相比传统两步定位算法和传统直接定位算法，最优权值加权 SDF 的直接定位算法具有较小的定位误差，充分利用了稀疏阵列特性，突破了阵列自由度的限制，实现了在信源数大于阵元数时对信源位置进行定位。

部分相应成果见文献［29-39］。

参考文献

［1］尹洁昕．基于阵列信号的目标直接定位方法研究［D］．郑州：中国人民解放军网络空间部队信息工程大学，2018.

［2］DEMISSIE B，OISPUU M，RUTHOTTO E. Localization of multiple sources with a moving array using subspace data fusion［C］// 2008 11th International Conference on Information Fusion. Cologne：IEEE，2008.

［3］AMAR A，WEISS A J. Direct position determination（DPD）of multiple known and unknown radio-frequency signals［C］// 2004 12th European Signal Processing Conference. Vienna：IEEE，2004.

［4］OISPUU M，NICKEL U. Direct detection and position determination of multiple sources with intermittent emission［J］. Signal Processing，2010，90（12）：3056-3064.

［5］BAR-SHALOM O，WEISS A J. Direct position determination of OFDM signals［C］// 2007 IEEE 8th Workshop on Signal Processing Advances in Wireless Communications. Helsinki：IEEE，2007.

［6］BAR-SHALOM O，WEISS A J. Efficient direct position determination of orthogonal frequency division multiplexing signals [J]. IET Radar, Sonar & Navigation, 2009, 3 (2): 101-111.

[7] LU Z Y, WANG J H, BA B, et al. A novel direct position determination algorithm for orthogonal frequency division multiplexing signals based on the time and angle of arrival [J]. IEEE Access, 2017 (5): 25312-25321.

[8] 王鼎，张刚，沈彩耀，等．一种针对恒模信号的运动单站直接定位算法 [J]. 航空学报，2016，37 (5)：1622-1633.

[9] ZHANG Y K, BA B, WANG D M, et al. Direct position determination of multiple non-circular sources with a moving coprime array [J]. Sensors, 2018, 18 (5): 1479.

[10] ZHANG Y K, XU H Y, BA B, et al. Direct position determination of non-circular sources based on a doppler-extended aperture with a moving coprime array [J]. IEEE Access, 2018, 6: 61014-61021.

[11] KUMAR G, PONNUSAMY P, AMIRI I S. Direct localization of multiple noncircular sources with a moving nested array [J]. IEEE Access, 2019, 7: 101106-101116.

[12] VISWANATH P, TSE D N C, ANANTHARAM V. Asymptotically optimal water-filling in vector multiple-access channels [J]. IEEE Transactions on Information Theory, 2001, 47 (1): 241-267.

[13] STOICA P, NEHORAI A. MUSIC maximum likelihood and cramer-rao bound [J]. IEEE Transactions on Acoustics, Speech, and Signal Processing, 1989, 37 (5): 720-741.

[14] WANG D, ZHANG R. J, WU Y. Two pseudo-linearization processing methods and the asymptotically optimal closed-form solutions for passive location [J]. Acta Electronica Sinica, 2015, 43 (4): 722-729.

[15] KAY S M. Fundamentals of statistical signal processing: estimation theory [J]. Technometrics, 1993, 37 (4): 465-466.

[16] SINGER R A, STEIN J J. An optimal tracking filter for processing sensor data of imprecisely determined origin in surveillance systems [C]// 1971 IEEE Conference on Decision and Control. Florida: IEEE, 1971.

[17] BAR-SHALOM Y, FORTMAN T E. Tracking and data association [J]. The Journal of the Acoustical Society of America, 1990, 87 (2): 231-237.

[18] HONG L. Multirate interacting multiple model filtering for target tracking using multirate models [J]. IEEE Transactions on Automatic Control, 1999, 44 (7): 1326-1340.

[19] PICINBONO B. On circularity [J]. IEEE Transactions on Signal Processing, 1994, 42 (12): 3473-3482.

[20] YIN J X, WANG D, WU Y, et al. ML-based single-step estimation of the locations of strictly noncircular sources [J]. Digital Signal Processing, 2017, 69: 224-236.

[21] QIN T Z, LU Z Y, BA B, et al. A decoupled direct positioning algorithm for strictly noncircular sources based on Doppler shifts and angle of arrival [J]. IEEE Access, 2018, 6: 34449-34461.

[22] YIN J X, WU Y, WANG D. Direct position determination of multiple noncircular sources with a moving array [J]. Circuits, Systems, and Signal Processing, 2017, 36 (10): 4050-4076.

[23] KUMAR G, PONNUSAMY P, AMIRI I S. Direct localization of multiple noncircular sources with a moving nested array [J]. IEEE Access, 2019, 7: 101106-101116.

[24] DEMISSIE B, OISPUU M, RUTHOTTO E. Localization of multiple sources with a moving array using subspace data fusion [C]// 2008 11th International Conference on Information Fusion. Cologne:

IEEE, 2008.

[25] 黄志英. 辐射源多阵列直接定位算法研究 [D]. 郑州：中国人民解放军网络空间部队信息工程大学, 2015.

[26] PAL P, VAIDYANATHAN P P. Nested arrays: a novel approach to array processing with enhanced degrees of freedom [J]. IEEE Transactions on Signal Processing, 2010, 58 (8): 4167-4181.

[27] ERTEL R B, CARDIERI P, SOWERBY K W, et al. Overview of spatial channel models for antenna array communication systems [J]. IEEE Personal Communication, 2015, 5 (1): 10-22.

[28] YIN J X, WANG D, WU Y. An efficient direct position determination method for multiple strictly noncircular sources [J]. Sensors, 2018, 18 (2): 324.

[29] 张小飞, 曾浩威, 郑旺, 等. 多阵列中非圆信号借助于降维搜索和子空间数据融合的直接定位算法 [J]. 数据采集与处理, 2020, 35 (06): 1022-1032.

[30] SHI X L, ZHANG X F. Weighted direct position determination via the dimension reduction method for noncircular signals [J]. Mathematical Problems in Engineering, 2021, 2021: 1-10.

[31] SHI X L, ZHANG X F, ZENG H W. Direct position determination of non-circular sources for multiple arrays via weighted euler ESPRIT data fusion method [J]. Applied Sciences, 2022, 12 (5): 2503.

[32] SHI X L, ZHANG X F, YANG Q, et al. Closed-form rectilinear emitters localization with multiple sensor arrays: phase alignment and optimal weighted least-square method [J]. IEEE Sensors Journal, 2023, 23 (7): 7266-7278.

[33] QIAN Y, SHI X L, ZENG H W, et al. Direct tracking of noncircular sources for multiple arrays via improved unscented particle filter method [J]. ETRI Journal, 2023, 45 (3): 394-403.

[34] QIAN Y, SHI X L, ZENG H W, et al. Direct position determination of noncircular sources with multiple nested arrays via weighted subspace data fusion [J]. Mathematical Problems in Engineering, 2022: 1-12.

[35] QIAN Y, ZHAO D L, ZENG H W. Direct position determination of noncircular sources with multiple nested arrays: reduced dimension subspace data fusion [J]. Wireless Communications and Mobile Computing, 2021, 2021: 1-10.

[36] QIAN Y, YANG Z T, ZENG H W. Direct position determination for augmented coprime arrays via weighted subspace data fusion method [J]. Mathematical Problems in Engineering, 2021, 2021: 1-10.

[37] LI J F, HE Y, MA P H, et al. Direction of arrival estimation using sparse nested arrays with coprime displacement [J]. IEEE Sensors Journal, 2020, 21 (4): 5282-5291.

[38] LI J F, ZHANG Q T, DENG W M, et al. Source direction finding and direct localization exploiting UAV array with unknown gain-phase errors [J]. IEEE Internet of Things Journal, 2022, 9 (21): 21561-21569.

[39] LI P, LI J F, ZHOU F H, et al. Optimal array geometric structures for direct position determination systems [J]. IEEE Transactions on Communications, 2022, 70 (11): 7549-7561.